UTILIZACIÓN

DE

PASTIZALES NATURALES

Raúl Osvaldo Díaz

Título: Utilización de pastizales naturales

Autor: Díaz Raúl Osvaldo

Díaz, Raúl Osvaldo
  Utilización de pastizales naturales. - 1a ed. -Córdoba :Encuentro Grupo Editor
  456 p. ; 25x17,5 cm.

  ISBN 978-987-23268-8-3

  1. Pastizales. 2. Forrajes. I. Título
  CDD 633.2

© Editorial Encuentro
  Edición 2016

Impreso en Argentina
ISBN: 978-987-23268-8-3

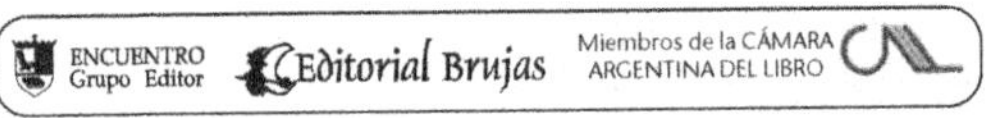

www.editorialbrujas.com.ar   publicaciones@editorialbrujas.com.ar Tel/fax: (0351) 4606044 / 4691616 - Pasaje España 1485 Córdoba - Argentina.

UTILIZACIÓN DE PASTIZALES NATURALES

ÍNDICE GENERAL

PRÓLOGO

Esta primera edición fue realizada con el objeto de reunir los temas dictados en el curso extraprogramático "Utilización de Pastizales Naturales", de Facultad de Ciencias Agropecuarias, Universidad Nacional de Córdoba.

A los temas desarrollados en el curso les hemos agregado los resultados de nuestras experiencias y de los diversos grupos de trabajo en los que hemos participado.

También hemos agregado experiencias, resúmenes o partes de experiencias y trabajos de los autores citados en las referencias bibliográficas de cada capítulo.

Consideramos que esta obra es de consulta útil tanto para estudiantes como profesionales, en particular para los graduados en ciencias agropecuarias, producción animal, veterinaria, como así también a todos aquellos que tengan interés en la utilización apropiada de pastizales nativos y/o introducidos en las regiones chaqueñas de la provincia de Córdoba y ambientes similares.

Nos hemos preocupado en seleccionar las tecnologías, métodos y procedimientos apropiados para el manejo de pastizales de las regiones áridas y semiáridas del norte y oeste de Córdoba, las que podemos hacer extensivas a la región del Chaco Árido y la mitad sur del Chaco Semiárido y, en un sentido más amplio, a las regiones que integran el Árido Subtropical Argentino.

Dedicamos tres capítulos a los animales domésticos, principalmente a los bovinos, ya que son los principales consumidores de los sistemas pastoriles y el principal objetivo de producción, pero también los animales herbívoros son las principal herramienta de manipulación de los recursos forrajeros.

Por esta razón, creímos oportuno incluir una síntesis de las interrelaciones de los animales con el medio o entorno de producción, sus requerimientos nutricionales y el comportamiento en ambientes de producción extensiva, para compatibilizar éstos con los requerimientos y necesidades de los recursos forrajeros.

Hemos tenido en cuenta la situación actual de los ecosistemas de las regiones chaqueñas de Córdoba, los que, en la mayoría casos, presentan áreas con altos niveles de degradación. En base a esta situación recopilamos la mayor parte de la información disponible, a la que agregamos nuestra experiencia, para desarrollar marcos conceptuales de manejo de recuperación y sistemas de producción ganadera sustentables tanto ecológica como económicamente, y que conserven las posibilidades de uso múltiple de los recursos naturales.

Raúl Osvaldo Díaz

Si tu intención es describir la verdad, la elegancia déjasela al sastre.

Albert Einstein

Introducción

INTRODUCCIÓN

1 ANTECEDENTES

1.1 Historial

Las regiones en las cuales no se puede realizar agricultura tradicional ocupan el 75% de la superficie del país, el 60% de estas áreas pertenecen a zonas áridas y semiáridas. En particular, la provincia de Córdoba cuenta con un cuarto de su superficie (4 a 5 millones de hectáreas) en esa condición.

El desconocimiento de tecnologías de producción apropiadas para estos ecosistemas, ha llevado a un deterioro creciente de los recursos naturales renovables, siendo esta una de las principales causas del estancamiento y/o retroceso de la productividad de la mayoría de los establecimientos.

Analizando los caminos propuestos para tratar de recuperar y/o elevar la producción de estas áreas, encontramos dos tendencias:

1. Disminuir la presión sobre los recursos existentes para no acentuar la fragilidad del ecosistema esperando su recuperación natural.
2. La utilización de tecnologías extrapoladas de otras regiones, que no son apropiadas para la fragilidad del ecosistema.

Ambas propuestas no brindaron las respuestas necesarias para un desarrollo sustentable de los sistemas de producción, que requieren de tecnologías que compatibilicen las aspiraciones y objetivos de los productores con el manejo racional del ecosistema.

Varios grupos de investigadores han avanzado en este sentido, han analizado los sistemas de producción, reconociendo sus principales problemas técnicos, económicos y estructurales. Esto ha permitido establecer pautas básicas para formular adecuados modelos tecnológicos de producción.

Estos modelos deben enmarcarse en el objetivo de: "recuperar, mejorar y desarrollar la productividad y utilización de los recursos naturales renovables e introducidos, sin afectar la estabilidad del ecosistema, ni sus posibilidades de uso múltiple".

Generalmente, los establecimientos de estas zonas carecen del asesoramiento técnico profesional. Por otra parte, salvo pocas excepciones, los profesionales que asesoran algunas explotaciones no están especializados, ni en su formación de grado recibieron materias especializadas en estos sistemas de producción.

Los planes de estudios de la mayoría de las Facultades de Agronomía Zootecnia y otras del país, no cuentan con asignaturas curriculares que contemplen en forma integrada las tecnologías apropiadas para las regiones no agrícolas. Esta es una de las principales causas del déficit de profesionales especializados en esta disciplina que tiene la Argentina.

Por otra parte, los sistemas naturales en el ámbito de unidades de producción presentan una gran diversidad de situaciones con distintos grados de complejidad, lo cual requiere de profesionales que enfoquen, interpreten y analicen estos sistemas con actitud analítica, amplia base tecnológica, y creatividad no estructurada, que les permita formular estrategias particulares para cada caso.

1.2 Manejo apropiado

Para introducirse en el manejo de estos sistemas, es necesario un cambio de concepción de la agronomía clásica, pues la mayoría de los principios, conceptos y técnicas incorporados por el estudiante durante la formación de grado de su carrera, deberán ser reelaborados a partir de un enfoque diferente, adquiriendo al mismo tiempo contenidos y técnicas especializadas.

La aplicación de tecnologías apropiadas a los establecimientos del Chaco Semiárido y Arido de la provincia de Córdoba, cuya producción principal es la ganadería bovina, no sólo tiene que tener en cuenta los fundamentos ecológicos y técnicos, sino que estos deben estar vinculados al contexto social y económico del lugar.

Finalmente, estamos convencidos que sigue siendo función específica del sistema universitario la formación de recursos humanos calificados, que participen y dirijan los procesos de cambios tecnológicos.

2 MARCO CONCEPTUAL PARA EL DESARROLLO DE LOS TEMAS

2.1 Utilización de pastizales naturales

La utilización de pastizales naturales es la disciplina que estudia las técnicas, métodos y procedimientos apropiados para la utilización pastoril económica y sustentable de ecosistemas naturales, que por ser demasiado frágiles no es posible transformarlos en agroecosistemas.

Esto no quiere decir que en la materia no se contemplen técnicas, métodos o procedimientos utilizados en los agroecosistemas que sean apropiados para los ecosistemas naturales de producción ganadera, siempre y cuando no se traspase el umbral de sustentabilidad del sistema.

2.2 Marco

El propósito de este curso es estudiar los recursos forrajeros para los bovinos del norte y noroeste de la provincia de Córdoba, que corresponden a las regiones del Chaco Semiárido y Chaco Arido respectivamente. Las técnicas de utilización de pastizales que estudiaremos podrían ser extrapoladas, con las precauciones necesarias, a todo el Arido Subtropical Argentino.

2.3 Objetivo

Los objetivos de esta publicación son brindar las bases imprescindibles para conocer la realidad de los sistemas pastoriles de producción basados en la utilización de recursos forrajeros espontáneos, analizar los recursos forrajeros y sus interacciones con los otos componentes del ecosistema natural de producción ganadera y desarrollar propuestas de manejo tendientes a recuperar, mejorar y optimizar la producción sustentable, tanto ecológica como económica y social, del ecosistema.

2.4 Enfoque

El enfoque elegido para el desarrollo de los temas podríamos denominarlo análisis de componentes e integración del sistema productivo, y comprende: las características de los principales componentes del sistema de producción, sus interrelaciones, métodos de evaluación, dinámica y otros, y la posterior integración de los conocimientos, basándonos en las relaciones de los componentes del rendimiento, para llegar al desarrollo de propuestas tecnológicas de manejo que optimicen la producción sustentable, tanto ecológica como económica del sistema.

✱　✱　✱　✱　✱　✱

CAPÍTULO I

Sistemas ecológicos y ecología de sistemas

CAPÍTULO I

SISTEMAS ECOLÓGICOS y ECOLOGÍA DE SISTEMAS

1   ECOSISTEMAS

1.1 Sistemas ecológicos

Los sistemas ecológicos o ecosistemas se los considera sistemas por que se ajustan a la definición conceptual, que expresa que: un sistema es una organización que funciona en una manera particular y consiste en un número de partes o componentes que están ligados para una función común o propósito.

El ecosistema o ecosistema natural ha sido definido como el sistema resultante de la integración de todos los componentes vivos e inanimados del ambiente.

Una propuesta más general es la que afirma que un ecosistema es un sistema en el cual al menos un componente es vivo. Esta concepción permite la consideración de ecosistema a la cavidad ruminal del estómago de los rumiantes, a una célula, o a una región.

Se lo puede representar, muy sintéticamente, como un diagrama que muestra los distintos componentes que lo integran y sus interrelaciones (Figura I,1.1-1).

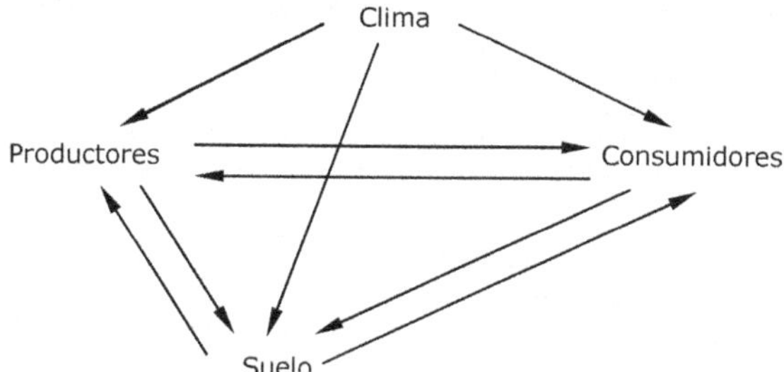

Figura I,1.1-1: Componentes de un ecosistema y sus distintas interrelaciones.

El ecosistema es la unidad básica funcional en ecología, dado que él incluye organismos vivos y su ambiente (mineral, gaseoso, energético) cada uno influyendo las propiedades del otro y ambos necesarios para el mantenimiento de la vida.

Las funciones de un ecosistema incluyen la transformación, circulación y acumulación de materia y la circulación de energía a través del medio de los organismos vivientes y sus actividades a través de procesos físicos naturales.

Dado que ningún organismo puede existir por si mismo o en la ausencia de un ambiente, el concepto de ecosistema tiene como función enfatizar las relaciones obligatorias, la interdependencia y las relaciones causales. En otras palabras enfatiza en el acoplamiento de los distintos componentes para formar unidades funcionales.

Como un corolario de lo anterior se desprende que dado que las partes son operacionalmente inseparables del conjunto, el ecosistema es el nivel de organización biológica más adecuada para la aplicación de técnicas de análisis de sistemas.

Directa o indirectamente el concepto de ecosistema es útil en el manejo de recursos renovables tales como bosques, cuencas hídricas, pastizales, vida salvaje y sistemas agrícola-ganaderos.

El ecosistema como unidad es un nivel complejo de organización. El orden de complejidad aumenta de la siguiente forma:

Célula < Tejido < Órgano < Organismo < Población < Comunidad < Ecosistema

Aunque el ecosistema es el nivel más complejo de estudio, el estudio de un ecosistema dado, es en muchos casos, menos complejo que el estudio a niveles inferiores. Por ejemplo, estudios de crecimiento y metabolismo pueden ser estudiados efectivamente a nivel celular o a nivel de ecosistema usando tecnología y unidades de medida de diferentes órdenes de magnitud.

En la aplicación del concepto de ecosistemas no hay un límite de tamaño y/o complejidad. Usualmente se definen límites a los ecosistemas principalmente por razones de estudio. El hombre a menudo introduce límites tales como alambrados, distribución de agua de riego, etc.

Con propósitos descriptivos es conveniente reconocer los siguientes componentes de un ecosistema:

1) Sustancias inorgánicas (C, N, O, CO_2 y otros, que intervienen en la circulación de materiales).
2) Compuestos orgánicos (proteínas, hidratos de carbono lípidos, etc.).
3) Clima (temperatura, lluvia, etc.).
4) Productores (principalmente plantas, las cuales producen alimento partiendo de elementos minerales)
5) Macroconsumidores (principalmente animales que consumen otros organismos, plantas o animales).
6) Microconsumidores (organismos como hongos, bacterias y otros, que utilizan compuestos orgánicos complejos o materia muerta, liberando nutrientes inorgánicos que serán aprovechados por los productores.

Desde el punto de vista funcional un ecosistema puede ser analizado convenientemente en términos de:

1) Flujos de energía.
2) Cadenas de alimentación.
3) Ciclos de nutrientes.

Los factores control de un ecosistema son el clima, organismos existentes y materiales geológicos. Este último término incluye material madre, relieve y agua subterránea. El tiempo es la dimensión en la cual operan los factores controladores. Estos factores son parcial o totalmente independientes entre sí.

Los factores dependientes de un ecosistema son: suelos, vegetación, organismos consumidores (herbívoros y carnívoros) organismos descomponedores (hongos y bacterias) y el microclima. Cada unos de estos factores son interdependientes y cada uno es un producto de los factores controladores operando a través del tiempo.

Además de la circulación de materiales (elementos inorgánicos, compuestos orgánicos, animales, agua, etc.) y flujos de energía dentro de un ecosistema, existen la circulación y flujo de materiales y energía entre ecosistemas. Este intercambio entre ecosistemas es una característica esencial de los ecosistemas. Como ejemplo podemos citar el caso de un lago como un ecosistema el cual recibe nutrientes inorgánicos y orgánicos, además del agua proveniente de sus cuencas hídricas.

1.2   Ecología de sistemas

La ecología de sistemas fue definida por E. P. Odum (1964), como la ecología que trata la estructura y función de los niveles de organización que están más allá de los individuos y de las especies.

La ecología de sistemas puede contribuir a un mejor conocimiento de los ecosistemas y de sus procesos y esto ayudaría al hombre a producir estados de cierto equilibrio nuevos y útiles. Para esto es necesario conocer los efectos a largo plazo y los productos de la manipulación de los ecosistemas.

Uno de los mayores problemas en ecología de sistemas es el de analizar y comprender interacciones. Los eventos naturales muy raramente son causados por un solo factor. Ellos son debido a factores múltiples los cuales son integrados por los organismos o por el ecosistema para producir un efecto que nosotros percibimos. Para complicar aún más el problema varias combinaciones de factores y sus interacciones pueden ser integrados por el ecosistema para producir el mismo resultado final.

Un primer requerimiento conceptual en ecología de sistemas es una mayor claridad en la definición de problemas. Este requerimiento en muchos casos se enfatiza si se usan computadoras, dado que en este caso es imprescindible formular el problema precisamente y delinear claramente los factores involucrados.

Un segundo requerimiento conceptual es más y mejor uso de lógica y métodos científicos y estadísticos.

Estas dos necesidades conceptuales llevan naturalmente a una tercera que es el enfoque de modelos, los cuales son abstracciones matemáticas de situaciones del mundo real.

En el proceso de modelado se abstrae alguna situación del mundo real en forma de un modelo matemático. Luego aplicamos determinadas funciones matemáticas para finalmente alcanzar conclusiones matemáticas. Estas conclusiones matemáticas son posteriormente interpretadas o relacionadas con sus contrapartes físicas.

En algunos casos resultó posible la experimentación física. En otros casos sin embargo, es imposible experimentar con una situación que no existe pero que puede eventualmente ser real. Ejemplos: guerra termonuclear o una contaminación ambiental en gran escala. En otros casos la experimentación física es muy costosa o lenta y por lo tanto los modelos matemáticos y la experimentación matemática puede ser especialmente útil.

Tenemos dos maneras de experimentar con ecosistemas. Una consiste en el proceso convencional de formular hipótesis, diseñar y conducir experimentos para finalizar con análisis e interpretación de resultados. La segunda es la abstracción del sistema en un modelo, aplicación del argumento matemático y la interpretación de las conclusiones matemáticas (Figura I,1.2-1).

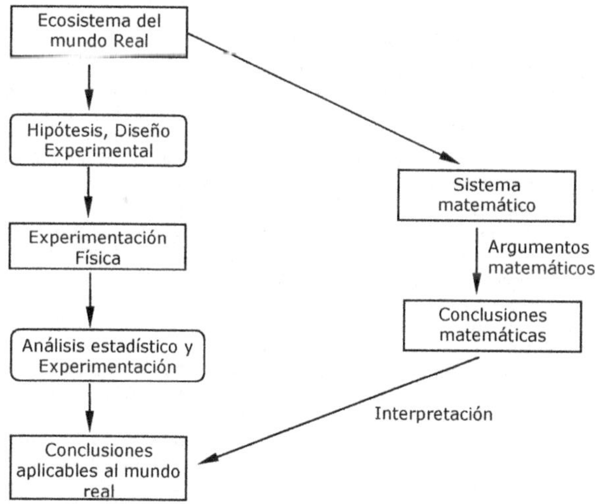

Figura I,1.2-1: Dos maneras de experimentar con ecosistemas: el proceso convencional y la ecología de sistemas.

Sin embargo conviene que las conclusiones a las que arribemos con modelos deberían ser verificadas con experimentación. Aprobaremos o rechazaremos las conclusiones y comenzaremos de nuevo si es necesario hasta alcanzar conclusiones válidas. Este proceso de modelado interpretación y verificación es usada en muchas disciplinas científicas y de la ingeniería. El éxito del procedimiento, sin embargo, depende de la existencia de un fondo adecuado de conocimientos básicos del sistema en estudio.

La ecología de sistemas requiere de la existencia de un grupo interdisciplinario formado por: ecólogos de sistemas, analistas de sistemas, ecólogos convencionales, técnicos en computación, matemáticos, agrónomos y especialistas en manejo y administración de recursos naturales.

El ecólogo de sistemas es un especialista en generalidades. En general, los especialistas en distintas disciplinas no tienen la necesaria visión panorámica de los distintos campos disciplinarios que intervienen en el estudio de un ecosistema. Esto plantea la difícil pregunta de cómo formar un especialista en generalizaciones y además como formar especialistas disciplinarios (un nutricionista por ejemplo) que pueda comunicarse eficazmente con especialistas en otros campos.

Hasta aquí, hemos sintetizado las bases para los estudios de los niveles mas complejos de los ecosistemas, los que se aplican para la comprensión y manejo de ecosistemas prístinos y/o intangibles como son las reservas de la biosfera, parques, reservas y otros.

Hasta aquí, tampoco nos hemos referido a uno de los principales componentes de un ecosistema como son los manipuladores. Los únicos manipuladores reconocidos son los humanos.

Si bien las poblaciones aborígenes eran cazadores y/o recolectores, también provocaron disrupciones o disturbios provocando incendios, batidas, deforestaciones y otras, con fines de mejorar los rendimiento de la cacería o para mejorar la defensa de su grupo y otras; es el hombre civilizado (¿*civilizado*?) el que provoca los mayores disturbios con fines económicos.

2 SISTEMAS ECOLÓGICOS DE PRODUCCIÓN

2.1 Intervención del hombre en el ecosistema

El hombre es una parte vital de la mayoría de los ecosistemas más importantes. En la búsqueda de crear un ambiente más adecuado para sí (edificación, comunicación, etc.) y proveerse de los recursos necesarios (alimentos, materia prima) el hombre ha alterado su ambiente y ha observado a menudo los resultados de los cambios ambientales. Sin embargo rara vez ha podido prever las consecuencias plenas de su acción.

El hombre civilizado en su interés por aumentar los productos cosechables de los ecosistemas ha producido disrupciones o disturbios en los estados climáxicos que encontró. Estas disrupciones fueron generalmente provocadas por un acortamiento de las cadenas tróficas o de alimentación (ejemplo: eliminando los carnívoros superiores permitiendo cosechar para sí producto animal), por una simplificación de la diversidad en los productos primarios y canalizando el flujo de energía hacia productos alimenticios (ejemplo: reemplazo de una pastura natural por un cultivo de soja) y otras.

En algunos casos estos cambios producidos en los ecosistemas han llevado a estados estables de cierto equilibrio. En otros, tales cambios, produjeron desertificación.

El hombre también a tenido serias dificultades cuando a tratado de reconvertir algunos ecosistemas a estados nativos o de preservar la vegetación por medio de parques o reservas nacionales. En varios casos las poblaciones de ungulados se han multiplicado rápidamente desbordando el control de los predadores y degradando los pastizales para dañar finalmente su *hábitat*. Esto ha ocurrido en el Parque Nacional de Kaibab (Utah) con las poblaciones de ciervos y en el Parque Nacional de Yelowstone en Wyoming con los rebaños de alces.

2.2 Uso pastoril de ecosistemas

La utilización pastoril de ecosistemas naturales se basa en el aprovechamiento de los recursos forrajeros espontáneos por animales domésticos, generalmente introducidos.

El ecosistema de uso pastoril o ecosistema de las tierras de pastoreo es un fenómeno complejo que abarca múltiples funciones interrelacionadas, cada una de las cuales tiene influencia sobre las otras como en cualquier ecosistema natural. Los componentes más importantes del sistema son: los vegetales capaces de fotosintetizar (productores), los animales herbívoros (convertidores), el suelo, el microclima, los manipuladores y los descomponedores y microconsumidores (no representados) (Figura I,2.2-1).

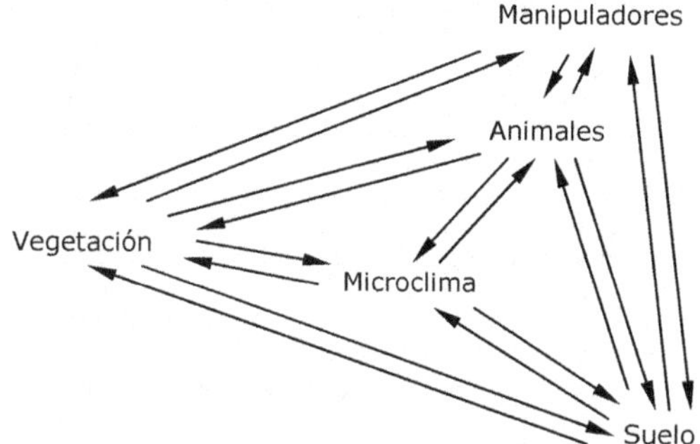

Figura I,2.2-1: Componentes de un ecosistema pastoril y sus distintas interrelaciones.

2.3 Componentes de los ecosistemas de producción ganadera

<u>Vegetación</u>: Las plantas capaces de fotosintetizar son los productores del ecosistema. Ellas convierten la energía del sol en energía y otros nutrientes necesarios para los animales. Los otros componentes vivientes del sistema prosperan con una producción máxima de energía, a menos que sean alterados por otra causa. Sufren cuando la producción de energía es reducida y eventualmente morirán con una producción cero.

Los generadores de energía son un agregado de plantas vasculares y especies de plantas que forman la vegetación. La cantidad de energía que producen y ponen a disposición de otros componentes vivientes del ecosistema depende de las características, composición y salud de la vegetación. La vegetación se puede manipular acrecentando o disminuyendo su eficiencia en la producción bruta de energía dependiendo de las respuestas fisiológicas y ecológicas a las manipulaciones. La producción de energía por debajo del potencial da como resultado una declinación de la productividad y esto es un síntoma de desertificación.

Para analizar la vegetación, en los ecosistemas de uso pastoril del Chaco cordobés, consideraremos a la misma como un subsistema compuesto por 3 estratos: el arbóreo, el arbustivo y el herbáceo, este último compuesto principalmente por gramíneas nativas que denominamos pastizal natural.

<u>Animales</u>: Los animales domésticos convierten la energía y otros nutrientes producidos por las plantas en productos de utilidad directa para el hombre.

El ganado doméstico se puede manejar y su impacto en el resto del ecosistema puede ser significativo, pero controlado. El impacto puede mejorar o perjudicar la función general del sistema. Es altamente significativo el hecho de que es posible controlar el impacto del ganado doméstico en el funcionamiento global y en la producción de energía del ecosistema.

Los animales silvestres pueden ser consumidores primarios (herbívoros) o consumidores secundarios (predadores) y pueden ser de utilidad para el hombre o pueden ser competidores, colaboradores o dañinos para el sistema de producción. Los animales silvestres se pueden manejar y controlar para controlar su impacto en el ecosistema natural de producción.

Suelo: El suelo es el componente sustentador del ecosistema. Hace las veces de una casa para las raíces y algunos órganos de reproducción vegetativa y como bodega para el aire, el agua y los minerales. Las cuatro fracciones del suelo son los materiales minerales, la materia orgánica, el agua y el aire. El aire y el agua en el suelo son variables y su contenido determina la aptitud del suelo para el desarrollo de plantas. La facilidad con que el aire y el agua penetren en el suelo depende de sus condiciones o del grado de porosidad, la agregación y la granulación. La materia orgánica, el humus y las raíces juegan un rol importante en su formación. La materia orgánica es transitoria ya que sucumbe al ataque de los microorganismos. Por tal motivo, debe ser renovada constantemente.

La vegetación debe proporcionar directa o indirectamente un suministro adecuado de materia orgánica para esta renovación. Al no suceder, se deterioran las condiciones del suelo lo que dificulta la penetración del aire y del agua, y aumenta el peligro de erosión. La eficiencia global del sistema resulta perjudicada.

Descomponedores y microconsumidores: Estos incluyen las bacterias, los hongos, los nemátodos, los protozoos, termitas, taladros, gusanos, orugas, hormigas y otros insectos.

Estos descomponen material vegetal y animal vivo y muerto, aportando materia orgánica y humus a la composición de los suelos. También constituyen un componente vital en el reciclado de nutrientes. Un ecosistema utiliza los mismos nutrientes una y otra vez y un ciclaje apropiado asegura un suministro adecuado.

Microclima: Si bien el clima regula las condiciones generales de un ecosistema y sobre el cual no es posible influir y/o modificar ninguno de sus factores, consideramos al clima como una fuente del sistema.

El ámbito de producción se encuentra en el microclima siendo este un factor que regula la velocidad y eficiencia de las funciones del ecosistema productivo.

La naturaleza del microclima es controlada por las funciones de los otros componentes, ya que puede modificarse según las interrelaciones con los otros componentes del sistema.

Manipuladores: Estos son personas, comenzando con la población indígena. Dado que las necesidades de las poblaciones indígenas eran reducidas, sus manipulaciones se relacionaban principalmente con la caza, la recolección y algún incendio. En algunas regiones el fuego fue una de sus herramientas de caza. Estos además de los incendios naturales y probablemente incendios accidentales fueron factores importantes en la formación y mantenimiento de pastizales y sabanas prístinas en algunas regiones.

El hombre moderno es el gran manipulador y el ganado doméstico su principal herramienta. El hombre puede manipular el pastoreo ya sea para degradar, mejorar o mantener el ecosistema de las tierras de pastoreo. El objetivo debe ser el mejoramiento seguido por el mantenimiento y será necesario lograrlo si el hombre pretende vivir y depender de las tierras de pastoreo por largo tiempo. Esto se puede lograr con la aplicación de principios y prácticas de utilización de pastizales.

3   AMBIENTE DEL SISTEMA PASTORIL

3.1   Ambiente del entorno de producción

El ambiente del entorno comprende las condiciones microambientales reguladas por las interrelaciones entre los componentes de un ecosistema natural de producción con predominante utilización pastoril. El ámbito es el de una unidad de producción de un solo predio o de varios predios integrados al sistema de producción, con un manejo o administración técnica única.

En este ámbito se incluyen la mejoras tecnológicas, infraestructura, instalaciones y otras, que tienden a optimizar la producción animal brindando cantidad y calidad de alimentos al ganado, confortabilidad ambiental, conducción y manejo apropiado.

Ahora al sistema de producción ganadero lo podemos diagramar incluyendo éstos componentes (Figura I,3.1-1).

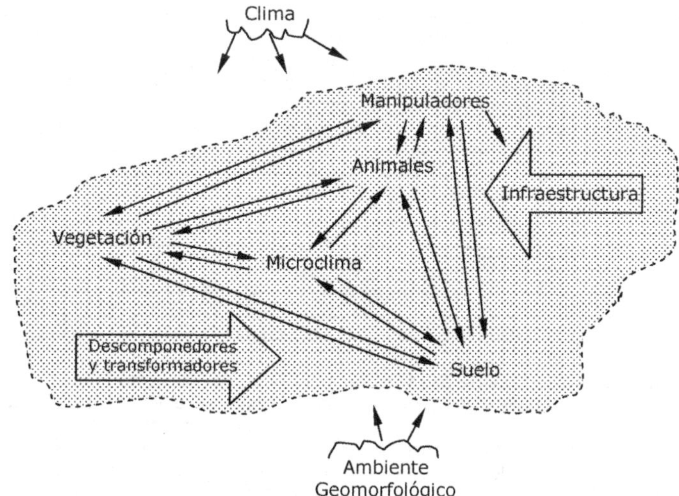

Figura I,3.1-1: Componentes e interrelaciones de un ecosistema pastoril.
▓▓▓▓▓▓ = Ambiente o entorno del sistema pastoril.

<u>Manipuladores</u>: Manejo y administración técnica y económica unificada. Las decisiones son tomadas por una sola persona con o sin un equipo coordinado de colaboradores.

<u>Vegetación</u>: Incluye los tres estratos de vegetación (Arbóreo, arbustivo y herbáceo) principalmente el estrato de pastos nativos y/o introducidos, en el grado de degradación, recuperación o modificación actual como: extracción forestal, pastoreo, controles de vegetación leñosa, fuegos, enriquecimiento del pastizal y otras.

<u>Animales</u>: Lo integran los animales domésticos, objeto de producción, de trabajo (a veces de esparcimiento o deportivos), de consumo, y los animales silvestres.

<u>Suelo</u>: Si bien este componente esta fuertemente influenciado por las fuentes, la vegetación, los animales domésticos y el manejo pueden modificar sus características. En este ambiente el componente suelo queda definido por las características actuales de sus principales fracciones.

<u>Descomponedores y transformadores</u>: Microconsumidores.

<u>Microclima</u>: Si bien este componente esta fuertemente influenciado por el clima, también pueden modificar sus características el manejo de la vegetación, los animales domésticos, el suelo y la infraestructura.

<u>Infraestructura</u>; Directamente son producto del manejo (manipuladores). Sus principales integrantes son: apotreramientos, aguadas, instalaciones y mejoras en general (control selectivo de leñosas, controles sanitarios, enriquecimiento del pastizal, y otros). Estos últimos influencian a todo el sistema productivo.

El <u>clima</u> y el <u>ambiente geomorfológico</u> son fuentes del sistema. Como tales, no es posible su manipulación.

4   ECOSISTEMAS NATURALES DE PRODUCCIÓN

4.1   Regiones con restricciones agrícolas

Las regiones con restricciones agrícolas son aquellas en las cuales no se puede o no es sustentable realizar cultivos en secano todos los años aún con rotaciones apropiadas entre cultivos anuales y perennes. Las principales causas de las restricciones agrícolas en la República Argentina son: por precipitaciones insuficientes, que determinan las regiones semiáridas y áridas, y en menor proporción por suelos poco profundos, que se inundan, salitrosos, pedregosos, muy arenosos, por topografía escarpada o accidentada, y otros (Tabla I,4.1-1).

Zonas	Regiones	* ha . 10^6	* % del país
	Estepa Patagónica	30	11.1
Áridas	Monte	60	22.2
	Puna	20	7.4
Semiáridas	Chaqueña	60	22.2
	Espinal	20	7.4
Total		190	70.3

Tabla I,4.1-1: Zonas Áridas y Semiáridas no cultivadas de la Argentina. * = aproximado

4.2   Ecosistemas naturales de producción ganadera de Córdoba

Las zonas no cultivables de la provincia de Córdoba se ubican principalmente en las sierras y en el Norte y Oeste de la provincia, estas corresponden al Chaco Árido, Chaco Semiárido, distintos Pisos Serranos y los ecotonos de todos ellos con el Espinal.

Uno de los propósitos de este curso es estudiar los recursos forrajeros para los bovinos del norte y noroeste de la provincia de Córdoba, que corresponden a las zonas llanas del Chaco Semiárido y Chaco Árido respectivamente. Las técnicas de utilización de pastizales que estudiaremos podrían ser extrapoladas, con las precauciones necesarias, a todo el Arido Subtropical Argentino (Karlin y Bronstein, 1986).

Al Distrito Chaqueño Occidental (Cabrera, 1953)(Figura I,4.2-1) o Parque Chaqueño Occidental (Ragonese y Castiglioni, 1970)(Figura I,4.2-2), lo llamamos en forma práctica "Chaco Seco". En el Parque Chaqueño Occidental se distinguen varios distritos, de los cuales, los que más nos interesan en este curso son: a) el Distrito Santiagueño, que en el territorio de la provincia de Córdoba, Luti *et al.* (1979) denominaron Bosque Chaqueño Oriental (Figura I,4.2-3), y al que llamamos en forma práctica "Chaco Semiárido de Córdoba"; y b) el Distrito de Los Llanos, o Chaco Árido (Morello *et al.*, 1985), que en el territorio de la provincia de Córdoba, Luti denominó Bosque Chaqueño Occidental y al que llamamos "Chaco Árido de Córdoba". El Chaco Seco y el Monte Septentrional (Morello, 1958), integran el Arido Subtropical Argentino (Bronstein y Karlin, 1986) (Figura I,4.2-4).

4.2-1 CHACO SEMIÁRIDO DE CÓRDOBA

Vegetación: En la porción austral, la vegetación original fue un bosque xerófilo (Bosque de 2 Quebrachos) donde los dominantes ecológicos son *Schinopsis quebracho-colorado* (Quebracho Colorado Santiagueño) y *Aspidosperma quebracho-blanco* (Quebracho Blanco), a los que acompañan *Prosopis nigra* (Algarrobo Negro), *P. alba* (Agarrobo Blanco) y *Zizyphus mistol* (Mistol); le sigue un estrato arbóreo mas bajo compuesto por: *Celtis tala* (Tala), *Acacia aroma* (Tusca), *Acacia caven* (Espinillo), *Acacia praecox* (Garabato), *Prosopis torquata* (Tintitaco), *P. kuntzei* (Itín o Barba de Tigre), *Geoffroea decorticans* (Chañar), *Cercidium australe* (Brea), *Jodina rhombifolia* (Sombra de toro) y otros; luego un estrato arbustivo integrado por: *Atamisquea emarginata* (Atamisqui), *Condalia microphylla* (Piquillín), *Celtis pallida* (Tala Churqui), *Schinus spp.* (Moradillos), *Porlieria microphylla* (Cucharero), *Castela coccinea* (Mistol del Zorro), *Ximenia americana* (Albarillo), y otras; también se encuentran Cardones y otras cactáceas; y un estrato bajo compuesto por subleñosas, dicotiledóneas

Figura I,4.2-1
Territorios Fitogeográficos de la R. A.

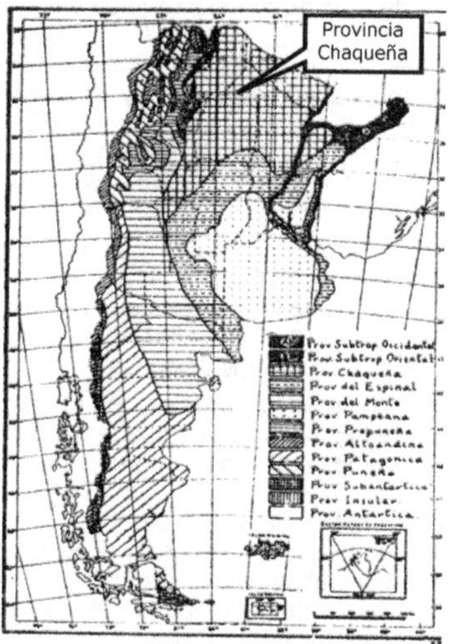

Tomado de: Cabrera, 1953

Figura I,4.2-3
Vegetación de la Provincia de Córdoba

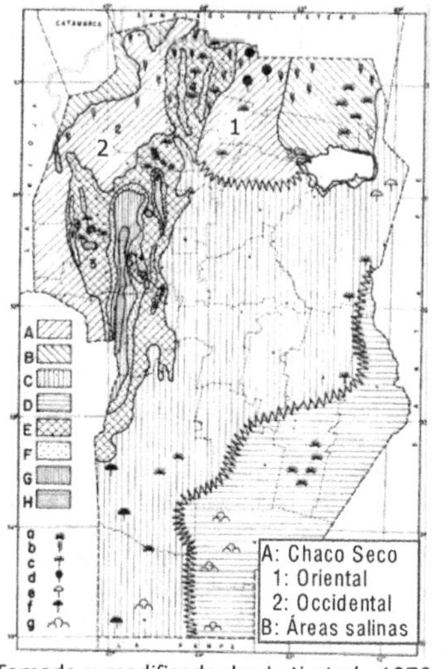

Tomado y modificado de: Luti *et al.*, 1979

Figura I,4.2-2
La Vegetación del Parque Chaqueño

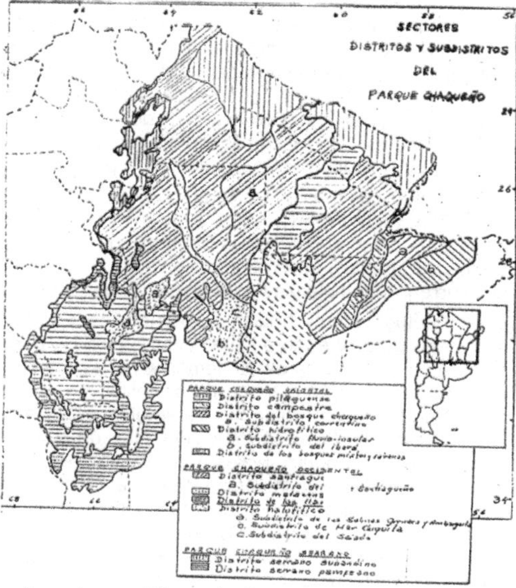

Tomado y modificado de: Ragonese y Castiglioni, 1985

Figura I,4.2-4
Árido Subtropical Argentino

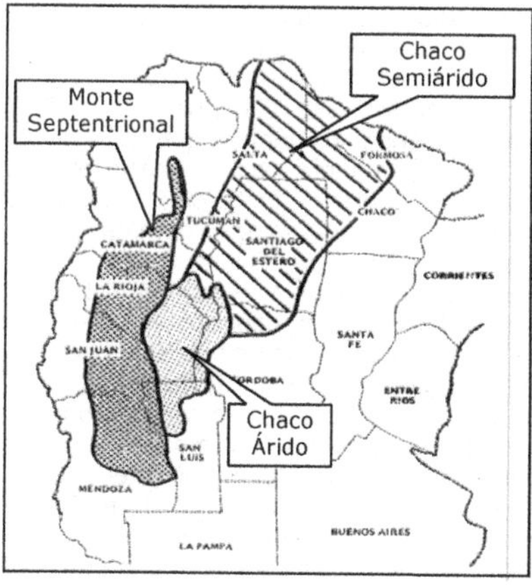

Tomado de: Karlin y Bronstein, 1994

herbáceas y principalmente, por gramíneas megatérmicas (Ver Capítulo II, Anexo 3 y 4) y muy pocas mesotermicas como *Bromus unioloides* (Cebadilla Criolla) y *Stipa gynerioides* (Paja Viscachera), ya que el N de Córdoba es el límite norte de distribución espontánea de las especies mesotérmicas.

Las áreas bajas cercanas al Río Petri o Dulce y al Mar de Ansenuza (Laguna de Mar Chiquita), presentan una vegetación modificada por suelos inundables y/o salinos y consiste en isletas de chañares en los paleoalbardones mejor drenados y algunos paleocauces, mientras que en los sectores más deprimidos, con drenaje deficiente, son frecuentes las especies de jumes, salicornia, palo azul, cardones y variedades de hidrófilas como esparto, espartillo y junquillo, estas últimas en la planicie de inundación actual del río.

Clima: Las principales características climáticas del Chaco Semiárido son: precipitaciones mayoritariamente estivales, el 70% o más ocurre entre los meses de octubre a abril y los promedios anuales van de los 750mm anuales en el Este a los 550mm en el Oeste. Veranos cálidos y húmedos, inviernos fríos y secos, siempre con heladas (5 a 10 días al año), el período de ocurrencia de heladas va desde los primeros días de julio a los últimos días de agosto.

Suelos: En el Chaco Semiárido de Córdoba hay dos áreas principales, el Chaco Semiárido típico y el Área salina (Ver Figura I,4.2-3) con diferentes tipos de suelo, además de estas tenemos el área de piedemonte de las Sierras del Norte y los ecotonos con el Espinal y una pequeña porción con las sierras chicas

Se reconocen los siguientes ambientes geomorfológicos (Jarsún *et al.*, 2003):

Depresión fluvio-lacustre del Mar de Ansenuza: Constituye una amplia concavidad ubicada en el ángulo Noreste de la Provincia, limitada por fallamientos profundos de orientación Norte-Sur. Al Oeste, la barranca del Saladillo, la separa de la Pampa loéssica alta y al Este, el llamado bordo de los altos, la separa de los Altos de Morteros o planicie santafesina. Se ubica en la llamada Área Salina A pesar de las variaciones de régimen hídrico, siempre se reconoce la acción del agua entre los factores que modelaron este ambiente. En un pasado reciente los sedimentos del río Petri o Dulce cubrieron totalmente la depresión con depósitos fluviales finos, sepultando parcialmente los antiguos sedimentos de origen lacustre. Los materiales originarios de los suelos allí desarrollados son, consecuentemente, de origen mixto (fluvio-lacustre) y de texturas variables, que van desde arenosos en los paleocauces hasta franco limosos y franco arcillo limosos, prevaleciendo un ambiente pedogenético con drenaje impedido y elevados tenores de sales solubles y sodio intercambiable en casi toda la depresión, a excepción de algunos sectores vinculados a albardones y paleocauces, donde las limitantes indicadas son menos severas.

Pampa loéssica alta: Se sitúa entre la Pampa loéssica plana por el Este y la Depresión periférica y la Pendiente oriental por el Oeste. Se trata de un plano alto, llamado plataforma basculada, con pendiente regional hacia el Este bastante. uniforme y que disminuye en el mismo sentido. Sobre el límite occidental los valores de las pendientes varían: entre 2 a 0,5% siendo este último valor el dominante de la porción oriental. La porción norte de este ambiente se encuentra en el Chaco Semiárido. Estructuralmente, esta unidad constituye un bloque elevado o basculado hacia el Este por fallas geológicas del basamento profundo, parcialmente cubierto por depósitos de piedemonte y luego por una potente sedimentación eólica. Superficialmente sólo se encuentra el loess franco limoso muy homogéneo donde se han observado espesores hasta de 50 metros. No se observa la presencia de depósitos fluviales, ya que por razones topográficas, esta gran unidad geomorfológica de la Provincia ha quedado fuera de la influencia de los derrames y abanicos provenientes de las sierras chicas de Córdoba.

Pendiente oriental: Subregión lateral a la Sierra Norte y de Comechingones. Constituye depósitos sedimentarios de piedemonte en forma de conos y abanicos de inclinación Este, con alternancias de algunos afloramientos aislados del basamento cristalino. En el sector Norte o Piedemonte oriental, las pendientes son menores, observándose, además de los abanicos, un sistema de desagües semipermanentes y derrames en los sectores más planos, con sistemas hídricos dispersos (del Totoral, Los Sauces, Guayascate, Río Seco, etc.) que se insumen al alcanzar los sedimentos blandos del piedemonte y se reactivan con precipitaciones abundantes en los últimos años, originando procesos erosivos y de sedimentación sobre suelos y deterioro de la red caminera. Topográficamente los afloramientos rocosos ocupan las partes más altas, las pendientes de áreas intermedias tienen una cubierta loéssica y los bajos, aluviones. La capa freática se encuentra profunda y las corrientes superficiales se pierden en los depósitos modernos apenas dejan la montaña.

4.2-2 CHACO ARIDO DE CÓRDOBA

<u>Vegetación</u>: En el noroeste de Córdoba, la vegetación original fue un bosque continuo más xerofítico y más ralo que el anterior, donde el dominante ecológico es *Aspidosperma quebracho-blanco* (Quebracho Blanco), al que acompañan *Prosopis flexuosa* (Algarrobo Negro), *P. chilensis* (Algarrobo Blanco) y *Zizyphus mistol* (Mistol); le sigue un estrato arbóreo de sotobosque, mas bajo (o arbustivo con algo de fuste, que no dificultan el acceso de los animales al forraje), compuesto por: *Acacia praecox* (Garabato), *Acacia aroma* (Tusca), *Acacia caven* (Espinillo), *Prosopis torquata* (Tintitaco), *P. pugionata* (Alpataco), *Bulnesia retama* (Retamo), *Tabebuia nodosa* (Palo Cruz), *Geoffroea decorticans* (Chañar), *Cercidium australe* (Brea), *Jodina rhombifolia* (Sombra de toro) y otras; luego un estrato arbustivo integrado por: *Acacia furcatispina* (Garabato Macho), *Celtis pallida* (Tala Churqui), *Larrea divaricata* (Jarilla), *Mimozyganthus carinatus* (Lata), *Lyciun chilensis* (Piquillín de Víbora), *Lycium tenuispinosum*, *Cassia aphylla* (Pichana), *Atamisquea emarginata* (Atamisqui), *Condalia microphylla* (Piquillín), *Castela coccinea* (Mistol del Zorro), *Ximenia americana* (Albarillo), *Prosopis sericantha* (Barba de Tigre Chico), *Mimosa detinens,* (Garabato chico o Shinqui) y otras; también se encuentran Cardones y otras cactáceas; y un estrato bajo compuesto por: subleñosas, dicotiledóneas herbáceas y principalmente, por gramíneas megatérmicas (Ver Capítulo II, Anexos 1 y 2).

Las áreas bajas cercanas a las Salinas grandes y de Ambargasta, presentan una vegetación modificada por suelos salinos, se encuentra un estrato arbustivo según un gradiente topográfico y salino compuesto por: *Maytenus vitis-idae* (Palta o Carne Gorda), *Ximenia americana* (Albarillo), *larrea divaritata, L. cuncifolia, Celtis chichape (C. pallida)* (Tala Churqui), *Cassia aphylla* (Pichana), *Mimosa detinens* (Garabato chico o Shinqui), *Lycium sp. Prosopis reptans* (Mastuerso o Retortuño), *P. elata* (Huaschillo), *P. Sericantha (P. fasciculatus)* (Barba de Tigre Chico), *Cyclolepis genistoides* (Palo Azul), *Plectrocarpa tetracantha* (Rodajillo), *Atriplex argentina* (Cachi Yuyo), *A. lampa,* (Zampa), *A. Cordobensis, Suaeda divaricata,* (Jume), *Allenrolfea patagónica,* (Jume Colorado), *A. vaginata* (Jume Blanco), *Hetterostachys ritteriana* (Jumecillo), y otras. Cactaceas *como: Stetsonia coryne (Cereus coryne), Cereus validus, Opuntia quiscaloro (O. cordobensis)* (Quisaloro), *Opuntia quimilo* (Qimilo), y otras. Gramíneas megatemicas como: *Pappophorum caespitosum, Trichloris crinita, Sporobolus pyramidatus, S. indicus, Monantochloe littoralis* (Yerba del Guanaco o Pasto del Guanaco), y otras.

<u>Clima</u>: La mayor parte del Chaco Arido de Córdoba se encuentra entre las isoyetas de 400 y 500 mm anuales de precipitación. Las precipitaciones son predominantemente estivales (80% de noviembre a abril) y las medias del área, promedio de los últimos 30 años de registros, van desde 530 mm/año, en algunos lugares del este de la región, a 390 mm/año en algunos lugares del oeste del Chaco Árido de Córdoba cercanos a los límites con las provincias de La Rioja y San Luis.

Las temperaturas en verano son altas, la media del mes de enero es superior a los 25°C y 5–10 días al año las máximas superan los 40°C Los inviernos son templados, la media del mes de julio es superior a los 10°C, pero ocurren 5–10 heladas todos los años. Las temperaturas medias diarias llegan a ser mayores a 30°C en algunas semanas del verano y menores a 10°C en algunos días de invierno.

<u>Suelos</u>: Se ubican en la denominada Área de Bolsones. Se define con este nombre a un amplio valle de clima árido que se extiende al Oeste de las sierras de Córdoba hacia La Rioja, Catamarca y San Luis (en cuyo fondo se encuentran las Salinas Grandes y de Ambargasta). Tiene un origen estructural (fosa tectónica) encontrándose parcialmente colmatado por sedimentos provenientes de las sierras circundantes, particularmente las de Córdoba y sedimentos eólicos franco limosos, francos y franco arenosos.

En la actualidad, los procesos de erosión, acumulación y/o redeposición, siguen actuando, aunque en forma más atenuada. Cada uno de los grandes ambientes y los procesos geomórficos más recientes dentro de los bolsones tiene su propia dinámica y se describen a continuación:

Se reconocen los siguientes ambientes geomorfológicos (Jarsún *et al.* 2003):

Piedemonte occidental: Es una faja estrecha que bordea las sierras por su flanco occidental, constituida por conos y abanicos aluviales, conformando un plano inclinado hacia la parte central del bolsón. Los depósitos de estos últimos son de textura franca fina bastante homogénea con estratificación horizontal y abundante materia orgánica en profundidad. En las partes más bajas los sedimentos son francos y franco limosos, a veces gravillosos finos.

Planicie fluvio-eólica occidental: Está ubicada al noroeste de la Provincia y representa una planicie o llanura muy suavemente inclinada hacia las Salinas Grandes, constituida esencialmente por sedimentos fluviales (planicies de derrames), donde se observan ligeras elevaciones del relieve, relictos loéssicos poco modificados. Los materiales son de textura franca y franco limosa con algunas partículas de arenas gruesas y/o gravillas.

Depósitos eólicos perisalares: Bordeando las Salinas Grandes y de Ambargasta en el noroeste de la Provincia, se encuentra una estrecha faja deprimida con sedimentos eólicos franco arenosos finos muy homogéneos.

Planicie eólica occidental: Subregión ubicada en el centro Oeste de la Provincia, sobre el límite con La Rioja y San Luis. Está constituida por lomas eólicas suavemente onduladas de textura franco arenosa fina, con algunas crestas u ondulaciones mayores más arenosas; planos deprimidos mal drenados y salinos y geoformas aluviales distales (paleocauces, albardones erosionados por el viento y derrames). En los sectores altos del relieve se observan verdaderos médanos estabilizados de texturas areno francas y arenosas.

*   *   *   *   *   *

REFERENCIAS

BRAGADÍN, E.A., 1959. Las pasturas en la región de Los Llanos (Provincia de La Rioja) R.A.N.A., III (1-2):289-334.

BRONSTEIN, G. y U.O. KARLIN, 1986. Caracterización de los sistemas de producción del Árido Subtropical Argentino. En: V Reunión de Intercambio Tecnológico de Zonas Áridas y Semiáridas, pp:439-448.

BURKART, A., 1969-1987. Flora ilustrada de Entre Ríos. VI(II) Gramíneas. Colección Científica INTA, Bs.As.

CABRERA, A.L., 1953. Esquema Fitogeográfico de la Republica Argentina. Ed. Biblioteca Central, F. A. y V. - U. B. A., 1966, Buenos Aires. 103 p.

CABRERA, A.L., 1963-1970. Flora de la provincia de Buenos Aires. IV(II) Gramíneas. Colección Científica INTA. Bs.As.

CABRERA, A.L., 1976. Regiones Fitogeográficas Argentinas. Enciclopedia Argentina de Agricultura y Jardinería, 2da Ed. Acme S.A.C.I., Bs. As.. Tomo II, Fascículo 1. 85 p.

CALELLA, H.F., 1989. El Chaco Arido Riojano, características destacadas, subregiones de vegetación y suelo, principales sistemas productivos, tecnologías disponibles. En: Memoria de la XII Reunión del Grupo Chaco. FAO, UNESCO/MAB, INTA, Univ. de La Rioja. pp:3-27.

CASERMEIRO. J.R. y E.H. SPAHN, 1993. Principales forrajeras nativas de la provincia de Entre Ríos (1ra Parte) FCA, UNER. 69p.

JARSUN *et al.*, 2003. Los suelos. Agencia Córdoba DAC y TSEM e INTA Centro Regional Córdoba, 567p.

LUTI, R., M.A. BERTRÁN, F.M. GALERA, N. MÜLLER, M. BERZÁL, M. NORES, M.A. HERRERA y J.C. BARRERA, 1979. Vegetación. En: Vásquez, J.B., R.A. Miatello y M.E. Roqué, Geografía Física de la Provincia de Córdoba, Editorial Boldt. VI:297-368.

MORELLO, J., 1958. La Provincia Fitogeográfica del Monte. Opera Lilloana II, Instituto Miguel Lillo, Tucumán. 155p.

MORELLO, J., L. SANCHOLUZ y C. BLANCO, 1985. Estudio macroecológico de Los Llanos de La Rioja. Serie del Cincuentenario de la Administración de Parques Nacionales. Bs.As. 5:1-53.

MORLANS, M.C., 1985. Fitogeografía de Catamarca. Documento Preliminar, Cátedra de Ecología Agraria, UNCa.

ODUM, E.P., 1972. Ecología. Nueva Editorial Interamericana, (3ª Edición, 2003). 639p.

RAGONESE, A.E., 1951. Estudio fitosociológico de las Salinas Grandes. INTA, R.I.A. 5 (1-2):1-234.

RAGONESE, A.E., 1967. Vegetación y ganadería en la República Argentina. Colección Científica INTA, Bs. As., 218p.

RAGONESE, A.E. y J.C. CASTIGLIONI, 1970. La vegetación del Parque Chaqueño. Bol. Soc. Arg. Bot. 11 (suplemento):133-160.

ROIG, F.A., 1981. Flora de la Reserva Ecológica de Ñacuñán. Cuaderno Técnico 3-80. IADIZA, Mendoza. 176p.

SAYAGO, M., 1969. Estudio fitogeográfico del norte de Córdoba. Bol. Academia Nacional de Ciencias, Córdoba. 46:123-427.

*   *   *   *   *   *

CAPÍTULO II

Características de los recursos forrajeros

CARACTERÍSTICAS DE LOS RECURSOS FORRAJEROS

1 RECURSOS FORRAJEROS

1.1 Recursos forrajeros espontáneos

Son los vegetales o parte de ellos, sean nativos o exóticos, que crecen espontáneamente y son consumidos normalmente por los animales en situaciones no restrictivas al consumo animal.

En los ecosistemas naturales diversos vegetales son consumidos por la fauna silvestre como: guanacos, corzuelas, pecaríes, vizcachas, y otros; o por animales introducidos por el hombre, ya sean domésticos como: bovinos, ovinos, caprinos y otros; o silvestres como: ciervos, jabalís, liebres y otros.

Los vegetales o parte de ellos que consumen algunos componentes de la fauna silvestre como: aves, peces, insectos y otros, no los incluimos en el concepto de recursos forrajeros, sin dejar de reconocer su importancia en los ecosistemas naturales.

El uso de vegetales por componentes del reino animal, que no incluyen el consumo directo como son: la construcción de nidos, refugios, substratos, y otros, como es evidente, tampoco los incluimos en el concepto de recursos forrajeros, aunque pueden tener importancia ya que en muchos casos puede afectar a los recursos forrajeros.

En situaciones de escasez de la oferta forrajera, cuando el consumo voluntario en pastoreo no alcanza para completar la dieta en cantidad (llenar el rumen), los animales por instinto de supervivencia pueden apelar a especies o parte de ellas, que normalmente no consumirían. A estas especies que son algo consumidas en situaciones extremas, no las consideramos recursos forrajeros, ya que normalmente no son consumidas. Quizás, podrían integrar una lista de recursos forrajeros de emergencia para casos extremos, pero no se puede desarrollar un sistema de ganadería bovina sustentable basado en estas especies.

En áreas con elevada concentración de animales, se pueden observar especies vegetales no apetecidas y que normalmente no se consideran recursos forrajeros, con signos de haber sido comidas. Esta aparente contradicción, no es tal, ya que en muchas ocasiones los animales prueban y luego rechazan esa especie, por eso en áreas donde se concentran diariamente muchos animales alguno prueba siendo esta la causa de encontrar plantas comidas y que no son forrajeras preferidas.

Por ejemplo: Los caprinos, en áreas cercanas a los corrales, cuando pasan para buscar sectores donde alimentarse, van probando la vegetación que encuentran y si esta acción se repite todos los días, a lo que se suma que los rebrotes tiernos tienen menos cantidad de sustancias que producen el rechazo en la planta madura, da como resultado que se encuentren plantas de *Larrea divaricata* (Jarilla) extremadamente ramoneadas, pero en los lugares donde normalmente se alimentan los caprinos no se encuentras plantas de esta especie con signos de ramoneo.

Otro ejemplo: Se pueden observar vacas en mal estado de nutrición y en potreros con muy poca oferta forrajera del pastizal, derribando con la pata cladodios de *Opuntia quimilo* (Quimilo), restregarlos en el suelo con la pata para desprender las espinas y luego consumirlos.

En esta acción el animal gasta mas energía que la que aporta la penca, sin embargo en situaciones de oferta forrajera no tan restringida y si están accesibles, pueden consumir las flores y frutos de esta cactácea.

Entonces, *Opuntia quimilo* es un recurso forrajero de muy poca importancia, cuyo aporte forrajero son solamente flores y frutos, los cladodios no son recursos forrajeros, salvo que sean transformados y/o tratados por el hombre (cosechados, desprendidas las espinas, picados y/o deshidratados) y luego ofrecidos a los animales.

Las cactáceas en general pueden aportar vitaminas, agua y muy poca energía, solo se justificaría su utilización en situaciones de emergencia, como sequías prolongadas.

1.2 Recursos forrajeros para los animales domésticos

De aquí en adelante utilizaremos la denominación <u>recursos forrajeros</u> para referirnos a los vegetales o parte de ellos con que se alimentan voluntariamente los animales domésticos.

Dentro de los animales domésticos nos ocuparemos principalmente de los recursos forrajeros para los bovinos.

Cuando se trate de recursos forrajeros para otros animales domésticos como caprinos, ovinos, llamas y otros, haremos especial referencia a ellos.

La importancia forrajera de las especies esta determinada por la preferencia de los animales por esas especies. Entendemos por preferencia a la elección voluntaria de los animales en ambientes sin restricciones de alimento.

Para regiones con restricciones agrícolas, como el Chaco Semiárido y Árido, se han mencionado muchas especies que son consumidas por animales domésticos. Para la zona centro-oeste de la provincia del Chaco (Bordón, 1988), menciona una lista de especies consumidas por los animales (ver Capítulo II, Anexo 3). Para el Chaco Arido, Norte de San Luis y Sur de los llanos de La Rioja (Anderson *et al.*, 1970; Anderson, 1980), mencionan especies consumidas por el ganado (ver Capítulo II, Anexo 1). Para el Chaco Arido de Córdoba agregamos otras especies que no se mencionan en el anterior (ver Capítulo II, Anexo 2).

El principal recurso forrajero para los bovinos, en éstas regiones, lo constituye el estrato herbáceo de gramíneas espontáneas o <u>pastizal</u>, solo una pequeña parte de la dieta, en momentos en que la oferta del pastizal es deficiente en cantidad y/o calidad, la integran algunas leñosas, subleñosas y herbáceas, accesibles (al alcance) de los animales, estas últimas son importantes para los caprinos y algo menos para los ovinos.

En momentos de restricciones de la oferta forrajera (por sequías prolongadas) o en pastizales degradados, el consumo de otras especies, que en momentos de abundancia o en pastizales mejores serian poco consumidas o no serían consumidas por los bovinos, puede ser importante para la supervivencia de los animales.

Otros recursos forrajeros de gran importancia lo constituyen las gramíneas exóticas que puedan utilizarse en áreas con restricciones agrícolas.

En el Chaco Arido se han introducido y han sobrevivido algunas especies de gramíneas, pero hasta el momento han dado resultado en secano algunos cultivares de *Cenchrus ciliaris* (Buffel Grass). Creemos que en éstos no se agotan las posibilidades pues, en el mundo, en regiones similares, se pueden encontrar especies de pastos con buenas características forrajeras.

En el Chaco Semiárido la lista de especies y cultivares de gramíneas exóticas que se pueden incorporar para enriquecer los pastizales en siembras en cobertura y/o tradicionales, es mas amplia, podemos mencionar: *Cenchrus ciliaris* (Buffel Grass), *Chloris gayana* (Grama Rhodes), *Panicum maximun cvar. Gatton* (Gatton Panic), *P. Coloratum, Sorghum spp.*, *Digitaria eriantha* y otras.

Los recursos forrajeros que proporcionan las dicotiledóneas leñosas, subleñosas y herbáceas pueden ser importantes en la región, tanto por su aporte directo de forraje (hojas, ramones, inflorescencias, frutos, hojarasca o broza, y otros), como por sus efectos indirectos, aportando proteínas, vitaminas y minerales, que favorecen el consumo por los animales de gramíneas de baja calidad.

Los bovinos sólo incorporan a su dieta entre el 5 y el 10% de dicotiledóneas en determinadas épocas del año y su importancia reside en su acción "catalítica" aportando vitamina A o complementando la dieta en proteínas (aporte de nitrógeno).

Si bien los bovinos sólo ramonean una pequeña cantidad de leñosas en el bache forrajero de las gramíneas (pastizal henificado en pie con poca calidad y baja oferta forrajera), los caprinos en la misma época constituyen su dieta con un 80% de forraje de leñosas.

En el Chaco Árido no se han encontrado leguminosas forrajeras herbáceas y las que se han intentado introducir, tanto de clima templado como cálido, no prosperaron en cultivos de secano.

Las razones de no poder contar con leguminosas forrajeras herbáceas pueden encontrarse en los factores climáticos que dificultan la sobrevivencia, estos son: un largo período seco, con heladas en los meses más fríos y estrés hídrico en verano por la elevada demanda atmosférica combinada con cortas sequías temporales en los meses más cálidos.

En el Chaco Semiárido se encuentran algunas leguminosas herbáceas nativas, algunas perennes como: *Galactia* spp. *Adesmia muricata*, y otras anuales como: *Mimosa sp.* Aunque no se encuentran en abundancia, nos indican que posiblemente se podrían incorporar algunas especies cultivadas.

Con técnicas de acumulación de agua de lluvia, se ha podido cultivar Alfalfa var. Saladina. Es posible también, cultivar algunas leguminosas herbáceas anuales como *Melilotus alba*.

Se deberían probar muchas especies de leguminosas herbáceas perennes seleccionadas para zonas semiáridas del mundo con similitudes climáticas, como las desarrolladas en Australia.

Tanto en el Chaco Arido como en el Semiárido hay algunas especies forrajeras leñosas y subleñosas nativas o introducidas que pueden ser cultivadas como: *Atriplex spp., Opuntia spp.* y otras, y se deberían incorporar con técnicas probadas de cultivo y utilización, especies de los géneros *Acacia spp., Prosopis spp., Zizyphus sp., Justicia spp., Ruellia spp.* y otras especies, que son consumidas por los animales domésticos.

2   CARACTERÍSTICA DE LAS GRAMINEAS

2.1   Arquitectura de las gramíneas del pastizal

La arquitectura comprende las características morfoestructurales de los vegetales. La gran mayoría de las gramíneas que componen los pastizales naturales (espontáneos) del Árido Subtropical Argentino tienen un hábito de crecimiento cespitoso, es decir forman matas, y se encuentran muy pocas especies rastreras o estoloníferas.

Como respuesta a las condiciones ambientales (balances hídricos negativos y poca fertilidad de suelos), los pastizales son poco densos.

La característica morfoestructural de la fitomasa aérea o arquitectura de cada especie, descripta por la altura y el macollaje (abundancia y densidad de macollos, Figura II,2.1-1), junto con la distribución vertical de la materia seca, la composición botánica, la densidad y otros, definen la estructura o distribución espacial del pastizal.

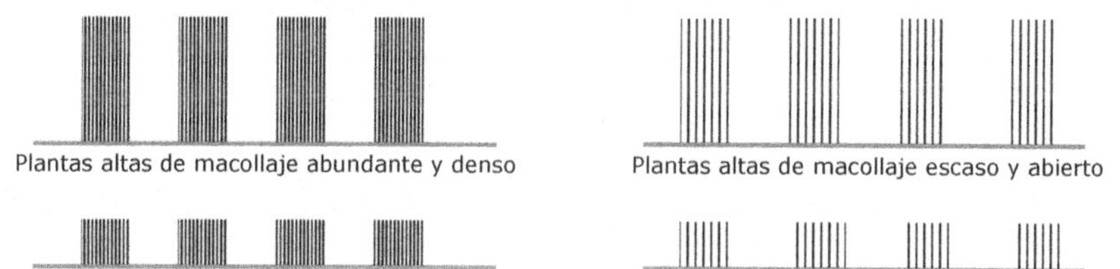

Plantas altas de macollaje abundante y denso   Plantas altas de macollaje escaso y abierto

Plantas bajas de macollaje abundante y denso   Plantas bajas de macollaje escaso y abierto

Figura II,2.1-1: Esquemas de la estructura de la fitomasa aérea de pastos nativos (Marchi, 1978).

Por su arquitectura se han definido cuatro grupos de especies: plantas altas de macollaje abundante y denso como *Digitaria californica*, plantas altas de macollaje escaso y abierto como *Gouinia paraguariensis*, plantas bajas de macollaje abundante y denso como *Neobouteloua lophostachya*, y plantas bajas de macollaje escaso y abierto como *Bouteloua aristidoides*, (Marchi, 1978).

La estructura del pastizal tiene importancia en el comportamiento pastoril de los animales, principalmente en los bovinos, ya que los distintos factores que la componen serían los responsables del peso de cada bocado, la frecuencia de bocados, y en suma del tiempo de pastoreo (ver Capítulo VII:2.2).

La distribución vertical de la fitomasa aérea de las gramíneas (Cavagnaro *et al.*, 1983), es otra forma de caracterizar la arquitectura de los pastos y también tiene importancia con relación al habito de pastoreo de los animales (Figura II,2.1-2). Es difícil que los bovinos puedan pastorear por debajo de los 5cm de altura, entonces es muy importante el porcentaje de fitomasa aérea que tiene cada especie entre 0 y 5cm.

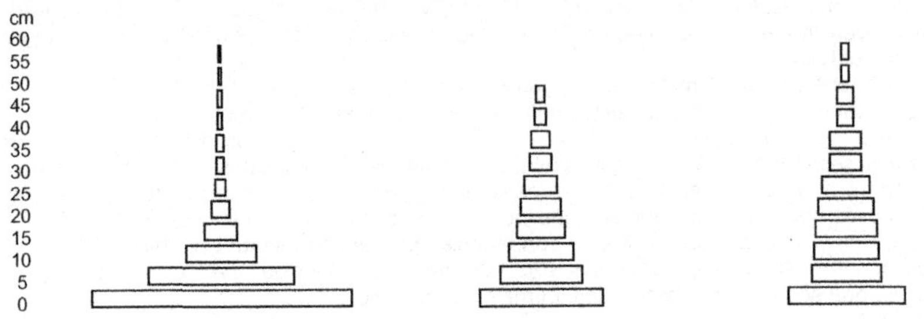

Figura II,2.1-2: Distribución vertical de la materia seca de gramíneas nativas. Referencias: *Trichloris crinita* (Ø basal = 12–14cm), *Pappophorum caespitosum* (Ø basal = 4–6cm), *Digitaria californica* (Ø basal = 5–8cm). Las barras representan los porcentajes de materia seca para cada intervalo.

En relación al porcentaje de materia seca entre 0 y 5cm de altura, se pueden distinguir 2 tipos de distribución vertical proporcional de la fitomasa aérea de las gramíneas nativas (Tabla II,2.1-1).

Intervalo cm	Tri cri %MS	Pap cae %MS	Dig cal %MS	Set leu %MS	Dip dub %MS	Ari men %MS	Neo lop %MS
55 – 60	0.5		1.6	2.1	0.5		
50 – 55	0.5		1.6	2.1	0.5		
45 – 50	0.9	1.8	3.4	3.2	1.1	0.3	
40 – 45	0.9	1.8	3.6	3.2	1.1	0.3	
35 – 40	1.6	4.8	5.8	5.5	2.5	1.2	
30 – 35	1.6	4.8	6.8	5.5	2.5	1.2	
25 – 30	2.0	7.2	8.9	6.2	4.2	3.6	
20 – 25	3.1	8.8	10.4	8.0	5.5	8.5	3.0
15 – 20	6.7	10.6	11.4	9.9	8.1	16.0	6.9
10 – 15	12.2	14.3	12.2	13.2	11.6	19.9	9.5
5 – 10	25.1	18.3	12.7	16.3	18.7	20.8	19.4
0 – 5	44.9	27.6	21.6	24.8	43.7	28.2	61.2
TOTAL	100.0	100.0	100.0	100.0	100.0	100.0	100.0

Tabla II,2.1-1: Referencias: Tri cri = *Trichloris crinita* (Ø basal = 12-14cm); Pap cae = *Pappophorum caespitosum* (Ø basal = 4-6cm); Dig cal = *Digitaria californica* (Ø basal = 5-8cm); Set leu = *Setaria leucopila* (Ø basal = 5-7cm); Dip dub = *Diplachne dubia* (Ø basal = 4-5cm); Ari men = *Aristida mendocina* (Ø basal = 3-5cm); Neo lop = *Neobouteloua lophostachya* (Ø basal = 4-6cm).

Tipo 1) Las que tienen mas de 40% y que tienen un esquema de distribución de "embudo invertido" (*T. crinita, D. dubia*). Tipo 2) Las que tienen menos de 30% en estas se pueden distinguir dos subgrupos, a) Las que tienen un esquema de distribución "triangular" (*P. caespitosum, A. mendocina*) y b) Las que tienen un esquema de distribución "trapezoidal" (*D. californica, S. lucopila*) (Figura II,2.1-3).

Una manera práctica para evaluar la distribución vertical de la materia seca es la que propuso Renolfi (1988) para evaluar el factor de uso del 50% (ver Capítulo VIII,3.1), o sea, en ese ambiente, a que altura de planta madura se encuentra el 50% de la materia seca de cada especie y cual es la proporción de esta altura respecto a la altura total (Tabla II,2.1-2).

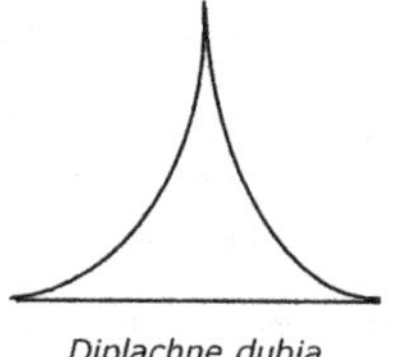

Diplachne dubia

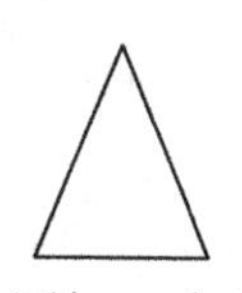

Aristida mendocina

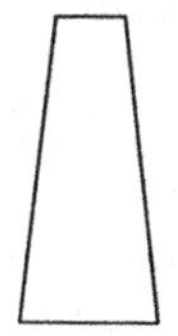

Setaria leucopila

Figura II,2.1-3: Esquemas de la distribución vertical, proporcional de la materia seca, de la fitomasa aérea de gramíneas nativas. Referencias: Tipo 1 *Diplachne dubia* (∅ basal = 4-5cm). Tipo 2 Subtipo a) *Aristida mendocina* (∅ basal = 3-5cm). Tipo 2 Subtipo b) *Setaria leucopila* (∅ basal = 5-7cm).

Comunidad	Especie	Altura FU 50% (cm)	Relación Altura/FU 50% (%)
Bosque	*Digitaria californica*	31	1/2
	Gouinia paraguariensis	33	1/3
	Setaria globulifera (conrdobensis)	18	1/5
	Setaria fiebrigii	23	1/2
	Chloris ciliata	25	1/2
	Trichloris pluriflora	25	1/5
Sabana	*Pappophorum sp.*	24	1/2
	Schizachyrium tenerum	26	1/3
	Botriochloa media	17	1/5

Tabla II,2.1-2: Altura para factor de uso (FU) 50% y la relación de la misma con la altura total de la planta de algunas especies nativas del Chaco Semiárido (Renolfi, 1988).

Otro ejemplo de aplicación de la distribución vertical de la materia seca lo presentaron Gabutti *et al.* (2003), para los pastizales de San Luis, en cual el objetivo del trabajo fue estudiar la distribución del peso seco en función de la altura de la planta en seis especies de ciclo primavero-estival del Caldenal (*Aristida mendocina*, *Bothriochloa springfieldii*, *Digitaria californica*, *Eustachys retusa*, *Schizachyrium plumigerum* y *Sporobolus cryptandrus*) y estimar la altura correspondiente a un factor de uso del 50% y 70% (Tabla II,2.1-3).

Especie	Altura media (cm)	Peso medio (gr)	Altura remanente FU 0,50	Altura remanente FU 0,70
Aristida mendocina	43,5	14,3	6	3
Bothriochloa springfieldii	54,4	11,7	6	2.5
Eustachys retusa	48,7	6,6	2	1.5
Digitaria californica	52,1	15,0	7	3
Schizachyrium plumigerum	44,2	32,0	6	3
Sporobolus cryptandrus	38,6	4,4	6	3

Tabla II,2.1-3: Alturas remanentes con factor de uso (FU) 50% y 70%, Gabutti *et al.*, 2003

Por otra parte, el sistema radicular de las gramíneas del Árido Subtropical Argentino explora solo los primeros 50–60cm de suelo, solo algunas pocas raíces pueden alcanzar los 80–100cm de profundidad. No tenemos evidencias que algunas raíces profundicen mas, como ocurre con muchos pastos africanos, esto hace que el rebrote y crecimiento sean muy dependientes de las lluvias.

Las gramíneas nativas, en su evolución no han sido sometidas a una presión de selección por grandes animales consumidores de pasto, como ocurrió en el continente africano o en las llanuras de América del Norte, y otros.

Los resultados son pastos con regulares características forrajeras como: poca tolerancia a cortes, anclaje débil (principalmente en el período de implantación), mediana resistencia al pisoteo, y otros. Es decir, tienen características regulares si se las compara con los pastos originarios de regiones donde hubo y aun hay una fuerte presión de selección.

2.2 Algunas características ecofisiológicas de las gramíneas nativas

En el Árido subtropical Argentino casi todas las gramíneas nativas de la región pertenecen al grupo de las denominadas Carbono 4 (C4) o megatérmicas, en las que el anhídrido carbónico se incorpora principalmente, por el ciclo de Hatch y Slack.

Los factores climáticos (veranos cálidos y húmedos e inviernos fríos y secos) son los responsables de pastizales integrados casi exclusivamente, por gramíneas megatérmicas, que tienen un ciclo vegetativo estival, en todo el Árido Subtropical Argentino.

Las gramíneas del Chaco Árido y Semiárido están adaptadas a la corta estación de lluvias estivales, por lo que su ciclo vegetativo es corto, 4 a 5 meses y 5 a 6 meses, respectivamente. El requerimiento térmico para el crecimiento de las gramíneas megatérmicas es: temperatura media ≥15ºC.

En las regiones chaqueñas Árida y Semiárida de la provincia de Córdoba el periodo de ocurrencia de temperaturas medias diurnas ≥15ºC, se extiende desde comienzos de primavera hasta finales del otoño (Figura II,2.2-1).

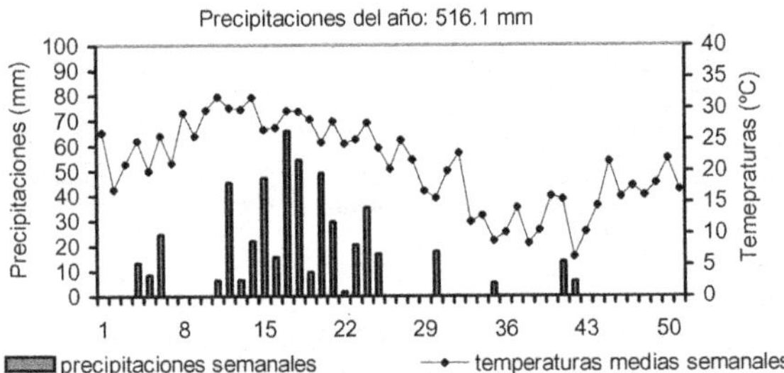

Figura II,2.2-1: Precipitaciones semanales y temperaturas medias semanales (de un periodo típico, 01/10/90 a 30/09/91). Estación Agrometeorológica Chancaní. Eje x = semanas.

En muchas ocasiones una lluvia primaveral (octubre), cuando ya tenemos temperaturas de crecimiento, hace que algunos macollos rebroten. Si no continúan las lluvias, esos rebrotes se secan y recién se producen los rebrotes masivos cuando comienza la estación de precipitaciones, a esos rebrotes tempranos los llamamos "rebrotes térmicos".

Si el período seco es el típico y no se produce una lluvia temprana, estos rebrotes térmicos no se producen, lo cual es conveniente porque no se gastan los hidratos de carbono de reserva de las gramíneas.

Al corto período de crecimiento del pastizal se suma que las gramíneas megatérmicas maduran precozmente como resultado de la combinación de elevadas temperaturas y alternancia de periodos secos (alrededor de 20 días, dentro de la estación de lluvias) y aunque su producción es elevada por ser C4, el resultado global es la pérdida de calidad forrajera (digestibilidad y/o contenido de proteína bruta, o relación hoja/tallo) por una maduración rápida (encañado temprano) (Figura II,2.2-2 a y b).

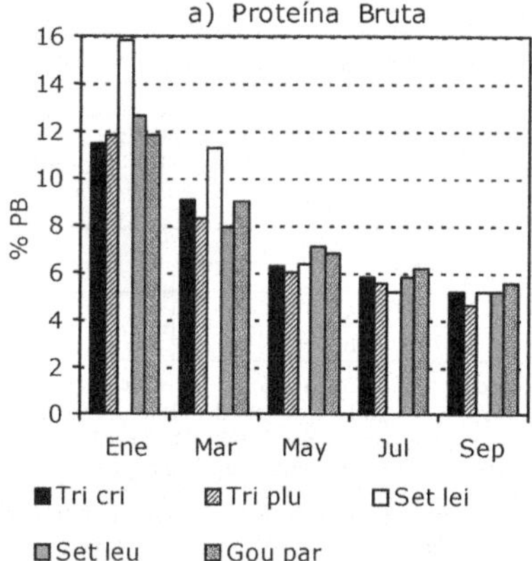

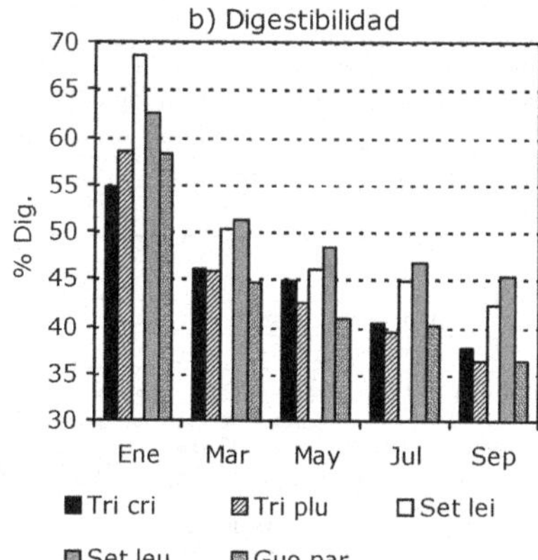

Figura II,2.2-2: (a) Porcentajes de Proteína Bruta y (b) Digestibilidad *"in situ"* de 5 gramíneas de una comunidad Algarrobal. Referencias: Tri cri = *Trichloris crinita;* Tri plu = *T. pluriflora;* Set lei = *Setaria leiantha;* Set leu = *S. leucopila;* Gou par = *Gouinia paraguariensis.*

Las gramíneas del Árido Subtropical Argentino, por haber tenido una baja presión de selección, no responden a los cortes (desfoliación) como los pastos de regiones donde hubo una fuerte presión de selección. Estos últimos, han desarrollado una rápida respuesta a la pérdida de área foliar, produciendo inmediatamente la brotación de nuevos macollos para recuperar superficie fotosintetizante y producir la energía necesaria para completar su ciclo.

Las diferencias se pueden constatar comparando las producciones cuando se las somete a distintas frecuencias de corte.

En un ensayo de frecuencias de corte de *Cenchrus ciliaris* realizado en U. N. de Catamarca (Pavoni, N., comunicación personal), la sumatoria de las producciones acumuladas de 3 cortes fue mayor que la de 2 cortes, y esta mayor que un solo corte.

En cambio, para *Trichloris crinita, Setaria lucopila* y *Digitaria californica,* no hubo diferencias significativas entre las sumatorias de los cortes. Para *Pappophorum caespitosun,* hubo diferencias significativas entre la sumatoria de 2 cortes y un solo corte al final de la temporada de crecimiento, pero no hubo entre 3 cortes y 2 cortes. Para *S. leiantha,* hubo diferencias significativas entre las sumatorias de los tres tratamientos de cortes, siendo el mayor valor para 2 cortes (Díaz *et al.,* 1989), (Tabla II,2.2-1).

Especie	Variable	Valor F (observado)	Valor P
Setaria leiantha	P/AB	4.628	0.041*
Setaria leucopila	P/AB	0.366	0.698
Trichloris crinita	P/AB	1.648	0.222
Digitaria californica	P/AB	0.147	0.864
Pappophorum caespitosum	P/AB	4.346	0.030*

Tabla II,2.2-1: Referencias: P = Peso seco; AB = Área basal (cobertura basal).
* diferencia significativa p≤0,05.

Las diferencias fueron apenas significativas en ese año por lo que no es posible confiar que en otros años se sigan manteniendo.

Las gramíneas nativas del Chaco Árido, no responden a los cortes como las forrajeras exóticas, el tratamiento que dio el mejor resultado, desde el punto de vista forrajero, fue 2 cortes; uno cuando se alcanza el 10% de macollos en floración (mediados de enero) y otro al final de la temporada de crecimiento (abril).

En el Monte Septentrional se realizaron ensayos de frecuencia e intensidad de cortes en gramíneas nativas (Cavagnaro y Dalmaso, 1983). Algunos resultados son los siguientes (Tabla II,2.2-2).

Especies	Tratamientos				
	2	3	4	5	6
Pappophorum caespitosum	a b	b c	c	a	c
Trichloris crinita	a	b	b	a	b

Tabla II,2.2-2. Tratamientos: 2 = Corte al ras al final del ciclo; 3 = Corte a 5 cm de altura al final del ciclo; 4 = Corte a 15 cm de altura al final del ciclo; 5 = Corte a 5 cm de altura repetido bimensualmente; 6 = Corte a 15 cm de altura repetido bimensualmente. MS (Materia Seca): menor valor letra a. Diferencias significativas (letras distintas) de MS (gr/planta) al 2º año, p ≤ 0,05

Los resultados muestran que las frecuencias bimensuales con una altura de corte de 5cm y cortes al ras del suelo dieron los peores rendimientos. Los mejores rendimientos se produjeron con un solo corte a 5 o 15cm de altura y con cortes bimensuales a 15 cm de altura. Aquí aparece claramente que la mejor altura de corte es 15cm de altura, lo que muestra que las gramíneas nativas tienen características forrajeras regulares, ya que necesitan una buena parte basal para utilizar las reservas de hidratos de carbono y/o el área foliar remanente luego del corte, para no perder vigor.

Otra característica es que las gramíneas de las zonas áridas y semiáridas están adaptadas a los déficit hídricos de estas zonas y/o a la competencia por agua con las leñosas. Como prueba de ello, mediciones del potencial agua a prealba en 2 especies bajo la cobertura de *Prosopis flexuosa* y fuera de ella (Vega Gentile, 1988), dieron los siguientes resultados (Tabla II,2.2-3).

	Tratamientos	
	Bajo copa (MPa)*	Fuera de la copa (MPa)*
Setaria leucopila	- 2.3 a - 0.6	- 1.6 a - 0.6
Trichloris pluriflora	- 2.6 a - 0.7	- 1.9 a - 0.7

Tabla II,2.2-3: Rangos extremos anuales del potencial agua medidos a prealba. No se detectaron diferencias significativas entre tratamientos, p ≤ 0,05. * MPa = Mega Pascales.

Otra característica importante de las gramíneas es que por haber evolucionado en un ambiente de bosque, donde las especies dominantes del ecosistema son leñosas, son bastante tolerantes a sombra, aunque las especies varían de predominantemente heliófilas a medianamente umbrófilas, pasando por algunas indiferentes que se las encuentra tanto afuera como debajo de la proyección de la copa de los árboles.

Estas características determinan una relación entre el tipo de comunidad de leñosas y la composición botánica de las gramíneas del pastizal natural.

Si el ambiente es el dado por una comunidad de leñosas de bosque, sabana o parque, con mayores o menores coberturas de arbustos, o en ambientes modificados por extracción forestal, las comunidades de gramíneas que encontramos en cada caso dependerán de los porcentajes de cobertura de los distintos tipos de leñosas que conformen la comunidad del sitio o del grado de disturbio y el grado de evolución después de una extracción forestal.

Estos tipos de asociaciones vegetales son del mayor interés en los estudios de dinámica de los pastizales (ver Capítulo IV:3.11 y Capítulo IV:4.4 y 4.5).

3   CARACTERÍSTICAS DE LAS LEÑOSAS

3.1   Arquitectura de los árboles del bosque y del sotobosque

Al chaco Semiárido lo definen como un bosque xerófilo mas o menos ralo, donde los dominantes ecológicos, Quebracho Colorado Santiagueño y Quebracho Blanco, conforman un bosque poco denso que permite un sotobosque con especies arbóreas de menor porte, es decir la densidad de individuos arbóreos es menor que en el Chaco Subhúmedo y Húmedo.

La distribución sobre el terreno no es uniforme, presentando áreas abiertas, de origen edáfico, con pocas o ausencia de leñosas, denominados "aibales", donde en el estrato de gramíneas predomina el Aibe (*Elionorus muticus*); áreas de bosque mas o menos uniformemente distribuido (similar a sabanas) y áreas donde hay una mayor densidad de árboles denominado bosque típico.

En el Chaco Árido el bosque es más ralo y más xerófilo, el dominante ecológico es Quebracho Blanco al que acompañan Algarrobos, Mistol y otros componentes arbóreos del sotobosque.

La distribución en el terreno tampoco es uniforme, presentando áreas con pocas leñosas denominadas "abras" de menor superficie que los "aibales" del Chaco Semiárido; áreas con una distribución mas o menos uniformes de componentes arbóreos y áreas con mayor densidad de árboles, denominados "rodales".

En una Comunidad Algarrobal, del Chaco Árido, se determinó una densidad: 148,75 árboles/ha y una cobertura arbórea media de 31,24% (Díaz, R., 2003).

Las leñosas arbóreas tienen un sistema radicular principal que podemos definirlo como pivotante y profundo, o por lo menos algunas raíces profundizan mucho; y un sistema, que podemos definirlo como secundario, subsuperficial y oportunista. El sistema profundo le permite llegar a profundidades mayores a 40–50m, para proveerse de agua y nutrientes. El sistema subsuperficial le permite aprovechar el agua de las precipitaciones menos abundantes que no infiltra demasiado.

Tanto en el Chaco Semiárido como en el Árido, solo los Quebrachos tienen una verdadera estructura aérea de árboles, generalmente presentan un solo fuste, los otros componentes arbóreos presentan fustes cortos y muchas veces multicaules.

Entre las leñosas arbóreas, el Quebracho Blanco y Sombra de Toro son perennifolios, pero en general el follaje de las arbóreas es caducifolio (renuevan todo el follaje anualmente). La mayoría de las especies desprenden sus hojas 1 a 2 meses antes de la brotación o antes, dependiendo del comienzo e intensidad de las heladas, por lo que no son estrictamente caducifolios y los llamamos semicaducifolios.

La mayoría tiene un follaje relativamente abierto que deja pasar luz y que permite la existencia de un estrato arbustivo y herbáceo mas o menos continuo. El Mistol presenta follaje mas denso que los otros. La interceptación de luz del dosel de *Prosopis flexuosa* (árboles de 50–60 años de edad) al mediodía, oscila entre 53%, en día nublado de agosto y 74% en día despejado de enero (Martínez Gamond, M. J., comunicación personal).

La interceptación de lluvias en similares ejemplares fue la siguiente: lluvias inferiores a 10mm, 29% a 50%; lluvias superiores a 10mm, 20% a 34%. El promedio anual de interceptación de precipitaciones fue del 27,5% (Vega Gentile, 1988).

3.2   Arquitectura de los arbustos

En el sotobosque se encuentra todo un gradiente de estructuras aéreas de las leñosas, desde formas predominantemente arbóreas con fuste corto, hasta formas verdaderamente arbustivas, sin fuste y ramificados desde la base.

Los arbustos típicos se distribuyen en el terreno ocupando principalmente las áreas menos sombreadas por los árboles.

Las leñosas arbustivas tienen un sistema radicular pivotante y profundo, o por lo menos algunas raíces profundizan mucho, y un sistema subsuperficial y oportunista mas importante que en las leñosas arbóreas. Este eficiente sistema radicular le permite a los arbustos sobrevivir a condiciones extremas de sequía o zonas más áridas como en la región del Monte.

El follaje de las arbustivas en general es semicaducifolio, las Jarillas y el Atamisqui son perennifolios, el Tala Churqui tiene follaje más denso que la mayoría. La mayoría tiene un follaje relativamente abierto que deja pasar luz y que permite la existencia de un estrato de gramíneas mas o menos continuo.

La estructura aérea de muchas especies de arbustos tiene forma cónica invertida, de modo que el agua de lluvia que interceptan la envían a la base de la planta mediante el escurrimiento por ramas, actuando como verdaderos embudos.

Otra característica de la mayoría de los arbustos es poseer espinas en los tallos, las cuales los defienden del ramoneo y/o pisoteo de los animales.

3.3 Algunas características ecofisiológicas de las leñosas

Las leñosas tienen un ciclo vegetativo de 8 a 9 meses comenzando en primavera mucho antes que los pastos y finalizando al comienzo del invierno, después que se han henificado por frío y/o sequía las gramíneas.

Al comienzo y final de la época vegetativa de las leñosas las lluvias son escasas, pero pueden proveerse de agua gracias a su sistema radicular profundo.

Cuando las leñosas rebrotan y casi inmediatamente florecen, es el momento en que hay menor disponibilidad hídrica en los horizontes más superficiales del suelo.

Las leñosas de las zonas áridas y semiáridas están adaptadas a los déficit hídricos de estas zonas y/o a la competencia por agua con otras leñosas. Como prueba de ello, mediciones del potencial agua de los foliolos de *Prosopis flexuosa*, a prealba y al mediodía (Vega Gentile, 1988) y de *Condalia microphylla* al mediodía (Sonzini, B., com. pers.), (Tabla II,3.3-1).

	Prealba (MPa)	Mediodía (MPa)
Prosopis flexuosa	- 2.4 a - 0.9	- 2.6 a - 3.9
Condalia microphylla		- 6.9 *

Tabla II,3.3-1: Rangos extremos anuales del potencial agua medidos a prealba y al mediodía. Referencias: MPa = Mega Pascales. * única medición en septiembre.

4 INTERACCIONES ENTRE LAS LEÑOSAS Y LAS GRAMÍNEAS

4.1 Interacciones favorables y restrictivas para la producción de los pastizales

Si simplificamos los ecosistemas de bosques del Chaco Arido y Semiárido, y aceptamos que la vegetación está compuesta por la asociación de elementos vegetales que podemos incluir en tres estratos, arbóreo, arbustivo y herbáceo (pastizal), que comparten un mismo tiempo y espacio, seguramente vamos a encontrar relaciones e interacciones entre los 3 estratos, como dominancia, tolerancia, competencia, dependencia, y otras.

En los ecosistemas naturales los componentes de la vegetación y otros componentes bióticos, evolucionaron juntos. En los ecosistemas prístinos se encuentran en equilibrio, por lo menos en lapsos de tiempo económicos o humanos, pero si alteramos el equilibrio con el uso económico de los componentes del sistema, extracciones forestales y/o uso pastoril con animales exóticos, se producen disturbios en el sistema, que puede alterar las relaciones en forma transitoria o permanente (en tiempos humanos o económicos).

Si nuestro propósito es un uso preferentemente pastoril de estos ecosistemas naturales, debemos conocer cuales son las interacciones de los estratos leñosos sobre el pastizal. Para ello vamos a analizar los efectos positivos y negativos, con el propósito de realizar una mejor planificación de la explotación de los recursos, utilizar técnicas para optimizar la producción del pastizal y otras; todo ello sin llegar a que se produzcan alteraciones negativas permanentes (ver Capítulo XI y XII).

4.2   Efectos de los árboles sobre el ambiente o microclima

Cuando los bosques del Chaco Árido y Semiárido, son prístinos o cuando tienen una buena densidad de árboles, de cierta altura y diámetro de copa, podemos afirmar que los mismos "dominan" y en cierto modo "forman" el ambiente, interceptan y modifican: la energía lumínica, las lluvias, los vientos, las temperaturas y humedad ambiente (Karlin, 1985).

La biomasa de árboles del bosque proporciona al suelo, mediante la caída de hojas, frutos, ramas, y otros (compuestos o sustancias adheridas a las hojas y ramas que son lavados por las lluvias), una serie de elementos, entre los que se destacan el aporte de materia orgánica y nitrógeno.

La interceptación de la luz solar por los árboles del bosque, es uno de los factores responsables de menores temperaturas máximas del suelo y del aire en el ambiente del bosque.

Los árboles disminuyen la velocidad de los vientos, esto tiene efectos sobre la humedad relativa ambiente, y como consecuencia de ello disminuye la demanda atmosférica. Se observaron diferencias en los porcentajes de humedad relativa ambiente, siendo mayores en bosque poco degradado y menores en bosque muy degradado (Ledesma y Boletta, 1969a).

Ambos efectos producen que las temperaturas extremas, tanto máximas como mínimas, en invierno o verano, no alcancen los valores extremos que se producen en las áreas donde se ha realizado un control total de leñosas (Ledesma y Boletta, 1969b).

Los árboles interceptan las lluvias y la cantidad de agua que llega al suelo es menor, no obstante la disponibilidad de agua en el suelo suele ser igual en áreas bajo la copa de los árboles y fuera de la cobertura de los mismos, si en ambos casos las características de los suelos son iguales. Es decir lo que se pierde por interceptación se compensa por que hay menos evaporación por disminuir la demanda atmosférica (Vega Gentile, 1988).

Los árboles tienen efectos en el microambiente edáfico (primeros horizontes del suelo), porque su sistema radicular profundo extrae nutrientes de horizontes profundos y con la caída de hojas, ramas, frutos, y otros, se produce un aporte de materia orgánica y nutrientes que mejoran el suelo. El resultado es un suelo con mayor estructura, mayor contenido de materia orgánica y más fértil que sin árboles (Ayerza *et al.*, 1988).

El sistema radicular de las leñosas, en general, está compuesto por raíces profundas y subsuperficiales, estas últimas fijan el suelo de los bosques y junto con la interceptación de lluvia por las copas y la disminución de la velocidad de los vientos, disminuyen los riesgos de erosión eólica e hídrica.

En lugares inundables y/o salinos (costa de salinas, bañados y barriales) los árboles absorben agua y mantienen las napas freáticas bajas y junto con la menor demanda atmosférica que produce en un ambiente de bosque, se diminuyen la salinización de estos suelos.

4.3   Efectos de los árboles sobre las gramíneas

La interceptación de luz por los árboles tiene efectos negativos y positivos sobre el pastizal. La interceptación de luz de *Prosopis flexuosa* (Algarrobo Negro) no supera los 2/3 al mediodía, pero como las gramíneas nativas han evolucionado junto con los árboles, casi siempre se pueden encontrar pastos bajo la copa de los árboles.

La menor cantidad de luz hace que la tasa de fotosíntesis sea menor en las gramíneas sombreadas. Si el agua y el nitrógeno no se encuentran en niveles limitantes, las gramíneas tienen menor producción y menor relación carbono/nitrógeno que las que crecen a pleno sol, esta mayor cantidad de nitrógeno significa mayor contenido proporcional de proteína bruta.

Las gramíneas que crecen a la sombra son menos preferidas por los bovinos en la época de crecimiento, pero suelen ser las mas preferidas en otras épocas; con lo cual se logra diferir forraje para momentos de menor oferta forrajera en la misma unidad de manejo.

La menor cantidad de agua de lluvia que llega al suelo y la competencia del sistema radicular subsuperficial de los árboles, se compensa por que los suelos debajo delos árboles, generalmente, tienen buena capacidad de absorción y retención de agua y la demanda atmosférica es menor.

El efecto posiblemente más significativo de los árboles sobre el suelo y que mas aprovecha el pastizal es el aporte de materia orgánica y nutrientes, que mejoran la estructura, capacidad de intercambio catiónico, permeabilidad y la disponibilidad hídrica subsuperficial del suelo o sea en la rizosfera de las gramíneas.

Las condiciones de estabilidad ambiental que proporcionan los árboles es, en la mayoría de los casos, el efecto más importante en las regiones áridas y semiáridas. Este efecto regulador (efecto "buffer") hace que en años secos los efectos de la sequía se atenúen y que la producción del pastizal sea mayor en áreas con árboles que en áreas sin árboles debido a la diferente composición botánica del pastizal en ambos sitios por efecto del bosque.

Los efectos positivos de lo árboles sobre el pastizal son mas importantes cuando: más árida sea la zona, mas degradado esté el sistema de producción y cuando más sequía se produzca.

4.4   Efectos de los árboles sobre los arbustos

Los árboles son competidores directos de los arbustos y dominan en estos ecosistemas, relegando los arbustos a los espacios donde los árboles disminuyen su influencia.

Los árboles interceptan luz y la mayoría de los arbustos son heliófilos, de manera que, si se mantiene una cobertura arbórea, se produce un control natural de las leñosas arbustivas, ya que generalmente los arbustos no proliferan bajo las copas de los árboles. Algunos arbustos toleran la semisombra como *Atriplex cordobensis*, e incluso algunos están, en cierto modo, asociados a especies arbóreas como *Atamisquea emarqinata*.

Como las leñosas arbustivas son competidoras directas de las gramíneas si evitamos su proliferación beneficiamos el pastizal.

4.5   Efectos de los arbustos sobre las gramíneas

Los arbustos compiten fuertemente con las gramíneas, cuando se instala un arbusto domina a las gramíneas.

La interceptación de luz por la mayoría de los arbustos adultos no es limitante para el crecimiento de las gramíneas, especialmente para las mas tolerantes a sombra. Hay algunos arbustos perennifolios y otros de follaje muy tupido que sí limitan el crecimiento de las gramíneas.

Los arbustos tienen un sistema radicular profundo y subsuperficial, por lo que, la competencia por nutrientes no es muy marcada, de modo que es posible que con el aporte de materia orgánica y nutrientes que llegan al suelo con la caída de hojas, ramitas y otros, de los arbustos, el balance sea positivo para las gramíneas, principalmente en áreas muy degradadas.

Muchos de los componentes del estrato arbustivo son los mas eficientes para soportar condiciones de sequía y proliferar en regiones extremadamente áridas. En la competencia por agua con las gramíneas, seguramente son los ganadores. Muchos arbustos pueden generar potenciales agua bajísimos (-5 a –9 MPa) y además, el sistema radicular subsuperficial es muy oportunista y eficiente.

En la competencia por espacio, las plántulas de arbustos que logran instalarse, producen una fuerte competencia debido al rápido crecimiento de su sistema radicular, ganan el espacio a las gramíneas y estas ya no pueden competir con ellas.

No debemos olvidar que entre los arbustos hay especies que son un recurso forrajero para los bovinos, sobre todo en los momentos que la oferta forrajera del pastizal es pobre en cantidad y calidad, y que son muy importantes para los caprinos.

4.6   Efectos de las gramíneas sobre las leñosas

Las gramíneas influyen en la proliferación de las leñosas, especialmente en las arbustivas, ya que estas necesitan suelos mas bien desnudos para la germinación de las semillas e instalación de las plántulas. Si se mantiene una buena cobertura de pastos es difícil que encuentren condiciones para proliferar, por el contrario esto favorecería la instalación de algunas especies arbóreas.

El mejor control de arbustos es mantener una cierta densidad de árboles y el suelo cubierto por pastizal continuo. También las gramíneas participan conjuntamente con los otros estratos en disminuir los riesgos de erosión hídrica y eólica. En un ambiente dominado por árboles con un pastizal continuo, los riegos de erosión son mínimos.

El manejo de leñosas en los sistemas pastoriles de producción de las regiones chaqueñas de la provincia de Córdoba, se tratan en el Capítulos XI y XII.

5   ESTRUCTURA FORRAJERA

5.1   Características de la estructura forrajera

Cuando nos referimos a recursos forrajeros involucramos a todas las especies vegetales que consumen los animales domésticos, especialmente los bovinos, y mencionamos una gran cantidad de especies de gramíneas, graminiformes, latifoliadas herbáceas, subleñosas, leñosas arbustivas, leñosas arbóreas, cactáceas, bromeliáceas, etc. (Capítulo II, Anexos 1, 2 y 3).

Pero si tenemos en cuenta que la dieta de los bovinos es casi exclusivamente pastos y que cuando se realiza un censo de especies de gramíneas en un pastizal natural, en una unidad de manejo o potrero, registramos entre 20 y 30 especies de gramíneas, vemos que la cantidad de especies que integran los recursos forrajeros para los bovinos en esa unidad de manejo, no es tan numerosa.

Cuando evaluamos la composición botánica de la materia seca del pastizal, nos encontramos que no más de 10 especies integran el 75% o más de la materia seca.

Por otra parte, si analizáramos la composición de la dieta de los bovinos sin restricciones al consumo voluntario en distintas épocas del año veríamos que el 80% de la misma la integran no más de 6–8 especies de gramíneas (Virasoro, 1989). En la mayoría de los casos las especies más preferidas por los bovinos, son las mismas que integran el 75% o más de la composición botánica de la materia seca.

Estas especies de gramíneas, son las que definen el pastizal en ese sitio. Al conjunto de especies de gramíneas que conforman este grupo las denominamos <u>estructura forrajera</u> de esa unidad de manejo. Si los bovinos no tienen restricciones al consumo voluntario en pastoreo, generalmente las mismas están representadas en la dieta, en distintas proporciones según la época del año.

La estructura forrajera se define como: el conjunto de especies de gramíneas que suman como mínimo el 75% de la composición botánica de la forrajimasa de un pastizal determinado. Dentro de las especies de gramíneas que integran la estructura forrajera, seguramente encontraremos las especies características y las especies clave de manejo de la unidad (ver Capítulo IV:3.6 y 3.11).

En un predio del Chaco Árido, en los censos de composición botánica del estrato de gramíneas (Díaz, 2000) se registraron para pastizal bueno 5 especies que suman el 78% de la forrajimasa; en pastizal regular 6 especies que suman el 75%; y en pastizal pobre 6 especies que suman el 76% (Tabla II,5.1-1).

Como vemos, en pastizales con distintos grados de uso (grados de degradación), las composiciones botánicas de la forrajimasa y de la estructura forrajera son distintas.

La sombra de los árboles influye en la composición botánica de la forrjajimasa, tanto es así que en dos sitios con diferentes cantidades de sombra, por distintos porcentajes de cobertura arbórea, seguramente encontraremos diferencias en las proporciones de especies de gramíneas preferentemente heliófilas y las tolerantes a sombra.

En los registros de los censos del pastizal de dos sitios en un algarrobal de Chancaní (Díaz, 2003), vemos que 5 especies de gramíneas, con diferentes proporciones, integran el

92.87% y el 77.59% de la forrajimasa en el sitio 1 (10% de cobertura arbórea) y sitio 2 (50% de cobertura arbórea) respectivamente (Tabla II,5.1-2).

La estructura forrajera es la misma para los dos sitios (en ambos el pastizal es muy bueno). Generalmente las especies que integran la estructura forrajera tienen valores porcentuales en la composición botánica de la forrajimasa de 2 dígitos.

Pastizal Bueno				Pastizal Regular				Pastizal Pobre		
Especie	%	%Acumulado		Especie	%	%Acumulado		Especie	%	%Acumulado
Set lei	22	22		Tri cri	26	26		Pap cae	17	17
Tri cri	20	42		Set leu	14	40		Ari men	14	31
Tri plu	15	57		Pap cae	12	52		Tri cri	14	45
Set leu	13	70		Dig cal	10	62		Spo pyr	12	57
Gou par	8	78		Ari men	7	69		Dig cal	10	67
Dig cal	6	84		Chlo cil	6	75		Neo lop	9	76
Dip dub	5	89		Tri plu	6	81		Set leu	8	84
Pap cae	5	94		Set lei	6	87		Ari ads	6	90
Spo pyr	3	97		Gou par	5	92		Bou ari	5	95
Ari men	2	99		Ari ads	4	96		Chlo cil	3	98
Chlo cil	1	100		Neo lop	4	100		Era cil	2	100
Total	100			Total	100			Total	100	

Tabla I,5.1-1: "El Myosu", Composición botánica de la forrajimasa de pastizal bueno, regular y pobre. Referencias: registramos el nombre científico las especies de gramíneas con las 3 primeras letras del genero, seguidas de las 3 primeras letras del epíteto específico.

Especies	Sitio 1: 10% Cobertura		Sitio 2: 50% Cobertura	
	%	% acumulado	%	% acumulado
Setaria leiantha	17,04	17,04	11,84	11,84
Trichloris pluriflora	25,07	42,11	15,04	26,88
Gouinia paraguariensis	21,55	63.66	16,57	43,45
Setaria leucopila	10,48	74,14	17,62	61,07
Trichloris crinita	18,73	92,87	16,52	77,59
Diplachne dubia	2,46	95,33	6,93	84,52
Digitaria californica	3,23	98,56	6,34	90,86
Pappophorum caespitosum	0,65	99,21	5,59	96,45
Otras gramíneas *	0,79	100,00	3,55	100,00
Total	100,00		100,00	

Tabla II,5.1-2: Proporciones de especies de gramíneas de un pastizal muy bueno en una comunidad Algarrobal de Chancaní, con diferentes niveles de cobertura arbórea. Referencias: * Otras gramíneas, son 2 o 3 especies con escasos porcentajes en la composición botánica de la forrajimasa.

En conclusión, la caracterización de un pastizal se basa, fundamentalmente en la estructura forrajera y su posible dinámica.

5.2 Producción actual de los pastizales naturales

En el Chaco Semiárido y Chaco Árido de la provincia de Córdoba, la primera explotación fue la forestal. Junto con los obrajes forestales se introdujeron animales domésticos, bovinos y ovinos para consumo de los obrajeros, y animales de tiro, equinos y mulares. Todos estos animales se alimentaron del pastizal natural. Los obrajes ubicaron sus centros de actividad donde encontraron agua, alrededor de estos pozos y centros de actividad, se instalaron los puestos y la mayoría de ellos persisten en las explotaciones actuales.

Luego de la tala y extracción de la madera (generalmente para leña), los empresarios adquirían nuevas tierras para continuar con la explotación forestal. En los campos ya talados se comenzaba una explotación ganadera a cargo de un puestero y de esta forma se ocuparon todas las áreas. Cuando la regeneración del bosque alcanzaba un rendimiento económico en madera, se volvía a talar, sin dejar la explotación ganadera que continuaba, y así sucesivamente hasta nuestros días.

El agotamiento de los recursos naturales impulsó a muchos propietarios de tierras a realizar un control de las leñosas existentes (fachinal) para lograr un aumento de la oferta forrajera o para habilitar tierras para algún cultivo.

Lo que no tuvieron en cuenta es que junto con el agotamiento de los recursos naturales, no sólo la producción de los recursos vegetales era baja, sino que los suelos y las condiciones ambientales eran peores, y que con los desmontes del fachinal, con o sin laboreos, estaban pasando lo que quedaba de fertilidad potencial a actual, con lo cual en pocos años se aceleraron los procesos de desertificación.

En el Chaco Árido, en la mayoría de los campos sin control de leñosas la producción actual de los pastizales es muy baja, la capacidad de carga es de 15–20 ha/EV, con lo que se consigue un rendimiento de 5–10kg de carne/ha/año.

En Chaco Semiárido, en los campos sin control de leñosas la producción de los pastizales espontáneos es baja, la capacidad de carga es de 10–15 ha/EV, y la producción de carne es de 10–15kg de carne/ha/año.

La ventaja del Chaco Semiárido es que por tener más precipitaciones que el Chaco Árido, es menos frágil, y la potencialidad es mayor. Con técnicas apropiadas se pueden controlar las leñosas, para conseguir una mayor capacidad de carga, y aun habilitar un poco de tierra para cultivos forrajeros perennes.

5.3 Producción potencial de los pastizales naturales

Se conocen muchos informes de la potencialidad de las tierras de estas regiones, donde los valores difundidos, si bien son reales, no mencionan o no comprobaron si estos valores se pueden sostener en el tiempo, ya sea económicamente y/o ecológicamente, es decir si son sustentables. Con aporte de riegos y fertilizaciones, es posible producir en estos ecosistemas recursos forrajeros para soportar un animal por hectárea y producir 100kg de carne/ha/año.

Un caso: En una explotación del Chaco Árido, se desmonto un potrero y se sembró *Cenchrus ciliaris* (Buffel Grass), en esta pradera se realizaban los servicios del rodeo, luego de 6 o 7 años la pastura decayó en producción y calidad, para reactivarla se pasó un arado de cincel y se la fertilizó con nitrógeno y fósforo. Luego de 3 años, o sea a los 10 años de implantada, observaron que las vacas no entraban en celo. El resultado fue que de un 85% de parición, bajaron a un 47% en ese año.

A pesar de los laboreos (roturaciones con arado de cinceles en un potrero y rastra de discos en otro) y fertilizaciones que se realizaron, el índice de producción bajó sensiblemente. Por otra parte no se pudieron mantener los laboreos y subsidios de fertilizantes por que no eran económicos. La causa de la caída en el porcentaje de celos fue la mala calidad del forraje y la mala elección de la época de servicios (Octubre a Diciembre). El factor causante de la disminución de la oferta forrajera en cantidad y principalmente en calidad, fue la disminución de la materia orgánica del suelo. El aporte de materia orgánica a los suelos en forma inmediata (subsidios), en esas extensiones, es técnicamente y económicamente impracticable.

Otro caso: (De León, 1984 com. personal) en el INTA San Luis se realizó un ensayo en un pastizal natural del centro de la provincia (no es Chaco Árido, hay gramíneas C3) donde se midió la capacidad de carga y la producción de carne por hectárea, para distintos tratamientos de métodos de pastoreo (T1 continuo y T2 al T6 Merrill) y progresivas incorporaciones de una pastura exótica cultivada, *Eragrostis curvula* (Pasto Llorón), (Figura II,5.3-1).

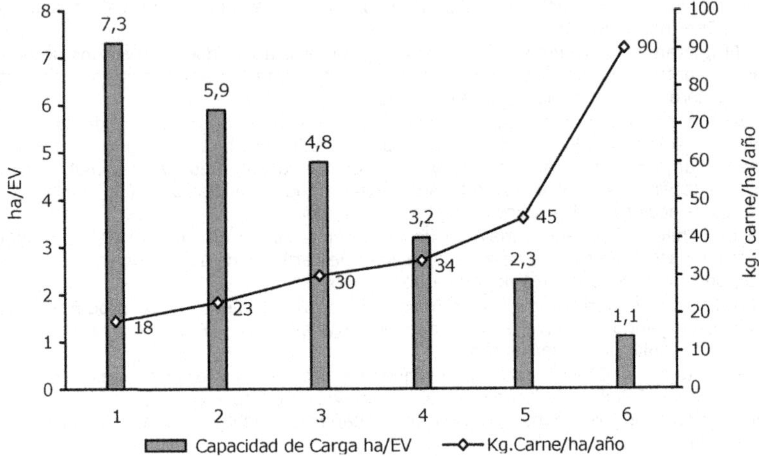

Figura II,5.3-1: Tratamientos: 1 = Pastoreo continuo. 2 = Pastoreo rotativo Merril. 3 = 8% de Pasto Llorón, que pastorea los meses de NDE y MA. 4 = 16% de Pasto Llorón, que pastorea los meses de OND y AMJ. 5 = 32% de Pasto Llorón, que pastorea los meses de O a M. 6 = 100% de Pasto Llorón + Heno de Pasto Llorón del mismo sistema (tomado y modificado de De León, 1984 com. personal).

En este ensayo, los valores altos de producción no serían sustentables, ya que aún subsidiando con fertilización, consideramos que los niveles de materia orgánica del suelo decrecerían, por que las condiciones microambientales no garantizarían el mantenimiento de los tenores de materia orgánica del suelo.

5.4 Producción sustentable de los pastizales naturales

En el Chaco Semiárido, en sistemas silvopastoriles de pastizal natural bueno, se puede esperar una oferta forrajera sustentable promedio anual de 2.400 kgMS/ha/año, lo que nos daría una capacidad de carga (receptividad) de 3 ha/EV.

En el Chaco Árido en sistemas silvopastoriles de pastizal natural bueno, se puede esperar una oferta forrajera sustentable promedio anual de 1.800 kgMS/ha/año, lo que nos daría una capacidad de carga 4 ha/EV.

Esto es para unidades de manejo o potreros con pastizales naturales, lo cual no se debe tomar como la producción sustentable del sistema de producción en su totalidad, la cual puede ser menor o mayor.

Puede ser mayor si se aplican técnicas de mejoramiento de los recursos forrajeros tales como: control de leñosas indeseables, siembra de un porcentaje de exóticas, enriquecimiento de los pastizales y otras (ver Capítulos VIII; IX y XII).

*   *   *   *   *   *

CAPÍTULO II: ANEXO 1

Gramíneas más frecuentes del bosque de Quebracho Blanco y Algarrobo Negro de San Luis y La Rioja

Nombre botánico	Nombre común	Valor forrajero	Importancia como fuente forrajera	Dinámica
Pappophorum caespitosum	Pasto criollo	Mediano	Muy importante	Creciente
Pappophorum philippianum	Pasto criollo	Mediano	Importante	Creciente
Trichloris crinita	Pasto de hoja	Mediano	Muy importante	Creciente
Digitaria californica	Pasto plateado	Mediano	Muy importante	Creciente
Aristida medocina	Saetilla negra	Mediano a bajo	Importante diferido	Creciente
Aristida adscensionis	Saetilla	Ninguno	Sin importancia	Invasora
Setaria leucopila	Cola de zorro	Alto	Importante	Decreciente
Setaria leiantha	Cola de zorro	Alto	Poco importante	Decreciente
Neobouteloua lophostachya	Pasto crespo	Bajo	Poco importante	Creciente
Sporobolus pyramidatus	Pasto del niño	Bajo	Poco importante	Creciente?
Gouinia paraguariensis	Avenilla	Alto	Poco importante	Decreciente
Chloris ciliata	Pata de gallo	Alto	Poco importante	Decreciente
Cottea pappophoroides	Pasto indio	Alto?	Sin importancia	Decreciente?
Microchloa indica	Pasto enano	Bajo	Sin importancia	Creciente?
Tripogon spicatus	Pasto negro	Bajo	Sin importancia	Creciente?
Diplachne dubia	Pasto pujante	Alto	Sin importancia	Decreciente
Eragrostis orthoclada	Pasto melena	Mediano	Sin importancia	¿?
Eragrostis cilianensis	Pasto hediondo	Ninguno	Sin importancia	Invasora
Tragus berteronianus	¿?	Bajo	Sin importancia	Invasora
Bouteloua aristidoides	Espartillo	Ninguno	Sin importancia	Invasora

(Tomado y modificado de: Anderson, D. L., 1980)

Otras Gramíneas que se encuentran raramente, o bien, abundantes locamente por condiciones superiores de humedad

1. *Blepharidachne benthamiana*: anual, rastrera, estolonífera, láminas cortas, punzantes, invasora en peladares.
2. *Brachyaria lorentziana*: anual de hasta 1m de alto, pilosa.
3. *Setaria pampeana*: especie muy afín a *S. loucopila*. El raquis carece do pilosidad.
4. *Pappophorun pappipherum*: láminas anchas, especie alta.
5. *Trichloris pluriflora*: especie afín a *T. crinita*, pero con dos flores en cada espiguilla en ves de una; crece en lugares más húmedos que *T. crinita*.
6. *Eragrostis virescens*: anual con cañas acodadas abajo.
7. *Bothriochloa perforata*: perenne robusta de hasta. 1,50m.
8. *Cenchrus myosuroides* (Cadillo): anual invasora en sitios disturbados.
9. *Setaria cordobensis*: perenne, buena forrajera, macollos aplanados en la base.
10. *Chloris castilloniana*: perenne, lemas glabras (en *Ch. ciliata*, las lemas son pestañosas.
11. *Chloris virgata*: anual, crece en la sombra donde hay mas humedad.
12. *Panicum hirticaule:* anual de sitios húmedos.
13. *Paspalum unispicatum*: perenne, buena forrajera.
14. *Digitaria insularis* (Camalote): perenne, alta, en lugares húmedos.

(Tomado y modificado de: Anderson, D. L., 1980)

Especies Leñosas del Bosque de Quebracho Blanco y Algarrobo Negro de San Luis y La Rioja

Nombre botánico	Nombre común	Contribución Forrajera
Schinus fasciculatus	molle	follaje
Aspidosperma quebracho-blanco	quebracho blanco	
Atamisquea emarqinata	atamisqui	ramas tiernas
Maytenus spinosa	abriboca	
Maytenus vitis-idae	palta - carne gorda	
Cyclolepis genistoides	palo azul	ramas tiernas
Acacia furcatispina	garabato negro ó macho	
Cassia aphylla	pichana	
Acacia aroma	tusca	Frutos
Cercidium praecox, C. australe	brea	
Geoffroea decorticans	chañar	
Mimozyganthus carinatus	lata	
Prosopis fasciculatus	matorral	
Prosopis flexuosa	algarrobo negro	frutos
Psosopis torquata	tintitaco	follaje
Tricomaria usillo	manca caballo	tallo y hoja
Bugainvillea spinosa	matorro negro	
Ximenia americana	albaricoque	hojas
Condalia microphylla	piquillín	
Monttea aphylla	palo de sebo	
Lycium chilensis	piquillín de víbora	
Lycium tenuispinosum	?	
Celtis espinosa o C. tala	tala	follaje
Aloysia gratissima	usillo, palo amarillo	
Bulnesia restama	retamo	
Larrea divaricata	jarilla	
Larrea cuneifolia	jarilla macho, jarilla pispa	
Porlieria microphylla	cucharero	follaje

(Tomado y modificado de: Anderson, D. L., 1978 y 1980)

*   *   *   *   *   *

CAPÍTULO II: ANEXO 2
Otras especies del Chaco Árido de Córdoba no mencionadas en el Anexo 1
Arbóreas

Nombre científico	Nombre vulgar	Lugares donde se la encuentra	RF
Prosopis chilensis	Algarrobo blanco	Cerca de ríos o napa poco profunda	Fr
Ziziphus mistol	Mistol	Areas más húmedas	Fo

Arbóreas estrato bajo

Nombre científico	Nombre vulgar	Lugares donde se la encuentra	RF
Tabebuia nodosa	Palo cruz	Areas perisalinas o más húmedas	
Acacia praecox	Garabato blanco	Cercano a las sierras	Fo
Prosopis pugionata	Alpataco de la sierra	Cercano a las sierras	
Acacia caven	Espinillo	Cercano a las sierras	Fr
Jodina rhombifolia	Sombra de toro		

Arbustivas

Nombre científico	Nombre vulgar	Lugares donde se la encuentra	RF
Celtis chichape (pallida)	Tala churqui		
Bulnesia bonariensis	Jaboncillo		Ra
Mimosa detinens	Uña de gato – Sinqui		Fo
Prosopis elata	Guaschillo		
Prosopis sericantha	Barba de tigre chico		
Cassia aphylla	Pichana		
Cordobia argentea	Manea caballos		Ra
Castela coccinea	Mistol del zorro		
Atriplex cordobensis	Cachi Yuyo	Costa salinas, áreas medanosas	Ra
Atriplex lampa	Zampa	Costa salinas, áreas medanosas	Ra
Justicia spp.	Alfalfa del Monte	Bajo influencia de árboles	Ra

Cactáceas

Nombre científico	Nombre vulgar	Lugares donde se la encuentra	RF
Stetsonia coryne (Cereus)	Cardón		Fr
Cereus validus	Ucle		Fr
Opuntia quiscaloro (cordobensis)	Quisca loro		Fr
Opuntia quimilo	Quimilo		Fr
Harrisia pomanensis	Ulúa – Cola de gato		

Gramíneas

Nombre científico	Nombre vulgar	Lugares donde se la encuentra	RF
Eragrostis lugens	Pasto ilusión	Rolados	Pe
Botriochloa barbinodis		Cercanos a las sierras del N	Pe
Bouteloua megapotamica		Muy degradadas	Pe
Bouteloua curtipendula	Banderita	Cercanos a las sierras del N	Pe
Monanthochloe littoralis	Yerba del guanaco	Areas salinas	Pe
Sporobolus fleoides		Areas salinas	Pe

Referencias: RF = Recurso forrajero; Fo = Follaje; Ho = Hojarasca; Ra = Ramones;
Fr = Frutos; Fl = Flores; Pe = Planta entera.

*   *   *   *   *   *

CAPÍTULO II: ANEXO 3
Recursos forrajeros espontáneos del chaco semiárido
(Adaptado de: Bordón, 1988).

ESPECIES FORRAJERAS DENTRO DE CADA TIPO BIOLÓGICO

Especificación de órganos forrajeros: Fo = Follaje; Ho = Hojarasca; Ra = Ramones; Fr = Frutos; Fl = Flores; Pe = Planta entera.

Valoración primaria, tentativa según órganos forrajeros: 1 = comido; ½ = comido con resistencia o dudas en el observador; 0 = no comido.

Nota: Los nombres vulgares son los utilizados por el autor y corresponden a la provincia del Chaco.

Árboles

Nombre vulgar	Nombre científico	Fo	Ho	Ra	Fr	Fl	Pe
Quebracho colorado chaqueño	*Schinopsis balansae*	1	1	1	0	0	1
Quebracho colorado santiagueño	*Schinopsis quebracho colorado*	1	1	1	0	0	1
Itin	*Prosopis kuntzei*	0	0	1	1	0	0
Mistol	*Zizyphus mistol*	0	1	1	1	0	0
Algarrobo blanco	*Prosopis alba*	1	0	½	1	0	0
Algarrobo negro	*Prosopis nigra*	1	0	½	1	0	0
Guayacán	*Caesalpinia paraguariensis*	½	0	1	1	0	0
Guaraniná	*Brumelia obtusifolia*	½	½	1	½	0	0
Palo cruz	*Tabebuia nodosa*	½	½	½	0	0	0
Palo borracho	*Chorisia insignis*	0	½	0	½	0	0
Guayaití	*Patagonula americana*	½	1	1	0	0	0
Algarrobo paraguayo	*Prosopis hassleri*	1	0	½	1	0	0

Epífitas

Nombre vulgar	Nombre científico	Fo	Ho	Ra	Fr	Fl	Pe
Sajasta	*Usnea auleata*	0	0	0	0	0	1
Tillandsia grande	*Tillandsia duratti*	0	0	0	0	0	1
Liga	*Struthanthus sp.*	0	0	0	0	0	1

Trepadoras

Nombre vulgar	Nombre científico	Fo	Ho	Ra	Fr	Fl	Pe
Tasi	*Morrenia odorata*	½	½	0	1	0	0
Porotillo de hoja aguda	*Galactia texana*	0	0	0	0	0	1
Yaco	*Dioscorea microbotrya*	0	0	0	0	0	½
Loconte	*Heteropterys angustifolia*	0	0	0	0	0	1
Chacha	*Pithecoctenium aynanahoides*	0	½	0	½	0	1
Barba de chivo	*Clematis montevidensis*	0	½	0	0	0	½
No me olvidarás	*Boussingaultia gracilis*	0	0	0	0	0	½
Tayiyá I	*Melothria cucumis*	0	0	0	0	0	1
Tayiyá II	*Cucurbitella duriaei*	0	0	0	0	0	1
Guaco	*Mikania sp.*	0	0	0	0	0	½
Tayiyá rojo	*Passiflora mooreana*	0	0	0	0	0	1
Loconte grande	*(indeterminada)*	0	0	0	0	0	1
Tasi chico	*Philibertia ? sp.*	0	0	0	½	0	0
Mburucuyá peludo	*Passiflora foetida*	0	0	0	0	0	1
M. calado	*Passiflora palmatisecta*	0	0	0	0	0	1
M. común	*Passiflora giberti*	0	0	0	0	0	1
Cordobia	*Cordobia argentea*	0	0	0	0	0	1
Loconte chico	*Janusia guaranitica*	0	0	0	0	0	1
Mburucuyá suave	*Passiflora chrysophylla*	0	0	0	0	0	½
Farolito	*Cardiospermun pterocarpus*	0	0	0	0	0	1

Arbustos

Nombre vulgar	Nombre científico	Fo	Ho	Ra	Fr	Fl	Pe
Garabato negro	*Acacia praecox*	1	0	1	1	0	0
Sacha poroto	*Capparis retusa*	1	1	1	1	0	½
Sacha naranjo	*Capparis speciosa*	1	½	1	½	0	0
Tala blanco	*Celtis spinosa*	0	1	½	½	0	0
Sacha membrillo	*Capparis tweediana*	1	1	1	½	0	0
Abreboca	*Maytenus spinosa*	½	1	1	0	0	1
Tala negro	*Achatocarpus praecox*	1	1	1	0	0	1
Palo amarillo	*Bougainvillea campanulata*	½	½	½	½	0	0
Cucharero	*Porlieria microphylla*	0	0	1	0	0	½
Granadilla	*Castela coccinea*	0	1	½	½	0	0
Molle	*Schinus fasciculatus*	0	1	½	½	0	0
Garabato blanco	*Mimosa detinens*	½	0	1	0	0	½
Duraznillo blanco	*Ruprechtia triflora*	1	1	1	0	0	½
Sacha sandía	*Capparis salicifolia*	½	1	½	½	0	0
Carandilla	*Trithrinax biflabellata*	½	½	0	1	1	½
Pata	*Ximenia americana*	0	1	½	0	0	½
Duraznillo negro	*Ruprechtia corylifolia*	½	1	½	0	0	½
Chañar	*Geoffroea decorticans*	0	½	½	1	0	½
Tusca	*Acacia aroma*	1	0	1	1	0	1
Guaschillo	*Prosopis elata*	½	0	½	1	0	0
Tusca gorda	*Acacia curvifructa*	½	0	½	0	1	0

Subarbustos

Nombre vulgar	Nombre científico	Fo	Ho	Ra	Fr	Fl	Pe
Cabra yuyo negro	*Solanum argentinum*	½	½	½	0	0	0
Burro mikuna	*Grabowskia duplicata*	½	1	½	0	0	0
Justicia	*Justicia campestris*	½	0	1	0	0	1
Cambará	*Gochnatia argentina*	1	1	1	0	0	½
NN Aloisia	(indeterminada)	½	0	1	0	0	1
Malvón	*Sida cordifolia*	0	½	½	0	0	0
Aloisia chica	*Aloysia chacoensis var. angustifolia*	½	0	1	0	0	1
Aloisia grande	*Aloysia virgata*	1	1	1	0	0	1
Poleo	*Lippia fisiacalix*	0	½	1	0	0	1
Violeta cuadrada	*Basistemon epinosum*	0	½	1	0	0	1
Chivil chico	*Lycium sp.*	0	0	½	0	0	0
Chivil grande	*Lycium sp.*	½	½	½	0	0	0
Quiebra arado	*Heimia salicifolia*	½	0	½	0	0	0
Talita negro	*Erytroxylon microphyllum*	0	0	1	0	0	1
Palo flojo	*Bulnesia bonariensis*	½	0	1	0	0	½
Aloisia media	*Aloysia scordonioides*	½	½	1	0	0	1
NN Lycium	(indeterminada)	½	0	½	0	0	0
Hortensia angosta	*Acalypha communis var. saltensis*	½	½	½	0	0	0
Vernonia	*Vernonia chamaedrys*	0	½	½	0	0	0

Bromeliáceas terrestres

Nombre vulgar	Nombre científico	Fo	Ho	Ra	Fr	Fl	Pe
Cardo gancho	*Bromelia serra*	0	0	0	0	1	0
Cardo vid	*Bromelia hieronymi*	0	0	0	0	1	0

Gramíneas y graminiformes

Nombre vulgar	Nombre científico	Fo	Ho	Ra	Fr	Fl	Pe
Vaca pasto	*Setaria leiantha*	0	0	0	0	0	1
Pasto moro del monte	*Leptochloa virgata*	0	0	0	0	0	1
Ciperus	*Cyperus cayennensis*	0	0	0	0	0	1
Gramillón	*Paspalum unispicatum*	0	0	0	0	0	1
Efedra	*Ephedra triandra*	0	1	0	0	0	0
Pasto crespo	*cfr. Chloris canterae*	0	0	0	0	0	1
Pasto piramidado	*Sporobolus pyramidatus*	0	0	0	0	0	1
Sorguillo	*Gouinia latifoia*	0	0	0	0	0	1
Avenilla	*Gouinia paraguariensis*	0	0	0	0	0	1
Setaria grande	*cfr. Setaria argentina*	0	0	0	0	0	1
Flechilla	*Aristida adscensionis*	0	0	0	0	0	½
Pasto negro	*Paspalum simplex*	0	0	0	0	0	1
Ciperus chico	*Cyperus incomtus*	0	0	0	0	0	1
Gramilla común	*Cynodon dactylon*	0	0	0	0	0	1
Capín?	*Echinochloa colonum*	0	0	0	0	0	1
Aibe	*Elionurus muticus*	0	0	0	0	0	1
Pasto brilloso	*Chloris distichophylla*	0	0	0	0	0	1
	Chloris retusa	0	0	0	0	0	1
Pasto crespo chico	*Trichloris crinita*	0	0	0	0	0	1
?	*Panicum molle?*	0	0	0	0	0	1
?	*Juncus tenuis?*	0	0	0	0	0	1
Paja voladora	*Panicum bergii*	0	0	0	0	0	1
Pasto niño ancho	*Eragrostis airoides*	0	0	0	0	0	1
Paja blanca	*Bothriochloa lagurioides*	0	0	0	0	0	1
Pasto blanco	*Digitaria californica*	0	0	0	0	0	1
Pasto niño angosto	*Eragrostis pilosa*	0	0	0	0	0	1
Camalote	*Digitaria insularis*	0	0	0	0	0	1
Pasto crespo grande	*Triahloris pluriflora*	0	0	0	0	0	1
Pluma blanca	*Pappophorum pappipherum*	0	0	0	0	0	½
Cola de zorro colorada	*Sahizachirium microstachyum*	0	0	0	0	0	1
Eragrostis peludo	*Eragrostis orthoclada*	0	0	0	0	0	1
?	*Chloris polydactya*	0	0	0	0	0	1
Bulbostilis	*Bulbostylis tenuispicata*	0	0	0	0	0	½
Cadillo grande	*Cenchrus myosuroides*	0	0	0	0	0	1
Papoforum chico	*Pappophorum mucronulatum*	0	0	0	0	0	½
?	*Trichloris sp.*	0	0	0	0	0	1
Pasto hediondo	*Eragrostis cilianensis*	0	0	0	0	0	½
Pastito erguido	*Gymnopogon biflorum*	0	0	0	0	0	½
Baraval	*Setaria geniculata*	0	0	0	0	0	½
Yahapé	*Imperata brasiliensis*	0	0	0	0	0	1
Pasto ancho	*Aaroceras paucispicatum*	0	0	0	0	0	1
Simbol	*Pennisetum frutescens*	0	0	0	0	0	1
Barbudo	*cfr. Andropogon barbinodis*	0	0	0	0	0	1
Pasto moro común	*Leptochloa filiformis*	0	0	0	0	0	1
Cadillo chico	*Cenchrus pauciflorus*	0	0	0	0	0	1
Gramilla paraguaya	*Eleusine indica*	0	0	0	0	0	1
Grama carraspera chica	*Eleusine tristachya*	0	0	0	0	0	1
Pasto colchón	*Digitaria sanguinalis*	0	0	0	0	0	1
Pasto dulce	*Echinochloa punctata*	0	0	0	0	0	1
Paja boba chica	*Paspalum urvillei*	0	0	0	0	0	1
Brachiaria?	*Brachiaria lorentziana*	0	0	0	0	0	1

Cactáceas

Nombre vulgar	Nombre científico	Fo	Ho	Ra	Fr	Fl	Pe
Víbora	*Cereus aethiops*	0	0	½	0	0	1
Quimil	*Opuntia quimilo*	0	0	0	1	0	0
Ucle	*Cereus validus*	0	0	½	½	0	0
Ulúa	*Harrisia pomanensis*	0	0	½	0	0	0

Latifoliadas herbáceas

Nombre vulgar	Nombre científico	Fo	Ho	Ra	Fr	Fl	Pe
Ají del monte	*Capsicum microcarpum*	0	0	½	0	0	½
Porotillo hoja redonda	*Galactia sp.*	0	½	0	0	0	0
Wisadula	*Wissadulla densiflora*	0	0	1	0	0	1
Ayenia chica	*Ayenia o´donellii*	0	0	0	0	0	1
Malvita amarilla	*Sida spinosa - S. dictyocarpa*	0	0	0	0	0	1
Ruelia grande	*Ruellia macrosolem*	0	0	0	0	0	1
Vira-vira	*Gamochaeta calviceps*	0	0	0	0	0	1
Paletaria	*Paletaria debilis*	0	0	0	0	0	1
Compuesta amar. raiz pivot.	*cfr.Zexmenia pseudosilphioides*	0	0	0	0	0	1
Ruelia azul	*Ruellia tweedii*	0	0	0	0	0	1
Salvia pálida	*Salvia pallida*	0	0	½	0	0	0
Sen	*Rhynchosia senna*	0	0	0	0	0	1
Bolita colorada	*Rivina humilis*	0	0	0	0	0	1
Malva amarilla	*Pseudabutilon callimorphum o Sida glabra*	0	0	1	0	0	0
Pelo partido	*Lepidium cfr. spicatum*	0	0	0	0	0	1
Tiburcia roja	*Glandularia peruviana*	0	0	0	0	0	1
Tiburcia azul	*Glandularia dissecta-G. laciniata*	0	0	0	0	0	1
Rubia grande	*Borreria spinosa*	0	0	0	0	0	1
Pocoto	*Solanum coptum*	0	0	½	0	0	0
Lantana blanca	*Lantana cordobensis*	0	½	0	0	0	1
Lantana rosada	*Lantana balansae*	0	½	0	0	0	½
Ilusión	*Iresine difftusa*	0	0	0	0	0	1
Malvisco	*Sphaeralcea bonariensis*	0	0	0	0	0	1
Flor de sapo	*Nicotiana longiflora ?*	0	0	0	0	0	1
Afata grande	*Malvastrum coromanelianum*	0	0	1	0	0	0
Catapila	*Conyza bonariensis*	0	0	0	0	0	1
Falso romerillo	*Baccharis darwinii - B. ulicina*	0	0	0	0	0	1
Afata	*Sida rhombifolia*	0	0	0	0	0	1
Compuesta peluda	*Vernonia parodii*	0	0	0	0	0	1
Altamisa	*Parthenium hysterophurus*	0	0	½	0	0	0
Ayenia grande	*Ayenia eliae*	0	0	0	0	0	1
Huevo de gallo	*Salpichroa origanifolia*	0	0	0	0	0	1
Eupatorio amarillo	*Trixis antimenorrhosa*	0	0	0	0	0	1
Crucífera af. leguminosa	*(Oxalidácea)?*	0	0	1	0	0	0
Porofilo	*Porophyllum lanceolatum - P. ruderale*	0	0	0	0	0	½
NN Leguminosa	*Galactia texana*	0	0	½	0	0	0
Evolvulus rigido	*(Convolvulácea)*	0	0	0	0	0	1
Paico	*Chenopodium ambrosioides*	0	0	½	0	0	0
Valda	*Flaveria bidentis*	0	0	0	0	0	1
Moco yuyo rosado	*Gomphrena pulchella*	0	0	0	0	0	1
NN Pimientillo	*(Solanácea)?*	0	0	0	0	0	1
Yuyo colorado	*Amaranthus sp.*	0	0	0	0	0	1
Salvia pálida del monte	*(Labiada)?*	0	0	0	0	0	1
Ruelia peluda	*cfr. Chaetotylax umbrosus*	0	0	0	0	0	1
Porotillo rosado	*Galatia latisiliqua*	0	½	0	0	0	1
NN Rincosia grande	*Rynchosia ? sp.*	0	0	0	0	0	1

Ruelia violeta alta	*Dicliptera twediana*	0	0	0	0	0	1
Paraisillo	*Croton lobatus*	0	0	0	0	0	1
Solanácea bolita colorada	*(Solanácea)?*	0	0	0	0	0	1
Cuerda	*Boerhavia paniculata*	0	0	0	0	0	1
Eupatorio azul peludo	*Eupatorium odoratum*	0	0	0	0	0	1
Moco yuyo blanco	*Gomphrena bonariensis*	0	0	0	0	1	1
Malva farolito	*Sida physocalyx*	0	0	0	0	0	1
Afata angosta	*Sida glabra ?*	0	0	0	0	0	1
Ruelia coral	*Beloperone saquarrosa*	0	0	0	0	0	1
Camambú	*Physalis viscosa*	0	0	0	0	0	1
Ruelia canutillo	*Stenandrium ? sp,*	0	0	0	0	0	1
Calceolarita	*Scoparia montevidensis*	0	0	0	0	0	1
Falso romerillo grande	*(Compuesta)?*	0	0	0	0	0	1
Poroto Papúa II	*Rhynchosia aff. balansae*	0	1	0	0	0	1
Ortigón overo (rizomas)	*Cridoscolus albomacullatus*	0	0	0	0	0	0
Desmanto	*Desmanthus virgatus*	1	0	1	1	0	0
Pseudabutilo	*Abutilon pauciflorum*	0	0	1	0	0	0
Yerba lusera	*Pluchea sagittalis*	0	0	0	0	0	1
Poroto Papúa III.	*Rhynchosia minima*	0	1	0	0	0	1
Poroto Mataco	*Macroptilium erythroloma*	0	1	0	0	0	1
Pocotillo	*Solanum multispinum*	0	0	½	0	0	0
Zornia	*Zornia trachycarpa*	0	0	0	0	0	1
Toronjil (cultivada)	*Lippia phaseocephala*	0	0	1	0	0	0
Indigofera	*Indigofera asperifolia ?*	0	0	0	0	0	1
Rubia chica	*Borreria spinosa - B. eryngioides*	0	0	0	0	0	1
Girasolillo	*Spilanthes sp.*	0	0	0	0	0	1
Arrosetada margarita	*Holocheilus hyeracioides*	0	0	0	0	0	1
Bolita verde	*Hybanthus hieronymi*	0	0	0	0	0	1
Arrosetada campanjta	*Bouchetia erecta*	0	0	0	0	0	1
Ruelia cohete	*Ruellia lorentzii ?*	0	0	0	0	0	1
Verbesina	*Verbesina encelioides*	0	0	0	0	0	1
Eupatorio grande	*Eupatorium clematideum*	0	0	½	0	0	0
Alegría	*Gaillardia megapotamÍca*	0	0	0	0	0	1
Tajá-tajá	*Desmodium canum*	0	0	0	0	0	1

Inconspicuas, Postradas, Reptantes

Nombre vulgar	Nombre científico	Fo	Ho	Ra	Fr	Fl	Pe
Florcita azul	*Stemodia verticillata*	0	0	0	0	0	1
Romerito	*Menodora integrifolia var. trifida*	0	0	0	0	0	1
Eupatorio blanco	*Baccharis pingraea*	0	0	0	0	0	1
Malvita serpentina	*Sida argentina*	0	0	0	0	0	1

*   *   *   *   *   *

CAPÍTULO II: ANEXO 4

Características agronómicas de gramíneas del campo natural de la región chaqueña

	Bosques y arbustales (media sombra)						
Nombre botánico	*Setaria leiantha*	*Trichloris crinita*	*Digitaria californica*	*Trichloris pluriflora*	*Gouinia latifolia*	*Gouinia paraguariensis*	*Chloris ciliata*
Nombre común	Cola de zorro	Pasto crespo	Pasto plateado	Pasto crespo grande	Sorguillo	Sorguillo	Pata de gallo
Clasificación ecológico productiva(1)	D	D	D	D	IN	IN	IN
Sitio	alto	alto	alto	alto-media loma	alto	alto	media loma
Condición del pastizal (2)	B - R	B	B	B - R	B	B	E - B
Oferta de forraje (3)	2000	2000-3000	2000-3000	4000-5000	2000	2000	1000
Preferencia animal	Media a alta	Media a alta	Alta a muy alta	Muy alta	Muy alta	Muy alta	Baja a Media
Contenido proteína bruta(4)	13%	10%	10%	10%	11%	8%	7-8%
Tolerancia al fuego	media a baja	media a baja	media a baja	alta	alta	baja	

	Sabanas y parques (luz plena)				
Nombre botánico	*Elionorus muticus*	*Pappophorum pappipherum*	*Schyzachirium tenerum*	*Heteropogon sp.*	*Botriochloa laguroides*
Nombre común	Aibe	Pasto criollo	Pasto colorado escoba dura	Pasto colorado	Botriocloa
Clasificación ecológico productiva(1)	I-IN	IN	D	D	D - IN
Sitio	bajo	media loma - bajo	bajo	bajo	bajo
Condición del pastizal (2)	B	R	E	E	B - R
Oferta de forraje (3)	5000-6000	4000-6000	3000-4000	3000	2000-3000
Preferencia animal	Baja a Media	Baja a Media	Baja a Media	Baja a Media	Baja a Media
Contenido proteína bruta(4)	5-8%				
Tolerancia al fuego	alta	alta	alta	alta	alta

Referencias: (1): D = deseable, IN = intermedia, I = indeseable. (2) E = excelente, B = buena, R = regular. (3) kg/MS/ha. (4) Porcentaje de proteína bruta en relación a MS (materia seca).

Kunst, Cornacchione y Bravo, 1998.

*   *   *   *   *   *

REFERENCIAS

ANDERSON, D.L., J.A. DEL AGUILA y A.E. BERNARDÓN, 1970. Las formaciones vegetales de la provincia de San Luis. INTA, R.I.A. Serie 2 VII (3):153-183.

ANDERSON, D.L., 1980. Gramíneas y leñosas del Norte de San Luis y Llanos de la Rioja (Anexo). En: II Curso de Manejo de Pastizales. INTA, San Luis.

AYERZA, R., R.O. DÍAZ y U.O. KARLIN, 1988. Management of *Prosopis* in livestock production systems in the Dry Chaco, Argentina. En: The Current State of Knowledge on *Prosopis juliflora*. Ed. Habit, M., FAO, pp:479-494.

BORDÓN, A.,1981. Aprovechamiento forrajero de especies leñosas y herbáceas. INTA Roque Saenz Peña, Documento Interno 1218, 150p.

BORDÓN, A., 1988. Forrajeras naturales. En: Desmonte y Habilitación de Tierras, Casas, R. R. (Coordinador). Red de Cooperación Técnica en el Uso de los Recursos Naturales en la Región Chaqueña Semiárida. FAO, Chile, pp:56-84.

CABIDO, M., M. ACOSTA, M.L. CARRANZA y S. DÍAZ, 1992. La vegetación del Chaco Árido en el W de la provincia de Córdoba, Argentina. Documents Phytosociologiques, XIV:447-459.

CARÁMBULA, M., D. VAZ MARTINS y E. INDARTE, (Eds), 1991. Pasturas y producción animal en áreas de ganadería extensiva. Serie Técnica N° 13, INIA, Uruguay. 266p.

CAVAGNARO, J.B. y A.D. DALMASSO, 1983 a. Respuesta a la intensidad y frecuencia de corte en gramíneas nativas de Mendoza. I: *Pappophorum caespitosum* y *Trichloris crinita*. Deserta, 7:203-218.

CAVAGNARO, J.B., A.D. DALMASSO y R.J. CANDIA, 1983. Distribución vertical de materia seca en gramíneas del Este de Mendoza. Deserta, 7:271-289.

DÍAZ, H.B. et al., 1972 a. Estudio de las pasturas naturales e implantación de forrajeras cultivadas en zonas ganaderas del noroeste Argentino (Región Semiárida) R.A.N.A. IX (1):31-53.

DÍAZ, H.B. et al., 1972 b. Determinación de la digestibilidad de especies forrajeras naturales más comunes y de algunas cultivadas en la zona semiárida del noroeste Argentino. R.A.N.A. IX (1):55-68.

DÍAZ, R.O., B. SONZINI, C.A. CARRANZA, L.A. GONZÁLEZ y E. SAUER, 1989. Respuesta de gramíneas nativas a distintas frecuencias de corte en el Chaco Árido. En: Memoria de la XII Reunión del Grupo Técnico Regional del Cono Sur en Mejoramiento y Utilización de los Recursos Forrajeros del Área Tropical y Subtropical(Grupo Chaco). FAO, UNESCO/MAB. pp:151-156.

DÍAZ, R.O., 2000. "El Myosu", Estudio de Caso. Serie Didáctica de Pastizales Naturales. Curso Análisis y Planificación de Establecimientos Tipo. Área Pastizales Naturales FCA-UNC. 16p.

DÍAZ, R.O., 2003. Efectos de diferentes niveles de cobertura arbórea sobre la producción acumulada, digestibilidad y composición botánica del pastizal natural (Chaco Árido, Argentina). Agriscientia, XX:61-68.

GABUTTI, E., M. PRIVITELLO, J. LEPORATI y G. COZZARIN, 2003. Distribución vertical de la materia seca en gramíneas del Caldenal (San Luis). www.congresopastizales.com.ar

KARLIN, U.O., 1985. Importancia del árbol en la producción animal. En: IV Reunión de Intercambio Tecnológico de Zonas Áridas y Semiáridas, Salta. Tomo I:141-180.

KUNST, C.R.G., 1982. Descripción, ecología, valor nutritivo, calidad, y valor forrajero de algunas gramíneas del campo natural de la provincia de Santiago del Estero. Recopilación bibliográfica. INTA, Famaillá. 92p.

KUNST, C., M. CORNACCHIONE y S. BRAVO, 1998. Características agronómicas de gramíneas del campo natural de la región chaqueña, INTA, G. T. Producción animal, Santiago del Estero.

LEDESMA, N. y P. BOLETTA, 1969 a. Variación de la humedad relativa dentro y fuera del bosque en diversas etapas de degradación y en distintas épocas del año. En: Actas del 1er Congreso Forestal, Argentina, Bs. As. pp:711-714.

LEDESMA, N. y P. BOLETTA, 1969 b. Variación de la temperatura dentro y fuera del bosque, en bosque virgen y en bosque degradado. En: Actas del 1er Congreso Forestal, Argentina, Bs. As. pp:714-721.

MARCHI, A., 1978. El Bovino, su adaptación y posibilidades de producción en la Región Árida Central de la República Argentina. INTA, IDIA, (367-372):116-158.

MORELLO, J. y C. SARAVIA TOLEDO, 1959 a. El Bosque Chaqueño I: Paisaje primitivo, paisaje natural y paisaje cultural en Oriente de Salta. Rev. Agr. del Noroeste Argentino, UNT. III(1-2):5-81.

MORELLO, J. y C. SARAVIA TOLEDO, 1959 b. El Bosque Chaqueño II: La Ganadería y el Bosque en el Oriente de Salta. Rev. Agr. del Noroeste Argentino, UNT. III(1-2):209-258.

MORELLO, J., N. CRUDELI y M. SARACENO, 1971. Los vinalares de Formosa, República Argentina. La vegetación de la República Argentina, Serie Fitogeografía 11, INTA, Bs. As.:150p.

PARODI, L.R., 1967. Gramíneas bonaerenses. Ed. ACME-AGENCY. Bs. As. 142p.

RENOLFI, R.S., 1988. Aprovechamiento ganadero de los pastizales. En: Desmonte y habilitación de tierras en la región chaqueña semiárida. FAO, Santiago, Chile, Capítulo VI, pp:85-101.

TINTO, J.C., 1974. Recursos Forrajeros leñosos para zonas áridas y semiáridas. En: V Reunión Nacional para el Estudio de las Zonas Áridas y Semiáridas. Primer Encuentro de las Zonas Áridas Latinoamericanas, Mendoza. 29 p.

VEGA GENTILE, G., 1988 Influencia de *Prosopis* aff. *flexuosa* sobre la disponibilidad hídrica del superficial del suelo en el Chaco Árido. En: Memorias de la X Reunión del Grupo Técnico Regional del Cono Sur en Mejoramiento y Utilización de los Recursos Forrajeros del Área Tropical y Subtropical. (Grupos Campos y Chaco). FAO, UNESCO/MAB, INTA, UNC. pp:31.

VIRASORO. J., 1989. Preferencia bovina por gramíneas naturales en el N O de la provincia de Córdoba. En: Memoria de la XII Reunión del Grupo Chaco. La Rioja. FAO, UNESCO/MAB, Univ. de La Rioja. pp:87-102.

<u>Comunicaciones personales</u>

De LEÓN, M., 1984. Conferencia en el curso "Manejo de Pastizales Naturales". FCA- UNC.

MARTINEZ GAMOND, M.J., 1992. "Influencia del algarrobo sobre el contenido de nitrógeno de dos especies de gramíneas del Chaco Árido". Revisión de originales de su trabajo, 36p. (inédito).

SONZINI, B., 1987. Potencial agua de Piquillín (*Condalia microphylla*) al mediodía. Prueba de bomba de Schollander en Chancaní. Experiencia inédita.

PAVONI, N., 1983. Respuesta a la intensidad y frecuencia de corte en Cenchrus ciliaris L. Link. FCA-UNCa. (inédito).

*   *   *   *   *   *

CAPÍTULO III

Técnicas de muestreo en pastizales

CAPÍTULO III

TÉCNICAS DE MUESTREO EN PASTIZALES

1 MUESTREO ECOLOGICO

La distribución natural de la vegetación es sumamente heterogénea, es por ello que los muestreos estadísticos deben tener en cuenta las características ecológicas del lugar o sitio a muestrear.

La aplicación de métodos estadísticos de muestreo pueden ser muy laboriosos y poco confiables si no se tiene en cuenta los principios ecológicos que configuraron dicha comunidad.

1.1 Introducción a los métodos ecológicos para evaluar el pastizal

Es necesario contar con métodos eficientes para cuantificar la vegetación natural. Estos deben basarse necesariamente sobre una sólida base ecológica.

Existen métodos expeditivos que se adoptan para dar respuestas rápidas, que constituyen aproximaciones útiles y que ayudan a formular decisiones de manejo. Por otro lado, hay métodos más complejos que se adaptan a las investigaciones de largo alcance y que se utilizan mayormente en situaciones experimentales, pero que pueden ser sumamente útiles también al técnico que tiene que tomar decisiones de manejo, que con visión de futuro comience observaciones sistemáticas en pastizales, cumpliendo en forma constante las observaciones y análisis de datos.

Es posible conseguir muchos datos con un mínimo de esfuerzo y costos, pero con un máximo de constancia y determinación.

No es factible examinar cada individuo de una población. No sólo que el costo sería prohibitivo sino que el "muestreador" se aburriría. La solución práctica es tomar una serie de muestras representativas de la comunidad que se desea medir.

La toma de muestras tiene que economizar tiempo y trabajo comparado con el análisis total. Además, los resultados tienen que ser mucho más significativos que los obtenidos por mera observación.

Se puede aprender mucho de una comunidad a través de un muestreo bien tomado. Asimismo, se puede llegar a resultados engañosos a través de muestreos mal tomados. El método a utilizar depende de la precisión que se desea obtener.

Los promedios y parámetros estadísticos que se obtengan serán confiables en la medida que el muestreo esta bien planificado y aplicado.

Uno de los primeros requisitos de un muestreo válido es que se realice en una vegetación lo menos heterogénea posible. Esto no significa reducir la varianza a 0 (una empresa imposible en comunidades bióticas) sino que se debe estratificar o dividir el muestreo entre los diferentes tipos o condiciones de la vegetación.

Para lograr la meta de "menos heterogéneo posible", es preciso conocer en cierto detalle la vegetación a muestrear. Esto significa por un lado poder identificar la mayoría de las especies por caracteres vegetativos y por otro lado significa haber recorrido en parte la vegetación para conocer algo sobre su estructura, dispersión y composición botánica.

A partir de ese momento, se procede a seleccionar el sitio más apropiado al juicio del técnico para realizar el muestreo.

Algunas reglas generales para reducir la heterogeneidad a niveles reales son:
- No muestrear cortando ecotonos.
- No muestrear a través de dos tipos de suelos.
- No cruzar senderos de ganado ni acercarse a alambrados o áreas de sacrificio.
- No muestrear en dos exposiciones distintas (zonas serranas).
- No muestrear a través de grandes cambios en el % de pendiente (zonas serranas).
- No muestrear en posiciones diferentes de pendiente (zonas serranas).

Recordemos que la heterogeneidad es parte de la naturaleza, así que, pretender reducirla a cero es impracticable.

Los muestreos que cubren una área muy grande tendrán un valor relativo debido a la gran varianza. Por lo tanto, el muestreo debe restringirse a áreas relativamente pequeñas. Para cubrir áreas grandes, es necesario realizar varios muestreos separados.

Un ejemplo de lo que sucede al abarcar demasiado territorio en el muestreo (Figura III,1.1).

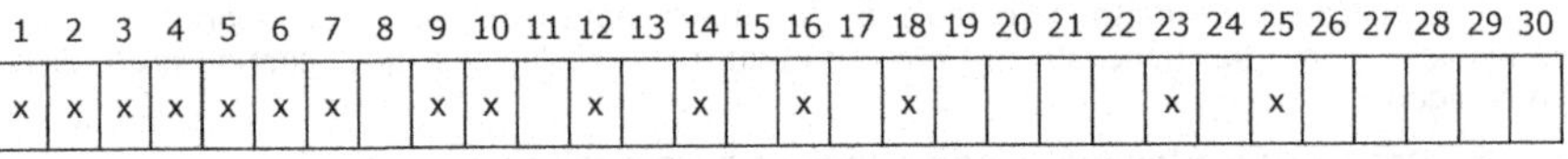

Figura III,1.1-1: x = *Poa ligularis*, 1 a 30 cuadros muestrales (Anderson, D. L., 1980)

$$\text{Frecuencia: } \frac{15 \times 100}{30} = 50\,\%$$

$$1° \text{ tercio: } \frac{9 \times 100}{10} = 90\%; \quad 2° \text{ tercio: } \frac{4 \times 100}{10} = 40\%; \quad 3° \text{ tercio: } \frac{2 \times 100}{10} = 20\%$$

2 METODOS ESTADISTICOS

2.1 Aleatorización

En las evaluaciones de características de ecosistemas naturales se utilizan métodos cualitativos y cuantitativos según la necesidad y la metodología más adecuada. En todos los casos es necesario elegir una técnica de muestreo, pues casi siempre el área a evaluar es suficientemente grande para evaluarla en su totalidad.

En este punto no hay concesiones de orden práctico u otros que justifiquen o toleren muestreos subjetivos.

Los muestreos deben ser aleatorios, es decir las muestras y/o datos se deben obtener de lugares elegidos al azar.

Hay descritas numerosas técnicas de muestreo que se adaptan a cada necesidad, tanto para el tipo de característica a evaluar como para el grado de precisión y nivel de confianza requerido.

2.2 Estratificación

En la mayoría de las evaluaciones el área a muestrear (universo) es mas heterogéneo que lo deseado y aun aplicando la técnica de muestreo más apropiada y sacrificando niveles de confianza, es muy dificultoso y costoso el muestreo.

La alternativa es la estratificación en clases (Cochran, 1963) y aplicar el muestreo en cada clase para luego obtener el promedio según las proporciones de cada clase.

Si los intervalos de clase de un estrato son similares, es decir presentan similar heterogeneidad u homogeneidad intrínseca, tendremos una buena estratificación. Esto reducirá el muestreo, pues haciéndolo en un sitio de esa clase podemos aceptar ese valor para otros sitios de esa clase.

La estratificación más utilizada en pastizales naturales es la estratificación por clases de condición del pastizal, pero si tenemos distintos estados, la estratificación por estado y dentro del estado por condición del pastizal reducirá aun más la heterogeneidad de cada clase.

Esta última alternativa es la herramienta más potente para inferir la dinámica del pastizal.

2.3   Sistematización

Aun cuando logremos una buena estratificación para aplicar los muestreos, cada clase es, generalmente, lo suficientemente amplia como para que sea conveniente practica y económicamente aplicar un muestreo totalmente aleatorizado.

Para ello, en un plano a escala habría que dividir esa clase en unidades muestrales y sortear las que serán evaluadas, luego replantear a campo la ubicación de las unidades muestrales para tomar las muestras y/o datos.

Como es fácil de comprender, con solo aplicar el sentido común, vemos que un muestreo totalmente aleatorizado como el descrito, es impracticable en estos ambientes.

Si queremos realizar un muestreo al azar, no tan riguroso, en un pastizal natural, podemos arrojar un elemento hacia atrás (sin mirar) y donde caiga aplicar, un cuadro o unidad de muestra, desde ese punto volver a arrojar el elemento y volver a aplicar la unidad de muestra, y así sucesivamente hasta recorrer un sector representativo de la clase a evaluar y completar la cantidad de unidades (N) necesarias para un error de la media prefijado.

Para superar estos inconvenientes las técnicas de muestreos indican que se puede aplicar un muestro al azar sistematizado. Las mas utilizadas son transectas en línea (Canfield, 1941) donde se aplican sistemáticamente, a distancias prefijadas, las unidades de muestreo, que pueden ser puntos (Point Quadrat modificado, Passera *et al.*, 1983), cuadrantes centrados en cada punto (Cottam y Curtis, 1956) o cuadros aplicados en cada punto alternativamente a la derecha y a la izquierda (Daubenmire, 1959) modificado, y otros (figura III,2.3-1).

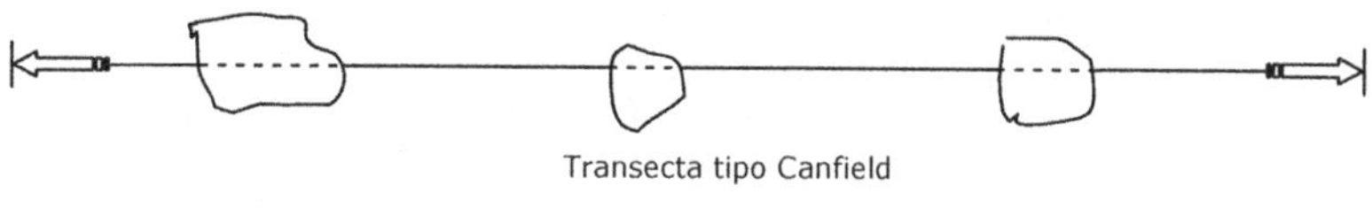

Transecta tipo Canfield

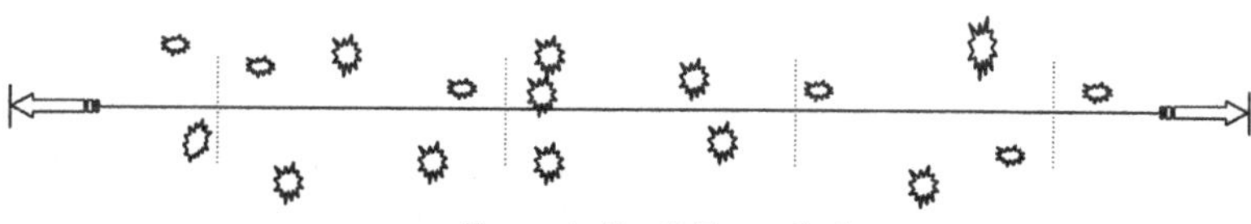

Transecta tipo Cottam y Curtis

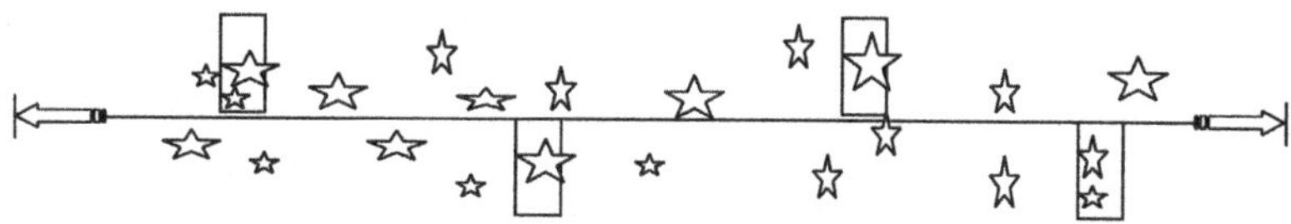

Transecta tipo Daubenmire modificado

Figura III,2.3-1: Referencias: <═■ = resorte; ───── = Cinta métrica, cable o alambre con marcas en determinadas distancias. □ = Cuadro de muestra.

Para iniciar el muestreo es necesario elegir un punto de partida al azar y luego un rumbo al azar para extender la transecta, luego se aplica otra transecta paralela separada no menos de 30m (100 pies) de la primera, sorteando si se coloca a la derecha o a la izquierda de la primera.

Luego se elige otro punto de partida al azar, se sortea el rumbo para extender otra transecta, se sortea a que lado se aplicará la transecta paralela, y así sucesivamente se aplican pares de transectas hasta alcanzar las N unidades de muestreo necesarias.

Para muestreos al azar o azar sistematizado las N unidades de muestreo necesarias se calculan con la siguiente formula (Milner y Hughes, 1968):

$$N \geq \frac{t^2 \cdot S^2}{(1-p)^2 \cdot \bar{x}^2}$$

t = es la "t de Student" (para N y el nivel de confianza elegido).

S^2 = Varianza; S = Desviación estándar

$$S^2 = \frac{\sum_{j=1,N} (x_j - \bar{x})^2}{N - 1} \quad \therefore \text{ Para N > 30 se puede dividir por N.}$$

(1-p) = error admitido de acuerdo al nivel p de confianza elegido.

$\bar{x}$ = Media de las N unidades muestrales

Otras maneas de presentar la fórmula anterior son:

$$N \geq \frac{t^2 \cdot S^2}{D} \qquad \therefore \qquad D = (1-p)^2 \cdot \bar{x}^2$$

$$\sqrt{N} \geq \frac{t \cdot S}{d} \qquad \therefore \qquad d = (1-p) \cdot \bar{x}$$

2.4 Niveles de confianza

Por las dificultades para aplicar técnicas de muestreos rigurosas y la heterogeneidad de los ambientes, generalmente se acepta como buen nivel de confianza el 90%.

Un muy buen nivel de confianza es del 95% y es admisible aceptar, si no se tienen otras evaluaciones, niveles de confianza del 85% y hasta del 80% (Tabla III,2.4-1).

	p		
N	**0.95***	0.975	0.995
≥ 20	1.73	2.10	2.85
≥ 30*	**1.70***	2.00	2.80

Tabla III,2.4-1: Valores aproximados para "t Student" (tabla práctica). En negrita valores más utilizados.

2.5 Ubicación de sitios y parcelas de muestreo

Para realizar las determinaciones de forrajimasa acumulada anual, es necesario cercar una superficie representativa del área forrajera de cada condición para la exclusión de los animales. Se considera que el área mínima a cercar en el Chaco Árido es de 40m por 50m.

Las clausuras debe ubicarse en sitios representativos del conjunto (universo) del estrato o clase a evaluar. Se requiere conocer toda el área de la clase y tener cierta experiencia para elegir un sitio representativo de la clase tanto en esa unidad de manejo como de la misma clase en otras unidades de manejo o lugares de interés en que tengamos la misma clase.

La cerca de exclusión debe hacerse antes que comience la temporada de crecimiento de las gramíneas, luego se corta todo el forraje remanente de la temporada anterior. Cuando se considera avanzada la temporada de crecimiento y estamos seguros que se llegó al tope de la producción acumulada, o sea que no habrá más incrementos, se puede medir lo producido en la temporada, que como es la única temporada de crecimiento en el año en el Chaco Árido, será la producción anual.

2.6 Método de Doble Muestreo

El método de Doble Muestreo para la evaluación de pastizales y/o recursos forrajeros herbáceos, fue desarrollado por Haydock y Shaw (1975) en Australia, basados en los trabajos de Cochran (1963) sobre estimadores de regresión asociados al doble muestreo.

En general se trata de métodos donde se aplican cuadros (unidades de muestreo), según el método de muestreo elegido, y se estima subjetivamente (visualmente) la cantidad de materia seca que encierra cada cuadro (Gardner, 1967), siguiendo el acuerdo descrito (Capítulo IV:5.1 y Figura IV,5.6-1). Luego se calcula la media aritmética ($\bar{y}$ del total de cuadros de estimación visual).

Algunos de esos cuadros estimados visualmente, se cortan, se embolsan individualmente y se procesan para obtener el peso de la MS, de cada uno de esos cuadros.

Se calcula la media aritmética $\bar{y}'$ de estimación visual de los cuadros que se cortaron y la media aritmética $\bar{x}'$ de los pesos secos de los cuadros cortados.

Se calcula el coeficiente de correlación r entre los cuadros estimados visualmente y los cortados.

Luego se calcula el coeficiente de regresión b de los pesos secos de los cuadros cortados.

Con estos datos se puede ajustar la media de las estimaciones visuales según la expresión (Gardner, 1967):

$$\bar{x} = \bar{x}' + b\,(\,\bar{y} - \bar{y}'\,)$$

Nosotros utilizamos la técnica que denominamos con el nombre genérico de Doble Muestreo, basada en el "método del rendimiento comparativo para la estimación de el rendimiento en materia seca del pastizal" (Haydock y Shaw, 1975), en la cual también se basaron los técnicos del CSIRO (Brisbane, Queensland, Australia) para presentar el procedimiento de muestreo y computación denominado BOTANAL (Tothill, y otros, 1978 y 1992) y los técnicos de Turrialba (Costa Rica) para la estimación de la biomasa de las pasturas (Sierra y Somarriba, 1989).

3 EJEMPLO DE APLICACIÓN I

3.1 Estimación de la forrajimasa con el método de Doble Muestreo.

La evaluación de los recursos forrajeros disponibles es un parámetro importante para la aplicación de tecnologías apropiadas de utilización (ver Capítulo IV:2.7 y 5).

El método de doble muestreo que utilizamos lo desarrollamos en el Área Pastizales Naturales, en base a las características de nuestra vegetación actual y a los recursos forrajeros del Chaco Árido y Semiárido.

En una unidad de manejo, luego de realizar el mapa de condición (ver Capítulo IV:3.7) y registrar los porcentajes de área no forrajeable y área forrajera del pastizal (ver Capítulo IV:5.1 a 5.4), fijamos en cada clase de condición, en un sector de área forrajera de cada una de ellas (estratificación), una parcela de exclusión o clausura para medir la producción acumulada del pastizal en la temporada de crecimiento (Figura III,3.1-1).

Esquema de muestreos en una una unidad de manejo (Figura III,3.1-1)

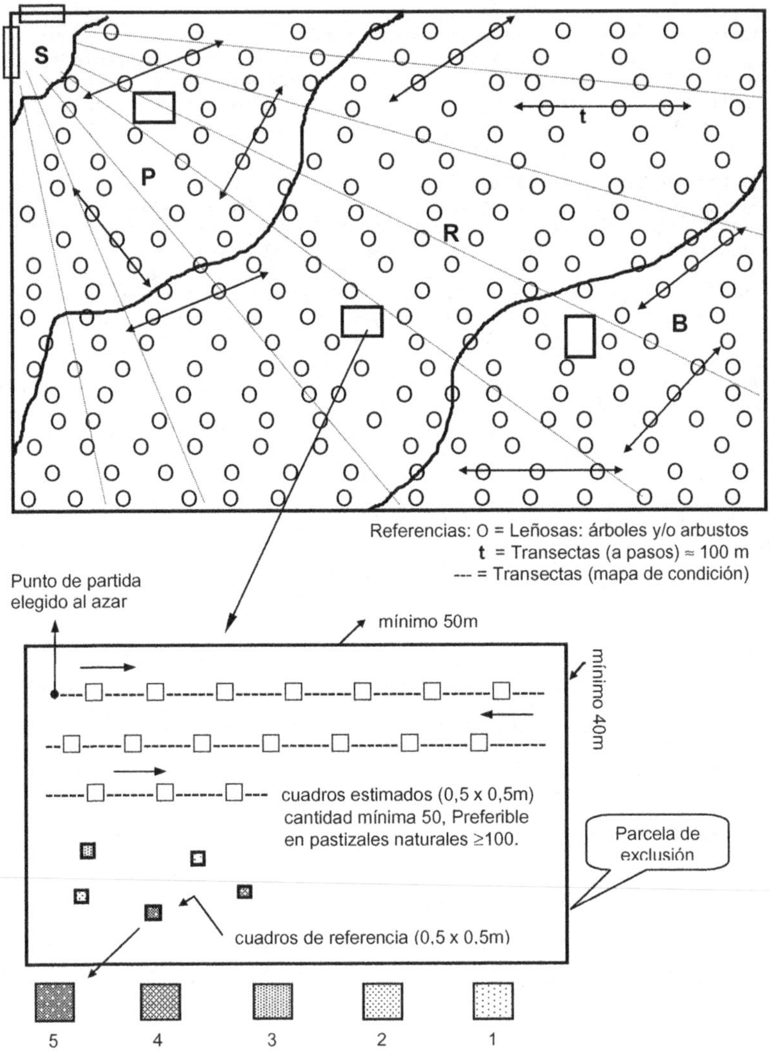

Figura III,3.1-1: Doble Muestreo. Esquema de la unidad de manejo, de clausuras, de la aplicación de los cuadros de estimación visual y de los 5 cuadros de referencia.

Tablas III,3.1-1: Planillas de campo con los registros de los cuadros de observación y composición botánica de la forrajimasa (Ver Capítulo III:4.1).

Lugar: Parcela 4 — Fecha: 11/04'89

	1	2	3	4	5	Sp Rang.1	Sp Rang.2	Sp Rang.3
01					x	Tri plu	Tri cri	
02	x					Set leu		
03	x					Set lei		
04		x				Tri cri	Set lei	
05		x				Tri cri	Dip dib	Set leu
06		x				Dip dub	Set lei	
07				x		Tri cri	Tri cri	
08				x		Set leei	Gou par	
09			x			Tri cri	Tri cri	
10			x			Set lei	Set lei	Set leu
11			x			Tri cri	Tri cri	
12		x				Tri cri	Set lei	
13			x			Tri cri	Tri cri	
14					x	Set lei	Set lei	Tri cri
15			x			Gou par	Dig cal	Set leu
16		x				Chlo cil	Set leu	
17	x					Dip dub		
18		x				Set lei	Gou par	Dip dub
19		x				Tri plu	Set lei	Spo pyr
20		x				Set leu	Set lei	Gou par
21		x				Set lei	Gou par	
22	x					Tri cri	Set leu	
23	x					Set lei		
24		x				Gou par	Set leu	
25			x			Set leu	Tri cri	
Σ	5	10	6	2	2	25		

Lugar: Parcela 4 11/04/89 — Fecha: 11/04/89

	1	2	3	4	5	Sp Rang1	Sp Rang.2	Sp Rang.3
26	x					Dip dub		
27		x				Tri cri	Set lei	
28	x					Set leu		
29	x					Tri plu	Set lei	
30	x					Set lei	Tri cri	
31		x				Tri plu	Dig cal	
32			x			Gou par	Gou par	Dip dub
33					x	Tri cri	Tri cri	
34	x					Set leu	Dip dub	
35			x			Tri cri	Tri cri	
36					x	Tri plu	Tri plu	
37			x			Tri cri	Tri cri	
38					x	Tri cri	Tri cri	
39				x		Tri cri	Tri cri	
40			x			Set leu	Set leu	
41		x				Set leu	Dip dub	
42	x					Tri cri	Set lei	
43			x			Tri plu	Tri plu	
44					x	Tri cri	Tri cri	
45			x			Set leu	Tri plu	Gou par
46				x		Tri cri	Set leu	
47			x			Tri plu	Tri plu	Pap cae
48				x		Set lei	Tri plu	
49			x			Tri cri	Tri cri	Gou par
50					x	Tri plu	Tri plu	
Σ	6	3	8	3	5	25		

	1	2	3	4	5	Sp Rang.1	Sp Rang.2	Sp Rang.3
Lugar: Parcela 4						Fecha:	11/04/89	
51	x					Pap cae		
52	x					Tri cri		
53		x				Tri plu	Set leu	
54			x			Tri plu	Tri plu	
55	x					Spo pyr		
56		x				Set leu	Gou par	
57			x			Tri plu	Set lei	Dip dub
58		x				Set leu	Set lei	
59		x				Tri plu	Gou par	Set lei
60				x		Tri plu	Tri plu	
61		x				Set leu	Tri plu	
62		x				Tri cri	Tri cri	Set leu
63		x				Tri cri	Tri cri	Set lei
64			x			Tri cri	Tri plu	Guo par
65		x				Set lei	Gou par	Tri plu
66		x				Tri cri	Set leu	
67	x					Set lei		
68		x				Set lei	Gou par	
69		x				Tri cri	Set lei	Gou par
70		x				Gpu par		
71	x					Set lei	Dip dub	
72	x					Gou par	Set leu	
73	x					Set leu		
74	x					Gou par		
75		x				Gou par	Tri cri	
Σ	3	7	12	2	1	25		

	1	2	3	4	5	Sp Rang.1	Sp Rang.2	Sp Rang.3
Lugar: Parcela 4						Fecha:	11/04/89	
76			x			Tri cri	Set leu	
77		x				Tri cri	Tri cri	
78	x					Gou par		
79		x				Set lei	Gou par	Set leu
80		x				Tri plu	Tri plu	
81	x					Set leu		
82	x					Set leu		
83		x				Tri plu	Tri plu	Set lei
84			x			Tri cri	Tri cri	
85		x				Gou par	Set lei	
86	x					Pap cae		
87		x				Tri cri	Tri cri	
88		x				Tri pu	Tri plu	
89				x		Tri plu	Tri plu	
90		x				Tri plu	Tri plu	
91	x					Set lei		
92		x				Set leu		
93		x				Gou par	Tri cri	
94				x		Tri cri	Set lei	
95			x			Set lei	Gou par	
96	x					Set lei	Set lei	
97	x					Set lei	Set leu	Gou par
98			x			Set lei	Gou par	Dip dib
99	x					Gou par	Set leu	
100				x		Gou par	Gou par	
Σ	4	6	8	5	2	25		

Las parcelas de exclusión no deben ser menores a 40m x 50m y deben estar ubicadas en sectores lo más representativos posibles de cada condición (ver Capítulo IV:3).

Las parcelas se colocan antes de el rebrote primaveral (octubre) y la evaluación final de la producción acumulada del pastizal se realiza cuando finaliza la temporada de crecimiento (abril o mayo).

El método consiste en recorrer la clausura y a criterio del técnico, fijar cinco a siete unidades muestrales (cuadros) de referencia o corte, una por cada cantidad estimada de forrajimasa en una escala ordinal, y numerosos (50-100) cuadros de estimación visual de forrajimasa expresados en una escala ordinal basada en los cuadros de referencia.

Básicamente se trata de establecer, en el pastizal a muestrear, un número impar, generalmente cinco, unidades muestrales, cuadros u otros, en una escala ordinal, de 1 a 5, por estimación visual de su cantidad de forrajimasa. A estos cuadros los llamaremos de referencia y se fijan en el sitio.

Luego por comparación con la escala fijada se clasifican 50 o mas cuadros de observación. En pastizales naturales heterogéneos es necesario aplicar 100 o más cuadros (Díaz, 1989).

En pastizales naturales es necesario aplicar 100 unidades muestrales como mínimo por heterogeneidad de los pastizales, utilizando un muestreo al azar, o como en este caso, sistematizado, o estratificado sistematizado.

Terminada la clasificación, se cortan los cinco cuadrados de referencia a 5cm del suelo, se embolsa individualmente lo cosechado y se seca a estufa para determinar la cantidad de materia seca de la forrajimasa (P) de cada uno de ellos.

Luego registramos todos estos datos en una tabla para calcular la media, la varianza y otros.

3.1-1 CÁLCULO DE LA MEDIA

Para ordenar los valores registrados en las planillas anteriores, confeccionamos la siguiente tabla (Tabla III,3.1-2):

C	f	P	F	C.f	C.F	C.P	C^2	P^2
1	1	2,73	18	1	18	2,73	1	7,45
2	1	16,78	25	2	50	33,56	4	281,57
3	1	38,97	35	3	105	116,91	9	1518,66
4	1	60,72	12	4	48	242,88	16	3686,92
5	1	100,21	10	5	50	501,05	25	10042,04
Σ	5	219,41	100	55	271	897,13	55	15536,64

Tabla III,3.1-2: Referencias:
Tamaño del cuadrado de muestreo = 0,5 . 0,5m = 0,25m².
C = Cuadrados de referencia.
f = Frecuencia cuadrados de referencia C.
F = Frecuencia cuadrados estimados. (calificación subjetiva).
P = Peso seco de C [gMS . 0,25m⁻²]. (MS: materia seca).

El valor de la media basada en estimadores de regresión, se calcula mediante la función siguiente:

$$\text{MS media} = \bar{y} = y_r + b\,(\,x_e - x_{er}\,)\ [\text{gMS} . 0,25\text{m}^{-2}]$$

$$x_e = \frac{\Sigma(C.F)}{\Sigma F} = \frac{271}{100} = 2,71$$

$$X_{er} = \frac{\Sigma(C.f)}{\Sigma f} = \frac{15}{5} = 3$$

$$y_r = \frac{\Sigma P}{\Sigma f} = \frac{219,41}{5} = 43,88$$

$$\text{Coeficiente de regresión} = b = \frac{n.\Sigma C.P - \Sigma C.\Sigma P}{n.\Sigma C^2 - (\Sigma C)^2} = 23,89$$

$n = \Sigma f = $ Cantidad de cuadrados de referencia; $\qquad \Sigma C = \Sigma C.f$

$$\text{Coeficiente de correlación} = r = \frac{n.\Sigma C.P - \Sigma C.\Sigma P}{\sqrt{[n.\Sigma C^2 - (\Sigma C)^2][n.\Sigma P^2 - (\Sigma P)^2]}} = 0,96$$

Si no queremos realizar los cálculos anteriores, los coeficientes de regresión y correlación se pueden obtener utilizando una calculadora manual que tenga función estadística para el cálculo de regresión "LR", utilizando una PC con las formulas de "Excel" o utilizando el Software InfoStad, u otro.

Ahora podemos reemplazar los valores en la función:

$$\bar{y} = y_r + b(x_e - x_{er}) = 43,88 + 23,89 (2,71 - 3) = 36,95 \text{ g.}0,25m^{-2}$$

$$36,95 [g . 0,25m^{-2}] . 40 = 1.478 [kgMS . ha^{-1}]$$

3.1-2 CÁLCULO DE LA VARIANZA

El cálculo de la varianza para estimaciones de medias ajustadas por regresión se basa en la fórmula propuesta para el método de doble muestreo (Cochran, 1963), adaptada al ejemplo de aplicación (González, L. A., 1989, comunicación personal).

$$\text{Varianza} = S^2y = \frac{(1 - \rho^2) S^2y_r}{n} + \frac{\rho^2 . S^2y_r}{n'} - \frac{S^2y_r}{N}$$

$$S^2y_r = \frac{\Sigma y_r^2 - \frac{(\Sigma y_r)^2}{n}}{n - 1} = \frac{\Sigma P^2 - \frac{(\Sigma P)^2}{\Sigma f}}{(\Sigma f) - 1} = \frac{15537 - \frac{48141}{5}}{4} = 1477$$

$n = \Sigma f = 5 = $ cantidad de cuadros de referencia (P).

$n' = \Sigma F = 100 = $ cantidad de cuadros estimados.

$$N = \frac{40m . 50m}{0,25m^2} = 8000 = \text{cantidad total de cuadros de la parcela de muestreo (40x50m).}$$

$\rho^2 = r^2 = 0,96$

$$S^2y = \frac{1447 (1 - 0,96)}{5} + \frac{1447 . 0,96}{100} - \frac{1447}{8000} = 25,286$$

3.2   Análisis de la varianza

Si tenemos un ensayo donde se aplicó un diseño experimental con replicaciones o pseudorreplicaciones de los tratamientos, y evaluamos las medias ($\bar{y}_n$) por regresión y sus correspondientes varianzas ($S^2 y_n$), podemos utilizar estas para realizar el análisis de la varianza (ANAVA) u otros.

3.3   Comparación estadística de valores medios

Si no tenemos replicaciones o pseudorreplicaciones de los tratamientos, la posibilidad de comparaciones estadísticas de medias para determinar diferencias significativas, es mediante la aplicación de "Test t" de diferencias de medias.

"TEST t" PARA LA COMPARACIÓN DE MEDIAS

A los fines de completar el ejemplo de aplicación utilizamos el "Test t" de diferencia de medias (Gonzalez, L. A., 1989, comunicación personal) para detectar diferencias significativas entre medias obtenidas por doble muestreo.

Si queremos comparar dos o mas tratamientos, por ejemplo: T_1 (que tiene media $\bar{y}_1$ y varianza $S^2 y_1$) con T_2 (que tiene media $\bar{y}_2$; y varianza $S^2 y_2$) y con T_3 (que tiene media $\bar{y}_3$; y varianza $S^2 y_3$), utilizaremos el "test t" de diferencia de medias, para determinar si hay diferencias significativas entre los tratamientos.

Se comparan las medias de los tratamientos todas contra todas, o sea: $\bar{y}_1$ con $\bar{y}_2$; $\bar{y}_1$ con $\bar{y}_3$; e $\bar{y}_2$ con $\bar{y}_3$.

Para aplicar el "Test t" de diferencia de medias, sin modificaciones, tenemos que realizar la prueba de homogeneidad de varianzas mediante el "Test F", para cada par que se compara y es necesario aceptar para cada par, la hipótesis nula:

$$H_0 : \sigma_i = \sigma_j$$

$$F = \frac{S^2 y_1}{S^2 y_2} \; ; \qquad F = \frac{S^2 y_1}{S^2 y_3} \; ; \qquad F = \frac{S^2 y_2}{S^2 y_3} \; ; \qquad (0,043 \leq F \leq 23,2); \quad \alpha = 0,1$$

Para la comparación de, por ejemplo, $\bar{y}_1$ con $\bar{y}_2$, mediante el "test t", si hay diferencias significativas, se debe cumplir la:

$$H_1 : \mu_1 \neq \mu_2$$

$$t = \frac{\bar{y}_1 - \bar{y}_2}{S_p \sqrt{\dfrac{1}{n_1} + \dfrac{1}{n_2}}} \qquad \begin{array}{c}(-3,355 \leq t \leq 3,355) \\ \alpha = 0,01 \end{array}$$

Para la estimación simultánea (Bonferroni), en este ejemplo, tenemos tres: $\alpha_s = 3.\alpha = 0,03$; o sea que podemos aceptar diferencias significativas con un 97% de confianza .

$$\text{Varianza ponderada} \quad S^2{}_p = \frac{(n_1 - 1) S^2 y_1 + (n_2 - 1) S^2 y_2}{n_1 + n_2 - 2}$$

3.4   Estimación aproximada de la forrajimasa utilizando Doble muestreo

Si se quiere obtener una evaluación rápida se puede utilizar una metodología muy simplificada como esta:

Con los pesos secos y las frecuencias correspondientes se calcula la media ponderada. Ejemplo: con los valores (Tabla III,3.1-1) del ejercicio de aplicación anterior, se fijan los 5 cuadros de referencia, se estiman visualmente 100 cuadros al azar sistematizado (transectas) y se registran las frecuencias.

Se cosechan (corte) la forrajimasa de los 5 cuadrados de referencia y se calcula el peso seco de cada uno (Tabla III,3.1-3).

C	P	F	P · F
1	2.73	18	49.14
2	16.78	25	419.50
3	38.97	35	1363.95
4	60.72	12	728.64
5	100.21	10	1002.10
Σ		100	3563.33

Tabla III,3.1-3: Referencias: C = Cuadros de referencia.   P = Peso seco [gMS . $0.25m^{-2}$]   F = Frecuencia de cuadros de observación.

En la estimación aproximada no calculamos la media por regresión, calculamos la media ponderada:

$$\bar{x} = \frac{\Sigma \ P \cdot F}{\Sigma \ F} \quad \therefore \quad \bar{x} = \frac{3563,33}{100} = 35,63 \ [gMS . 0,25m^{-2}]$$

$$35,63 . 40 = 1.425 \ [kgMS . ha^{-1}]$$

La diferencia con la media calculada por regresión (ejemplo anterior) es de:

$$1.478 - 1.425 = 53 \ [kgMS . ha^{-1}]$$

Si tenemos experiencia en muestreos de pastizal, y conocemos las relaciones de humedad entre: verde : seco al aire : seco a estufa, y una balanza a pilas, podemos tener a campo, una evaluación aproximada bastante buena.

4   EJEMPLO DE APLICACIÓN II

4.1 Composición botánica de la forrajimasa por el método de asignación de rangos por estimación de peso seco

El método fue desarrollado en Australia por Manetje y Haydock (1963), quienes presentaron este método para determinar la composición botánica de la materia seca del pastizal, basado en la estimación visual de la cantidad de materia seca de cada unidad de muestra (cuadro), utilizando un rango de 1 a 3.

El método se adapta para ser aplicado conjuntamente con el método de doble muestreo (Haydock y Shaw, 1975) tal como la proponen los técnicos del CSIRO, Australia (Tothill *et al.*, 1978 y 1992).

El método es apropiado para la estimación de la composición botánica de la materia seca de pastizales heterogéneos, con la condición que se apliquen y registran 100 o más unidades de muestra, utilizando transectas al azar sistematizadas, en un muestreo estratificado según clases de condición forrajera del pastizal y en cada una de ellas.

En los cuadros de muestra aplicados registramos: en rango "1" a la especie que estimamos tiene la mayor porción de peso seco de ese cuadro; en rango "2" a la especie que le sigue y en rango "3" a la especie siguiente. Si hay otras especies presentes no se registran.

Si una especie tiene un alto porcentaje de la materia seca (mas del 60%) la anotamos en rango "1" y "2", y la especie que sigue en rango "3".

Si el cuadro cayó en un "peladal" y solo hay una mata que tiene poco peso seco, como en el cuadrado de referencia 1 del doble muestreo, anotamos la especie sólo en rango 1 (ver Capítulo III:3.1, planillas de campo).

Coeficientes de ponderación: Para el cálculo se utilizan coeficientes de ponderación empíricos (luego fueron comprobados matemáticamente por matemáticos Sudafricanos) estos son: $k_1 = 8,04$; $k_2 = 2,41$; y $k_3 = 1,00$.

Tanto para registrar las estimaciones del doble muestreo para calificar cada cuadro, como para registrar las especies en los 3 rangos, confeccionamos una planilla (Díaz, 1999b), como la siguiente (Tabla III,4.1-1):

n°	1	2	3	4	5	Sp. rango 1	Sp. rango 2	Sp. rango 3
1						Set lei	Gou par	Dip dub
2						Tri plu	Set lei	Spo pyr
3						Set leu	Set lei	Gou par
4						Set lei	Gou par	–
5						Tri cri	Set leu	–
...								
...								
100						Tri cri	Pap cae	Ari men

Tabla III,4.1-1: Planilla diseñada para aplicar simultáneamente el método de doble muestreo y la composición botánica de la forrajimasa del pastizal natural.

Para ordenar los cálculos utilizamos una planilla (Díaz, 1999b), como la siguiente (Tabla III,4.1-2):

Especies	R_1	$R_1.k_1$	R_2	$R_2.k_2$	R_3	$R_3.k_3$	$\Sigma R_i.k_i$	$\Sigma R_i.k_i / \Sigma\Sigma R_i.k_i$	%
Tri cri	28	25,1	21	50,6	1	1	276,7	0,270	
Set lei	19	152,8	16	38,6	2	2	193,4	0,189	
Tri plu	19	152,8	15	36,1	1	1	189,9	0,186	
Set leu	15	20,1	11	26,5	6	6	152,6	0,149	
Gou par	12	6,5	12	28,9	8	8	133,4	0,130	92,4
Dip dub	3	4,1	4	9,6	4	4	37,7	0,037	
Pap cae	2	6,1			1	1	17,1	0,017	
Spo pyr	1	8,0			1	1	9,0	0,009	
Chlo cil	1	8,0					8,0	0,008	
Dig cal			2	4,8			4,8	0,005	7,6
Faltantes	0		19		76				
Σ	100		100		100		1021,6	1,000	100,0

Tabla III,4.1-2: Planilla para calcular la frecuencia relativa de forrajimasa de cada especie de gramínea del pastizal natural. Referencias:

R_1 = Especie que tiene el primer lugar o rango, por la cantidad de MS estimada en los cuadrados observados.

R_2 = Especie que tiene el segundo lugar o rango, por la cantidad de MS estimada en los cuadrados observados.

R_3 = Especie que tiene el tercer lugar o rango, por la cantidad de MS. estimada en los cuadrados observados.

k_1 = 8,04 = Coeficiente empírico de ponderación para el rango R_1.

k_2 = 2,41 = Coeficiente empírico de ponderación para el rango R_2.

k_3 = 1,00 = Coeficiente empírico de ponderación para el rango R_3.

Las especies: *Trichloris crinita, Setaria leiantha T. pluriflora, Setaria leucopila* y *Gouinia paraguariensis*, integran el 92,4% de la forrajimasa. *Diplachne dubia, Pappophorum caespitosum, Sporobolus pyramidatus, Chloris ciliata* y *Digitaria californica*, integran el restante 7,6%.

Para facilitar los cálculos se puede confeccionar la tabla anterior en una PC en "Excel", ya que remplazando los valores en R_1, R_2 y R_3, puede servir para futuras determinaciones.

REFERENCIAS

ANDERSON, D.L., 1980. Ecología y manejo de pastizales. Apuntes II Curso de Manejo de Pastizales. INTA, San Luis.62 p.

CANFIELD, R.H., 1941. Application of de line interception method in sampling range vegetation. J. Forestry, 39:388-394.

CIAT, 1982. Evaluación de Pastos Tropicales. Ed. Tec. José M. Toledo. Cali, Colombia. 170 p.

COCHRAN, W.G., 1963. Técnicas de Muestreo. Trad: Casas Díaz, Ed. C.E.C.S.A. México, 1974. 507p.

COTTAM, G. y J.T. CURTIS, 1956. The use of distance measures in phytosociological sampling. Ecology 37(3):451-460.

DAGET, PH. y J. POISSONET, 1971. Une méthode d'analyse phytologique des praire; critères d'application. Ann. Agron. 22(1):5-41.

DAUBENMIRE, R., 1959. A Canopy-Coverage Method for Vegetation Analysis. Northwest Science, 33(1):43-64.

DÍAZ, R.O., 1989. Evaluación de la productividad de sistemas silvopastoriles con diferente grado de cobertura arbórea. En: Memorias de la X Reunión del Grupo Técnico Regional del Cono Sur en Mejoramiento y Utilización de los Recursos Forrajeros del Área Tropical y Subtropical. (Grupos Campos y Chaco). FAO, UNESCO/MAB, INTA, UNC. pp:50.

DÍAZ, R.O., 1992. Evaluación de los recursos forrajeros del Chaco Árido. En: Sistemas Agroforestales para Pequeños Productores de Zonas Áridas. GTZ, FCA-UNC. pp:18-23.

DÍAZ, R.O., 1999a. Determinación de la forrajimasa con Doble Muestreo. Serie Apuntes, Curso Utilización de Pastizales, Área Pastizales Naturales. FCA - UNC. 11p.

DÍAZ, R.O., 1999b. Determinación de la composición botánica de la forrajimasa. Serie Apuntes, Curso Utilización de Pastizales, Área Pastizales Naturales. FCA - UNC. 4p.

GARDNER, A.L., 1967. Estudio sobre los métodos agronómicos para la evaluación de pasturas. IICA y CIA, Montevideo. 80 p.

HAYDOCK, K.P. y N.H. SHAW, 1975. The comparative yield method for estimating dry matter yield of pasture. Australian Journal of Exp. Agri. and Anim. Husbandry, 15:663-670.

MANETJE, L.'t., 1978. Measurement of grassland vegetation and animal production. CSIRO - CAB, Australia. 260 p.

MANETJE, L.'t. y K.P. HAYDOCK, 1963. The dry-weight-rank method for the botanical analysis of pasture. J. Br. Grass Soc., 18:268-275.

MILNER, C. y R.E. HUGHES, 1968. Methods for the Measurement of the Primary Production of Grasslands. IBP Handbook N° 6. 70 p.

PALADINES, O., 1966. Empleo de animales en las investigaciones sobre pasturas. IICA y CIA, Montevideo. 106p.

PASSERA, C.B., A.D. DALMASSO y O. BORSETTO, 1983. Método de "Point Quadrat Modificado". En: Taller sobre Arbustos Forrajeros de Zonas Áridas y Semiáridas. FAO, IADIZA, Mendoza, pp:135-151.

SIERRA y SOMARRIBA, 1989. Anexo: Medición de pasturas bajo plantaciones forestales. En: Sistemas Agroforestales. Turrialba, Costa Rica. pp:459-463.

TOTHILL, J.C., J.N.G. HARGREAVES y R.M. JONES, 1978. BOTANAL – a comprehensive sampling and computing procedure for estimating pasture yield and composition. I: Field sampling. Tropical Agronomy Technical Memorandum N° 9. CSIRO, Tropical Crops and Pastures, Brisbane, Queensland, Australia.

TOTHILL, J.C., J.N.G. HARGREAVES, R.M. JONES y C.K. McDONALD, 1992. BOTANAL – a comprehensive sampling and computing procedure for estimating pasture yield and composition. I: Field sampling. Tropical Agronomy Technical Memorandum N° 78. CSIRO, Tropical Crops and Pastures, Brisbane, Queensland, Australia.

WAITE, R.B., 1994. The application of visual estimation procedures for monitoring pasture yield and composition in enclosures and small plots. Tropical Grassland, 28:1,38-42.

Comunicaciones personales

GONZÁLEZ, L.A., 1989. Asesoramiento solicitado al Servicio de Consultoría Estadística de la FCA-UNC.

CAPÍTULO IV

Evaluación de pastizales

CAPÍTULO IV

EVALUACIÓN DE PASTIZALES

1   LAS ESPECIES DEL PASTIZAL

1.1 Reconocimiento de especies

El reconocimiento de las especies de gramíneas presentes en los pastizales naturales es uno de los primeros requerimientos de las personas que se interesan en la utilización de los mismos.

Hasta ahora no se ha publicado un manual para el reconocimiento de todas las especies de gramíneas de las regiones chaqueña árida y semiárida de la provincia de Córdoba. Reconocemos que es una asignatura pendiente y que es nuestra intención realizar una publicación de este tipo.

Debe darse prioridad al reconocimiento de las gramíneas típicas de la región y principalmente a las que encontremos en nuestra comunidad objetivo. Otras especies pueden estar presentes en áreas modificadas donde se acumula humedad, o vías de comunicación donde se han dispersado especies de otras zonas o exóticas que puede haber encontrado la oportunidad de establecerse y persistir en esas áreas modificadas.

Es recomendable elaborar un herbario con plantas completas y sanas para facilitar la determinación. Cuando tengamos las especies determinadas, no es difícil reconocer las diferencias, en la mayoría de los casos son bien notables y cuando "nos hacemos el ojo", seguramente no nos confundiremos nunca más.

Por otra parte hay géneros que presentan varias especies que tienen similar valor forrajero, las que prácticamente podemos agrupar. Por ejemplo *Setaria leiantha* y afines. En el mismo género con características diferentes *Setaria leucopila* y afines. Otras especies del género *Setaria* son diferentes como *Setaria cordobensis* o *S. geniculata*.

Las publicaciones donde se describen las especies de gramíneas, suelen tener dibujos y descripciones de las características de cada especies y sus partes relevantes, que pueden fotocopiarse para tener otras posibilidades para el reconocimiento de las especies (Figura IV,1.1-1y 2).

Digitaria californica

Aristida adscensionis

Figura IV,1.1-1 a.

Trichloris crinita	*Trichloris pluriflora*

Figura IV,1.1-1 b.

Otra posibilidad es fotografiar las especies que integran nuestra comunidad objetivo. Esto es importante para las gramíneas y resulta sumamente útil para las leñosas donde podemos fotografiar la planta entera y alguna de sus partes.

Una dificultad es reconocer las especies de gramíneas por sus caracteres vegetativos. Esto ocurre cuando han sido pastoreadas y no tenemos la planta entera y generalmente faltan las inflorescencias. Para este caso en el Anexo 1 de este capítulo incluimos una clave por caracteres vegetativos. Con un poco de práctica las especies son fácilmente reconocibles a simple vista, pues presentan diferencias que se detectan con facilidad.

2 EVALUACIÓN DEL PASTIZAL NATURAL

2.1 Presencia y dominancia

Se confecciona una lista de especies presentes en un sector del potrero o de una comunidad, señalando los tres o cuatro estratos principales y las especies dominantes, o sea de mayor cobertura, (ver Capítulo IV:2.6) en cada estrato (Tabla IV,2.1-1).

ESTRATOS

Arbóreo	Arbustivo	Graminoso	Herbáceo (ng)
Asp que	Tri usi	Neo lop	
Pro fle	Cas aph	Spo pyr	
Pro tor	Xim ame	Pap cae	
Cer pra	Ata ema	Tri spi	

Tabla IV2.1-1: Las especies se anotan utilizando las 3 ó 4 primeras letras del nombre genérico , seguidas de las 3 ó 4 primeras letras del epíteto específico (ver Capitulo II anexo 2). (ng) = no graminoso.

2.2 Abundancia

Se utiliza una escala de abundancia como la presentada en la Tabla IV,2.2-1:

Escala de abundancia	1 = rara.
	2 = infrecuente.
	3 = frecuente.
	4 = común.
	5 = abundante.

Tabla IV,2.2-1: Escala subjetiva de abundancia

Se asigna, un índice de abundancia a las plantas en una lista, por ejemplo:

Leñosas		Gramíneas	
Asp que	2	Neo lop	5
Pro fle	2	Spo pyr	4
Pro tor	3	Pap cae	2
Cer pra	1	Tri spi	2

2.3 Frecuencia

Es la presencia o ausencia de una especie en la unidad de muestreo, por ejemplo (Figura IV,2.3-1):

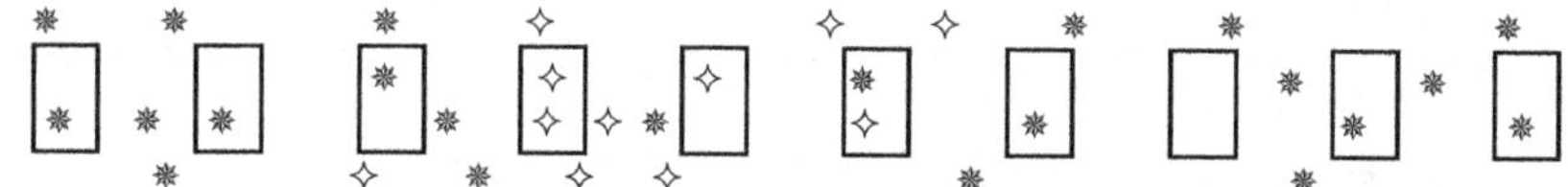

Figura IV,2.2-1: Referencias: ☐ = Cuadros muestrales; ✳ = Una especie de gramínea; ✧ = Otra especie de gramínea. (Anderson, 1980).

$$\text{Frecuencia de especie } ✳ = \frac{7 \times 100}{10} = 70\,\%$$

$$\text{Frecuencia de especie } ✧ = \frac{3 \times 100}{10} = 30\,\%$$

La frecuencia muestra el grado de uniformidad de distribución de las especies a través del área muestreada.

Se puede derivar frecuencia indirectamente a partir de otros datos que se toman (densidad y cobertura).

Es muy útil para destacar diferencias entre: tratamientos de ensayos; el efecto de diferentes tipos de suelo; la composición de diferentes tipos de vegetación; el efecto de diferentes sistemas de manejo; entre dos épocas del año en una misma comunidad, y otras.

2.4 Densidad

Es el número de individuos por unidad de superficie.

Por ejemplo:

32 Algarrobos por ha
4,8 *Setaria leucopila* por m^2

Se utiliza este parámetro para contrastar la densidad de invasoras en distintas condiciones del pastizal, para medir los efectos de la quemazón en algunas especies, para determinar grado de uso en el pastizal registrando densidad de plantas total de una especie versus densidad de plantas comidas de esa especie; para detectar el establecimiento de nuevas plántulas, y otras.

En anuales es particularmente sensible para medir los efectos de la precipitación. Por ejemplo:

	1966	1967
Cenchrus pauciflorus	128,2	22,4

No es deseable usar este parámetro con plantas rizomatosas. La densidad no indica nada sobre el tamaño de la planta.

2.5 Área basal o Cobertura basal

Es el área cubierta por la corona de la planta. Es útil para medir los efectos de largo alcance del clima, condiciones del suelo y pastoreo de las especies

No es útil para medir efectos debido a estación del año, utilización corriente, sobrepastoreo estacional, sequía de corto alcance, y otras.

Se mide a 2,5 cm del nivel del suelo en algunas especies y a nivel del suelo en otras. Es difícil de aplicar a plantas tipo roseta.

2.6 Cobertura

Es la proyección vertical del follaje o copa. Es una expresión de la masa de vegetación que proyecta al suelo o a los estratos vegetales inferiores.

Es la mejor expresión de dominancia de las especies. Es posible analizar aspectos de competencia entre especies (es valioso en la comparación de tipos de vegetación).

Es suficientemente sensible a los factores climáticos y al pastoreo como para detectar tendencia del pastizal.

2.7 Peso - producción – fitomasa aérea – forrajimasa – cantidad

- Es una de las características de mayor importancia en los pastizales.
- Es la mejor medida para describir crecimiento.
- Se puede utilizar para indicar condición y tendencia.

En las regiones áridas y semiáridas, se expresa en materia seca acumulada por año (ver Capítulos III:3.1 y IV:5).

2.8 Calidad forrajera

La calidad forrajera se refiere a características físico químicas de los forrajes en relación al aprovechamiento de nutrientes por el aparato digestivo de los animales (ver Capítulo IV:6).

2.9 Fenología de las gramíneas del pastizal natural

La definición de las distintas etapas fenológicas de las especies vegetales que componen el pastizal provee una información básica esencial en su manejo y aprovechamiento eficaz.

Para la determinación acertada de los períodos de descanso y utilización del pastizal natural, es necesario contar con los datos promedios de cada fenofase principal, como así también las fechas extremas registradas a través de varios años de observación de las especies forrajeras clave de manejo (ver Capítulo IV:2.10).

Asimismo es necesario disponer del mismo tipo de información acerca de las plantas no deseables e invasoras.

Los datos fenológicos influyen en las decisiones sobre la planificación de períodos de pastoreo y descansos; fecha de quema; fecha de resiembra e intersiembra, etc.

Las fenofases de mayor utilidad en el manejo de pastizales son:

Germinación.	Floración.
Estado vegetativo.	Fructificación.
Rebrote.	Diseminación de semillas.
Prefloración.	Reposo y/o muerte.

El lugar de estudio de la fenología tiene que ser una clausura y el intervalo de toma de datos debe ser de unos 15 días.

En pastizales mixtos (gramíneas estivales e invernales) , el manejo es más complejo y los fenoperíodos cobran mayor importancia en la toma de decisiones que en pastizales con una sola estación de crecimiento.

2.10 Especies clave de manejo

Como es imposible basar el manejo en todas las especies, se toma sobre una o dos especies claves. Elegimos como especie clave una de alta preferencia animal y que tenga cierta abundancia en el potrero en cuestión (ver Capítulo IV:3.11-2).

En el caso de no existir ninguna especie clave debido a que no existe ninguna especie de alta preferencia animal con suficiente abundancia, se designa especie clave a una que tenga la potencialidad de prosperar en ese sitio.

Una vez designada la especie clave, se procede a planificar descansos al potrero con la meta de favorecer esa especie en su ciclo vegetativo y/o su ciclo reproductivo.

2.11 Importancia de la fenología en la utilización del pastizal natural

Para planificar los descansos en el potrero se utilizan como base las fenofases de esa o esas especies.

Como regla general, se sugiere descansar el potrero una vez cada tres años en el período de rebrote de la especie y una vez cada tres años en el período del ciclo reproductivo. Estos dos tipos de descansos pueden darse en el mismo año, o bien año por medio o en alguna otra forma conveniente.

En ningún caso, será necesario ni deseable dejar el potrero en descanso más de seis meses en pastizales mixtos y más de un año en pastizales estivales, a menos que el estrato forrajero esté sumamente degradado.

El descanso de un potrero utilizando el sistema de especies clave, puede tener una o varias metas:

- Permitir el establecimiento de nuevas plántulas.
- Favorecer un rebrote pleno y vigoroso.
- Permitir una floración y fructificación de máxima potencia.
- Ampliar la diseminación e implantación de semillas.

Sí elegimos *Digitaria californica* como especie clave de manejo, los descansos para cumplir con las metas arriba detalladas serían:

- Meta 1: nuevas plántulas.
- Meta 2: rebrote.   } Noviembre- Diciembre
- Meta 3: floración y fructificación.   } Febrero - Marzo
- Mcta 4: diseminación.   } Abril - Mayo

En aquellos casos (Espinal: Algarrobal y Caldenal) donde hay dos especies clave, una estival y otra invernal se pueden alternar los descansos, un año favoreciendo la estival y al año siguiente favoreciendo la invernal.

A veces, se pretende convertir a un potrero en invernal y otro en estival. Esta meta es difícil de alcanzar en forma completa, pero es posible favorecer uno u otro grupo con un programa de descansos basados en las épocas críticas de las especies más importantes.

Otro factor que puede hacer fracasar el programa de descansos es una carga animal excesiva. La primera premisa al buen manejo es una presión de pastoreo adecuada.

El empleo de las fechas promedios de las fenofases rendirá beneficios en el largo plazo porque se basa en una realidad ecofisiológica de las especies.

2.12 Utilización y preferencia animal

Existe una gran variedad de métodos para cuantificar la utilización y preferencia animal de las especies. Uno de los más avanzados es el que utiliza la fístula de esófago o rumen. Otro método es el análisis microhistológico de heces, de esta manera, se determina con gran exactitud la composición botánica relativa de la dieta animal.

Para zonas amplias de pastizales donde no siempre es posible emplear animales fistulados, hay otros métodos menos exactos pero más simples que sirven como aproximación a la realidad. Con estos métodos, se realizan observaciones directas sobre las especies en los potreros.

<u>Utilización</u>: es el grado (expresado en %) de consumo de la producción total de la parte aérea de una especie en particular. Para especies herbáceas, se considera el peso total de la

planta mientras que para plantas leñosas, se considera únicamente el peso de la producción del año corriente de hojas y tallos.

Métodos para determinar utilización:

- Basado en altura únicamente.
- Basado en el peso.
- Basado en el porcentaje de plantas pastoreadas.

Para este último punto el muestreo más utilizado es el método del cuadrante de punto centrado (Cottam y Curtis, 1956). Se lo utiliza para determinar el grado de utilización y preferencia de los animales.

El método se desarrolla a lo largo de una transecta en el potrero, estableciéndose puntos a intervalos regulares, donde se registran las observaciones.

El intervalo varía según el tamaño del sector a muestrear (puede ser cada 5, 9, 15, 25, 50m, etc.)

En cada punto, se marca en el suelo un signo (+) y se consideran los cuatro cuadrantes como cuatro parcelas de observación distintas.

En cada cuadrante, se ubica la especie cuyo centro sea el más cercano al punto céntrico.

Se pueden considerar todos los estratos (leñoso, herbáceo, graminoso) juntos, o uno por uno, o uno solo, según el tipo de información deseada.

A fin de establecer diferencias en el grado de utilización de las especies de gramíneas, se puede emplear la siguiente escala relativa:

0 = Ninguna señal de utilización.

1 = Despunte.

2 = Comido hasta cerca de la mitad.

3 = Comido al ras.

Para calificar con esta escala, es necesario tener una imagen mental de la potencialidad en altura de cada especie en función a las condiciones corrientes de crecimiento, sitio y época del año (ver Capítulo II:2.1 y Capítulo V:3.3).

Los índices 0 y 3 son los más fáciles, mientras que separar 1 y 2, se presentan algunos problemas que se superan con la práctica.

Si se toma un total de 25 puntos sobre la transecta, se terminará con 100 observaciones de utilización. A partir de estos datos, se calculan:

El <u>% de frecuencia de cada especie</u> = suma de las ocurrencias dividido por el número de observaciones y multiplicado por 100.

El <u>% de frecuencia utilizado</u> = suma de las ocurrencias utilizadas dividido por el número de observaciones y multiplicado por 100.

El <u>% de preferencia relativa</u> = el % de frecuencia utilizada dividido por el % de frecuencia.

El <u>grado de utilización</u> = la suma de los índices de utilización dividido por el % de frecuencia.

El <u>valor de importancia forrajera</u> = producto entre el % de frecuencia y el grado de utilización.

La preferencia relativa da una idea de la selectividad entre especies mientras que el grado de utilización indica hasta que altura está consumida cada especie. El valor de importancia forrajera refleja un volumen relativo utilizado en la dieta total del animal. (<u>Importante</u>: el método del cuadrante del punto centrado es aproximativo y se debe considerar orientativo y no definitivo).

<u>Porcentaje de utilización de la oferta forrajera</u>: Se utiliza un muestreo para determinar la forrajimasa (ver Capítulo III:3.1 y Capítulo IV:5).

Se valora el grado de utilización basándose en el porcentaje de la oferta forrajera utilizado mediante una escala como la siguiente (Tabla IV,2.12-1):

% utilización de la oferta forrajera	Calificación del Pastoreo
0 – 15	Despreciable
16 – 40	Liviano
41 – 60	Adecuado
61 – 80	Intenso
81 – 100	Severo

Tabla IV,2.12-1: Escala según el porcentaje de peso seco de la oferta forrajera utilizado.

El % de utilización de la oferta forrajera es un concepto similar al Factor de Uso (ver Capítulo VII:3.1). Los muestreos de utilización deben ser ubicados en áreas de una misma condición. Deben evitarse situaciones particulares y áreas de sacrificio.

A veces, es deseable trabajar únicamente con especies clave y en áreas clave. Se pueden elegir especies indicadoras de sobrepastoreo (ver Capítulo X:3.2). Son aquellas especies que debido a su baja preferencia, no son utilizadas cuando hay abundancia y variedad de especies buenas disponibles, pero que llegado al caso de escasez, son utilizadas y representan uno de los últimos recursos.

Los muestreos pueden repetirse periódicamente para cuantificar la evolución de utilización en un potrero. Sobre la base de estos datos se pueden tomar decisiones sobre el momento apropiado para descansar los potreros.

2.13 Uso apropiado

El uso apropiado varía por especie. Es el % de utilización apropiada de una especie bajo un régimen de manejo racional. Guarda relación estricta con la "habilidad" fisiológica de la especie para aguantar el pastoreo (límite de tolerancia). No se trata de una constante sino que depende de varias condiciones modificadoras como:

- Especies asociadas.
- Clase de animales.
- Época del año del año.
- Año.
- Uso anterior del pastizal.
- Conocimiento anterior de la planta por los animales.

El porcentaje de utilización por si solo no da un cuadro completo de todo el estrés al cual esta sujeta una planta. Algunos de los otros factores importantes que afectan la respuesta individual al pastoreo son:

- Condiciones climáticas corrientes.
- Sitio.
- Estación de pastoreo.
- Duración de pastoreo.
- Remanente de follaje.
- Las partes de la planta utilizada.

2.14 Composición botánica del pastizal

La frecuencia es uno de los parámetros mas utilizados para conocer la composición botánica del pastizal, es decir que porcentaje corresponde a cada especie en el total del pastizal. También se puede utilizar cobertura, densidad o peso. La participación relativa de una especie en la composición de un pastizal es:

$$\text{Proporción (\%)} = \frac{\text{Suma de las medidas para cada especie x 100}}{\text{Suma de las medidas de todas las especies}}$$

2.15 Composición botánica de la forrajimasa

Para determinar la composición botánica de la materia seca del pastizal utilizamos el método de asignación de rangos por estimación de peso seco (Manetje y Haydock, 1963), Se basa en la estimación visual de la cantidad de materia seca de cada unidad de muestreo (ver Capítulo III:4.1).

3   CONDICIÓN Y TENDENCIA

3.1   Sucesiones

El concepto de condición ecológica se basa en el concepto de sucesiones vegetales (Clements, 1928), el cual indica que, a partir de un lugar sin vegetación, en el que se instalan especies vegetales pioneras, y que luego a partir de esta se suceden cambios continuos en la vegetación que dan lugar a nuevas comunidades vegetales hasta llegar a un estado complejo, en equilibrio con el ambiente y otros factores bióticos, denominada vegetación clímax (Weaver y Clements, 1938) o comunidad final, en la cual la tendencia es a reducir los cambios extremos microclimáticos y edáficos.

Se pueden distinguir dos tipos de sucesiones vegetales:

- Primaria: que es la descripta anteriormente.
- Secundaria: que se inicia a partir de la destrucción total o parcial de la comunidad clímax o de la interrupción en el proceso primario por diversos factores. La sucesión secundaria puede seguir el mismo camino que la primaria o (lo más frecuente) seguir otro camino (histéresis) para llegar a la comunidad final.

Cuando un sitio ocupado por una comunidad vegetal es degradado y luego ocupado por otra de menor jerarquía ecológica, denominamos a este proceso regresión vegetal. Al proceso inverso (recuperación) lo denominamos progresión vegetal.

En general y en un sentido poco estricto, se suelen utilizar estas denominaciones para procesos de degradación o recuperación de la vegetación en un ecosistema.

3.2   Condición ecológica

Los métodos para la determinación de la condición ecológica de pastizales, son de 2 tipos: métodos cualitativos y métodos cuantitativos.

3.2-1 Métodos Cualitativos

Los métodos cualitativos se basan en la observación y calificación de acuerdo a escalas predeterminadas, que otorgan valores según el grado de deterioro con respecto a la vegetación clímax o comunidad final. Se califican muchos componentes de los ecosistemas (principalmente de la vegetación y del suelo). El método más conocido es el que desarrolló Dorothy Brown (1968) para un ecosistema de pastizales.

3.2-2 Métodos Cuantitativos

El concepto clásico de condición (Dyksterhuis, 1949), se refiere al grado de regresión en que se encuentra actualmente una comunidad vegetal en un sitio con respecto a la comunidad vegetal de la clímax, o comunidad final.

La idea implica que, si disminuye la presión del disturbio que causa la regresión, puede inducirse una progresión hacia la comunidad final y alcanzar nuevamente la clímax o una comunidad parecida pero de similares características.

Con esto estamos admitiendo que los factores de disturbio introducidos son los únicos responsables de la condición actual, que actúan de manera continua, proporcional a sus efectos y que estos son reversibles.

Este concepto, está basado en la teoría de sucesiones vegetales (Clements, 1928) y que aplico Dyksterhuis para desarrollar el concepto de "range condition", en los Estados Unidos de Norte América, en un ecosistema de pastizales.

<u>Condición Ecológica</u>: Es la situación actual de una comunidad vegetal, en relación con la comunidad vegetal de la clímax.

Como Dyksterhuis trabajó en una comunidad de pastizales, basó sus evaluaciones en los porcentajes de cobertura de 3 diferentes grupos de gramíneas con diferente dinámica a medida que aumenta el grado de uso o tiempo de sobrepastoreo (a mayor cantidad de años de sobrepastoreo, mayor grado de uso). Los grupos de gramíneas son:

Decrecientes: Grupo de especies dominantes, típicas de la comunidad clímax, que a medida que aumenta el grado de uso, van desapareciendo y disminuye su porcentaje de cobertura.

Crecientes: Grupo de especies subdominantes de la comunidad clímax, que a medida que aumenta el grado de uso, van ocupando los lugares que le dejan las decrecientes y aumentan su porcentaje de cobertura, hasta que el grado de uso es mayor y comienzan a disminuir su porcentaje de cobertura.

Invasoras: Grupo de especies que no se las encuentra en la comunidad clímax, y que a medida que aumenta el grado de uso se van instalando y aumentan su porcentaje de cobertura.

En ecosistemas de pastizales, los dominantes ecológicos, juzgados por el porcentaje de cobertura, son gramíneas. Las subdominantes también y solo aparecen algunas dicotiledóneas, generalmente leñosas arbustivas, en pequeños sitios con un ambiente edáfico distinto. Por lo tanto la "range condition" de Diksterhuis responde a la definición de condición ecológica.

Representación de la dinámica de las especies del pastizal reunidas en los grupos descriptos anteriormente (Figura IV,3.2-1).

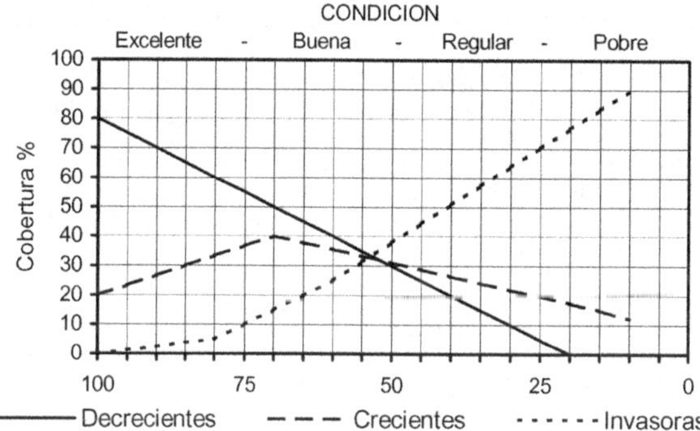

Figura IV3.2-1: Porcentajes de la vegetación clímax en respuesta a años de sobrepastoreo (tomado de: Dyksterhuis, 1949).

Para este diagrama de la dinámica de un ecosistema de pastizales a medida que aumenta el grado de uso, Dyksterhuis describió 4 clases de condición: Excelente, Buena, Regular y Pobre, estableciendo los límites para cada una de las clases.

El valor de condición para cualquier punto se establece en referencia al porcentaje presente de la vegetación clímax. Se determina el porcentaje de decrecientes y se le suma el porcentaje de crecientes presentes, como máximo se admite el porcentaje de crecientes presentes en la vegetación clímax. Luego se fijan Intervalos de clase de condición para lo distintos valores (Tabla IV,3.2-1).

%	Clase de Condición
100 – 76	Excelente
75 – 51	Buena
50 – 26	Regular
25 – 0	Pobre

Tabla IV,3.2-1: Clases de condición ecológica

El grupo de pastizales del INTA San Luis, pudo aplicar la metodología propuesta por Dyksterhuis en un pastizal del Area Medanosa con Pastizales e Isletas de Chañar, en una comunidad de pastizales y pajonales mixtos, ya que pudieron encontrar un relicto de la comunidad clímax, donde el dominante ecológico es *Sorghastrum pellitum* (Anderson, *et al.*, 1970).

Cuando el grupo de San Luis trabajó en los Llanos de La Rioja no pudo encontrar la composición botánica de gramíneas de la comunidad vegetal clímax típica del Chaco Árido, recordemos que esta comunidad es un bosque con dominancia de Quebracho Blanco y subdominancia de Algarrobo Negro y otros componentes arbóreos, un estrato arbustivo y un estrato herbáceo compuesto principalmente por gramíneas.

En el Bosque Chaqueño Semiárido y Árido, la vegetación clímax es bastante compleja y la condición ecológica excelente estaría dada por la presencia destacada de los árboles dominantes, árboles del sotobosque y arbustos subdominantes, subleñosas, trepadoras, dicotiledóneas herbáceas, gramíneas y otras.

De todas maneras podemos asimilar las ideas de Dyksterhuis al estrato de gramíneas y calificar el pastizal independientemente de los estratos de leñosas y otras. El inconveniente que tuvieron los investigadores de INTA San Luis es que no pudieron encontrar la vegetación clímax, por lo tanto tampoco encontraron y no pudieron conocer el pastizal de la clímax y aplicar así la metodología original.

Pero ellos encontraron sitios, posiblemente poco disturbados, donde predominaban pastos de buena preferencia animal y que en lugares sobrepastoreados su presencia en el pastizal era nula o en baja proporción.

Conociendo un poco más los pastizales sobre la base de la preferencia animal y las características forrajeras bajo presión de pastoreo pudieron calificar las gramíneas por su Importancia Forrajera (Ver Capítulo IV:2.12 y Capítulo II: Anexo 1).

El grupo de especies de mayor importancia forrajera, de mediana y poca importancia, tienen una dinámica según el grado de uso similar la los grupos descriptos por Dyksterhuis.

Recordemos que la importancia forrajera es el producto entre el % de frecuencia y el grado de utilización (Ver Capítulo IV:2.12).

3.3 Condición utilitaria

El término tiene en cuenta el aspecto utilitario y, aunque no conozcamos la vegetación clímax, se trata de asimilar la máxima expresión forrajera potencial de un sitio a la expresión de la clímax de un ecosistema de pastizales y su dinámica.

Condición Utilitaria es: La expresión actual de los recursos forrajeros en relación con la máxima expresión forrajera del pastizal natural del sitio.

Del mismo modo podemos clasificar las gramíneas por su dinámica en relación con el grado de uso en:

Deseables: Especies de mucha importancia forrajera, generalmente, muy preferidas por los animales y que disminuyen su presencia a medida que aumenta el grado de uso.

Intermedias: Especies de mediana importancia forrajera, generalmente, medianamente preferidas por los animales, que a medida que aumenta el grado de uso, aumentan su presencia hasta que si continúa aumentando el grado de uso disminuyen su presencia.

Indeseables: Especies de poca importancia forrajera, poco preferidas por los animales, con escasa presencia y que a medida que aumenta el grado de uso, van ocupando los espacios que dejan las anteriores.

Cuando se conoce bien el ambiente se pueden deducir las características del ecosistema y del pastizal natural, entonces se puede inferir cual es la dinámica ecológica de las gramíneas aunque no se conozca su participación en la vegetación clímax (ver Capítulo IV: Anexo 2) y clasificarlas por sus características ecológicas en Crecientes, Decrecientes e Invasoras.

El esquema de la dinámica de los 3 grupos de gramíneas a medida que aumenta el grado de uso, está representado en la Figura IV,3.3:

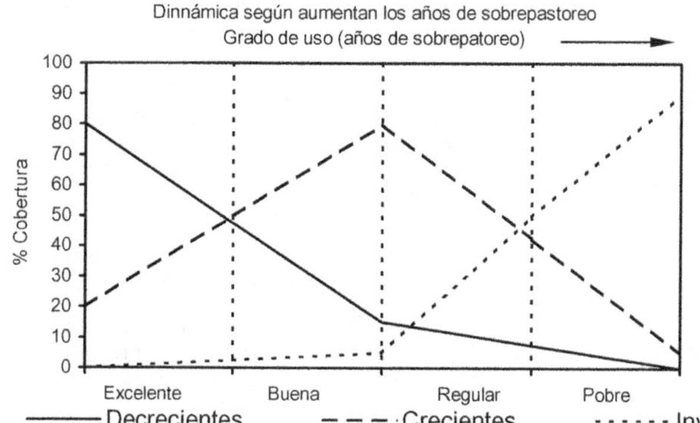

Figura IV,3.3-1: Clases de condición del pastizal natural (tomada y modificada de Anderson, 1980).

Si dividimos el diagrama en clases de condición, según los porcentajes de participación en la cobertura de cada grupo, tendremos delimitadas las clases de condición, que son: Excelente, Buena, Regular y Pobre.

La utilidad de conocer cual es la condición de un sitio y la tendencia del pastizal, nos proporciona la posibilidad de saber si estamos utilizando bien o mal los recursos forrajeros, corregir el manejo y mejorar la condición del pastizal (ver Capítulo IV:3.11).

3.4 Condición económica

El término tiene en cuenta el aspecto económico y aunque no conozcamos, la vegetación clímax, se trata de asimilar la máxima expresión económicamente potencial de un sitio, tal como se considera la expresión forrajera de la vegetación clímax en un ecosistema de pastizales.

Condición económica: es la expresión actual de los recursos forrajeros en relación con la máxima expresión forrajera compatible con las posibilidades económicas.

Según nuestra interpretación, es una forma de condición utilitaria, en la cual se tienen en cuenta los recursos forrajeros posibles de lograr y mantener dentro de costos aceptables para las posibilidades económicas y del ambiente en esa unidad de explotación.

3.5 Condición forrajera del pastizal natural

Debemos definir que entendemos por condición forrajera, ésta es un tipo de condición utilitaria referida a los recursos forrajeros, y como tal difiere conceptualmente de la condición ecológica.

Condición forrajera del pastizal natural: es el grado de alejamiento de la expresión forrajera actual del pastizal natural, de la máxima expresión forrajera sustentable del pastizal natural en ese ambiente.

Para que sea sustentable ecológicamente y económicamente, tanto en el Chaco Árido como en el Chaco Semiárido, debemos tener en cuenta como se relacionan la condición forrajera y la condición ecológica y encontrar el punto donde se compatibilicen las interacciones entre los estratos arbóreo, arbustivo y graminoso, que aseguren la estabilidad del sistema.

Después de varios años de evaluaciones pudimos agrupar las especies más comunes de los pastizales naturales del Chaco Árido de Córdoba (500–400mm, promedio anual de precipitación) por su dinámica según el grado de uso (Tabla IV,3.5-1) en:
- Disminuyen con el uso (dinámica similar a decrecientes).
- Aumentan con el uso (dinámica similar a crecientes).
- Aumentan con el sobreuso (dinámica similar a invasoras).

Disminuyen con el uso	Aumentan con el uso	Aumentan con el sobreuso
Diplachne dubia	*Trichloris crinita*	*Aristida mendocina*
Setaria leiantha	*Setaria leucopila*	*Sporobolus pyramidatus*
Trichloris pluriflora	*Digitaria californica*	*Neobouteloua lophostachya*
Gouinia paraguariensis	*Pappophorum caespitosum*	*Aristida adscencionis*
	Chloris ciliata	*Eragrostis lugens*
		Bouteloua aristidoides

Tabla IV,3.5-1: Dinámica de las gramíneas en el Chaco Árido de Córdoba, según grado de uso

Juan C. Vera (1987 comunicación personal) presento para el Chaco Árido de los Llanos de La Rioja (400–300mm, promedio anual de precipitación) presentó una tabla con la composición botánica correspondiente a la condición excelente, buena regular y pobre (ver Capítulo IV, Anexo 3).

Para el Chaco Árido de Córdoba, tomemos el ejemplo presentado en el Capítulo II:5.1; en el que luego de recorrer el predio, se evaluó la composición botánica de la forrajimasa de 3 sitios: pastizal bueno, regular y malo. Los resultados se presentaron en la Tabla II,5.1-1, que repetimos.

Pastizal Bueno			Pastizal Mediano			Pastizal Malo		
Especie	%	% Acumulado	Especie	%	% Acumulado	Especie	%	% Acumulado
Set lei	22	22	Tri cri	26	26	Pap cae	17	17
Tri cri	20	42	Set leu	14	40	Ari men	14	31
Tri plu	15	57	Pap cae	12	52	Tri cri	14	45
Set leu	13	70	Dig cal	10	62	Spo pyr	12	57
Gou par	8	78	Ari men	7	69	Dig cal	10	67
Dig cal	6	84	Chlo cil	6	75	Neo lop	9	76
Dip dub	5	89	Tri plu	6	81	Set leu	8	84
Pap cae	5	94	Set lei	6	87	Ari ads	6	90
Spo pyr	3	97	Gou par	5	92	Bou ari	5	95
Ari men	2	99	Ari ads	4	96	Chlo cil	3	98
Chlo cil	1	100	Neo lop	4	100	Era cil	2	100
Total	100		Total	100		Total	100	

Tabla II,5.1-1: "El Myosu", Composición botánica de la forrajimasa del pastizal bueno, mediano y malo.

Para determinar la condición forrajera nos basamos en las distintas proporciones de las especies de cada uno de los grupos anteriores en la forrajimasa de un sitio. Es decir la composición botánica de la forrajimasa (ver Capítulo III:4.1 y Capítulo IV:2.15).

Las proporciones de las especies agrupadas según su dinámica y para cada tipo de pastizal son (Tabla IV,3.5-2):

Disminuyen con el uso (decrecientes)	% en cada tipo de pastizal		
	Bueno	Intermedio	Malo
Diplachne dubia	5	0	0
Setaria leiantha	22	6	0
Trichloris pluriflora	15	6	0
Gouinia paraguariensis	8	5	0
Σ	50	17	0

Aumentan con el uso (crecientes)	% en cada tipo de pastizal		
	Bueno	Intermedio	Malo
Trichloris crinita	20	26	14
Setaria leucopila	13	14	8
Digitaria californica	6	10	10
Pappophorum caespitosum	5	12	16
Chloris ciliata	1	6	3
Σ	45	68	51

Aumentan con el sobreuso (invasoras)	% en cada tipo de pastizal		
	Bueno	Intermedio	Malo
Aristida mendocina	2	7	14
Neobouteloua lophostachya	0	4	10
Sporobolus pyramidatus	3	0	12
Aristida adscencionis	0	4	6
Eragrostis cillianensis	0	0	2
Bouteloua aristidoides	0	0	5
Σ	5	15	49

Tabla IV,3.5-2: Porcentajes de los distintos grupos de dinámica de gramíneas en distintos tipos pastizal natural del Chaco Árido.

Analizando y resumiendo la condición forrajera de los 3 tipos de pastizal natural es la siguiente (Tabla IV,3.5-3 y Figura IV,5.3-1):

Pastizal	Disminuyen con el uso (%)	Aumentan con el uso (%)	Aumentan con el sobreuso (%)	Condición forrajera
Bueno	50	45	5	Buena
Mediano	17	68	15	Regular
Malo	0	52	49	Pobre

Tabla IV,3.5-3: Porcentajes de forrajimasa de los grupos de dinámica en cada clase de condición forrajera en el Chaco Árido de Córdoba.

El esquema de la dinámica de los 3 grupos de gramíneas a medida que aumenta el grado de uso, está representado en la Figura IV,3.5-1.

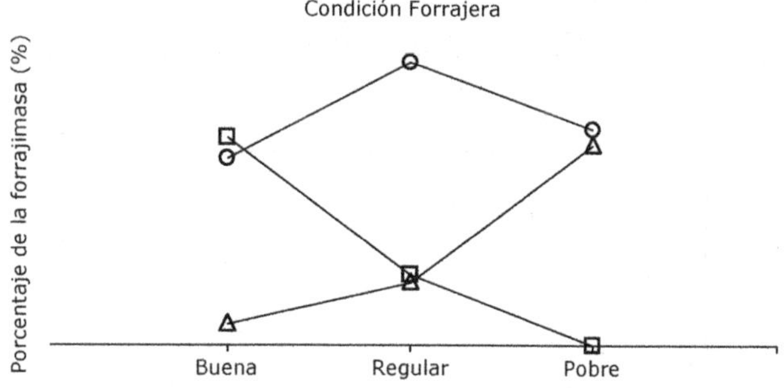

Figura IV,3.5-1: Proporciones de forrajimasa según dinámica de los grupos de especies en cada clase de condición forrajera en el Chaco Árido de Córdoba.

3.6 Especies clave de condición

Si se conoce bien una región o zona se pueden usar otras técnicas para determinar la condición de un sitio, para ello se pueden utilizar especies clave. Estas especies deben responder a los cambios de condición y se pueden determinar o elegir para cada predio o unidad de manejo.

Evidentemente los grupos de especies que presentan más cambios en su participación en la composición botánica de la forrajimasa son las decrecientes y las invasoras, dentro de estos grupos elegiremos las especies clave.

Hay dos clases de <u>especies clave de condición</u>:

1) Las llamadas <u>características</u> que son las que presentan proporciones muy distintas a medida que aumenta el grado de uso. Podemos elegir una especie decreciente muy frecuente para la mejor condición y cuya frecuencia en condiciones de menor jerarquía disminuye sensiblemente (no confundir con especies clave de manejo, ver Capítulo IV:3.11).

2) Las llamadas <u>indicadoras</u> que pueden ser poco frecuentes pero presentan características diferenciales en cada condición. Estas son las mas utilizadas como especies indicadoras en los pastizales del Chaco Árido y Semiárido.

Un ejemplo de especie característica para el campo objeto (Tabla II,5.1), podría ser *Setaria leiantha*, cuya proporción en la forrajimasa en condición buena es 22%, en la regular es 6% y en condición pobre 0%.

Un ejemplo de especie indicadora para el campo objeto (Tabla II;5.1), podría ser *Gouinia paraguariensis*, cuya proporción en la forrajimasa es 8%, 5% y 0%; pero lo importante es que en condición buena se encuentran plantas vigorosas en sitios accesibles para los animales, en condición regular las plantas accesibles a los animales se presentan con una marcada perdida de vigor y sólo se encuentran plantas vigorosas en sitios inaccesibles para los bovinos, protegidas por arbustos espinosos u otros. En condición forrajera pobre se las encuentra sólo en sitios inaccesibles o no se las encuentra.

3.7 Mapas de condición

Generalmente en una unidad de producción (predio) y seguramente en el ámbito de una zona, hay un mosaico de condiciones, es por ello que es necesario realizar mapas de condición, para saber que superficie de cada condición tenemos, información que es imprescindible para cualquier planeamiento.

En el ámbito predial es conveniente hacer mapas de condición en cada unidad de manejo, es decir, en cada sector cercado con acceso a la fuente de agua (potrero o piquete) o, si no hay cerca, en el área utilizada por los animales en pastoreo alrededor de la aguada.

Lo más frecuente de encontrar en una unidad de manejo es un gradiente de condición forrajera, desde la aguada a la parte más alejada de ella (Figura IV,3.7-1).

Mapa de Condiciones

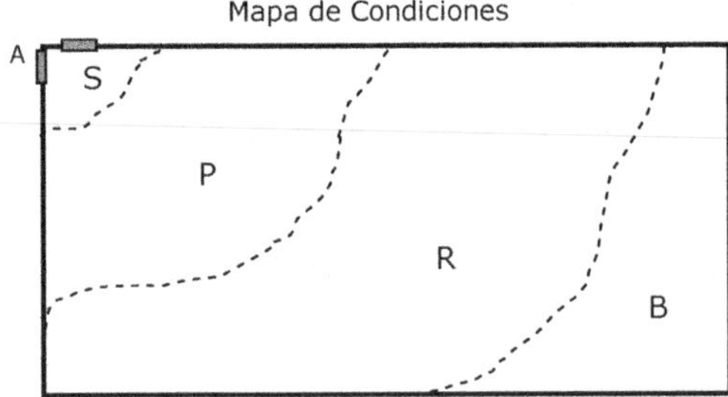

Figura IV;3.7-1: Referencias: A = Aguadas; S = Área de sacrificio; P = Condición Pobre; R = Condición Regular; B = Condición Buena.

La delimitación de las áreas con diferente condición puede realizarse usando fotografías aéreas o satelitales y apoyo terrestre, o recorriendo sistemáticamente todo el terreno de la unidad de producción a pie y utilizando un GPS.

Esto facilitará el mejoramiento de los recursos forrajeros ya que las estrategias de manejo están vinculadas a cada unidad. Por ejemplo: exclusión de ganado, sacando los animales y cerrando si hay cerca (alambrado) o clausurando la aguada para utilizar otra con diferente área de pastoreo.

3.8 Condición y producción del pastizal

Otro dato de suma importancia es determinar la producción forrajera del predio, ya que es el parámetro principal para decidir que herramientas de manejo aplicar. Nos interesa conocer la oferta forrajera por unidad de manejo, conocidas todas éstas tendremos la oferta forrajera total del predio.

Si hemos confeccionado el mapa de condiciones podemos medir la producción por clase de condición, en tal caso, consideraremos que cada clase de condición constituye una unidad homogénea en cuanto a oferta forrajera se refiere.

Es de esperar que para una misma condición tengamos similares producciones anuales del pastizal, independientemente de la unidad de manejo o del sitio del predio que se trate.

Si esto es así, puede facilitar los muestreos en años posteriores, ya que sólo habría que hacer un muestreo por cada condición y cuantificar la oferta forrajera según los mapas correspondientes, afectándola sólo por área desaprovechada (área no forrajeable + área de peladales, ver Capítulo IV:5.3).

En el Chaco Árido de Córdoba, con precipitaciones medias de 450mm las producciones anuales de forrajimasa para cada condición forrajera, en bosque disperso, son aproximadamente:

- condición pobre:	300kg de MS/ha/año
- condición regular:	600kg de MS/ha/año
- condición buena:	1.200kg de MS/ha/año
- condición excelente:	2.000kg de MS/ha/año

Para el Chaco Árido, en los Llanos de La Rioja, con precipitaciones medias de 350mm, la producción anual (kg de MS/ha/año) de cada condición fue:

Precipitaciones	Buena	Regular	Pobre
Año normal	1.000 – 1.200	450 - 550	300 - 400
Año seco	700 - 1000	350 - 450	150 - 300

(Tomado de Anderson, 1980)

Para el Chaco Árido de Córdoba, si tomamos los porcentajes de cada grupo de dinámica de las gramíneas del pastizal natural en cada condición forrajera (Tabla IV,3.5-3) y las producciones registradas correspondientes en kgMs/ha/año, tenemos (Tabla IV,3.8-1):

Condición	Disminuyen con el uso		Aumentan con el uso		Aumentan con el sobreuso	
	%	kgMS/ha	%	kgMS/ha	%	kgMS/ha
Buena	50	600	45	540	5	60
Regular	17	102	68	408	15	90
Pobre	0	0	52	153	49	147

Tabla IV,3.8-1: Porcentaje y producción anual de los distintos grupos de dinámica de especies de gramíneas, según condición forrajera del pastizal natural.

Para el ejemplo de la Tabla II,5.1-1, presentamos los porcentajes en la composición botánica de la forrajimasa con un gráfico de líneas (Figura IV,3.5-1), ahora lo presentamos como proporciones acumuladas (Figura IV,3.8-1):

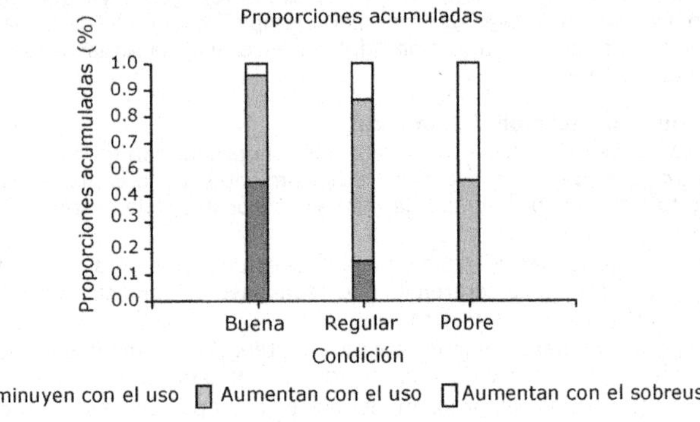

Figura IV,3.8-1: Proporciones acumuladas de la producción anual de cada grupo de dinámica de especies de gramíneas del pastizal natural del Chaco Árido de Córdoba.

Representación en proporciones reales, donde tomamos en cuenta la producción, en kgMS/ha/año, de cada grupo (Figura IV,3.8-2):

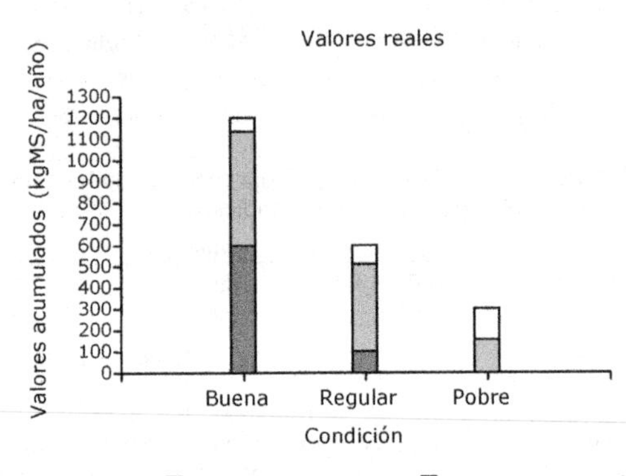

Figura IV;3.8-2: Proporciones reales de la producción anual de cada grupo de dinámica de especies de gramíneas del pastizal natural del Chaco Árido de Córdoba.

3.9 Condición, producción y precipitaciones

Como la producción anual depende principalmente de las precipitaciones y de la distribución de las mismas, es conveniente, para tener un promedio, varios años de mediciones.

Lo ideal es poder confeccionar un gráfico que relacione la cantidad de materia seca de cada condición con las distintas precipitaciones anuales (Figura IV,3.9-1).

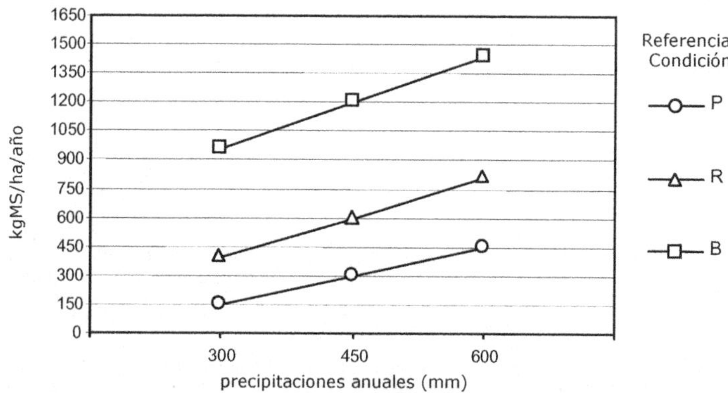

Figura IV;3.9-1: Producción (KgMS/ha/año) en función de las precipitaciones anuales para distintas condiciones (B=buena; R=regular; P=pobre) del pastizal.

Como se puede comprobar, la mayor jerarquía de condición (B), mantiene una mejor estabilidad de producción entre años con distintas precipitaciones, en años secos (300mm anuales de precipitación) la producción del pastizal natural baja un 20% con respecto a años normales (450mm anuales de precipitación).

En el otro extremo, la menor jerarquía de condición (P) tiene una menor estabilidad de producción, en años secos (300mm anuales) la producción del pastizal natural baja un 50% con respecto a años con precipitaciones medias.

Lo ideal sería registrar en el campo objeto las precipitaciones y las producciones de cada condición. Las precipitaciones que más importan son las que ocurren en la época vegetativa de las gramíneas del pastizal y su distribución, y que junto con las producciones de cada condición, permitirían confeccionar un ábaco como el de la figura anterior para la unidad de producción.

3.10 Otras características de cada condición

La condición buena, además de las principales características mencionadas, influencia al microambiente por el efecto de las características estructurales y densidad de las gramíneas más frecuentes, lo que permite: un mejor nacimiento e implantación de nuevas plantas, mayor contenido de materia orgánica del suelo, mayor soporte para la fertilidad, mayor cantidad de mantillo, mayor infiltración, mayor disponibilidad hídrica del suelo, menor peligro de erosión, y otras.

En el otro extremo la condición pobre, presenta las siguientes características: período de crecimiento más corto, menor calidad de pastizal diferido, menor cantidad de mantillo, menor contenido de materia orgánica en el suelo, menor soporte para la fertilidad, menor infiltración, menor disponibilidad hídrica del suelo, mayor peligro de erosión hídrica y eólica, y otras.

Las modificaciones en las características de un ecosistema, según la condición ecológica del sitio y desde el punto de vista del uso múltiple, fueron estudiadas en un pastizal de una zona alta y arenosa de Nuevo México por Pieper y Beck (1990). En la figura IV,3-10 se resumen los resultados de las principales variables estudiadas.

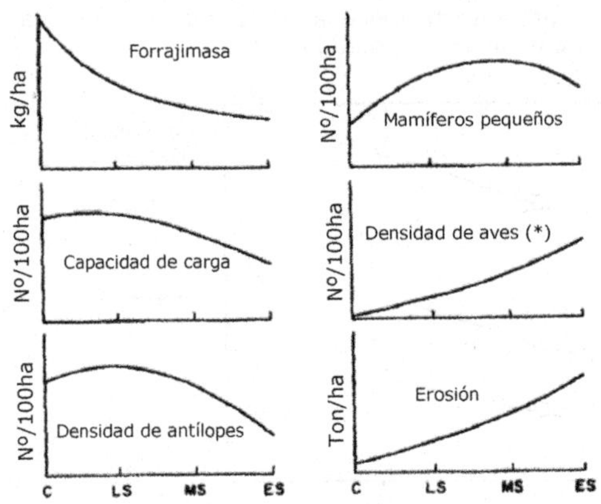

Figura IV,3-10: Cambios en los atributos o productos del ecosistema en función de los estados sucesionales (condiciones) para el pastizal de un sitio elevado y arenoso del sur de Nuevo México. C = Clímax (Excelente); HS = High Seral (Buena); MS = Mid-Seral (Regular); LS = Low Seral (Pobre), (tomado y modificado de Pieper y Beck, 1990).

Nota (*): La densidad de aves aumenta a medida que el ecosistema se va degradando, esto es así por que en ese ecosistema a medida que se deteriora, posiblemente, aumenta la densidad de leñosas y las aves tienen mas lugares para nidificar y refugiarse. En las regiones chaqueñas áridas y semiáridas la tendencia es a disminuir la densidad de aves, posiblemente, por escasez de alimentos.

3.11 Tendencia del pastizal

La dinámica del pastizal natural que se encuentra en una condición determinada puede ser estable, o hacia mayores o menores jerarquías que la actual. Si es en dirección a mayores condiciones hablamos de progresión y si es hacia menores, de regresión.

El estudio de la dinámica de los pastizales naturales se conoce como tendencia del pastizal natural.

3.11-1 TENDENCIA DEL PASTIZAL

Muchas veces se mezclan los conceptos de condición y dinámica con tendencia del pastizal.

1 - La condición de un pastizal describe el estado actual del mismo pero no indica nada acerca de su dinámica actual.

2 - Tendencia es la dirección de cambio en la condición del pastizal y del suelo.

Indicadores de tendencia

- Vigor.
- Reproducción de especies deseables.
- Condición del suelo.
- Cantidad de mantillo.
- Cambios en la producción de forraje.
- Cambios en la composición botánica.

Métodos para determinar tendencias

- Mediciones de vigor.
- Cuantificación de la reproducción.
- Calificación de las condiciones del suelo.
- Determinación de productividad.
- Determinación de los cambios en la composición botánica.

Uno de los métodos más utilizados para la determinación de la tendencia del pastizal natural es el método de cobertura por proyección de follaje (Daubenmire, 1959), cuyas principales características son:

- Transectas permanentes fijas.
- Transectas permanentes no fijas.

- Criterios para ubicar las transectas (abalizar, anotar coordenadas)
- Cálculos y determinación de la tendencia utilizando coeficientes

Nosotros utilizamos las determinaciones de producción y composición botánica de la forrajimasa del pastizal natural, aplicando la metodología de doble muestreo descripta en el Capítulo III:3.1 y 4.1.

Más concretamente, utilizamos los cambios en la composición botánica de la estructura forrajera (ver Capítulo II:5.1). Para el Chaco Árido de Córdoba hemos definido para distintos tipos de pastizal las estructuras forrajeras (Tabla IV:3.11-1):

Tipo de pastizal	Estructura forrajera más frecuente
Pastizal de *Diplachne:* (condición forrajera excelente)	*Diplachne dubia, Trichloris pluriflora, Setaria leiantha, Gouinia paraguariensis, Setaria leucopila y Trichloris crinita*
Pastizal de *Trichloris* (condición forrajera buena)	*Trichloris crinita, Setaria leucopila, Pappophorum cespitosum, Diogitaria californica y Gouinia paraguariensis*
Pastizal de *Pappophorum* (condición forrajera regular)	*Pappophorum cespitosum, Aristida mendocina, Trichloris crinita, Setaria leucopila, y Diogitaria californica*
Pastizal Degradado (condición forrajera pobre)	*Neobouteloua lophostachya, Sporobolus pyramidatus, Aristida mendocina, Pappophorum cespitosum y Aristida adscensionis*
Pastizal de Anuales (condición forrajera cero)[1]	*Aristida adscensionis, Bouteloua aristidoides, Eragrostis lugens, Sporobolus pyramidatus y Neobouteloua lophostachya*

Tabla IV,3.11-1: Estructura forrajera de los distintos tipos de pastizal (Díaz, 2005).[1] Saravia Toledo, 1981, com. pers.

Los cambios en la producción acumulada anual en años con precipitaciones similares, nos indican el grado de competencia de los arbustos, si disminuye la competencia de arbustos aumenta la producción de los pastos y viceversa.

El hecho de que un pastizal esté en condición pobre no significa que el manejo actual esté desacertado. Únicamente a través de la determinación de tendencia se sabrá si el manejo es correcto o no.

3.11-2 ESPECIES CLAVE DE MANEJO

Si conocemos suficientemente un pastizal podemos elegir algunas especies características, que representarán a todas las del pastizal, para conocer el grado o intensidad de utilización de ese pastizal y como lo estamos manejando. Estas especies representativas las denominamos especies clave de manejo.

Dentro del manejo de pastizales, es importante incluir aquellas plantas forrajeras mas importantes al calcular los diferentes parámetros de una vegetación o área que se está estudiando, llamándose especies clave o especies tipo (Velásquez Caudillo, 1997).

La sociedad del Manejo de Pastizales (1974) las define como aquellas especies forrajeras cuya presencia o uso sirve como indicativo del grado de densidad o de uso de las especies con las que se encuentra asociada y que por lo tanto deben ser tomadas en consideración para cualquier programa de manejo que se establezca.

Stoddart (1975), menciona que para la mayoría de los tipos de vegetación, el pastoreo adecuado de dos o cuatro de las plantas forrajeras más importantes indica el pastoreo correcto de todo el pastizal.

Para poder considerar a una planta como especie clave es necesario que cumpla las siguientes características:

1. Que sea altamente preferida por el ganado.
2. Que sea una especie con alta producción de forraje de buena calidad.
3. Que sea una especie deseable que represente por lo menos el 20% del forraje disponible.

Estas tres condiciones, deberán tomarse en cuenta dentro de pastizales con un manejo adecuado, ya que si el pastizal está deteriorado podrían no existir plantas deseables que reúnan las tres características, por lo que tendrían que escogerse las mejores especies crecientes o menos deseables teniendo cuidado de que no esté mostrando una capacidad competitiva, que la llevará en algún momento a dominar las demás (Smith, 1966).

4 ESTADOS Y TRANSICIONES

4.1 Dificultades en la aplicación del modelo lineal de sucesiones

El modelo clásico (Dyksterhuis, 1949) se basa en la sucesión continua de comunidades vegetales (Clements, 1928) que supone que la regresión de un pastizal depende del sobrepastoreo y que se puede llegar a una carga animal en equilibrio con la producción del pastizal y la fuerza de la progresión de esa condición (Figura IV,4.1-1).

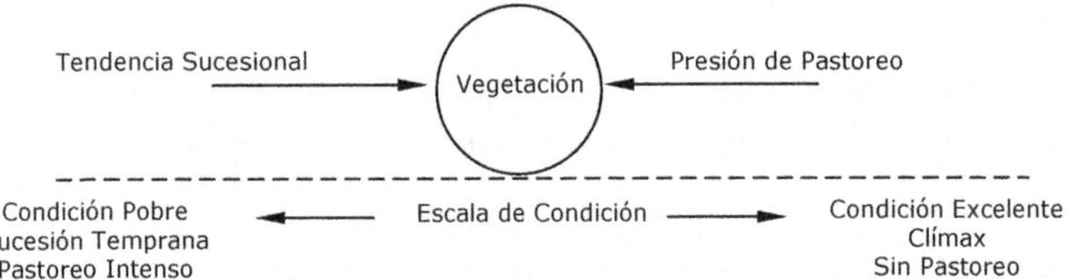

Figura IV,4.1-1: Esquema general del modelo sucesional clásico en pastizales (Westoby *et al.*, 1989)

Se deduce de este modelo es que sería posible encontrar una presión de pastoreo de igual intensidad pero de dirección opuesta a la tendencia sucesional y, por lo tanto, mantener a la vegetación en un equilibrio distinto de la clímax con una determinada carga animal. De acuerdo con este modelo, todos los estados posibles de la vegetación pueden arreglarse conceptualmente a lo largo de un *contínuum* que va desde una situación de intenso pastoreo a otra sin pastoreo. El término técnico que se utilizó para hacer referencia a la posición de una determinada comunidad a lo largo del *continuum* fue el de condición. El termino que se usó para aludir al camino que está siguiendo la vegetación a lo largo del *continuum* fue el de tendencia (Oesterheld y Sala, 1994).

Como dijimos, las dificultades de la aplicación del modelo sucesional lineal de condición ecológica se pusieron de manifiesto en los trabajos del grupo de pastizales del INTA San Luis. Ellos pudieron aplicar la metodología propuesta por Dyksterhuis en un pastizal del Área Medanosa con Pastizales e Isletas de Chañar, en una comunidad de pastizales y pajonales mixtos, ya que pudieron encontrar un relicto de la comunidad clímax, donde el dominante ecológico es *Sorghastrum pellitum* (Anderson *et al.*, 1970). Pero cuando el grupo de San Luis trabajó en los Llanos de La Rioja no pudo encontrar la composición botánica de gramíneas de la comunidad vegetal clímax típica del Chaco Árido. Recordemos que esta comunidad es un bosque con dominancia de Quebracho Blanco y subdominancia de Algarrobo Negro y otros componentes arbóreos, un estrato arbustivo y un estrato herbáceo compuesto, principalmente por gramíneas.

En el Bosque Chaqueño Semiárido y Árido, la vegetación clímax es bastante compleja y la condición ecológica excelente estaría dada por la presencia destacada de los árboles dominantes, árboles del sotobosque y arbustos subdominantes, subleñosas, trepadoras, dicotiledóneas herbáceas, gramíneas y otras.

De todas maneras podemos asimilar las ideas de Dyksterhuis al estrato de gramíneas y calificar el pastizal independientemente de los estratos de leñosas y otras. El inconveniente que tuvieron los investigadores de INTA San Luis es que no pudieron encontrar la vegetación clímax, por lo tanto tampoco encontraron y no pudieron conocer el pastizal de la clímax y aplicar así la metodología original.

Pero ellos encontraron sitios, posiblemente poco disturbados, donde predominaban pastos de buena preferencia animal y que en lugares sobrepastoreados su presencia en el pastizal era nula o en baja proporción.

Conociendo un poco más los pastizales sobre la base de la preferencia animal y las características forrajeras bajo presión de pastoreo pudieron calificar las gramíneas por su importancia forrajera. El grupo de especies de mayor importancia forrajera, de mediana y poca importancia, tienen una dinámica según el grado de uso similar la los grupos descriptos por Dyksterhuis como decrecientes, crecientes e invasoras.

El concepto de condición ecológica es complicado aplicarlo en ambientes con diversos tipos de vegetación. Resulta muy difícil, casi imposible, aplicar el modelo tradicional cuando se introducen técnicas agronómicas como enriquecimiento del pastizal, controles de leñosas, etc., pero es posible aplicar modelos derivados como el modelo de condición utilitaria (Anderson, 1982), o el de condición forrajera del pastizal (Díaz, 1992 y 2001).

De todas maneras, el concepto de condición del pastizal de un sitio es de mucha utilidad para caracterizar el estado de los recursos forrajeros en relación al potencial sustentable. Así mismo, la diferente dinámica de las especies de gramíneas según el tiempo de sobrepastoreo o grado de uso, clasificadas en 3 grupos, es de utilidad, ya que se verifican en casi todos los ambientes.

El modelo sucesional clásico tuvo una larga vigencia, pero durante la segunda mitad del siglo 20 se acumularon evidencias en su contra y se propusieron modelos alternativos. Se cuestionó la existencia de una comunidad clímax para cada ambiente, se dio más importancia a la historia del sistema y a la composición botánica inicial inmediatamente después de un disturbio, se consideraron las estrategias individuales de las especies, se postularon nuevos mecanismos para el reemplazo de unas especies por otras, y se acentuó el carácter probabilístico de muchos de los aspectos de la sucesión. Esto influyó también sobre la aplicación de la sucesión al manejo de pastizales (Oesterheld y Sala, 1994).

La mayor dificultad se presenta cuando se trata de interpretar la dinámica del pastizal aplicando una baja carga animal o se descansa el pastizal para inducir una progresión. Muchas veces no responde, tiene una respuesta irreversible, al menos en una escala de tiempos relevante para el manejo de pastizales. Otras veces los cambios que se producen no ajustan a la dirección prevista en el modelo lineal.

En las regiones chaqueñas de Córdoba, como en otros ambientes, no sólo interactúan la sucesión versus la presión de pastoreo, sino que intervienen otros factores en la dinámica del pastizal, como: cantidad y oportunidad de las precipitaciones, composición botánica inicial de especies leñosas, competencia de leñosas, historia de utilización, intensidad de la extracción de leñosas, incendios y otros, y principalmente, la intensidad de utilización pastoril inmediatamente después de impactos antrópicos o estocásticos.

4.2 Modelo de Estados y transiciones

Para caracterizar los pastizales (Westoby *et al.*, 1989) presentaron un nuevo modelo de dinámica de la vegetación, denominado modelo de estados y transiciones. Oesterheld y Sala (1994) expresaron sintéticamente los conceptos del modelo: La idea básica es que se puede describir la dinámica de la vegetación en términos de un grupo de estados más o menos discretos y un grupo de transiciones entre estados. Sí se considera que el modelo admite además estados transitorios y reconoce que la delimitación entre estados puede ser algo arbitraria, no tendríamos hasta ahora algo muy distinto del modelo clásico. Lo que realmente los diferencia es que el modelo de estados y transiciones incorpora las siguientes ideas:

a) Los cambios no son necesariamente graduales.

b) Los cambios entre estados no son necesariamente reversibles.

c) El pastoreo no es el único motor de la dinámica y deben tenerse en cuenta otros eventos como incendios, condiciones climáticas inusuales, etc.

Las consecuencias de aplicar este modelo sobre la investigación son diversas. Debe reunirse información como para generar un catálogo de los posibles estados alternativos del pastizal y un catálogo de las posibles transiciones entre estados. Esto debería incluir la generación de hipótesis sobre determinadas transiciones y su puesta a prueba en forma experimental. Finalmente se debe conocer suficientemente el sistema como para generar un catálogo de oportunidades y riesgos que harían particularmente factibles determinadas transiciones.

Las pautas generales de manejo de pastizales también se modifican bajo la influencia de este modelo. La carga animal no es la única herramienta de manejo y muchas veces no debe ser usada en forma defensiva (una baja de carga para mejorar la condición del pastizal), si no como una herramienta agresiva que puede llevar el sistema a un estado más deseable. El manejo se hace más probabilístico y oportunista. En lugar de recetas rígidas, se debería estar respondiendo a eventos climáticos y otras circunstancias con base en la información científica que ya ha identificado las posibles respuestas del pastizal ante determinadas oportunidades o peligros.

El modelo de estados y transiciones no se lo representa sobre un gráfico de líneas como el modelo de condición del pastizal, generalmente se representa en un plano (Figura IV,4.2-2); según nuestra interpretación, sería más apropiada una representación tridimensional (3D), donde cada hueco (óvalo) representa un estado y las flechas en distintas direcciones, son las que resultan de las diferentes combinaciones de la presión de pastoreo y otros factores probabilístcos o no, de mayor o menor intensidad, que involucren la energía necesaria para hacer pasar el umbral (bordo) a la vegetación objeto (Figura IV,4.2-1).

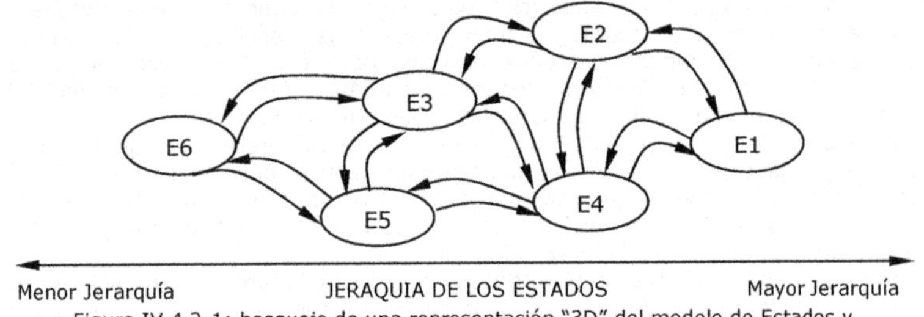

Figura IV,4.2-1: bosquejo de una representación "3D" del modelo de Estados y Transiciones (Díaz, 2001).

Para representar los esquemas del modelo de Estados y Transiciones se adoptó la representación en un plano mediante marcos para los Estados y flechas para las Transiciones (Figura IV,4.2-2):

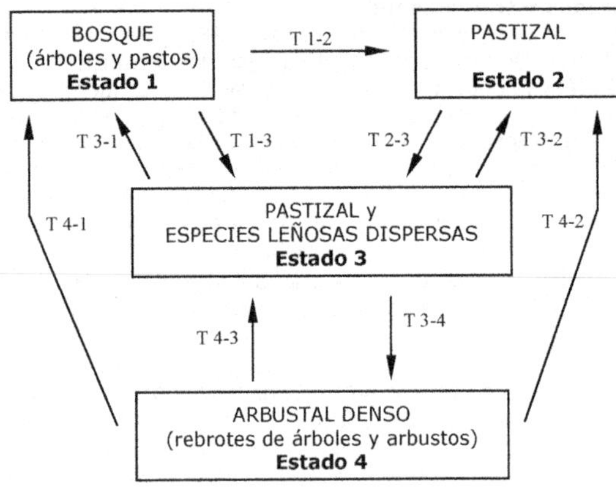

Figura IV,4.2-2: Modelo general de Estados y Transiciones de una comunidad de *Aristida-Bothriochloa*, del centro sur de Queenslands, Australia. (Hall, *et al.*, 1994).

Catálogo de Estados

Estados	Descripción (resumida)
1:	La vegetación es una combinación de *Eucaliptus* spp. y pastos nativos perennes.
2:	Vegetación dominada por pastos nativos y sembrados perennes.
3:	La vegetación es una mezcla inestable de pastos perennes, plantas jóvenes de árboles y arbustos.
4:	La vegetación dominante son los densos rebrotes de *Eucaliptus* spp., arbustos y gramíneas indeseables.

Catálogo de Transiciones y probabilidades de ocurrencia (P)

Transiciones	Descripción (resumida)
T 1-2:	Control mecánico y químico de árboles y siembra de pastos, luego estación de crecimiento húmeda. Tiempo requerido, no menos de 2 años. P = media.
T 1-3:	Control mecánico o químico de árboles, seguido de una húmeda estación de crecimiento estival. Tiempo requerido, 1 año. P = muy alta a media.
T 2-3:	Pastoreo severo, veranos muy secos y lluvias invernales. Tiempo requerido, entre 2 y 15 años. P = alta.
T 3-1:	Sin fuego y sin control de los rebrotes de leñosas. Tiempo requerido, 40 años o más. P = muy baja.
T 3-2:	Pastoreo liviano, fuego y control mecánico o químico de leñosas dispersas. Tiempo requerido, por lo menos 2 años. P = media por fuego, alta para control de leñosas.
T 3-4:	Sobrepastoreo y sequía, ambos asociados con ausencia de fuego. Tiempo requerido, cambio graduales, entre 4 y 20 años. P = alta.
T 4-1:	Sin pastoreo y algunos fuegos. Tiempo requerido, no menos de 30-100 años. P = muy baja
T 4-2:	Control mecánico y químico de leñosas y en algunos casos resiembra de pastos. Tiempo requerido, seguido de una estación de crecimiento húmeda, 1-2 años. P = media.
T 4-3:	Lluvias estivales muy abundantes, pastoreo liviano y fuego intenso o control mecánico y químico de leñosas. Tiempo requerido, con una estación de crecimiento húmeda luego del control de leñosas, 1-2 años. P = baja a media para fuego, alta para control de leñosas, si la estación es buena y el pastoreo liviano luego del desmonte.

(tomado y resumido de Hall *et al.*, 1994).

El modelo de EyT parecería ser más flexible. Podría ser utilizado en cualquier tipo de comunidad vegetal. Podría dar respuesta en una amplia gama de escalas espaciales, desde una escala de imagen satelital hasta una escala de un sitio dentro de una unidad de manejo. Muchos de los trabajos publicados son frutos de la experimentación donde se aplica energía para provocar los cambios y estudiar sus consecuencias. También podría admitir casos en los que se introducen técnicas agronómicas que modifican en mayor o menor grado el sistema natural.

La debilidad más frecuente es poder definir y/o cuantificar los umbrales de cada transición. La mayoría de las veces vemos hechos consumados (estados más ó menos estables) y podemos inferir cual ha sido la causa del cambio (transiciones), pero pocas veces tenemos la evidencia de cual es el punto (umbral) a partir del cual, aunque se suspenda el disturbio causante, inexorablemente el cambio se produce.

Por otra parte, el manejo probabilístico y oportunista propuesto, basado en el aprovechamiento o disminución de la peligrosidad de eventos estocásticos para inducir transiciones deseables o impedir las indeseables, no es ninguna novedad para quienes se hayan interesado en la utilización de pastizales naturales de zonas áridas y semiáridas. Evidentemente, la aplicación puede tener dificultades si no tenemos estadísticas de ocurrencia de los eventos. La mayor dificultad práctica consiste en poder variar, lo suficientemente necesario, los factores de manipulación y especialmente las principales herramientas de manejo, para lo cual es imprescindible implementar un sistema de explotación muy flexible que nos permita optimizar el manejo para cada evento.

4.3 Interpretaciones de la dinámica de la vegetación

La interpretación de la dinámica de la vegetación, de un sitio o una región, no siempre responde a un solo modelo. En el caso del Chaco Árido de Córdoba, la dinámica de la vegetación generada por los principales disturbios antrópicos, extracción de leñosas y pastoreo, no puede ser totalmente explicada por uno solo de los modelos conocidos, como el lineal que considera un solo estado estable o el modelo con varios estados estables, aun se engloben procesos en una forma simplificada.

Según Bernardón (1994), en Los Llanos de La Rioja (Chaco Árido), luego de varios años de observaciones se detectaron dificultades para inducir una progresión continua disminuyendo el factor de disturbio, en este caso el pastoreo.

Como expresaron Lockwood y Lockwood (1993), los ecólogos han interpretado 2 dinámicas subyacentes de los procesos de cambios en la dinámica de la vegetación al parecer distintos. En algunas cajas, disturbadas o recuperándose, los componentes de la vegetación se mueven con una serie gradual continua de cambios que se ha llamado sucesión. En otros casos, las dinámicas de la vegetación son caracterizadas por cambios repentinos, discontinuos en la vegetación, y esto se ha llamado estados y transiciones.

Por otra parte, la variable tiempo interviene en todo proceso y muchas veces no es considerada o tenida en cuenta en análisis de dinámica de vegetación. La escala de tiempos en que acontece una sucesión vegetal, es una escala ecológica o evolutiva y la escala a que referimos los procesos de degradación o recuperación debidas a la utilización de los ecosistemas naturales, generalmente, es una escala humana de tiempos, mientras que la utilizada en la aplicación de herramientas de manejo es una escala técnica de tiempo y la considerada en inversiones para la utilización y/o recuperación de recursos naturales es una escala económica de tiempo.

En realidad, en el caso del Chaco Árido de Córdoba, no sabemos si en una escala de tiempo de evoluciones de vegetación, la irreversibilidad de los estados del modelo de varios estados estables, se mantendría cuando se anulen los factores de disturbios de origen antropogénicos.

Según Tausch *et al.*, 1994, la escala de tiempo con que observamos los cambios no coincide con la escala de tiempo con que estos ocurren, y por ello, las condiciones de equilibrio son solo un artificio de escalas temporales y espaciales de las observaciones en las cuales ellas se basan.

La mayoría de los reportes sobre modelos ecológicos no reflejan la respuesta dinámica de la vegetación a los cambios de clima (Tausch *et al.*, 1994) y tampoco a los cambios microclimáticos del hábitat de los pastos provocados por cambios en las interrelaciones entre los distintos estratos de vegetación (Díaz, 1992, y 2003).

También se producen variaciones dentro de cada estado, que en un principio no fueron descriptas, por prácticas de manejo del pastizal, control de arbustos y otras (Bestelmeyer *et al.*, 2003). En estos casos, generalmente, dentro de cada estado no encontramos umbrales que definan subestados concretos, o que se ajusten a gradientes mas o menos continuos según intensidad del disturbio aplicado.

Se han desarrollados muchos modelos conceptuales de estados y transiciones, sin embargo, la interpretación ecológica de los componentes principales del modelo, estados, transiciones y umbrales, han variado debido a la carencia de definiciones universalmente aceptadas. La falta de consistencia en las definiciones ha conducido a confusión y criticas, indicando la necesidad de un mayor desarrollo y refinamiento de la teoría y los modelos asociados de la ecología de no equilibrio. Sin embargo, los modelos de estados y transiciones presentan un gran potencial para ayudar a entender la respuesta de los ecosistemas de pastizal a los disturbios naturales y/o inducidos por el manejo, al proveer una estructura para organizar el conocimiento presente de las dinámicas del potencial del ecosistema (Stringham *et al.*, 2001).

En el caso del Chaco Árido de Córdoba coincidimos con lo expresado por Briske *et al.*, (2005), en que los procedimientos de evaluación de la vegetación deben ser capaces de evaluar tanto las dinámicas de vegetación continuas y reversibles como las discontinuas y no reversibles, ya que ambos patrones ocurren y ningún patrón solo provee una evaluación completa de las dinámicas de la vegetación en todos los pastizales. Las dinámicas de la vegetación continuas y reversibles prevalecen dentro de los estados estables de la vegetación mientras que las discontinuas y no reversibles ocurren cuando los umbrales son sobrepasados y un estado estable reemplaza a otro.

Los modelos de estados y transiciones pueden acomodar ambas categorías de dinámicas de la vegetación porque ellos representan el cambio de la vegetación a lo largo de varios ejes, incluyendo regímenes de fuego, variabilidad climática y prescripciones de manejo, además del eje de sucesión-apacentamiento asociado con el modelo tradicional del pastizal. Los umbrales ecológicos han venido a ser un punto central de los modelos de estados y transiciones, porque la identificación de estos umbrales es necesaria para reconocer las diferentes comunidades vegetales estables que potencialmente pueden ocupar un sitio ecológico. Los umbrales son difíciles de definir y cuantificar porque ellos representan una serie compleja de componentes interactuando en lugar de fronteras discretas en tiempo y espacio.

4.4 Marco conceptual para interpretar la dinámica de la vegetación en el Chaco Arido

4.4-1 OBJETIVO

El objetivo de este trabajo fue desarrollar un modelo general de dinámica de la vegetación para la región chaqueña árida de la provincia de Córdoba, que nos ayude a caracterizar un sitio sometido a disturbios antrópicos históricos, determinar el estado de la vegetación en general y de los recursos forrajeros en particular, para decidir la utilización apropiada de los recursos naturales.

4.4-2 MARCO CONCEPTUAL

El modelo para describir la dinámica de la vegetación del Chaco Árido de Córdoba, sometida a disturbios antrópicos y estocásticos, debería contemplar los cambios discontinuos en la vegetación, como en el modelo de estados y transiciones (Westoby *et al.*, 1989) y las situaciones en que la vegetación se mueve con una serie gradual de cambios, como en el modelo de sucesiones continuas y reversibles (Dyksterhuis, 1949), o como en los modelos de condición utilitaria o económica (Anderson, 1980), o condición forrajera (Díaz, 1992).

La vegetación original de la región chaqueña árida de la provincia de Córdoba se define como un bosque continuo, xerofítico y ralo (ver Capítulo I:4.2).

Entre las relaciones complementarias o antagónicas de los componentes del ecosistema del Chaco Árido de Córdoba, la influencia de la vegetación leñosa, como reguladora del microclima, tiene una importancia decisiva sobre el pastizal (Karlin, 1985). También tiene efectos positivos sobre el suelo (Ayerza *et al.*, 1988). Los componentes arbóreos tienen influencia sobre la composición botánica del pastizal (Anderson *et al.*, 1980). Hay una cierta asociación entre estado del pastizal y el estrato de leñosas (Díaz y Karlin, 1983; Vera, 1989), posiblemente debido a que las gramíneas evolucionaron asociadas al bosque (Díaz, 1992).

En el Chaco Árido, en general, los disturbios provocados por acciones humanas, se deben a dos actividades económicas: la extracción forestal masiva e indiscriminada para leña, postes, carbón y otras; y el pastoreo no controlado de animales domésticos, principalmente bovinos y caprinos.

Los diferentes estados principales de la vegetación que se pueden encontrar en el Chaco Árido, tal el modelo de estados y transiciones (Westoby *et al.*, 1989), dependen de la proporción que tengan en el sitio los componentes de la vegetación leñosa.

Los umbrales no son fáciles de definir ya que dependen del grado de arbustización del sistema, de la composición botánica de éste estrato y del nivel de competencia que puedan ejercer sobre los otros componentes de la vegetación.

Los disturbios provocados por eventos estocásticos como sequías, incendios, y otros, generalmente, no producen "*per se*" alteraciones irreversibles. Las alteraciones que trasponen umbrales y provocan cambios a situaciones mas o menos estables, se generan por sobreutilización de recursos del ecosistema o a la combinación de acontecimientos fortuitos y efectos antropogénicos.

Las proporciones de los distintos estratos de la vegetación determinan distintos microambientes y estos condicionan los posibles estados del pastizal. El pastizal y los recursos forrajeros en general son altamente influenciados por la carga animal. En la dinámica de las gramíneas del pastizal según el grado de uso, se pueden distinguir 3 grupos de especies de gramíneas (Tabla IV,3.5-1).

Disminuyen con el uso	Aumentan con el uso	Aumentan con el sobreuso
Diplachne dubia	*Trichloris crinita*	*Aristida mendocina*
Setaria leiantha	*Setaria leucopila*	*Sporobolus pyramidatus*
Trichloris pluriflora	*Digitaria californica*	*Neobouteloua lophostachya*
Gouinia paraguariensis	*Pappophorum caespitosum*	*Aristida adscencionis*
	Chloris ciliata	*Eragrostis lugens*
		Bouteloua aristidoides

Tabla IV,3.5-1: Dinámica de las gramíneas en el Chaco Árido de Córdoba, según grado de uso.

El grado de uso determina la estructura forrajera y el nivel de invasión de arbustos determina la estructura forrajera de máxima jerarquía del sitio y los estados del pastizal (Tabla IV,3.11-1).

Tipo de pastizal	Estructura forrajera más frecuente
Pastizal de *Diplachne* (condición excelente)	*Diplachne dubia, Trichloris pluriflora, Setaria leiantha, Gouinia paraguariensis, Setaria leucopila* y *Trichloris crinita.*
Pastizal de *Trichloris* (condición buena)	*Trichloris crinita, Setaria leucopila, Pappophorum cespitosum, Diogitaria californica y Gouinia paraguariensis.*
Pastizal de *Pappophorum* (condición regular)	*Pappophorum cespitosum, Aristida mendocina, Trichloris crinita, Setaria leucopila, y Diogitaria californica.*
Pastizal Degradado (condición pobre)	*Neobouteloua lophostachya, Sporobolus pyramidatus, Aristida mendocina, Pappophorum cespitosum y Aristida adscensionis.*
Pastizal de Anuales (condición cero)[1]	*Aristida adscensionis, Bouteloua aristidoides, Eragrostis lugens, Sporobolus pyramidatus y Neobouteloua lophostachya.*

Referencias: [1] Saravia Toledo, 1981, comunicación personal.

Tabla IV,3.11-1: Estructura forrajera de los distintos tipos de pastizal (Díaz, 2005).

Consideramos que los estados del pastizal son irreversibles si suspendemos los disturbios antrópicos durante un tiempo técnica y económicamente posible y no se recupera la jerarquía inmediata superior u otra de mayor jerarquía.

Aplicando modelos continuos y reversibles, la condición del pastizal está fuertemente influenciada por el grado de arbustización (Angassa, 2002). Si dentro de cada ambiente o estado, el grado de uso pastoril y/o la extracción forestal u otro evento no provoca la invasión de arbustos, la dinámica del pastizal puede responder a un modelo continuo y reversible. Si se prolonga por muchos años el sobrepastoreo, no solo afecta los recursos forrajeros, también afecta la vegetación leñosa, tanto arbórea como arbustiva, (Saravia Toledo, 1988).

4.5 Dinámica de la vegetación en la región chaqueña árida de Córdoba

En el Chaco Árido de Córdoba la utilización económica de los recursos vegetales comenzó, en la mayoría de los casos, con la extracción forestal masiva para leña, carbón, postes, rodrigones, varillas, etc. Se cortaba toda leñosa que tuviera el diámetro suficiente para los usos anteriores, sin dejar árboles semilleros, árboles protectores del ambiente, etc., haciendo un verdadero sobreuso forestal. Los obrajes se ubicaban donde se encontraba agua, generalmente un pozo de balde, allí se concentraban las actividades de los hombres, los animales de tiro y los animales para faenar para alimentar los hacheros. Cuando terminaba la extracción forestal, donde estaba el obraje, dejaban un puestero para cuidar la propiedad y algunos animales a su cuidado. Aquí comenzaba insipientemente la explotación pastoril.

Para un mejor análisis de la dinámica de la vegetación del Chaco Árido de Córdoba se consideran por separado la dinámica de la vegetación leñosa (Figura IV,4.5-1) y la dinámica del pastizal asociado a cada ambiente o estado (Figura IV,4.5-2).

4.5-1 DINÁMICA DE LA VEGETACIÓN LEÑOSA

Con la tala masiva del bosque, quebrachal o algarrobal, transición A-B (Figura IV,4.5-1), se pasa de un ambiente de bosque a un ambiente de bosque disperso, el bosque talado. Si el pastizal se mantiene denso con baja presión de pastoreo, no favorece la instalación de arbustos. Luego de una progresiva recuperación de los componentes arbóreos, principalmente Algarrobo Negro, al cabo de 40-50 años se vuelve a un ambiente de bosque, donde el algarrobal vuelve a ser el dominante o si las condiciones de recuperación del Quebracho Blanco son propicias (abundancia de renovales y microambiente favorable para la instalación de nuevas plantas) al cabo de 50-60 años vuelve a dominar el quebrachal (transición B-A).

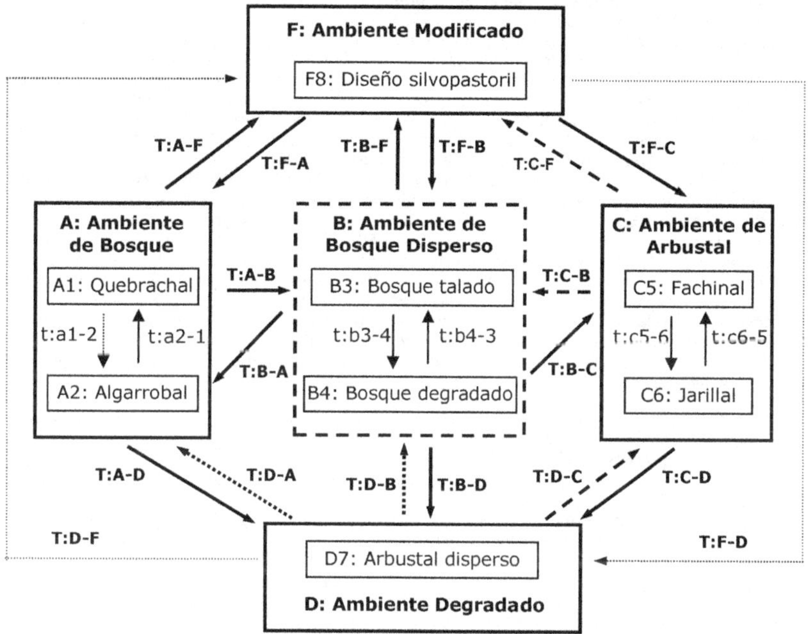

Figura IV,4.5-1: Dinámica de la vegetación leñosa según uso forestal y pastoril.

Si el "bosque de reache" es un algarrobal, el microambiente generado es propicio para la reinstalación de Quebracho Blanco y al cabo de 40-50 años se puede recuperar la dominancia de éstos (transición secundaria a2-1). Lo contrario (transición secundaria a1-2) extracción selectiva de Quebrachos Blancos, es teórica, no tenemos conocimiento que se haya realizado, sería económicamente impracticable.

Generalmente, el algarrobal se volvía a talar masivamente (transición A-B). El bosque talado puede volver a algarrobal si el pastoreado es adecuado. El sobrepastoreo (pastoreo intenso o severo (ver Tabla IV:2.12-1) dificulta la recuperación del algarrobal y facilita la instalación de componentes del estrato arbustivo.

<table>
<tr><td colspan="1">Catalogo 1: Estados principales y secundarios de la vegetación leñosa</td></tr>
</table>

ESTADO A: BOSQUE - Comunidad de bosque, componentes arbóreos dominantes. Según el sitio seleccionado, la cobertura arbórea oscila entre el 40 y 60%, el estrato arbustivo es alto 3m–5m y ocupa principalmente los espacios no cubiertos por los árboles. el estrato herbáceo presenta una distribución continua, con áreas de mayor o menor densidad de plantas.

> **Estado A1: Quebrachal** - Comunidad clímax. Quebracho Blanco dominante, Algarrobo negro subdominante, arbustos y herbáceas (principalmente gramíneas).

> **Estado A2: Algarrobal** - Comunidad de Algarrobo Negro dominante con hasta un 10% de Quebracho Blanco, arbustos y herbáceas (principalmente gramíneas).

ESTADO B: BOSQUE DISPERSO (Estado transitorio) - Cobertura arbórea de Algarrobo Negro oscila entre el 10 y 20% según tiempo de recuperación después de la tala masiva, generalmente integrado por individuos aislados, pero puede encontrarse un cierto agrupamiento de árboles. El estrato arbustivo domina en los sitios fuera de la cobertura arbórea y puede alcanzar los 2m–3m de altura. El estrato de gramíneas si bien se presenta mas o menos continuo, es menos denso por la competencia de los arbustos.

> **Estado B3: Bosque talado** – Bosque de renovales de Algarrobo Negro cuya cobertura no supera el 20%, pueden encontrarse renovales de distintas generaciones etarias. En sitios fuera de la influencia de los árboles los de arbustos (rebrotes y renovales) son los dominantes de la vegetación. El pastizal es continuo pero disperso y hay sitios favorables para el pastizal con mayor densidad de gramíneas.

> **Estado B4: Bosque degradado** – El componente arbóreo principal es Algarrobo Negro cuya cobertura no supera el 10%, hay árboles decrépitos y muertos por ataque de xilófagos. Pocos renovales de árboles por competencia de los arbustos y sobrepastoreo. Los rebrotes y renovales de arbustos son los dominantes de la vegetación. El pastizal es disperso, hay una fuerte competencia de los arbustos sobre las gramíneas y se encuentran sitios sin estrato herbáceo.

ESTADO C: ARBUSTAL o MATORRAL - Cobertura de Algarrobo Negro 5% o menor. El estrato dominante es el arbustivo, la cobertura supera el 50% y puede llegar al 90%, es casi continuo y puede alcanzar los 2m–3m o más de altura. El pastizal es mas o menos continuo pero poco denso. Se encuentran lugares con suelo desnudo o cubiertos por especies cicatrizantes como *Selaginella sellowii* (Alfombra del Monte). En algunos lugares pueden apreciarse efectos de la erosión hídrica.

> **Estado C5: Fachinal** – Arbustos con algo de fuste del sotobosque y arbustos típicos son los dominantes de la vegetación, con el 50% de cobertura o más, entre ellos hay algunos renovales del estrato arbóreo, principalmente Algarrobo Negro. El pastizal es disperso, no uniforme, deprimido y se encuentran sitios sin estrato herbáceo.

> **Estado C6: Jarillal** – La Jarilla es el arbusto dominante de la vegetación, la cobertura de Jarilla es del 50% o más. El pastizal es disperso, con mayor densidad en sitios protegidos por la vegetación leñosa que intercepta menos luz.

ESTADO D: AMBIENTE DEGRADADO - El estrato arbustivo es el dominante con una cobertura del 50% o menos. El estrato arbóreo prácticamente no existe, solo pueden encontrarse ejemplares decrépitos muy aislados.

> **Estado D7: Arbustal disperso** - Se encuentran algunos ejemplares del sotobosque, principalmente Brea y Cactáceas. La proporción de suelo desnudo es del 50% o más, y pueden apreciarse fácilmente en numerosos sitios los efectos de la erosión hídrica como plantas en pedestal y pérdidas de material fino del suelo por erosión eólica. El estrato de gramíneas es discontinuo, muy poco denso y presenta la mayor densidad en los sitios protegidos por arbustos.

ESTADO F: AMBIENTE MODIFICADO - Control selectivo de leñosas (control de arbustos). La cobertura arbórea dominante entre el 20 y 40%.

> **Estado F8: Diseño silvopastoril** – Paisaje de parque con componentes arbóreos nativos y pastizal. Estrato herbáceo continuo de gramíneas nativas, sembradas o mixto. Recontroles de leñosas arbustivas y otras dicotiledóneas.

Con el crecimiento de la población ganadera, en los sitios más presionados (cercanos a las aguadas) los componentes arbóreos no se reinstalan y los existentes no prosperan por competencia de arbustivas y ataques de insectos xilófagos, con lo cual el sitio se transforma en un bosque degradado (transición secundaria b3-4). Para recuperar la instalación de componentes del estrato arbóreo es necesario no sobrepastorear, controlar los arbustos y enriquecer con algarrobos, por ejemplo, mediante la diseminación endozoica de propágulos (transición secundaria b4-3).

El ambiente de bosque disperso es un estado transicional, o el bosque talado se recupera y evoluciona favorablemente a algarrobal, o el bosque degradado se deteriora por pérdida de renovales de componentes arbóreos y consecuente arbustización, que lo lleva y se estabiliza en un ambiente de arbustal cerrado o fachinal (transición B-C).

El ambiente de arbustal o matorral tiene una resiliencia elevada, pueden tardar más de 50-100 años para que maduren los arbustos y con un pastoreo adecuado para mantener el pastizal, se den las condiciones para la instalación natural de componentes arbóreos. Esta recuperación natural tiene baja probabilidad de ocurrencia, señalada en la flecha con línea cortada (transición C-B). Se podría acelerar manteniendo una baja presión de pastoreo, control selectivo de arbustos y enriquecimiento con componentes arbóreos.

Catalogo 2: Transiciones de la vegetación leñosa

Transiciones primarias

T:A-B→Extracción de leñosas, de una comunidad de Quebrachal o de Algarrobal.

T:B-A→Recuperación de la cobertura del estrato arbóreo.

T:B-C→Extracción de leñosas arbóreas y sobrepastoreo o sobrepastoreo prolongado que impide la renovación de componentes arbóreos.

T:C-B→Control de arbustivas y recuperación y/o enriquecimiento de componentes del estrato arbóreo.

T:C-D→Sobrepastoreo prolongado y pérdida de componentes arbustivos o extracción total de leñosas y pérdida del estrato herbáceo, pérdidas de suelo por erosión hídrica y eólica.

T:D-C→Recuperación del estrato arbustivo y recuperación del suelo.

T:B-D→Extracción y pérdida de leñosas, perdida del estrato herbáceo, pérdidas de suelo por erosión hídrica y eólica.

T:D-B→Plantación de componentes del estrato arbóreo, recuperación del suelo y del estrato herbáceo.

T:A-D→Extracción y pérdida de leñosas, perdida del estrato herbáceo, pérdidas de suelo por erosión hídrica y eólica.

T:D-A→Recuperación de la cobertura arbórea, del suelo y el estrado herbáceo.

T:A-F→Control selectivo de leñosas arbustivas.

T:F-A→Sobrepastoreo sin recontrol de arbustivas.

T:B-F→Recuperación de los componentes arbóreos y control selectivo de leñosas arbustivas.

T:F-B→Extracción de leñosas arbóreas.

T:C-F→Plantación y recuperación de la cobertura arbórea y control de arbustivas.

T:F-C→Extracción de leñosas y sobrepastoreo sin recontrol de arbustivas, o sobrepastoreo prolongado que impide la renovación de componentes arbóreos.

T:D-F→Recuperación de la cobertura arbórea, del suelo, del estrato herbáceo y control de arbustivas.

T:F-D→Extracción total de leñosas y sobrepastoreo prolongado, pérdidas de suelo por erosión hídrica y eólica.

Transiciones secundarias (en cada ambiente)

t:a1-2→Extracción selectiva de Quebracho Blanco.

t:a2.1→Recuperación de la cobertura de Quebracho Blanco.

t:b3-4→Disminución de renovales de componentes arbóreos, invasión de arbustos.

t:b4-3→Recuperación de renovales de componentes arbóreos.

t:c5-6→Pérdida de componentes arbustivos y pastizal, erosión hídrica.

t:c6-5→Control de la erosión hídrica, recuperación del pastizal y de componentes arbustivos.

En áreas presionadas, con alta concentración de ganado, como las cercanas a puestos, corrales, aguadas y otras, el arbustal cerrado, va perdiendo ejemplares, se pierde cobertura herbácea y material fino del suelo por erosión hídrica, y se van produciendo espacios que son ocupados paulatinamente por Jarilla (*Larrea divaricata*), (transición secundaria t:c5-6). Si se suspende la presión puede aumentar la cobertura de herbáceas, principalmente gramíneas anuales y perennes colonizadoras, pueden recuperarse los arbustos, se recupera el control de la erosión y se reinstalan gramíneas perennes (transición secundaria t:c6-5). Este proceso puede requerir 20 años o muchos más. Se podría acelerar enriqueciendo el pastizal con gramíneas exóticas para aumentar rápidamente la cobertura del suelo y luego aplicando un pastoreo adecuado.

Si se pierde más cobertura de suelo, sea de leñosas o herbáceas, y se pierde suelo por erosión hídrica y eólica, dejando plantas en pedestal y otros signos de erosión severa, se desemboca en un ambiente degradado, cuya comunidad vegetal es un arbustal disperso, principalmente compuesto por jarilla (transición C-D).

En este estado, en sitios con pendientes y permanente escorrentía de agua de las precipitaciones, es casi imposible la recuperación natural; en este caso si no se controla la erosión no hay posibilidades de recuperación. En otros sitio donde no se canaliza el agua de escorrentía, se puede lograr un control de la erosión, excluyendo totalmente el pastoreo. Puede tardar 20 años o más (baja probabilidad) la reinstalación de jarillas y otras arbustivas, que al aumentar paulatinamente la cobertura recuperen el ambiente de arbustal (transición D-C).

Cuando en el ambiente de bosque disperso, bosque degradado, la producción forrajera es baja y no se recupera fácilmente, se realizaba un desmonte total con el propósito de aumentar la oferta de forraje. Generalmente, en el primer año se produce un aumento que triplica la oferta del pastizal y luego decae y comienza el rebrote de arbustos. Pero si luego del desmonte se produce una sequía, y se sobrepastorea quedando el suelo descubierto, y luego suceden lluvias torrenciales en lugares susceptibles de erosión hídrica y eólica, en un par de años es posible que tengamos un ambiente degradado (transición B-D).

La recuperación desde un ambiente degradado a ambientes de bosque disperso o bosque (transiciones D-B y D-A), así como a ambiente modificado (transición D-F) señaladas con flechas con líneas de puntos, son teóricas, es decir no tenemos evidencia de ocurrencia de recuperación natural. Para recuperar la vegetación se debería controlar la erosión, plantar árboles y recuperar el pastizal, logrando un amiente de bosque disperso y luego cuando recuperemos el nivel de cobertura arbórea, el ambiente de bosque y si realizamos un control de selectivo de arbustos el ambiente modificado silvopastoril, pero esto no se ha experimentado.

Aunque no es común en el Chaco Árido, se suelen desmontar bosques con fines de habilitar tierras para ser cultivadas. Los cultivos de grano y posterior pastoreo del rastrojo suelen dejar escasa cubierta vegetal (mantillo o broza), quedando el suelo bastante desnudo y muy susceptible a erosión. Cuando por bajos rendimientos no se siembra más (a los 2 o 3 años), o luego de un desmonte total y sobrepastoreo del pastizal espontáneo o del pastizal de forrajeras exóticas sembrado, generalmente queda un ambiente degradado, (transición A-D). Desde un diseño silvopastoril pasaría lo mismo (transición F-B), la cual no tiene mucho sentido, y no tenemos conocimiento que se haya realizado alguna vez.

Si en un ambiente de bosque, hacemos un control selectivo de arbustos, dejando los componentes de porte arbóreo y el pastizal, tendremos un ambiente modificado con diseño silvopastoril (transición A-F). Si se sobrepastorea y no se realizan recontroles de arbustos, volvemos a un ambiente de bosque (transición F-A).

Si en ambiente de bosque disperso, se recuperan los ejemplares arbóreos y se hace un control selectivo de arbustos, cuando la cobertura de árboles alcance, por lo menos, un 20%, tendremos un ambiente modificado de tipo silvopastoril (transición B-F). Si se talan los ejemplares maduros de árboles, se sobrepastorea y no se realizan recontroles de arbustos, volvemos a un ambiente de bosque disperso (transición F-B).

Como dijimos, desde un fachinal es poco probable que se den la condiciones para la recuperación natural del estrato arbóreo, pero si controlamos selectivamente el estrato arbustivo y enriquecemos con propágulos de árboles o plantaciones de árboles, cuando la cobertura de los mismos alcance el 20% como mínimo, tendremos un diseño silvopastoril (transición C-F). Si se talaran los árboles, se aplicara un uso intenso o severo del pastizal, no prosperarían y/o se deteriorarían los renovales de árboles y se reinstalarían e invadirían los arbustos, volveríamos al fachinal (transición F-C).

4.5-2 DINÁMICA DEL PASTIZAL ASOCIADO A CADA AMBIENTE

En el ambiente de bosque (Figura IV,4.5-2), el pastizal de máxima jerarquía es el estado 1 "Pastizal de *Diplachne*", denominado así por que la especie característica es

Dipalchne dubia. Esta especie sólo integra la estructura forrajera en éste estado, aunque en la mayoría de los casos, su proporción de peso seco en la estructura forrajera no es el mayor.

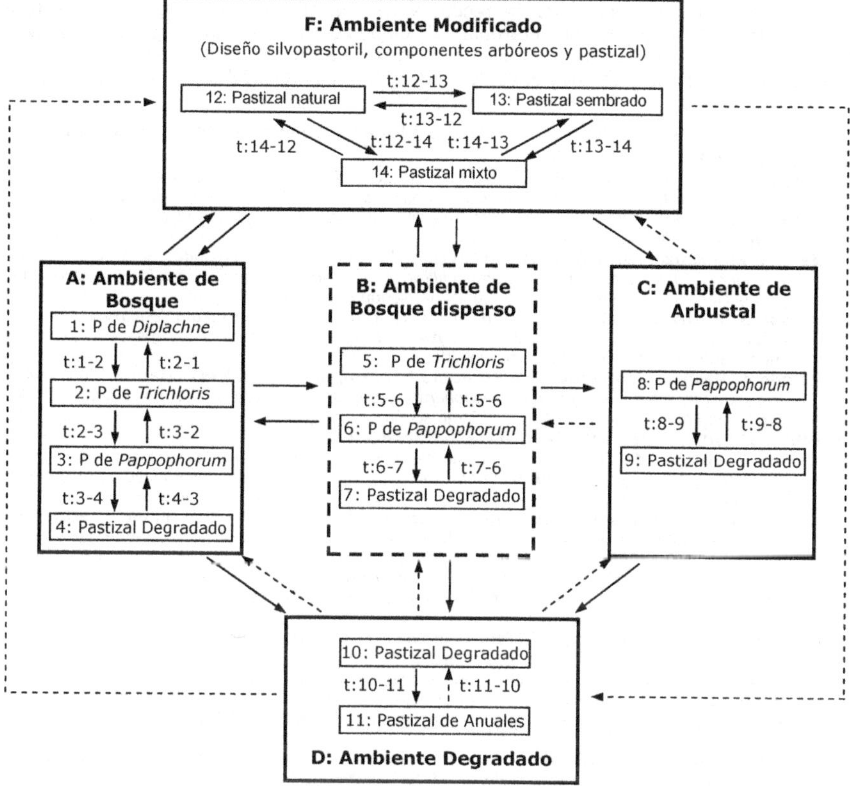

Figura IV,4.5-2: Dinámica del pastizal (P) asociado a los ambientes de la vegetación leñosa.

En éste pastizal, las especies *D. dubia*, *Setaria leiantha* y *Gouinia paraguariensis* son muy preferidas por los bovinos y de mediana resistencia al pastoreo, en consecuencia, aún con pastoreo adecuado desaparecen en pocos años de la "estructura forrajera", y si el pastoreo provoca aumento de arbustos, pasamos al estado 2 "pastizal de *Trichloris*" (transición 1-2).

Si el grado de uso provoca un aumento del estrato arbustivo y por ende mayor competencia, para regresar al "pastizal de *Diplachne*", debemos controlar arbustos y descansar el pastizal (t:2-1), en este caso el modelo de dinámica sería discontinuo e irreversible de manera natural. Si no se produce aumento de arbustos, con descansos del pastoreo y pastoreo adecuado o liviano, podemos volver al estado 1, en este caso el modelo de dinámica sería continuo y reversible. Desde un punto de vista económico, y aceptable ecológicamente, no es conveniente mantener el estado 1 del pastizal.

En este ambiente de bosque, si el grado de uso pastoril promueve una arbustización paulatina del sistema, pasaremos del estado 2 al estado 3 "pastizal de *Pappophorum*" (t:2-3), y si continua el sobrepastoreo y la arbustización llegamos al estado 4 "pastizal degradado" (t:3-4). En cada situación, si no se recupera con descansos del pastizal la estructura forrajera inmediata de mayor jerarquía, la dinámica del pastizal seguirá el modelo discontinuo e irreversible. Para promover la transición a un estado de mayor jerarquía no alcanzará con un prolongado descanso del pastizal y dependerá del grado de control de los arbustos, E(4)→E (3)→E (2) mediante las respectivas t:4-3 y t:3-2.

Catalogo 3: Estados del pastizal asociado a los ambientes de la vegetación leñosa
A: AMBIENTE DE BOSQUE
Estado 1: Pastizal de *Diplachne* - Estructura forrajera de la vegetación clímax, *Diplachne dubia*, *Trichloris pluriflora*, *Setaria leiantha*, *Gouinia paraguariensis*, *Setaria leucopila* y *Trichloris crinita*. Máxima expresión del pastizal en este ambiente. Se han registrado producciones media anual entre 1.200-1.800 kg/MS/ha, según sitio.
Estado 2: Pastizal de *Trichloris* – Estructura forrajera, *Trichloris crinita*, *Setaria leucopila*, *Pappophorum cespitosum*, *Diogitaria californica* y *Gouinia paraguariensis*. Registros de producción media anual 900-1.500 kg/MS/ha, según sitio.
Estado 3: Pastizal de *Pappopphorum* - Estructura forrajera, *Pappophorum cespitosum*, *Aristida mendocina*, *Trichloris crinita*, *Setaria leucopila*, y *Diogitaria californica*. Registros de producción media anual 400-800 kg/MS/ha, según sitio.
Estado 4: Pastizal de Degradado - Estructura forrajera, *Neobouteloua lophostachya*, *Sporobolus pyramidatus*, *Aristida mendocina*, *Pappophorum cespitosum* y *Aristida adscensionis*. Registros de producción media anual 200-400 kg/MS/ha, según sitio.
B: AMBIENTE DE BOSQUE DISPERSO (Estado transitorio)
Estado 5: Pastizal de *Trichloris* – Máxima expresión del pastizal en este ambiente, de menor producción que el estado 2, por menor densidad de plantas de gramíneas y mayor competencia de leñosas arbustivas. Producción media anual 800-1.200 kg/MS/ha, según sitio.
Estado 6: Pastizal de *Pappopphorum* – Generalmente de menor producción que el estado 3, por menor densidad y por mayor competencia de arbustos. Registros de producción media anual 400-700 kg/MS/ha, según sitio.
Estado 7: Pastizal Degradado - De menor producción que el estado 4 por mayor competencia de arbustos. Registros de producción media anual 100-300 kg/MS/ha, según sitio.
C: AMBIENTE DE ARBUSTAL
Estado 8: Pastizal de *Pappopphorum* - Máxima expresión del pastizal en este ambiente, de menor producción que el estado 6, por menor densidad y por mayor competencia de arbustos. Registros de producción media anual 300-600 kg/MS/ha, según sitio.
Estado 9: Pastizal Degradado - De menor producción que el estado 7 por menor densidad por mayor competencia de arbustos. Registros de producción media anual 100-300 kg/MS/ha, según sitio.
D: AMBIENTE DEGRADADO
Estado 10: Pastizal Degradado - Máxima expresión del pastizal en este ambiente, de menor producción que el estado 9, baja densidad del pastizal por suelos alterados por erosión hídrica y/o eólica. Registros de producción media anual 100-200 kg/MS/ha, según sitio.
Estado 11: Pastizal de Anuales – Estructura forrajera, *Aristida adscensionis*, *Bouteloua aristidoides*, *Eragrostis cilianensis*, *Sporobolus pyramidatus* y *Neobouteloua lophostachya*. Producción forrajera despreciable por extrema degradación, pérdida de cobertura vegetal y suelo. Sólo algunas plantas de gramíneas protegidas por arbustos. Registros de producción media anual 0-100 kg/MS/ha, según sitio.
F: AMBIENTE MODIFICADO (diseño silvopastoril)
Estado 12: Pastizal Natural – Sin laboreo de suelo, sólo el que produce el tratamiento de control selectivo de leñosas, implantación espontánea del pastizal natural (generalmente Pastizal de *Trichloris*). Registros de producción media anual 2.200-2.400 kg/MS/ha según sitio.
Estado 13: Pastizal Sembrado – Laboreo de suelo e implantación de especies exóticas. Registros de producción media anual 2.500-3.500 kg/MS/ha, según sitio.
Estado 14: Pastizal Mixto - Implantación espontánea de las gramíneas nativas. Laboreo mínimo de suelo y siembra o enriquecimiento con siembra en cobertura o intersiembra de especies exóticas, principalmente Buffel Grass (*Cenchrus ciliaris*) o, en áreas salinas, Grama Rhodes (*Chloris gayana*). Registros de producción media anual 2.300-3.000 kg/MS/ha, según sitio.

Recordemos que en un ambiente de bosque los árboles son los dominantes y que los arbustos no pueden competir fuertemente con ellos, de manera que la única manera de aumentar su presencia es aprovechar los espacios que le deje un pastizal sobrepastoreado. En el caso que pudiéramos, mediante las herramientas de manejo del pastizal, mantener baja la población de arbustos, aun con un uso intenso del pastizal, sería posible entender la dinámica del pastizal con un modelo continuo y reversible, en el que los estados serían similares a las condiciones, así el estado 1 sería equivalente a la condición excelente; el estado 2, a la condición buena; el estado 3, a la condición regular y el estado 4, a la condición pobre.

<table>
<tr><td colspan="1">Catalogo 4: Transiciones del pastizal asociado a distintos ambientes de la vegetación leñosa</td></tr>
</table>

Transiciones en ambientes no modificados
t:1-2→Sobrepastoreo, pérdida especies decrecientes en la estructura forrajera.
t:2-3→Sobrepastoreo e invasión moderada de arbustos, pérdida de algunas especies crecientes en la estructura forrajera.
t:3-4→Sobrepastoreo e invasión severa de arbustos, perdida total de especies crecientes en la estructura forrajera.
t:5-6→Sobrepastoreo, e invasión moderada de arbustos, pérdida de algunas especies crecientes en la estructura forrajera.
t:6-7→Sobrepastoreo e invasión severa de arbustos, perdida total de especies crecientes en la estructura forrajera..
t:8-9→Sobrepastoreo, disminuye cobertura de leñosas, erosión hídrica y/o eólica, pérdida total de especies crecientes en la estructura forrajera.
t:10-11→Sobrepastoreo, disminuye fuertemente la cobertura de leñosas, erosión hídrica y/o eólica severa, perdida de especies perennes en la estructura forrajera.
t:11-10→Control de la erosión, descanso del pastizal, reinstalación pastos perennes y algunos arbustos.
t:9-8→Reinstalación de arbustos, control de la erosión, descanso del pastizal.
t:7-6→Control de arbustos instalados, descanso del pastizal.
t:6-5→Control de la invasión de arbustos, descanso del pastizal.
t:4-3→Control de arbustos instalados, descanso del pastizal.
t:3-2→Control de arbustos instalados, descanso del pastizal.
t:2-1→Control de la invasión de arbustos, descanso del pastizal.
Dentro de cada ambiente no modificado, si el sobrepastoreo no provoca el aumento de la instalación de arbustos y/o pérdida de suelo por erosión, la dinámica del pastizal puede interpretarse con un modelo continuo y reversible,
Transiciones en ambiente modificado
t:12-13→Recontrol de arbustivas y siembra de gramíneas exóticas.
t:12-14→Recontrol de arbustivas y enriquecimiento del pastizal con siembra en cobertura de gramíneas exóticas.
t:13-12→Sobrepastoreo, pérdida de especies de gramíneas exóticas y reinstalación de gramíneas nativas.
t:13-14→Sobrepastoreo, reinstalación de gramíneas nativas.
t:14-12→Sobrepastoreo, pérdida de especies de gramíneas exóticas y reinstalación de gramíneas nativas.
t:14-13→Recontrol de arbustivas y siembra de gramíneas exóticas.
Dentro de cada ambiente, si el sobrepastoreo no provoca el aumento de la instalación de arbustos, la dinámica del pastizal puede interpretarse con un modelo continuo y reversible.

También en un ambiente de bosque, de arbustal, modificado u otro, el sobrepastoreo puede degradar el pastizal hasta el pastizal de anuales, en donde la producción del mismo es irrelevante o nula; a esta situación Saravia Toledo (1981, com. pers.) la denominó condición cero.

Observaciones en la Reserva Forestal Chancaní, en el sector de bosque nativo nunca talado, se pudo constatar que el sobrepastoreo provoca una fuerte arbustización del sistema, debido a que el bosque sobremaduro o anciano no compite fuertemente por luz como en un bosque joven o maduro, tal es así que lugares cercanos a las aguadas, no quedan recursos forrajeros, sólo árboles sobremaduros y un arbustal impenetrable y en lugares donde el bosque domina los arbustos el sobrepastoreo produce una mediana arbustización y una importante porción del terreno es un bosque con un tapiz de Alfombra del Monte (*Selaginella sellowii*). En ambos casos estamos en un pastizal de anuales o condición cero del pastizal.

En los ejemplos mencionados, no se ha recuperado el estrato herbáceo (no se han instalado ninguna de las gramíneas perennes) con más de 40 años de exclusión del pastoreo. En ésos sitios tampoco hay renovales de individuos del estrato arbóreo, es posible que la pérdida del estrato herbáceo haya cambiado las condiciones ambientales que favorezcan la instalación de renovales de componentes arbóreos.

En el ambiente de bosque disperso, el estado 3 "pastizal de *Trichloris*", es la máxima jerarquía sustentable. Posiblemente el cambio microambiental (menor cobertura de árboles, mayor cobertura de arbustos y en consecuencia mayor competencia de éstos sobre el pastizal y otras) hacen que la estructura forrajera de máxima jerarquía que se alcance en ese ambiente sea el "pastizal de *Trichloris*".

Después de 50 años o más de la tala masiva, la cobertura de los componentes arbóreos puede alcanzar niveles de cobertura del 40% o más y se restablece el ambiente bosque. En éste proceso, por competencia (principalmente por luz) el estrato arbóreo va controlando paulatinamente al estrato arbustivo, pero se necesitan muchos años para que en forma natural, aún sin utilización pastoril, vuelva el ambiente a alcanzar las condiciones que soporten un "pastizal de *Diplachne*". Lo que sucede es que si logramos el nivel de cobertura arbórea requerido para alcanzar el ambiente de bosque, el pastizal tendrá el estado que el grado de uso pastoril determine. Si queremos alcanzar niveles de mayor jerarquía, tenemos que realizar un control selectivo de arbustos y un manejo adecuado del pastoreo. En la práctica, se debería hacer un control selectivo del estrato arbustivo y pasar a un ambiente modificado de tipo silvopastoril.

En el ambiente de bosque disperso (transitorio), el "pastizal de *Trichloris*" (E5) tiene la misma estructura forrajera que del pastizal (E2), la principal diferencia es que tiene menor producción por mayor cobertura de arbustos luego de la tala. De la misma manera ocurre entre el "pastizal de *Pappophorum*" (E6) y el "pastizal degradado" (E7) con los respectivos (E3) y (E4).

El grado de uso excesivo del pastizal y la consecuente invasión de arbustos, en cada caso, son los responsables de las transiciones (t:5-6 y t.6-7). Por lo contrario el control natural de arbustos por aumento de cobertura arbórea o por la aplicación de algún tipo de control, un pastoreo adecuado o subpastoreo y un programa de descansos (sistema de pastoreo), induciría las transiciones progresivas (t:7-6 y t:6-5). Si no se produjera la arbustización paulatina, cosa que ocurre en lapsos cortos de tiempo, la dinámica del pastizal podría ser explicada con un modelo continuo y reversible en esta caja.

Si el ambiente de bosque disperso declina y pasa a un ambiente de arbustal, donde la ocupación de los espacios por los arbustos es importante y la competencia sobre el estrato herbáceo también, el pastizal de máxima jerarquía en ese ambiente es el estado 8 "pastizal de *Pappophorum*". Al igual que en el ambiente anterior las principales diferencias con sus respectivos (E3) y (E6) es el menor nivel de producción debido mayor competencia de arbustos y mayor sequía edáfica, por menor infiltración y retención de agua en el suelo.

El sobrepastoreo provoca una mayor arbustización y/o mayor superficie de suelo descubierto lo que no favorece al pastizal y pasamos al estado 9 "pastizal degradado", de menor producción que los respectivos (E4) y (E7) por una disminución de la densidad y cobertura de gramíneas (transición 8-9). El control de arbustos, descansos del pastizal y pastoreos adecuados, inducen la recuperación del pastizal (transición 9-8).

En el ambiente degradado, el pastizal de máxima jerarquía en ese desertificado ambiente es el estado 10 "pastizal degradado", de menor producción que sus respectivos (E4), (E7) y (E9). Si se sobrepastorea aumenta la erosión que provoca mayores perdidas de suelo, las gramíneas perennes sólo se encuentran protegidas por arbustos, mientras que al comienzo del verano se pueden instalar gramíneas anuales. Estas gramíneas anuales integran la estructura forrajera del denominado estado 11 "pastizal de anuales", de paupérrima producción (transición 10-11). Si se controla la erosión y no se pastorea por algunos años, es posible que se instalen más gramíneas perennes y algunos arbustos y se consiga recuperar el pastizal degradado (transición 11-10).

En un ambiente modificado, llevado a un diseño silvopastoril (parquizado o sabanizado) con una estructura de vegetación de dos estratos, árboles y pastizal, es posible alcanzar una importante recuperación y mejoramiento de la oferta forrajera. Si se trata del estado 12 "pastizal natural", es posible alcanzar el potencial productivo de éste en el Chaco Árido de Córdoba. Mediante laboreos para el recontrol de arbustos y siembra de especies de gramíneas exóticas pasaremos al estado 13 "pastizal sembrado", transición (t:12-13). Si en lugar de laboreos y siembra, enriquecemos el pastizal natural mediante siembras en cobertura, o si es posible, con intersiembra, pasaremos al estado 14 "pastizal mixto" (t:12-14).

Si en el estado 13, la gramínea exótica no se adapta bien y se sosbrepastorea el pastizal sembrado, pueden instalarse paulatinamente gramíneas nativas y volver al estado 12 "pastizal mixto" (t:13-12). Si sobrepastoreamos el pastizal sembrado con gramíneas (E13) que se adaptan bien al ambiente, en los espacios que pueden producirse, generalmente se instalan gramíneas nativas y se transforma en un "pastizal mixto" (t:13-14).

Si en el estado 14 "pastizal mixto", por sobrepastoreo, poca adaptación o ambas causas, se pierden las gramíneas exóticas, volverá el pastizal natural (t:14-12). Los laboreos para recontrol de arbustos y siembra de gramíneas exóticas pueden desembocar en un pastizal sembrado (t:14-13).

El mantenimiento del ambiente modificado (diseño silvopastoril) requiere del recontrol de arbustivas con una frecuencia que va desde los 3 años a los 10 años, dependiendo del método de control de arbustos utilizado y del manejo del pastizal.

El 80% o menos del Chaco Árido de Córdoba se encuentra en estado B3 (bosque degradado), con el 80% o más del pastizal asociado en estado 7 y el 20% o menos en estado 6. Un 20% o más del Chaco Árido de Córdoba se encuentra en estado C5 (fachinal), y el pastizal generalmente en estado 9, con el 20% o menos en estado 8.

4.5-3 Conclusiones

Los estados del pastizal están asociados a las distintas proporciones entre el estrato arbóreo y el estrado arbustivo. Estas proporciones están fuertemente influenciadas por el grado e intensidad de la extracción de leñosas y la intensidad de pastoreo. Los factores climáticos, principalmente la cantidad y distribución en el tiempo de las precipitaciones, pueden intensificar o restringir la influencia de las anteriores. Los incendios accidentales generalmente no ocurren, debido a la poca cantidad de material fino por la baja producción del pastizal de los estados más frecuentes.

Las transiciones entre los estados de la vegetación leñosa demoran un largo tiempo, lo que dificulta distinguir en que sentido se mueven con un seguimiento corto. Por otra parte, como no tenemos bien definidos los umbrales, principalmente en la dinámica de la vegetación leñosa y, dada la relación entre ésta y los estados del pastizal, también es difícil encontrar los umbrales en las transiciones entre los estados del pastizal.

También tenemos que tener en cuenta otros factores, tipo de suelo, fisiografía del terreno, tipo de animales (que no solamente pastorean y ramonean, ya que además compactan o rompen el suelo con sus pezuñas), infraestructura, tipo de apotreramiento y otros, que interaccionan en el ambiente o entorno de producción ganadera.

La aplicación del modelo no debería ser estricta, el objetivo es que sirva de soporte, para que en cada caso particular, se pueda confeccionar un mapa de estados del pastizal de un área objeto determinada.

El modelo propuesto para interpretar la dinámica de la vegetación del Chaco Árido de Córdoba, podría servir para desarrollar modelos similares en ambientes con pastizal asociado a vegetación leñosa, como las zonas mas secas del Chaco Árido y para el Chaco Semiárido. Con ciertas limitaciones también podría servir para desarrollar un modelo de interpretación de la dinámica del pastizal asociado a las leñosas en la región del Monte Septentrional.

5   PRODUCCIÓN DEL PASTIZAL

5.1   Accesibilidad

Tenemos que definir el concepto de accesibilidad: Es la facilidad con que el animal encuentra el forraje.

Hay especies vegetales asociadas al pastizal cuya arquitectura dificulta a los animales consumir los pastos que crecen debajo de su área de influencia.

Por ejemplo:

- *Larrea divaricata* (jarilla, planta adulta). Únicamente no pueden ser consumidas las gramíneas que se ubican muy próximas a su cobertura basal.
- *Acacia furcatispina* (garabato macho, planta joven). Todas las gramíneas bajo su cobertura y aun áreas mayores (por extensiones de sus ramas flexibles) no son consumidas por los bovinos por que sus ramas están cubiertas de espinas bífidas.

También hay lugares que, por la densidad o agrupamiento de plantas, dificultan el acceso a gramíneas que no se encuentran bajo la cobertura de ellas.

Los especialistas en praderas cultivadas utilizan el término "accesibilidad del forraje" para referirse a la forma que se presenta el forraje al ganado en cada tipo de arquitectura de las especies componentes de la pradera o de la estructura del pastizal. Los temas relacionados con el enfoque anterior pueden encontrarse en: Capítulo II:2.1 y Capítulo V:3.3 y 3.4).

En esta disciplina, el enfoque se refiere a la parte de forraje que está en el potrero y no está disponible para los animales, si estos no pasan hambre.

La accesibilidad está en función de la arquitectura las leñosas, subleñosas y otras formas vegetales que poseen un ramaje intrincado y/o con espinas, y a la distribución o estructura de dichas plantas en el potrero, esto quiere decir que si los animales no pasan hambre el forraje de las áreas poco accesibles no es consumido.

Este forraje no accesible puede ser importante como fuente de semillas de especies de gramíneas que quedan protegidas allí, o para observar plantas indicadoras.

5.2   Área no forrajeable o Área inaccesible del pastizal

Es el porcentaje de superficie en la cual los animales no pueden pastorear y se expresa como: % área inaccesible (%AI).

Esta área esta ocupada por vegetación no forrajera, generalmente leñosas arbustivas que compiten con las gramíneas por espacio, nutrientes, agua, luz, etc..

La determinación del área inaccesible o no forrajeble puede realizarse con transectas lineales al azar, en las que se registra el porcentaje de línea que cae en área forrajeable o accesible y el porcentaje de área inaccesible (ver Capítulo III:2.3).

Otra forma de evaluar el porcentaje de área inaccesible es registrando la cantidad de cuadrados que caen en esa área, cuando utilizamos cualquier método de muestreo para evaluar otros parámetros.

5.3   Área desaprovechada o Área no forrajera del pastizal

Es el porcentaje de superficie que corresponde a áreas inaccesibles, mas el porcentaje de áreas donde no hay gramíneas (áreas con suelo desnudo o peladales) y áreas accesibles cubiertas por especies no forrajeras.

Se expresa como porcentaje del área del potrero: % área desaprovechada (%AD). Los métodos para la determinación del porcentaje de área no forrajera son los mismos que en el punto anterior y se realizan conjuntamente.

5.4   Área forrajera del pastizal

Es el área complementaria a la anterior, es el área donde el forraje es accesible a los animales.

Se expresa en: Porcentaje de área forrajera de la unidad de manejo (%AF) o como superficie de esa unidad de manejo como: hectáreas forrajeras (haF), concepto similar al de acres forrajeros (Brown, D., 1968).

5.5   Producción del pastizal

En el Capítulo IV:2.7, al referirnos a la producción, cantidad, fitomasa aérea, peso, o rendimiento, dijimos que:

- Es una de las características de mayor importancia en los pastizales.
- Es la mejor medida para describir crecimiento.
- Se puede utilizar para indicar condición y tendencia.

Y que, generalmente, en las regiones áridas y semiáridas, se expresa en materia seca acumulada por año.

Consideramos que la mejor manera de expresar la producción del pastizal y relacionarla con la producción animal es la forrajimasa, que se define:

Forrajimasa: Es la materia seca acumulada por encima de los 5cm de altura.

Se expresa en: kilogramos de materia seca por hectárea y por año (kgMS/ha/año). Para su determinación se utilizan métodos de muestreo de cosecha o corte (destructivos), métodos combinados (poco o no destructivos), métodos de toque o unidad de muestreo mínima (no destructivos) y métodos de valoración indirecta.

5.6   Métodos de cosecha o corte

Se usan cuadros o unidades de muestreo (cuadrados, rectangulares o circulares) de superficie conocida, aplicados según la técnica de muestreo estadístico elegida (ver Capítulo III:2).

Para evaluar la forrajimasa anual tenemos que cosechar todo lo acumulado en la estación de crecimiento, si en la unidad de manejo van a pastar animales es necesario cercar un área o parcela de 1 a ½ hectárea para excluir los animales.

Si la parcela de exclusión elegida es representativa del pastizal de la unidad de manejo, con una parcela es suficiente, pero si como ocurre normalmente el pastizal es bastante heterogéneo, debemos fijar más parcelas, por lo menos una para clase de condición o estado.

Dentro de cada parcela elegimos la ubicación de los cuadros (unidades de muestreo) según el método de muestreo elegido; luego cortamos las plantas a 5cm de altura del suelo, cosechando el material. Lo cosechado en cada cuadro se embolsa individualmente en bolsas de papel previamente rotuladas.

La metodología de cosecha indica que no se cortan partes de plantas, se cosechan las plantas enteras cuyo centro del área basal caiga dentro del cuadro (Figura IV,6.5.1-1).

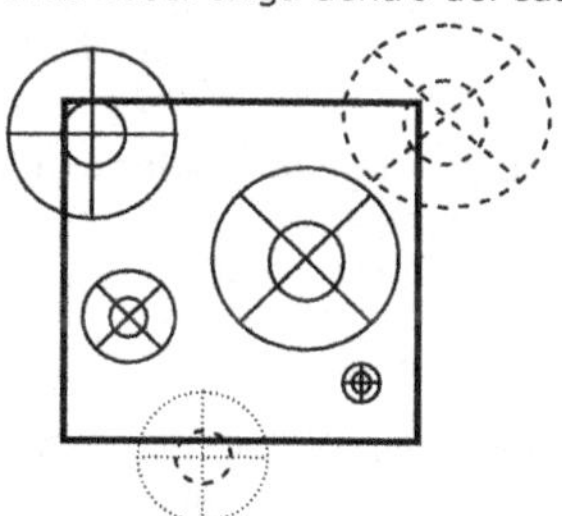

Figura IV,6.5.1-1: Se cosechan las plantas representadas con líneas llenas.
No se cosechan las plantas representadas con líneas cortadas.
Referencias: Círculo externo = Cobertura. Círculo interno = Área basal.

A las N bolsas con el material cortado, se las lleva a estufa (100-105°C) con circulación de aire forzado (preferiblemente) hasta peso constante y finalmente se pesan individualmente. A los valores obtenidos hay que restarle el peso de la bolsa.

Con los valores individuales de los pesos de la materia seca de los N cuadros se calcula la media aritmética, las medidas de dispersión y otras, de acuerdo a la metodología de muestro elegida y como lo requieran los procedimientos estadísticos.

5.7 Métodos combinados

Son técnicas de muestreo basadas en la de doble muestreo (Cochran, 1963), (Ver Capítulo III:2.6).

5.7-1 MÉTODO DE DOBLE MUESTREO

Nosotros utilizamos la técnica de muestreo combinado que denominamos genéricamente de <u>Doble Muestreo</u>, basada en el "método del rendimiento comparativo para la estimación del rendimiento en materia seca del pastizal" (Haydock y Shaw, 1975), en cual también se basaron los técnicos del CSIRO (Brisbane, Queensland, Australia) para presentar el procedimiento de muestreo y computación denominado BOTANAL (Tothill *et al.*, 1978 y 1992) y los técnicos de Turrialba (Costa Rica) para la estimación de la biomasa aérea de las pasturas (Sierra y Somarriba, 1989).

El método que utilizamos consiste en fijar cinco unidades muestrales de referencia (corte), una por cada cantidad estimada de forraje y numerosos (50-100) cuadros de estimación visual de forrajimasa expresados en una escala ordinal basada en los cuadros de referencia. Una aplicación completa de la metodología se presenta en (Capítulo III:3.1).

5.8 Métodos de toque o unidad de muestreo mínima

Son metodologías desarrolladas para praderas cultivadas o pastizales muy homogéneos. Algunos métodos modificados se pueden aplicar a pastizales naturales. Otros de parcela mínima, han sido creados para evaluar pastizales naturales como:

5.8-1 ARMAZÓN DE PUNTOS

Se utiliza un bastidor de madera donde en una línea se pueden bajar 10 varillas espaciadas unas dos pulgadas. De acuerdo a lo que tocan, se anota la especie, suelo desnudo y otras. Generalmente se determina cobertura y frecuencia.

5.8-2 POINT QUADRAT MODIFICADO

El método fue desarrollado en IADIZA (Passera *et al.*, 1983). Los muestreos se realizan a lo largo de una línea suspendida a mayor altura que la vegetación herbácea, en la cual a distancias sistemáticas, se aplica (baja) una varilla y se registran todos los puntos de contacto del instrumento con la vegetación, anotando especies y cantidad de toques. Luego mediante cálculos se llega a evaluar la producción de los recursos forrajeros.

La técnica es una variante adaptada a las condiciones de los ambientes de recursos forrajeros naturales y se basa en la desarrollada por la escuela de Montpellier (Francia) denominada "Point Quadrat" (Daget y Poissonet, 1971).

5.9 Métodos de valoración indirecta de la cantidad de materia seca

5.9-1 MÉTODOS BASADOS EN CORRELACIONES

Se basan en la correlación de otros parámetros (cobertura, frecuencia, densidad y composición botánica) con la producción del pastizal. Podrían ser útiles si se establecieran estadísticamente correlaciones positivas aceptables según la arquitectura de cada tipo de planta y en cada estructura del pastizal.

Lamentablemente, la estructura de los pastizales y la arquitectura de las especies de gramíneas nativas es muy heterogénea, por lo cual las determinaciones se complican con la cantidad de correlaciones a establecer. Pero serían de utilidad si se quieren utilizar registros de determinaciones anteriores de los parámetros mencionados, donde no se realizaron evaluaciones de forrajimasa.

5.9-2 MÉTODOS MECÁNICOS Y ELECTRÓNICOS

Otras formas de valoración indirecta son los métodos mecánicos y métodos electrónicos. Uno de los métodos mecánicos es el del "disco medidor" (Bransby *et al.*, 1977). Se basa en la densidad volumétrica del pastizal en el sitio aplicado, valor que se relaciona con la oferta forrajera mediante una curva de calibración, la cual hay que confeccionar previamente para las condiciones de ese lugar.

Uno de los métodos electrónicos es el "bastón de capacitancia" (Jones y Haydock, 1970) y se basa en la diferencia de la constante dieléctrica que existe entre el aire y el forraje, relacionando los rendimientos mediante una curva de calibración para las condiciones de ese lugar.

Para confeccionar las curvas de calibración (Michell y Large, 1983) se tienen en cuenta las condiciones del tiempo y del forraje.

Tanto en el método del "disco medidor" como para el "bastón de capacitancia", se promedian los valores de todas las lecturas y luego se cortan N sitios donde la lectura sea igual o muy similar a la media para determinar la producción media del pastizal.

Los dos métodos anteriores no han sido validados para las condiciones de pastizales naturales de zonas áridas o semiáridas y creemos que en estas condiciones no son muy útiles.

Por otra parte, si bien pueden ser métodos muy expeditivos, no contribuyen demasiado al conocimiento y evaluación de pastizales naturales.

Otra posibilidad de utilización de las mediciones mecánicas o electrónicas, es utilizarlas en lugar de las estimaciones visuales con una metodología de doble muestreo como la descrita (Gardner, 1967), donde cortamos al azar la forrajimasa de algunos de los sitios medidos.

5.9-2 ESTIMACIONES VISUALES

Otra técnica de valoración indirecta es la estimación visual. Se requiere un buen entrenamiento, practicas constantes y validaciones frecuentes. Si conocemos bien una unidad de explotación, si tenemos la experiencia necesaria y el entrenamiento adecuado, se consigue, para este procedimiento, un error menor al 10%-15%, o sea que puede ser muy útil.

6 CALIDAD DEL PASTIZAL

6.1 Calidad forrajera del pastizal natural

La calidad forrajera se refiere a características físico químicas de los forrajes en relación al aprovechamiento de nutrientes por el aparato digestivo de los animales.

Los requerimientos alimenticios de los animales se expresan en kilo calorías de energía digestible (kcal ED) o en kilo calorías de energía metabolizable (kcal EM).

Es decir, la cantidad de energía que brinda una cantidad de forraje depende de la digestibilidad del mismo y la digestibilidad depende del contenido de fibra (celulosa) y de la cantidad de nitrógeno o proteína bruta, principalmente en los animales poligástricos.

Estimamos (no hay disponibles determinaciones) que un kilogramo de materia seca de un pastizal promedio, en el estado actual de los pastizales del Chaco Árido y Semiárido, brinda entre 1.8-2.0 kcal ED.

Las determinaciones de digestibilidad se pueden realizar en laboratorio y existen varias metodologías para ello: Digestibilidad "completa" (en galpón de metabolismo), digestibilidad "*in situ*" (Ørskov *et al.*, 1980), digestibilidad "*in vitro*" (Tilley y Terry, 1963) y otras determinaciones que indirectamente nos permiten inferir la digestibilidad como contenido de fibra (celulosa) y otros.

Como la digestibilidad disminuye con el crecimiento y maduración de los pastos, recordemos que todos pertenecen al grupo C4 en el Chaco Árido y semiárido, razón por la cual, a medida que crecen van formando tallos y maduran rápidamente, es así que tienen buena digestibilidad hasta la fase de floración (de mediados enero a comienzos de febrero), como se puede apreciar (Figura IV,6.6-1 y IV,6.6-2).

La digestibilidad se expresa en porcentaje de digestibilidad de la materia seca (%Dig) o como porcentaje de la materia orgánica (MO = MS – cenizas).

Como vemos llegamos a marzo con valores medios a bajos de digestibilidad de la materia seca en las cinco especies evaluadas.

La proteína bruta se expresa en porcentaje de proteína bruta (N kjeldahl x 6,25) de la materia seca (%PB).

Los contenidos de proteína bruta en las cinco especies, muestran a través del tiempo curvas similares a las de digestibilidad, como se puede apreciar en la figuras.

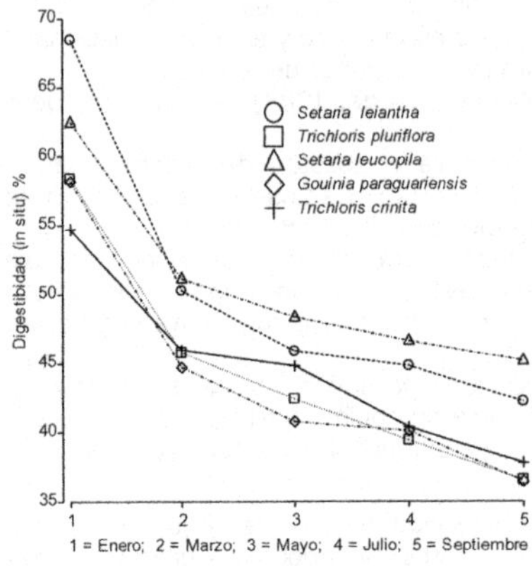

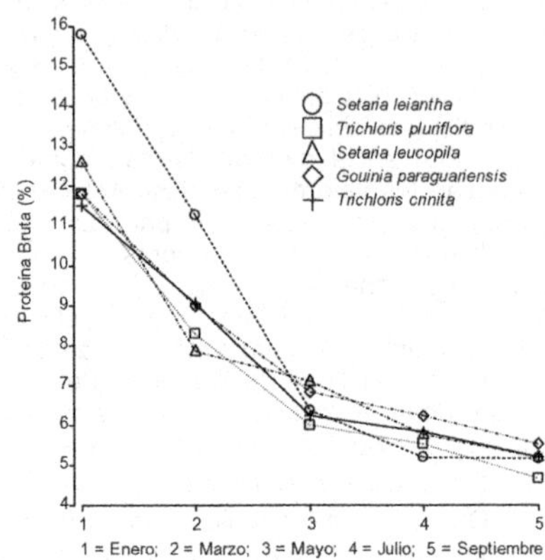

Figura IV,6.6-1: Digestibilidad "*in situ*" de 5 especies de gramíneas nativas.

Figura IV,6.6-2: Porcentaje de proteína bruta de 5 especies de gramíneas nativas.

Las cinco especies de gramíneas constituyen la estructura forrajera de la condición buena o excelente (estado 1 o 2) del pastizal espontáneo en el Chaco Árido de Córdoba.

Para recolectar el material del pastizal destinado a análisis de calidad forrajera, se utiliza cualquier método de muestreo y se cosecha una parte de la forrajimasa. Todas las partes se mezclan para obtener una muestra compuesta, se seca en estufa a no mas de 60°C, para no desnaturalizar la proteínas, luego se muele y se vuelve a mezclar. Se extrae una parte para contraprueba y otra se manda a analizar al laboratorio.

Otra posibilidad de conocer la calidad forrajera es mediante la relación hoja/tallo, ésta se puede realizar a campo con los pesos secos al aire de cada una de las partes.

La calidad del pastizal o de la oferta forrajera la hemos determinado cosechando con la tijera el material a evaluar o forrajimasa a evaluar, la cual tendrá valores diferentes en distintas épocas del ciclo vegetativo (Figuras IV,6.6-1 y 2) y según la composición botánica del pastizal.

Generalmente la composición botánica de la dieta injerida por los animales es similar a la estructura forrajera del pastizal, principalmente en la época que las gramíneas están verdes; cuando la calidad baja puede haber mayores discrepancias entre la composición botánica de la dieta y la de la oferta forrajera. La calidad forrajera de la dieta de los animales es mayor que la que determinamos por corte debido a la selección y/o preferencia del forraje pastoreado, sea de partes de la planta y/o de diferentes plantas (ver Capítulo V:3.2 y3.3).

*   *   *   *   *   *

CAPÍTULO IV: ANEXO 1
GRAMÍNEAS DE LOS BOSQUES DE QUEBRACHO BLANCO Y ALGARROBO NEGRO
Clave de identificación utilizando caracteres vegetativos

Cañas bulbiformes en la base con frutos cleistógamos; nudos pubescentes. **1. Cottea Pappophoroides**.
Cañas no bulbiformes en la base, sin frutos cleistógamos.
  Láminas de 10 mm de ancho, nudos inferiores geniculados, láminas, vainas y lígula hirsutas . . . .
              . . . . **2. Setaria leiantha**.
  Láminas de menos de 10 mm de ancho.
    Nudos pubescentes. . . . . **3. Setaria leucopila**.
    Nudos glabros.
      Pelos rígidos de 1 mm de longitud en margen de láminas, anual . . **4. Tragus berteronianus**.
      Pelos rígidos de 1 mm de longitud ausentes en margen de laminar.
        Rastrera, anual. . . . . **5. Bouteloua aristidoides**.
        No rastrera.
          Pelos tuberculados únicamente hacia la base de la lámina y en bordes de vainas. . . . . .
               . . . . **6. Sporobolus piramidatus**.
        Pelos tuberculados ausentes (Presentes en toda la lámina en *Eragrostis orthoclada*).
          Láminas viejas circinadas. . . . . **7. Aristida mendocina**.
            Vainas más largas que los entrenudos, láminas cortas, rizomas cortos . . . .
                 . . . .**8. Neobouteloua lophotachya**.
            Vainas más cortas que los entrenudos.
              Macollos aplanados . . . . **9. Trichloris crinita**.
              Macollos no aplanados.
                Plantas bajas, comúnmente menores de 10 cm de altura.
                  Láminas glabras . . . . **10. Microchloa indica**.
                  Láminas hirsutas.
                    Follaje con olor fuerte al ser machacado, pelos tuberculados. . . . .
                     . . . .**11. Eragrostis cilianensis**.
                    Follaje sin olor fuerte al ser machacados, sin pelos tuberculados. .
                     . . . .**12. Tripogon spicatus**.
                Plantas de más de 15 cm de altura.
                Lígula membranosa.
                  Láminas con pelos cortos, erguidos, en haz hacia la base. . . . . . .
                     . . . .**13. Digitaria californica**.
                  Láminas y vainas con pelos largos, ralos . . . .
                     . . . . . . **14. Gouinia paraguariensis**.
                Lígula pestañosa.
                  Láminas glabras o muy laxamente pilosas.
                    Váinas glabras de color violeta.
                      Anual; lígula de pelos cortos. . **15. Aristida adscensionis**.
                      Perenne; lígula de pelos largos . . . . **16. Diplachne dubia**.
                    Vainas laxamente pilosas sin color violeta.
                    Espiguillas 3-4 floras . . **17. Pappophorum philippianum**.
                    Espiguillas 1-2 floras . . . **8. Pappophorum caespitosum**.
                Láminas hirsutas o densamente pilosas.
                  Láminas de menos de 1,5 mm de ancho y cañas muy delgadas,
                  menos de 1 mm de ancho . . . . . .**19. Eragrostis orthoclada**.
                  Láminas de 2-3 mm de ancho y cañas de 1mm de ancho o más
                   . . . . **20. Chloris ciliata**.

(tomado de Anderson, 1980)

*   *   *   *   *   *

CAPÍTULO IV: ANEXO 2

Características de las gramíneas más frecuentes del Bosque de Quebracho Blanco y Algarrobo Negro de San Luis y La Rioja

Especie	Preferencia Animal	Longevidad	Importancia forrajera	Dinámica Ecológica	Clasificación Utilitaria
Aristida adscensionis	0	Anual	Sin importancia	Invasora	Indeseable
Aristida medocina	2	Perenne	Importante	Creciente	Intermedia
Bouteloua aristidoides	0	Anual	Sin importancia	Invasora	Indeseable
Cottea pappophoroides	1	Perenne	Sin importancia	Decreciente?	Intermedia
Chloris ciliata	2	Perenne	Poco importante	Decreciente	Intermedia
Digitaria californica	3	Perenne	Muy importante	Creciente	Deseable
Diplachne dubia	3	Perenne	Poco importante	Decreciente	Deseable
Eragrostis cilianensis	0	Anual	Sin importancia	Invasora	Indeseable
Eragrostis orthoclada	2	Perenne	Poco importante	¿?	Intermedia
Gouinia paraguariensis	3	Perenne	Importante	Decreciente	Deseable
Microchloa indica	0	Perenne	Sin importancia	Creciente?	Indeseable
Neobouteloua lophostachya	1	Perenne	Poco importante	Creciente	Intermedia
Pappophorum caespitosum	3	Perenne	Muy importante	Creciente	Deseable
Pappophorum philippianum	3	Perenne	Muy importante	Creciente	Deseable
Setaria cordobensis	2	Perenne	Poco importante	¿?	Deseable
Setaria leiantha	2	Perenne	Poco importante	Decreciente	Intermedia
Setaria leucopila	3	Perenne	Importante	Decreciente	Deseable
Sporobolus pyramidatus	2	Perenne	Poco importante	Creciente?	Intermedia
Tragus berteronianus	0	Anual	Sin importancia	Invasora	Indeseable
Trichloris crinita	3	Perenne	Muy Importante	Creciente	Deseable
Trichloris pluriflora	2	Perenne	Poco importante	¿?	Deseable

(tomado y modificado de Anderson, D. L., 1980).

CAPÍTULO IV: ANEXO 3

Composición botánica de cada condición en el Chaco Árido de los Llanos de La Rioja (Tabla IV,A.4).

EXCELENTE	BUENA	REGULAR	POBRE
Diplachne dubia	*Trichloris crinita*	*Aristida mendocina*	*Aristida adscencionis*
Eragrostis ortochlada	*Pappophorum mucronulatum*	*Neobouteloua lophostachya*	*Bouteloua aristidoides*
Gouinia paraguariensis	*Digitaria californica*	*Pappophorum mucronulatum*	*Tragus berteronianus*
Setaria leucopila	*Gouinia paraguariensis*	*Sporobolus pyramidatus*	*Neobouteloua lophostachya*
Cottea pappophoroides	*Eragrostis ortochlada*	*Trichloris crinita*	*Aristida mendocina*
Trichloris crinita	*Diplachne dubia*	*Aristida adscencionis*	*Sporobolus pyramidatus*
Digitaria californica	*Cottea pappophoroides*	*Digitaria californica*	*Pappophorum mucronulatum*
Pappophorum mucronulatum	*Sporobolus pyramidatus*	*Gouinia paraguariensis*	*Digitaria californica*
Chloris ciliata	*Aristida mendocina*		*Trichloris crinita*
	Setaria leucopila		

(Vera, J.C., 1987, comunicación personal).

REFERENCIAS

ANGASSA, A., 2002. The effect of clearing bushes and shrubs on range condition in Borena, Ethiopia. Tropical Grassland, 36:2,69-76.

AYERZA, R., R.O. DÍAZ y U.O. KARLIN, 1988. Management of *Prosopis* in livestock production systems in the Dry Chaco, Argentina. En: The Current State of Knowledge on *Prosopis juliflora*. Ed. Habit, M., FAO, pp:479-494.

ANDERSON, D.L., J.A. DEL AGUILA y A.E. BERNARDÓN, 1970. Las formaciones vegetales de la provincia de San Luis. INTA, R.I.A., Serie 2, VII(3):153-183.

ANDERSON, D.L., J.A. DEL AGUILA, A. MARCHI, J.C. VERA, E.L. ORIONTE y A. BERNARDÓN, 1980. Manejo racional de un campo en la región árida de los Llanos de La Rioja, Parte I, INTA, Bs. As. pp:1-61.

ANDERSON, D.L., 1980. Ecología y manejo de pastizales. Apuntes II Curso de Manejo de Pastizales. INTA, San Luis. 62p.

BERNARDÓN, A., 1994. De los modelos ecológicos tradicionales a los actuales en la interpretación de la dinámica de los pastizales de la región centro-oeste de Argentina. Rev. Arg. Prod. Anim. 14(1-2):25-29.

BESTELMEYER, B.T., J.R. BROWN, K.M. HAVSTAD, R. ALEXANDER, G. CHAVEZ, y J.E. HERRICK, 2003. Development and use of state-and-transition models for rangelands. Jour. Range Manage. 56:114-126.

BRANSBY, D.J., A.G. MATCHES y G.F. KRAUSE, 1977. Disc meter for rapid estimation of herbage yield in grazing trials. Agronomy Journal, 69:393-396.

BRISKE, D.D., S.D. FUHLENDORF y F.E. SMEINS, 2005. State-and-transition models, thresholds, and rangeland health: A synthesis of ecological concepts and perspectives. Rangeland Ecology and Management, 58:1-10.

BROWN, D., 1968. Methods of surveying and measuring vegetation. Commonwealth Agricultural Bureau Farmhand Bucks, England. 223p.

CLEMENTS, F.E., 1928. Plant succession and indicators. A definitive edition of plant succession and indicators. H. H. Wilson Co., New York. 453p.

COTTAM, G. y J.T. CURTIS, 1956. The use of distance measures in phytosociological sampling. Ecology 37(3):451-460.

DÍAZ, R.O., 1992. Evaluación de los recursos forrajeros del Chaco Árido. En: Sistemas Agroforestales para Pequeños Productores de Zonas Áridas. GTZ, FCA-UNC. pp:18-23.

DÍAZ, R.O., 1997. Estados y transiciones. Serie Apuntes, Curso Utilización de Pastizales, Área Pastizales Naturales. FCA-UNC. 4p.

DÍAZ, R.O., 2001. Estados y Transiciones–Condición Forrajera en el Chaco Árido, Argentina". Serie Apuntes, Curso Utilización de Pastizales, Área Pastizales Naturales. FCA - UNC. 12p.

DÍAZ, R.O., 2003. Efectos de diferentes niveles de cobertura arbórea sobre la producción acumulada, digestibilidad y composición botánica del pastizal natural (Chaco Árido, Argentina). Agriscientia, XX:61-68.

DYKSTERHUIS, E. J., 1949. Condition and management of rangeland based on quantitative ecology. J. Range Manage. 2:104-115.

HALL, T.J., P. G. FILET, B. BANKS y R.G. SILCOCK, 1994. State and transition models for rangelands. 11. A state and transition models of the *Aristida-Bothriochloa* pasture community of central and southern Queensland. Tropical Grasslands 28(4):270-273.

HAYDOCK, K.P. y N.H. SHAW, 1975. The comparative yield method for estimating dry matter yield of pasture. Australian Jour. of Exp. Agric. and Animal Husbandry. V(15):663-670.

JONES, R.J. y K.P HAYDOCK, 1970. Yield estimation of tropical and temperate species using an electronic capacitance meter. Jour. Agric. Science, 75:27-36.

LAYCOCK, W.A., 1991. Stable states and thresholds of range condition on North American rangelands: a Viewpoint. J. Range Manage. 44:427-433.

LOCKWOOD, J.A. y D.R. LOCKWOOD, 1993. Catastrophe Theory: A unified paradigm for rangeland ecosystem dynamics. J. Range Manage, 46:282-288.

MANETJE, L.´t. y K.P. HAYDOCK, 1963. The dry-weight-rank method for the botanical analysis of pasture. J. Br. Grass Soc., 18:268-275.

MICHELL, P. y V. LARGE, 1983. The estimate of herbage mass of perennial rye grass sward: a comparative evaluation of a rising-plate and a single probe capacitance meter calibrated at and above ground level. Grass and Forage Science, 38:295-299.

ØRSKOV, E.R., F.D. HOVELLAND, y F. MOULD, 1980. The use of the nylon bag technique for the evaluation of feeds tuffs. Tropical Anim. Prod., 5:195-213.

OESTERHELD, M. y O.E. SALA, 1994. Modelos ecológicos tradicionales y actuales para interpretar la dinámica de la vegetación. El caso del pastizal de la pampa deprimida. Rev. Arg. Prod. Anim. 14(1-2):9-14.

PASSERA, C.B., A.D. DALMASSO y O. BORSETTO, 1983. Método de "point quadrat modificado". En: Taller sobre arbustos forrajeros de zonas áridas y semiáridas. FAO, IADIZA, Mendoza. pp:135-151.

PIEPER, R.D. y R.F. BECK, 1990. Range condition from an ecological perspective: Modifications to recognize multiple use objectives. Jour. Range Mange. 43(6): 550-552.

SARAVIA TOLEDO, C., 1988. Influencia humana antes de los desmontes masivos. En: Desmontes y Habilitación de Tierras en la Región Chaqueña Semiárida. Oficina Regional de la FAO para América Latina y el Caribe, Santiago Chile, pp:41-55.

SMITH, R.L., 1966. Ecology and field biology. Harper and Row publishers. 2da. ed. San Fco. Calif.

STODDART, L.A. y H.D. SMITH, 1975. Range management McGraw-Hill Book Co. New York.

STRINGHAM, T.K., W.C. KRUEGER, y P.L. SHAVER, 2003. State and transition modeling: An ecological process approach. Jour. Range Manage. 56:106-113.

TAUSCH, R.J., P.E. WIGAND y J.W. BURKHARDT, 1993. Viewpoint: Plant community threshold, multiple states, and multiple successional pathways: legacy o Quaternary?. J. Range Manage. 46:439-447.

TILLEY, J.M.A. y R.A. TERRY, 1963. A two-stage technique for the in vitro digestion of forage crops. Journal of the British Grassland Society, 18:104-111.

VELÁZQUEZ CAUDILLO, J., 1997. Importancia y valor nutricional de las especies forrajeras de sonora. PATROCIPES, Publicaciones, Clave P97001, Sonora, México. 36p.

VERA, J.C., 1989. Eficiencia biológica del ecosistema de pastizales, Parte I y II. En: Informe Curso Taller Internacional, Forrajeras y Cultivos Adecuados para la Región Chaqueña Semiárida, FAO, INTA, La Rioja, pp:11-25.

WEAVER, J.E. y F.E. CLEMENTS, 1938. Plant ecology. McGraw-Hill Book Co., New York.

WESTOBY, M., B. WALKER y I. NOYMEIR, 1989. Opportunistic management for rangeland not at equilibrium. J. Range Manage. 42:266-274.

<u>Comunicaciones personales</u>

SARAVIA TOLEDO, C., 1981. En: visita a Establecimientos "Campos del Norte", "Salta Forestal" y "El Arenal". Joaquín V. González, Salta.

VERA, J.C., 1987. En: Visita a EEA INTA La Rioja, Chamicál y visita a Establecimiento "Balde del Tala" y otros campos de Bajo Hondo.

*   *   *   *   *   *

CAPÍTULO V

Los animales en el sistema pastoril

CAPÍTULO V

LOS ANIMALES EN EL SISTEMA PASTORIL

1   SISTEMAS PASTORILES NATURALES

1.1 Entorno del sistema pastoril natural

Es el ámbito donde viven confinados los animales, con características propias e interacciones particulares de sus componentes en cada unidad de explotación, la cual determina el hábitat y régimen de vida de los animales en producción (Figura V,1.1-1).

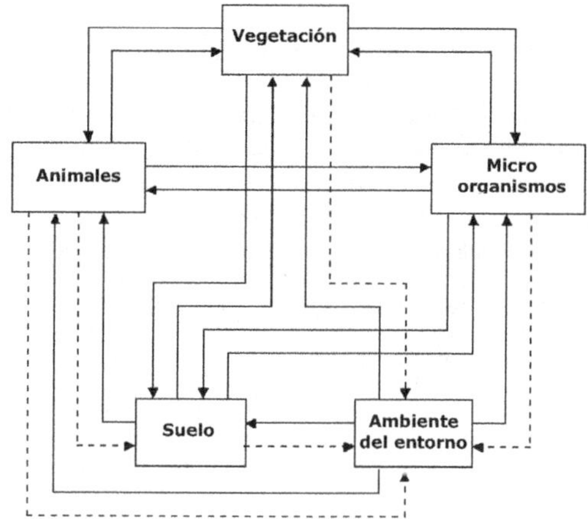

Figura V,1.1-1: Diagrama del entorno del sistema pastoril.

El clima y el ambiente geomorfológico del lugar actúan como fuentes del sistema, los que junto con la sucesión ecológica determinaron las características del suelo y la vegetación correspondiente al ecosistema natural de ese sitio. En el entorno del sistema pastoril se tiene en cuenta la situación actual tanto en estado como en condición de los componentes del entorno pastoril.

Mediante el manejo (no incluido en el diagrama) y asumido en este análisis como operador del sistema pastoril, podemos manipular los componentes del entorno (Ver Capítulo VI,1.1 y 2.1).

Los principales componentes del entorno del sistema pastoril son:

<u>Animales</u>: Comprende el ganado, los animales de granja, de trabajo, mascotas y los silvestres.

<u>Vegetación</u>: Los tres estratos de vegetación (arbóreo, arbustivo y herbáceo) influyen en el entorno pastoril.

<u>Suelo</u>: Características del suelo, principalmente aquellas que influyen en los recursos forrajeros como: contenido de materia orgánica, fertilidad, capacidad hídrica y otros, que como es fácil de deducir están interrelacionados.

<u>Microorganismos</u>: microconsumidores y transformadores.

<u>Ambiente del entorno</u>: Comprende el ambiente microclimático donde vive el ganado (desde la superficie del suelo hasta mas o menos los 2–2,5m de altura), infraestructura, instalaciones, y otros que determinan el régimen de vida de los animales.

1.2 El ganado en los sistemas pastoriles

Los animales domésticos son los principales convertidores en ecosistemas naturales de producción ganadera, razón por la cual es de máxima importancia su relación con los productores del sistema (vegetación), principalmente con los recursos forrajeros.

Si en una unidad de producción tenemos como objetivos:

1) Obtener una producción ganadera máxima, sostenida y económica, y

2) Conservar y/o mejorar el recurso natural relacionado.

Para lograr el primer objetivo, no sólo deberemos planificar y dirigir la utilización de los pastizales para obtener una producción máxima, sino que también deberemos preocuparnos para que el forraje sea convertido eficientemente por los animales en productos aptos para el consumo, sobre una base sustentable.

La recuperación del pasto y la crianza de animales nunca se pueden considerar separadamente. Esto se ilustra como sigue:

Malos productores + Malos convertidores = Producción mínima

Malos productores + Buenos convertidores = Baja producción

Buenos productores + Malos convertidores = Baja producción

Buenos productores + Buenos convertidores = Producción máxima

Es decir, hemos expresado en términos ecológicos que para lograr el mejor resultado deberemos elevar el potencial pastura y equilibrar el potencial animal.

En resumen podemos decir que tenemos que conocer cuales son los recursos ganaderos para la región, cuales son las interacciones con el medio, cuales son sus requerimientos biológicos y su comportamiento. Dentro de las interrelaciones con otros componentes del sistema y para conseguir los objetivos de la unidad de explotación, es de fundamental importancia la relación animal-planta, ya que tiene la mayor importancia para obtener la máxima producción animal sustentable y por que el pastoreo es la herramienta de mayor importancia para conseguir conservar y mejorar los recursos forrajeros.

2 RECURSOS GANADEROS

2.1 Animales domésticos exóticos

La principal actividad ganadera que se desarrolla en el Chaco Árido y Semiárido de Córdoba es la ganadería bovina de cría. En algunos casos se practica combinadamente la ganadería caprina en forma menos organizada (menos tecnificada por ahora). En la mayoría de los casos los caprinos son criados por los puesteros para consumo familiar y venta.

Los productos de estas actividades es la venta de terneros y animales de descarte en los bovinos y cabritos (chivitos mamones) en los caprinos, en estos últimos hay una incipiente comercialización de leche y en otras zonas del país de cabrillonas y chivatos.

También se crían otros animales exóticos para consumo familiar y alguna comercialización entre los lugareños.

2.2 Bovinos

2.2-1 Biotipos en el ganado vacuno

Si bien hay varias acepciones para el término biotipo, una forma de definirlo es la siguiente: "se trata de un grupo de individuos cuya composición genética determina que posean características comunes que los distinguen de otros grupos dentro de la misma especie". Las características comunes no sólo se refieren al aspecto fenotípico (externos, visuales) sino también a caracteres productivos y reproductivos (Pourrain, 2002).

Un determinado biotipo puede ser consecuencia de procesos de selección (natural o dirigida) o también producto de sistemas de apareamientos. El resultado, pueden ser razas puras, cruzas definidas/estabilizadas (razas sintéticas) o los diferentes tipos de cruzas que se suceden en un sistema de cruzamientos, por ejemplo: en un sistema rotativo de dos razas usando Hereford (H) y Brahmán (B), en el equilibrio hay básicamente dos biotipos de vacas, las "pampizadas" (2/3H:1/3B) y las "acebuzadas" (2/3B:1/3H). Inclusive, dentro de una misma raza se puede seleccionar en una determinada dirección y obtener un biotipo "especializado", como por ejemplo: más resistente a determinada enfermedad, o con una mayor capacidad de producir leche que el promedio de la población de la raza en cuestión.

De hecho, el Hereford con pigmentación alrededor de los ojos para minimizar la incidencia de la queratoconjuntivitis es un claro ejemplo de la selección dentro de una misma raza hacia la obtención de un biotipo con fines o características especificas. De allí que, sin dejar de tener presente el concepto de raza, básicamente desde un punto de vista comercial y desde un enfoque científico, hay cada vez más tendencia a referirse al concepto de biotipo.

2.3 Características mas relevantes de los grandes grupos de biotipos bovinos

A los efectos prácticos y de simplicidad, en este trabajo las referencias que se hacen son sobre biotipos de tipo carnicero, ya que son los predominantes en los sistemas ganaderos del Chaco Árido y Semiárido (Pourrain, 2002).

Británicos: En general los biotipos de origen británico presentan buena precocidad sexual y alta fertilidad. Buena calidad carnicera y buena adaptación a zonas templadas. Su velocidad de crecimiento y rendimiento de res es intermedio a bueno.

CONTINENTALES: La precocidad sexual es menor que en los biotipos británicos y mayor el tiempo para alcanzar la madurez. Son de gran desarrollo corporal. Buena calidad carnicera y buena adaptación a climas templados - templados fríos. Su velocidad de crecimiento y el rendimiento de res en general son mayores que los de los biotipos británicos.

Indicos o cebuinos: Tienen buena adaptación a zonas de climas calurosos, húmedos y con alta incidencia de enfermedades y parásitos (externos e internos) y capacidad para la conversión de pastos fibrosos. Son de baja precocidad sexual y fertilidad y necesitan más tiempo para alcanzar la madurez. La calidad carnicera es regular y el rendimiento de res es bueno. Estos biotipos son particularmente longevos.

Sintéticos o compuestos: Sus características especificas van a depender de las razas que se utilicen en su formación. Debe recordarse que estos biotipos surgen por la necesidad de contar, de una manera más sencilla que la implementación de un sistema de cruzamientos sistemático, con vigor híbrido y complementación en caracteres de importancia productiva y económica. En general, y para condiciones similares a las de estas zonas (subtropical húmeda), los biotipos sintéticos se estabilizan en una proporción de 3/8 del biotipo índico y 5/8 del biotipo británico o continental. El índico proporciona principalmente adaptación al medio hostil (calor, humedad, parásitos y forraje fibroso) y el otro biotipo, precocidad sexual, fertilidad y calidad carnicera.

Criollo: Dado que su evolución fue en estado salvaje, la selección natural determinó que estos biotipos, en general, tengan una gran adaptación al medio y rusticidad, pero son de baja productividad. Lamentablemente, con el tiempo, en muchos casos fueron absorbidos por las razas que se introdujeron, principalmente desde Europa, y en muchas regiones prácticamente han desaparecido como biotipo nativo puro. Sin embargo, en donde aún persisten, se están haciendo grandes esfuerzos para conservar el germoplasma y, mediante cruzamientos planificados, obtener biotipos productivos y con una gran adaptación al medio.

Animales cruza: En general valen las mismas consideraciones que las mencionadas para los biotipos sintéticos. Con el sistema de cruzamientos que fuera se busca explotar los beneficios del vigor híbrido y la complementación de caracteres de importancia económica. Solo cabría agregar que cuantas más razas intervienen en un esquema de cruzamiento sistemático, mayor es el vigor híbrido que se manifestará en el sistema en su conjunto. Pero debe puntualizarse que hay que compatibilizar dicha cualidad con la capacidad de manejo y la disponibilidad de infraestructura para su implementación en el establecimiento.

La elección del biotipo más apropiado para el sistema ganadero que se trate dependerá de varios factores, pudiéndose citar entre los más importantes:
- Que se adapte a las condiciones ambientales y recursos forrajeros disponibles.
- Que se adapte a las condiciones de manejo factibles del establecimiento según los recursos materiales, financieros y humanos que se dispongan o sean económicamente accesibles.
- Que permita alcanzar los objetivos productivos y económicos de la empresa.
- Que el producto tenga un mercado demandante para su colocación.
- Y, ¿por qué no?, que satisfaga las preferencias personales del productor.

2.4 Caprinos

2.4-1 TIPOS DE GANADO CAPRINO

Las cabras pueden agruparse, de acuerdo a su origen, en europeo, oriental, asiático o africano (Devendra y Mc Leroy, 1986, citados por De Gea, 2000).

El ganado caprino criollo argentino, se considera en la actualidad un "mosaico genético" por ser la resultante de numerosos cruzamientos estructurados sobre la base de las cabras de Andalucía (actuales razas Blanca Celtibérica y Blanca Andaluza) y de Castilla, Cádiz, León y Extremadura (actuales razas Castellana de Extremadura y Verata o Castellana de Toledo) (Agraz García, 1981; M.A.P.A, 1987, citados por De Gea, 2000).

Además de las razas Blanca Celtibérica y Castellana de Extremadura, las españolas que los cronistas llamaron Granada, Murcia y Málaga (Laguna Sanz, 1992; citado por De Gea, 2000).

Sea uno u otro el origen, lo cierto es que desde entonces y hasta la introducción de cabras de Angora del Tíbet, en 1826, durante el gobierno de Rivadavia y las subsiguientes en este siglo de las razas Toggenburg, Saanen y Nubia (Anglo-Nubian), ese ganado fue modelando su estructura y adaptándose al riguroso escenario del Chaco árido de nuestro país, hasta lograr la extraordinaria rusticidad de la que hace gala el actual "Pie de Cría Criollo".

2.4-2 ETAPAS DEL CAPRINO

La especie caprina constituye dentro de la ganadería, un animal de singulares características, con necesidades y exigencias totalmente diferentes al resto de los rumiantes criados por el hombre con interés económico.

El ciclo de vida del caprino, semejante a cualquier otro organismo viviente, se puede convenir como el espacio de tiempo entre el nacimiento y la muerte, en el cual se suceden en forma continua etapas de diferente valor económico-productivo, lo que exige un conocimiento y comprensión cada vez mayor de las necesidades de cada una de ellas.

Para poder satisfacerlas y así lograr un adecuado manejo alimenticio, sanitario, reproductivo, etc., garantizando el logro de productos en las mejores condiciones de calidad y cantidad, se propone tipificar los diferentes períodos de vida de esta especie y por ende, resaltar las aptitudes económicas de cada uno de ellos en la siguiente Tabla V, 2.4-1 (Herrera y Barreto, 1998).

PERIODO DE VIDA EQUIVALENTE	HEMBRAS			MACHOS		
	Categoría económica	Aproximado		Categoría económica	Aproximado	
		Edad en meses	Peso		Edad en meses	Peso
Período lactante	Cabrito ♀	0-2	8 kg	Cabrito ♂	0-2	10 kg
Período infantil	Cabrilla	2-5	18 kg	Chivito	2-5	20 kg
Período Adolescente	Cabrillona	5-10	28 kg	Chivato	5-12	30 kg
Período adulto	Cabra	1ª Parición	35 kg	Chivo	1 año	40 kg

Tabla V,2.4-1: Tipificación de caprinos según su período de vida (Herrera y Barreto, 1998).

2.5 Otros animales exóticos

En casi todos los establecimientos del Chaco Árido y semiárido de Córdoba, se crían animales (como actividad de granja) para el consumo familiar, comercialización "in situ" y/o trueque. Generalmente estos animales son de razas no tipificadas o "criollas" cuyos animales han probado con al tiempo adaptación al medio.

En todas las especies que se producen es posible la tecnificación de la producción y mejora genética de los animales. En la mayoría de las unidades de producción son los "puesteros" (encargados o personal que vive permanentemente en el campo) los que se dedican a esta actividad, son dueños de todos los animales o parte de ellos según acuerdo con el dueño del campo.

2.5-1 OVINOS

La gran mayoría de los ovinos que se crían en la región derivan de los introducidos varios siglos atrás y cruzados con algunas razas introducidas el siglo pasado, dando por resultado lo que denominan "criollos" o SRD (sin raza definida), son animales pequeños de lana gruesa.

Son destinados para carne de consumo familiar ("heladera de cuatro patas"), como generalmente no tienen artefactos para la refrigeración la carne se conserva por poco tiempo al aire en fiambreras y es necesario carnear este tipo de animales chicos que se pueden consumir por la familia, ya que si sacrifican un vacuno la carne se echaría a perder. También se utilizan la lana y los cueros.

2.5-2 PORCINOS

En muchos establecimientos crían porcinos para el consumo familiar, para carne se sacrifican principalmente lechones y en menor grado animales jóvenes de hasta 50kg de peso vivo. Los animales adultos son faenados para la elaboración de chacinados varios.

Al igual que los ovinos la gran mayoría de los porcinos que se crían en la región derivan de los introducidos varios siglos atrás (europeos cortos) y cruzados con colorados (Duroc Jersey) el siglo pasado hasta el presente, dando por resultado lo que denominan "criollos" o SRD (sin raza definida), son animales de tipo europeo corto a mediano.

Los sistemas de pequeña producción son precarios, poco tecnificados y son criados con sobras de comida, animales muertos, granos (maíz) producido el lugar o adquirido y alguna pastura que consiguen en su deambular.

2.5-3 EQUINOS, ASNOS Y MULAS

En el Chaco Arido y Semiárido de Córdoba en casi todos los establecimientos se encuentran caballos y mulas, en algunos se encuentran asnos. Generalmente la cría es muy poca y se limita a la reposición.

Los yeguarizos y mulas se utilizan para las tareas de la explotación ganadera (caballos y mulas "de andar") o de tiro para pequeños carruajes ("sulky" o "sorritas") y como caballos deportivos (cruzas en diverso grado con pura sangre para carreras cuadreras), quedan pocos caballos de tiro, ya que en la mayoría de los casos tienen mulas para los laboreos en las chacras. Generalmente las pocas labores agrícolas en las chacras, si pueden, las realizan con tractores (contratados).

En casi todos los casos (principalmente los equinos), para un mayor rendimiento, los animales son suplementados en su alimentación con granos (cebada, maíz y otros) y con forraje de calidad (heno de alfalfa).

Los asnos van desapareciendo, generalmente son utilizados como transporte escolar y también se suelen encontrar animales cimarrones, en algunos establecimientos de grandes superficies.

2.5-4 AVES

Las aves son criadas para consumo familiar y/o como una pequeña fuente de recursos como producción alternativa para las familias que viven en el campo. Generalmente se las cría sueltas y en algunos casos se construyen gallineros para defenderlas de los predadores. Generalmente se alimentan de insectos y semillas que encuentran en el campo, con sobras de comidas y son suplementadas con granos (generalmente maíz), producidos en el lugar o adquiridos.

<u>Gallinas de campo</u>: En casi todos los establecimientos se crían las gallinas comunes de campo de ellas se utilizan la carne, huevos y plumas. Es común utilizar algunos gallos de riña, sobre todo para producir pollos de campo (gallina común x gallo de riña), el motivo de la cruza es obtener mayor rusticidad en los pollos de campo (menor mortandad) que le conferiría el gallo de riña.

<u>Pavos</u>: Pavo negro común, es bastante frecuente encontrar en los establecimientos la cría familiar de estas aves. Si bien son aves adaptadas a zonas cálidas secas, en la etapa juvenil se produce una alta mortandad de polluelos debido a la cría a campo con pocos cuidados de los mismos. Se utilizan principalmente para carne.

<u>Patos</u>: Pato común y en muy pocos casos pato mudo, la cría es común en algunos establecimientos, se utilizan para carne, huevos y plumas.

<u>Palomas</u>: Paloma casera o común, en algunos pocos lugares tienen palomares y se los utiliza para carne, se consumen los pichones antes que puedan volar.

<u>Guineas</u>: (Pintadas). Gallina de Guinea: Ave galliforme, poco mayor que la gallina común, de cabeza pelada, cresta ósea, carúnculas rojizas en las mejillas y plumaje negro azulado, con manchas blancas, pequeñas y redondas, simétricamente distribuidas por todo el cuerpo; cola corta y puntiaguda, lo mismo en el macho que en la hembra, y tarsos sin espolones. Originaria del país de su nombre, se ha domesticado en Europa, y su carne es muy estimada. En algunos establecimiento se crían estas aves con resultados similares a las gallinas de campo.

2.6 Producciones alternativas

En los últimos tiempos han surgido como actividades alternativas la producción organizada de animales nativos como camélidos, ñandúes y otros, algunos de los cuales pueden realizarse en las condiciones ambientales del Chaco Árido y Semiárido de Córdoba.

Como estas producciones son incipientes, no se cuenta con tecnología probada para la región, pero las mencionamos por que pueden ser interesantes para algunas unidades de producción, ya que consideramos que pueden ser producciones complementarias de la ganadería bovina y/o caprina. Lo de complementarias tiene que ver con las posibilidades de explotación en sistemas mixtos (combinados) de ganadería, ya que debido a sus requerimientos alimenticios, considerando sus ventajas y desventajas, pueden compatibilizarse con los de la ganadería tradicional.

2.6-1 CAMÉLIDOS

Los camélidos sudamericanos originarios de este continente están representados por cuatro especies. La Vicuña (*Vicugna vicugna*) y el Guanaco (*Lama guanicoe*) son especies silvestres o salvajes. La Llama (*Lama glama*) y la Alpaca (*Lama pacos*) son especies domésticas del camélido sudamericano (CSD). Hace más de 5000 años que dejaron de ser silvestres pues sobre ellas se ejerció uno de los procesos de domesticación más eficiente que el hombre haya realizado sobre animal alguno, pudiendo obtener de ellas fibra o lana, carne y piel. La Llama y la Alpaca, entonces, constituyeron nuestra ganadería doméstica autóctona hasta que fueron reemplazadas por las cabras, ovejas y vacas que trajeron los conquistadores de la península ibérica (Rossanigo *et al.*, 1997).

A las Vicuñas y Guanacos los podemos considerar como semidomesticados que se pueden adaptar a una crianza extensiva en semicautividad. Ultimamente se han conseguido algunos buenos resultados en la domesticación y cría de Vicuñas y Guanacos. Si bien las Vicuñas no se adaptan a las condiciones ambientales de las regiones chaqueñas de Córdoba, los Guanacos poblaron estas regiones y aun hoy se encuentran animales salvajes en algunos sitios de Chaco Árido de Córdoba.

La cría de Guanacos en semicautividad (cautividad extensiva), es aquella que se realiza en grandes extensiones similares a las empleadas para ovejas o vacunos (von Thüngen y Amaya, 2002).

2.6-2 ÑANDÚES

Podemos considerar a los ñandúes como especies semidomesticadas que se adaptan tanto a sistemas de producción intensivos como a sistemas de cautividad extensiva, siendo estos últimos los de posible aplicación en las regiones áridas y semiáridas de Córdoba.

Existen dos especies de Ñandú: el Ñandú Moro (*Rhea americana*), que se distribuye en el norte y centro del territorio argentino hasta el Río Negro y el Ñandú Petiso o Choique (*Pterocnemia pennata*), que habita las estepas altoandinas y patagónicas y fue introducido en el norte de Tierra del Fuego (Navarro y Martella, 2002).

Actualmente existen numerosos criaderos de ambas especies de Ñandú en diferentes países, tales como: Argentina, Brasil, Chile y Uruguay. Siendo Uruguay el primer país sudamericano que ha logrado, aunque de manera incipiente, completar el ciclo de Cría-Faena y Comercialización (Sarrasqueta, 2003).

Hay otra especie o subespecie de Ñandú o "Ema" (*Rhea americana americana*) que se cría en el nordeste de Brasil (Vasconcelos Mendes, 1983), que dadas las condiciones ambientales parecidas se podría criar en las zonas áridas y semiáridas de Córdoba

2.6-3 CIERVOS Y ANTÍLOPES

Si bien la producción de ciervos y antílopes no se practica casi nada en las regiones chaqueñas de Córdoba, sería interesante conocer que posibilidades reales de producción tienen estos animales. Dentro del grupo el más difundido en el país es el Ciervo Colorado.

Otros Ciervos y Antílopes que podrían probarse son los originarios de regiones cálidas y secas como los antílopes africanos Elander (*Taurotragus oryx*) y Oryx (*Oryx* spp.), o de la India como el Cervicapra (*Antilope cervicapra*) o como el Ciervo Dama (*Dama dama*). Más datos sobre otros animales posibles en: Turton, 1974; Mason, 1984 y 1988; y FAO/UNED, 1997.

2.6-4 APICULTURA:

Es la actividad alternativa más conocida en la región, pero lamentablemente no es muy practicada por los habitantes del campo, son pocas las familias de puesteros que tienen algunas colmenas y en la mayoría el manejo de la actividad es muy precario, ante cualquier inconveniente como enfermedades de las abejas, falta de alimento, efectos climáticos (tormentas, frió y otros), o ataque de otros animales, abandonan la actividad.

Otra alternativa económica es alquilar el lugar a apicultores de otras zonas para producción de miel temprana, de núcleos y otros. Otro beneficio indirecto es que los puesteros y su familia van aprendiendo las técnicas apropiadas de la apicultura en estas regiones.

2.6-5 PISCICULTURA:

Hay varias especies de peces de agua dulce, como "Carpas", "Tilapias", "Bagres" y otros, que pueden criarse para consumo familiar en lugares con represas importantes que retienen agua todo el año.

La piscicultura extensiva es la que se realiza con fines de repoblación y/o aprovechamiento de cuerpos de agua no construidos con este objetivo (embalses, estanques, lagunas), bien sean naturales o artificiales, dejando que los peces se desarrollen con el alimento natural que allí se produce. En este sistema de cultivo no se proporciona alimento suplementario y la cosecha se practica en el momento que se detectan animales de talla comercial. Las densidades a las cuales se siembran los organismos son bajas y la intervención del hombre se limita a la siembra y al aprovechamiento de estos organismos (Manzini, 2002).

2.7 Animales silvestres

Incluimos en este tema algunos animales silvestres de las regiones del Chaco Árido y Semiárido de Córdoba que pueden tener importancia económica por ser competidores por los recursos forrajeros, predadores de animales domésticos, importantes para el control biológico de otros animales perjudiciales, por ser un recurso cinegético, o por su utilización como alimento, por sus pieles, cueros y otros. La importancia se expresa entre paréntesis.

Marsupiales
    Comadreja (predador de aves de corral, piel)
Vampiros (hematófagos, transmiten enfermedades al ganado)
Armadillos (cinegética, para carne)
    Peludos o Quirquinchos
    Mulitas
    Matacos
    Pichi
Cánidos
    Zorros (predadores de animales de granja, piel)
        Colorado
        Gris grande
        Gris chico
Zorrino (piel)
Felinos
    Puma (cinegética, predador de cabras, ovejas y otros)
    Gatos del monte (piel, control de roedores)
        Gato montés
        Gato de los pajonales
        Gato de las salinas
        Gato moro
Chanchos del monte
    Pecarí de collar (cinegética, carne)
Camélidos
    Guanaco (competencia, cinegética, carne) (Ver tema anterior)
Ciervos
    Corzuelas (competencia, cinegética, carne)
Roedores
    Vizcacha (competencia, cinegética, carne y piel)
    Conejo de los palos (cinegética, carne)
    Mara (competencia, cinegética, carne)
    Cuises (competencia, carne, pero en el país no se consume)
    Nutria (*Myocastor* sp) (cinegética, piel y carne)
    Tuco-tuco (competencia)
    Liebre europea [exótica] (competencia, cinegética, carne)
Aves de caza
    Perdices (cinegética, carne)
    Montaraces (cinegética, carne)
    Paloma torcaza (cinegética, carne)
    Ñandú y Suri (cinegética, carne) (Ver tema anterior)
Aves de presa
    Aguilas (predadores aves de corral, control de roedores)
    Halcones (predadores aves de corral, control de roedores)
    Caranchos (predadores aves de corral, control de roedores)
    Chimangos (predadores aves de corral, control de roedores)
    Gavilanes (predadores aves de corral, control de roedores)
    Buitres
        Jote (carroñeras)
        Congo (carroñeras)
Reptiles
    Lampalagua o ampalagua (cuero, control de roedores)
    "Iguanas"
        Lagarto overo (cuero, carne)
        Lagarto colorado (cuero, carne)

* No incluimos animales valorizados por su venta para mascotas, porque no estamos de acuerdo en la utilización de animales silvestres con ese fin, principalmente las aves que se mantienen enjauladas en cautiverio.

3   INTERACIONES DE LOS ANIMALES CON EL MEDIO

3.1   Efectos de los animales sobre la vegetación y viceversa

Las interacciones que se producen entre el componente animal y el componente vegetación en los sistemas pastoriles del Chaco Árido y Semiárido son muy importantes, ya que es la vegetación la principal responsable del ambiente del entorno pastoril y son los animales los responsables de utilizar la vegetación para alimentarse eficientemente, siempre que cuenten con un ambiente pastoril con buenos recursos forrajeros y confortable.

Los animales afectan la vegetación con el consumo de los recursos forrajeros mediante pastoreo o ramoneo y consumo de frutos de las leñosas, con sus patas pisoteando plantas del estrato herbáceo, plántulas de leñosas e indirectamente compactando o produciendo microlaboreos al suelo, con sus deyecciones y con su cuerpo en sus desplazamientos y otros, lo cual está directamente relacionado con el comportamiento pastoril extensivo de los animales.

Para analizar los efectos de los animales sobre la vegetación y viceversa, vamos a considerar primero los efectos de los animales, principalmente de los bovinos, sobre los recursos forrajeros y viceversa, especialmente sobre el pastizal natural, y segundo los efectos sobre las leñosas y viceversa.

3.2   Relaciones pasto-animal

Dentro de las principales interacciones, las relaciones planta-animal son de suma importancia, ya que una buena utilización del pastizal por los animales mantendrá y/o mejorará los recursos forrajeros y es justamente el pastoreo la principal herramienta de manipulación de los pastizales y otros recursos forrajeros.

Esta es una relación donde los procesos de retroalimentación son bien evidentes. Un mejor pastizal producirá mas kilogramos de carne por hectárea, y si manejamos los animales teniendo en cuenta las necesidades tanto del pastizal como la de ellos mismos, se logrará la mayor producción sustentable de carne por hectárea.

Como la mayoría de la utilización de pastizales es con ganadería bovina, y también por que hay mayor información sobre las interacciones de los bovinos con el medio, la mayoría de los temas están basados en experiencias con ganado bovino.

Por otra parte, para obtener la mejor eficiencia de producción no solo debemos procurar que los animales tengan disponible la mejor alimentación, sino que también es importante que los factores ambientales del entorno de producción, incluyendo los hombres, satisfagan las necesidades psicobiológicas de bienestar de los animales.

3.3   Interrelaciones con la arquitectura de los pastos

Primero vamos a ver los efectos de los animales herbívoros sobre la planta individual y los efectos de las características de las plantas de diferentes especies de gramíneas sobre los animales.

Luego veremos los efectos de los animales sobre el pastizal y viceversa, analizaremos estas interacciones sin dejar de tener en cuenta que, en realidad, cualquier efecto tiene que ver principalmente con las interrelaciones suelo-animal-planta, y en general con todos los componentes del entorno pastoril.

La mayoría de los estudios sobre las relaciones planta-animal o pradera-animales han sido realizados en pasturas sembradas, y en el caso de las gramíneas principalmente en especies Carbono 3.

También la gran mayoría de los estudios sobre plantas individuales, se han realizado sobre especies cultivadas y han tenido como objetivo el mejoramiento genético de las plantas para conseguir: mayores resistencias al pastoreo, a enfermedades y plagas, a la sequía, para mejorar su calidad forrajera y otras. Resumiendo: para mejorar su persistencia en la pradera y para mejorar el consumo por parte de los animales.

La cantidad de energía transformada, y por lo tanto de material vegetal producido, depende de la eficiencia ecológica de la planta y de su fisiología. Estos son aspectos genéticos inherentes a la planta que únicamente los podemos modificar a través de la selección y el mejoramiento genético.

La producción de materia seca (de la planta) depende de la cantidad de energía luminosa absorbida por las hojas y ello es función del número y área de las hojas y del modo en que ellas están dispuestas con respecto a la luz solar, es decir del índice de área foliar (IAF).

3.3-1 EFECTOS DE LOS ANIMALES SOBRE LA PLANTA DE GRAMÍNEA

El efecto más importante de los animales sobre la planta es la desfoliación que produce el animal al alimentarse, si bien en el bocado, principalmente en gramíneas Carbono 4, van parte de hojas, parte de vainas y parte de tallos, lo que mas afecta a la planta es la perdida de hojas, ya que disminuye la capacidad fotosintética de la planta.

No menos importante es que en las gramíneas Carbono 4 (Ver Capítulo II:2) el bocado del animal generalmente remueve el meristema de crecimiento de muchos macollos.

La remoción del ápice de los macollos puede ser de todos o parte de ellos dependiendo de la intensidad de pastoreo, según sean áreas de concentración de animales o cercanas a senderos de transito o no.

Es común encontrar en situaciones intermedias (áreas intermedias en cuanto a intensidad de pastoreo) plantas que presentan una parte no tocada, una parte a 2/3 de altura como consecuencia de la extracción por un bocado y otra parte a 1/3 de altura como consecuencia de haber recibido dos extracciones por sendos bocados (Figura V,3.3-1).

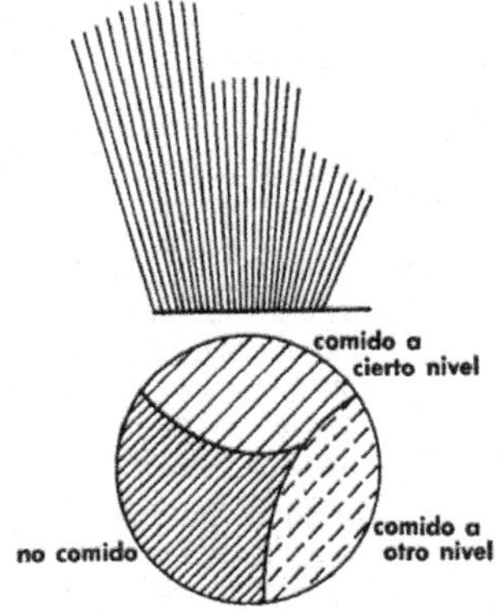

Figura V,3.3-1: Mata comida a tres diferentes niveles, vista de costado y en proyección (tomado de: Woolfolk, Sears y Work, 1975).

La remoción de ápices dependerá también de la arquitectura de la especie, es decir, como casi todas las especies son cespitosas, tiene importancia la distribución vertical de la fitomasa aérea de cada especie y el porcentaje de macollos que iniciaron el rebrote por unidad de superficie de corona.

En las especies de gramíneas C4 pastoreadas, las que generalmente han perdido el meristema de crecimiento de sus macollos, para recuperar el área fotosintética perdida tienen que apelar al rebrote de nuevos macollos. Estos rebrotes lo harán a costa de reservas de hidratos de carbono y/o a la translocación de fotosintatos del área foliar remanente de los macollos comidos. Este último mecanismo suponemos que ocurre aunque no tengamos evidencias contundentes que lo aseguren. Sí sabemos que intensidades de corte, no menores a 15cm, producen la mayor cantidad de rebrotes. Para tener certezas el análisis debería realizarse macollo por macollo.

Por otra parte es indudable que las especies con una concentración de materia seca importante en los primeros 5-10cm de altura sufrirán menos el impacto de la desfoliación que las que tienen una distribución más uniforme de la materia seca en altura (ver Capítulo II,2.1).

Se producen pérdidas de plantas enteras al comienzo de la estación de crecimiento, las nuevas plántulas que tienen poco anclaje por un lento crecimiento de su sistema radicular y por la forma en que el animal corta el forraje en cada bocado (envuelve con la lengua, presiona con el rodete y dientes y luego arranca lo aprehendido con un movimiento de cuello) son arrancadas completamente. De esta manera en los pastoreos de fin de primavera comienzos de verano se pueden perder muchas plantas de gramíneas nacidas en esa temporada de crecimiento.

El pisoteo provoca lesiones a las plantas. Además del daño a la planta en sí, dichas lesiones significan una disminución del forraje cosechable. Ocasiona daños a la planta y al suelo. Las especies vegetales tienen distinta resistencia al pisoteo. Aquellas que tengan estolones, rizomas y cuyo hábito de crecimiento sean más bien rastreras, son en general las más resistentes. El daño por pisoteo se traduce en lesiones mecánicas, como magullamiento de tallos, coronas, destrucción de hojas, heridas en raíces superficiales, estolones y ápices de crecimiento. Por lo común, estos perjuicios se agudizan en condiciones de alta humedad y heladas (Beguet y Bavera, 2001).

Los animales no solo pisotean las plantas en la búsqueda de forraje o agua, si no que también escarban el suelo con sus patas, se acuestan, se pelean, los terneros corretean (juegan) y otros, que de alguna manera afectan a las plantas.

Las deyecciones de los animales afectan las plantas de gramíneas, las heces frecuentemente destruyen la vegetación por obstrucción y sombra, y la orina puede provocar mortandad de plantas en períodos de sequía debido a la concentración de sales. El forraje cercano a las heces puede permanecer mucho tiempo sin ser pastoreado, más que todo por el olor, hasta 12 días (Voisin, 1962b) ; otros autores hablan de meses.

3.3-2 Efecto de la planta sobre los animales

Las distintas especies que componen el pastizal natural presentan distintos tipos de arquitectura (Ver Capítulo II,2.1).

Uno de los efectos de las plantas sobre los animales es que según los distintos tipos de arquitectura de las plantas de cada una de las especies de gramíneas producen diferencias en el peso del bocado.

El peso del bocado es la variable del comportamiento ingestivo con mayor relevancia, explicando el mayor porcentaje de la variación en el consumo diario de forraje, mientras que la tasa de bocado y el tiempo de pastoreo juegan un papel secundario (ver Capítulo VII:2.2). Es por eso, que la mayoría de los estudios se han concentrado en determinar cuál de las variables de la pastura predice mejor el peso del bocado. Se ha relacionado el peso del bocado con la altura del pasto, con el largo de lámina, con la densidad de forraje en el horizonte de pastoreo, con la composición botánica y con el estado fenológico de las pasturas (Galli, Cangiano y Fernández, 1996).

Para poder explicar las variaciones en el peso de bocado es necesario conocer:

    a) las dimensiones del bocado individual, tales como:

- El área, que es la superficie horizontal que abarca un bocado.
- La profundidad, que es la diferencia entre la altura superficial de la pastura previa al pastoreo y la altura remanente del forraje después de un bocado.

El producto de estas dos determina el volumen de bocado.

    b) La densidad de forraje en el bocado.

En consecuencia, el peso del bocado será igual al volumen por la densidad del forraje incluido en el mismo (Figura V,3.3-2,).

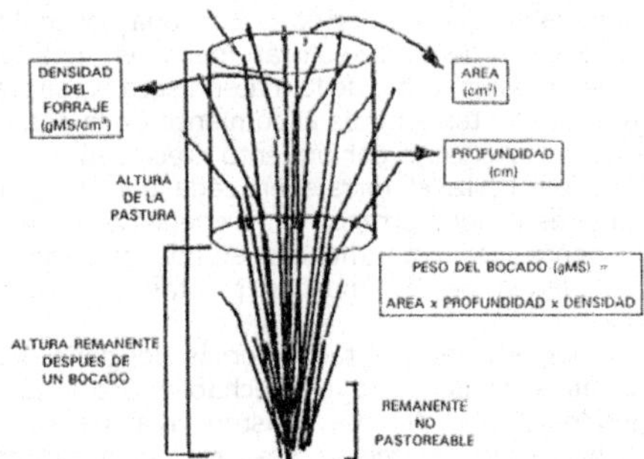

Figura V,3.3-2: Esquema de las variables que determinan el peso del bocado
(tomada de: Galli, Cangiano, y Fernández, 1996).

Importancia de la morfología de la planta en el consumo voluntario diario de forraje

Los estudios del consumo en condiciones de pastoreo tienen como propósito una predicción más precisa del mismo, y consecuentemente de la performance de los animales. Es común dirigir el pastoreo a través de la altura de la pastura y evaluar el pasto consumido en términos de su digestibilidad "*in vitro*". Sin embargo trabajos recientes y no tan recientes indican que estas consideraciones podrían ser sobre-simplificaciones de la situación real. Wade y Agnusdei (2001) identifican la morfología de la planta forrajera como factor determinante del consumo en condiciones de pastoreo y, en cierto grado, independiente de la altura o de la digestibilidad del forraje en pie o ingerido.

Antes del uso casi universal de las estimaciones de digestibilidad "*in vitro*" (Tilley y Terry, 1963), el mejoramiento de forrajes se hacía seleccionando por foliosidad (leafiness). Una vez desarrollada la técnica de Tilley y Terry, ésta se volvió rápidamente la base de la selección en programas de mejoramiento. Sin embargo, según Ullyatt (1973, citado por Wade y Agnusdei, 2001), alrededor del 50% del valor alimenticio de un forraje se debe al consumo voluntario (CV), además de la digestión "*in vivo*". Por otra parte, mientras a grandes rasgos el CV se asocia con la digestibilidad, también lo hace con la morfología del forraje en forma independientemente de la digestibilidad. Laredo y Minson (1973, citados por Wade y Agnusdei, 2001) establecieron relaciones entre el CV de animales estabulados y la hoja y el tallo de diferentes especies de gramíneas tropicales (Figura V,3.3-3).

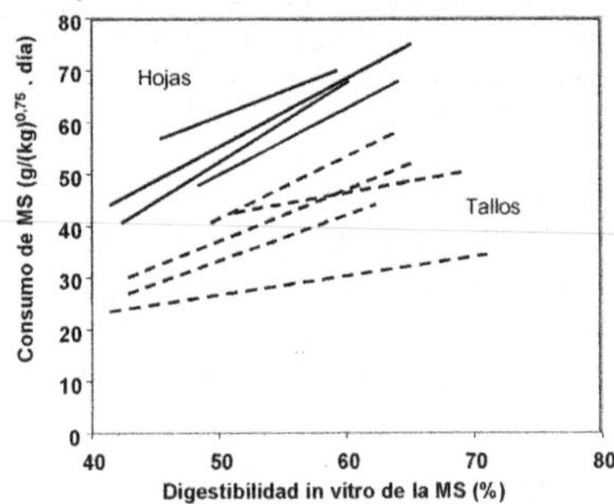

Figura V,3.3-3 Consumo voluntario de la hoja y del tallo de gramíneas   tropicales
en ovinos estabulados (Laredo y Minson, 1973).

Las diferencias en consumo entre hoja y tallo para un mismo nivel de digestibilidad resultaron independientes de la composición química (fibra, carbohidratos solubles, proteína, etc.,) y fueron atribuidas a diferencias en la estructura celular/tisular del material.

3.4   Interrelaciones con la estructura del pastizal

Como en la sección anterior, la mayoría de los estudios sobre las relaciones planta-animal o pradera-animales han sido realizados en pasturas sembradas, muchas veces sobre praderas polifíticas de gramíneas y leguminosas y en el caso de las gramíneas principalmente en especies Carbono 3.

3.4-1 INTERRELACIONES ANIMALES-PASTURA

Para comenzar a analizar los factores que intervienen en las relaciones pastura-animal, convienen tratar por separado aquellas características de la pastura que afectan al animal, de los efectos que los animales realizan sobre las pasturas. Evidentemente entre ambas hay una interdependencia que determinara la respuesta en producción y utilización del forraje, que es necesario integrar y que fundamentalmente se deberá hacer ante cada caso particular.

Una pastura ofrece una cierta cantidad de forraje y con una cierta calidad. Esto no es estático sino que se va modificando día a día. A medida que la pastura avanza en su ciclo de crecimiento, aumenta la cantidad de forraje (a una determinada tasa de crecimiento en kg de materia seca/ha/día), pero al aumentar su grado de madurez, disminuye su calidad. Esta disminución de calidad se refiere principalmente a una reducción de la digestibilidad, el contenido de proteína bruta y un incremento del contenido de fibra. Las mayores tasas de producción están asociadas al estado reproductivo, cuando se forman los tallos en las C3 o comienzos de floración en las C4, que a su vez son los momentos en que comienza a declinar en mayor medida la calidad de la pastura. En este sentido se presenta aquí una diferencia importante entre las especies templadas y las subtropicales ya que las primeras tienen un período vegetativo bien definido y prolongado mientras que las otras presentan un corto período de rebrote y rápidamente y en forma continua comienzan a formar los tallos. Este funcionamiento general de una pastura, será modificado por el pastoreo que se le imponga en cuanto a momento de utilización y carga animal. A su vez esta decisión es la que determinara la posible respuesta animal al definir las características del alimento ofrecido (De León, 2004a).

3.4-2 EFECTOS DE LOS ANIMALES SOBRE EL PASTIZAL

Efectos de la distribución del pastoreo

Como en los pastizales del Árido Subtropical Argentino las unidades de manejo son muy extensas, existen numerosos factores que producen una distribución diferencial del pastoreo, tales como: la distancia a la aguada, inaccesibilidad por las leñosas, sombra, lugares confortables y otros, que provocan la concentración de animales en determinadas áreas o por el contrario áreas que casi nunca visitan.

Los animales pastorean con mayor frecuencia los lugares cercanos a éstas áreas de concentración, ya que minimizan el gasto energético en la búsqueda de alimento tomándolo primero en estos sitios, pero cuando la oferta forrajera disminuye en esos lugares, caminan y exploran otros, y así sucesivamente. Si en los primeros sitios se produce un rebrote de las gramíneas les conviene pastorearlos nuevamente. En síntesis los animales siguen la ley del menor esfuerzo.

Los problemas de distribución del pastoreo en los pastizales son comunes. Estos problemas son causados por factores tales como la topografía, la localización de los cercos y de la sal, distancias entre abrevaderos, los sistemas de pastoreo empleados, las clases de animales en pastoreo, el clima y la localización de lugares sombreados. Además, los pastizales a menudo incluyen combinaciones variables de sitios y comunidades vegetales en las cuales la utilización es raras veces uniforme. Las zonas de utilización o zonas de uso, generalmente resultan donde tales factores se concentran o limitan el pastoreo. Como resultado, el forraje de algunas áreas dentro del pastizal puede permanecer intacto o sin uso mientras que, al mismo tiempo, en otras áreas hay abuso (ver Capítulo X). La solución de estas situaciones por medio de un manejo reformado es lo que en sí es el manejo practico del pastizal (Anderson y Currier, 1973).

Generalmente encontramos un gradiente de utilización dentro de una unidad de manejo desde áreas sobreutilizadas cerca de la aguada hasta áreas subutilizadas distantes de la aguada, lo que determina un gradiente de condición forrajera del pastizal (ver Capítulo IV,3.7). Si a esto le agregamos que pueden encontrarse diferentes estados de la vegetación, diferencias en topografía, tipo de suelos, y otros, posiblemente tendremos un mosaico de zonas de uso como resultado del pastoreo libre de los animales en esa unidad de manejo (ver Capítulo X:3.1).

<u>Efectos de la selección y preferencia</u>

A menos que el sistema de pastoreo sea una combinación de alta carga animal en franjas diarias, el pastoreo, a diferencia del corte, no dará por resultado la remoción de todo el forraje hasta una altura dada (uniforme).

Debido a la selección y preferencia por parte del animal, ciertas partes de la planta son comidas y otras son rechazadas. Se ha demostrado que esto ocurre aún bajo densidades de carga animal muy altas. (Gardner y Rendón, 1969; citados por Gardner, 1974). El resultado de estos diferentes tipos de defoliación se ilustran en la Figura V,3.4-1.

| Pastura antes de desfoliar | Después de un corte | Después de pastorear |

Figura V,3.4-1: Diferencias entre desfoliación con maquina o con animales en pastoreo (Gardner, 1974)

El significado de esto, es que no solamente algunas plantas no son comidas en absoluto, sino que de aquellas que son comidas no todos los macollos son eliminados (ver Capítulo V:3.3).

Al pastorear, el vacuno pone en juego su capacidad discriminativa, probablemente sobre la base primordial de la suculencia, muy relacionada con la digestibilidad.

En general, la hoja es más atractiva que el tallo y la hoja en crecimiento activo más apetitosa que las hojas viejas.

Hay una gran relación entre el valor nutritivo y selectividad. El vacuno posee un instinto alimentario por el cual selecciona los alimentos que satisfagan lo mejor posible sus necesidades fisiológicas.

Los resultados experimentales demuestran que el forraje ingerido contiene más proteína, grasa y digestibilidad y menos fibra que el forraje cortado por nosotros antes del pastoreo. Estos cambios se atribuyen a la selección de hojas por los animales (ver Figura V,3.3-3)

Además de la composición química del forraje, inciden en la selectividad la forma de presentación del alimento, el tacto, el aroma, el gusto o la combinación de ellos (ver Capítulo VII:2.4).

Voisin (1962a) agrega otro factor de selectividad: la búsqueda de placer en la rumia. En un pasto muy joven, el vacuno tiene tendencia a buscar las plantas mas maduras. En un pasto más maduro, tiende a consumir las plantas más jóvenes. Esto último parecería lógico, pero no lo primero. Explica este hecho porque el bovino que cosechó una planta demasiado joven, pobre en celulosa, se ve privado del placer de una rumia prolongada.

Nosotros pensamos que consume algo de pastos maduros para evitar diarreas (regular la velocidad de pasaje) y así evitar trastornos digestivos desagradables, lo que al fin es más placentero y saludable.

Otro aspecto en el que insiste Voisin (1962a) es que el bovino prefiere comida variada. En un ensayo con cinco variantes de mezclas forrajeras de gramíneas y leguminosas de clima templado, que duró varias semanas, se midió el nivel de aceptación, que fue en el siguiente orden:

1) Trébol Blanco + Pasto Ovillo.

2) Pasto Ovillo.

3) Trébol Blanco + Festuca.

4) Trébol Blanco + Poa.

5) Festuca.

Pero animales que pastorearon durante varias semanas trébol blanco + pasto ovillo, al ser llevados a esas parcelas, la que menos comieron fue la de trébol blanco + pasto ovillo.

Otro efecto marcado en pastizales naturales es que como consecuencia del sobrepastoreo continuo, la selectividad y preferencia de los animales, se producen cambios en la composición botánica del pastizal. Esto conjuntamente con las diferencias de presión por la distribución del pastoreo en las distintas zonas de uso de cada unidad de manejo, termina produciendo en ellas diferentes condiciones forrajeras del pastizal (ver Capítulo IV:3.7).

Por otro lado, en lo que podemos incidir directamente con el manejo es en la superficie foliar, porque esta es la fábrica de la planta, el ganado presiona sobre la superficie foliar, la va eliminando y eso es como si a un animal le damos cada vez menos de comer. Si no tenemos claro la necesidad de mantener esa superficie foliar, desaparecerán una cantidad de especies de los ecosistemas de pastizales naturales (Saravia Toledo, 1995).

Se deben analizar los efectos que tiene la acción de defoliación de los animales sobre el pastizal. El momento, la intensidad y frecuencia del pastoreo, afectará a la pastura en su capacidad de rebrote, su potencial de producción y su persistencia (ver Capítulo II:2.2).

De León, (2004b) dijo que para realizar este análisis, hay que considerar como la unidad funcional básica de una pastura a cada brote (macollo, en el caso de gramíneas) ya que es cada uno de ellos el que produce las hojas, forma las yemas para nuevos brotes, forma las raíces, se convierte en tallo y es el mecanismo de persistencia de una pastura. La potencialidad de producción de una pastura esta determinada en primera instancia por la cantidad de macollos que pueda desarrollar y luego por el peso que alcance cada uno de ellos.

Para poder maximizar estas variables se requiere de hojas que capten la luz solar, de temperatura y luz que estimule las yemas basales para producir nuevos macollos y de la absorción de agua y nutrientes. Mediante el pastoreo, se modifican estos elementos fundamentales para la producción, que los podemos resumir en:

a) Cantidad de brotes o macollos en condiciones de producir (densidad de macollos vegetativos).

b) Cantidad de hojas que reciban la luz solar (índice de área foliar).

c) Llegada de luz y temperatura a las yemas basales (estructura).

d) Reservas de la planta y desarrollo de raíces (hidratos de carbono de reserva y capacidad de absorción de agua y nutrientes).

Todos estos aspectos son modificables por el pastoreo según la forma de uso de la pastura que se realice y definirán por un lado la respuesta de la misma en producción, calidad y persistencia. Por otro lado, definirá la respuesta animal y por lo tanto la eficiencia total del sistema suelo-planta-animal.

La clave para maximizar la eficiencia en la producción y utilización de las pasturas la tiene quien decide permanentemente sobre los momentos de pastoreo de cada lote, la carga animal, el tiempo de utilización, sacar o poner animales, el sistema de pastoreo, etc.

Efecto de las deyecciones de los animales

Se pueden producir cambios en la composición botánica del pastizal porque los excrementos estimulan el crecimiento de algunas especies de gramíneas (más exigentes en fertilidad) que de otras.

La magnitud del retorno en heces y la influencia que tiene sobre la oferta forrajera es la siguiente (Tabla V,3.4-1):

Producción heces	Frecuencia deyecciones	Área cubierta	Área rechazo
28 Kg/animal/día	10-12	0,4-0,7 m²/animal/día	3-6 veces el área cubierta

Tabla V,3.4-1: Magnitud del retorno en heces e influencia en producción de pasto
(Beguet y Bavera, 2001).

Los datos anteriores se registraron en praderas cultivadas de zonas húmedas.

Efecto del pisoteo sobre las plantas de pasto

El pisoteo afecta en forma directa a las plantas por roturas mecánicas, éstas no tienen mucha importancia por la baja presión de pastoreo instantánea utilizada en sistemas pastoriles en ecosistemas naturales. El pisoteo puede afectar las plantas indirectamente por sus efectos sobre el suelo (ver Capítulo V:3.6). En realidad en los pastizales naturales de regiones áridas y semiáridas los efectos positivos del pisoteo así como los negativos tienen relativa importancia debido la poca densidad de animales que pastorean en cada unidad de manejo.

3.4-2 EFECTO DEL PASTIZAL SOBRE LOS ANIMALES

La mayoría de los estudios realizados (siempre sobre forrajes cultivados y en gramíneas Carbono 3) tratan de dilucidar los efectos que tienen cada una de las características de la pastura sobre el consumo voluntario de los animales en pastoreo.

Efecto de la oferta forrajera

El efecto de la cantidad de forraje presente podríamos decir que es obvio, cuando no hay forraje el animal no puede comer y a medida que la cantidad de forraje presente aumenta el animal puede comer más.

El rápido aumento en ganancia de peso vivo a medida que aumenta la oferta forrajera se puede apreciar hasta que se alcanza un cierto nivel de materia seca por unidad de superficie. Por encima de ello la ganancia de peso no aumenta aunque la cantidad de forraje disponible aumente.

Esto coincide en general con las observaciones en otros países que han mostrado que más allá de cierta disponibilidad de forraje u oferta forrajera el apetito de los animales se satisface y el consumo es máximo para esa pastura en particular. La forma general de la relación es como se muestra en la Figura V,3.4-2.

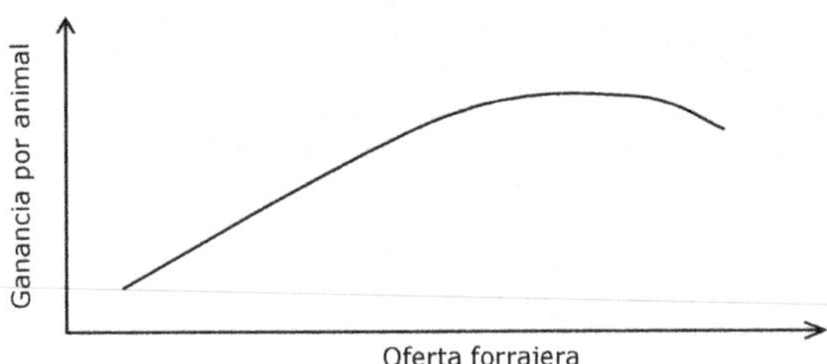

Fig. V,3.4-2: Relación general entre forraje disponible y ganancia por animal
(tomado de Gardner, 1974).

Por otra parte, si la oferta forrajera no es limitante en cantidad y calidad, el consumo de los animales dependerá del peso de cada bocado, de la frecuencia de bocados y del tiempo de pastoreo.

Evidentemente es importante conocer cuando se ha alcanzado el punto donde la cantidad de forraje presente es suficiente para una producción máxima por animal, porque permitir el crecimiento de más forraje que el que los animales pueden aprovechar resulta en una falta de eficiencia del pastoreo y utilización (ver Capítulo X:1 y 2). Considerando solamente el costo de instalación de una pastura se comprende por qué es de importancia una eficiente utilización del forraje.

Como es fácil de imaginar, la demanda forrajera debería compatibilizase con la oferta forrajera, es decir depende de la presión de pastoreo elegida, así que si la oferta forrajera es baja será por que tenemos una emergencia por sequía u otras causas y preferimos aumentar la presión de pastoreo a costa de la ganancia individual de los animales para pasar la emergencia, o no estamos manejando bien ese potrero (ver Capítulo XIII).

<u>Efecto de la calidad de la oferta forrajera</u>

La oferta forrajera, la calidad y la estructura del pastizal, definirán el consumo de materia seca digestible (MSD) por los animales, y esto se relaciona en forma directa con la ganancia de peso del animal. La MSD sintetiza los dos componentes principales de la respuesta animal, que son: su consumo de materia seca y la digestibilidad del forraje consumido.

Es necesario destacar aquí que esta cantidad y calidad de la dieta cosechada por los animales, es la resultante del comportamiento ingestivo selectivo de los animales. Esto quiere decir que los animales buscan y seleccionan el alimento de mayor valor nutritivo. En la medida que la pastura se lo permita, seleccionaran hojas en lugar de tallos y material verde rechazando el seco. Esto hace que en general, la dieta cosechada sea de mayor calidad que el forraje total disponible.

La calidad puede ser definida en más de una forma pero habitualmente se la define como la digestibilidad de la materia orgánica (materia seca menos contenido de cenizas) contenida en el forraje. Naturalmente si la digestibilidad es baja, menos del material comido puede ser utilizado por el animal, de modo que, si se requiere alta producción se debe ofrecer al animal un forraje altamente digestible (Gardner, 1974).

Existen dos razones principales por las cuales la digestibilidad del forraje disminuye: 1) con el avance del desarrollo y 2) con el envejecimiento las hojas y tallos.

La madurez está asociada, en los pastos, con el crecimiento del tallo y la producción de flores y semillas. Estos estados están asociadas con cambios químicos dentro de la planta (p. ej, aumento de lignificación) y una parte del contenido celular digestible es incorporado a las paredes celulares lo que les da la rigidez necesaria para soportar los tallos y las inflorescencias.

La caída de digestibilidad está asociada con una caída en el consumo este efecto se muestra en la figura V,3.4-3:

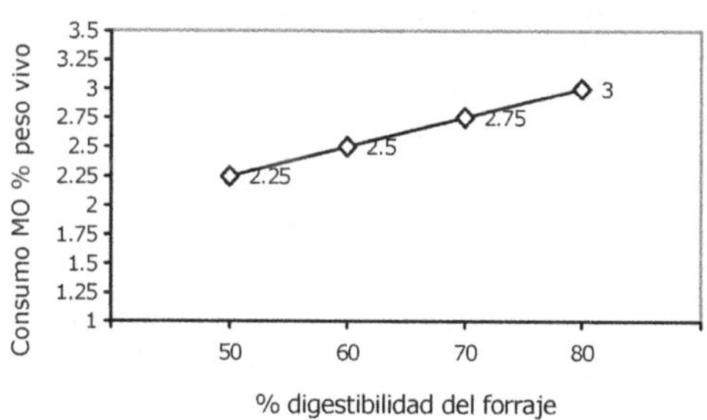

Figura V,3.4-3. Relación entre consumo de forraje y digestibilidad (Hodgson, 1973).

Como ya se ha mencionado las dos causas de pérdida de digestibilidad son aumento de la madurez, que ya se ha tratado, y aumento en la edad de partes de la planta. En los pastos la tasa de aparición de hojas nuevas está compensada por la muerte de hojas viejas, y entre los dos extremos tenemos hojitas en todos los estados de desarrollo y envejecimiento. Como los pastos producen las hojas nuevas en la parte más alta del césped, a medida que se desciende hacia el nivel del suelo encontraremos más de las hojas viejas y muertas. Este efecto puede ser apreciado con la información de la Figura V,3.4-4:

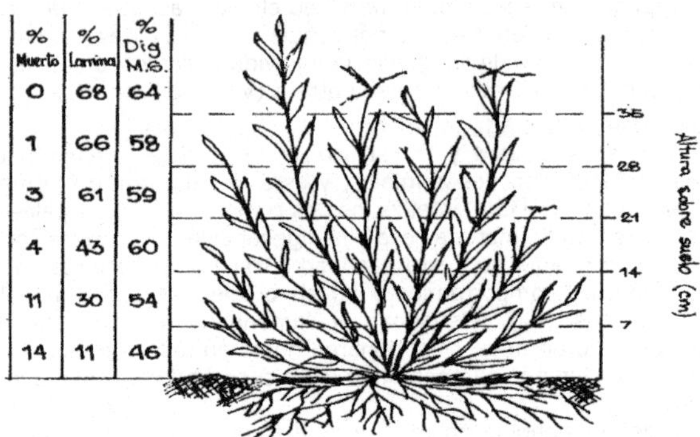

Figura V,3.4-4: Digestibilidad de la materia seca, porcentaje de hoja y material muerto en estratos verticales de Pasto Bermuda (adaptado de Wilkinson *et al.*, 1970)

La disminución en digestibilidad de las capas más inferiores se ha visto que está asociada con una reducción en el porcentaje de hojas presentes y con un aumento de material muerto. Las bases de los tallos también deben ser más gruesos y más lignificados para poder soportar el material vegetativo que crece por encima. Si no fuera así toda la estructura cedería.

Por lo tanto es inevitable que a medida que se desciende en la fitomasa aérea de la planta vamos a encontrar material de menor calidad debido a la presencia de más tejido estructural, menos hojas y más material muerto.

Por lo tanto a medida que disminuye la oferta forrajera y los animales continúan comiendo forraje cada vez más cerca del suelo están forzados a consumir material de menor digestibilidad, que por consiguiente se refleja en su capacidad productiva.

<u>Efecto de la estructura del pastizal</u>

La estructura del pastizal está determinada por la distribución espacial de los componentes de la oferta forrajera (composición botánica, densidad, cobertura, altura de la pastura, distancia a la aguada, accesibilidad). Según la combinación de los distintos componentes se afectará poco o mucho el consumo de los animales.

La estrecha relación e interdependencia entre forrajimasa, altura, cobertura y densidad determina que no es factible cambiar una sola variable sin modificar al menos una de las restantes. Por lo tanto, es muy difícil imaginar los efectos de los cambios en una variable. Situaciones aparentemente similares pueden determinar comportamientos muy distintos y viceversa, situaciones aparentemente distintas, comportamientos muy similares. Una correcta estimación de la densidad del forraje en el horizonte de pastoreo es muy importante ya que junto a la altura, será determinante del área, profundidad y peso del bocado. Se debe tener en cuenta no sólo la biomasa aérea y la altura, sino también la distribución horizontal de la pastura, a través de la cobertura (Galli *et al.*, 1996).

El comportamiento ingestivo, se refiere a la forma en que el animal consume el forraje y esta determinado por la cantidad de bocados que da por día y el tamaño (peso) de los bocados. El primer factor puede variar en cierto rango, pero tiene un limite, un techo que el animal no puede superar. Pero el tamaño de cada bocado, o sea la cantidad de pasto que levanta en cada bocado, puede ser muy variable y es el factor principal que define el consumo en pastoreo. Es necesario considerar entonces la distribución de las fracciones seleccionadas por los animales, su accesibilidad y densidad, para ver como están afectando el tamaño de bocado y por ende el consumo de forraje (De León, 2004b).

Trataremos de ver como pueden influir las distintos componentes de los pastizales naturales de zonas áridas y semiáridas

La composición botánica es importante porque las distintas especies del pastizal presentan diferentes características morfoestructurales (arquitectura) como densidad de macollos, altura, distribución vertical de la materia seca y otras que tienen efecto en peso del bocado (ver Capítulo V:3.3).

La densidad y cobertura tienen efectos en la frecuencia de bocados, en pastizales poco densos y bajo porcentaje de cobertura (condición pobre) los animales tienen que movilizarse más entre bocado y bocado, como obvia consecuencia disminuye la frecuencia de bocados.

La accesibilidad tiene su mayor efecto en la frecuencia de bocados, si el animal tiene que andar esquivando arbustos, es lógico pensar que perderá más tiempo entre bocado y bocado.

La distancia a la aguada es importante en potreros grandes, si el animal tiene que perder tiempo para llegar al forraje apetecible cada vez que tome agua, no solo acortará el tiempo de pastoreo si no que aumentara el gasto energético del pastoreo, mas aun en la época cálida que toma agua mas veces por día.

En resumen, si la arquitectura de los pastos que integran la composición botánica de la pastura no es la mejor, el pastizal presenta baja densidad y cobertura de plantas de gramíneas, la accesibilidad está dificultada por alta densidad de arbustos y el forraje apetecible esta lejos de la aguada, es posible que los bajos pesos de bocados, la baja frecuencia de bocados en el tiempo máximo de pastoreo diario (10hs), resulten en que el animal no alcance a consumir voluntariamente la cantidad necesaria de forraje para llenar su rumen en una jornada de pastoreo.

3.5 Interrelaciones de los animales con las leñosas
3.5-1 EFECTOS DE LOS ANIMALES SOBRE LAS LEÑOSAS
Efectos directos
Los efectos directos que puede producir el ganado sobre una población o comunidad de leñosas en los sistemas pastoriles de producción dependerá del tipo y estado de la vegetación, es decir, del estado que determine el ambiente de la vegetación leñosa y de la condición o estado del pastizal asociado (ver Capítulo IV:4.5).

Lo ideal es por supuesto tratar de maximizar la eficiencia de producción ganadera manteniendo las posibilidades de implementar un sistema de uso múltiple y aprovechar las ventajas que puede tener.

El enfoque dependerá también del sistema de recuperación del ambiente de bosque que se trate, sea basado en regeneración natural o plantación artificial (ver Capítulo XI:3).

El mayor daño directo que produce el ganado sobre las plántulas y plantas de las especies leñosas, es por pisoteo y ramoneo.

La magnitud de los daños también dependen del tipo de ganado, ya que ramonea más la cabra, luego el ovino, sigue el bovino y por último los yeguarizos. Por pisoteo producen más perjuicio los dos últimos que los primeros; también la raza es importante, ya que no es lo mismo, una vaca criolla, un cebú o un británico en cuanto al uso que realizan del follaje arbóreo.

En cuanto al bovino, es más importante el daño que produce por pisoteo que por ramoneo, siempre que la oferta forrajera no sea muy limitante del consumo voluntario en pastoreo (ver Capítulo IX:2.1).

Karlin (1985) dijo: Debemos tener en cuenta que:
- El impacto del pisoteo de los animales sobre plántulas de arbustos tiene efectos diferentes que sobre plántulas de especies arbóreas.
- Indudablemente que el daño está en relación directa a la carga animal (número de animales por hectárea) que se tenga a través del año y su distribución en el campo.
- También interviene la preferencia animal: cantidad y selección de las especies leñosas en relación a otras especies forrajeables.
- Debe tenerse en cuenta la resistencia al pisoteo de las especies arbóreas y su recuperación al mismo, así como su respuesta al ramoneo y la eliminación de yemas de crecimiento que se produzcan.
- Deben tomarse en cuenta los daños retardados: disminución del crecimiento, entrada de enfermedades en las heridas, deformaciones, etc.
- También se producen daños en ejemplares adultos sobre ramas, corteza o raíces superficiales.

En resumen, el grado de daño está en función de:
- Tipo de animal y preferencia forrajera.
- Densidad de la población, tanto animal como de especies leñosas arbóreas y arbustivas.
- En especies arbóreas, edad de los ejemplares.
- Tipo y disponibilidad de la oferta forrajera.

<u>Los efectos indirectos son</u>:
- El paso por el tracto digestivo de ciertas semillas, permite una mejor germinación y dispersión en el campo (escarificación y diseminación endozoica).
- Al disminuir por pastoreo la cobertura herbácea permite mejor germinación y menor competencia entre la plántula arbórea y las especies herbáceas.
- El pisoteo puede producir mejor contacto entre el suelo y la semilla.
- La fauna silvestre también puede jugar un papel importante, debiéndose tener muy en cuenta, en especial sus posibles cambios en su dieta, en relación a la explotación forestal y ganadera.

El ganado puede producir efectos positivos en la recuperación del estrato arbóreo ya que puede aumentar la germinación e implantación de las especies arbóreas (Karlin, 1985), porque los animales consumen frutos de árboles y arbustos, y en el pasaje por el tracto digestivo las semillas no se destruyen, al contrario son "escarificadas" lo que facilita su germinación.

Este efecto es deseable para la regeneración de los componentes arbóreos e indeseable para la proliferación de arbustos, pero manejando el pastoreo se pueden crear condiciones para favorecer la germinación y establecimiento de plántulas de árboles (pastoreo moderado) lo que también dificulta la germinación e implantación de plántulas de arbustos.

Los sitios en condición buena del pastizal (buena cantidad de mantillo y buena retención de agua en el suelo) facilitan la germinación e implantación de especies arbóreas y dificultan a las de los arbustos que necesitan lugares con poca cobertura vegetal como los peladales.

Otros efectos indirectos son:

Si se aumenta la presión de pastoreo en los arbustales, los animales en la busca de forraje "abren el monte", es decir crean senderos distribuidos en todo el terreno que mejoran la accesibilidad (ver Capítulo X:5.5) y modifican factores microclimáticos (facilitan la circulación del viento) (ver Capítulo V:3.7).

El ganado caprino por su preferencia forrajera puede contribuir al control biológico de los arbustos (ver Capítulo VIII:3.11 y Capítulo XI:2).

3.5-1 EFECTOS DIRECTOS DE LAS LEÑOSAS SOBRE LOS ANIMALES

Los efectos directos son los provocados directamente sobre el animal por la arquitectura y estructura de las leñosas. Los efectos indirectos de los estratos de leñosas son los que producen modificaciones favorables o no al entorno de producción animal (ver Capítulo XI:1).

Como efectos positivos podemos considerar que varias especies de leñosas arbustivas y algunas arbóreas proporcionas forraje a los animales que ramonean sus partes tiernas. Generalmente este forraje es consumido en el bache forrajero de las gramíneas y su contribución es mejorar la dieta de los animales en calidad, calcio fósforo y vitaminas (ver Capítulo II:1.1 y Capítulo IX: Anexo 2).

También tenemos que tener en cuenta que muchas especies arbustivas y arbóreas pueden tener buena calidad forrajera (análisis *in vitro*) pero que no son consumidas por que también contienen compuestos antiherbívoros y/o antinutritivos como: taninos, aceites volátiles, ceras, saponinas, etc.; los cuales disminuyen o anulan el valor forrajero (ver Capítulo VIII:3.12). Lo ideal es medir la eficiencia de estos forrajes directamente a través del comportamiento del animal.

Los principales efectos negativos de las leñosas son provocados por el estrato arbustivo y los podemos sintetizar en los siguientes (Díaz y Karlin, 1983):

-   Dificultan la circulación del ganado.
-   Provocan una mala distribución del pastoreo.
-   Disminuyen la accesibilidad al forraje graminoso.
-   Aumentan el área no forrajeable.
-   Muchos tienen espinas que puede lastimar a los animales con el peligro de infecciones y/o "bicheras".
-   Disminuyen el confort de los animales.

Todos estos inconvenientes se pueden solucionar realizado un control selectivo de arbustos, parcial o total, para facilitar la circulación de los animales.

3.6   Efectos de los animales sobre el suelo y viceversa

3.6-1 EFECTO DE LOS ANIMALES SOBRE EL SUELO

Como ya vimos el pisoteo afecta las plantas directamente por lesiones mecánicas, pero el pisoteo también afecta la plantas indirectamente por la compactación del suelo que disminuye la infiltración, compacta el suelo (disminuye la densidad aparente) con lo que disminuye la capacidad hídrica y la aireación. Esto provoca una menor cantidad de agua disponible en el suelo para el crecimiento de los pastos y restringe la población de descomponedores y transformadores.

La compactación del suelo y la formación de costras que impermeabilizan el suelo dependen de varios factores: de la textura del suelo, de la cantidad de mantillo y materia orgánica, de la humedad del suelo y de la presión de pastoreo.

Como efectos positivos se han señalado la rotura de la costra impermeable del suelo cuando el suelo está relativamente seco, la "cama de siembra" para las semillas de los pastos que nacen en las huellas de las pisadas, el poner en contacto con el suelo a las semillas de pastos, poner al mantillo en contacto con el suelo para ser degradado por los microorganismos, triturar el mantillo y las deyecciones secas y otros.

Quienes adhirieron a los métodos de pastoreo de alta intensidad y baja frecuencia (Savory y Parsons, 1980; Deregibus, 1988 y 1997) le asignaron al pisoteo efectos positivos muy importantes en el manejo de los pastizales (hipótesis del impacto animal bajo el sistema de corta duración). Nosotros, si bien comprobamos que en ciertas circunstancias (en el Chaco Semiárido de Córdoba) pueden tener cierta importancia los efectos positivos considerados, en general, en el Chaco Árido no son relevantes, conclusiones a las que también llegaron Bryant *et al.*, (1998) con las evaluaciones realizadas en Texas, USA y Coahuila, México.

La investigación en las estaciones experimentales de Texas y Sonora mostraron que las tasas de infiltración fueron menores y el potencial de erosión fue mayor luego de períodos de intenso pastoreo por el ganado. Se atribuye esto a la falta de plantas y materia orgánica que neutralizan el impacto de las gotas de lluvia en la superficie de suelos arcillosos (ver Capítulo VIII: 3.7, 3.8 y 3.9).

En los suelos livianos del Caldenal, el sobrepastoreo y el impacto de la pezuña aumentan fuertemente el peligro de erosión hídrica (Adema *et al.*, 2003).

Otros cambios en las propiedades del suelo son causados en gran medida por el efecto de la pezuña, pero los suelos pueden recuperarse si la carga es moderada y se les permite un descanso.

3.6-2 EFECTO DEL SUELO SOBRE LOS ANIMALES

Los suelos puede afectar a los animales indirectamente a través del déficit en el contenido de oligoelementos que se manifiesta en el bajo contenido de los mismos en los recursos forrajeros, así en muchos pastizales del mundo se han detectado déficit de molibdeno, cobre, cobalto, y otros, en la dieta del ganado.

Si en algún campo se detecta este problema, tenemos varias posibilidades y formas de suministrar la suplementación mineral (Bavera, 2000)

No debemos olvidar que las leñosas que ramonean los animales, por su sistema radicular profundo pueden no ser deficitarias en estos elementos y que el animal puede incorporar los elementos faltantes en el pastizal.

3.7 Efectos del ambiente del entorno pastoril sobre los animales

En este tema incluimos todos los componentes del ambiente del entorno pastoril de producción, como: aspectos climáticos, microclimáticos, infraestructura, instalaciones y los aspectos humanos en el manejo (estrategias y conducción) de los animales por las personas.

Entre los elementos del clima que son de importancia directa en la adaptación animal al calor y al frío se encuentran: temperatura ambiente, humedad atmosférica, radiación solar y movimiento del aire. Existen también factores indirectos tales como pluviosidad, luz, nubosidad y presión atmosférica (Bavera y Beguet, 2003).

El efecto es directo cuando los elementos del clima determinan el grado de confort en el medio en que se encuentran los animales y permiten así un buen aprovechamiento de la alimentación, el crecimiento y la reproducción. Es indirecto cuando esos mismos elementos climáticos determinan el nivel de producción de alimentos naturales que los deben sustentar, y cuando favorecen o limitan sus enfermedades y parásitos.

Todo ello afecta la distribución y estratificación del ganado en el mundo, la densidad de la población animal, el tamaño, la conformación, sus hábitos y la calidad y cantidad de pastos (Bavera y Beguet, 2003).

3.7-1 FACTORES CLIMÁTICOS

<u>Temperatura</u>

Es el elemento más importante que limita el tipo de animal que puede criarse en una región determinada.

El confort y normal funcionamiento de los procesos fisiológicos del animal dependen del aire que rodea su cuerpo. El calor se pierde por mecanismos físicos desde la piel caliente hacia el aire más fresco que la rodea. Si la temperatura del aire es superior al rango de confort, disminuye la pérdida de calor y si aumenta por encima de la temperatura de la piel, el calor fluirá en dirección inversa.

Cuando la temperatura del aire es baja, el calor procedente del cuerpo del animal fluirá hacia el exterior hasta provocar falta de confort y reducir la eficiencia productiva. No obstante, si el animal dispone de suficiente alimento, puede mantener su temperatura corporal en magnitudes compatibles con la vida.

Las altas temperaturas son, *"per se"*, un grave problema para la producción animal. Además del calor procedente de la atmósfera, el organismo animal puede calentarse o enfriarse por la temperatura de los objetos que le rodean. En este sentido, la fuente más importante de calor es el suelo. La velocidad, dirección y origen del viento, como asimismo la altitud, también influyen sobre la temperatura prevalente.

<u>Humedad atmosférica</u>

Cuando las temperaturas medias diarias caen fuera del rango de confort, otros elementos climáticos adquieren importancia para la homeostasis del animal.

La humedad del aire reduce notablemente la tasa de pérdida de calor del animal. El enfriamiento por evaporación a través de la piel y del tracto respiratorio depende de la humedad del aire. Si la humedad es baja (zonas cálidas y secas), la evaporación es rápida. Por otro lado, si la humedad resulta elevada (zonas cálidas y húmedas), la evaporación es lenta, reduciéndose la pérdida de calor y por consiguiente, alterando el equilibrio térmico del animal.

La combinación de temperatura (<21ºC>) y humedad (<55%>) determina las condiciones climáticas a las que se adaptan los diferentes tipos de bovinos, (Figura V,3.7-1). Las condiciones climáticas del Chao Árido y Semiárido nos permiten suponer que no tendremos mayores problemas en la adaptación de los biotipos de *Bos taurus* y *B. Indicus*, como lo comprueba la difusión de ambos biotipos y sus cruzas, prueba de ello se demuestra con el climograma (temperatura media mensual y humedad media mensual para los 12 meses) de la ciudad de La Rioja (Figura V,3.7-2)

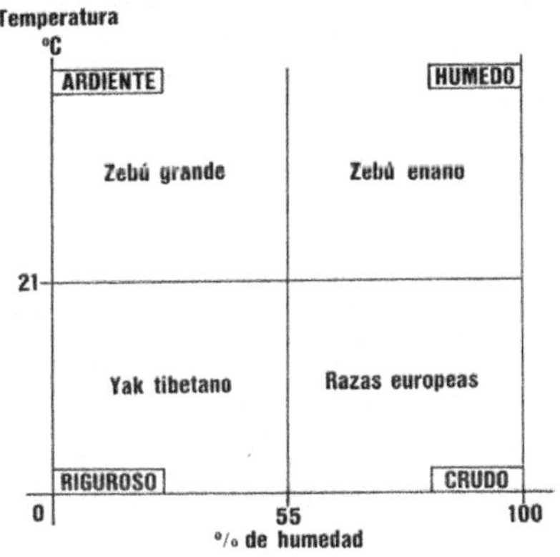

Figura V,3.7-1: Adaptación de los bovinos a diferentes condiciones climáticas (Wright, 1969; citado por Marchi, 1978)

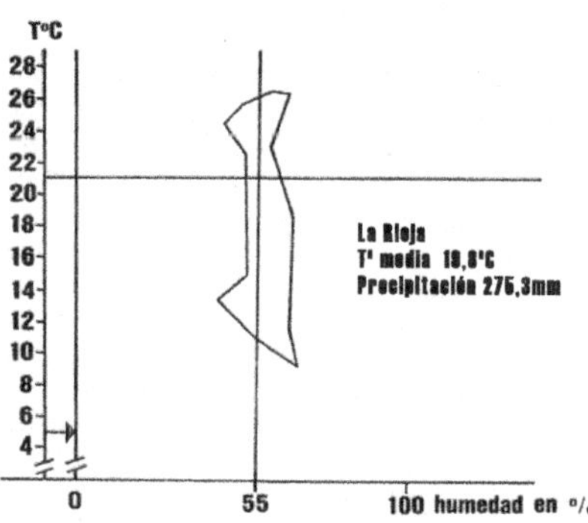

Figura V,3.7-2: Climograma para la ciudad de La Rioja (Marchi, 1978).

También la humedad atmosférica resulta muy importante en la producción ganadera, pues una humedad elevada favorece la proliferación de endoparásitos y ectoparásitos y las condiciones nutritivas pueden ser defectuosas al acentuar las deficiencias minerales del suelo y reducir la calidad de los alimentos. Bajo condiciones de temperatura y humedad elevadas los forrajes crecen aceleradamente y su bajo valor nutritivo se debe al alto contenido de fibra cruda y lignina, su bajo tenor proteico, pocos hidratos de carbono fácilmente disponibles y baja digestibilidad.

<u>Radiación solar</u>
Sus efectos son de interés, dado que su intensidad es frecuentemente uno de los principales factores limitantes de la distribución del ganado en las áreas subtropicales.

La radiación solar está íntimamente relacionada con la temperatura atmosférica y con el grado de nubosidad y, por consiguiente, con las precipitaciones.

Un animal que pastorea a campo abierto se ve expuesto a:

- Radiación solar directa (ondas visibles e infrarrojas cortas).

- Radiación solar reflejada en las nubes y otras partículas de la atmósfera.

- Radiación solar reflejada por el suelo y otros objetos que rodean al animal.

Del calor radiante total que recibe del sol, un 50% procede de las dos primeras fuentes y el resto de la tercera.

La totalidad de la energía del espectro solar no aparece distribuida uniformemente en toda la gama de longitudes de onda. La ultravioleta aporta aproximadamente solo el 1%, las radiaciones visibles contribuyen con el 40-45% y las infrarrojas proporcionan el 50-60% restante.

Una superficie clara refleja una proporción elevada de radiación visible, aunque muy poco de la infrarroja de onda larga. Además, el calor absorbido por el cuerpo del animal depende también de la postura, forma, tamaño, longitud de su pelo, el ángulo del sol, etc.

<u>Movimiento del aire</u>
La velocidad del aire sobre la piel del animal influye en la tasa de pérdida de calor a través de la superficie corporal. Este proceso es relativamente simple cuando la piel aparece desnuda, aunque se complica con la presencia de pelo o lana.

Con temperaturas moderadas, las pérdidas de calor son proporcionales a la velocidad del aire. El hecho contrario se produce cuando las temperaturas son elevadas (29°C o superiores).

Si existe un gradiente entre la temperatura de la piel y la del ambiente, el movimiento del aire permite la perdida de calor por convección. Si la temperatura del aire es superior a la temperatura de la piel, el animal ganará calor del medio que lo rodea y todo incremento en la velocidad del aire, solo servirá para aumentar esa ganancia.

El movimiento del aire favorece también las pérdidas de calor del animal cuando la piel contiene humedad por el mecanismo de la evaporación.

<u>Pluviosidad</u>
La principal influencia de la lluvia sobre el ganado es indirecta a través de la producción de forrajes y por su incidencia en la aparición de enfermedades y parásitos.

En zonas húmedas y cálidas con precipitaciones abundantes, el pH del suelo es generalmente bajo, resultante de la lixiviación del calcio y fósforo. El valor nutritivo de las pasturas es muy bajo a consecuencia de su crecimiento acelerado. Los animales de estas áreas son generalmente de tamaño reducido debido a estas deficiencias.

Sin embargo, los efectos indirectos del clima son más evidentes en regiones semiáridas, en donde la marcada estacionalidad de las lluvias trae aparejada una escasez o falta total de alimentos en determinadas épocas, lo que detiene el crecimiento de los animales con un atraso considerable de la madurez y una modificación de la estructura corporal.

Asimismo, la lluvia ejerce efectos directos sobre el animal al favorecer la disipación de calor mediante la evaporación. En un ambiente cálido, la humedad retenida en la cobertura pilosa del animal disminuirá el estrés térmico al evaporarse.

<u>Luz</u>
El mecanismo fotoperiódico controla el ciclo sexual en algunos animales domésticos. Sin embargo, no tiene un efecto notable sobre el comportamiento reproductivo del ganado mayor.

Indirectamente, la duración del fotoperíodo puede afectar a los animales al aumentar los períodos de vigilia y la actividad metabólica, lo que modifica los niveles de consumo de alimentos.

El incremento del fotoperíodo (horas luz en el día) generalmente causa un aumento en el consumo de alimentos: no obstante, existe una fase de retraso de alrededor de 8 a 16 semanas en la mayoría de las especie domésticas (Young, 1987; citado por Bavera y Beguet, 2003). Por otro lado, altas temperaturas generalmente resultan en una disminución del consumo, y las bajas temperaturas lo incrementan (Wagner, 1988; citado por Bavera y Beguet, 2003).

Los rayos de la luz estimulan la pituitaria y como consecuencia provocan una reacción mediante la cual los animales mudan su pelo. A medida que los días se vuelven más cortos y las noches mas largas, el ganado comienza a desarrollar el pelo más largo de invierno. Por el contrario, cuando los días se alargan, los animales mudan su pelaje y el mismo se vuelve más corto y suave. Si el vacuno de zonas templadas se traslada a los trópicos, la escasa variación del fotoperíodo suele fracasar en la estimulación de la muda del pelo, determinando una degeneración progresiva y eventualmente la muerte.

<u>Nubosidad</u>

La extensión y persistencia de la nubosidad ejerce un efecto indirecto sobre el medio ambiente del animal en los climas cálidos. Puede servir para calcular los niveles de radiación solar y de humedad. Por consiguiente, señala indirectamente los períodos de falta de confort de los animales.

<u>Presión atmosférica</u>

La modificación de la presión que tiene lugar entre las distintas alturas influye directamente sobre los animales. A causa de la disminución de la presión, los animales muestran dificultades en cubrir sus necesidades de oxígeno. Ante esta situación, deben aumentar el índice de hemoglobina. Además, la adaptación del organismo a la disminución de oxígeno se realiza también mediante un aumento de las frecuencias cardiaca y respiratoria.

3.7-2 FACTORES MICROCLIMÁTICOS

En el Chaco Árido y Semiárido como consecuencia de los factores climáticos la vegetación que se desarrolló son bosques (ver Capítulo I:4), donde los dominantes ecológicos son los componentes arbóreos de la vegetación. Además del estrato arbóreo, hay un estrato arbustivo y otro herbáceo.

El ambiente del entorno del ganado está influenciado por el efecto de la vegetación sobre los factores climáticos. Estas modificaciones de los factores climáticos constituyen el microclima del entorno de producción. Las variaciones y diferencias que pueden encontrarse entre los valores de los factores microclimáticos y climáticos dependen del nivel de degradación de la vegetación principalmente del estrato arbóreo, o sea del estado de la vegetación leñosa en ese sitio.

En el ambiente del entorno pastoril, los factores microclimáticos pueden ser definidos como las condiciones ambientales resultantes de una determinada combinación temporaria de ciertos factores como: la radiación, temperatura del aire, viento, humedad relativa y precipitación que llega al suelo. El ambiente en general está caracterizado por la tasa con que cada uno de esos factores varían (Ver Capítulo II,4.2).

<u>Radiación</u>: La intercepción de la radiación (luz solar) en sitio con bosque disminuye la temperatura del aire y del suelo del ambiente pastoril. Es importante el "efecto sombra" en los días cálidos de verano en las regiones chaqueñas de Córdoba. La amplitud térmica dentro del bosque es menor en todas las épocas del año, de manera que es mas confortable para los animales que en un sitio sin bosque.

La exposición prologada al calor solar es uno de los stress más comunes en nuestras explotaciones pecuarias, los animales deben adecuarse a esa exposición aumentando el ritmo respiratorio, la sudoración, reduciendo el apetito, desarrollando menor actividad muscular, disminuyendo la emisión de orina, aumentando el consumo de agua, cambiando sus hábitos de pastoreo, tratando de encontrar alguna sombra, y otros.

Usualmente el cambio más evidente con días muy calurosos es en el comportamiento frente al consumo de alimentos. El animal come más durante las horas más frescas del día y el consumo cae durante las horas más calurosas del mismo. El cambio comienza a ser más evidente a medida que la temperatura va aumentando y cuando ésta, es suficientemente alta, el animal cesa su consumo recomenzando el mismo en las horas más frescas. En zonas áridas y semiáridas cálidas el ganado tiene un porcentaje de consumo en horas de la noche, más horas si no puede llenar el rumen en horas de luz. Con el pastoreo nocturno disminuyen los requerimientos de agua.

Viento: En el bosque la velocidad del viento es menor que en sitios totalmente desmontados y mayor que en un sitio con fachinal. Si bien el viento es un factor importante para la pérdida de calor de los animales, en un ambiente sin bosque la radiación y temperatura del aire son mayores durante las horas del día de más calor y los efectos indirectos negativos sobre el suelo y el pastizal son mayores.

Humedad relativa: En un sitio con bosque, por efecto de los factores anteriores, la humedad relativa suele ser mas alta que en un sitio sin bosque, lo cual puede disminuir la facilidad para la perdida de calor por los animales, pero el balance es favorable para los sitios con bosque con respeto a los sin bosque o con fachinal. En el microclima de fachinales la velocidad del viento es mucho mas baja que en el bosque, por lo que en verano después de una lluvia la temperatura y la humedad relativa son altas, dando como resultado un ambiente bochornoso del entorno pastoril.

Precipitación que llega al suelo: La vegetación leñosa intercepta y modifica la distribución de agua que llega al suelo, si bien esto no tiene un marcado efecto directo sobre los animales, los efectos indirectos sobre el pastizal, considerando los otros factores, dan un balance neutro y sobre el suelo un efecto positivo al disminuir el tamaño e impacto de las gotas.

No podemos modificar (manipular) los factores climáticos pero podemos manipular los factores microclimáticos, pues estos dependen principalmente de la vegetación, y tanto a la vegetación como al ganado los podemos manejar. Esto es de suma importancia para el Chaco Árido y Semiárido de Córdoba donde necesitamos proporcionar un ambiente confortable a los animales para aumentar la eficiencia de producción.

Los animales pueden modificar en parte el ambiente del entorno pastoril por los efectos (impacto) del pastoreo sobre los recursos forrajeros, el suelo y sobre la vegetación leñosa tanto arbustiva como arbórea. Los efectos sobre esta última, tienen influencias en las condiciones microclímaticas del entorno pastoril.

En los fachinales los animales en la busca de forraje "abren el monte", es decir crean senderos distribuidos en todo el terreno que facilitan la circulación del viento. Es notable cuando se recorre un campo con fachinal las dificultades para desplazarse y si es verano lo bochornoso que es el ambiente.

3.7-3 INFLUENCIA DE LA INFRAESTRUCTURA E INSTALACIONES

Infraestructura

Aquí nos referimos al grado de apotreramiento (cantidad, tamaño y forma de los potreros), aguadas, bebederos (cantidad, tamaño y distribución), calles, picadas, y otros, que hacen al régimen de vida de los animales.

El agua de bebida para los animales, es importante, debiéndose prestar suma atención a la calidad de la misma (tenor de sales, microorganismos, etc.) y por supuesto a la cantidad (ver Capítulo VI:3), que debe ser abundante y de aporte continuo (Karlin, 1985).

A veces la cantidad se vuelve crítica, pudiendo una estructura arbórea disminuir la evaporación de las aguadas. En días calurosos, se puede perder entre 2 a 4 mm/día (en algunos casos hasta 6 mm/día) y esto representa para una aguada de por ejemplo 30 x 30 metros, alrededor de 2.000 litros de agua perdida por día en verano (Clayton y Rauzi, 1977; Lomas y Schlesinger, 1971; citados por Karlin, 1985).

El tener árboles alrededor de las fuentes de agua (represas, tanques australianos, etc.), o por lo menos del lado de los vientos desecantes, puede reducir esta pérdida entre un 15 a 25 por ciento.

La evaporación del espejo de agua aumenta con su temperatura, la cual es incrementada por la radiación directa de los rayos solares, por lo tanto se puede reducir aún más la evaporación, si toda o parte de la aguada o represa se encuentra sombreada.

Tampoco debe olvidarse que el agua más fresca, reduce la temperatura corporal del animal (aumentando su eficiencia productiva) y a su vez disminuye el insumo global de agua por parte del ganado.

Debe tenerse en cuenta el posible "robo" de agua por parte de las raíces de los árboles (y vegetación en general) en las represas, por lo que es conveniente tenerlos a cierta distancia de aquellas donde las raíces puedan influir. Se pueden elegir especies arbóreas de raíces profundas que produzcan poco consumo del agua de las represas.

Un factor negativo es la caída de hojas y otros elementos de los árboles dentro del agua, los que pueden traer como consecuencia una proliferación de microorganismos (ver Capítulo VI:3.3).

Otro aspecto importante es el contenido de agua de los forrajes: cuanto mayor porcentaje de humedad en los mismos, menor es el consumo de agua. Ya se sabe que los forrajes bajo un dosel arbóreo, tienen mayor contenido de agua y por mayor tiempo, que forrajes en áreas abiertas. Aquí tenemos otro efecto arbóreo que disminuye el consumo de agua.

También es importante la cantidad de bebederos, debe permitir que todos los animales beban agua *"ad libitum"* (ver Capítulo VI:3 y Capítulo X:4.3), ya que cuando escasea el forraje, en los potreros grandes, los animales pueden alejarse varios kilómetros de la aguada en la búsqueda y vuelven menos veces por día a la aguada. Esto es muy importante para los terneros que están al pie de la vaca.

El tener componentes arbóreos que proporcionen sombra cercana a las aguadas permite a los animales echarse a descansar y/o rumiar después de tomar agua.

<u>Instalaciones</u>

Aquí nos referimos a corrales (cantidad, tamaño y forma), ensenadas, embudo, manga, bañadero y otros, cuyos diseños faciliten los movimientos, apartes, revisaciones, aplicación del plan sanitario y otras operaciones necesarias que faciliten el trabajo con el menor estrés, lo que hace a un mejor régimen de vida de los animales y como consecuencia una mejor performance de los mismos.

Entre los principios de diseño apropiados está el uso de paredes cerradas en mangas y corrales de encierro, para evitar que los animales puedan ver hacia afuera con su visión periférica amplia, así como el empleo de mangas curvas y corrales de encierro redondos. Un corral de encierro redondo seguido de una manga curva reducen hasta un 50% el tiempo necesario para el movimiento de los animales. La planificación del flujo del ganado a través de las instalaciones es una buena forma de aprender a resolver problemas. Se debe prever suficiente espacio en los corrales para juntar los animales, y luego, contar con los corrales y el espacio necesarios para apartarlos. Si se quieren mejorar las instalaciones, es necesario dibujar un diagrama de flujo con la secuencia de las tareas a cumplir, como el arreo, el pesaje y los apartes, para asegurarse de que el sistema diseñando será capaz de satisfacer esas necesidades (Grandin, 1993).

3.7-4 FACTOR HUMANO

En este rubro incluimos a todas las personas que tienen que ver con la unidad de explotación, desde el propietario, técnicos encargados de la planificación y otros, hasta el personal encargado de ejecutar las tareas del plan de manejo del ganado. Todas estas personas encargadas de la planificación y ejecución de los trabajos con el ganado las consideramos parte del entorno pastoril de los animales.

Un animal depende de su cuidador humano para parte o todos los cuidados y bienestar. El hombre entra a formar parte de las reacciones sociales de los vacunos (ver Capítulo VII.3). Puede ocurrir una relación líder-seguidor conforme el animal siga a la persona (de Elía, 2002).

La importancia de los efectos del factor humano sobre los animales fue sintetizada por el Dr. Marcos Giménez Zapiola (2002) en un artículo del diario la Nación, en el cual expresó que:

El buen manejo de la hacienda es vino añejo en odres nuevos. Basta leer las "Instrucciones a los mayordomos de estancias", escritas por Rosas en 1819, o la "Instrucción del estanciero", obra publicada por José Hernández en 1882, para ver el cuidado con que se trataba a los animales en las primeras épocas de nuestra ganadería. Gracias a las mangas, los camiones jaula y la picana eléctrica, el trabajo ganadero ya no tiene la calidad de antaño.

Errores comunes de manejo

El maltrato del ganado nace del hábito de moverlo a la fuerza y por el enfrentamiento directo. Se le aplica un trato antagónico, basado en la presión física, que exige situarse muy cerca e incluso tomar contacto.

Este manejo causa muchos accidentes, tanto en animales como en operarios, porque se trabaja en la zona de lucha del animal, donde éste enfrenta al agresor y se resiste a su presión.

Los costos del maltrato

Las consecuencias para la hacienda están a la vista: cueros arruinados, machucones, carne dura. Son pérdidas que pasan por ser normales. Salvo en el caso extremo del animal caído, el productor ni se entera.

Estas pérdidas serían totalmente evitables si nuestra ganadería adoptara el conocimiento disponible sobre comportamiento animal (ver Capítulo VII), como ya lo hacen los principales competidores en el mercado internacional (EE.UU. y Australia).

El manejo del ganado de acuerdo con sus impulsos naturales es la mejor manera de eliminar el maltrato y los accidentes, pues la hacienda se amansa y además se eleva la calidad del trabajo.

La vaca es un animal de fuga

La reacción del vacuno ante el ser humano responde a un patrón básico: es un animal de fuga frente a un animal de ataque. Ante la presencia del trabajador ganadero, el vacuno trata de mantener la distancia, de alejarse o de huir, según el nivel de presión o amenaza que perciba.

El manejo habitual de la hacienda, por el contrario, supone que el bovino se resiste y que hay que obligarlo a moverse. El desconocimiento del instinto de fuga lleva a presionar en exceso a los animales. Las agresiones (atropelladas, azotes o picaneadas) los ponen a la defensiva, y no les queda otra alternativa que resistirse. De allí al maltrato hay un solo paso.

El aprovechamiento del impulso animal

Para dirigir el movimiento de fuga del vacuno, hay que respetar tres reglas muy simples: darle tiempo, darle espacio y darle una salida.

La forma más rápida de trabajar es hacerlo a la velocidad de los animales. Cuando no se los apura, los animales no se golpean, no se apiñan ni se resisten. Paradójicamente, el flujo de trabajo alcanza velocidades increíbles (por ejemplo, 400 o más cabezas por hora en trabajos de manga).

Dar espacio significa que los animales puedan moverse con soltura hacia la salida. Esto se logra llenando los corrales a medias, en vez de hacerlo hasta el tope, como es costumbre. Conviene mover los animales en etapas, trabajando con grupos pequeños (por ejemplo, los necesarios para llenar la manga). No hace falta mover toda la tropa si sólo se quiere hacer entrar una "mangada".

Cuando se les deja una salida, los animales se moverán por sí solos hacia ella, ya sea una puerta, la manga o el embarcadero. Hay que cuidar que los animales no se enfrenten con señales de alarma (ladridos, gritos, reflejos, contrastes lumínicos, olores). Los balidos o mugidos de los animales que están adelante alertarán al resto de la manada sobre el maltrato que les espera. Los ruidos agudos, como los chirridos y chiflidos, son tolerables para el oído humano, pero sobresaltan a los vacunos y cortan su movimiento de fuga.

<u>Manejo animal y competitividad</u>
Según Tom Peters (citado por Giménez Zapiola,1999), especialista en management, en 1970 la descarga de un barco maderero tomaba cinco días de trabajo a 108 estibadores. Hoy, en la era del contenedor, la hacen 8 operarios en un solo día. Durante el mismo lapso, nuestros competidores de EE.UU. y Australia han triplicado la productividad de la mano de obra ganadera.

Sin embargo, no se trata de trabajar más, sino de hacerlo mejor, poniendo más conocimiento y menos esfuerzo físico. La buena noticia es que, si se lo deja, el ganado hará por sí solo la mayor parte del trabajo (ver Capítulo VII:4).

<u>Como resumen</u>, podemos agregar lo dicho por Giménez Zapiola (1999):El manejo del bovino como animal de fuga reduce drásticamente el maltrato y el estrés del ganado. Si bien no hay fórmulas universales, existen prácticas muy simples, que mejoran notablemente la calidad del trabajo, tanto para los animales como para las personas:
Diez consejos para un manejo calmo (Giménez Zapiola, 1999):
1. Trabajar sin apuro (se termina más rápido).
2. Trabajar en silencio (evitar los ruidos, gritos y sonidos agudos).
3. Prescindir del personal agresivo o miedoso.
4. No usar perros, salvo que estén entrenados para el trabajo con ganado.
5. No agredir a los animales (no picanearlos ni azotarlos).
6. No azuzarlos ni presionarlos físicamente.
7. No apretar o aglomerar a los animales.
8. Presionarlos desde lejos (y en lo posible, desde los costados).
9. En corrales y bretes, trabajar de a pie o desde afuera.
10. Circular en calma a los animales por las instalaciones antes de trabajarlos.

Cuando hablamos de bienestar animal hacemos referencia a un estado de salud, física y mental, completo; así como al desarrollo de una capacidad de enfrentar el medio y de establecer interacciones armoniosas con él, que permiten al animal manifestar todo su potencial genético y productivo. Todo esto incluye unas instalaciones que respondan a las necesidades de su especie; una nutrición que no sólo llene los requisitos nutricionales sino comportamentales; un trato y cuidados responsables o manejo racional; la prevención de enfermedades (físicas y mentales) y cuando sea necesario un sacrificio humanitario. Los estudios han mostrado que prácticas sencillas de buen manejo bovino pueden mejorar mucho la producción y la relación con los animales en beneficio mutuo (Calderón Maldonado y Pérez Peña, 2004).

3.7-4 EFECTOS DEL AMBIENTE DEL ENTORNO SOBRE LOS ANIMALES SILVESTRES
Todo el ambiente del entorno de producción ganadera tiene efectos sobre la fauna silvestre y viceversa, a veces la aplicación de tecnologías sin antes conocer cual es el impacto sobre todos los componentes del sistema produce alteraciones en el habitad y comportamiento de los animales autóctonos. Así pueden disminuir o aumentar las poblaciones de estos animales, con lo cual perdemos las ventajas y pueden aumentar los riesgos de daños por plagas.

Los animales silvestres (corzuelas, vizcachas y otros) y varios tipos de insectos (orugas, tucuras, hormigas) también producen desfoliación por consumo o corte (principalmente de laminas foliares) de las gramíneas del pastizal.

Una serie de componentes de la fauna y microfauna hacen consumo de la biomasa presente, en algunas regiones se ha medido que los gusanos pueden llegar a consumir el 30-40% de la producción. Otros son los roedores y además otros herbívoros (Saravia Toledo, 1995).

En la sabana de Acacias (Zimbabwe), por ejemplo, se registraron valores de producción de biomasa 12 veces mayores en años promedio que en años secos (Dye y Spear, 1982; citados por Danckwerts *et al.*, 1993). Estas diferencias probablemente fueron exacerbadas por la explosión demográfica en poblaciones de insectos como la termita cortadora durante los períodos con sequía (Barnes, 1982; citado por Danckwerts *et al.*, 1993).

REFERENCIAS

ADEMA, E.O., F.J. BABINEC, D.E. BUSCHIAZZO, M.J. MARTÍN y N. PEINEMANN, 2003. Erosión hídrica en los suelos del Caldenál. INTA, EEA Anguil. Publicación Técnica N° 53.

ANDERSON, E.W. y W.F. CURRIER, 1973. Evaluación de las zonas de utilización en pastizales. Selecciones del Journal of Range Management, II (2):39-44.

BAVERA, G.A., 2000b. Razas bovinas. Curso de Producción Bovina de Carne, Cap. V. FAV UNRC. www.produccionbovina.com.

BAVERA, G.A., 2000c. Suplementación mineral del bovino a pastoreo. Ed, del Autor, Rió Cuarto. 190p.

BEGUET, H.A y G.A. BAVERA, 2001. Relación suelo-planta-animal. Curso de Producción Bovina de Carne, capítulo II. FAV, UNRC.

BAVERA, G.A. y H.A. BEGUET, 2003. Clima y ambiente; elementos y factores. Cursos de Producción Bovina y de Producción Animal I, FAV, UNRC.

BRYANT, F.C., J.A. ORTEGA S. y H. GONZÁLEZ MORALES, 1998. Estrategias de pastoreo. Caesar Kleberg Wildlife Research Institute, National Research Institute of Forestry, Crops, and Livestock y Univer. Autónoma Agraria Antonio Narro.

CALDERÓN MALDONADO, N.A. y R.E. PÉREZ PEÑA, 2004. Aspectos etnoveterinarios y de bienestar animal. Conferencia, Revista ASOCEBU, Bogotá, Colombia.

DANCKWERTS, J.E., P.J. O'REAGAIN y T.G. O'CONNOR, 1993. Manejo de pastizales en un ambiente cambiante: una perspectiva sudafricana. Rangel. J. 15(1):133-144.

De GEA, S.G., 2000. La cabra Criolla de las sierras de los Comechingones, Córdoba, Argentina, Cátedra de Producción Ovina y Caprina, Fac. Agr. y Vet., UNRC, 103p.

De La PEÑA PABLOS, L.R., 2004. Representa la acuicultura una actividad rentable. Revista Rancho Marzo 2004. (http://patrocipes.uson.mx).

De LEÓN, M., 2004a. Herramientas para manejar las complejas relaciones "pastura-animal" EEA Manfredi, Boletín Técnico Producción Animal, 2(1).

De LEÓN, M., 2004 b. Pautas para el manejo de pasturas subtropicales. En: De León, M. y C. Boetto (Eds.) 2° Jornada "Ampliando la Frontera Ganadera". INTA, Centro Regional Córdoba, Informe Técnico N° 6.

DEREGIBUS, V.A., 1997. Incrementos de la eficiencia en el uso del recurso forrajero natural. Conferencia. En: Actas del Congreso de Manejo de Pastizales Naturales 1997, San Cristóbal, Sta. Fe. pp:28-36.

DEREGIBUS, V.A., 1988. Metodología de utilización de los pastizales naturales: sus razones y algunos resultados preliminares. Rev. Arg. Prod. Anim. 8 (1):79-88.

DÍAZ, R.O. y U.O. KARLIN, 1983. Las leñosas en los sistemas de producción ganadera (Chaco Árido). En: Informe del Taller sobre Arbustos Forrajeros de Zonas Áridas y Semiáridas. FAO – IADIZA, Mendoza, pp:103-123.

FAO/UNED, 1997. Lista Mundial de Vigilancia para la Diversidad de los Animales Domésticos. 2a Edición. Scherf, B. D. (Ed.), Trad. R. Alberio. FAO, Roma.

GALLI, J.R., C.A. CANGIANO, y H.H. FERNÁNDEZ, 1996. Comportamiento ingestivo y consumo de bovinos en pastoreo. Rev. Arg. Prod. Anim., 16(2):119-42.

GARDNER, A.L., 1974. Producción y utilización de pasturas. Proyecto FAO-INTA, EERA Balcarse. 161p.

GIMÉNEZ ZAPIOLA, M., 1999. La etología aplicada a la ganadería. Márgenes Agropecuarios, XIV(163):30-31.

GIMÉNEZ ZAPIOLA, M., 2002. Como evitar el maltrato del ganado. La Nación, 9/III/2002.

GRANDIN, T., 1993. La enseñanza de principios de comportamiento y diseño de equipos para el manejo del ganado. Journal of Animal Science, 71: 1065-70. Trad. M. Giménez Zapiola, y en www.grandin.com.

HERRERA, D.R. y M.L. BARRETO, 1998. El cabrito: las primeras 72 horas de vida. Boletín Técnico AER INTA Villa de María, 3(7):1-16.

HODGSON, J., 1973. Grazing beef cattle. In. Beef research at Hurley. Ed. W. P. Roberts. Grasld. Res. Inst. Hurley. pp:17-25.

KARLIN, U.O., 1985. Importancia del árbol en la producción animal. En: IV Reunión de Intercambio Tecnológico en Zonas Áridas y Semiáridas, Salta, pp:141-180.

MANZINI, M.A., 2002. Introducción a la biología de los peces. Cursos Introducción a la Producción Animal y Producción Animal I, Cap. V, FAV UNRC.

MARCHI, A., 1978. El bovino, su adaptación y posibilidades de producción en la región árida central de la República Argentina. IDIA, (367-372):116-158.

MASON, I.L., 1984. Evolution of domesticated animals. Publ. by Longman, London, 252p.

MASON, I.L., 1988. A world dictionary of livestock breeds, types and varieties (3rd edition). Publ. by CAB International, Wallingford, UK, 348p.

MEZZADRA, C., 1996. Conservando animales. Campo y Tecnología, INTA, 29.

MOLINUEVO, H.A., 1998. Selección de bovinos para sistemas de producción en pastoreo. Rev. Arg. Prod. Anim. Vol. 18 (3/4):227-245.

NAVARRO, J.L. y M. MARTELLA, 2002. Proyecto ñandúes. Centro de Zoología Aplicada, U. N. Córdoba. www.efn.uncor.edu/dep/cza/nandues/nandues.htm.

PORDOMINGO, A.J., S. VELILLA, y T. RUCCI, 1997. Composición de la dieta del ciervo colorado y del bovino en un sistema integrado en el bosque de caldén. Rev. Arg. Prod. Anim. 17(1):137.

PORDOMINGO, A.J., 2001. Ganadería de ciervo colorado. INTA y Fac. Agr. Univ. Nac. La Pampa.

POURRAIN, A., 2002. Los biotipos del Ganado vacuno. Rev. Sociedad Rural de Jesús María, 131:12-16 y www.produccionbovina.com

ROSSANIGO, C., J. GIULIETTI, J. SILVA COLOMER y K. FRIGERIO, 1997. La Llama. INTA, Centro Regional La Pampa-San Luis, EEA San Luis. Información Técnica Nº 142.

SARAVIA TOLEDO, C., 1995. Interacciones planta-animal; aspectos ecofisiológicos del manejo. Conferencia, Manejo de Pastizales Naturales, 2ª Jornada Regional, San Cristóbal, Pcia. de Sta. Fe.

SARRASQUETA, D.V., 2003. Ñandúes en Cautividad: Incubación y Cría. INIA, Bariloche. www.rheacultura.com.ar.

SAVORY, A. y S.D. PARSONS, 1980. The Savory grazing method. Rangelands 2:234-237.

TILLEY, J.M. A y R.A. TERRY, 1963. A two-stage technique for the in vitro digestion of forage crops. Journal of the British Grassland Society, 18:104-111.

TURTON, J. D., 1974. The collection, storage and dissemination of information on breeds of livestock. Proceedings of 1st World Congress On Genetics Applied To Livestock Production, Madrid, 7-11 Oct., 1974, pp:61-74.

VASCONCELOS MENDES, B., 1983. Estação Experimental de Terras Secas. EPARN, Natal, Doc. Nº 9. 21p.

VOISIN, A., 1962 a. Productividad de la hierba. Editorial Tecnos S. A., Madrid. 499p.

VOISIN, A., 1962 b. Dinámica de los pastos. Editorial Tecnos S. A., Madrid. 452p.

Von THÜNGEN, J. y J. AMAYA, 2002. La cría de guanacos en semicautividad. Grupo de Fauna Silvestre de INTA Bariloche.

WADE, M.H. y M. AGNUSDEI, 2001. Morfología y estructura de las especies forrajeras y su relación con el consumo. Facultad de Ciencias Veterinarias, UNCPBA, Tandil, Bs. As. y Unidad Integrada (INTA-UNMdP), Balcarce, Bs. As.

WILKINSON. S.R., W.E. ADAMS, y W.A. JACKSON, 1970. Chemical composition and in vitro digestibility of vertical layers of coastal Bermudagrass (Cynodon dactylon L.), Agron. J. 62(1)39-43.

WOOLFOLK, J., P.D. SEARS y S.H. WORK, 1975. Manejo de pasturas. Ed. Hemisferio Sur S. R. L., Bs. As., 220p.

*   *   *   *   *   *

CAPÍTULO VI

Requerimientos alimenticios del ganado

CAPÍTULO VI

REQUERIMIENTOS ALIMENTICIOS DEL GANADO

1 ALIMENTOS DE LOS ANIMALES HERBIVOROS

1.1 Alimentos

Cuando hablamos de alimentos de los animales herbívoros, nos referimos en general, a forrajes y agua, que son las principales necesidades nutricionales de los animales. Cuando hablamos de requerimientos alimenticios nos estamos refiriendo a las necesidades en cantidad y calidad de forrajes y agua del ganado. Aunque el agua es un alimento, generalmente cuando nos referimos a necesidades nutricionales, consideramos los requerimientos de forraje en cantidad y/o calidad.

2 REQUERIMIENTOS EN FORRAJE DEL GANADO

Definimos como recursos forrajeros espontáneos a los vegetales o parte de ellos, sean nativos o exóticos, que crecen espontáneamente y son consumidos normalmente por los animales en situaciones no restrictivas al consumo animal (Ver Capítulo II,1.1 y 1.2).

Los recursos forrajeros para los animales domésticos incluyen los recursos forrajeros espontáneos y los sembrados (frescos o conservados), concentrados (granos) y subproductos de la agroindustria (aceitera, molinera y otras).

Además se utilizan otros alimentos de origen animal como subproductos de la agroindustria láctea, frigorífica, pesquera, avícola y otras. También se utilizan aditivos como: suplementos minerales, suplementos vitamínicos, compuestos nitrogenados no proteicos, antibióticos, sustancias "buffer", sustancias saborizantes, sustancias antioxidantes y conservantes, etc.

Cuando hablamos de requerimientos en forraje para los bovinos, fundamentalmente nos referimos a las necesidades nutricionales de la vaca en su ciclo productivo, analizando los requerimientos de cada uno de sus estadios fisiológicos, especialmente cuando trabajamos en zonas semiáridas donde la estacionalidad forrajera es muy importante y la producción de pasto errática por las variaciones ocasionadas por la cantidad y distribución de lluvia en los diferentes años (Moralejo, 2004). Para referirnos a los requerimientos en forraje de los bovinos utilizaremos las equivalencias ganaderas, donde se definen las diferentes unidades (Cocimano et al., 1983).

2.1 Equivalente Vaca

Utilizaremos como unidad animal para los bovinos el Equivalente Vaca (EV), que se define como: los requerimientos promedio de una vaca de 400kg de peso vivo, que gesta y amamanta un ternero hasta los 6 meses, cuando este alcanza 160kg de peso vivo, incluyendo el forraje que consume el ternero (Figura VI,1.1-1).

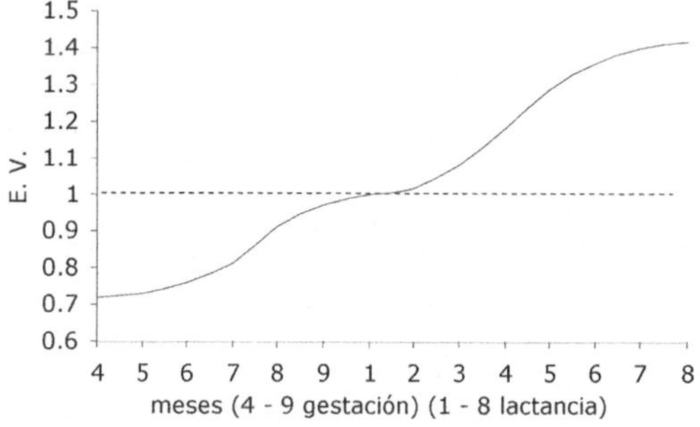

Figura VI,4.1-1: Curva de requerimientos de una vaca (vientre) de 400kg en Equivalentes Vaca. (Tomado y modificado de: Cocimano, et al., 1983).

Con la tabla de equivalencias ganaderas (Cocimano *et al.*, 1983) podemos expresar en EV todos los animales de todas las categorías del hato o rodeo según el peso vivo de cada uno en ese momento.

2.2 Requerimientos nutricionales de los bovinos en pastoreo

Los requerimientos alimenticios de los animales en pastoreo se pueden expresar en distintas unidades. Para convertir los valores de EV a otras unidades se aplican los siguientes coeficientes (Cocimano *et al.*, 1983):

2.2-1 REQUERIMIENTOS DE ENERGÍA PARA ANIMALES EN PASTOREO

Energía Metabolizable	(Megacalorías EM/día): EV x 18,5
Energía Digestible	(Megacalorías ED/día): EV x 22,6
Total de Nutrientes Digestibles	(Kg. T.N.D./d(a): EV x 5,14

2.2-2 REQUERIMIENTOS EN KG DE MATERIA SECA POR DÍA

Los Requerimientos en Kg de materia seca por día dependen de la digestibilidad estimada del forraje:

Digestibilidad %	Conversión a kg de MS/día
55	EV x 11
60	EV x I0
65	EV x 9
70	EV x 8
75	EV x 7

2.2-3 REQUERIMIENTOS EN KG DE MATERIA SECA DIGESTIBLE

Los requerimientos en kg de materia seca digestible también dependen de la digestibilidad estimada del forraje:

Digestibilidad %	Conversión a kg de MSD/día
55	EV x 6,2
60	EV x 6,0
65	EV x 5,8
70	EV x 5,6
75	EV x 5,4

2.2-4 MATERIA ORGANICA DIGESTIBLE (kgMOD/día)

Para expresar los requerimientos en materia orgánica digestible, se pueden adoptar los mismos coeficientes que para materia seca digestible, excepto cuando el contenido de cenizas fuera anormalmente alto.

NOTA: Al aplicar los coeficientes indicados para materia seca y materia seca digestible, en particular para forrajes de baja digestibilidad, se pueden obtener valores superiores a los que el animal puede comer. En términos generales se puede asumir que el animal no consumirá más del 3% de su peso vivo de materia seca.

2.3 Alimentación y condición corporal

La alimentación y la condición corporal de la vaca de cría en zonas semiáridas y áridas son dos cuestiones que se deben analizar en forma conjunta con el fin de que sea eficiente la utilización del forraje y mejorar los índices reproductivos del rodeo (Moralejo, 2004).

La oferta de forrajes que vamos a tener no siempre es similar, por lo cual es muy importante conocer los requerimientos de la vaca para poder establecer manejos y estrategias nutricionales, las que a su vez deben estar relacionadas con la condición corporal o el estado corporal de la vaca.

Si bien la vaca tiene una gran plasticidad nutricional, pudiendo consumir alimentos de baja a alta calidad, estos alimentos deben estar distribuidos a lo largo del año en forma racional para satisfacer los requerimientos de los diferentes estadios fisiológicos.

Cualquier estrategia nutricional que armemos en un rodeo de cría va a tener por finalidad cumplir con el principal objetivo, que es lograr una época temprana de celo y concepción, lo que nos va a determinar una buena cabeza de parición. Esto es muy importante porque si ganamos un ciclo, son 21 días más de edad y en 21 días un ternero puede estar pesando 15 kilos más al destete, mejorándose el índice de extracción de carne del rodeo.

Es necesario lograr una buena nutrición del feto en el ultimo tercio de la preñez, con el fin de lograr un ternero vigoroso al nacimiento, para ello la ganancia de peso tiene que ser alrededor de 400gr diarios los últimos 10 días de gestación, de tal forma que vaya a nacer con un peso promedio equivalente a un 7-7,5 por ciento del peso de la madre y luego tener un periodo de amamantamiento de 6 meses, destete tradicional, donde manifieste en forma adecuada todo su potencial genético.

Los estadios fisiológicos que vamos a analizar son fundamentalmente cuatro:

1) De parición a servicio.

2) De fin de servicio a destete.

3) De destete hasta 60 días antes del parto.

4) Últimos 60 días de preñez.

Los nutrientes que se deben tener en cuenta y analizar para que esta vaca pueda cumplir bien con los objetivos productivos son los requerimientos de energía, proteínas, minerales, vitaminas y de agua.

Se analizaran en una primera etapa y para cada uno de los estadios fisiológicos los requerimientos de energía y proteína.

2.3-1 PERÍODO PARICIÓN-SERVICIO

El primer período que analizamos va a ser parición-servicio donde se van a producir eventos realmente importantes como es el parto, la lactación, la involución uterina, la ovulación y la concepción.

Debemos lograr, en este periodo, un buen nivel nutricional para que ese útero se prepare lo más rápido posible para una futura preñez, obteniendo una adecuada tasa de ovulación y de concepción, Para ello, vamos a necesitar niveles de energía metabolizable de unas 18,5 Megacalorías por día lo que significa que una vaca debería consumir alrededor de 40 o 45 kilos de pasto con un 20% de materia seca y una concentración de energía de alrededor de 2Mcal, y una cantidad de proteína total de alrededor de un kilo. Este es el período de mayores requerimientos de la vaca, es el periodo que tenemos que apuntalarla y sabemos que a veces lograr estos niveles nutricionales no es fácil y además, hay que correlacionarlos con la condición corporal de la vaca (ver Capítulo VII: Anexo 1 y Anexo 2), indudablemente si estamos con una condición corporal por debajo de los limites inferiores se deberá ser mucho más cuidadoso en buscar los niveles nutricionales adecuados.

Ahora veremos las variaciones de peso en el periodo parto-servicio y sus efectos sobre la preñez de la vaca y vamos a ver lo que pasa en tres situaciones diferentes:

a) Vacas que ganan peso, están logrando un porcentaje de preñez de 87% al primer servicio y a los 90 días la posibilidad de lograr el 100% de preñez.

b) Vacas que mantienen peso logran alrededor de un 67% y un 95% al final.
c) Vacas que pierden peso un 43% y un 73% de preñez respectivamente.

Esto nos indica que este estadio fisiológico de la vaca se debe caracterizar por un nivel nutricional positivo o de ganancia de peso. Es fundamental para poder lograr elevados niveles de producción, de fallar el primer o segundo servicio vamos a obtener un ternero con 20 o 40 días menos de edad con el consecuente menor peso.

En consecuencia, en las zonas semiáridas, este periodo debe desempeñarse en lotes (unidades de manejo) que han sido reservados o preparados para tal fin.

2.3-2 Período servicio - destete

El periodo de fin de servicio a destete, es un intervalo de menores requerimientos, dado que la vaca ya esta preñada y los requerimientos de gestación se desestiman en los primeros meses de desarrollo del embrión, disminuye también la producción de leche y en consecuencia también disminuyen los requerimientos de energía y de proteína.

En este período debemos cuidar la dieta del ternero, porque puede ocurrir que estemos cumpliendo la función reproductiva bien pero afectemos el peso del ternero que se va a destetar, entonces en las regiones marginales donde los veranos pueden ser muy duros hay que ver si los niveles nutricionales disponibles pueden mantener el crecimiento normal del ternero o bien si hay que optar por un destete anticipado o recurrir a una alimentación diferencial para el mismo.

2.3-3 Período vaca seca – 60 días antes del parto

El otro periodo es de vaca seca gestante hasta 60 días antes del parto, este es el periodo de menor nivel de requerimientos, simplemente trabajamos con requerimientos de mantenimiento, podemos hacer restricción nutricional; este tipo de restricción nutricional depende mucho del estado nutricional con que la vaca ha salido del destete, con una condición corporal buena puede perder hasta 30 kilos sin producirse inconvenientes en el futuro comportamiento reproductivo de la misma.

Los requerimientos de energía y proteína durante este período son bajos y podemos estar utilizando forrajes de baja calidad o aquellos potreros donde hay mas paja, debemos prestar atención a la suplementación mineral, dado que los forrajes de baja calidad se caracterizan por tener mínimas concentraciones de minerales.

Durante este periodo de gestación el feto esta creciendo, formando su esqueleto, demandando minerales de su madre que si no los obtiene de la dieta, ésta corre graves riesgos de sufrir el síndrome de vaca caída al momento del parto como consecuencia de una deficiente nutrición mineral.

2.3-4 Período 60 últimos días de preñés

Los últimos 60 días antes del parto es un período muy importante dentro del ciclo reproductivo, porque se esta definiendo el peso del ternero, dijimos que en los últimos 10 días un ternero en gestación debe aumentar unos 400gr diarios de peso. Ello permite, que el ternero llegue al parto con un peso adecuado con buenas reservas de glucógeno hepático lo que asegura que pueda hacer frente a adversidades y al estrés del momento del nacimiento.

También en este periodo hay un incremento de la actividad mamaria, donde se desarrolla toda la glándula, y se va a estar preparando un calostro bien cargado de defensas que va a permitir transferirlas al ternero y disminuir las muertes perinatales que puedan existir.

Un buen nivel nutricional permite además una rápida recuperación del aparato reproductor de la vaca y un pronto celo.

A medida que nos acercamos al parto aumentan los requerimientos de energía y proteínas, es decir, que ya no podemos seguir trabajando con forrajes de baja calidad, habrá que utilizar forrajes diferidos de mediana a buena calidad.

Es muy importante a los 60 días antes del parto evaluar la condición corporal de la vaca, porque puede ocurrir que dentro del rodeo, y normalmente ocurre, que un 20% o 30%

de las mismas tenga una condición corporal deficiente, siendo necesario entonces, hacer un tratamiento nutricional diferencial sobre estos animales para evitar a futuro una disminución en el porcentaje de preñez, lo cual hace muy necesario este tipo de evaluación en los rodeos como así también considerar una atención especial a las vaquillonas de dos años.

2.3-5 INFLUENCIA DE LOS NIVELES NUTRICIONALES EN EL PRE Y POST PARTO

Mencionaremos distintos niveles nutricionales en el pre y post parto para ver como influyen éstos sobre la fertilidad de las vacas y como se afecta el porcentaje de vaca en celo después del parto a los 50 días como así también el porcentaje de concepción al primer servicio y porcentaje de vacas preñadas a los 90 días.

- Si estamos trabajando con un nivel nutricional alto en pre parto y alto en post parto, que sería la situación ideal, en los primeros 50 días post parto estaríamos esperando que ciclen el 76% de las vacas y se tendría al primer servicio un 77% de concepción.
- Si la situación nutricional es de un nivel alto de pre parto y bajo en post parto la cantidad de vacas que entran en celo será del 65% con un porcentaje de concepción del 42%.
- Con un nivel de nutrientes bajo de pre parto y alto en post parto se tendría un porcentaje de aparición del celo del 25% y una concepción del 65%.
- Si tenemos un nivel nutricional bajo tanto en el pre como en el post parto estaríamos en un 6% y un 33% respectivamente de aparición de celo y concepción al los 50 días.

Esto nos está diciendo que una alimentación alta en el pre parto y baja en el post parto nos está asegurando un buen porcentaje de vacas en celo pero que no se traduce en un buen porcentaje de concepción y cuando ocurre la otra situación, que puede ser la más común, bajo nivel nutricional en pre parto y alto en post parto, si bien tenemos un menor porcentaje de celo tenemos un alto porcentaje de concepción y si vamos a los números finales a los 90 días de servicio en la situación ideal esperaríamos un 95% de preñez y en una situación de bajo y de alto nivel también un 95%.

Esto nos esta dando una idea de como es necesario desarrollar estrategias nutricionales cuando la cantidad de forraje que tenemos no es la suficiente y tenemos que tomar decisiones habrá que hacerlas bajo estas concepciones para obtener los mejores índices de preñez.

2.3-6 INFLUENCIA DEL NIVEL NUTRICIONAL 30 DÍAS ANTES DEL PARTO

La sobrevivencia y performance del ternero de madres alimentadas con dos niveles de energía (alto y bajo) 30 días antes del parto e igual nivel de alimentación en el post parto.

El porcentaje de terneros nacidos vivos fue del 100% para las vacas que recibieron un alto nivel nutricional y del 90% para el nivel nutricional bajo, el porcentaje de terneros destetados fue del 100% contra 81% respectivamente. Esto nos indica también como el nivel nutricional tiene una relación directa sobre la eficiencia reproductiva al momento de determinar los porcentajes de destete.

2.3-7 NUTRICIÓN MINERAL

Debemos tener muy en cuenta en las zonas semiáridas la nutrición mineral, dado que las vacas en algún momento de su ciclo reproductivo y especialmente en el periodo que va desde el destete hasta 60 días del pre parto van a recibir restricciones nutricionales en cantidad y calidad del alimento. Durante el período de meses de vaca séca los requerimientos de calcio no son altos pero se elevan en forma muy importante al momento del parto, sobre todo cuando tenemos niveles de producción de leche de 6 litros por vaca, momento en que las reservas del calcio pasan a ser muy importantes.

Algo similar ocurre también con los requerimientos de fósforo. Otros minerales que llamamos oligoelementos o microminerales hay que tenerlos muy en cuenta porque son responsables de una falta de eficiencia reproductiva, entre ellos podemos contar el cobalto, también el cobre, el iodo, el hierro, el manganeso, selenio, todos elementos que actúan generalmente como cofactores, muy importantes para definir la actividad reproductiva. Otros como el azufre, son importante para evitar irregularidades de celo, generalmente esta muy asociado al porcentaje de proteína de la dieta, los niveles de magnesio, de zinc, también es importante tenerlos en cuenta.

Si se suministra algún tipo de sales minerales en la dieta de las vacas de cría, todos estos minerales están incluidos y son cubiertos en forma satisfactoria.

2.3-8 CONDICIÓN CORPORAL Y EFICIENCIA REPRODUCTIVA

Llegar a definir bien la condición corporal de la vaca (ver Capítulo VII: Anexo 1) nos va a permitir determinar estrategias de alimentación, es decir, nos va a ayudar a determinar que tipo de restricción podemos llegar a hacer a esa vaca o que nivel nutricional va a necesitar para poder activar todo su ciclo reproductivo y a su vez también nos va a permitir en cierta forma predecir el comportamiento reproductivo de la misma (ver Capítulo VII: Anexo 2).

Ahora nos referiremos a la relación de la condición corporal al parto y el porcentaje de vacas en celo después del parto, cuando el estado corporal es falto, moderado o bueno, en la escala del 1 al 9, es decir condición 4, 5 y 6 respectivamente. El porcentaje de celo a los 40 días del parto, en vacas falto fue 19%, con escore moderado un 21% y en el bueno el 31% y aun a los 80 días que sería una fecha adecuada para saber que es lo que esta pasando con nuestro rodeo, vemos que cuando las vacas están muy delgadas es muy difícil alcanzar porcentajes de preñez por encima del 60%. Esto se refleja en las estadísticas de nuestras regiones semiáridas donde los porcentajes de preñez no superan el 60%.

Cuando la sanidad es adecuada, la nutrición pasa a ser uno de los factores principales en la definición de los porcentajes de preñez del rodeo; en las vacas con estado moderado se espera un 88% y en las vacas con estado bueno un 98% de preñez, esto nos indica que deberemos trabajar con balances nutricionales positivos desde el momento del post parto hasta el servicio para poder aspirar a buenos porcentajes.

En función de la condición corporal de esas vacas podemos utilizar diferentes herramientas para mejorar los índices de preñez como puede ser el destete precoz, algún tipo de suplemento o separar las vacas que no tengan un estado adecuado para que reciban una alimentación diferencial.

La relación entre la condición corporal al entore, 40 días después del parto, y el porcentaje de preñez, es que: cuando la vaca esta falta tenemos un 52% de preñez, en caso de vacas de condición corporal media el 86% y con un estado bueno un 96%. Los porcentajes de parto tempranos son de 15%, 40% y 56% respectivamente. Esto nos indica que no solamente hay que definir una buena alimentación en los últimos 60 días de preñez sino también en los primeros 50 a 60 días del post parto para obtener una buena cabeza de parición y buen porcentaje de preñez.

Como conclusión en las zonas semiáridas se recomienda:

1. Maximizar el uso de los alimentos en función de los requerimientos fisiológicos de la vaca y su condición corporal.
2. Saber que el nivel nutricional que reciba la vaca en el pre parto influye sobre el intervalo parto/primer celo mientras que el nivel nutricional que recibe en el post parto influye en la concepción al primer servicio.
3. Definir estrategias nutricionales y de manejo en función de la estacionalidad forrajera y del riesgo climático.

Comentario final: La productividad de un sistema de cría depende en gran medida de la eficiencia reproductiva. La fuente de mayores pérdidas de eficiencia reproductiva es la falta de preñez al terminar el entore, como consecuencia de la prolongación del anestro post parto, la nutrición tiene un importante efecto sobre la duración de este período. Una buena condición corporal al parto asegura un corto intervalo parto - primer celo, aún cuando el nivel nutricional en el post parto no sea elevado. Cuando la condición corporal al parto es baja, el nivel nutricional post parto adquiere mayor importancia para lograr buenos resultados. Una mínima ganancia de peso durante el servicio mejora la fertilidad de los celos. Más importante que el peso de la vaca es su estado corporal, por lo que el empleo de "escores" como herramienta de valoración adquiere singular importancia en el momento de definir una estrategia de alimentación (Boetto *et al.*, 2004).

2.4   Formas practicas para determinar los requerimientos de los bovinos en EV

Los requerimientos en forraje para un EV en pastoreo en las regiones chaqueñas de Córdoba, las podemos estimar, en forma práctica, de la siguiente manera (Díaz, 1992):

Los requerimientos de un EV los podemos estimar a partir de la digestibilidad promedio del forraje ofrecido. En pastizales de bosque degradado típicos de la región, estimamos para una condición regular, una digestibilidad media del 50%, entonces los requerimientos serían, de unos 12kg de MS/EV/día.

Otra manera de estimar los requerimientos es en base a la energía, para lo cual aceptaremos que un kg de MS del pastizal mencionado tiene alrededor de 2Mcal de Energía Digestible y si los requerimientos de un EV son de 22,6Mcal de ED/día, necesitaríamos 11,3kg de MS/EV/día.

Si se quiere usar Energía Metabolizable tendríamos que, un EV requiere 18,5Mcal de EM/día. Pero no tenemos ningún dato confiable de la cantidad de Mcal de EM que tiene un kg de MS del pastizal.

En la mayoría de las explotaciones del Chaco Árido y Semiárido de Córdoba no hay balanzas y no hay posibilidades de pesar los animales, además en otras determinaciones hemos aceptado errores del orden del 10%, por lo tanto, cálculos muy precisos de la cantidad de forraje que demanda un rodeo en un tiempo determinado y su relación con la oferta forrajera solo tendrá una certeza del 90%.

Los vientres de la mayoría de los rodeos de cría de la región no alcanzan los 400kg de peso vivo, los terneros se destetan poco antes de los 6 meses y su peso promedio es de 140kg.

Entonces estimamos que una vaca en producción de 360kg de peso vivo que gesta y desteta un ternero de 140kg a los 6 meses o menos, mas el pasto consumido por el mismo, requieren 10kg de MS/día, valor que corresponde aproximadamente a 0,96EV.

A los fines de estimar a campo los requerimientos del rodeo, podemos utilizar los siguientes valores (Tabla VI,2.4-1).

Categorías	Peso vivo kg	Requerimientos kg MS/día
Vacas en producción	360	10,0
Vacas secas	360	8,0
Toros	600	14,5
Vaquillonas de reposición y novillos	150	5.5
	200	6,0
	250	6,8
	300	7,4

Tabla VI,2.4-1: Requerimientos diarios promedio de forraje según categorías y según peso vivo aproximado.

Las aproximaciones que mencionamos se deben a que no tenemos determinaciones precisas de los valores energéticos ni de la digestibilidad del pastizal, tenemos algunos valores de digestibilidad de forraje cortado, que puede diferir con el forraje realmente cosechado por los animales, ya que generalmente tienen la oportunidad de seleccionar su dieta tanto en especies como en partes de la planta.

También, a los fines de estimar los requerimientos forrajeros, y para simplificar tomaremos:

$$7 \text{ EO (Equivalente Oveja)} = 1,00 \text{ EV}$$
$$7 \text{ EC (Equivalente Cabra)} = 1,00 \text{ EV}$$
$$1 \text{ EY (Equiv. Yeguarizo)} = 1,20 \text{ EV}$$

Un Equivalente Oveja (EO) es el promedio anual de los requerimientos de una oveja de 50kg de peso vivo que gesta y cría un cordero hasta el destete a los 3 meses de edad, incluido el forraje consumido por el cordero.

De manera sumamente grosera, podemos definir el Equivalente Cabra (EC) de la misma manera, ya que no está definido científicamente.

Dentro del margen amplio de errores que asumimos, podemos estimar a los fines de tener una idea, que en un pastizal del Chaco Árido y Semiárido de Córdoba, con bosque degradado y condición forrajera regular, la dieta promedio anual de los bovinos se compone de 95%-100% de gramíneas, la de los ovinos de un 60% y la de los caprinos de un 30%.

2.5 Determinación práctica del total EV de un rodeo de cría

La cantidad promedio anual de equivalentes vaca (EV) de un rodeo de cría, en un establecimiento del Chaco Arido o Semiárido de Córdoba (ver Capítulo VIII:3.2-1), con una mediana organización y desarrollo, que tiene 100 vacas en producción (100EV), con un 25% de reposición (±19EV) y entre un 4% - 6% de toros (±8EV), suma ±127EV.

Promedio anual de EV de un rodeo de cría ≅ Cantidad de vacas en producción x 1,3

2.5-1 EJEMPLO

Estudios realizados en la Reserva 6 de la EEA Balcarce del INTA, donde se trabajó con la adaptación del sistema Equivalente Vaca, se establecieron valores, no tan exactos pero sí prácticos y sencillos, para cada categoría (Carrillo, 1997):

Categorías	Equivalentes Vaca
Toro	1,3 EV promedio durante todo el año.
Vaca	1 EV promedio durante todo el año o...
Vaca (promedio)	1,4 EV desde el parto hasta el destete (6 meses) y 0,6 EV desde el destete hasta el parto (6 meses).
Ternero/a	0,6 EV desde el destete hasta 1 año.
Novillitos	0,7 EV desde 1 hasta 2 años.
Novillos	0,8 EV desde 2 años o más de 300kg.
Novillos (engorde)	1,0 EV desde los 400kg hasta terminación.
Vaquillonas	0,7 EV desde 1 hasta 2 años.
Vaquillonas	0,8 EV desde los 2 años, o más de 300kg o preñadas.

Para un rodeo de cría en la Reserva 6 del INTA Balcarce, Pcia. de Buenos Aires (Carrillo, 1997) estima que: partiendo de 100 vacas en servicio, con un porcentaje de preñez del 90%, quedan 90 vacas preñadas y 10 vacías. Si de estas vacas preñadas, se produce hasta la parición un 6% de pérdidas de terneros, quedarán 85 vacas paridas y 5 vacas que al mal parir o no parir irán a refugo. Si a su vez se descarta el 6% por vejez, quedarán 80 vacas a las que habrá que restar unas 3 vacas por mortandad. Quedarán entonces 77 vacas en el rodeo y será necesario para mantener el rodeo estable, es decir, con el mismo número de vientres, que se incorporen 23 vaquillonas de reposición.

Las 10 vacas vacías, las 5 que perdieron su ternero durante la preñez, o que no parieron y las 5 vacas viejas constituirán el "refugo" de 20 vacas que en lo posible, se engordarán e irán a venta.

Este rodeo con 100 vientres estará conformado por 4 toros, 77 vacas, 23 vaquillonas de 2 a 3 años, 24 de 1 a 2 y 24 terneras de destete a un año. El cálculo de EV considerando: a) el valor promedio anual de la vaca; b) que las terneras de destete a un año estarán sólo 6 meses en esa categoría en el campo y c) que las 20 vacas de refugo permanecen un promedio de 2 meses para su recuperación antes de la venta, se tendrá la siguiente carga animal, expresada sobre porcentajes:

0,04 Toros x 1,3 EV (año)	0,052 EV
0,77 Vacas x 1 EV	0,77 EV
0,23 Vaquillonas (2-3) x 0,8 EV	0,184 EV
0,24 Vaquillonas (1-2) x 0,7 EV	0,17 EV
0,24 Terneras (dtte-1) 6/12 x 0.6 EV	0,07 EV
0,20 Vacas vacías x 2/12 x 1 EV	0,03 EV
Carga total	1,276 EV

Es decir, que para un rodeo de 100 vientres, compuesto por 77 vacas con su reposición, 128 EV sería la carga promedio anual.

3   REQUERIMIENTOS EN AGUA DEL GANADO

3.1   Consumo de agua de los bovinos

La determinación de las necesidades de agua de los bovinos en general y de un animal en particular, resulta dificultosa debido a la interacción de un gran número de factores. De las investigaciones efectuadas sólo se pueden obtener cifras orientativas del consumo real de agua por los bovinos. Los siguientes son los factores principales que inciden en la ingesta de agua (Bavera *et al.*, 1979).

3.1-1 CANTIDAD DE MATERIA SECA CONSUMIDA

Si se considera un tamaño corporal determinado, se puede apreciar que la cantidad de agua por kilo de materia seca consumida es proporcionalmente mayor para los niveles bajos de ingestión de materia seca, que para los niveles altos, aunque lógicamente, el consumo total de agua es mayor cuanto mayor es la cantidad de materia seca consumida por día.

3.1-2 NATURALEZA DEL ALIMENTO

Es un factor muy importante a tener en cuenta desde el punto de vista de la composición nutritiva.

Cuando los bovinos consumen un alimento con alto tenor proteico aumenta el consumo de agua debido a la necesidad de eliminar mayor cantidad de urea por riñón que con una dieta de bajo tenor.

La suplementación con sal de una dieta determinada y el ensilaje pueden también dar como consecuencia un aumento del consumo de agua, los alimentos suculentos lo disminuyen.

3.1-3 TEMPERATURA AMBIENTE

Cuando la temperatura ambiente se encuentra en valores de -12ºC a 5°C, el consumo de agua es de aproximadamente $1 cm^3$ por caloría producida por el organismo, o dicho de otra forma, el consumo de agua es de 3,5 litros por kilo de materia seca consumida. Por encima de 5°C, el consumo se eleva en forma creciente. A altas temperaturas el consumo de materia seca se puede deprimir mientras el consumo de agua sigue aumentando para refrigerar el organismo (Figura VI:3.1-1).

Se puede apreciar que entre los 5°C y 30°C la cantidad de agua consumida aumenta exponencialmente hasta alcanzar un valor de 6 litros de agua por kilo de materia seca consumida.

Los valores que figuran en este gráfico se dan para animales alimentados con ración. En el caso de pastoreo directo hay un aumento del 50% del consumo de agua por kilo de materia seca consumida, lo que se debe al mayor gasto metabólico que realizan para alimentarse. En esta cifra se encuentra incluida el agua de los alimentos.

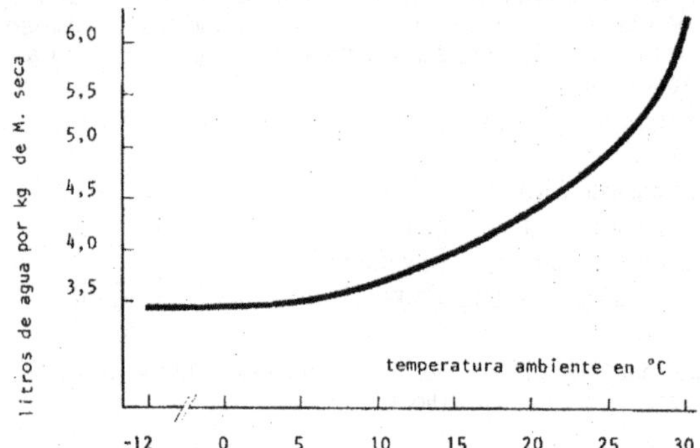

Figura VI,3.1-1: Consumo de agua por Kg. de materia seca ingerida por vacas alimentadas con ración a distintas temperaturas ambiente (valores promedio) (Bavera *et al.*, 1979).

En días fríos, el ganado consume más agua si la misma se calienta levemente o se encuentra al reparo de las heladas, que si está cerca del punto de congelación.

Por otra parte, en días calurosos, el consumo de agua fresca aumenta el consumo de alimentos, la ganancia de peso y la utilización de la energía.

3.14 HUMEDAD AMBIENTE

Una humedad alta acompañada de alta temperatura, aumenta el consumo de agua, ya que se intensifica el estrés térmico porqué descienden las pérdidas de calor por evaporación de agua en piel y pulmones.

3.1-5 TEMPERATURA DEL AGUA DE BEBIDA

Se puede observar que en días calurosos y teniendo el ganado la posibilidad de acceder a dos aguadas en un mismo potrero, una con agua fresca por tener un tanque cubierto y otra sin reparo de los rayos solares, eligen la primera, y además, existe una disminución del consumo.

3.1-6 VARIACIÓN INDIVIDUAL

Si se mantiene un lote homogéneo de bovinos bajo el mismo régimen alimenticio y bajo la acción de las mismas condiciones ambientales, y se mide el consumo individual de agua, se observa una gran variación en los valores. Esto se debe fundamentalmente a la variabilidad fisiológica entre animales.

3.1-7 DISPONIBILIDAD DE AGUA

En rodeos lecheros de alto rendimiento se observó que la producción de leche es significativamente mayor cuando el agua está a disposición constantemente que cuando se administra una sola vez al día, ya que en el primer caso toman más agua. Esto se nota más en las vacas de alta producción.

Los animales estabulados que tienen agua permanentemente a su disposición, beben más y más frecuentemente. Los animales a campo que tienen grandes distancias a recorrer hasta la aguada, beben con menor frecuencia y el consumo es menor.

3.1-8 SALES EN EL AGUA

La calidad y cantidad de sales presentes en el agua de bebida hacen variar su consumo por el ganado.

La presencia de hasta 4gr por litro de sulfato de sodio causa un leve incremento, pero si el valor es de más de 10gr por litro hay una marcada reducción en el consumo de agua y en la producción por toxicidad. Una alcalinidad muy elevada disminuye la palatabilidad del agua y por lo tanto el consumo.

El cloruro de sodio y otras sales en disolución, en concentraciones altas, producen un gran aumento de la ingestión hídrica.

Por lo general y tomando en cuenta la salinidad dentro de los valores tolerables, la mezcla de sales presentes no produce alteraciones en la cantidad consumida de agua, mientras que concentraciones salinas altas aumentan el consumo, salvo casos de toxicidad.

3.1-9 ESTADO FISIOLÓGICO

El fin para el cual el ganado utiliza el alimento marca variaciones en el consumo de agua:

Terneros jóvenes

Como la leche materna está constituida aproximadamente por 87% a 88% de agua, se puede apreciar que los mismos consumen cantidades notablemente mayores de agua por kilo de materia seca que los animales adultos. Hasta las 5 semanas de edad y alimentados únicamente con dieta láctea, consumen aproximadamente 16 litros de agua por kilo de materia seca. Además de la alta proporción presente en la leche, consumen pequeñas cantidades adicionales de agua. Después de las 5-6 semanas, consumen unos 6 a 7 litros de agua por kilo de materia seca.

Vacas gestantes

En los últimos cuatro meses de gestación, el consumo ·de agua aumenta en un 50% con respecto a los valores consignados en la Figura VII:3.1-1. Esto se debe al elevado contenido hídrico de los aumentos de peso en las fases finales de la gestación.

Vacas lactantes

El consumo se debe obtener sumando a los valores dados en la Figura VII:3.1-1, un incremento aproximado de 3 a 4 litros de agua por kilo de leche producida, aunque esta cifra tiene mucha variación con la raza, temperatura ambiente y otros factores.

En conclusión, a través de lo observado, y tomando en cuenta la importancia del agua contenida en las pasturas, se puede en general considerar un consumo promedio de 50 litros de agua por día para animales vacunos adultos en pastoreo, y contemplar todas las variaciones explicadas.

Cuando se alimenta ganado a pastoreo con suplementos, el consumo será de aproximadamente 65 litros por día. Los animales de alto peso corporal y en días cálidos pueden consumir 80 litros por día, y si se trata de buenas vacas lecheras en producción, es fácil superar un consumo de 150 litros diarios.

3.2 Alteraciones del consumo de agua

Las alteraciones del consumo tienen como origen dos causas principales: El consumo deficiente por cualquier motivo o causa y el consumo excesivo por perversión u otras causas (Bavera *et al.*, 1979).

3.2-1 CONSUMO DEFICIENTE

La restricción de agua en el ganado altera su biología, produciendo efectos directos y retardados que afectan su capacidad de rehabilitación. El primer efecto de una restricción moderada, es la reducción en la ingesta de alimentos. Por lo tanto, si se desea tener una buena producción, no debe faltar el agua de bebida.

Las restricciones graves de agua disminuyen su contenido en los tejidos y concentran la sangre; se produce mala circulación con deficiencia de oxígeno y acumulación de desechos en el organismo, que no pueden ser eliminados. Si la restricción continúa, se suspenden las funciones vitales y el animal muere.

Cuando por cualquier razón, el consumo es menor de 3-4 litros de agua por kilogramo de materia seca consumida, se originan perturbaciones en el organismo. El animal manifiesta la llamada inapetencia fisiológica que lo lleva a consumir menos alimentos, aún disponiendo de pasturas de buena calidad. Cuando se limita el 50% el consumo de agua en bovinos, la tasa de aumento de peso baja en un 25%. El tubo digestivo puede actuar como cierta reserva de agua y aportarla al organismo durante un tiempo, pero esta cesión debe ser restaurada para que no se alteren las funciones fisiológicas normales.

Las necesidades de agua son menores en el ganado cebú que en las razas europeas mantenidas en condiciones similares. Ello se debe al inferior contenido en humedad de las heces del ganado cebú y a la mayor eficacia de los mecanismos de disipación de calor. Esto contribuye a explicar la superioridad del ganado cebú en las regiones secas, ya que se ven menos afectadas que las razas europeas por un suministro limitado de agua y su apetito se reduce en menor proporción.

No obstante, incluso en animales de alta rusticidad como el cebú, un ayuno obligado de agua de más de 48 horas produce efectos nocivos sobre la producción. Debe considerarse como muy importante que un bovino no pase nunca más de 48 horas sin la posibilidad de abrevar.

En los períodos de escasez de alimentos es cuando más deben extremarse las previsiones para asegurar un abastecimiento continuo y abundante de agua. Procediendo así, los animales resistirán mejor una insuficiencia alimenticia.

3.2-2 Consumo excesivo

Son raros los casos en que se produce un consumo excesivo de agua. Uno de ellos se da en la crianza artificial de terneros a balde, donde es necesario tener la precaución de evitar el acceso del ternero al agua hasta una hora después de haber dado la ración láctea. Hay veces en que el animal sufre una perversión del gusto por la ingesta de la leche en balde y si tiene agua a disposición inmediatamente después de tomar la leche, la consume sin control, hasta llegar al extremo de intoxicarse. Luego de aproximadamente una hora cesa el efecto de perversión del gusto y es conveniente el suministro de agua *ad-libitum*.

Hemos podido observar, en invierno, terneros de tambo tratando de romper la capa de hielo formada en un bebedero por la helada, inmediatamente después de la toma de leche, debido a esta perversión.

Otro caso de consumo excesivo de agua se puede dar en animales sedientos, que puede llevar a una intoxicación si concurre la circunstancia de una previa pérdida de sales después de un ejercicio prolongado o de altas temperaturas ambiente.

En la intoxicación hídrica se produce una hidratación celular, originando edema cerebral, con cuadro nervioso de debilidad muscular, temblor, diarrea, inquietud, ataxia, convulsiones y coma terminal. Puede haber hemólisis y por consiguiente anemia, hipotermia y salivación.

3.3 Efecto del agua contaminada

El agua es un nutriente importante para la producción ganadera y en muchos establecimientos de las regiones áridas y semiáridas se provee a menudo directamente de las represas, tajamares o charcas. El ganado puede defecar y orinar en el agua y de ese modo contamina y reduce la palatabilidad del agua.

Se realizó un estudio utilizando ganado vacuno para examinar los efectos de la fuente de agua en la producción y el comportamiento del ganado (Willms *et al.*, 2002).

Los tratamientos fueron: a) agua limpia (agua llevada a un bebedero de un pozo, un río, o una represa cercada), b) agua de la represa abierta bombeada a un bebedero y c) acceso directo a la represa.

Se realizaron observaciones para determinar la relación de componentes químicos y biológicos y el efecto de la contaminación fecal en el consumo del agua. También fueron analizadas muestras fecales de parásitos y patógenos seleccionados. Otros estudios fueron conducidos para determinar los efectos del agua contaminada con deyecciones en el consumo del forrajes, de agua y la selección de aguadas.

Se realizaron observaciones de aumentos de peso del ganado, el espesor de la grasa del lomo de las vacas y vaquillas y el tiempo que pasaron en diferentes actividades.

Los resultados fueron los siguientes: terneros, con las vacas bebiendo el agua limpia, ganaron un 9% más (P<0,10) de peso que aquellos con las vacas bebiendo directamente de la represa, pero el peso de las vacas y el espesor de la grasa del lomo no fueron afectados.

Las vaquillas de un año que tenían acceso al agua limpia ganaron un 23% (P=0,045) y un 20% (P=0,076) más de peso que aquellas bebiendo directamente de la represa y bebiendo en bebedero agua de la represa abierta, respectivamente.

El ganado evitó el agua que estaba contaminada con 0,005% en peso de deyecciones frescas cuando tenía acceso al agua limpia.

El ganado que tenía acceso al agua limpia pasó más tiempo pastando y menos tiempo descansando que al que se le ofreció agua de la represa directamente o agua de la represa en bebedero.

En consecuencia es conveniente cercar las represas para que no tengan acceso directo los animales, ya que además de evitar la contaminación y palatabilidad de la aguada, se evitan la insolación de los animales en días de mucha insolación y calor, ya que permanecen mucho tiempo en el agua para refrescarse y reciben radiación directa y reflejada. Los terneros son los mas afectados por esta causa.

Para extraer el agua de la represa es conveniente colocar un molino para elevar el agua a un tanque y luego distribuirla en los bebederos. El molino se instala fuera de la represa cerca de la parte mas profunda y además se profundiza el lugar donde llega el "chupador" del molino.

*   *   *   *   *   *

CAPÍTULO VI: ANEXO 1

Escalas para la determinación de la condición corporal de los bovinos

El concepto de condición corporal se asimila al de estado corporal, es decir, al nivel de reservas corporales que el animal dispone para cubrir los requerimientos de mantenimiento y producción (Peñafort y Bavera, 2003).

La determinación del estado o condición corporal (CCo) ha sido objeto de numerosas investigaciones y se han propuesto diversos métodos. Estos métodos, aunque algo subjetivos, no requieren ningún equipamiento especializado y tienen la ventaja sobre el peso vivo que es independiente del tamaño corporal. El puntaje está basado en la palpación y observación de diferentes áreas de la vaca para determinar el nivel de cobertura de grasa, Tabla VI: Anexo 1-1.

Áreas \ CoCo	1	2	3	4	5
Lomo Apófisis espinosas Apófisis transversas	Muy prominentes al tacto. Fácilmente palpables.	Pueden palparse, pero no son tan prominentes. Son aún fácilmente palpables.	No son visibles, pero pueden palparse. Son bien cubiertas, pero pueden ser pellizcadas	Son bien cubiertas. Pueden ser solo palpadas bajo fuerte presión.	Apariencia redondeada por grandes áreas de tejido graso
Huesos de cadera	Muy prominentes.	Prominentes, pero algo cubiertos.	Visibles, pero no prominentes y bien cubiertos.	No visibles y bien cubiertos.	No visibles y muy bien cubiertos.
Base de cola Áreas anexas. Estructuras óseas	Están muy hundidas. Prominentes	No son huecas. Visibles, pero no prominentes.	Ligeramente redondeadas. Cavidades a los lados de cola han desaparecido. Tejido graso visible.	Área redondeada por tejido graso a ambos lados de la cola, que se mueve al caminar el animal.	Polizones a ambos lados de la cola
Costillas	Prominentes. Pueden palparse individualmente.	Ligeramente prominentes. Pueden palparse individualmente	Pueden ser individualmente distinguidas. Capas de tejido graso palpable	Difícil de separar. Los flancos tienen aspecto esponjoso.	Costillas no palpables. Flancos muy esponjosos
Estado general	Emaciado.	Delgado, pero saludable.	Condición media.	Ligeramente gordo. Tejidos grasos se mueven al caminar	Muy gordo. Marcha ondulante.
Cada grado equivale aproximadamente a unos 50-70Kg, dependiendo del tamaño del animal.					

Tabla VI, Anexo 1-1: Grados condición corporal escala 1 a 5 (Lowman, 1976; Van Niekerl y Louw, 1980; citados por Peñafort y Bavera, 2003)

El puntaje de condición corporal propuesto por Lowman, *et al.* (1976) y Van Niekerl y Louw (1980) es usado corrientemente para determinar en vacas de cría el estado corporal. Emplea una escala de 5 puntos. El puntaje 1 indica un animal extremadamente flaco y el puntaje 5 un animal excesivamente gordo. Están contemplados puntajes intermedios (cuarto o medio punto, o sea 0,25 ó 0,5). Cuando es necesario ajustar más exactamente la condición del animal, puede ser usada, siguiendo el mismo criterio, una escala de 9 puntos, como la propuesta por Herd y Sprott (1986; citados por Peñafort y Bavera, 2003).

Las escalas utilizadas en el momento para medir Condición Corporal en vacas de cría varían en los distintos países del mundo. El principio en el que están basadas es siempre el mismo, pero las escalas son distintas. La escala de 1 a 9, que es la más utilizada en Australia y USA, correspondiendo el valor 1 a una vaca muy flaca y el 9 a una muy gorda (Camps *et al.*, 2001). Tabla VI, Anexo 1-2.

Score - Condición Corporal		
Score Corporal	Característica	Descripción
1	Muy Flaca	Sobresalen marcadamente las costillas, la cadera y los huesos de la columna vertebral. El animal se encuentra cercano a la muerte.
2	Pobre	Todavía sobresalen las costillas y la base de la cola, aunque menos marcadamente. Los procesos espinosos son todavía agudos al tacto, pero hay algo de tejido cubriendo la columna.
3	Delgada	Las costillas se identifican individualmente pero no sobresalen, con algo de tejido cubriendo la porción alta de las costillas. Se palpa algo de gordura a lo largo de la columna y la base del la cola, pero se observan los procesos espinosos. Las tuberosidades coxales e isquiáticas se presentan angulares.
4	Límite	Las costillas están ligeramente cubiertas por una delgada capa de grasa y ya no son visibles en forma manifiesta. Puede palparse la columna, pero sus huesos ya no son agudos. Hay algo de gordura cubriendo los procesos transversos y huesos de la cadera (tuberosidades coxal e isquiática menos marcadas).
5	Óptimo Bajo	Los procesos transversos se observan y palpan con algo de gordura. La tuberosidad isquiática está redondeada pero la coxal angular Las áreas a cada lado de la base de la cola ya tienen cobertura grasa palpable. La vaca tiene una buena apariencia general. A la palpación se percibe la cobertura de grasa sobre las costillas.
6	Óptimo Medio	Para palpar los procesos espinosos ahora se necesita aplicar una presión firme. Los procesos transversos no se observan pero sí el ligamento sacro: "Lomo casi plano". Las tuberosidades coxal e isquiática están redondeadas. "Cola llena": Área de inserción de la cola con gran cobertura grasa.
7	Óptimo Alto	Se observa un comienzo de acumulación de grasa en el pecho y la vaca está encarnada y con considerable gordura. Importante cobertura de grasa sobre las costillas y alrededor de la base de la cola. Los polizones están empezando a evidenciarse y hay algo de gordura alrededor de la vulva y en la zona de la cruz. Ligamento sacro no visible: "Lomo plano".
8	Vaca Gorda	Gorda y fuera de condición. Los polizones son evidentes. La punta de las costillas cortas es casi no visible. Ya no puede palparse el espinazo. Hay importantes depósitos de grasa sobre las costillas, cruz, alrededor de la base de la cola y debajo de la vulva.
9	Muy Gorda (Cuadrada)	Apariencia compacta. Los polizones sobresalen marcadamente. La estructura ósea no es visible y es escasamente palpable. El animal se desplaza con dificultad.

Tabla V, Anexo 1-2: Grados de condición corporal escala 1 a 9 (Herd y Sprott, 1986).

*   *   *   *   *   *

CAPÍTULO VI: ANEXO 2

Manejo del rodeo de cría por condición corporal

Esta sección está basada en el trabajo de C. Boetto *et al.* (2004). Se incluye como complemento del tema 2.4 de este Capítulo.

MANEJO NUTRICIONAL DEL RODEO DE CRIA POR CONDICIÓN CORPORAL OBJETIVO

CONDICIÓN CORPORAL

El nivel nutricional en el que se encuentra un animal es la resultante del balance entre el consumo y el gasto de energía. En el caso que este balance sea positivo, el animal almacenará el excedente en forma de tejido corporal. Por el contrario, en los casos en que el balance sea negativo, el animal utilizará reservas corporales para cubrir las demandas.

La condición corporal (CCo) (Nota: la abreviamos CCo, para diferenciarla de la capacidad de carga CC) de un animal se relaciona con la cantidad de tejido de reserva que el animal dispone. En realidad, siempre la condición corporal es la consecuencia de un nivel nutricional anterior, aunque no necesariamente inmediatamente anterior. En vacas de cría adultas, toda pérdida o ganancia de peso se reflejará en una variación del estado corporal.

El concepto de condición corporal debe asimilarse al de estado corporal, es decir, al nivel de reservas que el animal dispone para cubrir los requerimientos de mantenimiento y producción. Las variaciones en la condición corporal implican fuertes variaciones en el contenido graso del cuerpo.

También implican variaciones en el peso vivo, pero éste no debe ser utilizado como predictor de la condición corporal, ya que la condición corporal no sólo afecta al peso vivo sino también el tamaño del animal. El peso no refleja exactamente los cambios en el estado nutricional. Dos animales pueden tener muy diferentes pesos vivos y tener igual CCo. Al contrario, animales de similar peso pueden diferir en CCo por efecto del tamaño (Figura VII: Anexo 2-1).

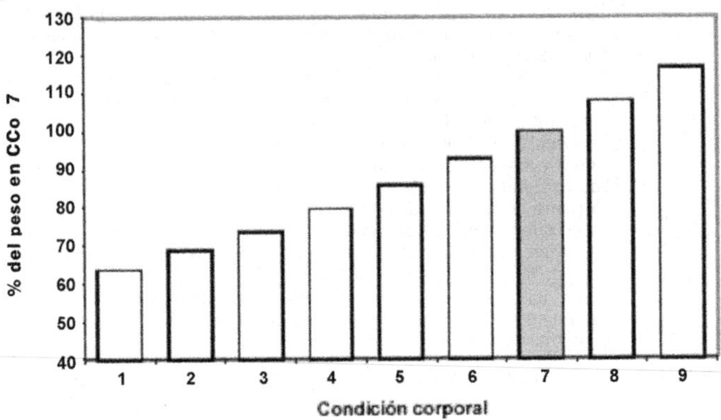

Figura VII, Anexo 2-1: Porcentaje del peso vivo a condición corporal 7 para cada condición corporal (Adaptado de Herd y Sprott, 1986; citado por Boetto *et al.*, 2004).

La diferente conformación externa de las razas bovinas muchas veces dificulta la determinación exacta de la CCo. Este inconveniente puede ser subsanado por la experiencia. La dificultad planteada llevó muchas veces al concepto de que la CCo podría afectar en forma diferencial a distintas razas, pero esto no ha sido demostrado hasta el momento.

Durante muchos años se investigó para determinar el mecanismo fisiológico que comunica el nivel de engrasamiento con la actividad ovárica. Zhang *et al.* (1994; citados por Boetto *et al.*, 2004) descubrieron la hormona leptina, secretada por las células del tejido adiposo, la cual actuaría como mensajero metabólico. La secreción de leptinas sería la señal al cerebro, para que interprete que el nivel de grasa corporal depositada en el cuerpo es el suficiente para reanudar la actividad reproductiva.

CONDICIÓN CORPORAL Y FERTILIDAD

La fertilidad de los vientres afecta directamente la longitud del período entre partos, a menor fertilidad más largo es este período. En cría, se procura que el mismo sea de doce meses.

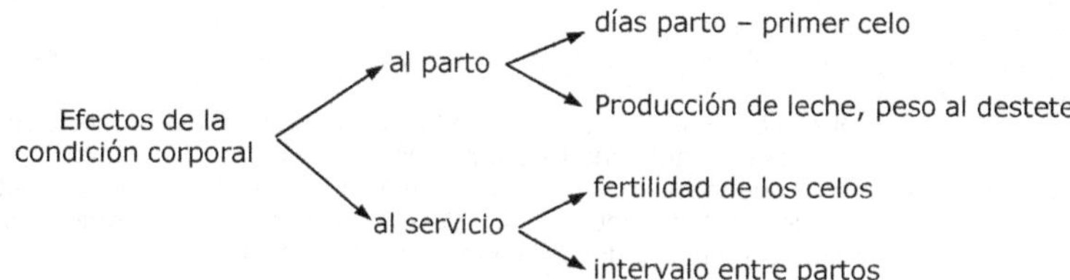

El período entre partos está compuesto por la suma de los períodos parto concepción y concepción parto. Dada la constancia de la longitud de la gestación, las variaciones del período entre partos depende exclusivamente del período parto concepción. La duración del mismo depende del tiempo entre el parto y la aparición del primer celo y de la fertilidad de los celos, ambos factores están afectados por la condición corporal. La condición corporal al parto es el factor determinante en el restablecimiento de la actividad ovárica cíclica en el posparto de las vacas de carne (Figura VII, Anexo 2-2).

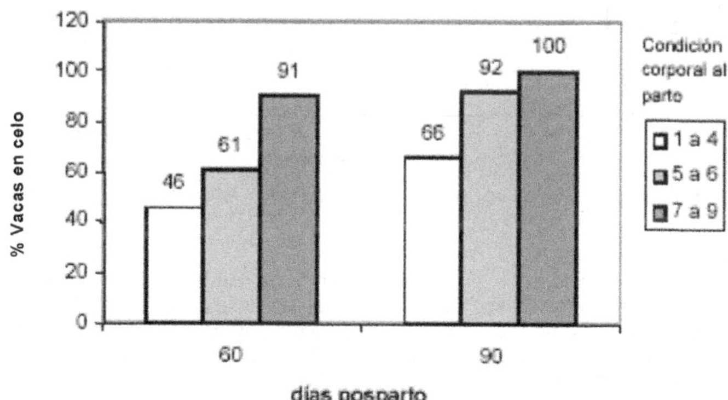

Figura V, Anexo 2-2: Efecto de la condición corporal al parto sobre el porcentaje de vacas en celo a los 60 y 90 días posparto (Adaptado de Whitman, 1975, por Boetto *et al.*, 2004).

La fertilidad de los celos depende de la condición corporal y del nivel nutricional durante el servicio, ya que es necesario que el animal se encuentre en balance energético positivo para lograr altas proporciones de retención embrionaria (Tabla VII: Anexo 2-1).

	Condición Corporal durante el servicio		
	4 o menos	5	6 o más
nº vacas	122	300	619
%de vacas preñadas	58	85	95

Tabla VII, Anexo 2-1: Efecto de la condición corporal durante el servicio sobre la preñez
(Herd y Sprott, 1986; citados por Boetto *et al.*, 2004).

Se debe tener en cuenta que después del parto los requerimientos de los vientres van en aumento debido a la lactancia, por lo que los niveles nutricionales deben ir adecuándose a estos incrementos. Si el nivel nutricional resulta inferior a los requerimientos se produce una disminución de la CCo y los animales tienen un intervalo parto-estro más largo que aquellos que mantienen la CCo. Cuando la CCo al parto es baja el nivel nutricional post-parto es significativamente más importante. Pero en cambio, cuando las vacas llegan a la parición en buen estado corporal, el nivel post-parto tiene una incidencia menor sobre el comportamiento reproductivo.

Como consecuencia del efecto de la CCo en la duración del período parto-primer celo y sobre la fertilidad de los celos, se encuentra una fuerte relación entre la CCo y la longitud del período entre partos. Es notable que la misma se acorta a medida que la CCo aumenta hasta CCo 5, a partir de este valor un mejoramiento en la CCo no significa un acortamiento del período entre partos, manteniéndose en 360 días. (Figura VII: Anexo 2-3)

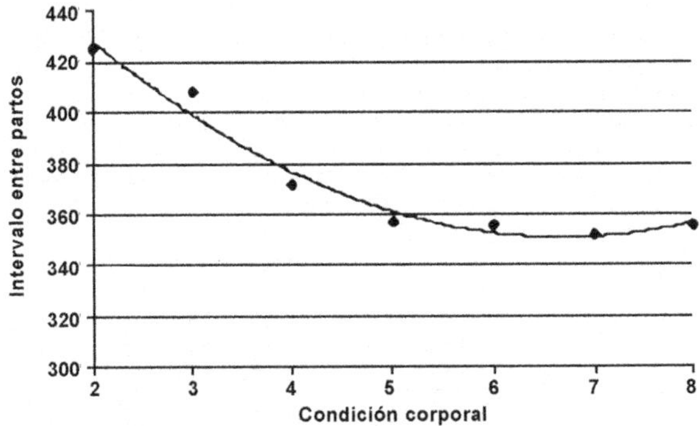

Fig. VII, Anexo 2-3: Condición corporal al servicio e intervalo entre partos
(Kunkle, Sand y Rae, 1994; citados por Boetto *et al.*, 2004).

EL CONSUMO DE ALIMENTOS

Existe una relación directa entre el consumo de alimento y la respuesta animal, particularmente en aquellos casos donde se utilizan exclusivamente forrajes o bajas proporciones de concentrados. Los animales producen porque comen y no, como muchas veces se afirma, que deben comer porque producen. Resulta entonces, el consumo como la causa misma de la producción, por lo que es muy importante conocer los factores que determinan las cantidades consumidas y su relación con la producción.

Un animal se encuentra a consumo voluntario cuando alcanza la saciedad con la cantidad de alimento que ingiere, de lo contrario el consumo está restringido como ocurre cuando la oferta forrajera es baja.

En los sistemas pastoriles normalmente el mecanismo que regula el consumo es el llenado ruminal y se denomina control físico. Las cantidades ingeridas están determinadas por factores relacionados con el animal y con el alimento.

<u>Factores dependientes del animal</u>
Resulta evidente que no todos los animales consumen igual, aún tratándose del mismo alimento y que factores tales como edad, tamaño, estado fisiológico, son fuentes de variación. La capacidad para ingerir alimentos que tienen los animales (independientemente del alimento que se trate) se denomina capacidad de ingestión.
Como el responsable del detenimiento del consumo es el llenado del rumen, el tamaño del mismo es el factor que limita la ingestión. La capacidad del rumen está directamente relacionada con el tamaño del animal; cuanto mayor sea la cavidad abdominal mayor será el tamaño del rumen y consecuentemente mayor la capacidad de ingestión.
Frecuentemente se utiliza al peso como una medida para expresar el tamaño del animal, lo cual no resulta siempre correcto dado que el peso no sólo depende del tamaño sino también del estado corporal en que se encuentre el animal. Así por ejemplo, una vaca de cría adulta tiene un determinado peso, tamaño y capacidad de ingestión y cuando pierde peso disminuye su peso vivo pero su tamaño y su capacidad de ingestión se mantienen constantes. Por ello, para calcular la capacidad de ingestión de un animal no se debe utilizar como estimador el peso vivo real sino el peso ajustado a una condición corporal de referencia.

<u>Factores dependientes del alimento</u>
Cuando se ofrece a un animal distintos alimentos no los consume en la misma magnitud, se aprecian grandes variaciones en las cantidades consumidas, que sólo pueden ser explicadas por características propias del alimento. A esta capacidad que tienen los alimentos para ser ingeridos en una determinada cantidad se denomina ingestibilidad. Cuando el control del consumo es de tipo físico, la ingestibilidad de los alimentos varía por la distinta capacidad que tienen los mismos de llenar el rumen, encontrándose una relación inversa entre capacidad de llenado e ingestibilidad. Los alimentos al ser ingeridos producen una distensión ruminal y consecuentemente el animal detiene el consumo. A medida que transcurre el tiempo y por efecto de la digestión, el rumen se va desocupando. El material que permanece en el rumen es el material indigestible más aquel material digestible que aún no ha sido digerido. En consecuencia, cuanto más digestible es un alimento más rápidamente desocupa el rumen y más rápidamente el animal vuelve a comer. Por eso que a mayor digestibilidad, mayor ingestibilidad y consecuentemente mayor consumo.
La digestibilidad tiene doble importancia en la alimentación, por su efecto sobre el consumo y sobre la concentración energética del alimento. Por ello, siempre que la oferta de forraje sea suficiente, la digestibilidad del alimento es el factor que limita la capacidad del mismo para aportar nutrientes.

REQUERIMIENTOS ENERGÉTICOS
Los requerimientos nutritivos de una vaca de cría resultan muy variables dentro del periodo entre partos. Estas variaciones en las necesidades son debidas a los distintos procesos productivos que realiza: mantenimiento, lactación, gestación y variación de peso vivo.
En la Figura VII: Anexo 2-4) se indican las magnitudes de los requerimientos energéticos en un período entre partos de 12 meses sin variación del peso vivo. En los primeros 7 meses los requerimientos son altos, en el pre parto por rápido incremento en el tamaño fetal al final de gestación y por la producción de leche.
Una correcta alimentación no implica necesariamente que la vaca mantenga su condición corporal a lo largo del año, es posible que ocurran variaciones en la condición corporal sin que se modifique la fertilidad de los vientres posibilitando alimentar correctamente sin que exista una perfecta correspondencia en requerimientos y la digestibilidad del forraje disponible (Figura VII, Anexo 2-5)
Cuando el consumo de energía supera el requerimiento el animal aumenta de peso y gana condición corporal. Y a la inversa, cuando el consumo de energía es inferior al requerimiento el animal pierde peso y condición corporal.

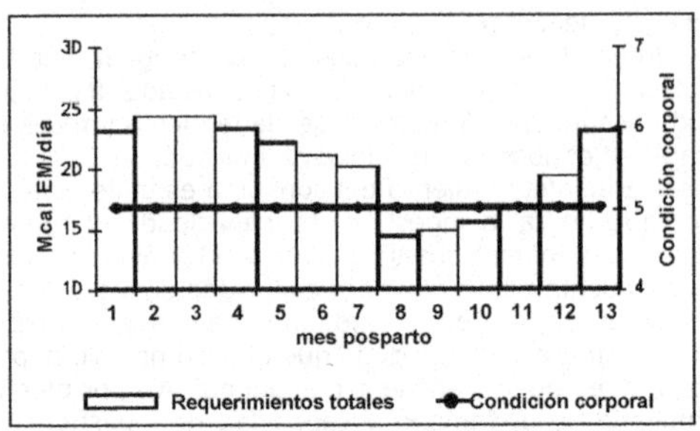

Figura VII, Anexo 2-4: Requerimientos energéticos de una vaca de cría a lo largo
de un ciclo productivo sin variación de CCo (Boetto *et al.*, 2004).

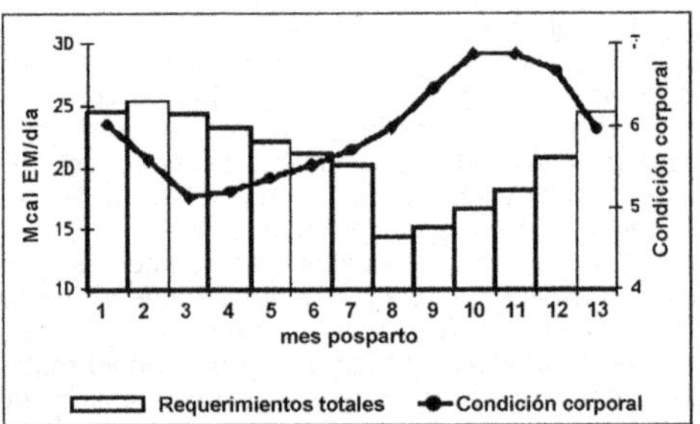

Figura VII, Anexo 2-5: Requerimientos energéticos de una vaca de cría a lo largo
de un ciclo productivo con variación de CCo (Boetto *et al.*, 2004).

Cuanto mayor sea el requerimiento, mayor será el consumo necesario y para posibilitar
un mayor consumo es necesario una mayor digestibilidad. (Figura VII: Anexo 2-6)

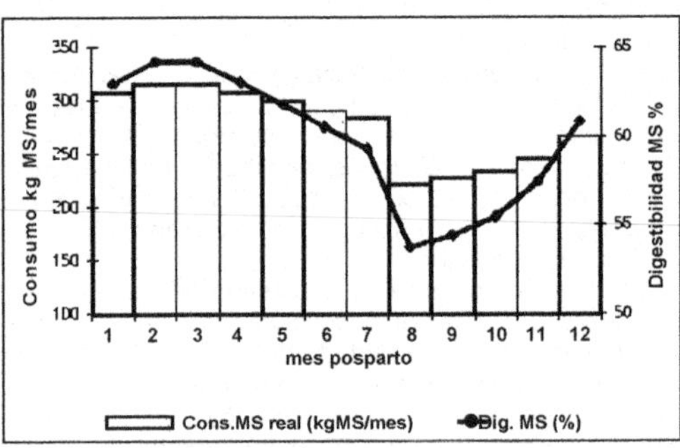

Figura VII, Anexo 2-6: Consumo y digestibilidad del alimento para cubrir los requerimientos
de una vaca sin modificación de su condición corporal (Boetto *et al.*, 2004).

Existe una estrecha relación entre condición corporal al inicio del servicio y variación de peso vivo durante el servicio con la fertilidad de los vientres. Ambos factores dependen de la calidad y consumo de forraje ofrecido. La productividad del rodeo depende de la fertilidad y la fertilidad de la alimentación y debe establecerse un sistema de manejo que le permita una correcta alimentación.

EL SERVICIO: DURACIÓN Y ÉPOCA

Los requerimientos nutricionales de un vientre son sumamente variables a lo largo del período entre partos, en consecuencia la única forma de alimentar correctamente un rodeo de cría es minimizando las variaciones entre animales y alimentando uniformemente todas las vacas.

Es posible afirmar que sin tener el servicio estacionado resulta imposible manejar la alimentación de un rodeo de cría y quien no maneja la alimentación está dejando de hacer lo más importante. Cuanto más corta sea la duración del servicio más homogéneo será el conjunto y más sencilla su alimentación, pero también menos tolerante de errores. La óptima duración del servicio es de 60 días en vacas paridas y 40 días en vaquillonas, pero es posible manejar correctamente el rodeo con 90 días en vacas y 60 en vaquillonas y alcanzar buenos resultados.

Para lograr que las vacas paridas ganen peso durante el servicio deberán consumir pastos de buena calidad y alta disponibilidad, por eso es necesario elegir cuidadosamente la época de servicio. El mes óptimo de iniciación del servicio varía entre regiones y aun entre ganaderos de una misma región que disponen de distinta base forrajera. Lo importante es que cada criador elija el mes de inicio de los servicios y lo mantenga constante. Es conveniente que el servicio se inicie cuando se cuente con seguridad con la pastura necesaria.

EL DESTETE: EFECTO SOBRE LOS REQUERIMIENTOS Y CONDICIÓN CORPORAL

Cuando el consumo de energía no resulta suficiente para cubrir los requerimientos se ve afectada negativamente la fertilidad del futuro servicio. Un mecanismo para mantener alta la fertilidad de los vientres es disminuir los requerimientos por la suspensión de la lactancia y mantener constante el consumo. Esto permite mejorar la CCo y consecuentemente la fertilidad.

El acortamiento de una lactancia normal de siete a cinco meses permite un ahorro de energía suficiente para mejorar la CCo al próximo parto en un punto, y esto significará una mejora en la preñez en el futuro servicio entre 15 y 20%. Este efecto se hace más notable y mayor cuanto sea más baja sea la CCo al destete.

El destete realizado durante el servicio permite mejorar la fertilidad de los vientres en ese mismo servicio, por la rápida mejora en la disponibilidad de nutrientes y recuperación de la CCo. Es ventajoso realizar esta práctica (destete precoz) cuando el estado corporal de los vientres es bajo o el nivel nutricional post-parto insuficiente para cubrir los requerimientos de lactación.

MANEJO NUTRICIONAL POR CONDICIÓN CORPORAL OBJETIVO

La alimentación es corrientemente evaluada por resultados productivos. Así, un tambero lo hace por la producción de leche y cada vez que produce algún cambio en la composición de la dieta analiza inmediatamente el impacto en la producción. El invernador valora la alimentación por la ganancia de peso y si bien no tiene una información diaria como el tambero, la obtiene en poco tiempo. En cambio, el criador no tiene posibilidad de aplicar este método tan sencillo y eficiente ya que, si bien existe la misma relación causa-efecto entre alimentación y producción, el tiempo que transcurre entre un cambio en la alimentación y el resultado es demasiado largo y muchas veces impide obtener claras conclusiones. Por ejemplo, un criador que mejora la alimentación invernal de sus vacas mejorará el estado corporal al parto y tendrá la primera información objetiva recién al próximo tacto.

Asumiendo que la condición corporal es la responsable de la productividad de los vientres, la propuesta para un sistema basado en la condición corporal es la siguiente: (Tabla VII, Anexo 2-2).

	Al parto	Al inicio del servicio	Al destete
CCo mínima	5	5	6

Tabla VII, Anexo 2-2: Condición corporal mínima en los momentos críticos

Se fija la condición corporal mínima al parto, al inicio del servicio y al destete para obtener buenos resultados de preñez. Esto implica ganancia de peso durante el servicio, condición indispensable para lograr fertilidad en los celos.

Frecuentemente en los campos de cría las vacas pierden estado después del parto y hasta el inicio del servicio, esto no resulta un problema si la pérdida no es mayor a un punto de CCo y paren en condición corporal 6.

Se sugiere que el criador fije como objetivo una condición corporal para cada mes del año, respetando las CCo mínimas necesarias y luego alimente para alcanzar los objetivos. De esta manera, considerando a la condición corporal como el resultado productivo, el criador podrá utilizar un sistema semejante al del invernador, con resultados mensuales fácilmente aplicables y de segura respuesta.

* * * * * *

REFERENCIAS

BAVERA G A., E.E. RODRIGUEZ, H.A. BEGUET, O.A. BOCCO y J.C. SÁNCHEZ, 1979. Aguas y Aguadas. Edit. Hemisferio Sur. 1° Edic., 284p.

BAVERA, G.A., 2001. Manual de aguas y aguadas para el ganado. Ed. del Autor, Río Cuarto, pp:33-35.

BOETTO, C., A.M. GÓMEZ y O. MELO, 2004. Manejo nutricional del rodeo de cría por condición corporal objetivo. En: Mejoramiento de la Productividad y Calidad de la Carne Bovina en la Provincia de Córdoba. Editor Responsable: Marcelo De León. INTA, EEA Manfredi, Área de Producción Animal, Proyecto Ganadero Regional, Informe Técnico N° 6.

CAMPS, D.N., G.O. GONZÁLEZ, J. GARCÍA TORRES, A. CAIMI y M. ZOPPI, 2001. Condición corporal: una interesante herramienta para monitorear el programa nutricional de los rodeos de cría. Consultores privados. Docentes del Área de Nutrición y Alimentación Animal, Facultad de Ciencias Veterinarias, UBA. www.produccionbovina.com.

CARRILLO, J., 1997. Manejo de un rodeo de cría. INTA CERBAS EEA Balcarce. pp:402-410.

COCIMANO, M., A. LANGE y E. MENVIELLE, 1975 Estudio sobre equivalencias ganaderas. Producción Animal, Bs. As., Argentina, 4:161-190.

COCIMANO, M., A. LANGE y E. MENVIELLE, 1983. Equivalencias ganaderas. AACREA.

DÍAZ, R.O., 1992. Estimación de la Capacidad de Carga. En: Karlin y Coirini Eds. Sistemas Agroforestales para Pequeños Productores de Zonas Áridas. GTZ, FCA-UNC. pp:24-25.

MORALEJO, R., 2004. Alimentación y condición corporal de la vaca de cría en la zona semiárida. Conferencia. Revista Angus, Bs. As., 222:48-51.

PEÑAFORT, C. y G.A. BAVERA, 2003. Condición corporal. Curso de Producción Bovina de Carne, Cap. VI. FAV, UNRC.

WILLMS, W.D., O.R. KENZIE, T.A. McALLISTER, D. COLWELL, D. VEIRA, J.F. WILMSHURST, T. ENTZ, y M.E. OLSON, 2002. Effects of water quality on cattle performance. Jour. Range Manage. 55:452-460.

*　*　*　*　*　*

CAPÍTULO VII

Comportamiento pastoril extensivo del ganado

CAPÍTULO VII

COMPORTAMIENTO PASTORIL EXTENSIVO DEL GANADO

1 COMPORTAMIENTO ANIMAL

1.1 Comportamiento del ganado

La función primaria del comportamiento es capacitar a un animal para ajustarse a algunos cambios en las condiciones, ya sean externas o internas. Muchos animales tienen una variedad de patrones de comportamiento los cuales pueden ser probados en una situación dada, y de esta manera aprenden a aplicar uno u otro de acuerdo a cual se ajusta mejor (Petryna, 2002). Una vaca situada en la sala de ordeño puede intentar zafarse o permanecer quieta hasta ser liberada. Puesto que solamente lo último produce resultados, muchos animales eligen este patrón.

Sin embargo, antes que un animal pueda aprender los resultados de su comportamiento debe existir primero lo que se denomina "respuesta". Cada patrón de comportamiento tiene alguna suerte de estímulo primario o liberador el cual exhibe el comportamiento en ausencia de cualquier experiencia previa.

Se puede observar que el comportamiento tiene varias causas generales. Una es la organización general hereditaria de las especies, la cual determina sus patrones de comportamiento. Otra es la presencia o ausencia de la estimulación primaria la cual produce el comportamiento; debe existir una suerte de cambio en las condiciones, ya sea en el ambiente externo o en el cuerpo para que el comportamiento ocurra.

Por lo tanto, los animales organizan su comportamiento fundamentalmente a través de procesos de aprendizaje.

Si nosotros vigilamos el comportamiento de los animales que viven bajo condiciones regularmente uniformes típicas de la domesticación, hallamos que frecuentemente hacen las mismas cosas día tras día a tiempos regulares. Parte de esto es causado por la formación del hábito, como cuando las vacas se amontonan cerca de la sala de ordeño justo antes del momento del ordeño. Parte de esto también es causado por cambios regulares en las condiciones ambientales a medida que el día cambia de noche a día. Los animales son más activos probablemente en el momento de grandes cambios, como al amanecer y al anochecer, y menos activos ya sea a mediodía o a medianoche. Parte de esto es también causado por ritmos fisiológicos internos que son parcialmente independientes de los eventos externos. Cualquiera sea el factor que esté involucrado, la mayoría de los animales tienden a vivir una existencia altamente regular día tras día.

1.2 Conducta animal, etología

La etología es una subdisciplina de la psicobiología que aborda el estudio de la conducta espontánea de los animales en su medio natural. La etología considera que la conducta es un conjunto de rasgos fenotípicos: esto significa que está influenciada por factores genéticos y es, por lo tanto, fruto de la selección natural. A la etología le preocupa comprender hasta que punto la conducta es un mecanismo de adaptación, para lo cual trata de establecer en que medida influye sobre el éxito reproductivo. En resumen, la etología pretende describir la conducta natural, explicar como se produce, que función adaptativa cumple y su filogenia o evolución (Petryna, 2002).

La etología es una disciplina relativamente nueva dentro de la ciencia animal, aunque algunos de sus principios han sido usados en la producción animal por años.

Konrad Lorenz, generalmente considerado como el fundador de la etología, descubrió el "imprinting" (impresión), un proceso de aprendizaje especialmente rápido y relativamente irreversible que ocurre usualmente dentro de horas o a los pocos días después del nacimiento de los animales. El "imprinting", incluye como concepto básico, un animal aprendiendo quien es su madre y a que especie pertenece.

183

Los animales como las personas son sociables. Ellos interactúan, se comunican, desarrollan relaciones amistosas o apegos, unos son dominantes y otros son subordinados o sometidos, tienen alguna necesidad de privacidad o "territorio", y son afectados por las "interrelaciones sociales".

A través del entendimiento del comportamiento animal, como funcionan en forma individual y en grupos, pueden verse beneficiados los establecimientos productores de ganado.

En esta propuesta se expone el papel de la etología en la ganadería, su relación con el bienestar de los animales, su relación con la seguridad de las personas que los manejan, teniendo en cuenta las rutinas, costumbres, realidades y posibilidades de nuestro medio; además se ofrecen elementos teóricos que apoyan las habilidades de observación, identificación e interpretación de las pautas de conducta de los bovinos (Calderón Maldonado y Pérez Peña, 2004).

Como punto de partida situaremos a la etología dentro de las ciencias del comportamiento animal junto a la psicología animal, la sociobiología y la psicología comparada. En general estas comparten algunos objetivos, como por ejemplo: estudiar, explicar y modificar la conducta animal. En este sentido una posible definición para la etología sería: ciencia que se encarga del estudio biológico de la conducta animal, teniendo en cuenta aspectos evolutivos, fisiológicos, ecológicos y comparativos.

1.3 Domesticación e influencias genéticas sobre el comportamiento

Los procesos de domesticación significan seleccionar, en el tiempo, aquellas especies que tienen características comportamentales que permiten el control y el manejo de los animales por las personas. Estas características, aunque son influenciadas por el ambiente, son ampliamente heredadas (Petryna, 2002).

Varias características comportamentales heredadas halladas en muchos de los animales domésticos permiten su uso en empresas agrícolas comerciales.

En un determinado momento estas características se fijaron durante la evolución de estas especies y en consecuencia permitieron la domesticación.

<u>Gregariedad</u>: Los animales de granja pueden estar combinados y generalmente están satisfechos en los rodeos o rebaños. Algunos animales viven la mayoría de su vida en una solitaria existencia. Otros viven en pequeñas familias o bandadas y no prosperan en un grupo grande. Ciertas razas de ovinos, tal como el Merino, poseen un fuerte instinto gregario.

<u>Organización social</u>: Los miembros de rebaños o rodeos se organizan a través de la dominancia social u "orden de picage".

<u>Apareamientos promiscuos</u>: Si los animales de granja se aparearan de por vida con un mismo compañero, como ocurre en muchas especies salvajes, sería necesario tener un toro para cada vaca, por ejemplo. Aunque la preferencia por ciertos miembros del sexo opuesto ha sido demostrada en muchas especies domésticas, en el ganado esta es una preferencia débil y el productor puede utilizar un reproductor para aparear varias hembras y puede también tomar decisiones específicas de apareamiento para alcanzar metas de mejoramiento del rodeo.

<u>Precocidad de los jóvenes</u>: Los potrillos, corderos, cerdos y cabritos nacen con sus ojos abiertos, pueden pararse y seguir a sus madres dentro de una hora o dos de haber nacido. Esto permite bajar los costos del grupo de manejo. Ellos no requieren demasiado cuidado materno como los bebés humanos o los cachorros.

<u>Adaptabilidad</u>: Los animales domésticos se adaptan a un amplio rango de ambientes, incluyendo sistemas de manejo y alimentación.

<u>Agilidad limitada y temperamento dócil</u>: Los bovinos y otras especies pueden ser contenidos con cercos relativamente simples y económicos. Existen diferencias entre razas, la raza Hereford es especialmente dócil, sin embargo el Brahman es más nervioso y usualmente requiere cercos más fuertes y altos.

Muchas de las características anteriores deberían llamarse "instintivas", comportamientos que exhibe un animal en ausencia de cualquier oportunidad de aprenderlos. Para estas características que son instintivas, el animal parece estar "programado" por su sistema nervioso central para responder a circunstancias o a estímulos específicos de una forma establecida. Un ejemplo común es la capacidad de los animales para nadar; un equino que nunca ha estado cerca del agua puede nadar fácilmente.

Otros ejemplos, son la tendencia de las aves a romper el cascarón después de alcanzar cierto estado de desarrollo durante la incubación o un cerdito recién nacido tratando de acercarse a la ubre de la cerda.

El comportamiento maternal en las especies de granja parece ser ampliamente instintivo. Una ternera puede ser separada de su madre al nacimiento y no experimentar el proceso de crianza, pero es probable que este animal muestre un comportamiento maternal normal cuando adulta tenga su cría.

El comportamiento de apareamiento es ampliamente instintivo, la mayoría de los animales copulan exitosamente después de la pubertad sin haber observado a otros, aunque algunos machos, debido a su juventud e inexperiencia, tienen dificultades en los apareamientos iniciales.

Algunos comportamientos instintivos ocurren aún en ausencia aparente de un estímulo o circunstancia apropiada. Debido a que muchas características comportamentales son influenciadas por la herencia, estas pueden ser cambiadas por selección.

Por generaciones, la domesticación ha sido la selección para características comportamentales deseadas. Los animales que estuvieron confortables con el confinamiento crecieron bien, permanecieron sanos y se reprodujeron, los que no se adaptaron fueron menos eficientes. Como resultado, una gran proporción de animales en las subsiguientes generaciones se adaptaron a un ambiente controlado por el humano. Se suma a esto la presión de selección adicional de las decisiones de los humanos acerca de cual hembra o macho se van a aparear, basadas conscientemente o inconscientemente en observaciones de características comportamentales del animal.

Existe una compleja interacción entre los factores genéticos y ambientales, que determina la forma en que se comportará un animal. Otro principio es que los cambios en un rasgo, como el temperamento, pueden tener efectos imprevistos en otros rasgos aparentemente desvinculados. La sobre-selección en favor de un único rasgo puede terminar en cambios indeseables en otros rasgos de comportamiento y de conformación física (Grandin y Deesing, 1998).

2 ETOLOGÍA PASTORIL EXTENSIVA DEL GANADO

2.1 Actividades del ganado en ambientes extensivos

Las actividades, costumbres o hábitos de vida del ganado en ambientes extensivos, típicos de regiones áridas y semiáridas, no han sido tan estudiados como lo han sido los pastoreos intensivos en ambientes de zonas húmedas.

En explotaciones extensivas los hábitos de vida de los animales siguen más los patrones de comportamiento de la vida en libertad. Las unidades de manejo o potreros son grandes y el comportamiento de los animales está menos condicionado por el entorno y sufren menos situaciones estresantes. En este medio el ganado puede ser menos eficiente en la utilización de los recursos si no se aplican técnicas de manejo apropiadas.

Los patrones de comportamiento influencian la manera en la cual los bovinos y ovinos utilizan los pastizales de manera extensiva. Las observaciones de estos patrones pueden influenciar las decisiones acerca del tamaño y forma de las pasturas, la carga animal por grupo, la distribución de las aguadas, las mezclas de sales y minerales, o el uso de pastoreo rotativo o continuo. Del mismo modo, el entendimiento y la observación pueden ayudar a determinar el tamaño óptimo del grupo de terminación a corral, el diseño de equipamiento, la cantidad necesaria de espacio para la alimentación y otros (Pertryna, 2002).

Para describir los distintos comportamientos vamos a agruparlos por actividades, sin dejar de reconocer que se mezclan, se interrelacionan y se modifican según el entorno del sistema pastoril, condiciones ambientales diferentes o diferentes épocas del año, o épocas de apareamiento, de gestación de amamantamiento. etc. Las principales actividades individuales son:
- Comportamiento ingestivo.
- Comportamiento de pastoreo.
- Comportamiento de elección de forraje.
- Etología del abrevado.
- Comportamiento de rumia.
- Comportamiento de descanso y sueño.

2.2 Comportamiento ingestivo

El comportamiento ingestivo involucra el consumo de alimento o de sustancias nutritivas, incluyendo sólidos y líquidos (Petryna, 2002). El comer y el beber son comportamientos ingestivos y cada una de las especies tiene sus propios métodos particulares. Las vacas, ovejas y cabras tienen en común el comportamiento de rumiación. Después de comer, el animal usualmente se echa y rumia. Su estómago está dividido en compartimentos los cuales facilitan este comportamiento separando el alimento grosero del fino.

El patrón de pastoreo en bovinos y ovinos está correlacionado con la carencia de incisivos. La vaca envuelve la lengua alrededor del bocado de pasto, y entonces mueve la cabeza hacia atrás, de modo que el pasto es cortado por los dientes inferiores; los ovinos cosechan el pasto con sus incisivos inferiores y la almohadilla dental superior y tironeando con un movimiento de la cabeza hacia adelante y arriba. El patrón característico de ingestión en cerdos es hozar, clava su nariz en el suelo y la levanta hacia delante y arriba, tirando barro y exponiendo a las lombrices y raíces. Los equinos muerden su alimento con los dientes superiores e inferiores, la masticación es más completa, y no rumian.

Todas las especies mencionadas son herbívoros u omnívoros y emplean muchas horas del día comiendo.

Los patrones de comportamiento ingestivo están relacionados a la anatomía y fisiología de cada especie y la naturaleza de las características de su alimento (ver Capítulo V:3.2 y 3.3). Debido a su importancia económica este comportamiento ha sido estudiado en muchas especies.

Galli *et al.*, (1996) dijeron que las teorías convencionales se basan en controles metabólicos y físicos del apetito pero no tienen en cuenta la influencia que las características "no nutricionales" de la vegetación ejercen bajo condiciones de pastoreo. Diariamente el animal dedica un tiempo limitado al pastoreo, por lo cual necesita lograr una alta tasa de consumo para que su ingesta total no esté restringida.

La producción ganadera sobre pasturas, predominante en nuestro país, depende en gran medida de la cantidad y calidad del forraje producido, de la capacidad del animal para cosecharlo y utilizarlo eficientemente, y de la capacidad del productor para manejar los recursos a su disposición, siendo la cantidad de alimento consumido el principal factor que determina la productividad animal.

El consumo diario de forraje puede analizarse como el producto de tres variables:
- El forraje consumido en un bocado durante el pastoreo.
- El tiempo diario de pastoreo.
- La tasa de consumo.

Estas tres variables describen el comportamiento ingestivo del animal en pastoreo.

Los estímulos físicos y metabólicos son los factores dominantes que controlan el consumo de forraje en animales estabulados. En condiciones de pastoreo adquieren importancia aquellos factores relacionados al comportamiento ingestivo, como la incapacidad del animal para mantener una alta tasa de consumo en el caso de condiciones limitantes de la pastura o el aumento del tiempo de pastoreo para compensar los efectos de una tasa de consumo reducida.

2.2-1 MECANISMOS QUE REGULAN EL CONSUMO EN PASTOREO

El consumo en pastoreo es muy variable y puede estar regulado por factores inherentes a la pastura, el animal y el ambiente.

Los cambios en la calidad, la cantidad y la distribución del forraje disponible tienen un efecto importante. La calidad de una pastura está relacionada con características físicas y químicas de la misma. Esta afecta directamente el consumo y su tasa, vía el pastoreo selectivo, e indirectamente, a través de la velocidad de procesamiento del alimento en el tracto digestivo. El consumo voluntario de forrajes está relacionado positivamente con la digestibilidad de la materia seca. Las causas principales estarían asociadas a la proporción de residuo indigestible en el alimento, el tiempo de pasaje por el tracto digestivo y el tamaño del rumen. Los forrajes se diferencian en el tiempo necesario para lograr un tamaño de partícula lo suficientemente pequeño como para dejar el rumen. Estas diferencias determinarían las distintas relaciones entre consumo y la digestibilidad para forrajes groseros y concentrados, tallo y hoja, gramíneas y leguminosas, gramíneas templadas y tropicales.

Desde el punto de vista químico los factores que pueden influir sobre el consumo se pueden dividir en:

- Fracciones que están relacionadas con la cantidad y composición de la fibra en la planta.
- Fracciones que son nutrientes esenciales para la población microbiana del rumen (proteína degradable en el rumen, azufre, sodio, fósforo).
- Componentes tóxicos.

Por ejemplo, a medida que la planta madura aumenta la proporción de pared celular (fibra) y hay una reducción en la proteína y los carbohidratos solubles del contenido celular. Asociados con estos cambios se produce una disminución en la calidad de la planta y del consumo voluntario.

Otro elemento que se debe considerar es el concepto de llenado, que tiene relación con el volumen de alimento, más que con el peso del mismo en el rumen (contenido ruminal). Cada alimento tiene distinta capacidad de "llenado" de acuerdo al volumen que se ocupa en el retículo-rumen, más allá de su concentración energética por kilo de materia seca.

Se puede dividir el control del consumo en tres niveles conceptuales:

- Ajustes gruesos que determinan la magnitud de una comida.
- Ajustes finos que intentan equiparar el consumo diario con el gasto energético.
- Ajustes muy finos que determinan el consumo en el largo plazo en función del estado fisiológico y el ambiente en que se encuentra el animal.

De esta manera, queda planteada una de las teorías más comúnmente aceptadas del consumo en rumiantes que, adaptado de Ketelaars y Tolkamp y Mertens, (citados por Galli *et al.*, 1996), puede ser resumida en los siguientes puntos:

- El estímulo para el consumo es la tendencia del animal a lograr su máxima capacidad genética de crecimiento y/o producción de leche, en correspondencia con la máxima tasa de utilización de nutrientes por sus tejidos.
- Cuando la dieta tiene una alta concentración de energía, vitaminas y minerales disponibles, el animal consume hasta satisfacer su apetito, siendo el potencial del animal el límite al consumo.
- Cuando la dieta tiene bajo valor nutritivo, el consumo está limitado por la capacidad del tracto digestivo y restringido por el efecto de llenado de la dieta. La tolerancia del animal al llenado retículo-ruminal aumenta en animales con mayor requerimiento de nutrientes.

- Otros estímulos asociados con el ambiente, como el clima (temperatura, lluvia, intensidad del viento), el manejo (método de pastoreo, carga animal), el comportamiento social, las enfermedades, etc., pueden modificar el rol dominante del control físico metabólico. Estos factores adicionales y otras situaciones de estrés, que Mc Clymont (citado por Galli *et al.*, 1996) definió como "adventicios", adquieren importancia en circunstancias particulares, siendo intermitentes en su impacto y difíciles de cuantificar.

Un resumen tentativo de los principales factores que limitan el consumo de distintas dietas en rumiantes (Tabla VII,2.2-1).

Dieta	Factores limitantes
Forrajes groseros de mala calidad	Palatabilidad Relación energía-proteína. Distensión del retículo y saco craneal del rumen. Factores químicos?
Forrajes groseros de mediana calidad	Distensión del retículo y saco craneal del rumen. Factores químicos? Factores humorales?
Forrajes de buena calidad y mezclas hasta 50-70% de concentrados	Distensión del retículo y saco craneal del rumen. Factores químicos Factores humorales
Concentrados	Factores humorales. Factores químicos. Distensión del retículo y saco craneal del rumen? Factores patofisiológicos?

Tabla VII,2.2-1: Principales factores limitantes del consumo (Galli *et al.*, 1996).

El comportamiento ingestivo en pastoreo depende de las reacciones del animal a las variables de la interfase de aquel con la planta, afectando el consumo. Una clara evidencia fue obtenida por Chacón y Stobbs (citados por Galli *et al.*, 1996) cuando extrajeron el contenido ruminal de animales con baja ingesta diaria y no lograron aumentos significativos en el tiempo de pastoreo. Esto significa que el animal dedica un tiempo diario limitado a la cosecha de forraje y por lo tanto necesita lograr una velocidad de ingestión que le permita alcanzar el consumo esperado de acuerdo a la calidad del alimento. En estos casos las características "no nutricionales" de la pastura son las que limitan el consumo.

2.2-2 COMPORTAMIENTO INGESTIVO Y CONSUMO DIARIO

En la mayoría de los estudios se relacionan variables groseras de la pastura con el comportamiento ingestivo y el consumo. Tradicionalmente, la interacción entre el animal en pastoreo y su alimento ha sido estudiada a través de la disponibilidad de forraje y su consumo, pero con poco énfasis en los mecanismos del proceso de pastoreo.

Hancock (citado por Galli *et al.*, 1996) fue el primero en considerar al consumo diario de forraje (CD) por un animal en pastoreo como el producto de 3 variables peso del bocado promedio (PB), tasa de bocado durante el pastoreo (TB) y tiempo diario de pastoreo (TP), resultando la siguiente ecuación:

$$CD = PB \times TB \times TP$$

Dentro de esta ecuación se pueden establecer otras dos variables:

- La tasa de consumo (TC) que surge del producto de PB y TB. Por lo tanto:

$$CD = TC \times TP$$

- El número de bocados totales por día (NB) que es el producto entre TB y TP. Entonces:

$$CD = PB \times NB$$

Este enfoque mecanicista, fue luego utilizado por Allden y Whittaker (citados por Galli *et al.*, 1996) y a partir de allí se generalizó su uso (ver Capítulo V,3.2 y 3.3). Es así, como el comportamiento ingestivo adquiere importancia, determinando por ejemplo la capacidad del animal para mantener la tasa de consumo en el caso de condiciones limitantes de la pastura o la capacidad para modificar el tiempo de pastoreo en función de contrarrestar los efectos de una tasa de consumo reducida.

Si además se consideran las dimensiones del bocado, el peso se puede componer a través del volumen (área x profundidad) y de la densidad del forraje en el horizonte de pastoreo (Figura VII,2.2-1).

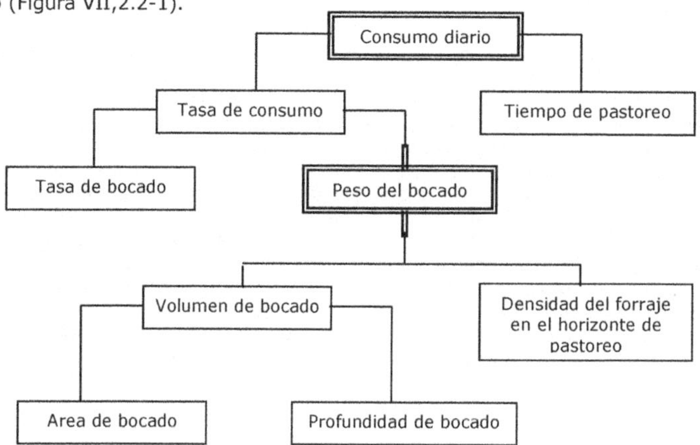

Figura VII,2.2-1: Componentes del comportamiento ingestivo (Galli *et al.*, 1996).

Otra manera de considerar los componentes que regulan el consumo de forraje y que tiene en cuenta otros factores como características del animal del forraje y del ambiente, es el diagrama de regulación del consumo de forrajes en los rumiantes (Piatkowski, 1982) (Figura VII,2.2-2):

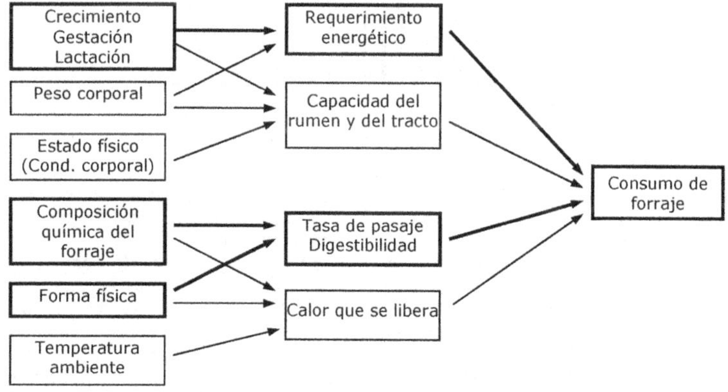

Figura VII,2.2-2: Esquema simplificado de la regulación del consumo de forrajes en rumiantes (Piatkowski, 1982). (Las líneas gruesas muestran los componentes y procesos mas importantes).

2.3 Comportamiento en pastoreo extensivo

El comportamiento en pastoreo extensivo se refiere a la etología del pastoreo o hábitos de pastoreo

Los equinos pastorean al ras del suelo, usando sus incisivos superiores e inferiores. Los bovinos y ovinos tienen solamente incisivos inferiores, y el bovino no puede pastorear al ras del suelo debido al grosor de sus labios y su tendencia a agarrar el pasto con la lengua, entonces lo tiran o cortan usando sus incisivos inferiores y la almohadilla dental. Los ovinos, sin embargo, siendo más pequeños y con labios más delgados, son capaces de pastorear más al ras de la superficie del suelo (Petryna, 2002).

Los equinos cubrirían un área considerable cuando pastorean, haciendo un paso o dos con cada bocado. Los ovinos o los bovinos caminarían menos y también intermitentemente se echan para descansar y rumiar.

Los momentos más activos de pastoreo tienden a estar cerca de la salida del sol y al atardecer. Existen variaciones de razas y rodeos en los patrones de pastoreo los cuales también pueden ser influenciados por la temperatura, el viento, la sombra y la calidad del forraje.

Las diferentes razas varían en su adaptabilidad climática, pero agrupándolas en *Bos taurus* y *Bos indicus* podemos decir que estos últimos en zonas de altas temperaturas pastorean más horas y caminan mayores distancias que los *Bos taurus*. El Cebú (*Bos indicus*) en los trópicos prefiere pastar en horas de luz, pero si la pastura es buena puede vérselos pastar de noche. Las razas europeas cuando se encuentran en los trópicos suelen modificar sus hábitos hacia un pastoreo más nocturno. El tiempo muy inclemente reduce el tiempo de pastoreo realizando pastoreos intensivos entre los aguaceros (Pereyra y Leiras, 1991).

Las horas de pastoreo en zonas templadas se reparten durante el día aproximadamente de la siguiente manera: durante el amanecer, a la media mañana, en las primeras horas de la tarde, y al anochecer (Figura VII,2.3-1).

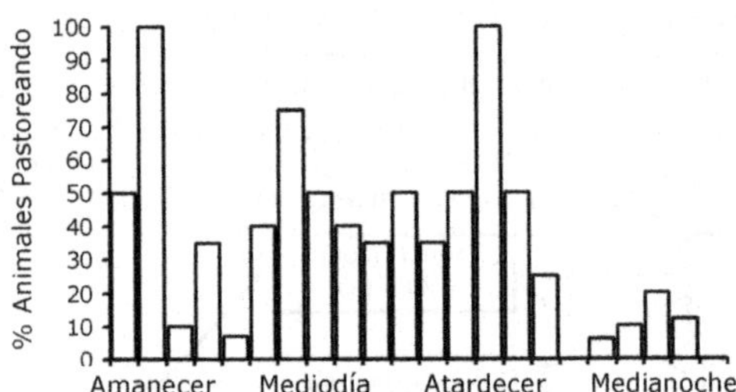

Figura VII,2.3-1: Porcentaje de animales pastoreando según horas del día (Pereyra y Leiras, 1991).

Como puede observarse hay un marcado predominio de pastoreo al amanecer y al atardecer. Las pautas de pastoreo en bovinos implican una periodicidad diurna. El máximo pastoreo se realiza a la mañana temprano y al anochecer, durante el resto del día se alternan descanso, rumia y pastoreo. También hay algo de ingestión nocturna.

En verano, con altas temperaturas, los animales pastorean más de noche que de día, durante el cual son continuamente molestados por las moscas y tábanos; en algunos casos el pastoreo nocturno llega hasta el 40% del tiempo. También a altas temperaturas la cantidad de alimento consumido es menor (Bignoli, 1971).

Cuando hay calor intenso los animales no comen durante el día y lo compensan con pastoreos nocturnos; si la noche también es calurosa, las caídas en el consumo pueden ser de hasta un 25%. Cuando hay temporal, muchas veces los animales no salen a la pastorear y permanecen guarecidos bajo los árboles (Solfanelli, 2001).

Pero debemos remarcar que las categorías de animales de mayores requerimientos al recibir una alimentación mala (en calidad y/o cantidad) recurren a aumentar las horas de pastoreo llegando a que el total del rodeo utilice en pastoreo horas que normalmente destinan al descanso o rumia.

Las horas dedicadas al pastoreo y rumia (en zonas húmedas) pueden resumirse en la Tabla VII,2.3-1:

Tipo de animal	Promedio de horas en pastoreo	Promedio de horas rumiando
Vacas lecheras	6,5 a 9,3	5,4 a 8,6
Vacunos de carne	7,5 a 7,9	6,8 a 7,8
Terneros	7,9 a 10,6	7,6
Ovinos	8,6 a 10,9	8,3

Tabla VII,2.3-1: Tiempos invertidos en pastorear y rumiar de distintos tipos y categorías de rumiantes (Bignoli, 1971).

En zonas áridas y semiáridas, cuando la oferta forrajera es escasa y la estructura del pastizal es poco densa, el tiempo de pastoreo de un bovino adulto puede llegar a prolongase hasta más de 10 horas por día.

Si la oferta forrajera no es limitante, otras causas que pueden modificar las pautas de pastoreo son: en potreros grandes curiosean más y caminan más, las condiciones climáticas afectan al pastoreo y se ha observado que en días cortos los bocados (peso) son más grandes de mañana.

También el comportamiento de alimentación es afectado por la edad, temperatura ambiente, calidad y tipo de alimento y por el estado de los dientes.

Los bovinos recién nacidos no pastan hasta varias semanas de vida, limitando su dieta exclusivamente a la leche materna, luego a medida que pasan los meses la relación se va invirtiendo (Figura V,2.3-2).

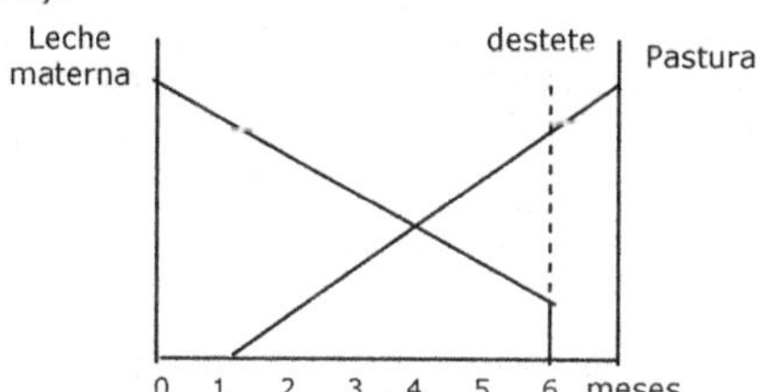

Figura V,7.3-2: Proporciones de consumo de leche y pasto en terneros
(Pereyra y Leiras, 1991).

El ternero va aprendiendo el movimiento de enrollar la lengua para envolver el pasto y a medida que desarrolla la dentición evoluciona el movimiento de corte elevando la cabeza.

La mayoría de los bovinos comen caminando hacia adelante en línea recta, generalmente en dirección contraria a la dirección del viento, cosechando a medida que avanzan.

La mayoría de los bovinos comen de pie, salvo algunos muy jóvenes, vemos que la cabeza del animal va moviéndose hacia los lados cosechando a medida que avanza aproximadamente un ancho del doble de su cuerpo, esto se observa en pasturas de buena calidad no así en campos malos. La distancia que camina durante el día para comer es de unos 4km y en pasturas viejas llegan a caminar el doble.

Se ha comprobado que tanto en vacas como en ovejas, las distancia son variables de acuerdo con el tamaño de los potreros pero está alrededor de los 2 a 3 kilómetros diarios que son recorridos en un 80% durante el día. La distancia en general es mayor cuanto mayor es el tamaño de los potreros. Por otra parte, una mala calidad de la pastura ocasiona un traslado aún mayor en busca de alimento (Bignoli, 1971).

Se ha observado que los bovinos tienden a pastorear de cara al viento. Las pasturas pueden ser sobrepastoreadas en el área de donde predomina cierta dirección del viento y la otra parte no ser utilizada. Para impedir esto, los ganaderos rutinariamente proporcionan agua y sal en la parte de la pastura que no se utiliza. Los animales tenderían a evitar áreas de reciente micción y defecación (especialmente las de su propia especie). Puesto que los animales frecuentemente orinan o defecan en áreas específicas (cerca de las puertas, instalaciones y de la sombra), estas áreas están bien fertilizadas y el pasto es jugoso, pero los animales no quieren pastorear allí (Petryna, 2002).

2.4 Comportamiento de elección del forraje

Bignoli (1971) expresó que: La cantidad y calidad del forraje afecta el comportamiento de los animales en pastoreo. Tanto vacunos como ovinos pastorean seleccionando las partes de la planta que tenga más hojas y como las hojas tienen un valor nutritivo superior a los tallos, se dice que los animales eligen el forraje que complete sus requerimientos alimenticios.

Y que: Los sentidos del animal desempeñan un papel importantísimo en la selección del forraje que comerán; la vista, el olfato y especialmente el tacto y el gusto tienen intervención decisiva en la selección del forraje.

Por otra parte, Pereyra y Leiras (1991) reportaron que: Los bovinos realizan una selección del forraje a consumir en pastoreo de oferta variada, habiendo dos teorías al respecto:

1) Que el animal elige su alimento según los elementos que su organismo necesita.

2) Que el animal elige por palatabilidad su alimento.

Esta última es la más factible de observar ya que vemos cómo los bovinos seleccionan las especies de plantas (creaming) y a su vez partes de determinadas plantas (desfoliación progresiva). Hasta aquí no sabernos con cual de las dos teorías nos manejamos pero si observamos a que especies de plantas se dirigen generalmente son de contenido dulce (ejemplo sorgos), también ante la oferta en comederos de algún concentrado y silaje el animal va al silaje. Una manera de que el animal acepte una ración o sales de calcio (harina de hueso u otras) es con el agregado de sal común (cloruro de sodio).

Ante todo no olvidemos que la energía neta del total de nutrientes digestibles (TND) es mayor en forraje seleccionado por los bovinos pastando que en forraje cosechado fresco o heno hecho de la misma cosecha.

En cuanto a la selectividad en praderas sembradas de zonas húmedas, Galli, Cangiano y Fernández (1996) dijeron: La selectividad puede afectar las variables del comportamiento ingestivo. Se asume que cuando el animal pastorea, busca los sitios de alimentación mientras camina. Del total de estos sitios el animal selecciona unos y rechaza otros. Por lo tanto, el tiempo de búsqueda dependerá de la velocidad de traslado, de la cantidad de sitios de alimentación por unidad de superficie y de la selectividad. En pasturas que ofrecen bocados pequeños el tiempo de búsqueda sería limitante, mientras que en aquellas que ofrecen bocados más pesados lo sería el tiempo de masticación y cuando el animal pastorea selectivamente.

La selectividad está muy ligada a la heterogeneidad, ya que para que el animal consuma un determinado alimento y rechace otro, debe ser capaz de diferenciarlo. La heterogeneidad puede ser percibida por el animal a distintos niveles y entonces la selección puede ser a nivel de sitio de alimentación dentro de una pastura, de especies dentro de un sitio o de órganos dentro de una planta. Esto depende de las características del tapiz y de la capacidad de selección del animal (identificación y aprehensión).

En general, hay acuerdo en que los bovinos y ovinos prefieren la hoja al tallo y el material vivo y joven al muerto y maduro. El material seleccionado con respecto al rechazado en general tiene mayor cantidad de nitrógeno, fosfato y energía bruta, y menor cantidad de fibra. Pero aún no están claros los mecanismos por los cuales el animal decide seleccionar un determinado material y/o rechazar otro, ya sea en respuesta al estímulo de algún sentido (con consecuencias negativas o positivas), por la facilidad para que esas partes sean cosechadas o por una conjunción de los dos aspectos (ver Capítulo V:3.4).

Cuando hay exceso de forraje con respecto a la demanda animal y heterogeneidad en calidad o palatabilidad los animales tienen oportunidad de seleccionar cosechando algunas áreas y rechazando otras. Como resultado, en el tapiz se desarrollan manchones de alta cantidad y baja calidad y manchones de baja cantidad y alta calidad y el animal volverá a seleccionar los manchones ya pastoreados. Los manchones de alta cantidad serán subpastoreados. En este caso el comportamiento selectivo es por calidad de forraje, y tiende a acentuar el "manchoneo".

Una alta selectividad de la dieta por calidad, puede producir una caída en el consumo total si hay una reducción en el tamaño de bocado que determine una baja tasa de consumo.

Por último Galli *et al.* (1996) dijeron: En algunos casos a igual biomasa, en las pasturas "manchoneadas" se logran mayores tasas de consumo, tanto con manchones de igual como de distinta calidad, pues el animal selecciona los sitios más altos o densos.

2.4-1 SELECTIVIDAD DEL GANADO EN REGIONES ÁRIDAS Y SEMIÁRIDAS

Como dijimos, los bovinos consumen un 95% de forraje de gramíneas y un 5% de ramones de leñosas en promedio anual, los ovinos un 60% de gramíneas y un 40% de latifoliadas herbáceas y ramones de leñosas y los caprinos un 30% de gramíneas, y un 70% de latifoliadas herbáceas y ramones de leñosas.

Sobre la elección o selectividad del forraje por el ganado en el Árido Subtropical Argentino, nuestra experiencia es que resulta mas compleja que en praderas sembradas de regiones templadas o templado-cálidas húmedas o subhúmedas, dado que el ambiente del entorno pastoril que tenemos en esta región es mucho más diverso y heterogéneo.

A tal fin, definiremos nuestro modelo de interpretación y los términos a utilizar en este manual:

Observamos que hay 3 motivaciones para que el ganado elija cierto forraje:

- La palatabilidad: Elección en función de los sentidos del animal, principalmente olfato y gusto
- La preferencia: Elección según la oferta forrajera y las necesidades del animal para conformar su dieta.
- La aceptación: Elección según el conocimiento y adaptación del ganado.

La no elección o rechazo también encuentra las mismas posibilidades que la elección, así puede rechazar un posible alimento por no ser palatable, por no ser preferido, o por desconocimiento y/o no haberse adaptado o acostumbrado.

En realidad en la dieta de los animales seguramente intervienen la 3 motivaciones de elección de forraje, posiblemente la mas importante en las regiones chaqueñas de Córdoba, sea la preferencia.

Sabemos que la elección de forraje también cambia según época del año, tan es así que especies poco elegidas en verano, son las más elegidas en invierno, la misma planta que crecen a la sombra en verano es más elegida como diferida y otras.

Lamentablemente son muy pocos los trabajos, por no decir nulos, sobre la dieta del ganado en sistemas extensivos del Chaco Árido y Semiárido. Si bien es casi impracticable la utilización de fístulas esofágicas o ruminales en este ambiente, tampoco hay trabajos sobre determinación de la dieta por métodos microhistológicos de análisis de heces.

Sólo nos quedan algunas determinaciones estimadas por planta comida (% utilización) o por observaciones directas de tiempos de utilización. De ellos presentamos algunos trabajos relevantes sobre comportamiento pastoril en regiones con monte y matorrales.

2.4-2 COMPORTAMIENTO PASTORIL DE LOS BOVINOS EN EL CHACO ÁRIDO DE CÓRDOBA
Virasoro (1989) estudió la preferencia de los bovinos en dos épocas del año en un campo cercano a Deán Funes (provincia de Córdoba).

Preferencia bovina por gramíneas en el estado fenológico de floración (Tabla VII,2.4-1).

Especies	%de Frecuencia	%de Frecuencia Utilizada	Preferencia Relativa	Orden de Preferencia Animal
Setaria cordobensis	1,2	0,9	75,00	1
Bothriochloa barbinodis	4,0	2,5	62,50	2
Bouteloua curtipendula	5,9	3,6	61,01	3
Diplanchne dubia	3,0	1,3	43,33	4
Trichloris crinita	1,7	0,7	41,17	5
Eragrostis orthoclada	4,5	1,7	37,77	6
Setaria leiantha	11,1	4,1	36,93	7
Trichloris pluriflora	9.6	3,5	36,45	8
Setaria leucopila	3,6	1,2	33,33	9
Pappophorum papiferum	0,3	0,1	33,33	10
Cynodon dactylon	1,6	0,4	25,00	11
Chloris ciliata	1,3	0,3	23,07	12
Sporobolus pyramidatus	4,3	0,8	13,60	13
Pappophorum caespitosum	13,2	2,3	17,42	14
Digitaria insularis	19,7	2,9	14,72	15
Aristida mendocina	3,4	0,5	14,70	16
Gouinia paraguariensis	5,6	0,4	7,14	17
Digitaria californica	3,5	0,2	5,71	18
Microchloa indica	0,8	0	0	
Tragus berteronianus	0,3	0	0	
Paspalum unispicatum	0,3	0	0	
Neobouteloua lophostachya	0,3	0	0	
Cenchrus myosuroides	0,3	0	0	
Bouteloua megapotamica	0,2	0	0	
Chloris virgata	0,2	0	0	
Aristida adscencionis	0,1	0	0	

Preferencia bovina por gramíneas en el estado fenológico de reposo (Tabla VII,2.4-2).

Especies	%de Frecuencia	%de Frecuencia Utilizada	Preferencia Relativa	Orden de Preferencia Animal
Digitaria californica	6,66	5,22	78,38	1
Setaria pampeana	0,44	0,33	75,00	2
Chloris ciliata	2,55	1,80	73,73	3
Aristida mendocina	2,22	1,55	69,82	4
Digitaria insularis	8,11	5,66	69,79	5
Gouinia paraguariensis	3,22	1,88	58,39	6
Setaria cordobensis	1,44	0,66	45,83	7
Setaria leiantha	6,83	1,22	17,86	8
Pappophorum caespitosum	23,88	3,11	13,02	9
Eagrostis orthoclada	1,00	0,11	11,00	10
Setaria leucopila	2,55	0,22	8,63	11
Trichloris pluriflora	17,11	1,00	5,84	12
Diplachne dubia	4,44	0,22	4,95	13
Trichloris crinita	4,77	0,22	4,61	14
Bouteloua curtipendula	6,33	0	0	
Botriochloa barbinodis	2,44	0	0	
Sporobolus pyramidatus	2,22	0	0	
Stipa brachychaeta	1,55	0	0	
Microchloa indica	0,88	0	0	
Aristida adscensionis	0,33	0	0	
Chloris virgata	0,33	0	0	
Neobouteloua lophostachya	0,27	0	0	
Digitaria sp	0,22	0	0	
Tragus berteronianus	0,21	0	0	

2.4-3 COMPORTAMIENTO PASTORIL DE LOS BOVINOS EN UN MATORRAL

Como no tenemos registrada la actividad de los bovinos en un fachinal típico del Chaco Árido o Semiárido (pocos árboles y renovales, abundantes arbustos y gramíneas), presentamos el trabajo de Velásquez Caudillo (1997), en un ambiente similar de México.

1) Hábitos de pastoreo del ganado bovino en un matorral del Estado de Sonora, México (Tabla VII,2.4-3).

	JUL-SEP $\bar{x}$	OCT-DIC $\bar{x}$	ENE-MAR $\bar{x}$	ABR-JUN $\bar{x}$	$\bar{x}$
Tiempo pastoreando	6h 47'	4h 46'	5h 16'	4h 20'	5h 16'
Tiempo ramoneando	1h 49'	4h 48'	4h 50'	4h 50'	4h 54'
Tiempo rumiando	5h 44'	6h 08'	5h 47'	5h 19'	5h 38'
Tiempo inactiva	6h 07'	6h 05'	5h 19'	6h 34'	6h 06'
Tiempo caminando	2h 52'	1h 26'	1h 07'	1h 46'	1h 46'
Tiempo bebiendo agua	0h 31'	0h 13'	0h 10'	0h 24'	0h 17'
Suma total horas	23h 57'	22h 59'	22h 28'	23h 31'	23h 57'
N° veces excreta	7.6	5.8	5.5	4.5	
N° veces orina	6.0	3.7	2.8	2.0	
N° veces bebe agua	1.7	0.8	0.8	1.5	

Referencias: JUL-SEP (verano), OCT-DIC (otoño), ENE-MAR (invierno) y ABR-JUN (primavera).

2) Composición botánica mensual de la dieta (%) de bovinos en el matorral del Estado de Sonora, México (Tabla VII,2.4-4).

GRAMINEAS	E	F	M	A	M	J	J	A	S	O	N	D	$\bar{x}$ ANUAL
Ari spp	30	72	54	17	9	10	27	17	11	11	10	22	24
Bou spp	27	8	30	61	29	49	57	66	27	65	69	64	46
Call eri	12	1	1	1	1	1	3	3	1	3	5	7	3
Cen cil	10	7	7	1	2	3	1	2	37	14	2	2	8
Chlo vir	-	-	1	-	-	-	-	-	1	1	-	1	<1
Dig ins	1	<1	<1	-	1	1	-	-	1	1	-	-	<1
Het con	-	-	-	-	-	-	-	1	-	1	-	<1	<1
Lep fil	4	-	-	1	1	1	2	2	12	4	1	-	2
No ident.	-	-	-	1	3	1	-	-	1	-	-	-	-
HIERBAS													
Ama pal	-	-	-	-	2	-	-	-	3	-	-	-	<1
Ano cri	-	-	1	1	-	1	-	-	-	-	-	-	<1
Euph ser	-	-	-	-	-	1	-	-	1	-	-	<1	<1
No ident.	2	-	-	-	-	-	-	-	-	-	-	-	<1
ARBOLES													
Cer spp	5	-	-	5	4	2	1	-	-	-	-	-	1
Eys orth	-	<1	-	-	-	-	<1	-	-	-	-	-	<1
Fou mcd	-	-	-	-	1	-	-	-	-	-	-	-	<1
Pho cal *	-	-	1	18	-	14	-	1	-	-	12	2	4
Oln tes	-	-	-	2	3	-	<1	-	-	-	-	-	<1
Pro vel? ó jul	6	-	1	5	24	16	1	2	1	-	<1	1	5
ARBUSTOS													
Enc far	2	3	-	1	1	-	-	-	-	-	-	-	<1
Mezquitillo?	1	<1	-	-	-	-	<1	1	-	-	-	-	<1
Abu pri	-	2	1	1	-	1	<1	<1	1	-	-	-	<1
Mim lax	-	4	-	-	-	-	-	<1	-	-	-	-	<1
Sal hum	-	-	-	-	-	-	1	-	1	-	-	-	<1
Otros	-	2	2	4	-	1	1	-	1	1	-	-	1

Referencias:
GRAMÍNEAS: Ari spp = *Aristida adsencionis* L., *Aristida ternipes* Cav.; Bou spp = *Bouteloua aristidoides* (H.B.K.) Griseb, *Bouteloua curtipendula* Gould, *Bouteloua gracilis* (H.B.K.) Lag, *Bouteloua rothrockii* Vasey; Call eri = *Calliandra eriophylla* Benth.; Cen cil = *Cenchrus ciliaris* (L) Link.; Chlo vir = *Chloris virgata* Swartz; Dig ins = *Digitaria insularis* L.; Het con = *Heteropogon contortus* (L) Beauv; Lep fil = *Leptochloa filiformis* (Lam.) Beauv.
HIERBAS : Ama pal = *Amaranthus palmeri* S. Wats; Ano cri = *Anoda cristata* (L!) Schlencht; Euph ser = *Euphorbia serpens* Benth.
ÁRBOLES: Cer spp = *Cercidium floridum* Benth, *Cercidium microphyllum* (Torr.) Rose & Johnston., *Cercidium sonorae* Rose & Johnston; Eys orth = *Eysenhardtia orthocarpa* (A. Gray) s. Wats; Fou mcd = *Fouquieria mcdougalli* Nash.; Pho cal = *Phoradendrum californicum* Nutt. (Parásita en árboles y arbustos); Oln tes = *Olneya tesota* A. Gray; Pro vel? ó jul = *Prosopis velutina?*, *P. juliflora* Torr.
ARBUSTOS: Enc far = *Encelia farinosa* A. Gray; Mezquitillo?; Abu pri = *Abutilon pringlei* Mim lax = *Mimosa laxiflora* Benth; Sal hum = *Salvia humilis.*

Se encontró que las gramíneas constituyeron la mayor parte de la dieta de los bovinos, llegando a formar el 84% de la dieta total, de las cuales *Bouteloua rothrockii* y *B. aristidoides* fueron las especies forrajeras mas consumidas, alcanzando un 46% en la dieta total.

Las hierbas tuvieron bajas participaciones en la dieta, siendo consumidas en un 5%, en la época de verano.

Los árboles formaron parte importante en la dieta y su mayor consumo fue durante la primavera, con un 21%.

Los arbustos también participaron con buen porcentaje en la dieta, alcanzando un consumo de 15% en primavera.

2.4-4 COMPORTAMIENTO PASTORIL DE LOS CAPRINOS EN EL CHACO ÁRIDO DE CATAMARCA

El comportamiento pastoril de un hato de cabras fue estudiado por J. C. Rodríguez (1985) contabilizando porcentajes de tiempo, desde la salida del corral hasta el encierre nocturno. Se registraron los porcentajes de tiempo dedicados a distintas actividades, los dedicados al consumo de distintos tipos de vegetación y especialmente los dedicados al consumo del estrato herbáceo.

Principales actividades del día: descanso, consumo de forraje y en movimiento (caminando), en 3 épocas diferentes: otoño, invierno y primavera (Tabla VII,2.4-5).

Actividad	Tiempo en cada actividad en %		
	Otoño	Invierno	Primavera
Descansando	8	10	5
Consumiendo	70	65	75
En movimiento	22	25	20

Tabla VII,2.4-5: Principales actividades de los caprinos observadas en 3 estaciones del año.

El lugar de trabajo fue un área aledaña a paraje denominado "La Gruta", situado a 6km al nornoroeste de la ciudad de Catamarca. El área se encuentra en el ecotono entre el Chaco Serrano y el Chaco Árido en una franja de unos 4km de ancho, ubicada en el piedemonte oriental de las sierras de Ambato.

Proporciones de tiempo dedicados por los caprinos al consumo de distintos tipos de vegetación, a lo largo del día y en 3 épocas diferentes: otoño, invierno y primavera (Tabla VII,2.4-6).

Tipo de forraje	Tiempo de consumo en %		
	Otoño	Invierno	Primavera
Hojarasca	10	45	-
Ramones	70	35	85
Estrato herbáceo	25	20	15

Tabla VII,2.4-6: Porcentajes de tiempo dedicados al consumo de distintos tipos de forrajes en 3 estaciones del año.

Porcentajes de tiempo dedicados por los caprinos a consumir los distinto forrajes dentro del tipo estrato herbáceo (Tabla VII,2.4-7).

Tipo de forraje	Tiempo de consumo en %		
	Otoño	Invierno	Primavera
Bromeliáceas terrestres	5	70	25
Gramíneas	70	10	55
Dicotiledóneas herbáceas	25	20	20

Tabla VII,2.4-7: Porcentajes de tiempo dedicados al consumo en 3 estaciones del año.

Preferencia relativa de caprinos (Tabla VII,2.4-8)

	Especies	Otoño	Invierno	Primavera
1	Garabato	8.4	3.7	8.7
2	Lata	8.2	3.8	10.2
3	Tala o Tala Churqui.	11.3	8.7	15.1
4	Manzano del Campo	1.0	7.8	2.9
5	Shinki	6.2	-	8.3
6	Poleo	2.5	2.9	7.5
7	Lantana.	-	1.0	0.9
8	Palo Amarillo	2.4	-	5.4
9	Ancoche	34.2	1.3	12.0
10	Mistol	10.7	12.4	14.1
11	Algarrobo Negro	0.8	5.9	1.7
12	Quebracho Blanco	-	1.6	1.4
13	Algarrobo Blanco	-	1.4	-
14	Inca Yuyo	0.6	-	1.2
15	Mistol del Zorro	-	5.5	-
16	Cardón	-	1.6	-
17	Tusca	-	2.8	-
18	Horco Quebracho	-	6.3	-
19	Gramíneas	9.6	3.4	5.4
20	Bromeliáceas terrestres	0.9	14.2	2.8
21	Epifitas	-	14.4	-
22	Latifoliadas herbáceas	3.2	1.3	2.4
	Σ	100.0	100.0	100.0

Tabla VII,2.4-8 Referencias: en Tabla siguiente VII,2.4-9.

	Nombre común	Nombre botánico	Rec. Forrajero
1	Garabato	*Acacia praecox, Acacia furcatispina*	Ra
2	Lata	*Mimozyganthus carinatus*	Ra
3	Tala o Tala Churqui.	*Celtis espinosa o Celtis chichape*	Ra y Ho
4	Manzano del Campo	*Ruprechtia apetala*	Ra y Ho
5	Shinki	*Mimosa detinens*	Ra
6	Poleo	*Lippia turbinata*	Ra
7	Lantana sp.	*Lantana sp.*	Ra
8	Palo Amarillo	*Aloysia gratísima, A. lycioides*	Ra
9	Ancoche	*Vallesia glabra (Cav.) Link*	Ra y Ho
10	Mistol	*Ziziphus mistol*	Ra y Ho
11	Algarrobo Negro	*Prosopis flexuosa*	Fr yHo
12	Quebracho Blanco	*Aspidosperma quebracho-blanco*	Ra
13	Algarrobo Blanco	*Prosopis chilensis*	Fr yHo
14	Inca Yuyo	*Aloysia fiebrigii*	Ra, Fr y Ho
15	Mistol del Zorro	*Castela coccinea*	Ra
16	Cardón	*Stetsonia coryne o Cereus validus*	FrS
17	Tusca	*Acacia aroma*	Fr
18	Horco Quebracho	*Schenopsis hankeana*	Ho
19	Gramíneas	Censadas 13 especies	Fl, Fr y Fo
20	Bromeliáceas (Chaguar)	*Dichia chaguar, Deuterocohnia longipetala*	Fl
21	Epifitas { (Claveles del Aire)	*Tillandsia duratiti, T. usneoides*	Fl y Fr
	{ (Ligas)	*Psittacanthus sp.*	Ra y Fl
22	Latifoliadas herbáceas	*Malbastrun coromandelianun,*	Fl y Fo

Tabla VII:2.4-9: Recurso forrajero: Fo = Follaje; Ho = Hojarasca; Ra = Ramones; Fr = Frutos; FrS = Frutos secos; Fl = Flores; Pe = Planta entera.

2.5   Etología del abrevado

Las costumbres y hábitos de los bovinos para el consumo de agua tienen las siguientes características (Bavera, 2001 y 2002):

En el ganado vacuno se observó que cuando el agua estaba disponible con facilidad para los animales en pastoreo, en potreros poco extensos, éstos bebían usualmente de 2 a 7 veces al día, con un promedio de 3-4 veces diarias.

Las vacas lecheras lactantes pueden beber hasta ocho veces por día. En las vacas lecheras en lactación, el 40% del consumo se produce entre las 15 y 21 horas. El pico de la demanda ocurre entre la 1ª y 3ª hora posterior al ordeño de la tarde.

El vacuno tiene un gran espíritu gregario, en especial en algunas razas, lo que hace que cuando uno se dirige a la aguada, lo sigan algunos otros o todos. Esta interacción entre los animales del rodeo hace que probablemente beban todos, aunque no todos precisen realmente consumir agua.

Como existe una jerarquía establecida en cada rodeo, el uso del agua se puede ver afectado por la dominancia social. Por ello, algunos animales pueden tener una restricción al acceso al agua, aunque la misma se ofrezca *ad libitum*.

Cuando en el rodeo hay animales astados y mochos, los primeros tienen prioridad de acceso al agua, y en algunos casos hasta pueden impedir que los mochos beban.

Es común que el ganado en explotación extensiva, en zonas de monte y/o sierra, de potreros de gran superficie, no vaya más de una vez por día al bebedero durante los meses cálidos y en invierno pase 48 horas o más sin abrevar.

En zonas tropicales, se comprobó una mayor frecuencia en la toma de agua en el Búfalo *(Bubalis bubalis)* comparado con el Cebú cuando se alimentaron con forrajes de baja calidad con 89% de MS y la raza lechera Guernsey tomó agua con mayor frecuencia que el cebú cuando recibieron forraje verde de alta calidad con 18% de MS.

En invierno los vacunos se dirigen desde el lugar en que los sorprende la mañana en dirección a la aguada. Al mediodía, especialmente si hay sol, pasan un buen rato alrededor de la misma y a la tarde beben por última vez y se dirigen hacia zonas de dormidero o zonas alejadas de la aguada para pasar la noche. A la mañana siguiente emprenden nuevamente camino hacia la aguada.

Cuando la temperatura ambiente no excede los 26ºC el ganado vacuno tiende a efectuar sus abrevados por la mañana y al final de la tarde, mientras que en otros momentos consume muy poca agua.

Cuando la temperatura sobrepasa los 32ºC los períodos durante los que no consume agua tienden a acortarse y los animales suelen beber cada 2 horas o más a menudo, dirigiéndose desde cualquier punto del potrero a la aguada para saciar la sed, sin detenerse a comer en el camino. Cuando el calor es intenso, pasan hasta 8 horas (desde las 9-10 horas hasta las 16-17 horas) en las proximidades de la aguada, rumiando, descansando y bebiendo cada tanto.

Ciertos pastos, como los verdeos invernales tiernos y el maíz antes de "muñequear", tienen un elevado contenido en agua, lo que disminuye en forma marcada la tendencia de los animales a estar gran parte del día junto a las aguadas, ya que disminuye su necesidad de agua de bebida.

Hay aguadas en que el ganado bebe solamente de noche. Esto se debe a que el porcentaje de anhídrido carbónico disuelto en el agua disminuye durante el día debido al calentamiento del agua, lo que la hace más alcalina, y durante la noche, al disminuir la temperatura del aire, y por lo tanto la del agua, aumenta la concentración de anhídrido carbónico, alcanzando una concentración suficiente como para mejorar la palatabilidad.

El mismo principio anterior ocurre con las aguadas que "se arruinan" los días de viento norte, por la disminución del anhídrido carbónico disuelto debido a la acentuada baja de la presión atmosférica. Esto hace que los animales se concentren cerca de la válvula de entrada de agua al bebedero para tomar el agua que entra, la que está mas fresca y menos asoleada, y por lo tanto, con mayor concentración de anhídrido carbónico y menos alcalina.

El ganado no acostumbrado a aguas con tenores salinos límites, previamente arisquea y olfatea y luego lame el agua en lugar de sorberla normalmente, levantando la cabeza, realizando movimientos de mandíbula y dejando salir el agua de la boca, en una acción muy característica, tomando poca agua por toma y más veces.

Si en un potrero hay una aguada muy salina y otra con agua buena, aunque para llegar a la segunda los animales deban caminar más, prefieren a ésta.

El ganado vacuno estabulado tiende a beber frecuentemente si el agua está fácilmente a su alcance, particularmente durante el tiempo caluroso.

El alimentado a ración o el que a pastoreo recibe suplementos concentrados tiende a beber con más frecuencia que el que permanece a pastoreo exclusivamente.

Animales acostumbrados a abrevar en bañados u otras aguadas naturales, al ser llevados a potreros con aguadas artificiales, se suelen meter en los bebederos por tener la costumbre de beber parados dentro del agua.

En el ganado lechero, la cantidad de agua bebida llega al máximo luego del ordeño, pudiendo llegar a beber más de 20 litros por minuto y hasta un 40% del total del consumo diario.

Las vacas lecheras en producción deben tener agua a disposición permanentemente, pues se ha constatado que en esta forma producen alrededor de un 5% más de leche que si bebieran a discreción solo dos veces por día y un 10% más que si lo hicieran en una sola toma diaria.

Las vacas lecheras produjeron mas leche y consumieron menos agua cuando se les suministró agua fría artificialmente. Cuando se les permitió elegir, prefirieron el agua fresca a temperatura de pozo, no tan fría.

El bovino no necesita beber agua inmediatamente después de ingerir un suplemento salino. Pueden pasar más de 7 horas hasta que tenga necesidad de beber. Por lo tanto, los saladeros, excepto en época de servicio en que conviene que toros y hembras permanezcan más tiempo juntos, se deben colocar lejos de las aguadas para no agregar una causa más de sobrepastoreo y traslado de la fertilidad en la cercanía de las mismas.

En pastoreo rotativo con agua en la parcela, los hábitos varían, tomando el animal agua un promedio de 6-7 veces por día, menor cantidad por vez, a distintas horas y sin permanencia cerca de la bebida; toman agua y van a comer, ya que son conscientes que la tienen cerca y a disposición.

Con el agua en la parcela en pastoreo rotativo los animales no actúan con espíritu gregario dirigiéndose en grupos grandes a la aguada, sino que van en forma individual o en pequeños grupos.

Con aguas de salinidad alta, en épocas de lluvias con encharcamientos no se presentan los síntomas esperados por el exceso de sales. Esto se debe a que los animales, en estos casos, prefieren beber de los charcos y lagunas. El problema se presenta nuevamente en épocas de seca.

En engorde a corral ocurre a veces que un alto porcentaje de animales se montan entre sí. Esto se puede deber a la existencia de poco espacio en bebederos y comederos, ya que los animales que luchan para llegar a un bebedero o comedero sobrecargado tienden a montarse más.

2.6   Comportamiento de rumia

La rumia depende de la calidad del alimento. A mayor calidad menor tiempo de rumia y viceversa. La hembra en celo disminuye la rumia. El dolor y el estrés también disminuyen la rumia (Pereyra y Leiras, 1991).

La posición ideal para la rumia es en decúbito esternal aunque en algunas ocasiones la pueden realizar de pie o caminando (en caso de lluvias, pisos encharcados, etc.).

Los animales invierten 5 a 9 horas del día para la rumia. Este, tiempo es la suma de: tiempo de regurgitación, de masticación, salivación, deglución y el intervalo entre bolos. Las horas totales están divididas en 15 a 20 períodos de rumia diseminados en las 24 horas del día, siendo el horario que más ocupan en rumiar el posterior al pico de ingesta que ocurre al anochecer.

Se regurgitan de 300 a 400 porciones de alimento con un promedio de 50 movimientos masticatorios por porción. La duración de los periodos de rumia puede variar de un minuto a superiores a una hora. La remasticación y salivación lleva 50 a 60 segundos, tragar, pausa, regurgitar 7 a 9 segundos.

Los temeros comienzan a rumiar entre las 3 a 4 primeras semanas de vida, pero la rumia útil para su fisiología digestiva es a partir de los 6 a 7 meses de edad.

Algunos autores utilizan la relación rumia-pastoreo (R:P) como dato de normalidad o anormalidad de los tiempos en relación a la calidad de los alimentos; por ejemplo los bovinos (en zonas húmedas) en verano e invierno rumian prácticamente la misma cantidad de tiempo que el que ocupan pastando siendo la relación R:P de 1:1; en cambio durante la primavera y el otoño el tiempo de rumia es mucho menor al de pastoreo debido a lo tierno de los pastos en estas estaciones del año, la relación R:P es 0,5:1.

El forraje encañado causa períodos de rumia más largos, mientras que el forraje con más hojas es rumiado en períodos más breves (Bignoli, 1971).

2.7 Comportamiento de sueño y descanso

Los equinos aparentemente duermen menos de siete horas por día, y mucho de su sueño ocurre en pie. La duración del sueño es variable, este puede ser corto e irregular.

Se ha observado que todas las especies de ganado y aves domésticas experimentan el sueño profundo, donde hay relajación muscular, tasas cardíacas y respiratorias más bajas, y aún evidencia de sueño. El cerebro tiene patrones de onda similares a los humanos que sueñan, movimiento rápido de los ojos, y movimientos faciales o de los miembros que sugieren una respuesta al estímulo de sueño.

El sueño profundo es extremadamente raro en ovinos y bovinos adultos, en parte debido a que las casi perpetuas contracciones y movimientos del rumen y del retículo requieren que el esternón esté en una posición determinada. El sueño profundo puede darse en el animal echado sobre su costado o relajado sobre su esternón. Esto puede explicar porque algunos bovinos maduros u ovinos son observados en sueño profundo relativo solamente cuando están recostados sobre un fardo, una rueda o un cerco, los cuales ayudarían a mantener al esternón en una posición normal en relación al rumen y al retículo. Los terneros y corderos, cuyos lúmenes y retículos aún no están en funcionamiento, frecuentemente tienen sueño profundo (Petryna, 2002).

Se puede observar con respecto al descanso de los animales que raras veces los animales se duermen con tal intensidad que queden totalmente inconscientes. En los períodos en que las vacas están echadas con los ojos cerrados y con la cabeza sobre el suelo cualquier ruido fuera de lo común las despierta enseguida (Bignoli,1971).

Los cerdos de todas las edades tienden a dormir profundamente y por largos períodos y más horas diarias que el bovino, ovino o equino. En su sueño y en las características de descanso estos tienden a ser similares a los humanos.

Excepto en los porcinos, parece que muchas de las experiencias de "descanso" por parte de los animales domésticos son bajo la forma de un estado soñoliento o de un sueño liviano. Es común que los bovinos y ovinos le dediquen cuatro a diez horas a la rumia de un período de 24 horas. Esto puede ser repartido dentro de quince a veinte períodos durante las 24 horas, y puede ocurrir un considerable descanso durante esos momentos.

El descanso y sueño es necesario para los animales, en los ambientes en los que el animal esta cómodo y adaptado, períodos de descanso y sueño permiten que ocurra la recuperación metabólica y conservación de energía corporal. Los bovinos son polifásicos en sus períodos de descanso. Esta somnoliento unas 7 u 8 horas diarias, divididos aproximadamente en 20 períodos que preceden o siguen al sueño verdadero de unas 4 horas. La falta de descanso y sueño producen anormalidades en el comportamiento (de Elía, 2002).

2.8 Comportamiento eliminativo

El comportamiento eliminativo en zonas áridas y semiáridas no tiene efectos tan importantes como en regiones húmedas. El bovino defeca 15-20 veces por día y orina 18-20 veces. Todo depende de las características del forraje, agua de bebida y temperatura ambiente.

2.9 Comportamiento exploratorio

El comportamiento exploratorio de los bovinos puede ser importante ya que el animal al ser introducido a un nuevo entorno (potrero) tratará de reconocerlo, para ubicar puntos de interés, como aguadas, oferta forrajera, sombra, abrigo y otros. En este punto es importante la habilidad de los líderes en reconocer rápidamente esos sitios.

3 COMPORTAMIENTO SOCIAL

3.1 Interrelaciones sociales

Los animales que permanecen juntos rápidamente forman hábitos de respuesta de unos a otros. El comportamiento se vuelve regular y predecible, este comportamiento entre dos individuos se denomina "relación social" (Carpenter, 1934; Scott;1958; citados por Petryna, 2002).

Los animales de granja naturalmente forman rodeos o rebaños, lo cual permite manejarlos en grandes grupos con razonable eficiencia de alimentación y manejo. Ellos tienen un fuerte instinto de grupo de manera que aislar un individuo de su grupo, puede ser muy estresante. Los individuos aislados usualmente se vuelven nerviosos y su comportamiento es más dificultoso de predecir que el del grupo.

Los rodeos criados en forma extensiva comúnmente restringen su actividad a un área dada denominada "home range". Estos "home range" generalmente se solapan (superponen), y los ocupantes no intentan defenderlo de otros rodeos. El rebaño reclamaría un área geográfica, la cual es defendida de la invasión de miembros de otros rebaños. En tal caso, el agua y el alimento deberían situarse de modo que los miembros de un rebaño no sean forzados a entrar al territorio del otro rebaño. En algunas especies estas tendencias son denominadas instintos territoriales.

Los miembros de los rebaños o rodeos están organizados por dominancia social u "orden de picage". El término "orden de picage" es frecuentemente usado porque este fue el primero descripto con relación a cómo las ponedoras se pican unas con otras.

Cuando un grupo de animales son puestos juntos, usualmente ocurren un amplio número de peleas hasta que se establece el orden de dominancia, lo cual lleva alrededor de 3 a 6 horas en pequeños grupos de cerdos y un día o más en grupos más grandes. Stookey y Gonyou (1994, citados por Petryna, 2002) concluyeron que el reagrupamiento de los cerdos dos semanas antes de ser llevados al mercado afecta negativamente las ganancias diarias sin suficiente tiempo para ganancia compensatoria o recuperación.

El orden de dominancia es usualmente lineal (A-B-C-D) en pequeños grupos pero se vuelve mas complicado en grandes grupos de animales.

En muchas especies animales, la dominancia social se expresa más fuertemente entre machos o entre hembras en el momento del apareamiento. Cuando se usa un toro joven en un rodeo donde también se utilizan toros más viejos, es prudente colocar los toros más jóvenes con una parte de las vacas en una pastura separada.

El estrés puede llegar a ser muy grande y el crecimiento y la producción menor entre los animales hasta que el orden social queda bien establecido, y este estrés puede continuar, especialmente para aquellos que están situados muy abajo en el orden.

En cuanto al comportamiento de grupo, cada uno de los sistemas generales de comportamiento tienen por lo menos alguna tendencia a juntar a los animales, excepto el comportamiento "agonístico" (de peleas o riñas), el cual hace que los animales guarden distancia o se mantengan aparte. El comportamiento "ingestivo" y el "investigatorio" pueden agrupar a los animales si ellos están investigando los alrededores del ambiente y buscando alimento.

La investigación mutua, una fuente común de alimento, o la lactancia pueden agrupar a los animales. En los animales que forman rebaños, el comportamiento "alelomimético" es una fuerza cohesiva fuerte y constante. Por el seguimiento y la imitación de unos con otros forman grupos estrechamente organizados. Los comportamientos de cuidados solicitados y cuidados dados son también fuerzas poderosas de atracción. El comportamiento sexual causa fuerte atracción, particularmente en ciertos momentos y estaciones. Así, muchas especies animales formarían grupos sociales, aún si no son tenidos juntos en corrales.

3.2 Comportamiento social en sistemas extensivos

Recordemos que los animales herbívoros de presa como el ganado han desarrollado hábitos gregarios, es decir tienden a agruparse. En la naturaleza representan el papel de presas. Los perros son predadores y los vacunos les temen, como al hombre. Recordemos también que los animales memorizan el miedo, esto es una manera de sobrevivir. Como otros mamíferos incluido el hombre, almacena sus experiencias en la zona límbica del cerebro. También reconocen un orden social, lo establecen en cada nuevo grupo y lo respetan aún a distancia de 30m en los corrales (Villalba, 2003). La temperatura ambiente tiene una marcada influencia también en la estructura del grupo porque a bajas temperaturas los bovinos pastorean más juntos y viceversa (Pereyra y Leiras, 1991).

3.2-1 RELACIÓN DOMINANCIA-SUBORDINACIÓN

Cuando dos animales adultos extraños se encuentran por primera vez es probable que estos respondan con una pelea suave o severa. Como resultado un animal pierde y el otro gana. Este comportamiento es rápidamente reducido a un hábito, con el resultado de que un animal, el dominante, siempre ataca o amenaza, a la vez que el animal subordinado se somete o evita el contacto. Esta relación es una solución para el problema de conflicto o competencia, y usualmente resulta en un comportamiento relativamente tranquilo. Sin embargo, algunas parejas simplemente forman el hábito de atacarse siempre que se encuentran. Cuando los animales jóvenes son criados juntos, hay tendencia a formar hábitos de comportamiento pacífico, y la dominancia puede que nunca aparezca. Si esta aparece entre los animales jóvenes, es probable que se desarrolle sin peleas severas. En el manejo de los animales de granja, el colocar animales adultos del mismo sexo, frecuentemente resulta en pelea severa debido a que las relaciones de dominancia aún no han sido establecidas. En muchos grupos se desarrolla una organización de dominancia estable reduciendo las peleas manifiestas. Si se introducen extraños en tales grupos la desorganización social resulta en serias peleas (Petryna, 2002).

El sistema de ganadería y el número de animales que constituyen un grupo afectan la frecuencia y naturaleza del comportamiento social. Las interacciones son afectadas por el rango relativo de los animales dentro de las jerarquías de dominancia social dentro del grupo. En todos los encuentros entre los mismos animales hay tendencia a presentar respuestas similares (de Lía, 2002).

Para que haya estabilidad en las relaciones es necesario que todos los miembros del grupo puedan reconocerse, que hagan una nómina de miembros estables del grupo, sin enfermedades o retiros temporales y que los animales recuerden su posición y actúen de acuerdo a ella. El contacto visual es imprescindible para el posicionamiento social. Los encuentros agresivos son mas frecuentes cuando el grupo esta desarrollando su propia escala social. Cuando existe estabilidad jerárquica los encuentros son mínimos.

La escala jerárquica se forma entre animales que conviven por largo tiempo y en general es estable. Los factores que influyen para determinar la posición en la escala son: Raza, tamaño, edad, cuernos, sexo, etc. Esta jerarquía varía solo al introducir un animal extraño o bien por cuestiones de edad o enfermedad.

Se han observado distintos tipos de jerarquías (de Lía, 2002):

a) Jerarquía Lineal: El animal A domina al B, y este domina a todos menos al A, el animal Z no domina a nadie.

b) Jerarquía bidireccional: Es mas común. Contiene 1 o mas interacciones triangulares. En este caso, el animal A del caso anterior es reemplazado por 3 miembros, en el cual el animal 1 domina al 2, que domina al 3, el que a su vez domina al 1. Los tres dominan al resto del grupo.

c) Jerarquía Compleja: En este caso se presentan varias jerarquías bidireccionales sin ningún orden preestablecido.

Canosa y Acuña (1997) expresaron, en cuanto al comportamiento social de los toros que:

1) El orden social dominante (OSD) es la jerarquía que se establece en un grupo de animales ante la presencia de factores limitantes y apetecibles.

2) El valor dominante es el puesto que ocupa cada animal en la jerarquía social.

3) Los factores limitantes y apetecibles son:
   - Alimentos.
   - Hembras en celo.
   - Espacio.

El OSD se establece en función de: la veteranía en el rodeo, la edad, el peso, posesión de cuernos y otros. Osterhoff (citado por Canosa y Acuña, 1997), demostró que:

1) Los toros más veteranos eran los padres de más del 60% de los terneros, en cinco años distintos.

2) El liderazgo fue pasando con los años a medida que se avejentaban los líderes.
   - En grupos de toros de orden social estable, hay mayores efectos inhibitorios entre toros que atentan contra el rendimiento productivo.
   - Los toros dominantes no son necesariamente los más fértiles.
   - Los toros dominantes pasan hasta el 98% de su tiempo en el grupo sexualmente activo (GSA) en temporada de servicio.
   - Cuando el porcentaje de celo diario disminuyó, los grupos de toros con OSD inestable, resultaban más eficaces.

En cuanto al comportamiento de los toros (Grandin, 2000) dice: Los toros de razas lecheras tienen mala fama de atacar a la gente, posiblemente debido a las diferencias que hay en la crianza de los toros carniceros y los lecheros. Los terneros machos de razas lecheras suelen ser retirados de la vaca a poco de nacidos, y se los cría en corrales individuales, en tanto que los terneros machos de razas carniceras son criados por sus madres. Price y Wallach (1990; citados por Grandin, 2000) encontraron que el 75% de los toros Hereford criados en corrales individuales desde el primer al tercer día de vida amenazaban o atacaban a los operarios ganaderos, en tanto que solamente el 11% los amenazaba cuando habían sido criados artificialmente en corrales grupales. Estos autores también informan que han trabajado con más de 1000 toros Hereford criados por su madre, y han experimentado solamente un ataque. Los toros que son criados artificialmente en corrales individuales quizás no alcancen a desarrollar relaciones sociales normales con otros animales, y es posible que perciban a los humanos como rivales sexuales (Reinken, 1988; citado por Grandin, 2000). También se ha informado de problemas similares de agresión de parte de Llamas machos criados artificialmente (Tillman, 1981; citado por Grandin, 2000). Afortunadamente, la crianza artificial no provoca problemas de agresión en las hembras o en los machos castrados. Esto hace que estos animales puedan ser manejados con mucha mayor facilidad. Más información sobre toros puede leerse en Smith (1998; citado por Grandin, 2000).

3.2-2 RELACIÓN DE LIDERAZGO

Esta es importante en ovinos, caprinos, bovinos y equinos. Los animales jóvenes siguen a sus madres y posteriormente se generaliza a todos los individuos más viejos. Como resultado, los animales más viejos tienden a ser los líderes. Esta relación también ocurre en las aves domésticos y sus madres.

La ocurrencia de la relación social depende del patrón de comportamiento social natural de las especies involucradas. Por ejemplo, las relaciones de liderazgo son muy fuertes en el ovino, donde los corderos siguen a sus madres desde el nacimiento. Se debería distinguir la relación de liderazgo de la de dominancia, en la cual un animal puede conducir o acorralar a otro mas que a liderarlo (Petryna, 2002).

Si bien el orden jerárquico es el mas importante para el mantenimiento de la estabilidad del rodeo existe otro tipo de orden social llamado liderazgo.

Según de Lía (2002), El liderazgo, u orden de desplazamiento, se da en movimientos voluntarios y libres sobre pasturas, en el que un animal actúa como líder y frecuentemente se encuentra a la cabeza de la columna. Casi nunca el líder en desplazamiento es el que está mas alto en la escala jerárquica.

Se puede aprovechar el comportamiento natural de seguimiento que tiene el ganado para facilitar sus movimientos (Grandin, 2000). El valor de los animales líderes era algo reconocido en los antiguos arreos de ganado de los EE.UU. Los mismos animales iban a la cabeza de manadas de miles de animales día tras día (Harger, 1928; citado por Grandín, 2000). Un buen animal líder es generalmente una vaca sociable, no un animal dominante. Smith (1998; citado por Grandín, 2000) tiene información excelente sobre el efecto del comportamiento social sobre el manejo de ganado.

Los animales nerviosos y excitables, si se convertían en líderes, eran eliminados, dejando solamente a los líderes serenos (Harger, 1928; citado por Grandin, 2000). En Australia, se utiliza un grupo de animales amansados "guías" para ayudar a juntar ganado salvaje (Roche, 1988; citado por Grandin, 2000). También Fordyce (1987; citado por Grandin, 2000) recomienda mezclar unos pocos novillos viejos y mansos con los terneros *Bos indicus*, para facilitar su entrenamiento en los procedimientos de manejo.

El ganado criado en condiciones extensivas puede ser fácilmente entrenado para que se acerque al ser llamado. Los animales aprenden a asociar el sonido de la bocina de un vehículo con el alimento (Hasker y Hirst, 1987; citados por Grandín, 2000). En el norte de EE.UU., cuando la nieve cubre el suelo, los animales irán corriendo hacia el camión repartidor de heno. Sin embargo, el ganado puede convertirse en un problema si siempre persigue camiones en busca de forraje, de modo que deberían ser entrenados a asociar la bocina del vehículo con el alimento. De esta forma, se puede recorrer la pastura en camión sin que los animales lo persigan inútilmente.

Cada vez más ganaderos están adoptando sistemas de pastoreo intensivo, en los que el ganado es cambiado a una parcela nueva cada pocos días (Savory, 1978; Smith *et al.*, 1986; citados por Grandin, 2000). Las vacas aprenden rápidamente a pasar de parcela, pero los terneros a veces se estresan cuando sus madres corren hacia la nueva pastura y los dejan atrás. Para evitar el estrés de los terneros, los hombres se deben ubicar cerca de la puerta de entrada de la nueva pastura para hacer que las vacas la crucen al paso, a un ritmo controlado (Grandin, 2000).

Los animales líderes consumen alimento de mayor contenido de nutrientes con menos fibra, pueden realizar bocados más grandes. Los seguidores pastorean más tiempo (Canosa y Acuña, 1997).

Se ha observado que en los sistemas de producción extensivo los animales líderes generalmente son hembras, estos animales se comportan con una especie de "cuidado maternal" que se extiende a todo el grupo, y guían al conjunto en sus recorridas, en que alimento consumir, cuando beber, descansar, etc.

También han observado que el liderazgo presenta distintos tipos de jerarquías, como en las jerarquías de dominancia. No sabemos si son lineales, bidireccionales o complejas, pero parecería que algún animal es líder en dirigir los tiempos de las actividades, otro para guiar y otro para la elección del forraje; y es posible que existan otras divisiones y relaciones de liderazgo. Esto es mas notable en los caprinos que en los bovinos.

El conocimiento del comportamiento social y principalmente de los liderazgos es muy importante para la conducción y movimientos del ganado. Los pastores, tropilleros, arrieros y otros, conocen desde hace mucho tiempo la utilidad de los animales líderes para el manejo del ganado, estas personas identificaban esos animales, generalmente hembras, con un cencerro y las denominan, yegua madrina, cabra madrina, etc.

Los animales domésticos establecen relaciones sociales con los hombres. La relación social con el hombre puede darse cuando los animales dependen de su cuidador humano para parte o todos los cuidados y bienestar. El hombre entra a formar parte de las relaciones sociales de los vacunos. Puede ocurrir una relación líder-seguidor conforme el animal siga a la persona (de Lía, 2002).

3.3 Comportamiento sexual de los animales en sistemas extensivos

En la sección comportamiento sexual y reproductivo, Petryna (2002), expresó: El ganado y las aves tienden a ser polígamos. Temprano, durante la estación de cría, son observados cuidados mutuos o cortejo, especialmente entre animales en pastoreo. Pero la presencia de estro visible entre la mayoría de las hembras tienden a atraer a los machos de cría casi al azar.

La vaca que va a entrar en estro usualmente bala y vocaliza más, lamiendo a los otros animales, pudiendo intentar montar a otra vaca.

Una cerda en estro está usualmente inquieta, puede haber alguna monta, y la cerda a veces emite gruñidos suaves y rítmicos. También, si se da la oportunidad ella emplearía más tiempo cerca del verraco que del macho castrado. Una oveja simplemente seguiría al carnero pocas horas antes del estro, pasando tiempo con él, y siguiendo un cortejo quieto.

Una yegua en estro demuestra las más vívidas características comportamentales, incluyendo una posición de ofrecimiento, con las patas posteriores extendidas, la cola arqueada, salpicando orina, y contracciones rítmicas de la vulva. En todas las especies cuando se aproxima el estro, la vulva generalmente se vuelve turgente y existe descarga mucosa.

El ímpetu sexual del macho, o libido, varía entre especies, razas e individuos. Esta tiende a ser más grande en especies con cría estacional tales como la oveja. Los machos con niveles razonables de libido responden rápidamente y agresivamente a las hembras en estro. El comportamiento de cortejo generalmente comprende el olfatear el área de la vulva, empujar a la hembra en la parte posterior o en los flancos, el "fleming", mugido u otro tipo de sonido, estampar las patas, manotear el suelo, o desafiar a otros machos.

En el ganado, la penetración varía desde un empuje en el caso de los rumiantes a 4 o 6 minutos y en algunos casos de 10 a 20 minutos en el caso de los cerdos. Es común que un macho sirva a la misma hembra varias veces durante un período de estro, 3 o más veces en el caso del ovino y sobre 10 u 11 veces en el caso de equinos y porcinos, especialmente si no hay otras hembras en celo (Petryna, 2002).

3.4 Comportamiento sexual del rodeo

En el comportamiento sexual del rodeo, Canosa y Acuña (1997) dan la siguientes pautas:

- Las hembras en celo y las que están próximas a él, se agrupan formando un grupo sexualmente activo (GSA), presentando mayor dinamismo; caminan a mayor velocidad, el toro lo detecta mediante la vista y permanece gran parte de su tiempo, cortejando y sirviendo a las que presentan celo.

- Este GSA se forma cuando el rodeo presenta una buena tasa de celo diario.
- La reproducción es una función de lujo; ante un estrés nutricional o de otra índole, la vaca se defiende economizando energías, y no entra en celo.
- En rodeos numerosos pueden formarse varios GSA.
- Los toros compiten entre sí por las vacas en celo.
- Los de 2 años de edad tienen un orden social inestable; sin embargo el ranking social no entorpece significativamente su actividad de servicio. Los toros de edad mixta conservan un orden social mas estable en relación con la veteranía de cada individuo.
- La edad es el factor mas relevante de la estratificación social, y estará también influenciado por la actividad que demuestren en el servicio.
- Al asociar un toro viejo con los toros jóvenes en un servicio de vaquillonas, el índice de preñez se deprimió en un 9%. Al aparear con toros de edades diversas influimos en la paternidad de las futuras crías. Datos de Osterhoff (citado por Canosa y Acuña, 1997) indican que en cada uno de los 5 años de servicio con un grupo de toros de edad mixta sobre vacas, el toro más viejo y el que le seguía en edad, produjeron entre el 60% y el 70% de los terneros nacidos, mientras que el toro más joven produjo solamente entre el 5% y el 15% de las crías.
- Si los toros más viejos tenían un índice de crecimiento menor que el de sus subordinados más jóvenes, se deprimía el índice de crecimiento en mayor medida que si se hubieran usado todos toros jóvenes.
- En el mismo sentido diferentes razas determinan también rangos sociales. Al juntarse toros Hereford y Brahman en un mismo rodeo, los primeros producirán más alta proporción de terneros (Itter *et al.*, 1954; Donaldson, 1962; citados por Canosa y Acuña, 1997) lo que muestra asimismo diferentes dominancias entre razas.

3.5 Comportamiento maternal

Al nacimiento las crías generalmente se presentan con la cabeza entre las patas delanteras; rompen el saco amniótico y comienzan a respirar, las madres los lamen y les quitan los restos de saco y tejidos amnióticos, y el recién nacido se esfuerza para hallar la ubre y comenzar a mamar. Este es el punto, por supuesto donde el "imprinting" es más intenso. Luego del nacimiento se establece una relación cuidado-dependencia entre la madre y la cría (Petryna, 2002).

3.5-1 PAUTAS DE CUIDADOS MATERNOS

Las principales pautas que establecen las primeras relaciones con la cría son (Canosa y Acuña, 1997):

Lamido: para estimular la respiración, para retirar membranas, para secar el pelo de la cría, para estimularlo a pararse y encontrar ubre, para higienizarlo, para disminuir el riesgo de infección y acción de predadores, como función social y para dar estímulos funcionales vitales.

Vocalización: para establecer el vinculo social entre las dos partes la madre y la cría.

Por otra parte, los olores de la madre que percibe la cría también sirven para establecer reconocimientos y vínculos.

3.5-2 RELACIÓN CUIDADO-DEPENDENCIA

Esta relación es usual entre la madre y la cría. En ovinos y caprinos, en los cuales las crías están por largo tiempo con sus madres, la relación se torna muy fuerte y persiste en la vida adulta (Petryna, 2002).

4   MANEJO Y CONDUCCIÓN DEL GANADO SIN ESTRES

4.1   El estrés en los animales

A los vacunos, al igual que otras especies animales de herbívoros de manada, el miedo los mueve a estar permanentemente vigilantes para escapar de los predadores. El miedo puede elevar las hormonas asociadas con el estrés a niveles más altos que muchos factores físicos adversos. Cuando el ganado se agita durante los trabajos de manejo, esto se debe al miedo. Los encargados de corrales de engorde, que deben manejar miles de cabezas de ganado proveniente de entornos extensivos, han descubierto que el trabajo calmo durante la vacunación contribuye a que los animales reingresen más rápidamente al régimen previo de alimentación. El ganado que se pone muy agitado durante la inmovilización en la manga de compresión tiene ganancias de peso menores que el ganado que permanece en calma al ser sujetado (Grandin, 2000).

El ganado bovino, ovino, caprino, equino, camélidos sudamericanos y otros herbívoros, son animales de presa. Han evolucionado desarrollando patrones de comportamiento para protegerse de sus predadores y poder desarrollar su ciclo vital. La domesticación ha ido atenuando los patrones de comportamiento como el de supervivencia, por ejemplo: de una zona de fuga de unos 30 metros o más en animales silvestres a una zona de fuga de 0 metros en algunos animales de tambo.

En otros casos adquieren nuevos comportamientos por repeticiones sucesivas de ciertos estímulos, fácilmente observables en vacas de tambo, les es tan placentero el ordeñe como el mamar del ternero, se habitúan a los horarios de ordeñe y racionamiento, al orden de entrada, el lugar en la sala de ordeñe, y otros.

Temple Grandin (2000), dice que el ganado es motivado por el miedo. El miedo es un gran factor de estrés. Para evitar a los predadores, el ganado bovino tiene un campo visual amplio y panorámico, que abarca los 360º (Figura VII,4.1-1).

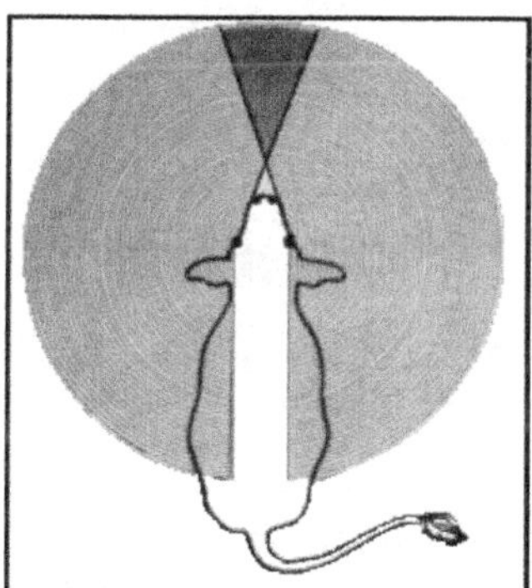

Fig. VII,4.1-1: El ganado tiene visión panorámica. El área gris clara muestra el campo de visión del animal donde no tiene percepción de la profundidad. El sector gris oscuro frente a la cabeza del animal representa el campo de visión binocular. Tiene percepción de profundidad en un ángulo de 25 a 50 grados (Grandin, 1985).

Las novedades súbitas (un reflejo del cristal de la camioneta en el suelo, un papel que levanta vuelo con el viento, etc., provoca miedo y muchas veces reacciones de pánico. El ganado bovino, al igual que otros ungulados, se asusta ante las novedades cuando éstas se le presentan súbitamente (Gandín, 2000).

Los animales de fuga, como el bovino o el equino, tienden instintivamente a alejarse de las especies predadoras, como los perros, o dominantes, como los humanos. No hay bovinos de lucha, salvo que se los entrene u obligue a pelear. La manada es la zona de seguridad del bovino, que tenderá a fugarse hacia ella. Por eso es más difícil trabajar al animal aislado. Dentro de la manada, sus miembros definen su posición y espacio sin necesidad de llegar al enfrentamiento. El orden se establece por amenazas sutiles mediante señales corporales, en una suerte de lucha simbólica, tras la cual los animales dominados ceden ante el dominante (Giménez Zapiola, 1999).

No debemos olvidar que los bovinos a pesar de estar domesticados desde la antigüedad, poseen una tendencia a vivir de manera trashumante. Por ello la presencia del hombre, los alambrados, etc. coartan su manera natural de vida y en menor o mayor grado, alteran su comportamiento y actividad. Cuanto mas se aleje el manejo de las condiciones habituales, mayor será el estrés que sufra el animal, no pudiendo expresar todo su potencial de rendimiento no obstante sea alimentado con calidad y cantidad y que tenga las condiciones de sanidad y manejo necesarias. Esto se manifiesta aún mas en condiciones adversas (de Elía, 2002).

Quienes pretenden estar en la vanguardia del negocio ganadero, se esfuerzan por reducir el estrés de los animales que tienen bajo su manejo. Les interesará saber que la imitación del movimiento inicial de acecho, propio de un predador en espacios abiertos, puede servirles para juntar el ganado con un mínimo de estrés (Grandin, 2001).

Lo que mucha gente no sabe, es que los principios generales de manejo de ganado sin estrés, tales como entrar en la zona de fuga para hacer que el animal se mueva (Figura VII,4.1-2), o usar el punto de balance para controlar la dirección de ese movimiento (Figura VII,4.1-3), se basan en los patrones instintivos de comportamiento que los animales tienen para escapar de sus predadores.

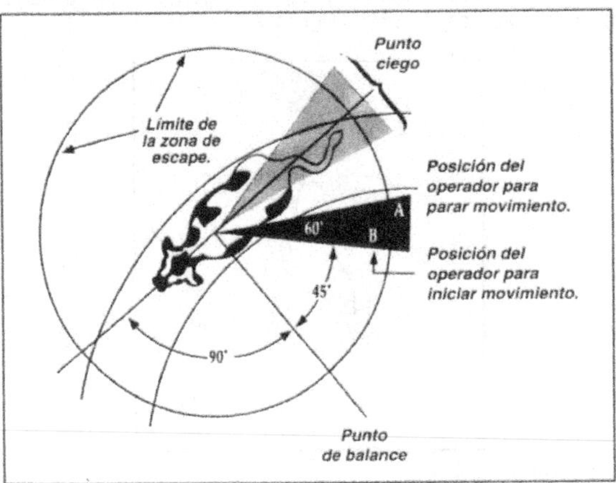

Figura VII,4.1-2: Diagrama de la zona de fuga donde se indican las posiciones más efectivas para hacer que el animal se mueva hacia delante (Grandin, 2000).

Para que un animal se mueva hacia adelante, el hombre debe ubicarse en el sector sombreado de la figura V,4.1-2, entre los puntos A y B, y mantenerse fuera del punto ciego que está detrás del animal. Para hacer que el animal se adelante, el hombre debe estar detrás del punto de balance del hombro del animal, y para hacer que retroceda, debe ubicarse adelante de dicho punto (Kilgour y Dalton, 1984; citados por Grandin, 2000).

Otro principio es que los animales de pastoreo, solos o en grupo, se moverán hacia adelante cuando el hombre pasa rápidamente su punto de balance del hombro en dirección contraria a la deseada para el movimiento del ganado. Los movimientos descriptos en la figura VII,4.1-3, sirven para inducir al ganado a entrar a una manga de compresión reduciendo notablemente o eliminando el uso de la picana eléctrica.

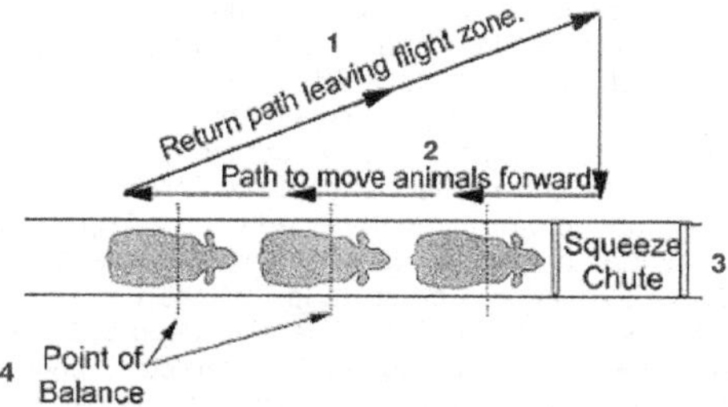

Figura VII,4.1-3: Secuencia de movimientos para inducir a los animales a avanzar en la manga (Grandin, 1998). Traducción de referencias: 1) Movimiento de retorno, saliendo de la zona de fuga; 2) Movimiento para que los animales avancen; 3) Manga de compresión; 4) Puntos de balance.

4.2 Conducción del ganado según sus patrones de comportamiento instintivo

El ganado vacuno pertenece a una especie de animales de presa, que ha desarrollado, durante miles de años de evolución, los patrones de comportamiento que le han permitido, al igual que a otras especies salvajes emparentadas, protegerse de sus predadores. Las pautas de conducta dirigidas a evitar la predación están inscriptas en sus cerebros, y funcionan como "bits" de "software" informático.

Los primeros naturalistas denominaron instintos a estos patrones de comportamiento, y los especialistas modernos en conducta animal los llaman pautas fijas de acción. Algunos esquemas instintivos de conducta son muy rígidos e inamovibles, pero otros pueden ser modificados por el aprendizaje. La reacción del "flehmen", por la que el toro frunce el labio superior, es un ejemplo de pauta fija que no requiere aprendizaje. Otros comportamientos instintivos, como los que afectan el movimiento de los animales durante los trabajos de manejo, pueden modificarse a través de la experiencia.

Cuando están cerca de una persona, los bovinos tienen la tendencia de virar y ponérsele de frente, manteniendo una distancia segura. Esta tendencia a darse vuelta para mirar de frente al ganadero es instintiva, pero la distancia segura, que define el tamaño de la zona de fuga, es afectada en gran medida por la experiencia. Cuando la persona entra en su zona de fuga, los animales se alejarán.

Las observaciones del movimiento del ganado bovino y de las manadas de animales salvajes indican que tanto los herbívoros domesticados como los que viven en libertad poseen tres patrones de comportamiento instintivo, o "programas de software", que los ayudan a evitar a sus predadores. Ellos son (Grandin, 2001):

- La zona de fuga y la tendencia a mirar de frente a la gente y a otras amenazas percibidas.
- . El punto de balance a la altura del hombro y su efecto sobre la dirección del movimiento.
- La tendencia a juntarse cuando se los amenaza.

Darse vuelta y mirar de frente a la amenaza potencial permite al animal mantenerse alerta de la posición del predador. En los documentales sobre animales salvajes se puede ver a los antílopes siguiendo al león, pero a una distancia prudencial.

La pauta de conducta del punto de balance sirve al animal que está pastoreando para escapar de un predador que lo persigue. Un Impala perseguido por un León correrá en la dirección contraria cuando éste cruza la línea de su hombro. Esta maniobra le sirve al antílope para escapar. El mismo principio se usa para mover tranquilamente el ganado en las pasturas o las mangas. La principal diferencia es que el ganado vacuno se mueve al paso en vez de hacerlo a la carrera. El animal se moverá hacia delante cuando una persona que está dentro de su zona de fuga pasa la línea de su hombro en la dirección opuesta a la del movimiento que se desea generar. Esto es mucho menos estresante que utilizar una picana eléctrica para inducir al animal a entrar a la manga de compresión.

La tercera pauta de conducta que puede ser aprovechada por pastores y arrieros es la tendencia del ganado a amontonarse cuando perciben una amenaza. Si se les genera una ligera ansiedad, se inducirá al ganado a bajar de las colinas y a salir de los matorrales para juntarse con la manada. Una persona que aplique el esquema de movimiento del tipo del limpiaparabrisas, o un esquema de zig-zag en líneas rectas, podrá inducir al ganado a juntarse tranquilamente a la manada. jamás se deberá dar vueltas alrededor del ganado. El movimiento del tipo del limpiaparabrisas sólo debe describir una curva muy leve (Figura VII,4.2-1). Este manejo genera un estrés mucho menor que si se persigue al ganado y se actúa como un predador al ataque. Si se imita el acecho inicial del predador, el ganado se juntará solo.

Figura VII,4.2-1: Movimiento del arriero para inducir el agrupamiento abierto del ganado (Grandin *et al.*, 2005).

Para que el estrés del ganado se mantenga en el mínimo absoluto, la inducción a juntarse debe hacerse a paso lento. El ganadero también debe evitar la tendencia a amontonarse en un grupo cerrado. La idea es hacer solamente las primeras cosas que haría un predador, y esto mantendrá el estrés al mínimo.

La primera vez que los animales experimenten esta inducción a juntarse a través del acecho en el borde de la zona de fuga colectiva, es posible que tengan más estrés que las siguientes. El ganado que es manejado en calma de manera rutinaria aprenderá que el ganadero no les va a aplicar una presión excesiva, como para generarles pánico. La persona que trabaje con sus propios animales estará en condiciones de enseñarle a moverse. Los animales aprenderán que su amo les aflojará la presión sobre la zona de fuga colectiva ni bien ellos se hayan movido en la dirección deseada. Esto servirá para reducir aun más el estrés.

Un arriero que se comporte como un predador tranquilo al acecho podrá inducir al ganado a juntarse de manera mucho menos estresante que aquél que lo persiga como un predador al ataque. Todos los movimientos del ganadero deben hacerse a paso lento, y se debe tener gran cuidado de no hacer jamás que el ganado empiece a correr o a arremolinarse.

Un buen ganadero que aplica los principios de manejo animal sin estrés debe hacer los movimientos que ponen en marcha en el cerebro del animal su "software" innato de defensa contra predadores. Para que el estrés se mantenga al mínimo, sólo se deben poner en marcha las primeras fases del "programa". Cuando se lleva un conjunto de animales a un lugar nuevo, todos ellos deben estar encaminados en la misma dirección y caminar a su paso natural. No se debe hacer que se choquen entre sí o se den vuelta. Si comienzan a hacer estas cosas, es señal de que se ha puesto en funcionamiento el próximo paso de su "programa", y los animales se preparan para el ataque de un predador. Esto les provocará un elevado estrés.

4.3 Manejo con bajo nivel de estrés de los animales

En el trabajo en pasturas o en corrales, quienes comprendan que sus movimientos están poniendo en marcha "programas" innatos de comportamiento, que están inscriptos en el cerebro de los animales, descubrirán que es fácil aprender estos métodos de manejo con bajo nivel de estrés.

Hay estudios sobre el estrés del manejo y también hay un viejo dicho: "Mirando el ganado se puede saber qué clase de ganadero es el dueño". Muchos ganaderos consideran que las primeras experiencias de manejo tienen efectos muy duraderos (Hassal, 1974; citado por Grandin, 2000). Los animales que tienen una experiencia anterior de manejo suave van a ser más tranquilos y fáciles de trabajar en el futuro que los que han sido manejados rudamente. Los terneros y las vacas acostumbradas a un buen trato en su establecimiento de origen tuvieron menos lesiones en el mercado de subastas de ganado, porque estaban habituados a los procedimientos de trabajo (Wythes y Shorthose, 1984; citados por Grandin, 2000).

El manejo rudo puede ser muy estresante. En una revisión de numerosos estudios diferentes, Grandin (1997) halló que los niveles de cortisol eran 2/3 más elevados en los animales sometidos a un tratamiento rudo. El manejo y el aparte hechos con rudeza, trabajando en instalaciones mal diseñadas, causaban a los animales aumentos en el ritmo cardíaco muy superiores a los que se producían con el mismo manejo en instalaciones bien diseñadas (Stermer *et al.*, 1981; citados por Grandin, 2000). La severidad y la duración de un procedimiento de manejo atemorizante determinan la duración del período requerido para que el pulso cardíaco recupere su ritmo normal. Tras sufrir un estrés severo por mal manejo, se necesitan más de 30 minutos para que el ritmo cardíaco vuelva al nivel habitual.

La medición de los niveles de cortisol ha demostrado que los animales pueden llegar a acostumbrarse a los procedimientos habituales de manejo. Ellos se adaptan a tratamientos indoloros repetidos, tales como ser movidos a lo largo de una manga o que se les extraigan muestras de sangre mediante un catéter endovenoso mientras se los sujeta en una casilla de inmovilización que conocen (Alam y Dobson, 1986; Fell y Shutt, 1986; citados por Grandin, 2000).

Los terneros criados con escaso contacto con la gente pueden adaptarse a procedimientos indoloros y relativamente rápidos, como el pesaje.

El ganado bovino no se adapta fácilmente a procedimientos severos que le causen dolor, o a una serie de tratamientos continuados, que no le den tiempo suficiente para serenarse entre los sucesivos trabajos. Ante un procedimiento desagradable, los animales amansados tienden a tener una reacción más leve que los animales salvajes (Grandin, 2000).

El manejo estresante nace de la incapacidad de dominar al bovino sin entrar en un enfrentamiento directo. Esto genera un trato antagónico, basado en la presión física sobre el animal, que exige situarse muy cerca e incluso tomar contacto. Se trabaja en la zona de lucha del animal, donde éste enfrenta al agresor y rebota ante su presión. El manejo del ganado a la fuerza insume más energía y acarrea más riesgos que si se lo domina con la inteligencia. Los animales aprenden rápidamente del maltrato, pero así como aprenden lo malo, pueden aprender lo bueno. Generalmente, no toma más de una sesión de trabajo establecer una relación armónica con los animales (Giménez Zapiola, 1999).

Hay muchos establecimientos que aplican un manejo sin estrés, desde los tiempos de Rosas o José Hernández, sin necesidad de haber estudiado etología. Lamentablemente, se basan en conocimientos prácticos que se van perdiendo con el paso de las generaciones y el avance de los medios físicos de control (corrales, picanas, camiones-jaula). Ya no es imprescindible ser baqueano para meter animales en la manga o llevarlos al matadero. La intensificación suele ir acompañada de un retroceso en la calidad del trabajo respecto de épocas pasadas. Paralelamente, aumenta el valor del capital ganadero puesto en manos de personal que no siempre está preparado adecuadamente para su tarea.

Giménez Zapiola (1999) señala algunas causas de estrés comunes en el manejo del ganado:

- El estrés del animal al final de un proceso (por ejemplo, la manga) se desencadena, con el tiempo, en las etapas iniciales del mismo, como la juntada en el potrero). Si se maltrata a los animales, con el tiempo reaccionarán al maltrato mucho antes de que éste se produzca. Los bovinos y ovinos recuerdan experiencias de maltrato hasta 3 años.

- Los bovinos reconocen entre 70 y 120 miembros de su especie. Cualquier agrupamiento mayor genera problemas cotidianos de jerarquía, que aumentan con la territorialidad y agresividad de la raza y del género, así como con la densidad.

- El uso de toros mayores de tres años junto con toros más jóvenes puede deprimir la fertilidad (y el progreso genético) de los rodeos, pues el toro veterano impide a los nuevos acercarse a las vacas en celo, llegando a controlar simultáneamente hasta tres de ellas, aunque no las pueda montar.

- La incidencia de la distocia aumenta con el nivel de intervención humana, siendo mayor cuanto más se "ayuda" a la vaca que va a parir.

- Las conductas agresivas de los animales surgen ante eventos sorpresivos, cuando se los pone en situaciones donde no tienen opciones claras, o cuando se los maneja por la fuerza bruta. La novedad y el desconocimiento aumentan la resistencia de los animales al manejo. Una cosa tan simple como pasar los animales por las instalaciones un par de veces antes de trabajarlos reducirá los niveles futuros de estrés. Los australianos lo denominan "moldearlos" (patterning). Los terneros habituados a estímulos ambientales y al cambio de parcela se adaptan más rápido al destete, y ganan más peso, que los que criados en medios aislados y sin cambios.

- La falta de confianza del humano en sí mismo, que se traduce en una conducta poco dominante, atrae el ataque de los toros. Los toros que atacaron una vez, tenderán a volver a hacerlo. Los humanos que han sido atacados una vez, tenderán a ser atacados nuevamente.

- La ganancia de peso de animales altamente estresados es un 40% menor al de sus compañeros poco estresados. Esta diferencia de estrés reconoce causas genéticas y de manejo.

Tenemos que manejar el ganado provocándole el menor nivel de estrés posible, es decir disminuir en lo posible las situaciones de estrés. Sabemos que un animal nervioso no puede alcanzar su potencial máximo de rendimiento.

Ante situaciones de estrés se produce(de Elía, 2002):
- Menor aumento de peso diario.
- Menor producción de leche.
- Pérdidas de celos.
- Disminución de la habilidad maternal.
- Aumento en el número de peleas.

Como ejemplo de dos situaciones de estrés fácilmente solucionables según un manejo etológico podemos nombrar:

1) Presencia de gritos, látigos, picanas, perros no entrenados y golpes durante los trabajos en los corrales. (estrés por poco tiempo).
2) Introducción de un animal macho ajeno al grupo en momentos inadecuados como puede ser la época de servicio. (El estrés puede durar 2 o 3 meses hasta que se consolida la nueva escala jerárquica dentro del plantel).

En resumen podemos decir que el manejo sin estrés no sólo debe ser humanitario, para que los animales no sufran ni se lastimen, sino que también es necesario para trabajar menos y producir mas kilogramos de carne con los mismos recursos.

5   ENSEÑANZAS Y APRENDIZAJES DEL GANADO

5.1   Acostumbramiento

El comportamiento de un animal está determinado por factores genéticos y por la experiencia.

Se ha demostrado que el temperamento (calmo o asustadizo; tranquilo o nervioso, etc.) es altamente heredable. Evidentemente los animales de temperamento calmo y tranquilo son los que mas fácil se acostumbran tanto a las actividades necesarias del manejo, como a las sorpresas de la novedades súbitas. A estos animales "acostumbrados" se les ha enseñado con entrenamientos sucesivos, dándole tiempo a su recuperación, a tolerar sin estrés manifiesto, a agruparse, caminar, entrar a corrales y mangas, etc. y a las sorpresas o novedades súbitas, provocándolas de manera sucesiva y siempre dándole tiempo a recuperarse después del susto.

Recordemos que lo que asusta a los animales también los atrae, si colocamos algún objeto extraño que los atemoriza, y los forzamos a acercarse a el, seguramente reaccionaran en mayor o menor grado de acuerdo a su temperamento, pero si los dejamos solos, seguramente se irán acercado con precaución y sigilo, llegando a olfatearlo.

Si un animal excitable es forzado a hacer muchas cosas nuevas a la vez, podría tornarse extremadamente temeroso y no ser capaz de recuperarse fácilmente.

Cuando un animal, tiene una mala experiencia y alcanza niveles muy altos de estrés, sea de temperamento nervioso o tranquilo, puede fijarse y reaccionar durante toda su vida con pánico ante la misma experiencia y no se acostumbrará nunca.

5.2   Relaciones enseñanza-aprendizaje

Podemos distinguir dos tipo de relaciones de enseñanza-aprendizaje del ganado.

1) Las que se realizan a través de los mismos animales en las relaciones madre-cría y líderes-seguidores.
2) El acostumbramiento "sin estrés" de los animales al manejo y a las novedades súbitas.

Como ejemplo de la primera, podemos intervenir seleccionando animales líderes que convengan al comportamiento pastoril del grupo. Otra manera es haciendo que los animales conozcan y consuman un forraje extraño.

Es común que al introducir un especie forrajera que desconocen muchos de los animales no la consuman como es de esperar, una técnica para que la conozcan es mezclarla en comederos con alimento apetecible. Esto nos pasó con animales de otras zonas llevados a campos de costa de salinas que no conocían el *Atriplex cordobensis* y otras especies de buen valor forrajero consumidas habitualmente por los animales de la zona.

Veamos otro ejemplo en el resumen de un trabajo realizado por Sutherland *et al.* (2000) investigadores de Nueva Zelanda:

El apacentamiento con ovinos es un método aceptado para controlar el "Tansy ragwort" (*Senecio jacobea* L.), sin embargo, algunos miembros del rebaño raramente lo consumen. Los objetivos fueron determinar si el exponer los corderos en la etapa de pre-destete al "Tansy ragwort" incrementaba el consumo posterior de esta planta por parte de los corderos, y determinar si el confinamiento de los corderos con borregas que comen "Tansy ragwort" facilitaba el consumo de "Tansy ragwort" por los corderos.

Los periodos de muestreo fueron 1, 3, y 12 semanas después del destete. En cada periodo de muestreo se observo durante 1 hora el comportamiento de apacentamiento y cada 24 horas durante 4 o 5 días se midió la reducción de la oferta del "Tansy ragwort".

En los primeros dos periodos de muestreo, los corderos expuestos al "Tansy ragwort" antes del destete consumieron mas "Tansy ragwort" que los corderos no expuestos (P<0.05). En el tiempo de observación directa de los periodos de muestreo de 1 y 12 semanas, los corderos que apacentaron con borregas durante 11 semanas después del destete comieron 'Tansy ragwort" mas frecuentemente que los corderos sin borregas. (P<0.05). El consumo de "Tansy ragwort" de todos los grupos de corderos se incremento marcadamente durante las semanas 3 y 12 (P<0.05). Esto puede indicar un aumento en la capacidad de los corderos para consumir "Tansy ragwort" al aumentar la edad o un periodo de aclimatación durante el cual la mayoría de los corderos terminan por aceptar el "Tansy ragwort".

Las modificaciones de comportamiento encaminadas a incrementar el consumo de malezas por corderos pueden necesitar tomar en cuenta las diferencias en tolerancia a las toxinas relacionadas con la edad del animal. El exponer los corderos al "Tansy ragwort" antes del destete y el que los corderos recién destetados apacienten con ovinos más viejos que consumen "Tansy ragwort" puede incrementar el consumo posterior de "Tansy ragwort" por los corderos.

Como ejemplo de la utilización de la segunda relación puede ser el manejo inicial de terneras recién destetadas, arriándolas a pie, conduciéndolas con paciencia para que se acostumbren a las personas e ir consiguiendo reducir las distancias de fuga.

Otro ejemplo son los sahumados, refriegas y/o tópicos con infusión de plantas toxicas, que se realizan para que animales de otras zonas conozcan estas plantas y no las consuman.

En resumen podemos decir que con un poco de paciencia y conocimientos podemos comprobar que la vaca también es un animal de costumbre.

$$* \quad * \quad * \quad * \quad * \quad *$$

REFERENCIAS

BAVERA, G.A., 2001. Manual de aguas y aguadas para el ganado. Ed. del Autor, Río Cuarto, pp:33-35.

BAVERA, G.A., 2002. Etología del abrevado. Curso de Producción Bovina de Carne, Cap. IV, FAV, UNRC.

BIGNOLI, D.P., 1971. Comportamiento de los animales en pastoreo. Dinámica Rural, Bs. As., 36:104-106.

CALDERON MALDONADO, N.A. y R.E. PÉREZ PEÑA, 2004. Aspectos etnoveterinarios y de bienestar animal. Conferencia, Revista ASOCEBU, Bogotá, Colombia.

CANOSA, M.R. y C.M. ACUÑA, 1997. Comportamiento del bovino. Extracto de las conferencias pronunciadas en las Jornadas de Cría Bovina, Fac. de Agron. y Vet., U.N.R.C.

De ELÍA, M., 2002. Etología y comportamiento del bovino MBA (UAI), Postgrado en Agronegocios (Austral).

GALLI, J.R., C.A. CANGIANO, y H.H. FERNÁNDEZ, 1996. Comportamiento ingestivo y consumo de bovinos en pastoreo. Rev. Arg. Prod. Anim., 16(2):119-42.

GIMÉNEZ ZAPIOLA, M., 1999. La etología aplicada a la ganadería. Márgenes Agropecuarios, XIV(163):30-31.

GRANDIN, T., 1985. La conducta animal y su importancia en el manejo del ganado. Veterinaria Mexicana, 16:1985.

GRANDIN, T., 1997. Evaluación del estrés durante el manejo y transporte. En: Jour. Anim. Sci. 74:249-257 y www.grandin.com. Traducción de M. Giménez Zapiola

GRANDIN, T y M.J. DEESING, 1998. La genética del comportamiento animal. En: Temple Grandin (comp.), Genetics and the Behavior of Domestic Animals, San Diego, California: Academic Press, 1998 (Cap. 1) y en www.grandin.com. Traducción del Dr. Marcos Giménez Zapiola.

GRANDIN. T., 1998. La reducción del estrés del manejo mejora la productividad y el bienestar animal. The Professional Animal Scientist, 14(1), Marzo de 1998 y en www.grandin.com. Traducción del Dr. Marcos Giménez Zapiola.

GRANDIN, T. (comp.), 2000. Principios de comportamiento animal para el manejo de bovinos y otros herbívoros en condiciones extensivas. Trad. M. Giménez Zapiola. In: Livestock Handling and Transport. CABI Publishing, Wallingford, Oxon (UK), capítulo 5 (pp. 63-85) y www.grandin.com.

GRANDIN, T., 2001. ¿Acechar como un predador para manejar el ganado sin estrés? Depto. de Ciencia Animal, Colorado State University, Fort Collins, CO 80523-1171. Trad. M. Giménez Zapiola. www.grandin.com.

GRANDIN, T., J. LANIER y M. DEESING, 2005. Movimientos sin estrés. Trad. M. Giménez Zapiola. Revista Angus, Bs. As., 227:64-70.

PEREYRA, H. y M.A. LEIRAS. 1991. Comportamiento bovino de alimentación, rumia y bebida. Fleckvieh-Simmental. 9(51):24-27.

PETRYNA, A., 2002. Etología. Curso de Introducción a la Producción Animal y Producción Animal I, Capítulo XI. FAV, UNRC.

PIATKOWSKI, B., 1982. El aprovechamiento de los nutrientes en el rumiante. Ed. Hemisferio Sur S A., Buenos Aires, Argentina. 440p.

RODRÍGUEZ, J.C., 1985. Comportamiento pastoril de los caprinos. En: IV Reunión de Intercambio Tecnológico en Zonas Áridas y Semiáridas, Salta, pp:469-501.

SOLFANELLI, P., 2001. Consumo de bovinos en pastoreo. Revista de la Sociedad Rural de Jesús María, Córdoba. Nº 114.

SUTHERLAND, R.D., K. BETTERIDGE, R.A. FORDHAM, K.J. STAFFORD, y D.A. COSTALL, 2000. Rearing conditions for lambs may increase tansy ragwort grazing. Jour. Range Manage. 53:432-436.

VELÁSQUEZ CAUDILLO, J., 1997. Importancia y valor nutricional de las especies forrajeras de sonora. PATROCIPES, Publicaciones, Clave P97001, Sonora, México. 36p.

VILLALBA, J.R., 2003. Elementos para mejorar el bienestar animal. Rev. Hereford, Bs. As., 67(631):80-89.

VIRASORO. J., 1989. Preferencia bovina por gramíneas naturales en el N.O. de la provincia de Córdoba. En: Memoria de la XII Reunión del Grupo Chaco, La Rioja, FAO, UNESCO/MAB, Univ. de La Rioja, pp:87-102.

*   *   *   *   *   *

CAPÍTULO VIII

Recuperación y mejoramiento de los pastizales naturales

CAPÍTULO VIII

RECUPERACIÓN Y MEJORAMIENTO DE LOS PASTIZALES NATURALES

1 MEJORAMIENTO DE LA PASTURA NATURAL

El mejoramiento de la pastura natural significa: aplicar tratamientos específicos, y/o, desarrollar estructuras especiales con el fin de aumentar los recursos forrajeros naturales en cantidad, calidad, o facilitar su mejor utilización por los animales (Anderson, 1980).

1.1 Posibilidades y restricciones en los sistemas reales de producción.

Las relaciones ecológicas básicas entre los componentes de un ecosistema natural, con uso pastoril predominante, se pueden esquematizar de esta manera (Ver Capítulo I:3 y Figura I,3.1-1).

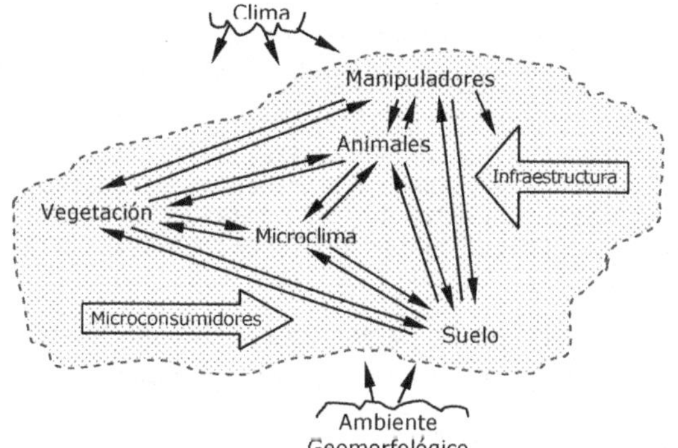

Figura I,3.1-1: Componentes e interrelaciones de un ecosistema pastoril.
= Ambiente o entorno del sistema pastoril.

El hombre, como parte del ecosistema, puede actuar como integrador o desintegrador. Es capaz de modificar y manipular la productividad del ecosistema. Esto es posible por que está manejando un recurso renovable.

Los diferentes componentes del ambiente o entorno del sistema pastoril integran la base disponible donde se pueden aplicar los factores de manipulación para inducir un aumento de la productividad del sistema.

Todo este conjunto de factores de manipulación (manejos, controles, tratamientos y otros) constituyen propuestas tecnológicas que pueden modificar en dirección favorable la explotación ganadera, sugieren que la eficiencia biológica que se obtiene actualmente puede, en muchos casos, ser aumentada en forma significativa.

Este aumento de la eficiencia biológica del sistema, como es fácil comprender, no puede ser indefinido ya que existen topes biológicos, factores de control regionales y locales y además factores económicos que fijan límites.

La velocidad de mejoramiento de un ecosistema es muy variable, siendo condicionada por:

> a - El tipo de ecosistema.
> b - El grado de degradación.
> c - Las fluctuaciones climáticas.
> d - La instrumentación del plan de mejoramiento.
> e - La eficiencia del manejo posterior.

Los principales factores de manipulación sobre los componentes del sistema pastoril son los siguientes (Tabla VIII,1.1-1).

Componentes del ambiente pastoril	Factores de Manipulación
Vegetación	Manejo del pastoreo, Control de especies no deseables, resiembras, manejo de reservas.
Animales — Ganado	Manejo del pastoreo, manejo del ganado, controles sanitarios.
Animales — Fauna	Manejo de la vegetación (pastoreo y leñosas), manejo de la fauna, control de insectos y roedores.
Microconsumidores	Manipulación indirecta por manejo de la vegetación (pastoreo y leñosas).
Suelo	Tratamientos mecánicos, manejo del pastoreo y leñosas, fertilizaciones.
Microclima	Manejo de la vegetación, manejo del pastoreo.
Infraestructura	Instalaciones, potreros, aguadas y mejoras

Tabla VIII,1.1-1: Factores de manipulación de los componentes del ambiente pastoril.

En general, se tiende a aplicar las medidas de mejora a los pastizales en pobre condición. Sin embargo, estas herramientas de manejo no están limitadas a esa condición y estado, sino que algunas tienen aplicación en condiciones y estados de mayor jerarquía, teniendo como propósito aumentar la productividad de los recursos forrajeros más allá de las condiciones prístinas.

2 OBJETIVOS DEL MEJORAMIENTO DE LOS PASTIZALES NATURALES

2.1 Objetivos posibles en el Chaco Árido y Semiárido de Córdoba

Los objetivos posibles para la recuperación y/o mejoramiento de los pastizales los podemos agrupar en los cuatro siguientes:

- Mejorar la oferta forrajera.
- Mejorar la calidad de la oferta forrajera.
- Mejorar la eficiencia de utilización y pastoreo.
- Mejorar la estabilidad de producción.

Los factores de manipulación que se pueden aplicar, en las regiones chaqueñas de Córdoba, para lograr los objetivos deben ser sustentables económica y ecológicamente. La aplicación de dichos factores se desarrollan en las siguientes secciones para cada uno de los objetivos propuestos.

El factor de manipulación más importante para la recuperación y/o mejoramiento de los recursos forrajeros es el manejo del pastoreo que se basa en el manejo de tres herramientas principales:

- Intensidad de pastoreo.
- Frecuencia de pastoreo.
- Presión de pastoreo.

La intensidad de pastoreo: es la cantidad de forraje removido (consumido o destruido) por los animales. Generalmente se la determina por la altura o cantidad remanente luego del pastoreo, o por el porcentaje de utilización (ver Capítulo IV:2.12). La intensidad de pastoreo regular es un porcentaje de utilización del 50%, pero puede variar de 20% a 80% dependiendo del propósito buscado en el manejo del pastoreo.

La frecuencia de pastoreo: es el tiempo que transcurre entre dos pastoreos consecutivos, o sea el tiempo de descanso del pastizal. Con el descanso del pastizal en época vegetativa se busca recuperar vigor en los pastos permitiéndoles hacer reserva de hidratos de carbono, producir semillas, etc. El descaso al comienzo de la época vegetativa tiene por objeto permitir el nacimiento e instalación de plántulas, alcanzar un área foliar que compense los gastos de hidratos de carbono del rebrote, etc.

La presión de pastoreo: es la relación entre la demanda y la oferta de forraje por unidad de tiempo (ver Capítulo VIII:3.6). La distintas presiones de pastoreo no sólo impactan sobre el pastizal en sí, sino que el hecho que haya mayor densidad de animales en una unidad de manejo produce también impactos sobre el suelo, sobre el comportamiento de los animales y otros. Como vemos la manipulación de la presión de pastoreo tiene que ver con la manipulación del impacto animal.

El herbívoro impacta diferencial y simultáneamente sobre estos procesos y, así como puede deteriorar el pastizal, puede revertir esa tendencia. Hay que observar los procesos que ocurren en el pastizal y actuar conforme a esas observaciones. Y no debe olvidarse que el ecosistema pastoril es una masa de interrelaciones, de las cuales, ninguna parte puede ser aislada sin resultar sin importancia (Deregibus, 1988b).

Los cambios ocurridos en la vegetación y en todos los procesos del ecosistema pastoril muchas veces responden a eventos excepcionales y no a condiciones promedio. No tener en cuenta estos fenómenos es el error de aproximación de técnicos y productores que promueven una carga fija y equilibrada y miran el pastizal por unidad de superficie. Hay que observar los procesos que ocurren en el pastizal y actuar conforme a esas observaciones.

Experiencias realizadas en nuestro país permiten asegurar que con cargas iguales o mayores que las que provocan la degradación de un pastizal es posible recuperarlo y hacerlo más receptivo si se utilizan con la frecuencia e intensidad necesaria las herramientas descriptas.

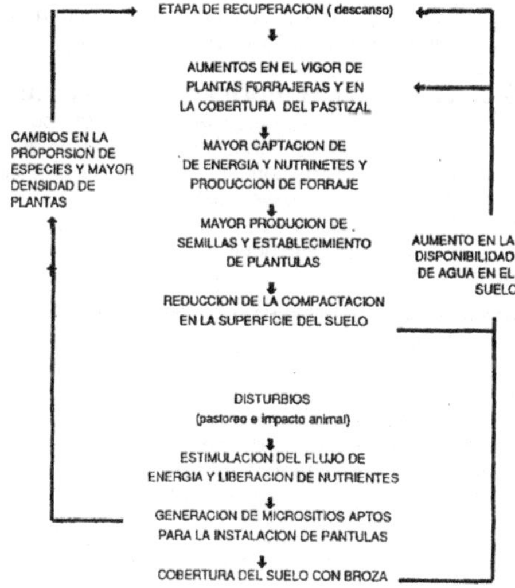

Figura VIII,2.1-1: Diagrama de la progresión de un ecosistema pastoril a través del correcto control de los procesos funcionales (Deregibus, 1988b).

Un proceso de progresión ocurre al orientar las fuerzas de sucesión aprovechando los eventos favorables a través de la generación de los disturbios necesarios y permitir subsiguientes etapas de recuperación. Como puede verse en la (Figura VIII,2.1-1) cada acción disturbante (pastoreo - impacto animal) o etapa de recuperación (descansos) tiene como objetivo agilizar la dinámica de los ecosistemas pastoriles para lograr que sean más productivos y estables. Es cierto que esta propuesta de manejo requiere de observación e intelecto, pero indudablemente da sus frutos. La otra posibilidad es no hacer nada esperando que mediante la reducción de carga o la falta de pastoreo, el ecosistema funcione en sentido opuesto a la tendencia que se venía operando. Si bien ello es factible en gran medida y en forma bastante lenta en los ecosistemas mésicos, es absolutamente improbable que ocurra en los pastizales más frágiles (Deregibus, 1988b).

La consideración del herbívoro como herramienta de conversión del pasto en dinero y la discriminación de las tres herramientas que el accionar de los herbívoros implica (descanso, pastoreo e impacto animal), no deben destacar la utilización de otras herramientas para el logro de nuestros objetivos. Así, el fuego, la suplementación mineral y proteica o la correcta distribución de los animales podrán ser utilizados como herramientas con resultados similares cuando se aplican para dinamizar los procesos funcionales en los pastizales. Por último, tratamientos más costosos como la utilización de herbicidas o maquinarias, no deben ser descartados aunque normalmente su uso sólo tendría finalidades correctivas (erradicación de malezas herbáceas o leñosas, incorporación de especies faltantes, etc.) (Deregibus, 1988b).

Las propuestas sugeridas para alcanzar los objetivos mencionados no solo tienen efectos sobre el punto donde se citan, sino que en estos sistemas todo está sujeto a interacciones, así como la degradación generalmente se inicia por una sobreutilización de los recursos naturales que genera un círculo vicioso, la recuperación se puede iniciar por la utilización oportuna de alguno de los factores de manipulación que genere un círculo virtuoso. Generalmente se espera que los efectos sean positivos, pero pueden aumentar los efectos no deseados si no se tiene una buena planificación y organización del sistema de producción.

3   MEJORAMIENTO DE LA OFERTA FORRAJERA DEL PASTIZAL

En este punto no incluiremos exclusivamente las propuestas para aumentar la oferta de los recursos forrajeros en cantidad y calidad, sino también aquellos aspectos que mejoren los componentes del rendimiento de los pastos como: condiciones hídricas y fertilidad del suelo, competencia por malezas herbáceas y leñosas, utilización de suplementos forrajeros, o el enriquecimiento, siembra y/o implantación de otros recursos forrajeros, etc., teniendo en cuenta los requerimientos en alimentos del rodeo de cría y eventual recría de los bovinos y otros animales de producción.

3.1   Ajuste de la carga animal a la oferta forrajera del pastizal

Se trata de conocer cual es la carga que compatibiliza las necesidades de los animales y de los recursos forrajeros. Si tenemos medida la oferta forrajera de varios años utilizaremos la oferta promedio para calcular cual es la receptividad promedio de la unidad de producción.

Lamentablemente, en la región chaqueña semiárida y más aún en la árida, la oferta forrajera es sumamente variable entre años, dependiendo principalmente de la cantidad de precipitación y de su distribución en la temporada de crecimiento de los pastos.

3.1-1 ESTIMACIÓN DE LA CAPACIDAD DE CARGA

La Capacidad de Carga (CC) o receptividad es la cantidad media anual de unidades animales que puede soportar una unidad de producción en un sistema pastoril sustentable:

$$CC = \frac{\text{Requerimientos de 1 EV/año}}{\text{Oferta forrajera /ha/año . FU}} = \text{ha/EV}$$

Referencias: CC = capacidad de carga;   EV = equivalente vaca;   FU = factor de uso.

Si utilizamos como unidad animal el equivalente vaca (ver Capítulo VI:2.1) con la tabla de equivalencias ganaderas podemos expresar en EV todas las categorías de animales del rodeo (ver Capítulo VI:2).

En cuanto a la producción forrajera anual, no podemos tomar el total de ella para determinar la CC, sino que tenemos que tener en cuenta que cierta parte de ella hay que destinarla a cubrir las necesidades de la pastura, fundamentalmente las reservas de hidratos de carbono, para mantener plantas vigorosas y con un abundante rebrote primaveral, asegurar una buena cantidad de mantillo para mejorar el balance hídrico y el aporte de materia orgánica.

Teniendo en cuenta estas necesidades del pastizal y considerando que en general se trata de pasturas cespitosas poco densas, la cantidad de forraje utilizable será la producción anual afectada por un coeficiente que denominaremos Factor de Uso (FU).

Para mantener la condición de la pastura, el FU para el tipo de pastizal descripto se estima en FU=0,5, o sea que, la oferta forrajera utilizable será el 50% de la producción anual de materia seca.

Ejemplo VIII:3.1-1: Cálculo de CC para una unidad de manejo de 510ha con un pastizal en una comunidad algarrobal de condición buena en el Chaco Arido de Córdoba:

$$CC = \frac{10 \text{ kgMS/día} \cdot 365 \text{ días}}{1897 \text{ kgMS/ha/año} \cdot 0,5} = \frac{3650}{948,5} = 3,85 \text{ ha/EV.}$$

$$\text{Carga admitida (CA)} = \frac{510\text{ha}}{3,85 \text{ ha/EV}} = 132,47 \approx 133 \text{ EV.}$$

Este potrero admite una carga de 133 EV todo el año.

Si el propósito es recuperar la pastura, una de las herramientas es reducir la carga total animal, y para esto bajaremos el Factor de Uso, por ejemplo, FU=0,4.

Por el contrario si tenemos necesidad de aumentar la carga y la pastura indica un subpastoreo, podemos tomar un FU= 0,6.

Si tenemos registros de la oferta forrajera anual del todo el establecimiento durante varios años, donde estén los datos de años con precipitaciones altas, bajas y medias, con distribución típica y atípica, seguramente las capacidades de carga en todas esas situaciones serán distintas. El promedio de la oferta forrajera de todos estos años nos servirá para calcular la receptividad o carga media global del establecimiento.

Esta sería la base para comenzar programas de recuperación y/o mejoramiento de la oferta forrajera. En términos generales, la capacidad de carga media nos daría cierta garantía de utilización correcta del pastizal en años normales.

Son necesarias las mediciones para saber cual es la capacidad de carga de un establecimiento porque, en la mayoría de los casos, las determinaciones subjetivas suelen sobrestimar la receptividad de cada una de la unidades de manejo y por ende de todo el establecimiento.

Esto se ve claramente, ya que en la mayoría de los establecimientos donde no se realizaron mediciones de la capacidad de carga, cuando la determinamos, nos encontramos con una carga más alta que la adecuada.

En muchos casos esta reducción en la carga lleva a la situación muy común y paradojal por la cual un pastizal presenta algunas áreas o especies sobrepastoreadas y otras subpastoreadas, mientras que en toda la superficie tiene baja carga (Savory y Parsons, 1980).

Si se baja la carga a la media para el establecimiento, tenemos que usar otras herramientas (que veremos en las siguientes secciones) para una correcta utilización de los recursos forrajeros que respondan al sistema de producción diseñado.

3.2 Ajuste de la demanda de forraje a la oferta dentro del año

La oferta forrajera del pastizal es variable tanto en cantidad como en calidad dentro del año y los requerimientos en alimentos del rodeo de cría también, aunque en menor grado.

El rebrote de las gramíneas del pastizal se produce en noviembre–diciembre, dependiendo del comienzo efectivo de las lluvias, como son todas gramíneas C4, el crecimiento es acelerado si las lluvias acompañan, llegando a un máximo de materia seca acumulada a fines de abril o comienzos de mayo, final del ciclo vegetativo.

Luego se produce una henificación en pie, generalmente por falta de precipitaciones, hasta que la parte aérea de la planta se seca totalmente; se van perdiendo hojas y partes de la planta y la oferta acumulada cae notoriamente, luego algunas heladas acentúan las perdidas.

Así para el período anual octubre-septiembre con una cantidad de precipitación de 516mm y una distribución típica de la misma (ver Figura II,2.2-1), la producción acumulada (oferta forrajera) del pastizal se distribuye según se muestra en la figura VIII,3.2-1.

La digestibilidad de las gramíneas C4 cae rápidamente por la maduración acelerada de este tipo de gramíneas, sólo tenemos valores aceptables para los bovinos desde el rebrote hasta comienzos de marzo, dependiendo de la distribución de las precipitaciones estivales. (Figura VIII,3.2-1).

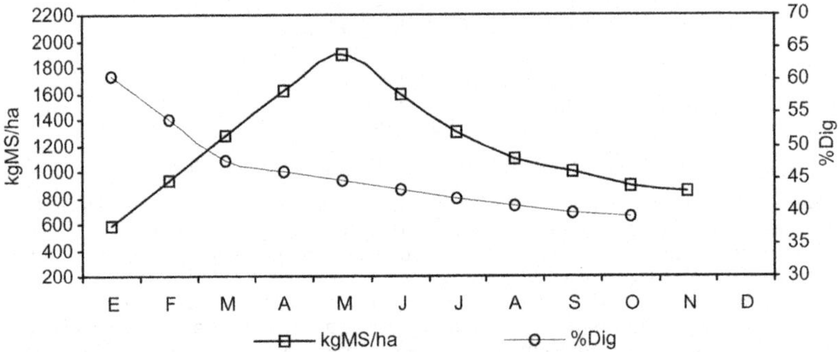

Figura VIII,3.2-1: Oferta forrajera (kgMS/ha) de un pastizal natural de Chancaní (Chaco Árido) y Digestibilidad "in situ" del pastizal (%Dig de la MS).

Estos valores de producción de materia seca y digestibilidad del pastizal son de material cosechado por la tijera de quien muestrea, los animales pueden alimentarse mejor de lo que sugiere la curva de digestibilidad para el resto del año por que seleccionan las especies de gramíneas y las partes más digeribles, pues los valores de digestibilidad de la dieta ingerida, principalmente de marzo en adelante, son más altos que los mostrados en la curva.

Como no podemos variar el ciclo vegetativo de los recursos forrajeros, podemos compatibilizar la curva de demanda de forraje del rodeo bovino de cría con la curva de la oferta forrajera, eligiendo el período de servicios.

La elección de la época de servicio y por ende la de parición, constituye la decisión más importante en el manejo de un rodeo de cría, ya que la productividad del rodeo está condicionada por dicha elección (Bavera, 2002).

Una de las formas de medir la eficiencia de producción de un rodeo de cría es a través de los kilos de ternero destetados por vaca entorada:

Producción promedio por vaca entorada = % destete x peso promedio destete

ó

$$\text{Producción promedio por vaca entorada} = \frac{\text{kg totales terneros destetados}}{\text{Vacas entoradas}}$$

Por lo tanto, los dos factores que deben determinar el momento del servicio y de la parición son la obtención de un alto porcentaje de destete y un alto peso promedio de los terneros destetados.

Pero se da el caso que la mejor época de parición desde el punto de vista de la fertilidad de la vaca no resulta necesariamente la mejor desde el punto de vista del crecimiento del ternero, por lo que hay que considerar que la importancia económica de la fertilidad de la vaca es mucho mayor que la del peso del ternero al destete. Es decir, que es más importante económicamente el número de terneros destetados que el peso al destete de cada ternero.

En base a esto, la elección de la época de servicio y parición deberá estar determinada en función del comportamiento reproductivo del rodeo de hembras.

Para el Chaco Árido y Semiárido elegimos ubicar el servicio en los meses de enero a marzo que es la mejor opción para compatibilizar los requerimientos del rodeo en cantidad y calidad y la oferta forrajera (Figura VIII:3.2-2).

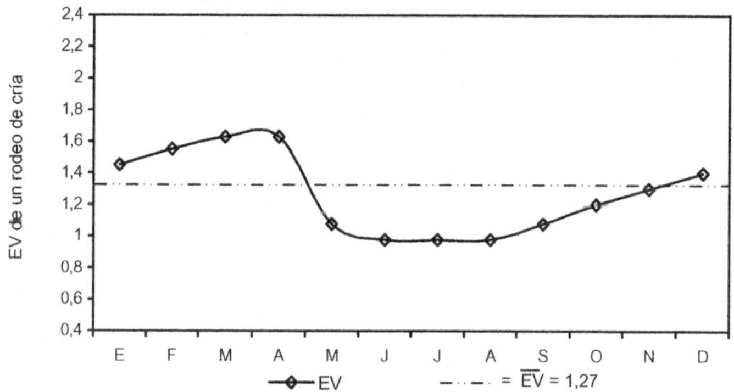

Figura VIII,3.2-2: Variación en el año de la curva de EV del rodeo bovino de cría para época de servicios de enero a marzo, que mejor ajustaría con la curva de oferta forrajera.

3.2-1 EJEMPLO DE APLICACIÓN

Cálculo de la oferta mensual y demanda forrajera mensual de un rodeo de cría:
Ejercicio VI,3.2-1:

Si tomamos la oferta forrajera utilizable (948,5 kgMS/ha/año) y la carga admitida 133EV, (aproximadamente 100 vacas en producción, ver Capítulo VI:2.5) del ejemplo VIII:3.1-1; para calcular la oferta de forrajera mensual de la unidad de manejo de 510ha, debemos hacer la abstracción de adjudicar la oferta de cada mes a una doceava parte del potrero, es decir a cada mes una parcela de 510/12 = 42,5ha con la correspondiente oferta forrajera para cada mes (Figura VIII,3.2-1), (Tabla VIII,3.2-1).

Para el cálculo la demanda mensual de forraje para época de servicios de enero a marzo, tomamos un rodeo de vacas en producción de 100 animales que tiene una carga media anual de aproximadamente 1,3EV (Figura VIII:3.2-2), (Tabla VIII,3.2-2).

Cálculo de la oferta forrajera mensual de cada porción adjudicada de 42,5ha (Tabla VIII,3.2-1):

	E	F	M	A	M	J	J	A	S	O	N	D
kgMS/ha	586	932	1278	1620	1897	1597	1297	1100	995	895	850	800
kgMS/42,5ha	24905	39610	54315	68850	80622	67872	55122	46750	42287	38037	36125	34000

Tabla VIII,3.2-1: Oferta forrajera mensual.

Cálculo de la demanda forrajera mensual (Tabla VIII,3.2-2)

	E		F		M		A		M		J		J		A		S	
Categorías		EV		EV		EV		EV		EV		EV		EV		EV		EV
VP+t	100	121	100	131	100	139	100	140										
VS									100	90	100	80	100	80	100	80	100	90
VR2	25	18	25	18	25	18	25	18										
VR1													25	13	25	13	25	13
tR									25	13	25	13						
T	4	6	4	6	4	6	4	5	4	5	4	5	4	5	4	5	4	5
Total EV		145		155		163		163		108		98		98		98		108
KgMS/día		1450		1550		1630		1630		80		980		980		980		1080
KgMS/mes		44950		46500		50530		50530		50530		30380		30380		30380		32400

	O		N		D	
Categorías		EV		EV		EV
VP+t	100	100	100	110	100	120
VS						
VR2						
VR1	25	15	25	15	25	15
tR						
T	4	5	4	5	4	5
Total EV		120		130		140
KgMS/día		1200		1300		1400
KgMS/mes		36000		39000		42000

Tabla VIII,3.2-2: Demanda forrajera mensual. Referencias: VP = Vacas en producción. VS = Vacas secas. VR = Vaquillonas de reposición (1 y 2 años). T = Toros. tR = Terneras reposición t = Terneros/as. ● = Refugo. Época de servicios E, F y M.

Con la oferta forrajera mensual y la demanda mensual de forrajes, para servicios de enero a marzo, se confeccionó el gráfico del ejemplo (Figura VIII,3.2-3):

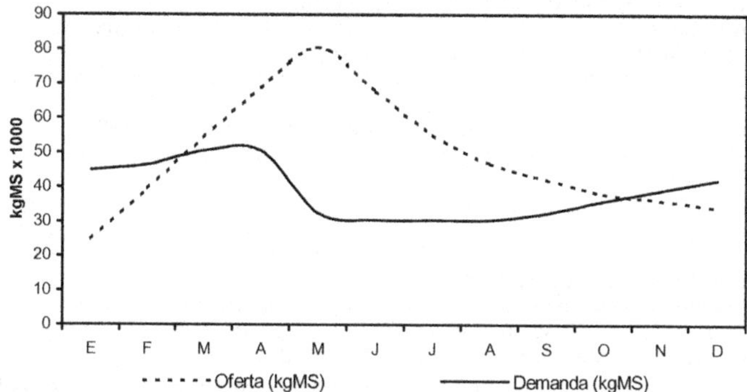

Figura VIII,3.2-3: Curvas de Oferta y de demanda forrajera para servicios E-F-M.

3.2-2 MANEJO DE LA CARGA ANIMAL DENTRO DEL AÑO

La carga animal es el factor que mas incide en la producción de carne de una unidad de producción o explotación ganadera. La decisión de ajustar al máximo posible la demanda a la oferta es una medida arriesgada, pues pueden ocurrir alteraciones impredecibles de la oferta esperada dentro del año. Si no tenemos la posibilidad de hacer reservas de forrajes de mediano o buen valor forrajero, que puedan atenuar los efectos cuando entremos en la época crítica o bache forrajero, la alternativa posible es alcanzar un buen estado o condición corporal de los animales. Aún sabiendo que esta no es la manera mas eficiente de hacer reservas muchas veces es la única posible debido a la estacionalidad de la oferta de forraje de buena calidad.

Si queremos optar por la posibilidad de máxima, tenemos que estar preparados para afrontar los posibles y frecuentes déficit de la oferta. Para optar por esta alternativa es necesario haber alanzado cierto grado de organización y administración técnica en ese establecimiento para poder aplicar un manejo acertado de la carga animal.

3.2-3 FACTORES DE MANIPULACIÓN DE LA CARGA ANIMAL EN LOS RODEOS DE CRÍA

La cría pura se caracteriza por una relativa rigidez en la curva de carga a través del año, con el inconveniente adicional de carecer de escapes simples en situaciones de emergencia (traslados, ventas). El período crítico es generalmente a fines del invierno, cuando las vacas comenzaron la parición.

Para lograr la mejor aproximación entre los requerimientos del rodeo y la oferta forrajera en cada momento del año, se deben atender los siguientes elementos o factores para manejar la carga (Bavera y Bocco, 2001).

- Estacionamiento corto del servicio (2-3 meses).
- Elección correcta de la época de servicio, y por ende, de las pariciones y destetes.
- Realizar el primer entore a los (15 meses, 18 meses)[a] o dos años según posibilidades.
- Destete temprano (2 a 6 meses)[b], según la situación del campo y sus recursos nutricionales.
- Retirar del rodeo de cría, venta inmediata de todos los machos destetados y del excedente de hembras destetadas, o retener, según convenga.

- Tacto, máximo 2 meses de retirados los toros.
- Retirar del campo por venta o capitalización de las hembras vacías (vacas y vaquillonas), o invernarlas en el propio campo.
- Al finalizar la parición, venta de todos los vientres que no hayan parido normalmente y que no tengan ternero al pie.
- Examen reproductivo completo de todos los toros y venta inmediata de los no aptos para el servicio.
- Clasificación de los rodeos en categorías según requerimientos[c].
- Clasificación de los rodeos por tamaño de preñez cuando el número de vientres lo justifica[d].
- Altas cargas instantáneas por medio de rodeos grandes y apotreramiento.
- Pasturas reservadas, forrajes conservados, cultivos de grano o forrajeros de verano diferidos y otros, con el objeto de aumentar la receptividad inverno-primaveral, cuello de botella de los rodeos de cría.
- Suplementación mineral anual y proteica y/o nitrogenada invernal.
- Si además de cría se efectúa agricultura, se puede aumentar o reducir la superficie ganadera en diferentes épocas del año o en distintos años[f].

NOTA: Referencias para niveles de tecnificación media y baja de los establecimientos del Chaco Áridos y Semiárido:

(a): Muy difícil, no es conveniente ni ecológica ni económicamente en el Chaco Árido y Semiárido pues, difícilmente las vaquillonas alcancen el peso necesario para el entore antes de los 2 años.

(b): No es conveniente ni ecológica ni económicamente el destete muy temprano en la región, es posible comenzar a los 4 meses suplementando muy bien a los terneros.

(c): Difícil aplicación en la región por el bajo nivel de apotreramiento.

(d): Igual al anterior.

(f): Solamente y con manejo apropiado en campos muy buenos del Chaco Semiárido.

3.3 Ajuste de la demanda de forraje a la oferta entre años

La producción del pastizal es muy variable entre años, esta variabilidad es función directa de la cantidad y distribución de las lluvias en el periodo vegetativo de las gramíneas.

En las regiones áridas y semiáridas y en particular en el Chaco Árido y Semiárido, sólo estamos seguros que la única constante es la gran variabilidad de la cantidad y distribución de las precipitaciones entre años y las correspondientes variaciones de la producción del pastizal, tanto es así que se pueden encontrar diferencias aún dentro de una misma unidad de producción. Esto se verifica plenamente si nos referimos a las precipitaciones de la misma época en sitios cercanos.

Gillen y Sims (2004), en una experiencia para conocer los efectos de la intensidad del apacentamiento con la producción de las plantas, fundamental para un manejo sustentable de los pastizales, el la cual el objetivo fue determinar el impacto de la carga animal en la producción del pastizal de una comunidad "Sand sagebrush" (*Artemisia filifolia* Torr. y pastizal), se aplicaron a 3 lotes cargas bajas, medias y altas, en un sistema de apacentamiento continuo, durante 20 años. Llegaron a la conclusión que las diferencias en producción entre años fueron mucho mayores que las diferencias entre las distintas cargas, esto fue igual para todos los componentes de la vegetación.

Si pudiéramos ajustar la demanda forrajera del rodeo a la oferta forrajera en los años de sequía y no sobrepastorear el pastizal, de manera de compatibilizar los requerimientos de la pastura y de los animales, obtendríamos como beneficio el mantenimiento de la potencialidad de los recursos forrajeros y de los animales.

3.2-1 LAS SEQUÍAS EN EL CHACO ÁRIDO Y SEMIÁRIDO DE CÓRDOBA:
Precipitaciones inferiores a los 3/4 de la normal son consideradas críticas para el mantenimiento de la producción del pastizal. Un déficit de precipitaciones notables con respecto a la media. ocurre alrededor de un año de cada 5 o 6 en el NO de la Provincia de Córdoba (Karlin *et al.*, 1979).

Años secos ocasionales no son tan críticos para la vegetación especialmente si son seguidos por un año inusualmente favorable. Cuando dos o más años secos se producen sucesivamente se ocasiona una crisis. De todos modos, no hay estadísticas de más de tres años consecutivos de sequía.

Los siguientes factores deberán ser considerados para determinar la efectividad de la precipitación:

1.   Distribución estacional de la precipitación.
2.   Precipitaciones durante el año previo.
3.   Intensidad y duración de tormentas individuales.
4.   Temperatura, viento y otros factores climáticos asociados.
5.   Topografía de la zona y suelos.
6.   Estado del pastizal (cantidad y efectividad de cobertura).

Solo el sexto factor puede ser controlado por el hombre. Una buena cobertura vegetal hará que una ligera precipitación sea más efectiva y prevendrá las pérdidas de suelo durante las intensas precipitaciones y periodos de fuertes vientos.

Dado que un buen manejo de pasturas es una medida de prevención, las sugerencias son dadas para combatir futuras sequías.

Recordemos que los requerimientos en alimentos promedio anual de un rodeo bovino de cría típico para las regiones chaqueñas de Córdoba es bastante rígido (Ver Capítulo VI:2.4. y 2.5; Capítulo VIII:3.2 y Figura VIII,3.2-2), es decir para una cantidad α de vacas en producción, 4%-6% de toros y 25% de reposición de vientres, el promedio anual es de:

$$\text{Cantidad de EV de un rodeo típico} = \alpha.1,3 \text{ EV}$$

Demanda diaria media anual de kgMS del rodeo bovino de cría $= 10(\alpha.1,3)$.

Desgraciadamente, la oferta forrajera en estas regiones es muy variable entre años, dependiendo principalmente de la cantidad y distribución de ocurrencia de las precipitaciones.

3.3-2 "MANEJO" DE LAS SEQUÍAS
Como podemos "manejar" las sequías?. Tenemos varias alternativas, un ejemplo de análisis de situación y alternativas propuestas están incluidas en la publicación de Danckwerts, O'Reagain y O'Connor (1993) para las zonas semiáridas y áridas del sur de África. Los aspectos más relevantes del trabajo que se pueden aplicar a esta sección, se resumen a continuación:

En las zonas áridas del sur de África, denominadas "sweetveld", en la región de lluvias estivales, la precipitación anual media está inversamente correlacionada con su coeficiente de variación. El rango de coeficiente de variación oscila al rededor del 40% para las zonas con una precipitación anual media de 400mm hasta el 10% en zonas con precipitación anual media 700mm (Tyson, 1986; citado por Danckwerts *et al.*,1993). Una consecuencia de esto es que los cambios en la producción de forraje entre estaciones son mas marcados en los sistemas semiáridos. En la sabana de Acacias (Zimbabwe), por ejemplo, se registraron valores de producción de biomasa 12 veces mayores en años promedio que en años secos (Dye y Spear, 1982; citado por Danckwerts *et al.*,1993). Estas diferencias probablemente fueron exacerbadas por la explosión demográfica en poblaciones de insectos fitófagos como la termita cortadora durante los períodos de sequía (Barnes, 1982; citado por Danckwerts *et al.*, 1993).

Este comportamiento del pastizal tiene importantes consecuencias sobre la capacidad de carga del sistema que varía considerablemente entre años. Un ejemplo de esto es el de la sabana semiárida, donde por un período de 10 años la capacidad de carga varió entre 0,026 y 0,2 cabezas por hectárea, es decir alrededor de un 700% (Tainton y Danckwerts, 1989; citado por Danckwerts *et al.*, 1993) (Figura VIII,3.3-1A).

En este caso, un productor con una capacidad de carga media, en el largo plazo, de 0.09 cabezas por hectárea durante 1982/83 habría tenido una sobrecarga del 350%. Sobre la base de este análisis, el concepto de capacidad de carga media del sistema en el largo plazo no parece resultar de gran utilidad práctica. Sin dudas, los productores de las zonas áridas deben tornar decisiones frente a las enormes fluctuaciones ambientales. Probablemente, la manera más sencilla y tradicional de lidiar con esta condición del sistema es el nomadismo, una alternativa de manejo que todavía se utiliza en los países del tercer mundo, a pesar de las restricciones que impone el aumento de la población en estos países. En los países desarrollados, esta práctica no es posible debido al sistema de tenencia de tierras. A continuación se presenta una serie de posibles alternativas para los establecimientos permanentes:

1. La opción más evidente es mantener las cargas a niveles muy bajos, para asegurar una producción estable en el tiempo. La desventaja de esta propuesta es el costo de oportunidad que tiene el forraje no consumido. Por otro lado, el costo de la tierra impide esta alternativa en la mayoría de los sistemas comerciales y los problemas de falta de forraje durante los períodos de sequía seguirán en las zonas áridas.

2. Los productores pueden disminuir la carga ante eventos de sequía y aumentarla cuando se acumula forraje suficiente luego de las lluvias. Esta alternativa está restringida por la rigidez relativa del mercado de animales domésticos, lo cual dificulta la posibilidad de acoplarse a la oferta y la demanda de forraje. En muchos casos, además, la sequía abarca grandes regiones, lo cual encarece y dificulta la posibilidad de recomponer los rodeos. Este tipo de manejo requiere que los productores puedan diferenciar las sequías cortas y muy acotadas de las sequías más importantes, que sí tendrán un fuerte impacto sobre sus rodeos. Por otro lado, los productores suelen ser optimistas, por lo que demoran la disminución de la carga hasta momentos en los que ya es demasiado tarde y tanto la condición física de los animales como su precio es muy pobre.

3. La tercer alternativa es una combinación de las dos anteriores e implica la fijación de una cantidad baja pero estable de animales destinados a la reproducción y reemplazarlos, en el rodeo, por animales para la venta. La ventaja de este enfoque radica en que permite, cuando se dispone de los registros de lluvias y de productividad, fijar la proporción de animales reproductivos sobre la base del nivel de probabilidad que establezca el productor (Danckwerts, 1987a; citado por Danckwerts *et al.*, 1993). De este modo, el productor puede, ante eventos de sequía, descartar los animales que sobran y, durante los ciclos húmedos puede comprar o bien recriar la progenie del propio rodeo. Al igual que en la primera alternativa, los problemas de una inadecuada disponibilidad de forraje seguirá ocurriendo durante los años con sequía.

4. La creación de un banco de reserva de forraje es, obviamente, otra alternativa para manejar la falta de alimento durante los períodos con sequía. El tamaño de la reserva debe tener una relación directa con el grado de variabilidad de las lluvias (Jones, 1983; citado por Danckwerts *et al.*, 1993) y, por lo tanto, aumenta a medida que aumenta la aridez. La desventaja de esta alternativa radica en que, las regiones áridas, generalmente están muy alejadas de las zonas donde se producen las reservas. Esta circunstancia determina que esta alternativa de manejo no resulte financieramente viable. Sin embargo, una posibilidad para estos establecimientos es una práctica ampliamente difundida en el sur de África que consiste en clausurar al pastoreo, por un período determinado, una superficie del establecimiento, de manera rotativa. En las zonas semiáridas, por lo general, se recomienda clausurar un tercio de la superficie total durante cada estación de crecimiento (Tainton y Danckwerts, 1989; citado por Danckwerts *et al.*, 1993). Para que esta alternativa sea viable, la porción de pastizal clausurado (diferido) debe conservar un nivel mínimo de palatabilidad hasta el final

del descanso. Si bien esta práctica implica la pérdida de cierta cantidad de forraje, por desecación o por el consumo de animales silvestres, ha servido como un importante amortiguador de la capacidad de carga durante las variaciones entre estaciones. El ejemplo de la sabana semiárida, presentado en la Figura VIII,3.3-1B, muestra el efecto de descansar un tercio de la superficie durante cada estación sobre la capacidad de carga del establecimiento. En este ejemplo se observa claramente la ventaja en el flujo de forraje a lo largo del año. Esta práctica se ha implementado con gran éxito en el área que se menciona (Danckwerts, 1987b; citado por Danckwerts *et al.*, 1993). Sin embargo, si bien esta práctica amortigua la variabilidad entre estaciones, no la elimina (Figura VIII,3.3-1B). Este manejo también requiere tomar medidas para controlar la distribución de los animales en el espacio.

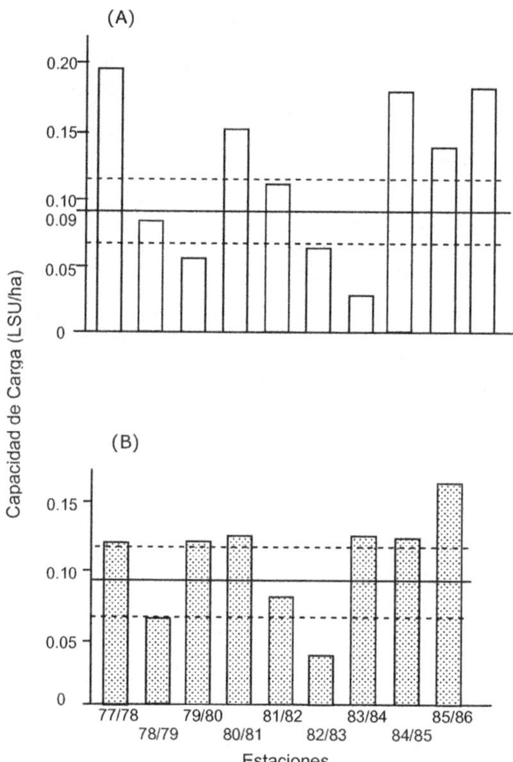

Figura VI,3.3-1: (A) Capacidad de carga en función de la estación en la Estación Experimental de Adelaida (1976 a 1986). (B) Capacidad de carga asumiendo que un tercio de la superficie es descansada cada año. Las líneas sólidas muestran la capacidad de carga media en el largo plazo y las líneas punteadas indican un rango de 25% por encima y por debajo de la media (tomado de: Tainton y Dailckwerts, 1989).

Ninguna de las alternativas presentadas más arriba, por sí solas, solucionará el problema de la variación en la disponibilidad de forraje. En líneas generales, los productores tendrán que flexibilizar el tamaño de sus rodeos y esto, combinado con alguna de las otras alternativas, les permitirá superar las situaciones de déficit de forraje. Para los productores de establecimientos permanentes ubicados en zonas áridas, manejar la variación entre estaciones representa el desafío más importante.

3.3-3 ¿LA VUELTA A LA TRANSHUMANCIA?

Danckwerts, O'Reagain y O'Connor (1993), se preguntaron si la solución estaba en la vuelta a la trashumancia. La interacción entre la heterogeneidad espacial y la variabilidad temporal de las lluvias aumentan la complejidad del sistema de pastizal. En las áreas semiáridas, esto determina pulsos de productividad que son estocásticos y poco predecibles en el tiempo, espacio y magnitud (Ellis y Swift, 1988; citado por Danckwerts *et al.*, 1993).

Bajo estas condiciones de no-equilibrio, la respuesta más tradicional ha sido la adopción de la trashumancia como práctica de manejo (Sinclair y Fryxel, 1985; citado por Danckwerts *et al.*, 1993) para poder aprovechar los pulsos de productividad (McNaughton, 1979; citado por Danckwerts *et al.*, 1993). Los sistemas nómades, generalmente, pueden soportar una mayor capacidad de carga que los sistemas permanentes debido al mayor aprovechamiento del espacio (Barnes, 1979; citado por Danckwerts *et al.*, 1993), por otro lado, parece resultar menos perjudicial para la vegetación (Sinclair y Fryxell, 1985; Ellis y Swift, 1988; citados por Danckwerts *et al.*, 1993).

Los sistemas de pastoreo permanentes o sedentarios, que son la práctica más frecuente en los países desarrollados, parecen ser una práctica de uso de la tierra inadecuada para las regiones áridas. Este es el caso particular del sur de África, donde los establecimientos son relativamente pequeños, aún en las zonas más áridas, minimizando la posibilidad de un aprovechamiento de la heterogeneidad espacio-temporal en el ambiente. Los sistemas de tenencia de la tierra en la región oeste parecerían desechar la alternativa ecológicamente más atractiva utilizada por los rebaños de ovejas Merino, que van siguiendo los pulsos de productividad atravesando el Karoo sudafricano.

Nota: En nuestro país se llevan los animales a quién tenga recursos forrajeros, pagando el pastaje con dinero u otras formas.

3.2-4 MANEJO ADAPTATIVO -un enfoque flexible en un ambiente cambiante-.

Hasta aquí discutimos detalladamente una cantidad de principios de manejo discretos que los productores podrían implementar para lidiar con el ambiente fluctuante. Sin embargo, el productor no se enfrenta a la necesidad de tornar una decisión por vez sino que debe utilizar una combinación de modelos conceptuales y principios que le permitan manejar un determinado problema (ver Capítulo XII:1.3). ¿Cómo puede un productor hacer esto?. Todos los productores monitorean, aunque más no sea de un modo subjetivo, tanto el estado corporal de los animales como la condición de su pastizal. Los productores aprenden permanentemente de los éxitos y fracasos previos, propios y de los de sus vecinos, y de las recomendaciones que reciben de los agrónomos. Luego, ellos incorporan lo que han aprendido a su manejo. Básicamente, lo que ellos realizan es un "manejo adaptativo" sin sistema, en el que las decisiones, frente a problemáticas nuevas, se toman a partir de la experiencia previa, es decir, a partir de los aciertos y desaciertos experimentados en el pasado (Holling, 1978; Walker y Hilborn, 1978; citados por Danckwerts *et al.*, 1993).

Este trabajo propone que el manejo adaptativo es, probablemente, la mejor herramienta para lidiar con un ambiente que cambia permanentemente. Este sistema le permite al productor tomar decisiones de manejo formales, de un modo holístico y modificar sus decisiones en la medida en que las circunstancias lo requieran. Si bien muchos principios sobre los que se basa fueron desarrollados en otra parte, sus decisiones están modeladas por su propia y particular combinación de circunstancias.

En un ejemplo de cómo el manejo adaptativo puede implementarse, Stuart-Hill (1989) citado por Danckwerts *et al.*, (1993) diseñó un algoritmo de toma de decisiones para establecimientos comerciales en el sur de Africa, asumiendo un doble objetivo: la viabilidad económica y la sustentabilidad del sistema ecológico (Figura VIII,3.3-2).

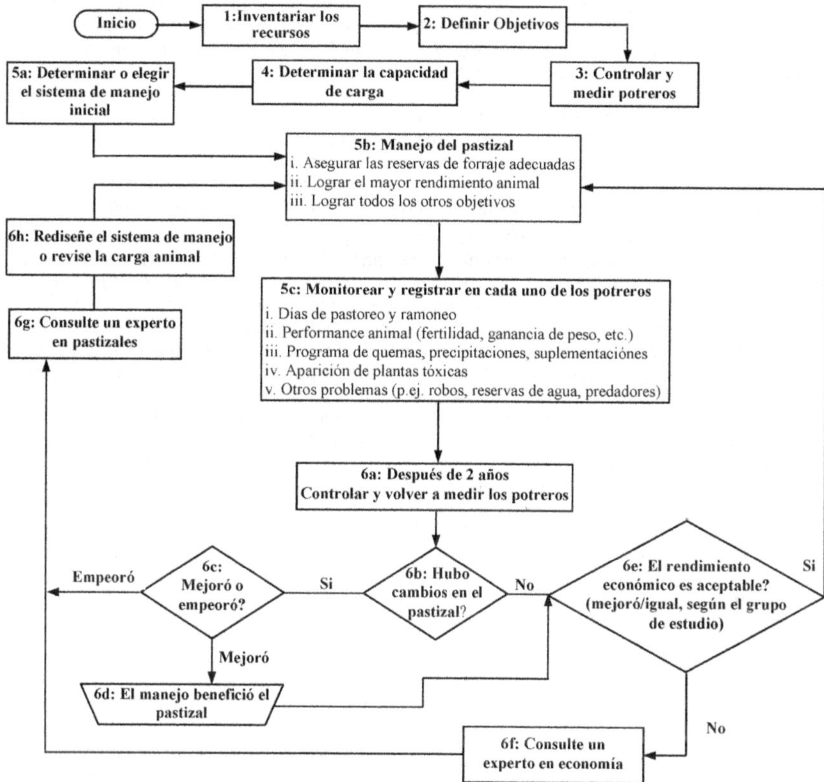

Figura VIII,3.3-2: Procedimiento para el manejo adaptativo del pastoreo (Stuart-Hill, 1989).

La implementación de tal sistema depende directamente de tres programas de monitoreo:

1- Llevar un registro del estado corporal de los animales y, por lo tanto, de su valor económico.

2- Monitorear el estado de la vegetación.

3- Llevar un registro de las condiciones ambientales y de las decisiones de manejo que se tornan frente a cada combinación posible.

Si este proceso (esquematizado en la Figura VIII,3.3-2) perdura a lo largo del tiempo y llega a ser formalizado, el productor, entonces, obtendrá un método de manejo adaptado a su establecimiento, sin la necesidad de recurrir a investigaciones realizadas para esa combinación particular de factores.

Un problema que podría derivarse de adoptar este tipo de enfoque (Figura VIII,3.3-2) es que los procedimientos de monitoreo de la vegetación que se utilizan en la actualidad son demográficos. Estas técnicas de monitoreo deberían ser capaces de identificar debilitamiento en las plantas antes de que ocurran procesos de mortandad en las poblaciones. Esto, no obstante, es una crítica de las técnicas especificas de monitoreo de la vegetación, y no constituye una critica al modelo de manejo adaptativo en si.

En definitiva, la clave para el éxito del manejo es un adecuado programa de monitoreo. La mayoría de los productores llevan registros de lluvias, del peso de los animales y de sus decisiones de manejo, pero muy pocos monitorean la vegetación. Probablemente, el desafío más grande para los agrónomos y extensionistas es convencer a los productores para que lleven registros balanceados y que los utilicen en el momento de tomar decisiones.

3.2-5 FLEXIBILIDAD Y MANEJO OPORTUNÍSTICO

Herbel y Nelson (1969) en estudios realizados en Nuevo México (E.U.A.) donde la precipitación media es de 225mm y los recursos forrajeros son variados abarcando gramíneas perennes y anuales, latifoliadas y leñosas, indicaron la importancia de un sistema de pastoreo que tenga en cuenta la información de los factores climáticos, de la vegetación y de las necesidades de los animales. El sistema propuesto llamado "la mejor pastura" o "el mejor potrero" (ver Capítulo XIII), se basa en definir una meta para cada potrero y la carga animal se fija según esos datos. No se sigue un movimiento del ganado con fechas fijas, sino que el movimiento es oportunístico y se adapta a los cambios climáticos que son muy variables. Una característica fundamental de este sistema es la flexibilidad del rodeo de cría. En los años normales, los vientres componen del 55% al 60% del rodeo. Los demás animales son vaquillonas de reemplazo y novillitos. En años de baja producción del pastizal, se venden por prioridad las categorías que no sean vientres. En caso de producción mayor que lo normal, se realiza una recría de variable duración dependiendo de la cantidad de pasto acumulado. A este sistema de cría y recría en los años que se puede, lo denominamos "sistema de carga flexible".

Karlin, Díaz y Clavería (1979), propusieron pautas para el manejo del pastizal y del rodeo de cría para las situaciones de sequía que se presentan en el Chaco Árido:

3.2-6 MANEJO DURANTE LA SEQUIA

Los daños de la sequía se manifiestan en las plantas de dos modos y ambos afectan el rodeo.

1.- Algunas de las yemas en la base de las gramíneas perennes, las cuales normalmente crecen produciendo hojas y panojas, no pueden desarrollar.

2.- La altura de crecimiento de la planta es menor durante los años secos.

Estas dos reacciones de las plantas actuando tanto solas como simultáneamente producen disminución en la producción de forraje.

La muerte de partes y quizá de toda la base de la planta o corona (punto de unión de las raíces con el tallo), durante sequías continuadas, reducen luego la cantidad de rebrote y aún menos forraje es producido. Menor cantidad de alimento es elaborado para el uso de las raíces de las plantas y baja el nivel de reservas disponibles para iniciar el crecimiento en la estación favorable.

Las plantas debilitadas por el continuo pastoreo a ras son más fácilmente dañadas que las plantas más vigorosas que se encuentran resguardadas adecuadamente o constituyendo pasturas diferidas.

Las grandes matas de gramíneas a veces se separan en varias matas menores. Las malezas perennes disminuyen en número, Las plantas leñosas pueden mostrar algunas necrosis en el ápice y aquellas que requieren mayor humedad son severamente afectadas.

<u>Manejo del rodeo</u>
El ganadero que haya mantenido suficientes reservas de forraje en el campo o aquel que tuvo reservas al comienzo de la presente sequía, será capaz de mantener su rodeo con una pequeña adición de raciones de las reservas y/o suplementos.

Los principales problemas y sugerencias para lograrlo, son :

1- Obtener el mejor uso de las reservas de forraje:

a) Usar un sistema de pastoreo rotativo diferido (ver Capítulo XIII).

b) Favorecer un pastoreo más uniforme del pastizal (ver Capítulo X) mediante la instalación de la sal alejada del agua en áreas generalmente no bien pastoreadas debido, a la distancia al agua o a lo escabroso del terreno. El guiado, la apertura de picadas, la construcción de alambrados móviles, la distribución estratégica de suplementos y la buena distribución de sombra también contribuirá a la dispersión de los animales sobre el pastizal.

2- Equilibrar la alimentación y los requerimientos del rodeo mediante selecciones sistemáticas (descargar el campo):

a) Venta de caballos, mulas u otros animales innecesarios.

b) Separar y vender aquellos animales flacos, enfermos, débiles, viejos, de malos dientes, vacas vacías, de mala ubre, de pariciones defectuosas, etc.

c) Venta de los terneros destetados.

d) Venta de los novillitos de recría.

e) Venta de las vaquillonas de reposici6n (de primer año).

f)   Reseleccionar el rodeo de cría, dejando solo los animales de 2, 3 y 4 años de edad.

3- Mantener, por lo menos, un nivel mínimo de proteína y fósforo en la alimentación.

4- Suministrar cantidades adecuadas de vitamina A. El pasto seco es deficiente en vitamina A. El forraje verde de gramíneas y malezas, 750g de heno de alfalfa o 200g de harina o "pellet" de alfalfa por día, suministran una cantidad adecuada de vitamina A. De esta manera se previene la ceguera nocturna y perturbaciones en la reproducción.

Cuando la mayoría de los ganaderos entran al periodo de sequía, cortos en sus reservas de forraje o han usado ya hace mucho lo que tenían y los rodeos de ganado vacuno han sido ya severamente seleccionados, y considerando que pobres condiciones nutricionales y baja resistencia hacen que los animales sean más susceptibles a enfermedades, parásitos y cambios climáticos bruscos, se ofrecen las siguientes sugerencias para suplementación:

–   Las pencas de tuna, henos de baja calidad y otros alimentos de menor valor, pueden ser usados como parte de la alimentaci6n, Estos alimentos se hacen más palatables con melazas pero debe agregárseles las proteínas y el fósforo.

–   Las hembras preñadas deben recibir mejor alimentación que aquellos animales que solo deben mantenerse a sí mismos.

–   El fósforo (en áreas deficientes) las proteínas y la vitamina A, deben ser suministradas en la alimentación. El destete y los animales más jóvenes deben ser alimentados con granos y un suplemento de proteínas con la mayor cantidad de forraje posible.

–   Donde el pastizal ha quedado exhausto, los animales deben ser concentrados en una pequeña área para evitar que todos los potreros sean hollados, pisoteados y sobrepastoreados. Esta pastura puede ser recuperada luego.

En la práctica, después de analizar todas las estrategias y alternativas vistas, la decisión de cómo ajustar la carga a la oferta disminuida de los años de sequía depende de las características de cada caso en particular, depende del estado y condición del pastizal, de la infraestructura, del grado de organización de la empresa y otras.

En general, si no tenemos organizado un sistema de carga flexible (cría y recría), podemos aplicar un descarte o refugo más riguroso, vendemos animales o alquilamos pastoreos para las hembras de reposición (tipo de manejo trashumante), etc., también podemos reducir drásticamente el requerimiento de las madres produciendo el destete precoz o anticipado de los terneros o suplementamos parte o todo el rodeo (varias posibilidades de suplementación: urea, fardos, granos, balanceados, etc.) En definitiva dependerá del costo de oportunidad más conveniente en la situación de ese lugar y en ese momento.

3.4 Descansos para recuperar el pastizal

Las especies de gramíneas del Chaco Árido y Semiárido son C4. Con el pastoreo en época vegetativa (noviembre-abril) no sólo pierden superficie fotosintetizante (disminuye el índice de área foliar), sino que también pierden muchos de sus meristemas apicales. Estos son los efectos principales del pastoreo a los que se suman la selección y preferencia de los animales, pisoteo, deyecciones y otros (ver Capítulo V:3.3 y 3.4).

Los descansos en época vegetativa tienen como objetivo principal la recuperación del vigor de las especies deseables del pastizal para que su presencia el pastizal no disminuya y si es posible aumente. Para alcanzar este objetivo las gramíneas deseables del pastizal tienen que acumular la mayor cantidad posible de hidratos de carbono de reserva.

La dinámica (almacenamiento y utilización), tipo y localización de los hidratos de carbono de reserva de las gramíneas, son las siguientes (Huss *et al.*, 1996): De todas las funciones de la planta, tal vez la más importante sea el mecanismo de síntesis de reservas, su localización y la forma en que éstas son utilizadas. La acumulación y movilización de reservas tiene gran importancia en la respuesta de la planta al corte o pastoreo y en la duración de su vida útil. En el caso específico del manejo de pastizales naturales, este conocimiento es de fundamental importancia, ya que los elementos con que se trabaja incluye especies perennes que dependen para su supervivencia del nivel de reservas al iniciar la nueva estación de crecimiento cuando la actividad fotosintética es nula.

Los principales componentes de las reservas son hidratos de carbono no estructurales. Ellos incluyen azúcares reductoras (glucosa y pentosanos), azúcares no reductoras (sucrosa), fructosanos y almidón. El tipo de azúcares variará con las especies, dependiendo de su lugar de origen: en las gramíneas de clima templado las reservas se hallan compuestas por sucrosa y fructosano, en las de origen tropical por sucrosa y almidón. A diferencia de los hidratos de carbono, los componentes nitrogenados no se almacenan ni utilizan como los primeros, pero son utilizados en la respiración.

En las gramíneas perennes, los órganos de almacenamiento de las reservas de hidratos de carbono estructurales son las yemas basales de los tallos, los estolones, los rizomas, los bulbos y las raíces. Las reservas de estos órganos son utilizadas como fuentes de energía para iniciar un nuevo crecimiento, ya sea después del corte o después de la estación de receso invernal, hasta que la fotosíntesis supere a la respiración. Esto ocurrirá cuando exista suficiente material fotosintético (área foliar) capaz de sintetizar hidratos de carbono (Figura VIII,3.4-1).

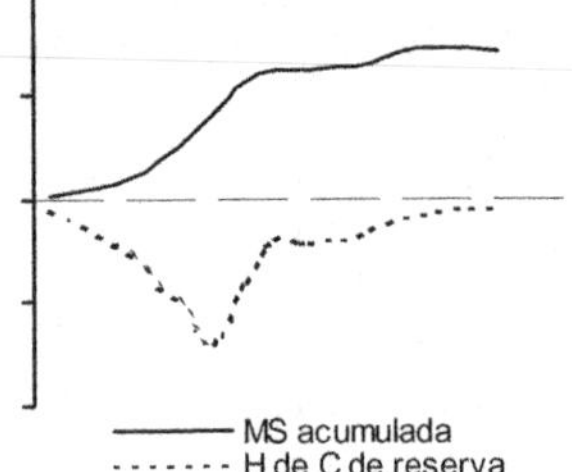

Figura VIII,3.4-1: Diagrama de la dinámica de los HCR en el periodo vegetativo de una gramínea perenne C4 en el Chaco Árido de Córdoba (Díaz, 2003).

Las especies anuales almacenan sus reservas de alimentos en semillas. Importante razón por la cual los pastizales donde predominan las especies anuales deben ser pastoreados de tal modo que se permita la formación de semillas para la regeneración que tendrá lugar al año siguiente. No son muchos los estudios relativos al almacenamiento de nutrientes de los arbustos, no obstante, se sabe que almacenan nutrientes en sus raíces y en las yemas basales y axilares latentes.

Las interrelaciones planta-animal son complejas e interdependientes y se enmarcan dentro del ambiente del entorno del sistema pastoril (ver Capítulo V:3). De todas maneras el efecto más importante del pastoreo en época vegetativa del pastizal es el corte por la cosecha de forraje de los animales.

David L. Anderson (1983) refiriéndose a los efectos del pastoreo sobre los pastizales naturales dijo:

Las modificaciones y procesos de cambio desencadenados por el pastoreo en los pastizales naturales son múltiples, variados e interrelacionados. El hecho físico del arranque de tejido vegetal por el animal constituye el primer paso de un largo y complejo proceso, tanto en el animal y el material ingerido, como en la planta comida que queda arraigada y los elementos físicos y biológicos que la rodean.

Los efectos del pastoreo sobre el ecosistema son múltiples y puedan ser negativos o positivos en función de una larga serie de variables. A nivel microambiental y microclimático, los factores y elementos que sufren alteraciones debido al pastoreo son, entre otros, cantidad de mantillo, evaporación del agua desde la superficie del suelo, luminosidad, temperatura del aire y del suelo, viento, humedad disponible en el suelo y en la atmósfera, balance hídrico, composición botánica, fitomasa aérea y subterránea, y densidad y compactación del suelo. Todos estos factores están interrelacionados y se produce una reacción en cadena a partir del momento del pastoreo.

El sistema de pastoreo, momento de pastoreo, descanso del pastizal y la presión de pastoreo, influyen directamente en todos estos factores. A nivel fisiológico de la planta individual, las alteraciones son profundas a partir de la defoliación.

La utilización pronunciada reduce la superficie fotosintetizante y, por lo tanto, reduce las reservas de fotosintatos. Los niveles de reservas de carbohidratos son afectados por esa acción en cualquier época del año aunque hay ciertas fenofases en que se ven más afectados. Se llega al extremo cuando las reservas no pueden enfrentar las demandas para el rebrote o ciclo reproductivo y se pierde vigor hasta la muerte de la planta.

Con cualquier sistema de pastoreo, tarde o temprano, las especies deseables empiezan a perder vigor, deteniéndose el crecimiento de raíces y reduciéndose el rebrote de nuevos tallos y el nivel de reservas de los carbohidratos. Los cambios en la composición botánica están más documentados en los trabajos y constituye una medida de las tendencias hacia degradación o mejoramiento del pastizal. La selectividad es uno de los hábitos más destructivos del animal que pastorea. El resultado final en la composición botánica depende del orden de la preferencia animal y la estación de pastoreo (ver Capítulo VII:2.4).

El balance de estos factores determina una sucesión particular y una composición definida. La producción de pasto es uno de los factores que más se altera por el pastoreo. Se comprobó que la producción anual se reduce cuanto mayor presión se ejerce sobre el pastizal. En las zonas áridas y semiáridas, el pastoreo moderado (50% de utilización del peso de materia seca producida anualmente) es más beneficioso al pastizal en todos sus aspectos, que el sobreuso o el subuso. Sin embargo, en estos ecosistemas frágiles, el pastoreo no puede ser continuo, sino que se debe intercalar descansos en el sistema durante períodos cortos programados para coincidir con fenofases críticas de las especies claves de manejo.

En un ensayo de tres intensidades de utilización (60%, 40% y 20%) hecho en Nebraska, E.U.A., se concluyó que el potrero sometido a 60% no mantuvo la condición del pastizal ni significó la mayor ganancia de peso por animal. Algunas especies deseables no sobrevivieron y el vigor y rendimiento en general fueron reducidos. El nivel de 40% de utilización mantuvo o mejoró la condición y las especies consumidas sobrevivieron. En el potrero de 20% de utilización, las especies deseables aumentaron en densidad, vigor y rendimiento.

En un ensayo conducido en el Campo Experimental de Santa Rita, en Arizona (E.U.A.), se comparó el pastoreo continuo con el diferido con descansos de mayo a octubre (estación de crecimiento) y desde noviembre hasta abril (estación de latencia). Se concluyó que los potreros pastoreados todo el año fueron superiores después de 10 años que los que descansaron en las dos épocas. Sin embargo, se observó que los efectos del pastoreo selectivo se contrarrestaron en los potreros que recibieron descansos en las épocas e intervalos apropiados.

El rebrote primaveral aparentemente es crítico en el ciclo vital de las gramíneas aunque produzcan poco forraje en ese momento. Se reduce el número de macollos, el diámetro basal y la producción forrajera. Se sugirió el 40% de utilización para evitar la degradación del pastizal (Cable y Martin, 1975, citados por Anderson, 1983).

El nudo de la cuestión se concentra en la defoliación que determina la detención del crecimiento radical, la reducción del rebrote de nuevos macollos y la reducción en los niveles de reserva de los carbohidratos. Para evitar esta situación y pretender mejorar el pastizal natural con el uso, es imprescindible planificar períodos de diferimiento calculados para coincidir con las fenofases críticas de las especies clave (Anderson, 1983).

Un ejemplo sobre los efectos del descanso en un pastizal del centro de la provincia de San Luis (con especies C3 y C4) fue presentado por David L. Anderson (1983):

Un potrero, el Nº 7, descansó desde el 15 de junio de 1980 hasta el 28 de febrero de 1981 y la carga animal anual fue de 6,88 ha/UG, siendo la instantánea de 2,00 ha/UG durante los 100 días al principio del período observado (1º de marzo al 15 de junio).

A pesar del descanso prolongado que abarcó todo el período crítico de las principales especies, el potrero registró un leve deterioro. Era de esperar teniendo en cuenta las características de las precipitaciones. Se repite lo que se advierte en la bibliografía, que en los años de precipitación muy inferior, no hay sistema de manejo que mejore el pastizal. Sin embargo, seguramente este tratamiento especial atenuó los efectos negativos de la falta de lluvia. Las especies más afectadas en este potrero fueron *Sorghastrum pellitum* y *Schizachyrium plumigerum* entre las forrajeras y, además, la no forrajera *Elyonurus muticus*. Es necesario destacar aquellas especies que mantuvieron o aumentaron su cobertura a pesar de la sequía: entre las estivales *Bothriochloa springfieldii*, *Sporobolus cryptandrus* y *Digitaria californica* y entre las invernales *Poa ligularis*, *Poa lanuginosa* y *Piptochaetium napostense*.

En el caso del potrero Nº 8, venía en descanso desde el 15 de diciembre de 1979 terminando el diferimiento el 15 de junio de 1980. Luego, la carga instantánea fue de 2,61 ha/UG a través de la sequía. La carga anual promedió 3,75 ha/UG. La reacción del pastizal fue más normal para estas condiciones climáticas, hubo una marcada degradación del pastizal. La carga fue demasiado elevada en la época de rebrote y del ciclo reproductivo de las especies en general. Todas las especies menos *Sporobolus cryptandrus* perdieron cobertura y densidad. Es conocida la resistencia de *Sporobolus cryptandrus* a la sequía y, en este caso, se destacó notablemente.

El potrero Nº 9 tuvo un período de descanso igual que el Nº 8, y una carga instantánea de 2,76 ha/UG y una anual de 3,96 ha/UG, o sea un tratamiento casi igual que el potrero Nº 8. Sin embargo, a diferencia del Nº 8, se mantuvo la condición. La explicación en este caso es la existencia de 120ha (el 20 % de su superficie) de pasto llorón junto a la aguada sin separación del campo natural por alambrado. Esta situación dio la oportunidad de comparar la reacción del pastizal natural frente a la sequía y a una carga animal y descansos parecidos, pero con la presencia de pasto llorón como variante. Algunas especies perdieron algo de su cobertura inicial, pero en ningún caso fue marcada la diferencia y hasta hubo especies que aumentaron, como *Chloris retusa*, *Bothriochloa springfieldii*, *Schizachyrium plumigerum* y *Sporobolus cryptandrus*.

En el caso del potrero Nº 10, que quedó en descanso todo el período observado, el pastizal en general mostró una leve mejoría. Las especies que más aumentaron en cobertura fueron *Sorghastrum pellitum* y *Poa ligularis*. Este descanso total en un año de sequía no dio resultados espectaculares, pero si se mide en términos de la degradación experimentada en el potrero Nº 8, se comprende el resultado netamente positivo en el potrero Nº 10.

En resumen, tres de los cuatro potreros no se degradaron en un año de bajas precipitaciones: uno por la presencia de pasto llorón, otro por el descanso prolongado y el restante por el descanso total. El potrero donde se comprobó degradación en el pastizal es el único caso donde coactuaron la sequía y la carga animal elevada. Se destaca la gran importancia del uso combinado de pastizal natural y pasto llorón en cierta proporción. Estos datos tomados en un año desfavorable, permiten un alto grado de optimismo en cuanto a las posibilidades de mejorar el pastizal a través del uso. En este campo, todos los potreros mejoraron desde 1971 en composición, pero faltan datos concretos sobre producción animal.

Otro ejemplo de los efectos del corte de plantas gramíneas es el trabajo de Hisham *et al.* (2004). La siega intensiva ha contribuido a la pérdida de algunos pastos climáxicos en los derechos de vía de los caminos de Texas. Se evaluó el efecto de diferentes alturas y frecuencias de siega en las concentraciones totales de carbohidratos no estructurales totales (TNC) y la densidad de macollos de pastos cortos y medianos. Los pastos cortos fueron representados por "Blue grama" [*Bouteloua gracilis* (H.B.K) Lag ex Steud.] y los pastos medianos por "Silver bluestem" [*Bothriochloa saccharoides* (Sw.) Rydb], ambas son especies nativas. Se sometieron a los siguientes tratamientos: no segados (control) y segados a 5 y 10 cm de altura y a 5 frecuencias de siega (mensual, bimestral, trimestral y una sola siega al inicio o al final de la estación de crecimiento). En ambas especies las plantas segadas menos frecuentemente, a cualquier altura de siega, tuvieron concentraciones más altas de TNC que las plantas sujetas a siegas mas frecuentes. En el "Silver bluestem" la siega consecutiva durante dos estaciones produjo menos (P<0,05) macollos que la siega en una estación. El crecimiento de los macollos de "Silver bluestem" fue más susceptible a la siega frecuente que los de "Blue grama". Después de dos años la siega durante el periodo de desarrollo rápido de la inflorescencia redujo la densidad de macollos de ambas especies.

Como resumen del tema podemos citar lo expresado por Deregibus (1998b): Mediante descansos (baja frecuencia de defoliación) se puede prevenir el sobrepastoreo y permitir a las plantas forrajeras recuperar la biomasa de hojas que le garanticen una buena intercepción de la energía radiante. Esta energía servirá a la planta para producir un sistema radical más extenso y ramificado y aumentar así la disponibilidad de agua y nutrientes. Más energía, agua y nutrientes estimularán aún más la producción de hojas y macollos y la planta vigorosa podrá (si así lo deseamos) florecer y fructificar profusamente. Los efectos ecológicos del descanso del pastizal son:

- Sobre el flujo de energía: Aumenta la captación de energía radiante por vigorización de las plantas. Este aumento puede traducirse en una mayor receptividad y por ello en un mayor flujo de energía a los animales. Excesos en el período de descanso reduce la eficiencia de captación de la energía radiante y, por perdida de palatabilidad, de la energía transferida a los herbívoros.

- Sobre la partición del agua: Aumenta la disponibilidad de agua pues plantas más vigorosas exploran un mayor perfil del suelo. La mayor biomasa intercepta el agua de lluvia, reduciendo el efecto de la gota sobre el suelo desnudo. Por la misma razón se reduce el escurrimiento y la evaporación del agua contenida en el estrato superficial del suelo.

- Sobre la circulación de nutrientes: Aumenta la exploración del suelo por las raíces y así mejoran la disponibilidad de nutrientes para las plantas. Descansos excesivos inmovilizan los nutrientes de las plantas.

- Sobre la sucesión: Avanza la sucesión al permitir el triunfo de plantas perennes más vigorosas. La profusa fructificación que se logra le garantiza la regeneración de las superficies. Descansos excesivos pueden ocasionar la eliminación de plantas rastreras deseables y prevenir la regeneración de las poblaciones.

3.5 Estrategias para la producción de semillas e implantación

3.5-1 PRODUCCIÓN DE SEMILLAS

El inevitable pastoreo selectivo afecta la competencia vegetal, inter e intraespecífica, para varios componentes del microambiente. Competencia por humedad edáfica y luz son ejemplos que se han estudiado. Las estrategias de reproducción de la mayoría de las especies dependen de estos factores (Anderson, 1983).

Los descansos para recuperar el vigor de las especies del pastizal tienen como resultado marginal una buena producción de semillas. Evidentemente nos interesa fundamentalmente la producción de semillas de las especies deseables para mejorar la composición botánica del pastizal.

En el Chaco Árido y Semiárido de Córdoba la gran mayoría de las especies de gramíneas son C4 y sus feneofaces casi no tienen diferencias, por lo que es prácticamente imposible planear descansos diferenciales para favorecer las especies deseables (Ver Capítulo IV:2.10 y 2.11). Pero si recuperamos el vigor de las especies deseables, estas tienen mejor chance en la competencia interespecífica.

Si adoptamos un sistema de pastoreo que prevea descansos rotativos (Ver Capítulo XIII:3) como el siguiente, podemos dar los descansos necesarios para la producción de semilla y establecimiento de plántulas, en el que: el primer paso es utilizar el pastizal para obtener una producción animal máxima; el segundo paso es descansar el pastizal hasta que se restaure el vigor de las plantas forrajeras; el tercer paso es descansar el pastizal hasta la maduración de las semillas y luego pastorear para lograr la máxima producción animal; y el último paso es descansar el pastizal hasta que se establezcan nuevas plántulas. La duración de cada paso no tiene un tiempo fijo, sino que depende de los requerimientos y fenofases de las especies clave (Anderson, 1983).

Aún en unidades de manejo que son pastoreadas en época vegetativa o en pastoreo continuo, si aplicamos las cargas adecuadas o sea un factor de uso de 0,5, la forma de pastorear cada mata por los bovinos deja algunos macollos que maduran y luego no eligen y producen semillas (ver Capítulo V:3.4). Esto sucede también con especies muy preferidas, de esta forma podemos contar con una cierta cantidad de semillas de especies clave. Por supuesto que si necesitamos incrementar las especies valiosas en una unidad de manejo es necesario disponer descansos, de todas maneras los resultados definitivos se deberían evaluar por la cantidad de nuevas plantas establecidas.

En el Chaco Árido y Semiárido de Córdoba, luego que maduran las semillas los pastos terminan su ciclo vegetativo, generalmente la mayoría de las semillas caen, luego es conveniente pastorear para que los animales volteen el resto se semillas y pongan a éstas en contacto con el suelo juntamente con el mantillo que se va acumulando por efecto de las pezuñas de los animales que pastorean.

Una cantidad de semillas es consumida por las aves silvestres y, si bien no tenemos referencias concretas, creemos que por algunos pequeños roedores también. Es notable la ausencia de aves en lugares donde se encuentran extensas áreas degradadas por sobrepastoreo continuo.

Como ocurre en otras regiones áridas y semiáridas, aquí también tiene importancia el efecto de la pezuña en la implantación de nuevas plántulas de gramíneas, es fácilmente comprobable que en los micropozos dejados por las pezuñas se acumula mantillo y semillas y allí se encuentra la mayor densidad de plántulas.

El mantillo tiene fundamental importancia para la germinación de las semillas, pues provee una buena cama de siembra, mantiene la humedad del suelo y evita las temperaturas muy altas. Un pastoreo con animales livianos después de la primera precipitación efectiva (±20mm) en primavera tiene buenos efectos sobre el microrrelieve del suelo y pone en contacto las semillas con la cama de siembra.

3.5-2 ESTABLECIMIENTO DE PLANTAS

Dentro del análisis de las estrategias de pastoreo, Bryant *et al.*, (1998) (ver Capítulo XIII:4.), estudiaron los resultados de la implantación o establecimiento de plantas de gramíneas y realizaron una revisión sobre el tema. El concepto del efecto del hato y acción de la pezuña ha sido promovido por Savory y Parsons (1980) y las experiencias examinadas son las siguientes:

En 1982 Graff (1983; citado por Bryant *et al.*, 1998) inicio dos estudios, uno en la Welder Wildlife Fundation cerca de Sinton, Texas, y otro en una área cercana a la estación experimental de Post, Texas. Posteriormente, se condujeron dos estudios más, uno en San Ángelo, Texas, y el otro en Justiceburg, Texas.

En Sinton, cinco especies de pastos de verano, un pasto de invierno, y cuatro leguminosas se sembraron en junio y en septiembre de 1982. Se sometieron a varios tratamientos, incluyendo el pisoteo y acción de la pezuña. Las especies seleccionadas se consideraron adaptadas a los suelos de la costa del Golfo pero no eran nativas al área. Esto permitió una identificación más fácil de las plántulas en el estudio.

Resultados de este estudio mostraron que la competencia tiene una mayor influencia en el establecimiento de plantas que el pisoteo, incluso con altas densidades de carga animal, la mayoría de las especies no fueron afectadas por el pisoteo (Bryant *et al.* 1989).

En Post, se simularon 36 y 18 potreros, para comparar el sistema de corta duración contra el continuo. La carga animal fue igual entre los tratamientos, sin embargo, la densidad de carga fue de 2,4, 1,2 y 0,1 au/acre (±6; ±3 y ±0,25 UA/ha), respectivamente. Se sembró pasto llorón en mayo a razón de 20 semillas por pie cuadrado (±215 semillas/m^2) en 16 parcelas de 100 pies cuadrados (±9m^2) por tratamiento (cuatro potreros/tratamiento de SDG, short duration grazing). Tratamientos adicionales incluyeron varias técnicas de preparación de cama de siembra.

En 1982 la precipitación fue de 18 pulgadas (±46mm) distribuidas uniformemente durante la estación de crecimiento. A pesar de esto, el establecimiento de plantas por acción de la pezuña fue substancialmente menor que las dos técnicas mecánicas convencionales evaluadas. Similar al estudio de Sinton, la competencia pareció ser el factor mas importante que afectó el éxito del establecimiento.

En 1980 en San Ángelo, Texas un ranchero propuso que estudiáramos su recientemente iniciado programa de pastoreo de corta duración. El sistema consistía de 18 potreros cercados, donde 14 se habían desenraizado para sembrar Kleingrass (*Panicum coloratum*) y Banderita (*Bouteloua curtipendula*). La opinión del propietario del rancho era que existían muchas nuevas plantas debido a la acción de la pezuña lo cual había promovido la germinación y establecimiento de plantas. Se colocaron parcelas permanentes marcadas para evaluar periódicamente el establecimiento en los mismos sitios. Aproximadamente a 10 millas (16km) de allí se evaluó una área similar, la mitad de la cual se había roturado previamente y sembrado Kleingrass y Banderita. El ganado pastoreó en un potrero de 12 acres (±5ha) en forma continua y una célula de 18 acres (±7,5ha) en el programa de corta duración con 6 potreros. La densidad de carga fue 0,2 au/acre (±0,5 UA/ha) en el continuo y 1,3 au/acre (± 3,2 UA/ha) en SDG.

En los sitios de estudio, muchas plantas de Pasto Klein germinaron después de una lluvia de dos pulgadas (±6mm) que ocurrió el 22 de Junio. En Julio 1, se contabilizaron 2,9 plántulas por pie cuadrado en los potreros del sistema de corta duración y 3,7 plántulas por pie cuadrado en los potreros con pastoreo continuo. Para agosto 11 todas las plántulas habían muerto debido a la falta de lluvia después del día 22 de junio (Gómez, 1981; citado por Bryant *et al.*, 1998). No se encontraron plántulas en las parcelas marcadas en ninguno de los sitios de muestreo.

En una unidad de producción experimental de la Universidad de Texas en Justiceburg, se realizó un estudio en 1985 y 1986 para evaluar el efecto del hato en la emergencia de plántulas y la compactación del suelo (Weigel *et al.* 1989). La investigación se realizó en potreros de 33 acres (±13,33ha) de un total de 198 (±80ha), en un sistema de seis potreros con corta duración. Las densidades de carga fueron 100 y 50 por ciento mayores a las recomendadas para ese sitio. El diseño general del estudio fue reportado por Bryant *et al.* (1989). La emergencia del pasto Klein fue similar entre la utilización del corta duración (8,8 plántulas por pie cuadrado, $\pm 95/m^2$) y en las áreas sin utilización cada año (9,9 plántulas por pie cuadrado, $\pm 107/m^2$). La intercepción de huellas de las pezuñas varío de 11,3 a 18,2 por ciento (Weigel, 1987; citado por Bryant *et al.*, 1998). La compactación del suelo fue mayor en las áreas con pastoreo de corta duración que en las áreas sin utilizar. La compactación del suelo estuvo directamente relacionada con la densidad del suelo, (Gifford *et al.*, 1977; citado por Bryant *et al.*, 1998), de tal forma que el pastoreo de corta duración no produjo efectos benéficos en el establecimiento de plántulas de Pasto Klein o en la compactación del suelo en ningún año. La emergencia de plántulas nativas en el mismo estudio, fue la misma entre las parcelas pastoreadas y no pastoreadas (Weigel, 1987).

3.6 Manejo de la presión de pastoreo

La presión de pastoreo (PP) se utiliza como herramienta de manipulación o manejo del pastizal natural para conseguir mediante el impacto animal determinados propósitos tendientes a la recuperación y/o mantenimiento de los mismos.

Aumentar o bajar la PP es un complemento del manejo de la carga animal total o capacidad de carga, se aplica en una unidad de manejo con un fin determinado y por un tiempo determinado. Para poder utilizarla con mayor éxito como herramienta de manejo es necesario haber logrado un buen grado de desarrollo y organización en la unidad productiva.

Veamos que entendemos por presión de pastoreo: El término presión deriva de la física y se define como peso/unidad de superficie, extendiéndose esta idea a la agronomía como peso vivo de los animales por unidad de superficie (PV/ha).

No es que no importe esta expresión física, pero es de mayor impacto para el manejo de pastizales la demanda en forraje por unidad de tiempo de esa cantidad de kilogramos de peso vivo por unidad de superficie en relación a la oferta forrajera por la misma unidad de superficie.

Si nos referimos a la unidad de tiempo o período de pastoreo (pp) puede ser desde horas en un sistema muy intensivo, día, mes, semana o hasta el año en los sistemas de pastoreo continuo, en el ultimo caso la presión de pastoreo es igual a la capacidad de carga. Generalmente se utiliza como unidad de tiempo el día, entonces podemos definir la presión de pastoreo como (Smetham, 1981):

$$PP = \frac{\text{Demanda de kgMS / animal / día} \times \text{N}^{\circ}\text{ de animales / unidad de superficie}}{\text{kgMS disponible / día / unidad de superficie}}$$

La presión de pastoreo es la relación entre la demanda y la oferta de forraje por unidad de tiempo, en este caso hablamos de presión de pastoreo instantánea (PPI), o sea:

$$PPI = \frac{\text{Carga instantánea (UA/ha)} \times \text{ración de 1 UA}}{\text{Oferta forrajera utilizable (OFU) instantánea (o disponibilidad)}}$$

La presión de pastoreo es la herramienta mas importante para manejar las relaciones planta-animal. Cuando la presión de pastoreo es igual a uno (PP = 1) hay un equilibrio entre demanda y oferta, es decir: una presión de pastoreo equilibrada compatibiliza las necesidades o requerimientos del grupo o hato de animales que pastorean en ese potrero con la oferta forrajera, lo que teóricamente daría una muy buena eficiencia de pastoreo.

Las unidades de explotación del Chaco Árido y Semiárido son extensivas o muy extensivas y los métodos de utilización de pastizales (ver Capítulo XIII:3) corresponden a sistemas rotacionales diferidos con períodos de pastoreo de 3-4 meses o semi-intensivos con períodos 1-3 semanas. Por efecto de la permanencia de los animales en la unidad de manejo, y como las interacciones animal-planta son dinámicas, la presión de pastoreo instantánea va cambiando permanentemente, aunque en forma más lenta si la comparamos con sistemas intensivos.

Si queremos reflejar los cambios que se producen en cada periodo de pastoreo podemos expresar la presión de pastoreo como:

$$PP = \frac{(\text{Cantidad de EV})/\text{ha})\ (\text{ración de 1 EV})\ (pp^*)}{\text{OFU/ha} + (\Delta\text{OFdía/ha/unidad de tiempo})\ (pp)}$$

Referencias: * pp = período de pastoreo en días.

El incremento o disminución de la oferta forrajera diaria (ΔOF) por hectárea es el que se produce por crecimiento (época vegetativa) o por pérdidas o caídas de la biomasa aérea del pastizal luego de finalizado el período vegetativo.

Por otra parte, si la carga instantánea es mas o menos constante, para los periodos de pastoreo típicos de la región (2 meses o más) seguramente la presión de pastoreo irá aumentado, la intensidad de pastoreo será cada vez mayor, las pérdidas por pisoteo y deyecciones también serán mayores (principalmente en sectores de concentración de animales), las cuales pueden ser compensadas por el crecimiento de la pastura en épocas vegetativas (+ΔOF/ha) o incrementadas en época de reposo del pastizal (-ΔOF/ha). Como es fácil deducir también va disminuyendo la calidad de la oferta forrajera, con lo que puede suceder que los animales no satisfagan los requerimiento para lograr determinado propósito o pierdan condición corporal. Si este es el caso hay dos alternativas bajar la presión de pastoreo para que los animales puedan seleccionar una dieta mejor o apelamos a suplementos para compensar la alimentación y así mantener la carga instantánea manteniendo la condición corporal.

Otra manera de referirse a la presión de pastoreo es la expresión asignación forrajera o nivel de asignación, que se refieren a la oferta forrajera por animal y por día. Podemos definirlos como: la cantidad de forraje (en kg de materia seca) que tiene disponible diariamente un animal. Normalmente se lo expresa como un porcentaje del peso vivo (PV). Como es fácil advertir los valores de asignación forrajera correlacionan inversamente con los valores de presión de pastoreo.

Generalmente se utiliza esta forma de expresión en los casos de suplementación de animales en pastoreo, en los cuales a una carga instantánea de "a" PV se le asigna una superficie de pastura que le proporciona una oferta forrajera del "b" % PV/dia (generalmente valores de mantenimiento, que van entre el 2-3% PV según la calidad del forraje).

Como vimos anteriormente, si bien el principal efecto del animal sobre la pastura es la defoliación, también son de considerar las disminuciones de la oferta forrajera por pisoteo, deyecciones, áreas o manchones subpastoreados y pasados de maduros, lugares aplastados o deteriorados al acostarse, revolcarse, pelearse, corridas, escarbadas en el suelo, rascadas, saltos y otros (ver Capítulo V:3.1 y 3.2).

Por todo lo anterior, sería erróneo asumir que el efecto de los animales en pastoreo sobre las poblaciones vegetales está sólo dominado por la defoliación. Este efecto localizado introduce heterogeneidades en el sistema que se adicionan a las heterogeneidades causadas por el pastoreo en parches. Una vez que las heterogeneidades existen, la actividad de los animales tienden a exagerar esta variación dentro de las comunidades. Se ha podido observar esta situación en numerosas oportunidades, en especial en pastizales megatérmicos o en pasturas cultivadas, cuando al no ser totalmente consumidos en períodos de rápido crecimiento, se reducen las probabilidades de que algunas áreas vuelvan a ser desfoliadas ante nuevas pasadas de los animales y se resiente su capacidad productiva al envejecer los tejidos foliares (Deregibus, 1988a).

Muchas veces se tiene la sensación, compartida por numerosos técnicos y productores, que los requerimientos de la vegetación y los requerimientos de los herbívoros son en cierta medida, antagónicos. Pensando en esta forma normalmente se recomienda la reducción en la carga animal cada vez que la pastura muestra signos de deterioro. Se asume el concepto de fuerzas contrarias entre pastoreo y falta de pastoreo, fuerzas que se balancean potencialmente. Pero muchos cambios ocasionados por el pastoreo no pueden revertirse sólo por aliviar la carga, en especial porque no elimina la selección de las especies más palatables. Esta reducción en la carga lleva a la situación muy común y paradojal por la cual un pastizal presenta algunas áreas o especies sobrepastoreadas y otras subpastoreadas, mientras que toda la superficie tiene baja carga (Savory y Parsons, 1980).

Los efectos de la presión de pastoreo sobre los animales tanto en la producción individual como de conjunto fue estudiada por Mott (1960) en Nueva Zelanda (Figura VIII,3.6-1).

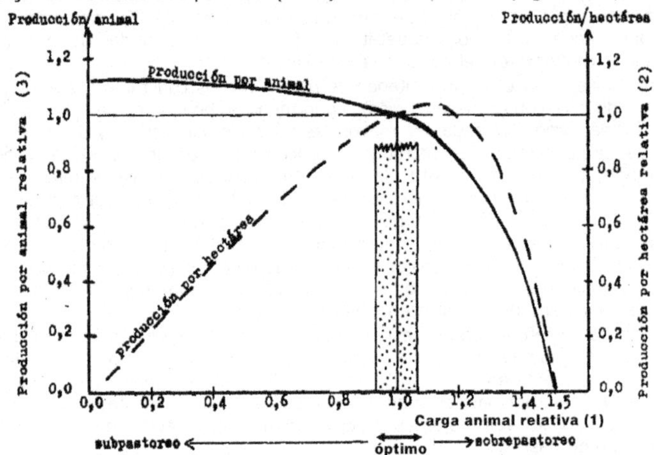

Figura VIII,3.6-1: Relaciones entre: la carga animal relativa (1), el producto por animal (3) y el producto animal por hectárea (2) (Mott, 1960).

Si la presión de pastoreo es 1 (demanda=oferta) Mott le adjudica a la ganancia de peso por animal 1 y a la producción de carne por hectárea también 1 o 100%, para construir el gráfico.

Si aumentamos el 50% la presión de pastoreo (1,5) la ganancia de peso de los animales es nula y si es mayor perderán peso; la producción de carne por hectárea es 0 o negativa respectivamente. También vemos que luego que se supera la PP=1 la sensibilidad de las curvas es mayor, o sea que caen más rápidamente. Como resumen de interpretación podemos decir que si la presión de pastoreo es menor que 1 los animales podrán seleccionar mejor su dieta con muy buenas ganancias de peso, si la PP es igual a 1 la selección de la dieta es equilibrada (entre plantas preferidas y menos preferidas para períodos de pastoreo largos) los animales tienen buena ganancia de peso, y si la PP es mayor que 1 se restringe la selectividad de la dieta de los animales y ganan menos peso.

Si aplicamos diferentes presiones de pastoreo a los pastizales podemos manejar la composición botánica, la dieta de los animales y la eficiencia de pastoreo, ya que esta herramienta de manipulación actuará principalmente sobre la selectividad intra e interespecífica de las plantas del pastizal, el impacto animal sobre el suelo, la dispersión de semillas e implantación de plántulas.

3.6-1 EFECTO DEL AUMENTO DE LA PRESIÓN DE PASTOREO

Para poder aumentar la presión de pastoreo es necearlo tener un cierto grado de infraestructura y organización del sistema productivo y/o la cantidad de animales suficientes para alcanzar el propósito. Comúnmente tenemos que utilizar alambrados electrificados, tener suficientes aguadas, bebederos y otros.

A mayor grado de infraestructura, mejoramiento y organización de la unidad productiva mejor se puede manejar la PP. Es necesario haber logrado un nivel de apotreramiento (permanente o temporario) que nos permita utilizar una superficie reducida para lograr una alta carga instantánea.

El aumento la PP en época vegetativa es utilizado para evitar la selectividad y/o aumentar la eficiencia de pastoreo. Para ello subdividimos la unidad de manejo en piquetes (8 o más) de manera que los períodos de pastoreos (pp) no sean mayores que una semana y las frecuencia no menor de 2 meses. Aplicando métodos de pastoreo de alta intensidad y baja frecuencia o pastoreo de corta duración en época vegetativa, podemos descansar las áreas en condición muy pobre cercanas a la aguada, excluyéndolas al pastoreo.

Otro efecto es que al aumentar la PP y evitar la selectividad estamos dándole la misma oportunidad de competencia a las especies deseables y más preferidas con respecto a las menos deseables y menos preferidas y de esta manera mantenemos la composición botánica del pastizal.

Las altas cargas instantáneas sirven para controlar malezas herbáceas y leñosas, si bien algunas no son apetecibles, el efecto del pisoteo destruye o lesiona plantas herbáceas o plántulas de leñosas y abren el fachinal aumentando la accesibilidad.

El aumento de la PP en el pastizal diferido henificado en pie tiene por objeto obligar a los animales a consumir el forraje de regular o mala calidad (corte de limpieza o emparejado, (ver Capítulo VIII:15), con el propósito de pastorear la mayor cantidad posible de forrajimasa (generalmente de especies poco preferidas) y producir roturas por pisoteo para que entre luz y aumente la temperatura del suelo y así promover un buen rebrote tanto de las especies deseables como de las poco preferidas del pastizal.

Tenemos que tener en cuenta que estamos obligando a los animales a consumir un forraje de mala o muy mala calidad, ya que estamos restringiendo la selectividad, por lo que el período de pastoreo debe ser corto o se deberá suplementar los animales con urea o forraje de buena calidad para que no pierdan condición corporal.

También, con el pisoteo se produce un triturado y mejor contacto de la broza y semillas con el suelo. Cuando lleguen las lluvias encontrarán el suelo con abundante cantidad de mantillo lo que facilitará la infiltración, retención de agua y una mejor germinación e instalación de plántulas.

Si el pastizal tiene baja densidad de plantas, el efecto del pisoteo en el pastizal diferido henificado en pie a la salida del invierno, en regiones áridas y semiáridas, puede traer consecuencias no deseadas, ya que la remoción del suelo por las pezuñas de los animales y la poca broza pueden ser las causas de erosión eólica y/o hídrica cuando lleguen las lluvias.

El aumentar la presión de pastoreo (altas cargas instantáneas) tiene aspectos favorables y desfavorables dependiendo del grado de organización del sistema productivo.

Los inconvenientes puede ser:
- Mayores inversiones en alambrados y aguadas.
- Surgen dificultades cuando la capacidad de las aguadas no es suficiente (pozos, tanques, bebederos, cañerías).
- El apotreramiento con alambrado eléctrico es eficiente cuando se instalan y manejan correctamente. De lo contrario originan complicaciones.
- Se pueden agudizar algunos problemas sanitarios.
- Los movimientos de rodeos en parición son poco deseables cuando los potreros no están contiguos.
- No olvidemos tener en cuenta los requerimientos de condición corporal según los estadios fisiológicos de la vaca de cría (ver Capítulo VI:2.3).
- Tensiones entre grupos sociales que se conocen poco hasta que se adapten.

3.6-2 EFECTOS DE LA DISMINUCIÓN DE LA PRESIÓN DE PASTOREO

El principal efecto de bajar la presión de pastoreo es la selectividad de la dieta de los animales. Permite a lo animales la selección inter e intraespecífica de manera de conformar la mejor dieta que puedan.

Otro efecto de bajar la PP es conseguir pastoreos livianos con los propósitos de mejorar la implantación de nuevas plantas, hacer que caigan y se distribuyan las semillas de pastos y otros.

Generalmente bajamos la PP para que los animales mejoren su dieta en la época de más baja calidad del pastizal, permitiéndoles seleccionar especies y partes de la plantas (hojas) para que puedan cubrir sus necesidades alimenticias en los diferidos henificados en pie.

3.7 Mejoramiento de la infiltración de agua en el suelo

Huss y Aguirre (1974) dijeron que el material paterno del cual se forma un suelo determina ciertos límites genéticos dentro de los cuales un suelo dado se puede desarrollar. Cuando el clima y otros factores del ambiente son constantes, entonces las propiedades inherentes determinan el tipo, la clase y la composición de la vegetación que un suelo dado podrá soportar. La vegetación a su vez a través del desarrollo de sus raíces, el material muerto y descomposición tienen un efecto muy profundo en el desarrollo de los suelos y en un período largo de tiempo resultarán las distintas propiedades de los suelos.

La mayoría de los científicos están de acuerdo en que la infiltración del agua está asociada con los espacios porosos del suelo y que la cantidad de espacios porosos es proporcional al grado de agregación. Martin y Wakeman (1940; citado por Huss y Aguirre, 1974) han indicado que la materia orgánica es el principal agente en promover la agregación. La materia orgánica descompuesta o humus junta, aligera y expande los suelos.

Las raíces de las plantas promueven la granulación, no únicamente por sus ramificaciones a través del perfil del suelo, si no que, también ellas dejan materia orgánica ampliamente distribuida por su descomposición. Los canales dejados por las raíces putrefactas juegan una función importante en la infiltración y almacenamiento de agua. El trabajo neto de las raíces aumenta conforme uno se va acercando a la superficie del suelo, aquellas plantas con sistemas radiculares más profundos son de especial valor debido a que los canales resultantes de su crecimiento, muerte y descomposición, proveen pasajes listos para llevar agua a profundidades mayores en el perfil del suelo (Huss y Aguirre, 1974).

David Anderson (1983) expresó que el factor ambiental que más influye en la planta como individuo y en el conjunto vegetal es el agua. Hay prácticas de manejo que aumentan la eficiencia en el uso del agua aunque la baja disponibilidad por sí, a menudo, constituye el factor limitativo.

El pastoreo influye directamente en el régimen de humedad, por ejemplo, en la intercepción y redistribución de la precipitación por la cubierta vegetal y la influencia de la vegetación, mantillo y pisoteo, sobre la infiltración y el escurrimiento.

La existencia de una cubierta vegetal de varios estratos, si bien disminuye la acción directa de la precipitación sobre el suelo, aumenta la pérdida de agua a través de la intercepción. Otras variables también influyen en el proceso, tales como el viento, la temperatura y la duración y intensidad de la precipitación. Pero el factor de mayor importancia siempre es el tipo, densidad y cantidad de vegetación (Clark, 1940; citado por Anderson, 1983). Un conocido mecanismo de supervivencia de plantas leñosas en la zona árida es la conducción superficial del agua por los tallos, ramas y troncos que mejora sus propias condiciones hídricas y, a la vez, aumenta la aridez entre individuos (Lorenz, 1971; citado por Anderson, 1983).

En San Luis, se estudió la importancia de la captación del agua de precipitación en un bosque de Caldén determinándose que los valores de precipitación varían en forma significativa según se mida debajo del árbol, en la orilla de la cobertura del árbol, en el abra entre árboles o fuera del bosque. Los mayores valores se registran en las abras, pero debido a la canalización y escurrimiento por las ramas del Caldén la cantidad de agua escurrida por el tronco principal es mayor que los valores registrados debajo de la copa del árbol (Losada *et al.*, 1980; citados por Anderson, 1983).

Experiencias en el Chaco Árido de Córdoba, mostraron que bajo la influencia de la cobertura arbórea de algarrobos la cantidad de precipitación que alcanzó el suelo fue del 75%, mientras que el escurrimiento por troncos representó el 1,93% del total. El porcentaje de interceptación dependió de la intensidad de la lluvia. Para lluvias menores a 10mm, la intercepción varió entre 29% y 50% y para precipitaciones superiores a 10mm, los valores variaron 20% y 34%. La intercepción promedio del algarrobo fue de 27,5%, representando pérdidas de 140mm en base al promedio anual de lluvias del ese sitio. La distribución de la humedad del suelo bajo la copa del algarrobo no mostró un patrón diferencial entre las subáreas: cercana al tronco, a la mitad del radio de la proyección vertical de copa y en los bordes de la misma (Vega Gentile, 1988).

Anderson (1983) también dijo que los datos de campos en Los Llanos de La Rioja, muestran que la cobertura entre una condición buena y una pobre del pastizal en el mismo año puede variar entre el 10 % en pobre hasta el 90% en buena. Es fácil imaginar la diferencia entre la condición del suelo y los factores microclimáticos de un sitio y otro. Lo que no es tan fácil es medir esa diferencia en términos de grado de erosión laminar, diferencia en eficiencia del uso del agua, etc.

En cuanto a la velocidad de infiltración, es obvio que el suelo desnudo tiene un índice de infiltración más lento que uno protegido por una capa de mantillo y una comunidad de varios estratos de vegetación. Los suelos desnudos o semidesnudos forman una capa impermeable y el agua que antes infiltraba ahora escurre, erosiona y altera la estructura de la comunidad vegetal y del suelo. Diferentes composiciones poseen índices diferentes de infiltración. Sería importante establecer las relaciones entre condición del pastizal e infiltración para cada sitio.

Un estudio hecho en las montañas Wasatch, de Utah (E.U.A.), demostró que diferencias en el porcentaje de mantillo fue el responsable de variaciones del 73% en la cantidad de agua retenida durante una lluvia simulada de 30 minutos. La erodíbilidad del suelo en este caso se relaciona en forma directa al porcentaje de materia orgánica, y ésta a su vez, se relaciona a la acumulación de mantillo. Esta acumulación, a su vez, está relacionada directamente con la cantidad de vegetación no consumida por el ganado (Meeuwig, 1970; citado por Anderson, 1983).

En una pradera de Dakota del Norte (E.U.A.). se condujo un estudio de correlación entre producción de fitomasa, producción de mantillo y velocidad de infiltración bajo tres presiones de pastoreo. En el potrero de alta presión, la producción de fitomasa aérea fue de 815 kg/ha, con 383 kg/ha de mantillo siendo la velocidad de infiltración 3,76 cm/hora. Para la presión intermedia las cifras fueron 1.708 kg/ha, 2.008 kg/ha y 6,10 cm/hora, mientras que para la presión cero, las cifras fueron 2.470 kg/ha, 4.652 kg/ha y 10,85 cm/hora. La suma de producción de fitomasa y mantillo fue responsable del 88% de la variación en las tasas de infiltración (Rauzi, 1963; citado por Anderson, 1983).

En un estudio sobre las diferencias de la tasa de infiltración en pastizales estivales e invernales, se comprobó que las especies invernales favorecían la estructura del suelo y, por lo tanto, había mejor infiltración de agua en esos suelos que en aquellos con pastizales estivales (Mazurak y Conrad, 1959; citados por Anderson, 1983).

Huss y Aguirre (1974) hacen referencia que las lluvias de alta intensidad durante un periodo corto, pueden reducir la infiltración apreciablemente. Beutner y Anderson (1943), citado por Huss y Aguirre (1974), encontraron en Arizona que la protección de la superficie del suelo por plantas o la acumulación de materia orgánica (mantillo) previene el sellado de la superficie del suelo y es de máxima importancia en la promoción de la infiltración.

Allred (1950; citado por Huss y Aguirre, 1974), discutiendo los efectos del forraje y la materia orgánica en la infiltración dio los siguientes promedios (Tabla VIII,3.7-1):

lbs. de forraje y mantillo /acre	Pulgadas de infiltración / hora
0	0,5
750	1,0
2250	8,5
5800	9,4

Tabla VIII,3.7-1: Efecto de la fitomasa aérea y la cantidad de mantillo sobre la velocidad de infiltración.

Estos datos indican un punto crucial existente entre 750 y 2.250 libras de forraje y materia orgánica (mantillo) por acre en su efecto en la infiltración, o que entre estos niveles se obtiene en nivel rápido de infiltración.

Hanson (1951), citado por Huss y Aguirre (1974), estudió la infiltración en los pastizales de Alberta en Canadá encontró un índice de infiltración que en promedio fue cinco veces más grande en los pastizales con condición buena comparado con pastizales en condición pobre.

Anderson (1983) también dijo que no en todos los casos la vegetación influye más que el suelo en la tasa de infiltración. Diversos estudios demostraron que los factores relacionados a la vegetación influyen más que los factores edáficos en sitios salino-alcalinos, suelos arcillosos, suelos francos y en la mayoría de los arenosos, mientras que los factores del suelo predominan por encima de los factores vegetales en los sitios de suelos extremadamente arenosos y suelos inundables.

En el manejo de cuencas hídricas, el tema de la velocidad de infiltración es de fundamental importancia. Los abusos que se cometen en tierras llanas pasan inadvertidos debido a la falta de pendiente, pero una combinación de abusos y pendiente es la causa de erosión hídrica y la consecuente pérdida de infraestructura y superficie de campos, el embancamiento de ríos y diques y la destrucción de obras de arte. Debido a esto, el pastoreo debe excluirse parcial o completamente de las cuencas para permitir que se alcance la mayor eficiencia posible en la infiltración del agua en la cuenca receptora. Sin este manejo a nivel microambiental, grandes proyectos, inversiones y esperanzas se ven frustrados en pocos años. Evidentemente falta investigación y legislación en este sentido.

Un estudio clásico de infiltración conducido en la cuenca del río Boise, de Idaho (E.U.A.), resultó en la definición de normas y guías para manejar la cuenca a fin de impedir la erosión y sedimentación de los cursos de agua y las represas. Se determinó que para cumplir con esos propósitos, el suelo descubierto no debía pasar del 30% y que el 70% restante tenía que estar cubierto con mantillo y/o vegetación. Los espacios de suelo desnudo entre plantas y mantillo no debía ser mayor de 10cm en diámetro en pastizales perennes y no mayores de 5cm en pastizales anuales. Aún estas cifras eran inadecuadas si el suelo estaba pisoteado y compactado. Por lo tanto, en el casos de haber pisoteo, el porcentaje de vegetación y mantillo tenía que ser mayor del 70% (Packer, 1953), citado por Anderson (1983).

La compactación del suelo debido al pisoteo es notable y se cuantificó para numerosas localidades. En arbustales de montaña, la compactación se concentra en senderos entre arbustos y estos senderos se constituyen en verdaderos arroyitos y futuras cárcavas. En todos los estudios el suelo desnudo se correlaciona positivamente con el grado de escurrimiento.

La acumulación de mantillo o broza se reduce en la medida que aumenta la presión de pastoreo según la mayoría de los estudios. En uno de ellos (Chandler, 1940; citado por Anderson, 1983), se concluyó que el pastoreo es una práctica indeseable en los bosques del este de E.U.A. porque reduce el contenido de materia orgánica en el suelo superficial al reducir la acumulación de mantillo. La reducción de materia orgánica, junto con el pisoteo del ganado, reducen la porosidad del suelo lo cual disminuye la capacidad de campo.

El efecto del pisoteo sobre la densidad aparente de la superficie del suelo es exacerbado si la cobertura del suelo es baja, reduciendo la infiltración del agua de lluvia y aumentando la escorrentía y erosión. Este efecto a provocado la afirmación de que el pastoreo produce sequías edáficas (Deregibus, 1988a).

3.7-1 EFECTO DEL ROLADO EN LA INFILTRACIÓN

Para el control de leñosas arbustivas generalmente se utiliza la técnica conocida como "rolado", esta consiste el tirar con un tractor (común carenado, oruga, topadora, etc.) un rolo con cuchillas paralelas al eje o algo oblicuas. El efecto es el aplastado y cortado de las leñosas y produce un laboreo superficial del suelo. Estas modificaciones del microambiente pastoril son bastante drásticas y si no se evalúan correctamente las consecuencias puede ocurrir que el disturbio desencadene procesos no deseables.

El resultado esperado y más probable es un incremento de la forrajimasa del pastizal natural por efecto del rolado. La repoblación de gramíneas va a depender de la existencia de propágulos y del éxito en la germinación e implantación de nuevos individuos, lo que dependerá de la entrada de luz y agua al suelo, que generalmente tenía una baja tasa de infiltración antes del tratamiento.

Kunts *et al.* (2003) evaluaron la infiltración luego de un rolado mediante el infiltrómetro de doble anillo, estimándose la velocidad de infiltración mediante el modelo de Kostiakov, que ajustó muy bien a los datos de lámina infiltrada en función del tiempo. Se realizó un análisis de la varianza, empleando como variables independientes: tratamiento (rolado y testigo), sitio de pastizal (alto, media loma y bajo) y presencia/tipo de mantillo (suelo desnudo, mantillo de gramíneas y de leñosas). Las variables dependientes fueron infiltración básica (Ib, $mm.h^{-1}$) y el tiempo (T, min) que tarda el suelo en generar escorrentía ante una intensidad de precipitación de 75 $mm.h^{-1}$, evento con un tiempo de retorno de 1,25 años en la zona. A pesar de la gran variabilidad espacial observada en los parámetros de infiltración, los resultados indican que el rolado disminuyó la Ib con respecto al testigo, sugiriendo una modificación del proceso de infiltración en los ecosistemas tratados, aunque el efecto parece ser de corta duración en el tiempo. El efecto fue diferencial por sitio de pastizal, siendo el alto el sitio más afectado. La mayor influencia sobre Ib y T la ejerció la presencia y el tipo de mantillo vegetal ($p<0,05$), factor asociado especialmente a la cobertura de leñosas. Se recomienda no pastorear inmediatamente luego del rolado ni tampoco aplicar fuego de manera indiscriminada, a fin de no potenciar este efecto negativo del rolado sobre la calidad de suelos.

El trabajo anterior fue realizado en la provincia de Santiago del Estero (Chaco Semiárido) y el efecto de disminución de la infiltración inmediatamente después del tratamiento de rolado no lo hemos observado en el Chaco Árido de Córdoba. Posiblemente porque los equipos para los rolados que hemos observado son los apropiados para este tratamiento en la región, es decir no recomendamos equipos muy pesados para el control selectivo de arbustos y la época propicia recomendada es el invierno. La practica de quemar el pastizal después del rolado no sólo que no es recomendable sino que en la región nunca dio buenos resultados y hace mucho tiempo que se desechó. En resumen no hemos observado efectos negativos del rolado sobre la infiltración trabajando en época recomendada y con equipos apropiados.

3.8   Mejoramiento de la retención de agua en el suelo

La tasa de fotosíntesis es afectada por la disponibilidad de agua en el suelo y de la energía proporcionada por la fotosíntesis depende la habilidad de las raíces para absorberla. La vegetación de las praderas de gramíneas actúa para reducir la evaporación del suelo, siendo probablemente el factor más importante de protección el mantillo que produce y deposita en el suelo. El pastizal es una barrera mecánica para el movimiento del aire y el mantillo y la materia orgánica en descomposición se comportan como materiales aislantes para los cambios bruscos de temperatura. En una investigación donde no hubo escurrimiento de precipitación, las parcelas cubiertas de materia orgánica formada de paja, conservaron 54% de la humedad mientras que los suelos sin cubrir conservaron sólo el 27%. La cubierta vegetal tiende a retardar la difusión del vapor de agua en los poros del suelo y como resultado retarda la evaporación (Huss *et al.*, 1996).

Dos procesos que reducen continuamente el agua disponible son la evaporación y la evapotranspiración. Cualquier alteración de los componentes del sistema influye marcadamente en el balance hídrico del microambiente total.

Algunas investigaciones demuestran que el 20% de la precipitación total se pierde por evaporación en la vegetación boscosa. En cultivos, se documentaron casos que van desde el 6,9% hasta el 35,8% de pérdida de la precipitación total (Whitman, 1971; citado por Anderson, 1983).

Existen abundantes resultados de estudios de evapotranspiración en cultivos, pero se efectuaron pocos estudios en vegetación nativa de las regiones áridas y semiáridas. Lo que se comprobó es que para esas zonas, una precipitación anual de por lo menos 305mm es necesaria para que el agua penetre más allá de la zona radical de las gramíneas y se requiere por lo menos 460mm en vegetación arbustiva para que eso ocurra. Menos que esto es consumido por la vegetación antes que llegue a la zona de percolación profunda. Por lo general, hay mayor porcentaje de evaporación y evapotranspiración en las zonas de menor precipitación, lo cual significa una situación más precaria en cuanto a balance hídrico en las regiones semiáridas y áridas. Es justamente por eso que los errores cometidos en esas zonas se pagan con largos años de espera para recuperar el ambiente (Anderson, 1983).

El efecto de la exposición en terreno montañoso o serrano es de suma importancia. Las mayores temperaturas se alcanzan por lo general en las exposiciones sur y oeste en el hemisferio norte, mientras que en el hemisferio sur esto ocurre en las exposiciones norte y oeste. Esas exposiciones por lo general tienen menos vegetación y mantillo y, por lo tanto, mayores temperaturas y evaporación. No es aconsejable aplicar las mismas medidas de manejo y esperar resultados parejos para todas las exposiciones.

Deregibus (1988b) expresó que la partición del agua de lluvia nos recuerda que no todo el agua que cae es útil para las plantas y que es importante (en especial en regiones áridas y semiáridas) alimentar la infiltración y reducir el escurrimiento superficial y que el efecto de algunas herramientas de manejo sobre la partición del agua son:

- <u>Descansos</u>: Aumentan la disponibilidad de agua pues plantas más vigorosas exploran un mayor perfil del suelo. La mayor biomasa intercepta el agua de lluvia, reduciendo el efecto de la gota sobre el suelo desnudo. Por la misma razón se reduce el escurrimiento y la evaporación del agua contenida en el estrato superficial del suelo.

- <u>Pastoreos</u>: Al mantener activa la vegetación herbácea reduciría la percolación del agua de lluvia a horizontes más profundos, permitiendo que los pastos compitan con el estrato arbóreo y arbustivo. Por la misma razón se reduciría el período de anegamientos porque una cubierta vegetal activa transpira más que una senescente.

- <u>Impacto animal</u>: La actividad de los animales rompería las costras del suelo aumentando la infiltración y reduciendo el escurrimiento superficial. La acción física de los animales acumulará residuos vegetales sobre el suelo lo que reducirá el escurrimiento y la evaporación y aumentará la infiltración.

Los efectos de la cobertura de algarrobos sobre las condiciones hídricas del suelo en el Chaco Árido de Córdoba fueron estudiados por Vega Gentile (1988), quien dijo que en los 10cm superficiales, el volumen de agua presente en el suelo bajo los árboles (*Prosopis flexuosa*) y en las áreas fuera de la cobertura señala que en períodos iguales o superiores a 6 días, el suelo bajo los árboles conservó mayor humedad que en la áreas fuera de los árboles. A profundidades de 10cm y hasta 60cm, el mayor contenido de materia orgánica bajo los algarrobos determinó que la lámina de agua en el suelo de esa localización resultara superior durante las época de lluvias, respecto a fuera de la cobertura de los árboles. Estas diferencias en el contenido hídrico de ambas áreas en superficie y en el conjunto del perfil no fueron estadísticamente significativas (p≤0,05).

Las causas de esta relativa homogeneidad entre éstas dos situaciones, en cuanto a las condiciones hídricas del suelo, pueden atribuirse a:

1. La menor demanda evaporante del ambiente bajo la cobertura de los algarrobos compensaría las perdidas de agua por intercepción, ya que se observó que la cantidad absoluta de agua perdida de los 10cm superficiales del suelo, en días sucesivos al muestreo, fue superior fuera de la cobertura de los algarrobos.

2. La influencia de las raíces superficiales del algarrobo en el área fuera de la proyección vertical de la copa, debido a la absorción de agua en esa área. La

variación diurna del potencial agua del foliolo de *Prosopis flexuosa* mostró incrementos del potencial agua después de lluvias de 10mm, señalando la utilización de humedad de los horizontes superficiales. Esto daría la posibilidad de competencia por agua con las raíces de las gramíneas.

Como resumen de la dinámica del agua en el suelo tomamos lo expresado por Huss y Aguirre (1974), ellos dijeron que: La evaporación generalmente aumenta con un aumento en el movimiento del viento. La tasa de aumento es debida en parte a un intercambio y difusión rápida. del vapor del agua inmediatamente arriba de la superficie del suelo.

La vegetación de los pastizales actúa para reducir la evaporación del suelo, siendo la mayor causa probablemente la capa protectora de materia orgánica, que produce y deposita en el suelo. La materia orgánica en descomposición presenta una barrera mecánica para el movimiento del aire y se comporta como materia aislante para los cambios bruscos de temperatura. En una investigación donde no hubo escurrimiento de la precipitación, las parcelas cubiertas de materia orgánica formada de paja, conservaron 54.3 por ciento de la humedad mientras que los suelos sin cubrir conservaron solo el 27% (Duley y Russell, 1942; citados por Huss y Aguirre). La cubierta vegetativa tenderá a retardar la difusión del vapor de agua en los poros del suelo y como resultado retardará la evaporación.

Allred (1950), citado por Huss y Aguirre (1974), encontró que las temperatura del suelo en áreas de pastos altos variaron de 32º a 38ºC y las temperaturas en áreas de pastos cortos variaron hasta 56ºC. En un estudio de Nebraska se encontró que los suelos de pradera a 12 y 24 pulgadas de profundidad fueron de 1º a 2ºC más fríos que los suelos desnudos durante el verano (Kramer y Weaver, 1936; citados por Huss y Aguirre).

La conservación de la humedad es absolutamente necesaria si los pastos forrajeros deseables están para mantener una cubierta del suelo más o menos completa y abastecer un máximo de forraje para el pastoreo. Bajo las condiciones climáticas existentes en las áreas áridas y semiáridas, el promedio de lluvia es suficiente para soportar una cubierta adecuada de pastos únicamente donde el carácter de la superficie del suelo es favorable para que haya infiltración del agua, aún bajo la lluvia más favorable los pastos rara vez son capaces de mantener una cubierta densa en forma de césped en las áreas áridas, excepto en las partes inundables u otras áreas donde la humedad adicional es recibida por escurrimiento de las pendientes circundantes (Beutner y Anderson, 1943; citados por Huss y Aguirre).

La cantidad de vegetación viva y muerta juega una parte importante en determinar las tasas de infiltración y la capacidad de un suelo para el movimiento de la humedad y su retención. La infiltración es un resultado directo de la habilidad del suelo para tomar agua.

La vegetación influye la entrada y retención de humedad en un suelo de la siguiente manera:

-   Retarda el flujo superficial.
-   Produce mantillo orgánico que protege la superficie del suelo contra la compactación ocasionada por las gotas de lluvia.
-   La materia orgánica tanto en la superficie como entre el suelo proporciona energía a los microorganismos los cuales son de primera importancia en la agregación del suelo. La agregación del suelo es de gran importancia en la determinación de la estructura del suelo, la cual a su vez dicta las relaciones de humedad dentro del suelo.
-   Las raíces de las plantas por penetración en el perfil del suelo hacen canales para el movimiento del agua, percolación y almacenamiento en profundidades mayores. La estructura y soltura del suelo pueden ser mantenidas a un nivel favorable para entrada y almacenamiento de agua al mantener una buena cubierta de vegetación. A medida que los climas llegan a ser más áridos la vegetación tiende a ser más dispersa. Esto hace sobresalir la necesidad de una utilización juiciosa de cualquier producción (utilización) que ocurra durante la estación de producción (vegetativa), para asegurar una máxima retención de la lluvia para proveer de una relación de humedad adecuada para las subsecuentes épocas de crecimiento.

3.9 Disminución de pérdidas de agua por escorrentía

Todos los procedimientos y herramientas de manejo, vistos en las secciones anteriores, que tiendan a mejorar la cantidad y velocidad de infiltración del agua en el suelo, contribuyen directa y efectivamente a disminuir las perdidas de agua por escurrimiento superficial.

Al estudiar las influencias del pastoreo en el escurrimiento y erosión, los investigadores de Nebraska encontraron un mayor escurrimiento en las parcelas pastoreadas que en las parcelas sin pastorear (Alderfer y Robinson, 1949; citados por Huss y Aguirre, 1974).

Las pérdidas por escurrimiento durante una hora de lluvia simulada aplicada a una taza de 1,4 pulgadas (35,5mm) por hora promediaron de 0% en las áreas sin pastorear en pastizales con condición excelente a 80% en áreas que ya habían sido fuertemente pastoreadas, la efectividad de la lluvia fue equivalente a 0,28 pulgadas (7,1mm) con 80% de escurrimiento.

La cubierta vegetal o la materia orgánica actúan como una barrera mecánica en la prevención o retardamiento del escurrimiento superficial permitiendo más tiempo a la humedad para que penetre en el suelo. La efectividad de la vegetación en la prevención de la pérdida de agua por flujo superficial esta fuertemente relacionada a su densidad (Huss y Aguirre, 1974).

Refiriéndose a una de las causas de las pérdidas de infiltración de los suelos y al consiguiente aumento de la escorrentía, Deregibus (1988a) expresó que:

En las regiones áridas y semiáridas la acción antrópica es decisiva principalmente en lo que hace a la economía del agua, prácticamente el único determinante de su productividad. En estos ambientes lábiles el material senescente se oxida (no se descompone) y tallos y hojas permanecen parados hasta que son removidos físicamente o quemados.

En estos ambientes frágiles se dan secuencias de condiciones excelentes con adecuada disponibilidad de agua, otras más difíciles pero con posibilidades de crecimiento y otras de sequía. La producción de forraje estaría por lo tanto limitada por la cantidad de agua disponible en el perfil y las plantas competirían intensamente por este recurso.

Ante la escasez de agua, menor es el número de plantas que pueden vegetar en ese ambiente quedando espacios entre las matas solo cubiertos por mantillo. El pastoreo al que están sometidas estas plantas reduce su biomasa y afecta su vigor muy especialmente cuando coincide con la sequía. De esa manera se van eliminando las especies perennes (primero las más preferidas) y se abre el pastizal. Pero al ser menor la densidad de plantas y su biomasa el suelo deja de ser cubierto en superficie por tejidos vegetales y se desarrolla entre las matas una superficie suave y endurecida, producida por los continuos procesos de humectación y desecación al que están sometidos las partículas finas que se acumulan en superficie. Así podríamos decir que el suelo se "escalda" formando costras poco permeables al agua de lluvia que al reducir la infiltración limitan aún más la productividad forrajera del pastizal.

Debido a ello el 72% del agua caída se escurrió comparando al 32% que escurrió en el suelo no degrado y cubierto con restos vegetales. Las costras entonces son capaces de convertir una región semiárida en árida al reducir la lluvia efectiva y así un área de 500mm cuya superficie se encuentra encostrada, infiltraría menos agua que en otra de 250mm cuyo suelo no esté escaldado. Agrava esta situación la pérdida de la superficie del suelo arrastrada por las aguas que escurren generándose erosión hídrica en ambientes áridos. Un tercer efecto del encostramiento es el impedimento mecánico a la salida de plántulas que reduce la regeneración del pastizal. Por las causas antes dichas este encostramiento, que es poco corriente en la estepa patagónica pero que he podido ver en las más variadas situaciones (incluso en pastizales húmedos del Chaco), sería el principal causante de la perdida de productividad y deterioro de los pastizales en ambientes frágiles. Entendiendo la diferencia entre lluvia caída y lluvia efectiva y de la necesidad de regeneración de las plantas del pastizal podremos comprender los causales que hacen totalmente improductivas regiones con precipitaciones de 600mm en Formosa, y la causa de las frecuentes inundaciones que sufre el norte de Santa Fe, Chaco y Formosa.

En el Chaco Árido de Córdoba los problemas de infiltración y retención de agua en el suelo se agudizan con las sequías, en años con precipitaciones del 60% de la media o dos años seguidos o más con precipitaciones 80% o menos de la media. En estas situaciones, que generalmente denominamos sequías, se producen sobrepastoreos, que generalmente son más severos en establecimientos poco tecnificados pero que aún en los muy tecnificados es casi inevitable que alguna unidad de manejo o sectores del establecimiento las sufran. Aunque se tomen todas las precauciones posibles esto ocurre por la impredecibilidad de las precipitaciones y la menor velocidad de efecto de las medidas para contrarrestar sus consecuencias.

Si bien la sequía es un término ambiguo, depende de las condiciones esperadas y del énfasis en las dimensiones meteorológicas, agrícolas, hidrológicas y socioeconómicas. La incertidumbre asociada con la identificación de sequías resulta frecuentemente en una respuesta tardía en la reducción de la carga animal. Este retraso reduce la cubierta vegetal, aumentando el potencial de una erosión acelerada después de la sequía. Las consecuencias a largo plazo de la erosión acelerada son la reducción de la profundidad del suelo, el deterioro de la estructura del suelo, la reducción de la tasa de infiltración y de la capacidad de almacenamiento de agua. La reducción del volumen de agua almacenada en un sitio acelera el inicio de estrés en la planta, incrementando efectivamente la percepción sobre la frecuencia y las consecuencias de las sequías. Las políticas y estrategias de manejo deben mejorar la integración de los aspectos económicos y ecológicos de la reducción de la carga animal inducida por la sequía, especialmente incorporando los costos irreversibles y a largo plazo de la erosión (Thurow y Taylor, 1999).

La vegetación afecta los patrones de escorrentía y pérdida de suelo en los ambientes semiáridos. En arbustales del centro de Argentina, el pastoreo ha producido reducciones en la cobertura vegetal, aumento del suelo desnudo, y erosión. Se evaluaron los patrones de escorrentía y pérdida de suelo afectados por tratamientos de siembra de pastos cultivados mediante el rolado. El estudio examinó los efectos del rolado y siembra de *Cenchus ciliaris* y la influencia del tipo de micrositio en la dinámica de la erosión hídrica. Los tipos de cobertura evaluados fueron: suelo desnudo, cobertura de pastos cortos, y cobertura de pastos altos. Las evaluaciones se realizaron en 2 estaciones de crecimiento después del tratamiento de rolado y siembra. Después de simulaciones de 45mm a una tasa promedio de 110 mm.h^{-1}, la escorrentía en pastos altos fue la menor, mientras que en suelo desnudo y en pastos cortos fue similar (aproximadamente 60%) Sin embargo, ambos tipos de cobertura de pastos redujeron el desprendimiento de sedimentos comparando con el caso de suelo desnudo. La relación entre escorrentía y pérdida de suelo fue exponencial. La pérdida de sedimentos aumentó abruptamente cuando la escorrentía superaba 60%. El tratamiento de rolado y siembra no afectó la escorrentía ni la pérdida de sedimentos a la escala de micrositio (Aguilera *et al.*, 2003).

En un estudio sobre la erosión hídrica en los suelos de la provincia de La Pampa (Espinal, distrito del Caldenal), Adema *et al.* (2003) dijeron: De acuerdo a Wischmeier y Smith (1978; citados por Adema *et al.*, 2003), la magnitud de la erosión hídrica en un sitio está determinada por la combinación de variables físicas, ambientales y de manejo, tales como:

a) Clima, principalmente la magnitud e intensidad de la lluvia.
b) Suelo, en especial su resistencia al desprendimiento y su capacidad de infiltración, percolación y almacenamiento de agua.
c) Topografía, longitud y gradiente de la pendiente.
d) Cobertura de vegetación, de broza y su manejo.

Distintos estudios muestran la importancia de la vegetación como agente biológico protector del suelo. Las tasas de escorrentía y erosión aumentan en relación inversa a la cobertura vegetal. La vegetación y la broza disipan la energía cinética de las gotas de lluvia, aumentan la permeabilidad y retardan la velocidad del escurrimiento superficial. Además, la vegetación protege al suelo según su hábito de crecimiento y estado fenológico (Thurow *et al.*, 1988; citados por Adema *et al.*, 2003), y la intensidad de pastoreo de la misma. Por otra parte, las tasas de infiltración varían estacionalmente (McCalla *et al.*, 1984; citados por Adema *et al.*, 2003), ya que con las variaciones en la dinámica de crecimiento de la vegetación, cambia el porcentaje de cobertura, exponiendo el suelo diferencialmente a las lluvias.

Otro aspecto importante de la vegetación está relacionado con la cantidad de broza. La acumulación del follaje caído crea un microambiente de temperatura más estable y de mayor humedad que favorece la actividad microbiana y acelera su descomposición. Esta situación provoca un incremento en la materia orgánica humificada del suelo, la que activa la formación de agregados estables y favorece la infiltración, con la consecuente reducción de la escorrentía y la erosión (Thurow, 1991; citado por Adema *et al.*, 2003).

Entre los factores que determinan la degradación de los suelos por erosión hídrica se pueden mencionar: las condiciones climáticas estacionales (Warren *et al.*, 1986; citados por Adema *et al.*, 2003), la biomasa y el tipo de vegetación (Wood y Blackburn, 1984; citados por Adema *et al.*, 2003), y el contenido de agua del suelo (Truman y Bradford, 1990; citados por Adema *et al.*, 2003). La pérdida de sedimentos está directamente relacionada con el incremento de las fracciones texturales de limo y arena muy fina e inversamente relacionada con el contenido de materia orgánica del suelo (Wischmeier y Smith, 1978). Las distintas texturas y contenidos de materia orgánica explican las diferencias de estabilidad estructural entre suelos (Buschiazzo *et al.*, 1991; citados por Adema *et al.*,2003), ofreciendo una resistencia diferencial al desmoronamiento por impacto de las gotas de lluvia.

La sustentabilidad de los ecosistemas productivos depende del equilibrio dinámico entre las ganancias y las pérdidas de nutrientes del suelo disponibles para el crecimiento de las plantas. La erosión, la cosecha, la lixiviación y la volatilización, son los principales caminos para la remoción de los mismos. La erosión cambia las propiedades del suelo, como medio de crecimiento de las plantas, de distintas formas. Por un lado, reduce el espesor de la zona radicular, y por otro, cambia la composición del suelo por remoción selectiva de las partículas finas, reduciendo a su vez el contenido de nutrientes y la capacidad de retención de agua, con la consecuente disminución en la producción potencial de la vegetación.

La erosión hídrica tiende a remover mayor cantidad de fracciones texturales finas y de materia orgánica (MO) que de fracciones gruesas del suelo, en consecuencia hay selectividad en el proceso de extracción. Esta diferencia se puede expresar como una tasa de enriquecimiento (TE), que es definida como la concentración de un nutriente en los sedimentos, sobre la concentración del mismo en el suelo original. Este proceso degradativo incrementa la fracción de partículas primarias gruesas en el suelo remanente, mientras que remueve selectivamente a las fracciones finas, MO y nutrientes asociados a los coloides. La pérdida de nutrientes está directamente relacionada con su concentración inicial en el lugar de origen, con las lluvias, con el escurrimiento y con el contenido de materiales coloidales del suelo (Mathan y Kannan, 1993; citados por Adema *et al.*,2003). Como la mayoría de los nutrientes están adsorbidos en los coloides orgánicos e inorgánicos, la remoción de los sedimentos más finos provoca una pérdida importante de nutrientes a lo largo del tiempo.

La pérdida de MO depende del tipo de suelo, topografía y manejo. Si bien la pérdida de MO está en función de la pérdida de suelo, ésta no es una función lineal, ya que a medida que se incrementa el volumen de sedimentos, su porcentaje es proporcionalmente menor. La pérdida de nitrógeno total es probablemente más importante que la pérdida de otros nutrientes, debido a que en esta región es el nutriente más deficitario. Las tasas de enriquecimiento de N son en general, paralelas a las de MO, como consecuencia de su origen. Las formas orgánicas del fósforo pueden constituir más de la mitad del P total en el horizonte A, dependiendo del contenido de MO del suelo. La mayor parte del mismo está adsorbida por los coloides orgánicos e inorgánicos del suelo, por lo cual es muy susceptible de movilizarse cuando hay erosión de MO y arcilla. Debido a su baja solubilidad, la concentración de P disuelto en el agua de escurrimiento, normalmente es menor que la cantidad adsorbida por los sedimentos (Mathan y Kannan, 1993).

Los suelos de textura franco arenosa (Haplustoles) poseen mayor capacidad de retención de agua que los que presentan una textura más gruesa como arenosa o arenosa franca (Ustipsamentes). Esta característica les confiere a los primeros, un mayor contenido de materia orgánica, mejor distribución de tamaño de agregados y mayor estabilidad estructural que los segundos. Sin embargo, estos últimos debido al elevado porcentaje de arena, tienen mayor capacidad de infiltración y menor probabilidad de escurrimiento que los primeros, pero el excesivo drenaje y su marcada aridez climática, los hace más susceptibles a la erosión eólica.

Resumiendo, Adema *et al.*, (2003) expresaron: Conforme disminuye el porcentaje de cobertura del pastizal, se incrementa el escurrimiento superficial y en consecuencia, las pérdidas de sedimentos y nutrientes, en ambos suelos del Caldenal. Inversamente, una buena cobertura retarda el movimiento del agua sobre la superficie y favorece la infiltración, conserva el suelo y optimiza el recurso "agua", principal limitante de la región.

En ausencia de cobertura, las precipitaciones de alta intensidad provocan mayor erosión en los Haplustoles que en los Ustipsamentes, como consecuencia de la menor infiltración del primero, lo cual genera un mayor escurrimiento y arrastre de partículas desprendidas por el impacto de las gotas de lluvia. Sin embargo, este proceso se iguala y hasta llega a invertirse cuando se mantiene intacta la cobertura natural, puesto que el Haplustol por sus mejores propiedades fisicoquímicas, genera mayor biomasa y cobertura de pastizal.

La eliminación total de vegetación y broza provocó una degradación más rápida del horizonte superficial en el Ustipsamente típico, como consecuencia de la débil estructuración y el escaso contenido de coloides orgánicos.

En presencia de vegetación natural y reducida, las diferencias estacionales provocaron cambios en la cobertura y en la biomasa total así como en la composición porcentual de vegetación y residuos sobre ambos suelos, sin embargo, no se produjeron cambios significativos en las pérdidas de agua y sedimentos.

La pérdida de nutrientes está inversamente relacionada al porcentaje de cobertura del suelo, en ambos sitios, con un fuerte incremento ante la ausencia total de cobertura. El carbono orgánico (CO) fue el principal constituyente afectado por la erosión hídrica en ambos suelos, hecho de fundamental importancia por su difícil recuperación. La pérdida total fue mayor en el Haplustol, aunque con relación al contenido inicial de ambos suelos, los mayores porcentajes de pérdida los sufrió el Ustipsamente.

El manejo de la cobertura en los pastizales del Caldenal debe alcanzar un equilibrio entre la optimización de la producción ganadera y la conservación de los recursos agua y suelo, ya que un sobreuso del forraje puede desencadenar procesos erosivos irreparables. En virtud de que las tierras de pastizal son la base de la ganadería de cría bovina, ovina y caprina; conservación y reserva de especies nativas de la flora y la fauna y en general de la biodiversidad, constituyendo el sustento de muchas economías locales y regionales, sumado a la fragilidad de estos ecosistemas y su uso frecuentemente inadecuado, hacen necesaria una investigación y gestión tendientes a lograr la productividad sustentable.

En el Chaco Semiárido y Árido de Córdoba la principal limitante para la producción son los déficit hídricos, es así que no nos podemos dar el lujo de perder agua por escorrentía, y no sólo por que no se infiltra o no es retenida en el sitio sino que debido a las frecuentes lluvias torrenciales y al estado degradado de la vegetación se producen pérdidas de suelo por erosión hídrica, a la que se suma, en los períodos secos del año, la erosión eólica si la vegetación está muy degrada.

Es de primordial importancia considerar el problema de la erosión hídrica antes de realizar cualquier tratamiento de control de la vegetación leñosa, principalmente cuando el terreo tiene pendiente del 2‰ o más, pero aunque tenga pendiente menor al 1‰, en condiciones degradadas de vegetación y lluvias torrenciales, el agua caída escurrirá provocando erosión laminar y menor infiltración en el sitio.

3.9-1 PRACTICAS PARA CONTROLAR LA EROSIÓN

Todas las técnicas y medidas que tiendan a incrementar la densidad, cobertura, forrajimasa, cantidad de mantillo y otras del pastizal, van a contribuir para disminuir el escurrimiento superficial.

Tengamos en cuenta que en lugares donde se ha producido erosión hídrica generalmente es difícil recuperar el pastizal por que el suelo a perdido cualidades para la regeneración espontánea del pastizal o se ha perdido la capa superficial del suelo, como en lugares donde se ven los arbustos en pedestal (suelo decapitado).

Una de las técnicas para recuperar la cubierta del pastizal es mediante la sistematización del terreno y la siembra parcial o total de gramíneas (Seia Goñi, 1985). La experiencia se realizó en un campo cercano a la localidad de Serrezuela, Córdoba, en un potrero cubierto por un fachinal, con pastizal pobre con pendiente hacia las Salinas Grandes y evidentes síntomas de erosión hídrica en surcos. En un informe sobre la experiencia (Seia Goñi, 2000), dijo:

En el Chaco Árido y Semiárido gran parte de las precipitaciones pluviales se pierden por escurrimiento. Aparte de esto, se debe tomar en cuenta que no toda el agua que infiltra está disponible para las plantas, también se producen perdidas por percolación y evaporación. Estas perdidas varían de acuerdo al tipo del suelo, clima y al tipo y estado de la vegetación. Las perdidas están también condicionadas por el manejo del pastizal. Un sobrepastoreo causa mayores pérdidas de agua por escurrimiento y evaporación debido a que el suelo esta desnudo y la tierra se compacta por el pisoteo de los animales.

Las pérdidas por escurrimiento pueden ser disminuidas y más cantidad de agua puede ser retenida si se construyen en el lugar bordos trazados a nivel para concentrar humedad y así contribuir al desarrollo de especies vegetales sembradas en franjas de amplitud inicial reducida, y posibles de extender, una vez establecidas dichas especies, por la diseminación sobre el terreno de la semilla producida y la agresividad de las especies utilizadas.

El sistema a utilizar consiste en la siembra y plantación de especies vegetales aprovechables por el ganado bovino y/o caprino en bandas ≥100m de amplitud (dependiendo de la pendiente), localizadas aguas arriba de bordos que serán trazados siguiendo curvas de nivel.

Estas bandas de siembra, que en algunos casos serán desmontadas y en otros no, se alternaran con franjas de terreno de amplitud variable en las que no se causa ningún disturbio. El propósito de estas franjas de amplitud variable es el de servir como cuenca de escurrimiento a la banda sembrada para aumentar en esta la humedad recibida por precipitación directa.

Para controlar la erosión hídrica, retener mayor cantidad de agua en el sitio, acrecentar la infiltración y aumentar la producción forrajera mediante la construcción de bordos a nivel se tiene que comenzar por la sistematización del predio:

1- Marcado y estacado de las líneas de los bordos.
2- Construcción de los bordos.
3- Uso de derivaciones.
4- Acabado de los bordos.
5- Conservación de los bordos.

Los bordos cambian terreno con pendiente larga, en un terreno con una serie de pendientes cortas que recogen y regulan el agua sobrante de una zona definida de terreno arriba. Los bordos han de construirse correctamente y así se los ha de conservar si se quiere que den buenos resultados.

1- Los bordos deben ser realizados en curvas de nivel, para lo cual es necesario la utilización del instrumental apropiado para la marcación de la curva con estacas.
2- Para la construcción de los bordos en necesario desmontar una franja aguas arriba de la traza del bordo para la confección del mismo. Se construye con un arado o rastra de discos acumulando la tierra para formar el bordo de un ancho de 3-4m.
3- Es necesario la construcción de derivadores protegidos con vegetación y/o ramas para la descarga del agua de rebalse. Se ubicaran alternadamente hacia un lado o hacia otro de los bordos.
4- Los bordos deben ser sembrados y protegidos con ramas para fijarlos lo más rápido posible. La vegetación leñosa del talud aguas abajo se deja para contribuir a la estabilización del bordo.
5- Para la conservación de los bordos se requiere colocar ramas para evitar el pastoreo y pisoteo por los animales.

3.10 Conservación y/o aumento de la materia orgánica del suelo

3.10-1 INFLUENCIA DE LA MATERIA ORGÁNICA EN LAS PROPIEDADES DE LOS SUELOS

Antes de estudiar el mantenimiento práctico de la materia orgánica del suelo, será mejor pasar brevemente revista a todo lo que se ha supuesto sobre este constituyente, tan importante. Las influencias mas evidentes pueden ser ordenadas como sigue (Buckman y Brady, 1965):

1. Efecto sobre el color del suelo.
2. Influencia sobre las propiedades físicas:
    a. Granulación aumentada.
    b. Plasticidad, cohesión, etc., reducidas.
    c. Capacidad de retensión de agua aumentada.
3. Alta capacidad de retención de cationes.
    a. 2 a 3 veces superior a la de los coloides minerales.
    b. Cantidades del 30 al 90% del poder adsorbente de los suelos minerales.
4. Abastecimiento y asimilación de nutrientes.
    a. Fácil reemplazamiento de cationes presentes.
    b. N, P, y S mantenidos en forma orgánica.
    c. Extracción de elementos por los humus ácidos.

Es fácil advertir la importancia que tiene este componente de los suelos sobre la retención de agua y la fertilidad de los mismos y como consecuencia en la producción y calidad forrajera del pastizal.

Los suelos de las regiones áridas y semiáridas son, en general, pobres en materia orgánica, ya que las características físico-químicas de dichos suelos son el resultado del clima de esas regiones. Esta es la causa principal de que estos suelos no tengan capacidad agrícola. Son marginales o inapropiados para realizar agricultura de secano con cultivos anuales, aun subsidiados con riego, por que la pedida rápida de rendimientos se debe en gran parte a los bajos contenidos de materia orgánica de los suelos y/o a la rápida perdida por temperaturas elevadas, laboreos y cultivos (Figura VIII,3.10-1).

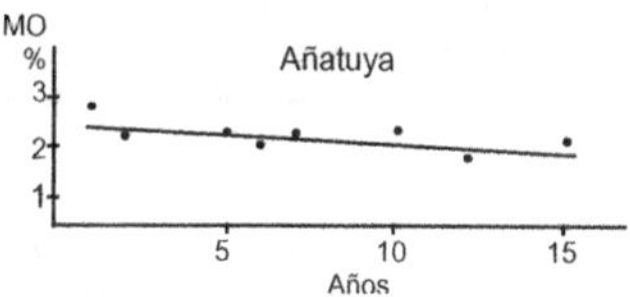

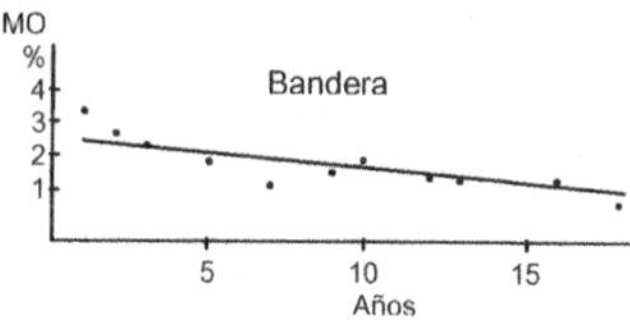

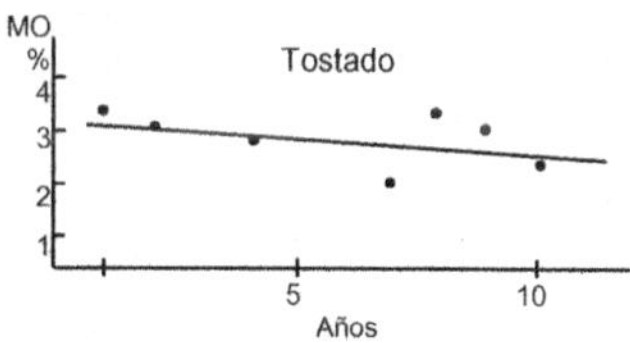

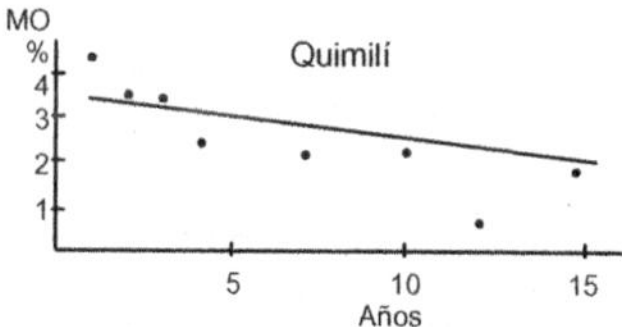

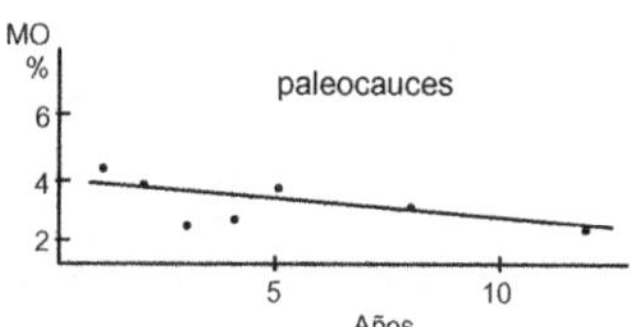

Figura VIII,3.10-1: Evolución de la materia orgánica según años de agricultura en los suelos de Añatuya, Bandera, Tostado, Quimilí y paleocasuses, Santiago del Estero (Casas y Mon, 1983; citado por Casas, 1988).

No solo baja el contenido de materia orgánica en los suelos sometidos a agricultura, sino que empeoran otros indicadores del suelo, Figura VIII,3.10-2.

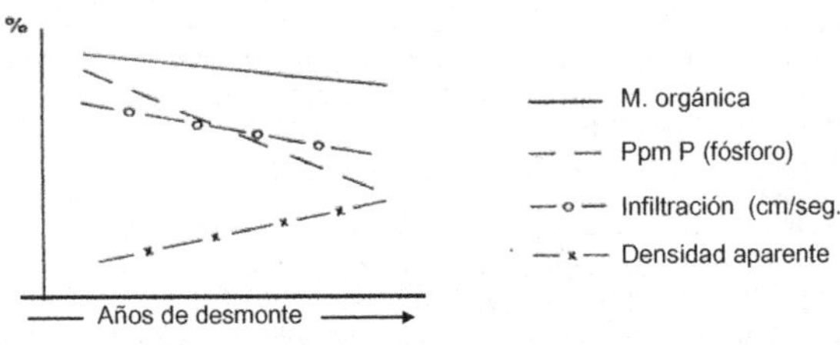

Figura VIII,3.10-2: Variación de indicadores del suelo en uso agrícola en zonas semiáridas (Vicini, 1989)

La estrategia de manejo deberá dirigirse al mantenimiento y/o aumento de los tenores de materia orgánica de estos suelos.

Hay dos fuentes de material vegetal: el mantillo y raíces muertas, principalmente de las gramíneas. Una gramínea tiene alrededor de 150Km de raíces de las cuales renueva anualmente el 50% (Saravia Toledo, 1995).

Para que se incorporen los restos vegetales o mantillo al suelo es necesario que concurran los siguientes elementos:

a. Presencia de cantidad de mantillo y raíces.
b. Presencia de microorganismos encargados de la transformación del mantillo y raíces muertas en materia orgánica del suelo.
c. Suficiente cantidad de humedad para vida de los microorganismos.
d. Suficiente aireación (O_2) para la vida de los microorganismos.
e. Temperatura adecuada para la vida de los microorganismos.

Normalmente la presencia de adecuada cantidad de mantillo es el factor responsable de iniciar un círculo virtuoso para el desarrollo y rendimiento del proceso. Analicemos ahora cada uno de los elementos anteriores.

3.10-2 CANTIDAD Y TIPO DE MANTILLO

Los restos vegetales que denominamos mantillo tienen distintas características según los vegetales de donde provienen. Podemos dividirlos en restos del estrato herbáceo, restos del estrato leñoso y de las deyecciones de los animales herbívoros. Los restos del estrato herbáceo, de las deyecciones y de algunas hojas de leñosas constituyen el mantillo "herbaceo" o fino y los restos de la leñosas (ramas, tallos y algunas hojas) el mantillo que denominamos "leñoso" o grueso. Este último material sería mejor que el matillo fino, porque si bien puede ser de degradación más lenta por mayores contenidos de lignina y taninos, el rendimiento en coloides orgánicos del suelo sería mayor que el mantillo de gramíneas o de deyecciones.

La velocidad de degradación del mantillo fino en condiciones favorables para la vida de los microorganismos puede ser mayor (ver Capítulo VIII:3.9), desde este punto de comparación es mejor. Esto sería favorable ya que repondría mas rápido al suelo la materia orgánica perdida, pero el mantillo grueso puede contener mayor cantidad de nutrientes, principalmente N, porque muchas leñosas son leguminosas. La velocidad de desaparición del mantillo grueso es menor debido a que los trozos de madera son atacados lentamente por los microorganismos por su tamaño, presencia de lignina y taninos y otros que dificultan su degradabilidad. Ciertas hojas de leñosas están recubiertas de material ceroso o conservan algunas sustancias que las protegen de los herbívoros y que también dificultan el consumo de los microorganismos.

La actividad microbiana en el mantillo y la capa superficial del suelo es afectada por cambios en el microambiente y, por lo tanto, la descomposición del mantillo también resulta afectada. La respiración microbiana se correlaciona con la temperatura, densidad bacteriana, humedad y tiempo transcurrido desde la caída de hojas. Se demostró que ciertas especies vegetales producen compuestos inhibidores de la actividad bacteriana, como por ejemplo *Festuca arundinacea* Schreb. Con estos ejemplos y muchos otros no citados, se destaca el hecho que el manipuleo de la vegetación tiene una influencia importante sobre la velocidad de descomposición de la materia orgánica, los procesos de meteorización y los ciclos de nutrientes (Anderson, 1983).

En el Chaco Arido, en lugares sobrepastoreados, debajo de los componentes arbóreos donde se acumula cantidad de mantillo leñoso, la materia orgánica en esos sitios es mucho mayor que fuera de la cobertura de los árboles donde no se acumula mantillo leñoso (Tabla VIII,3.10-1).

	Profundidad de la muestra	Materia orgánica %	Nitrógeno %
Bajo la proyección de la copa	Superficial	1,83	0,26
	2 –10cm	1,57	0,23
	20 – 40cm	0,70	0,05
Fuera de la proyección de la copa	Superficial	0,90	0,13
	2 –10cm	0,84	0,08
	20 – 40cm	0,62	0,06

Tabla VIII,3.10-1: Evaluación de MO y N del suelo bajo y fuera de la copa de un ejemplar de *Prosopis alba* adulto en un sitio con 15 años de exclusión de animales. (Ayerza *et al.*, 1998)

3.10-3 Cantidad de raíces del pastizal

Como es fácil de comprender, la cantidad de raíces de gramíneas es directamente proporcional a la cantidad de fitomasa aérea del pastizal. Todo lo que haga que los pastizales sean mas productivos redundará en mayor incorporación anual de raíces muertas al suelo (aunque no tenemos pruebas para ambientes como el Chao Árido y Semiárido de Córdoba, la cantidad de fitomasa subterránea de las gramíneas perennes nativas sería similar o mayor a la cantidad de fitomasa aérea).

La cantidad de raíces que producen realmente algunos pastizales podría resultar sorprendente. Investigadores encontraron en Nebraska que praderas nativas de tierras altas dominadas por "Little Bluestem" *(Andropogon scoparius)* tienen 6.600 kilogramos por hectárea de material viviente bajo tierra, tomando en cuenta sólo los 30cm superficiales del suelo. Esto aumenta a 8.700 kilógramos por hectárea en un tipo de tierra baja dominada por "Big Bluestem" *(Andropogon gerardi)*. Muchas otras plantas cultivadas, nativas y hierbas fueron estudiadas y ninguna produjo sistemas radiculares tan extensivos como las gramíneas de las praderas naturales (Kramer y Weaver, 1936; citados por Huss *et al.*, 1996).

Si por el sobrepastoreo el pastizal ha sufrido un consumo excesivo de su superficie foliar no alcanza a regenerar su sistema radicular, significa un menor aporte de materia orgánica para ese suelo (Saravia Toledo, 1995).

3.10-4 Presencia de microorganismos

Normalmente, si existe una cantidad de sustrato y humedad se encuentran los descomponedores y transformadores.

3.10-5 Cantidad de humedad para la vida de los microorganismos

Cualquier organismo necesita agua para vivir y desarrollarse, los descomponedores y transformadores también. El agua aportada a estos sistemas naturales es el agua de lluvia, que en el Chaco Arido y Semiárido tiene un régimen estival y aun dentro de la estación de lluvias suelen suceder períodos secos. Dentro del período seco anual o dentro de las sequías temporales la actividad de los microorganismos es escasa o nula.

Las diferencias entre sitios muy degradados y poco degradados esta dada por las condiciones microclimáticas y del suelo de cada sitio. En el microclima de lugares poco degradados el potencial agua de la demanda atmosférica es menor que en lugares degradados (ver Capítulo VIII:3.8), es decir las perdidas de agua por evaporación son menores y la humedad se conserva más.

Por otra parte, la capacidad hídrica de los suelos de lugares poco degradados es mayor que en suelos de lugares muy degradados. Esto es parte del circulo virtuoso, ya que los suelos de lugares poco degradados tienen mayor cobertura y producción vegetal, mas mantillo, más raíces, mayor infiltración, mayor capacidad hídrica del suelo, mayor contenido de materia orgánica, mayor fertilidad (especialmente N), todo lo cual redunda en tendencia hacia mayores jerarquía de condición del pastizal, es decir, mayor producción del pastizal y ...etc., etc.

3.10-6 SUFICIENTE AIREACIÓN

Los microorganismos necesitan oxígeno para sus funciones vitales. Si bien se puede producir degradación de restos vegetales en forma anaeróbica (Por ejemplo, en suelos inundables), lo que se produce son turbas y esto no acontece en regiones áridas o semiáridas.

El sobrepastoreo disminuye con el tiempo la producción del pastizal y en consecuencia la producción de raíces y mantillo, por ende la cantidad de materia orgánica del suelo que es la responsable de la agregación y porosidad, y en consecuencia de la aireación. El sobrepastoreo produce compactación disminuyendo la infiltración de agua y la porosidad del suelo. Todo esto reduce la actividad de los microorganismos.

El sobrepastoreo y la compactación disminuyen la actividad microbiana del suelo, trabajan menos los descomponedores y se reduce la materia orgánica (Saravia Toledo, 1995).

3.10-7 TEMPERATURA ADECUADA

Como todos los organismos vivos los descomponedores y transformadores tiene una temperatura optima para desarrollar su actividad, en general podemos decir que a mayor temperatura hay mayor transformación de materia orgánica. Si las temperaturas del suelo alcanzan valores muy altos la actividad de los microorganismos puede disminuir, a lo que se suma la desecación del suelo. En lugares con escasa o nula cobertura de vegetación, por la falta de la regulación que producen la cobertura vegetal y la humedad del suelo, la temperatura del suelo alcanza valores esterilizantes.

En la región del Chaco Árido y Semiárido las bajas temperatura del invierno coinciden con la estación seca, por lo que la actividad de los microorganismo es escasa o nula en esta época.

En verano en ambientes poco degradados, donde el pastizal está en buenas condiciones y con el microclima generado principalmente por los componentes arbóreos del sistema, las temperaturas ambiente y de suelo se mantienen en valores adecuados para la actividad de los microorganismos. Tengamos en cuenta que la temperatura del suelo en este ambiente de microclima tiene menores variaciones diurnas que las temperaturas del suelo y aire fuera de este ambiente.

En ambientes muy degradados las temperaturas máximas del suelo en los peladales alcanzan valores de 60ºC–70ºC, prácticamente incompatibles para la vida, no solo de los microorganismos sino que para casi todos los organismos vivos como semillas, propágulos, etc.

En este último ambiente el escaso mantillo (restos vegetales y deyecciones quedan deshidratados en el lugar sin ser degradados, el pisoteo de los animales los tritura y a la salida del invierno (la época mas seca del año) cuando llegan los vientos fuertes se vuela, produciéndose no solo erosión eólica del suelo sino también de este mantillo fino. A esta perdida la denominamos "erosión eólica de materia orgánica".

En lugares templados semiáridos con bosques, como en el sur del Espinal, distrito del Caldenal, el efecto regulador de la vegetación leñosa y el pastizal tienen mucha importancia.

La materia orgánica (MO) es un factor importante para mantener la productividad y la estabilidad del ecosistema del bosque del Caldenal de la región central de Argentina. Se estudió el efecto de la cobertura arbórea y la textura del suelo sobre la acumulación de MO en esta región. De acuerdo a los resultados se puede concluir que el 41% de la variabilidad de MO es explicada por limo + arcilla cuando la cobertura arbórea es densa y uniforme, y que un 29% de la variabilidad de la MO es explicada por la cobertura arbórea cuando la misma es escasa y heterogénea. La influencia de la cobertura arbórea sobre la distribución de MO puede ser explicada por su efecto sobre el régimen de temperatura. La influencia que la textura posee sobre la distribución de MO se debería a su efecto sobre la capacidad de retención de agua del suelo. Mientras que la tala del bosque incrementaría las temperaturas máximas y la amplitud térmica, la erosión de áreas deforestadas afectaría la textura del suelo y, consecuentemente, su capacidad de retención de agua. El deterioro de la temperatura y del régimen hídrico disminuiría, consecuentemente, la capacidad del suelo para acumular materia orgánica (Buschiazzo *et al.*, 2004).

3.10-8 CONTENIDO DE MATERA ORGÁNICA DEL SUELO

El contenido de materia orgánica de los suelos del Chaco Árido y Semiárido nos revela el estado de los suelos. Luego de los disturbios típicos de la región, extracción forestal masiva e indiscriminada y sobrepastoreo, el contenido de materia orgánica de esos suelos es una medida directamente proporcional al grado de desertificación.

La cantidad de materia orgánica del suelo sería un indicador del manejo de los recursos naturales, con un manejo apropiado se puede mantener la MO del suelo y en consecuencia la disponibilidad de agua y nutrientes, principalmente N, que son los factores principales en la producción del pastizal.

Tenemos que tener en cuenta que en el Árido Subtropical Argentino las características climáticas son de temperaturas elevadas y lluvias abundantes en el período estival, por lo que la deforestación y habilitación de áreas para cultivo es una empresa riesgosa por la rápida pérdida de la materia orgánica y fertilidad de los suelos. La posibilidad de cultivo de forrajeras perennes es posible en el Chaco semiárido y también, con mayores restricciones, en el Chaco Árido, siempre y cuando se restrinjan las pérdidas manteniendo la cobertura de leñosas arbóreas, se minimicen los laboreos de suelos y el manejo y utilización del cultivo aseguren la reposición de la materia orgánica al suelo.

Aun en regiones templado-frías, como Alberta, Canadá, los suelos de las comunidades modificadas fueron diferentes (P<0,05) de las comunidades nativas con respecto al porcentaje de carbono y nitrógeno, la concentración de monosacáridos y la concentración de la mayoría de los constituyentes del fósforo. La modificación de la comunidad a través de los laboreos y cultivos generalmente causó una reducción en las variables medidas. Se cree que los laboreos más que las plantas cultivadas de la nueva comunidad fueron los responsables de la mayoría de los cambios observados en C, N y varias fracciones de P y la pérdida de agregados de agua-estable retenidos en los tamices de 2,0mm y de 1,0mm (Dormaar y Willms, 2000).

En la región del Caldenal el sobrepastoreo y el desmonte reducen el grado de cobertura que ofrece la vegetación natural aumentando la pérdida de carbono orgánico (CO) por la erosión hídrica (ver Capítulo VIII:3.9). Se sabe que la degradación del CO atenta contra la sustentabilidad de estos suelos. Echeverría, *et al.*, (2004) evaluaron las pérdidas de carbono orgánico en sitios con diferentes disturbios aplicando dos lluvias consecutivas en 24 horas de 30 mm/30´ mediante un simulador portátil. Los tratamientos fueron: bajo arbusto (BA), espacios entre arbustos (EA), suelo desmontado (SD) y suelo desmontado y arado (SDA) y el grado de cobertura respectivo indicó 92%; 68%; 44% y 11%. El CO (g.kg^{-1}) de los suelos y de los sedimentos fue BA (16,3 y 57,5); EA (14,8 y 62,5); SD (8.4 y 41,5); SDA(8.7 y 30,5), arrojando tasas de enriquecimiento promedio de 3,5; 4,2; 5,0 y 3,6 respectivamente. La perdida de CO (kg.ha^{-1}) aumentó a medida que disminuyó la cobertura superficial del suelo: BA(3,9); EA(4,2); SD(34,9), y SDA(58,3). Este fenómeno ajustó a un modelo lineal: Pérdida CO(kg.ha^{-1}) = -0,61.% cobertura + 54,64 (R^2=0,72).

Lograr un aumento en el contenido de materia orgánica del suelo en el Chaco Arido y Semiárido es una tarea de largo plazo, ya que necesitamos que todo el sistema alcance estados de vegetación de mayor jerarquía y condiciones buenas del pastizal, es posible en el corto plazo mantener y/o mejorar levemente el contenido de materia orgánica de estos suelos con una correcta utilización del pastizal.

3.11 Control de leñosas indeseables

En general consideramos leñosas indeseables las que compiten fuertemente con el pastizal por luz, agua y nutrientes. Estamos admitiendo que podemos tolerar cierta competencia si en el balance de interacciones, las leñosas arbustivas tienen alguna importancia como forrajeras o sobre otros factores del entorno pastoril como, el microambiente en general, el microclima, la erosión hídrica y otros, en ese sitio.

Díaz y Karlin (1983) expusieron las características de las leñosas arbustivas y los aspectos positivos y negativos en los sistemas de producción ganadera del Chaco Árido:

A) <u>Aspectos positivos</u>

1) Mantienen cierta, estabilidad ambiental, impidiendo desertificación severa.
2) Protegen el suelo de la erosión en condiciones extremas, aunque su presencia puede aumentar la erosión hídrica, por poseer sistema radicular profundo y subsuperficial con poca trama superficial y principalmente por competencia con las gramíneas que impide en muchos casos el crecimiento de las mismas bajo su influencia.
3) Aportan algo de forraje para ramoneo de bovinos, pudiendo ser importante en condición pobre del pastizal en épocas críticas (comienzo de primavera) por falta de cantidad y calidad del forraje graminoso.
4) Impiden que especies graminosas y latifoliadas herbáceas situadas dentro de arbustos puedan ser pastoreadas, logrando que funcionen como bancos de semillas.
5) Entre las especies leñosas, componentes del fachinal, hay renovales de árboles. Esto posibilita a muy largo plazo recuperar estructuras semejantes a la clímax.
6) Aunque pequeño y de escasa importancia, aportan madera para construcciones (varillas), combustible, etc.
7) Algunas especies arbustivas tienen importancia (potencial) como forrajeras (domesticación, cultivo, manejo, etc.).

B) Aspectos negativos

1) Brindan menor estabilidad ambiental que el estrato arbóreo.
2) Menor protección del suelo que con árboles.
3) Compiten fuertemente con el estrato herbáceo, principalmente con el graminoso, lo que determina una productividad forrajera baja. (Más arbustivas menos gramíneas).
4) Disminuyen el área forrajera (área no forrajeable o inaccesible).
5) Aportan poca sombra.
6) Impiden buena circulación del aire.
7) Frenan la recuperación natural.
8) El aporte forrajero directo es escaso, principalmente para los bovinos.
9) No permiten realizar un buen manejo del pastoreo ni del rodeo.
10) El aporte de madera es insignificante con respecto al bosque (deberían realizarse estudios sobre su aporte energético en general).
11) Producción ganadera muy baja, la rentabilidad es mínima (algunos años negativa), las inversiones para el mejoramiento no se pueden autofinanciar.
12) Restringen circulación del ganado, dando áreas sobrepastoreadas y otras subpastoreadas.
13) Mejor hábitat para roedores que compiten por forraje con el ganado.

<u>Leñosas indeseables</u>: Son aquellas cuya presencia en el sistema de producción pastoril traen más inconvenientes que beneficios. En consecuencia, la definición de leñosa indeseable o maleza leñosa dependerá del sitio en cuestión.

En el Chaco Árido y Semiárido esta relación (inconvenientes–beneficios) va a depender de varios factores como:

1- Del estado de la vegetación.
2- De la condición del pastizal en el sitio.
3- De las especies principales del fachinal.
4- De la edad de los individuos leñosos.
5- Del tiempo del último disturbio (extracción forestal o tratamiento de control).
6- De las características morfoestructurales (arquitectura) de los individuos en períodos juveniles, rebrotes de cepa y adultos.
7- Si tienen espinas en períodos juveniles, rebrotes de cepa y adultos que afecten a los animales.
8- De la densidad y tipo de distribución o agrupamiento.
9- Si tienen o no raíces gemíferas que emiten brotes epigeos.
10- De las características y estado del suelo en ese sitio.
11- De la topografía del potrero.
12- De la salinidad y nivel de la napa freática del suelo.
13- Si el ganado consume los frutos con la consiguiente propagación endozoica de semillas.

Podemos agregar a esta lista otras características que nos interesen en la relación inconvenientes–beneficios para el sistema pastoril de producción y también considerar los aspectos económico financieros (relación costo-beneficio) para decidir si es conveniente el control y sobre todo el tipo de tratamiento para el control de las leñosas indeseables.

Los tipos de tratamientos para el control de malezas leñosas deberán buscar siempre incrementar la oferta forrajera de las gramíneas, preservando las leñosas arbóreas que compiten muchísimo menos y ejercerán un control biológico de las arbustivas (ver Capítulo II:3 y 4; Capítulo XI y Capítulo XII).

También tendremos en cuenta las características y condiciones del suelo en cuanto a las posibilidades de erosión eólica e hídrica para elegir el tipo y diseño del tratamiento de control selectivo de arbustos.

Los tratamientos más apropiados para el control de leñosas indeseables en el Chaco Árido y Semiárido son:

Control selectivo de arbustos (desbajerado o aclareo):

Consiste en el control del estrato bajo de arbustos, dejando los componentes arbóreos típicos del bosque y si fuera necesario ejemplares adultos de porte arbóreo del sotobosque (Tintitaco, Alpataco de las Sierras, Garabato Blanco, Garabato Macho, Tusca, Brea, Retamo, Espinillo, Tala, y otras) que contribuyan a preservar la estabilidad ambiental. Es el tratamiento que mejores resultados brinda para la recuperación del pastizal y que mejor controla la posible erosión eólica e hídrica (ver Capítulo XII).

Desmonte en franjas:

En fachinales donde sólo quedan muy pocos o ninguno de los componentes arbóreos adultos, se desmontan totalmente franjas angostas (10-15m, 3 a 5 pasadas de rolo de 3m de ancho) y se dejan franjas del mismo ancho sin desmontar. De esta forma se controlan las leñosas en la mitad de la superficie tratada y en la no tratada se espera la recuperación, a largo plazo, de los componentes arbóreos (ver Capítulo XII).

Las franjas deben orientarse perpendicularmente a la dirección de los vientos para controlar erosión eólica. Si la dirección de la escorrentía es en la dirección de los vientos también controla erosión hídrica. Si tenemos pendientes del 3‰ o mayores, lo ideal es trazar las franjas según curvas de nivel.

Control biológico

No debemos olvidar en un control integrado de arbustivas el control biológico que pueden realizar ovinos y principalmente los caprinos utilizados como seguidores de los bovinos (ver Capítulo XI).

3.12 Control de malezas herbáceas y subleñosas

Las malezas herbáceas no son un problema de gran importancia en los sistemas pastoriles de producción en el Chaco Árido y Semiárido. Pueden ser un inconveniente en sitios localizados (principalmente en los campos cercanos a las sierras) por dispersión de especies de malezas del Bosque Serrano.

Las principales malezas de los sistemas pastoriles del Chaco Arido y Semiárido las podemos agrupar en:

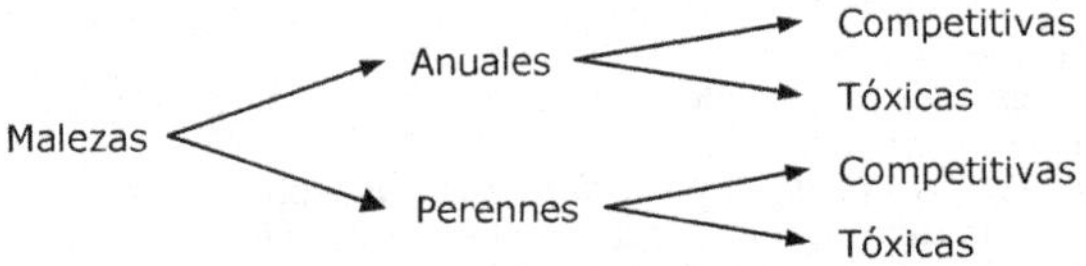

Malezas: Son aquellas especies vegetales cuya presencia en el ecosistema de producción pastoril traen más inconvenientes que beneficios.

En el Chaco Árido las malezas herbáceas competitivas, tanto anuales como perennes, no son muy importantes, la misma aridez del clima no es propicia para la proliferación de estas especies.

En el Chaco Semiárido las malezas herbáceas competitivas, tanto anuales como perennes, pueden ser importante competencia para los recursos forrajeros en algunos sitios.

Dentro de las malezas competitivas tenemos que incluir las gramíneas duras de escaso valor forrajero (los animales sólo consumen el rebrote tierno) que forman pajonales, espartales, espartillares, aibales, etc., Los pajonales de *Stipa* spp pueden invadir los pie de sierra del Chaco Arido, (ecotonos con el Bosque Serrano). En el Chaco Semiárido típico también estos pajonales pueden invadir los pastizales en los ecotonos con el Espinal y el Bosque serrano. El sobrepastoreo en las abras o aibales produce una proliferación del Aibe o Pasto Amargo (*Elionuros viridulus*) en desmedro de pastos de mejor valor forrajero. En las tierras próximas al Río Dulce y humedales del Mar de Ansenuza (Laguna de Mar Chiquita) el sobrepastoreo provoca la proliferación de espartales con dominancia de Esparto (*Spartina argentinensis*) o espartillares con dominancia de Espartillo (*S. densiflora*)˙ en desmedro de gramíneas de mejor valor forrajero.

No se detectan grandes problemas de malezas herbáceas competitivas, tanto en el Chaco Árido como en el Semiárido, no conocemos estudios del impacto de ellas sobre los recursos forrajeros, pero en el Chaco Semiárido el haber habilitado tierras al cultivo, la compra de fardos de alfalfa de mala calidad (con semillas de malezas) para suplementar animales y las condiciones mas húmedas que en el Chaco Arido, han incrementado la proliferación de malezas en la región.

Recordemos que muchas de las malezas anuales mencionadas para los cultivos de la región agrícola (Marzocca, 1976), son consumidas por los animales, como las quenopodiáceas y amarantáceas (Morenita, Cardo Ruso, Quínoas, Yuyo Colorado, Solo y otras) principalmente en su fase juvenil. Algunas pueden producir algunos trastornos tóxicos al ganado como Morenita y Quínoas.

El control de malezas (competitivas y tóxicas) debería integrar el paquete de manejo del pastizal, principalmente el control preventivo y el biológico.

- Control preventivo: un buen manejo del pastizal contribuye al control de las malezas, ya que una buena cobertura de pastos compite fuertemente contra la instalación y proliferación de malezas.
- Control biológico: si las malezas no son tóxicas se puede utilizar una alta carga instantánea (fuerte presión de pastoreo) con lo que se consigue que las malezas palatables sean consumidas y las no palatables destruidas por el pisoteo.

- <u>Control químico</u>: se justifica en las localizaciones problema, y generalmente basta con un equipo manual (mochila) para su control.
- <u>Control mecánico</u>: se realizan, generalmente con desmalezadoras rotativas o de martillos, o manual. Se trata de disminuir su capacidad de competencia.
- <u>Quemas controladas</u>: para destruir la planta y principalmente semillas.

Son recomendables los controles integrados donde se combinan distintos tipos de control.

- <u>Mecánico y químico</u>: corte para provocar rebrotes con mayor susceptibilidad al herbicida.
- <u>Mecánico y biológico</u>: corte para provocar rebrotes con mayor preferencia animal.
- <u>Químico y biológico</u>: secado para provocar rebrotes con mayor preferencia animal.
- <u>Mecánico, químico y biológico</u>: corte y secado para provocar rebrotes luego pastoreo.

3.12-1 LAS PLANTAS TÓXICAS PARA EL GANADO

Bajo esta denominación agrupamos las especies vegetales que contienen compuestos secundarios que afectan de alguna forma a los animales herbívoros.

Muchos de estos compuestos secundarios que las plantas producen para diversos fines defensivos son directamente antiherbívoros o sustancias antinutritivas.

En un trabajo sobre el efecto de éstos compuestos en la nutrición animal, Ramos *et al.* (1998) expresaron:

A lo largo de la evolución, en las plantas se han desarrollado toda suerte de defensas para tratar de mantener el equilibrio en la interacción planta-herbívoro. Por su parte, en los herbívoros han ido apareciendo adaptaciones fisiológicas y etológicas que han permitido reducir el efecto perjudicial de las defensas de las plantas, principalmente de los compuestos secundarios.

El término compuesto secundario engloba sustancias químicamente muy diversas y se establece como contraposición a los productos del metabolismo primario, que aparecen en el citoplasma de todas las células vegetales y cuyas diferencias entre plantas son únicamente de índole cuantitativo. En este sentido, se ha propuesto denominar a los compuestos secundarios sustancias ecológicamente eficaces, frente a los compuestos primarios que serían sustancias fisiológicamente eficaces.

Los compuestos secundarios han sido durante mucho tiempo ignorados en los trabajos de nutrición. No obstante, su carácter claramente ventajoso para la planta y, en muchos casos, en obvio detrimento de los herbívoros, ha conducido a que actualmente se valore su incidencia en la producción agroganadera, especialmente en aquellos sistemas basados en el aprovechamiento de pastos.

En las plantas existe una enorme diversidad bioquímica de compuestos secundarios, fruto, tal vez, de su imposibilidad de huída frente a las agresiones Ahora bien, debido al elevado coste energético que implica su síntesis, las plantas encauzan su metabolismo hacia un tipo u otro de compuesto secundario dependiendo de los recursos disponibles. En general, frente a condiciones severas, como las que se dan en climas áridos, las plantas tienden a aumentar sus defensas, sobre todo de tipo cualitativo (alcaloides, glicósidos cianogenéticos, etc.), ya que, en estos casos, les resulta mucho más difícil regenerar los tejidos dañados por los herbívoros. Esto resulta en una intoxicación más fácil del animal en estas condiciones, siendo de especial incidencia en el ganado doméstico cuando su manejo en pastoreo no es el más adecuado, o cuando se enfrenta a la escasez de otros recursos vegetales.

Una característica importante en la estrategia de defensa de las plantas es la distribución variable de los compuestos secundarios en los diferentes tejidos vegetales, dependiendo de su valía para la planta, así como su redistribución según avanza el desarrollo fenológico. Las yemas en crecimiento de arbustos, las hojas jóvenes, los órganos reproductores y de dispersión y, en general, todas las partes en crecimiento anual, muestran una mayor concentración de compuestos secundarios, o reactividad de éstos, que los tejidos viejos.

Otros compuestos secundarios son empleados por la planta con distintas funciones. Así, intervienen en relaciones de competencia con otras plantas, actuando como agentes alelopáticos, y contra invasiones de hongos, bacterias y virus (las sustancias denominadas fitoalexinas); en relaciones de mutualismo: atracción de los polinizadores y dispersores de semillas; como moléculas portadoras de información relacionada con posibles funciones defensivas; como protección contra la radiación ultravioleta y desecación, como reserva de nitrógeno, etc.

Los compuestos secundarios suelen ser agrupados según las sustancias químicas que les constituyen: compuestos fenólicos (taninos, fitoestrógenos y cumarinas); toxinas nitrogenadas (alcaloides, glicósidos cianogenéticos, glucosinolatos, aminoácidos tóxicos, lectinas e inhibidores de las proteasas); terpenos (lactonas sesquiterpénicas, glicósidos cardíacos, saponinas); hidrocarburos poliacetilénicos, oxalatos, compuestos tóxicos en *Pteridófitas* y micotoxinas.

Las plantas tóxicas para el ganado son un problema, a veces serio, según grado de proliferación y condiciones climáticas, en algunos sitios y en años de sequía. Consideraremos algunos aspectos sobre estos vegetales resumidos por R. Correa (1983):

Debido a la escasez de datos y a la diversidad de situaciones locales, no hay manera de estimar con la información corriente, la magnitud de las pérdidas que las plantas toxicas ocasionan. Al intentar cuantificar éstas pérdidas, nos enfrentamos con varios problemas; en primer lugar, muchos ganaderos no reconocen las plantas tóxicas en sus campos de pastoreo, y en segundo término, no es fácil la tarea de identificar la causa de muerte de los animales; existe en este sentido mucha confusión, ya que a veces, se atribuye a las plantas tóxicas muertas producidas por enfermedades, o a la inversa, pérdidas atribuidas a enfermedades, han sido ocasionadas, en realidad, por intoxicaciones vegetales.

La mortandad, es la pérdida a menudo asociada a estas especies y probablemente la más fácil de evaluar; pero se debe tener en cuenta que muchas plantas tóxicas no matan al animal, y sí, reducen severamente su productividad, a través de perturbaciones de nutrición general, trastornos digestivos, depresiones profundas, alteraciones en el aparato reproductor (muertes embrionarias y fetales, abortos, deformaciones congénitas), y reducción de la longevidad de los rodeos de cría.

Una planta tóxica, es aquella que ingerida por un animal, causa cambios bioquímicos o fisiológicos, que acarrean trastornos a nivel de los distintos aparatos, que pueden llevarlo inclusive a la muerte.

Podemos clasificar a las plantas tóxicas de la siguiente forma:

a) Tóxicas permanentes: aquellas que en cualquier momento de su ciclo vegetativo, poseen el principio activo, sin variar sustancialmente su concentración, ej., *Bacharis coridifolia*, *Conium maculatum*.

b) Tóxicas temporarias: las que en determinados períodos del desarrollo, poseen alta concentración de principio tóxico, que luego pierden al completar el ciclo, constituyendo excelentes forrajeras, ej., *Sorghum* spp.

c) Tóxicas circunstanciales: aquellas que en determinadas condiciones ecológicas o ambientales, o épocas del año, aumentan su concentración de principio tóxico, ej., *Cynodon dactylon*, *C. hirsutus* cuando han detenido su crecimiento por frío o sequías.

d) Forrajeras parasitadas por hongos tóxicos: huéspedes de hongos, que poseen toxicidad, ej., maíz parasitado por *Aspergillus maydis*, o *Paspalum dilatatum* por *Claviceps paspalí*.

No es suficiente establecer que una especie es venenosa, para considerarla por ese único motivo, peligrosa o prejudicial para el ganado. Es necesario tener en cuenta otros factores, ya que es indudable, que algunas plantas tóxicas, a pesar de ser muy abundantes, sólo provocan envenenamientos en forma esporádica, ya que los animales no las comen habitualmente, debido a que por instinto conocen su toxicidad, o porque son cáusticas, o tienen sabor u olor desagradable. Por ello, los vegetales venenosos que no son utilizados comúnmente por los animales en su alimentación, no pueden ser considerados muy nocivos, mientras no se compruebe con certeza su peligrosidad, mediante la verificación de casos frecuentes de intoxicación.

Las plantas tóxicas son usualmente constituyentes menores en pastizales de condición buena, e incrementan su abundancia, si el pastoreo es excesivo, es decir, como respuesta al sobrepastoreo (en general son especies invasoras).

En la medida que se produzca sobrepastoreo, irá disminuyendo la cantidad de especies de buena aptitud forrajera, usualmente más preferidas, con lo cual diminuirá la posibilidad de los animales de seleccionar su alimento. Si a esto se agrega que dada la baja disponibilidad de forrajeras, tanto en cantidad como en calidad, los animales se encuentran hambreados y en mal estado, ello hará que se modifiquen sus patrones de preferencia por los distintos alimentos. Bajo estas circunstancias, el ganado consumirá especies menos palatables, algunas de ellas tóxicas, que en situaciones normales no hubiera ingerido.

El correcto manejo del pastizal, generalmente elimina el problema de plantas tóxicas, ya que estas reúnen algunas características comunes, a saber:

1) Son usualmente no palatables (no preferidas)
2) Generalmente diminuye la concentración de principio tóxico, a medida que madura la especie.
3) Generalmente comienzan su crecimiento temprano en primavera, y se vuelven proporcionalmente menos abundantes, a medida que crecen las demás especies.

De manera tal que no presentan problemas, a no ser que la disponibilidad de otros forrajes se encuentre limitada. La mayoría de las pérdidas de ganado debidas a plantas tóxicas, ocurren a comienzos de primavera, o en el otoño. Diferir el pastoreo hasta que estén crecidas la mayor cantidad de especies forrajeras, prevendrá las intoxicaciones de ganado en primavera; del mismo modo, en otoño, puede ser necesario diferir el pastoreo en algunos pastizales mixtos.

Los primeros intentos realizados con el objeto de reducir las pérdidas ocasionadas por plantas tóxicas, han sido erradicar estas plantas donde es factible, o bien, evitar pastorear áreas en donde se hallan presentes. Dado los conocimientos e información acumulados, a través de investigaciones y a menudo, a través de la experiencia de productores, pueden ser puestas en práctica otras técnicas. Para lo cual, se hacen necesarios, ciertos conocimientos básicos: conocer con certeza la especie tóxica de que se trate, saber como afecta al ganado, y bajo qué condiciones es tóxica.

El control directo puede ser exitoso. Muchas plantas tóxicas, son especies de hoja ancha o arbustos, que pueden ser combatidos mediante herbicidas selectivos sin daño para las especies del pastizal; a menudo puede ser necesario un segundo tratamiento, para minimizar la densidad de estas plantas.

Esta forma de control, puede tener un costo elevado, pero una alternativa que puede disminuir los costos, es el tratamiento por sectores, ya que frecuentemente las plantas tóxicas están localizadas en un área determinada de pastizal (corrales, áreas cercanas a aguadas, etc.) Si no fuera posible utilizar herbicidas en éstas áreas, ellas pueden ser aisladas por alambrados, práctica que resulta beneficiosa alrededor de aguadas.

Los herbicidas pueden acarrear ciertos peligros, por que luego del tratamiento las plantas tóxicas pueden intensificar su toxicidad y su palatabilidad; además, la vegetación muerta usualmente pierde su toxicidad, pero ciertas plantas como *Astragalus* sp. (Garbancillo, Yerba Loca), persisten tóxicas aún muertas. En estos casos es recomendable diferir el pastoreo, hasta que las plantas se hayan secado, y otra vegetación haya crecido, para proveer una sustancial fuente de forraje.

Puesto que la erradicación de plantas tóxicas en grandes áreas, rara vez es practicable, el manejo de la vegetación debe ser integrado, con programas de manejo de ganado, que minimicen el consumo de estas plantas.

Como se ha dicho, los patrones de preferencia del ganado por los diferentes forrajes, cambiarán si ellos están hambreados. Esto ocurre cuando el pastizal es sobrepastoreado; si el ganado ha sido trasladado, o ha viajado grandes distancias; si el agua ingerida no es suficiente (en especial partes suculentas de ciertas especies tóxicas); cuando han sido apartados del alimento para herrarlos, esquilarlos o marcarlos. En éstas condiciones, en el que el animal está propenso a comer menos selectivamente, no debería acceder a pasturas que contienen plantas tóxicas, hasta que no haya consumido otro alimento libre de peligro. Proveer suficiente cantidad de agua, evitar el sobrepastoreo, realizar viajes y arreos lentamente, minimizará el consumo de plantas tóxicas. Cuando los animales deben ayunar, en embarques o para ser esquilados, luego deben ser llevados a un pastizal libre de plantas tóxicas, si se trata de áreas con gran infestación, una alternativa sería el suministro de heno para cubrir si apetito.

Puesto que muchas plantas tóxicas deben ser consumidas, en relativamente grandes cantidades para ser dañinas, se han hecho ensayos para mantener animales, consumiendo bajos niveles del tóxico. Esto se consigue haciendo pastoreos ligeros en cortos períodos, removiendo el ganado del lugar donde se encuentra la maleza, para evitar la acumulación de cantidades peligrosas del principio tóxico.

La mayoría de los estudios sobre plantas tóxicas, se han ocupado de las pérdidas descriptas en términos de muertes, abortos y otros signos obvios de disturbio; pero los efectos subletales del consumo de plantas tóxicas no han sido bien documentados. Algunas evidencias sugieren que animales en pastizales con plantas tóxicas, son menos eficientes o producen crías más pequeñas o las crías tiene una vida corta; hay alteraciones en la espermatogénesis y el estro, disminución del deseo sexual, etc. Si esto es confirmado, el manejo para adaptar animales a ciertas toxinas, o prevenir la ingestión de cantidades tóxicas, puede no ser beneficioso en el largo plazo.

Se ha establecido, que ovejas que han sido adaptadas al consumo de cantidades crecientes de oxalatos, contenidos en algunas plantas tóxicas (*Rumex crispus*, *Portulaca oleracea*, *Oxalis* spp.); pueden detoxificar un 75% más este principio, que ovejas no adaptadas. Al ser removidas de este alimento, pierden su adaptación en 2-3 días.

Frecuentemente la carencia de sal u otros minerales, está asociada al consumo de plantas tóxicas por el ganado. La mayoría de los programas de manejo del ganado, deben incluir la provisión de sal "*ad libitum*". La deficiencia de fósforo en la dieta, trae como consecuencia apetito depravado o alimentación anormal, lo que puede ser prevenido por una suplementación mineral apropiada.

Aprovechando que no todas las especies de ganado, muestran igual susceptibilidad a una especie tóxica, el problema puede ser minimizado, seleccionando especies de ganado para pastorear áreas específicas.

En campos con presencia de plantas tóxicas, los nuevos animales introducidos en el rodeo, deberían provenir de zonas con esas especies para que las reconozcan y no las consuman. Si no es así, deberían ir a un potrero donde estemos seguros que no hay plantas tóxicas, si no estamos seguros, apenas sean descargados en los corrales, antes de lagarlos deberán comer, beber agua, descansar y someterlos a alguno de los tratamientos preventivos para que reconozcan las plantas toxicas como: refregar en el morro el vegetal toxico, hisopeados en el morro con infusión de la planta tóxica, o sahumados con la planta tóxica. Por ejemplo, con Romerillo, esto provoca irritación en las mucosas por las sustancias tóxicas del Romerillo y aprende a distinguir su sabor, olor etc. y, generalmente, luego no es consumido en la exploración y muestreos de alimento.

De todas maneras, deberán ser observados cuidadosamente durante algunos días. Si se envenenan ello ocurrirá probablemente, poco después de ser introducidos.

El tratamiento de animales envenenados, es raramente practicable en pastizales. No tienen tratamiento conocido los efectos de muchas plantas tóxicas, o la intoxicación puede estar muy avanzada para tratarla. Cuando los animales intoxicados son descubiertos, deben ser removidos de la pastura, sin ocasionar disturbios, y mantenerlos quietos, alejados del agua por varias horas, y consultar al médico veterinario.

3.13 Fertilizaciones del pastizal

Casi todas las especies de gramíneas que encontramos en los pastizales naturales del Chaco Árido y Semiárido de Córdoba son megatérmicas (C4). Estas especies responden a la fertilización nitrogenada, si no tienen limitaciones de la humedad del suelo, aumentando su producción en forma lineal a las cantidades de nitrógeno aplicadas.

También suelen responder aumentando la producción con la fertilización fosforada y/o con la aplicación de potasio, si estos elementos están limitando su producción en el suelo de ese sitio, pero no suelen tener resultados tan contundentes como con la aplicación de nitrógeno, ya que la gran mayoría de los suelos de la región tienen contenidos relativamente bajos del mismo.

Otro efecto de la fertilización nitrogenada es que los pastos presentan un mayor contenido de nitrógeno (proteína bruta) lo que los hace mas nutritivos y digestibles.

No hay muchas experiencias de fertilización de pastizales naturales en la región, así que apelamos a algunos ejemplos que pueden ilustrar lo expresado.

3.13-1 RESPUESTA DE LAS ESPECIES NATIVAS A LA FERTILIZACIÓN NITROGENADA

En un ensayo de fertilización nitrogenada y riego para medir la eficiencia en el uso del nitrógeno, Fernández Giménez y Smith (2004) dijeron: Se compararon las respuestas de plántulas de una gramínea introducida (*Eragrostis lehmanniana* Nees) y una gramínea nativa perenne (*Digitaria californica* (Benth) Henr.) a 7 tratamientos de nitrógeno y 2 tratamientos de riego, para determinar si *E. lehmanniana* exhibía mayor crecimiento o eficiencia en el uso del nitrógeno que *D. californica*.

Después de 8 semanas, las plántulas de *E. lehmanniana* exhibieron mayor concentración de N en biomasa aérea (2,07% vs. 1,20%), y una relación C:N más baja (27,7 vs. 49,6) que las plántulas de *D. californica*.

Las plántulas de *D. californica* produjeron más biomasa por planta (1,09g vs. 0,31g), exhibieron mayor eficiencia en el uso del nitrógeno (63% vs. 39%), y toleraron mejor condiciones de alto nivel de N. *D. californica* podría ser un competidor superior por N tanto en condiciones de N limitante como en aquellas de alto nivel de N, mientras que *E. lehmanniana* podría superar a *D. californica* en la competencia por N bajo niveles moderados de este nutriente.

3.13-2 FERTILIZACIÓN EN CAMPOS NATURALES DE MENDOZA

Sobre un ensayo realizado en la Región del Monte Septentrional, Guevara *et al.* (2000) informaron: El contenido bajo de nutrientes del suelo puede ser el principal factor limitante de la producción de forraje en las pasturas naturales de la llanura de Mendoza en 4 años de 10.

Se estudió la respuesta de la vegetación de esas pasturas a aplicaciones anuales de N y P. Las dosis aplicadas de fertilizantes fueron (kg.ha^{-1}): (0 y 25N) y (0 y 11P) en un diseño factorial.

Se determinó anualmente la producción de materia seca de las gramíneas y leñosas forrajeras y el contenido de proteína bruta (PB) de las primeras, desde 1996 a 1998.

La lluvia media anual durante la estación de crecimiento en el sitio de estudio fue de 258mm, mientras que las parcelas experimentales recibieron 189, 278 y 346mm durante los tres años de estudio.

La producción de forraje se incrementó como consecuencia de la aplicación de N+P sólo en 1998 (1.390 vs. 980 kg.ha^{-1}, P<0,05), lo que correspondió a 16,5kg de forraje por kg de N aplicado.

La fertilización con N incrementó el contenido de PB de las gramíneas en 1997 (6,3% vs. 5,3%, P<0,05) y la aplicación de N+P la aumentó en 1998 (6,8 vs 5,7%, P<0,05).

La aplicación de N+P incrementó la eficiencia estacional de uso de las lluvias cuando éstas fueron mayores que 300mm. En 1998, el incremento de la producción de gramíneas por kg de N aplicado, con y sin agregado de P, fue de 18,4 y 12,4kg, respectivamente.

El punto de quiebre entre la lluvia y los nutrientes, como determinante principal de la producción primaria en suelos arenosos de las llanuras centrales de Mendoza, está alrededor de 400mm por año, en vez de 300mm en otras zonas áridas del mundo.

El valor del incremento de carne que derivaría de la aplicación de N, con y sin adición de P (U$S 0,07 año^{-1} kg^{-1} N) fue menor que el costo del fertilizante (U$S 0,87 kg^{-1} N). Se requeriría que la producción de forraje se incrementara 5 veces para compensar el costo del fertilizante. La aplicación de fertilizantes no aumentó suficientemente la producción de forraje para que esta práctica sea rentable en la producción de carne bovina, dados los precios de fertilizantes y carne actuales.

En éste trabajo no se evaluó el efecto de la fertilización sobre el mejoramiento de los recursos forrajeros de potreros no fertilizados, ya que el aumento de la capacidad de carga en el o los potreros fertilizados, permite descansar los no fertilizados, razón por la cual el análisis económico es parcial, aún para ese año.

3.13-3 FERTILIZACIÓN DEL CAMPO NATURAL EN CORRIENTES

En cuanto a la fertilización del pastizal natural en el Noreste Argentino (NEA), F. Gándara (2000) informó: Es otra de las opciones para mejorar la producción animal de los campos naturales. Los suelos que ocupa la ganadería en el NEA, son en gran parte de fertilidad baja a media. Las principales deficiencias son: Nitrógeno (N), Fósforo (P) y Potasio (K).

Royo Pallares y Mufarrege (1970; citados por Gándara, 2000), estudiaron durante tres años el efecto de la fertilización con N-P-K, sobre un campo natural del Dpto. Mercedes (Corrientes). Los principales resultados se detallan en la Tabla VIII,3.13-1.

Años	Kg de PV*/ha/año		Incremento %
	CN	CN + N P K	
66/67	97	144	48
67/68	110	170	54
68/69	98	210	138
Promedio	98	175	78.5

Tabla VIII,3.13-1: Producción animal en un campo natural (CN) en el Centro-Sur de Corrientes fertilizado anualmente con N-P-K. Las dosis anuales fueron en kg/ha, 67 N; 45 P_2O_5 y 30 K_2O. Ref: PV*= Peso Vivo.

En otro ensayo (Mufarrege *et al.*, 1981; citados por Gándara, 2000), la fertilización con nitrógeno incrementó la productividad de un campo natural en 56%, utilizando 120kg de N/ha/año.

La eficiencia del N para producir carne fue: 0,6kg de PV/kg del N aplicado.

Debido a que hay una deficiencia importante en los suelos del NEA y por tanto en el forraje, es el fósforo (P), otra posibilidad de mejoramiento de algún campo natural puede ser la fertilización con productos que tengan este elemento.

Existe información abundante para ciertas áreas ecológicas del NEA, principalmente en la región Oriental de Corrientes, del efecto de la fertilización fosfórica sobre:

1. Rendimiento de materia seca del campo natural.
2. Valor nutritivo del forraje.
3. Presencia de leguminosas.
4. Producción animal.

La materia seca de algunos pastizales se incrementó casi en un 40%, al nivel de 60kg de P_2O_5/ha/año. La respuesta fue cuadrática. El incremento en la presencia de leguminosas fue lineal hasta la dosis de 100kg de P_2O_5/ha.

En cuanto al efecto sobre el crecimiento de los animales y la producción animal por hectárea, los resultados de diversos ensayos en el Dpto. Mercedes, permiten esperar incrementos del 30% a 40% en la producción de PV por hectárea, en ciertas áreas ecológicas del NEA, Tabla VIII,3.13-2.

Este incremento ha sido medido en ensayos donde el total de fertilizante aplicado en varios años (3 ó 4) alcanzó los 210 a 240kg de P_2O_5/ha. En esas condiciones se ha medido un efecto residual de ocho años después de la última aplicación.

La respuesta al K ha sido errática y de menor importancia en los estudios efectuados hasta el presente.

Carga an/ha	kg/an/año		kg de PV/ha/año		Incremento %
	Sin	Con	Sin	Con	
1,14	122	147	139	168	21
1,50	90	126	135	189	40

Tabla VII,3.13-2: Efecto de la fertilización fosfórica en la producción de peso vivo de un campo natural (Dpto. Mercedes).(Wilken *et al.*, 1991; citados por Gándara, 2000). an = vaquillas destete en pastoreo continuo. Resultados promedio de nueve años.

3.13-4 FERTILIZACIÓN DE UN PASTIZAL NATURAL DEL NORTE DE ENTRE RÍOS

En un informe de fertilización en Entre Ríos, Pueyo *et al.* (2005) dijeron: La fertilización fosfórica, Hiperfosfato (0-27-0), produjo un aumento de 3 a 4ppm de P en el suelo. Al calcular el promedio de la producción de forraje por dosis de P aplicado se obtuvieron valores de 3.607, 3.722 y 3.667 kgMS.ha^{-1}, para 0, 12 y 24 kgP.ha^{-1}, respectivamente, no existiendo entre ellos diferencias estadísticas significativas. Esto puede deberse a la lenta solubilidad de la fuente fosfórica utilizada y/o a la adaptación de las especies presentes en el pastizal a los bajos contenidos de P en el suelo.

Para las dosis de nitrógeno, Urea (46-0-0), 0, 28 y 56 kgN.ha^{-1}, se encontraron valores promedios de 3031, 3890 y 4075 kg MS.ha^{-1}, respectivamente, siendo significativas las diferencias entre el testigo y los tratamientos fertilizados.

En el siguiente cuadro (Tabla VIII,3.13-3) se presenta la calidad del pastizal para los tratamientos testigo (0N + 0P) y promedios de P, N y P + N.

	PB (%)	DivMO (%)	P en planta (%)
Testigo	11,3 b	43,6 a	0,148 b
P	11,4 b	42,5 a	0,160 a
N	12,1 a	43,8 a	s/d
P + N	12,2 a	43,2 a	0,158 a
Letras iguales, no presentan diferencias significativas (p<0,05)			

Tabla VIII,3.13-3: Calidad del pastizal natural fertilizado y sin fertilizar.

En las condiciones del presente ensayo, el pastizal natural respondió al agregado de N, solo o combinado con P, al considerar el contenido de PB. No manifestó diferencias en la digestibilidad *in vitro* de la materia orgánica (DivMO) para los tratamientos fertilizados y sin fertilizar y el contenido de P en planta se favoreció con el agregado de P en la fertilización.

Si bien no se evidenciaron cambios en la composición botánica del pastizal, se produjeron incrementos del 4 al 12% en la proporción de especies forrajeras en detrimento del porcentaje de malezas y suelo desnudo.

3.13-5 FERTILIZACIÓN EN EL NORTE DE SANTA FE

En un trabajo para evaluar los aumentos de producción y calidad del forraje de un pastizal natural de Cola de zorro *(Schizachyrium paniculatum)*, Pasto horqueta *(Paspalum notatum)* y Pasto macho *(Paspalum urvillei),* fertilizado con fósforo y nitrógeno, J.C. Bissio (1996) dijo:

Luego de la fertilización fosfórica y nitrogenada, de gramíneas, leguminosos y malezas discriminada por período y dosis, la producción se muestra en las Tablas VIII,3.13-4 y VIII,3.13-5.

No se encontraron interacciones significativas en ninguna de las fechas evaluadas o en los totales anuales, entre los efectos del fósforo y los del nitrógeno. No se encontraron respuestas a la fertilización fosfórica, en ninguna de las fracciones que se separó la fitomasa aérea (gramíneas, leguminosas y malezas).

Esto significa que el superfosfato agregado quedó inmovilizado en los primeros centímetros de suelo. Tampoco se observó cambio de la composición botánica, aunque 2 años se considera un período corto para detectar este efecto.

Período 1992/93				
Superfosfato	Gramíneas	Leguminosas	Malezas	Total
0	3363 A	241 A	1011 A	4614 A
60	3588 A	305 A	977 A	4870 A
Período 1993/94				
Superfosfato	Gramíneas	Leguminosas	Malezas	Total
0	2752 A	239 A	811 A	3802 A
60	2825 A	221 A	809 A	3855 A

Tabla VIII,3.13-4: Fertilización fosfórica: Producción anual (kgMS/ha) de gramíneas, leguminosas y malezas, en los períodos 1992/93 y 1993/94. Las medias seguidas de una misma letra no difieren entre sí Tukey 5%.

La producción de gramíneas obtenida con los diferentes niveles de urea, en los dos períodos evaluados fueron:

En el periodo 1992-93 el corte que siguió a cada fertilización mostró respuesta significativa a esta; en las fechas en que no se agregó fertilizante no se observaron diferencias entre los tratamientos, lo que significaría que no hubo efecto residual mas allá de los 2 meses, de todas maneras queda planteado el interrogante sobre la duración de la urea en el suelo y los factores que afectan a esta.

En el período 1993/94 se observaron diferencias significativas entre los tratamientos y el testigo, solamente en el corte del 01/04/94. La falta de respuesta del corte del 10/6/94 se explicarla por la fecha de fertilización; pasados los picos de crecimiento, el pastizal aparentemente no tendría capacidad para responder, pero queda planteado el interrogante sobre la etapa de crecimiento de las especies en que habría que aplicar el fertilizante para obtener el mejor aprovechamiento del mismo.

Período 1992/93				
Urea	Gramíneas	Leguminosas	Malezas	Total
0	2449 B	267 A	924 A	3640 B
75	3626 AB	258 A	1094 A	4978 AB
150	4362 A	295 A	969 A	5610 A
Período 1993/94				
Urea	Gramíneas	Leguminosas	Malezas	Total
0	2100 B	252 A	654 A	3007 A
75	3013 AB	253 A	934 A	4201 A
150	3254 A	186 A	841 A	4281 A

Tabla VIII,3.13-5: Fertilización nitrogenada: Producción anual (kgMS/ha) de gramíneas, leguminosas y malezas, en los períodos 1992/93 y 1993/94. Las medias seguidas de una misma letra no difieren entre sí Tukey 5%.

En conclusión, el fósforo (superfosfato) agregado en cobertura se fija en los primeros centímetros de suelo y no tiene efecto sobre la producción de forraje. El nitrógeno agregado en cobertura (Urea) aumenta la producción de gramíneas, este aumento depende de las dosis utilizadas y de la época y frecuencia de aplicaciones.

3.14 Reservas de forraje de especies nativas

En el Chaco Árido y Semiárido, donde los pastizales naturales están compuesto por gramíneas C4 de corto período vegetativo, es inevitable reservar forraje para los 7 u 8 meses no productivos.

3.14-1 DIFERIDOS

Definimos forraje diferido al que no se consume en la época vegetativa y se difiere en pie para ser consumido en otra época. Si se consume verde es forraje diferido verde en pie, en cambio si se lo consume seco se lo denomina diferido henificado en pie. Lo mas común es que la mayor parte del invierno y primavera los animales consuman éste último.

Generalmente, en el Chaco Árido y Semiárido las gramíneas nativas terminan su período vegetativo cuando termina el período de lluvias, completando su ciclo. Las heladas y sequía de invierno deshidratan totalmente los pastos y son mas susceptibles a las pérdidas de láminas foliares, parte más nutritiva de las gramíneas.

Si hacemos un corte (pastoreo) en el verano y queda diferido el rebrote, al tener tallos mas cortos y algunas partes tiernas que no alcanzan a completar su ciclo se henifiquen por la falta de lluvias, conseguimos que este, pierda menos hojas y tenga tallos mas tiernos, forraje que es mayor calidad y más preferido por los animales.

3.14-2 HENOS Y SILAJES Y OTROS DEL PASTIZAL NATURAL

En la región, por varias razones, no hay experiencias ni se realiza cosecha y henificación del pastizal natural. Generalmente los pastizales están asociados con las leñosas lo que hace imposible los cortes y cosecha mecánica del heno.

Por las mismas razones y por el relativo bajo contenido en nutrientes, tampoco tenemos noticias que se hayan realizados silajes, henolajes, etc.

3.15 Limpieza o emparejado de áreas subpastoreadas

Casi siempre en las unidades de manejo de los predios del Chaco Árido y Semiárido se encuentran áreas de pastizal subpastoreadas (ver Capítulo V:3.4), cubiertas con forraje sobremaduro que no es consumido por el ganado y que quedan en pie cuando comienza la próxima temporada de crecimiento.

Estas matas producen un menor rebrote de macollos (cantidad de rebrotes por unidad de superficie de corona), reduciendo la producción del pastizal y dificultando el pastoreo de los animales.

Se ha podido observar esta situación en numerosas oportunidades en especial en pastizales megatérmicos o en pasturas cultivadas, cuando al no ser totalmente consumidos en períodos de rápido crecimiento, se reducen las probabilidades de que algunas áreas vuelvan a ser desfoliadas ante nuevas pasadas de los animales y se resiente su capacidad productiva al envejecer los tejidos foliares (Deregibus, 1988b).

Para mejorar la producción del pastizal en esas áreas se debería realizar la remoción del material seco en pie antes del rebrote. Para ello podemos utilizar métodos biológicos, mecánicos o fuego. También podemos utilizar, después del pastoreo, métodos químicos de aplicación y/o selección diferencial para controlar los pastos altos poco preferidos antes que termine la época vegetativa.

En los pastizales megatérmicos de nuestro país la disponibilidad de agua no es el único factor que limitaría la producción de forraje, sino que sería la propia capacidad productiva de las especies megatérmicas, otro de los factores determinantes de la baja receptividad de estos pastizales. Es tal la capacidad de crecimiento de estas especies que al no ser consumidas adecuadamente, se esclerosan y reducen su crecimiento. Esta reducción se debe a que las hojas viejas que no son consumidas previenen el rebrote de nuevas hojas y macollos por interceptar la luz incidente. Este es un típico caso de baja productividad del pastizal por subpastoreo (Deregibus, 1988b).

Ayudados por el fuego u otras herramientas (desmalezado, herbicidas) es posible reducir el dominio de pastos altos y de baja calidad (Deregibus, 1997).

Al control de estas áreas de pastizales subutilizados se lo conoce como limpieza o emparejado de pastizales.

3.15-1 MÉTODOS BIOLÓGICOS

Un buen manejo del pastizal natural reduciría estas áreas en cantidad y superficie, pero si tenemos este problema lo ideal es utilizar el ganado para que mediante el pastoreo y pisoteo disminuyan este inconveniente. Para ello deberíamos aplicar una alta presión de pastoreo y suplementar los animales para que puedan hacer una mejor utilización de los pastos maduros de baja calidad forrajera.

La mayor dificultad es concentrar y contener los animales para que pastoreen el área problema y tengan acceso a la aguada; ya que necesitaríamos contar con alambrados electrificados e implementar un pastoreo de superficies pequeñas y alta frecuencia de cambios. Como es fácil suponer hay que contar con comederos para la suplementación y el personal necesario para la atención del método, además de contar con la cantidad de animales necesarios que soportarán por un tiempo una alimentación restringida.

En algunos campos donde también se crían camélidos, estos resultan muy eficientes, si logramos una presión de pastoreo adecuada para consumir el material sobremaduro, ya que son mas eficientes que los bovinos para digerirlo.

3.15-2 QUEMAS PARA LIMPIEZA DEL PASTIZAL

Es el método más barato y más peligroso a utilizar es la quema prescripta (quema controlada) en parches (Kunts, Bravo y Panigatti, 2003 y Díaz, R.O., 2005).

Este tipo de quemas tiene otras ventajas, según F. Gándara (2000), las razones para quemar son las siguientes:

1. Remoción de material viejo no palatable de la estación de crecimiento anterior.
2. Estimulación del crecimiento nuevo.
3. Destrucción de parásitos de animales.
4. Control de plantas indeseables.
5. Lograr una mejor distribución de los animales.
6. Establecer contrafuegos naturales.
7. Preparar cama de siembra para resiembra natural o artificial.
8. Estimular la producción de semillas.

3.15-3 CORTES DE LIMPIEZA

Los cortes se puede realizar con desmalezadora rotativa, o de barra horizontal con martillos articulados (como las viejas máquinas para recolectar forraje para ensilar). Las rotativas tienen la ventaja que queda todo el material cortado en el sitio al igual que si eliminamos el sistema recolector de las de martillos, la desventaja es que tenemos que utilizar un tractor con toma de fuerza para aplicarlas y esto resulta en un costo apreciable.

3.16 Resiembra de especies nativas

Esta práctica, es posible en países que producen semillas de sus pastos nativos, e integra la técnica denominada enriquecimiento de pastizales (ver Capítulo IX:1.1).

En nuestro país son muy pocas las especies de gramíneas nativas que se han domesticado y se produce semillas de ellas. En las regiones chaqueñas Arida y Semiárida no hay, hasta ahora, proyectos de domesticación de especies de gramíneas nativas deseables, colonizadoras de áreas muy degradadas, que prosperan en sitios con salinidad, etc.

Tanto en el Chaco Árido como en el Semiárido sería conveniente contar con semillas de las especies nativas deseables, pero lamentablemente no han sido objeto de mejoramiento y selección para que los rendimientos en la cosecha de semillas sean económicamente posibles.

La única posibilidad es la cosecha a mano o con herramientas y/o maquinarias especiales en el propio campo.

Donde sea posible utilizar una segadora o desmalezadora se puede cortar, hacer montones (parvines) y después de levantados, triturar el material cosechado para poder distribuirlo donde sea necesario. La siembra en cobertura o sobresiembra con especies nativas da buenos resultados el Chaco Árido y Semiárido.

Lamentablemente no se produce semilla de gramíneas nativas y tampoco habría mucho interés en planes la el mejoramiento y/o selección genética para tal fin. Existen algunas colecciones de germoplasma de unas pocas especies nativas (*Trichloris crinita*) en IADIZA. Hace varios años Guillermo Covas, en el INTA Anguil, La Pampa, comenzó la selección de varias especies de pastos nativos, entre ellos Pasto Pujante (*Diplachne dubia*), gramínea nativa del Chaco Árido y otras regiones, con una pequeña *producción de semillas. En la FCA-UNC se comenzó estudiar distintas accesiones de Setaria leiantha (S. lachnea)*, y actualmente la FAVE-UNL y la FAUBA, estudian la misma especie.

3.17 Control de fauna silvestre no deseable

En la región chaqueña Árida y Semiárida la mayoría de los habitantes y ganaderos consideran animales perjudiciales para las actividades productivas a las Vizcachas, Conejos de los Palos, Liebres y otros roedores, Corzuelas, Aves granívoras y otros competidores por los recursos forrajeros. A los que hay que agregar los animales que pueden ser predadores de los animales domésticos o de sus crías como Pumas, Gatos del Monte, Zorros, Aves de rapiña, etc.

La degradación de los ecosistemas ha modificado el hábitat de muchas de estas especies y junto con la cacería indiscriminada han disminuido las poblaciones y algunas especies están en vías de extinción en muchas zonas. Otras especies han encontrado un mejor hábitat para su proliferación, como ocurre con algunos roedores que aumentan la población con las actividades antrópicas.

Como resumen podemos incluir lo que dijo V. Lichtschein (1999) respecto de las especies autóctonas que entran en conflicto con actividades humanas: El problema es complejo, ya que deben analizarse simultáneamente una serie de atributos importantes. El primero de ellos es el deber del Estado y de los ciudadanos en general de proteger la fauna silvestre, tal como lo establece la ley. Por otra parte, es necesario tomar en consideración los intereses del sector productivo y tomar medidas que permitan compatibilizar estos dos grupos de obligaciones y derechos.

La primera cuestión a abordar es definir de forma lo más precisa posible la magnitud del perjuicio invocado. En realidad, es por todos conocido el hecho de que los productores agropecuarios tienden a sobredimensionar los daños producidos a su actividad y a magnificar la responsabilidad atribuida a los animales silvestres en los fracasos de cosechas y pariciones. Un estudio metodológicamente estricto de evaluación de daños es una herramienta imprescindible a la hora de adoptar medidas de mitigación.

Por otra parte, en algunos casos se producen daños reales y es necesario entonces encarar un plan de control que tienda a disminuir los efectos de ciertas especies. Este es el caso, por ejemplo, de varias especies de loros, del zorro colorado en algunas zonas y, más indirectamente, de ciertos herbívoros que comparten áreas de pastoreo con el ganado doméstico.

Tenemos planteados así los dos grupos de intereses a proteger, ambos con incidencia en el bienestar de los habitantes del país y de nuestra economía: la fauna silvestre y la producción agropecuaria. Existen, sin embargo, métodos que podrán armonizar ambos intereses y lograr una convivencia racional entre fauna silvestre y cultivos, entre fauna silvestre y ganado. Como en los casos anteriores, debe recurrirse a los especialistas capaces de diseñar estrategias adecuadas y lograr su implementación.

Los métodos de control seleccionados, por otra parte, no deben ir en detrimento de otras especies silvestres ni del medio ambiente en general, como sucede con ciertos agroquímicos o venenos utilizados actualmente para el control de especies perjudiciales. Muchos de ellos actúan de forma no selectiva, afectando a los seres vivos en general, algunos de ellos beneficiosos a su vez en el control biológico de especies tales como insectos, ofidios, etc., y que producen alteraciones en el ambiente mediante su acumulación o bioacumulación a través de la cadena trófica. Además, estos métodos suelen no ser los más efectivos, con lo cual, lejos de solucionar el problema, el productor está generando con su aplicación nuevos problemas ambientales. Evidentemente, un mal negocio.

Otro elemento a considerar es la situación de las especies silvestres en el marco internacional, ya que muchas de las especies involucradas están a su vez protegidas por convenios internacionales, tales como la Convención CITES. Además de la obligación del país de mantener una Postura coherente en el plano interno y el internacional, a fin de lograr credibilidad en este último ámbito, es necesario implementar planes de manejo con bases técnicas para llevar adelante un aprovechamiento sustentable de las especies silvestres.

De esta manera, los mercados pueden proveer una solución doble: lograr un cierto control de las poblaciones problema a través de la extracción de un cierto número de ejemplares y proveer de beneficios económicos complementarios de las actividades productivas tradicionales.

Como puede verse, se trata de conseguir una serie de equilibrios que finalmente redunden en beneficio de todos los sectores involucrados y de todos los objetos de tutela por parte del Estado.

3.18 Control de plagas y enfermedades

Tanto en el Chaco Árido como en el Semiárido no se han realizado estudios del impacto de plagas y enfermedades en los sistemas pastoriles de producción. En general parecería que la magnitud del daño no es importante o al menos en relación a otros componentes de mayores efectos sobre el sistema.

De todas maneras en los pastizales naturales y leñosas hay insectos (fitófagos, chupadores y cortadores), hongos y virus. Como en otros ambientes el principal daño en los pastos se produce en las hojas de los recursos forrajeros, o sea en el componente más nutritivo para el ganado.

Los principales insectos son gusanos (Lepidópteros), tucuras y hormigas; los hongos y virus son los típicos encontrados en gramíneas megatérmicas sembradas.

En el Chaco Árido las condiciones ambientales no son propicias para el ataque de enfermedades y plagas. En el Chaco Semiárido, más húmedo y con más precipitaciones en primavera las condiciones son más propicias para la proliferación de plagas y enfermedades, a esto se suma la incorporación de cultivos forrajeros y de grano grueso que aumentan las posibilidades de infestación.

Si bien no se han cuantificado la incidencia de daños por plagas y enfermedades tenemos que estar alertas porque ciertas combinaciones de factores climáticos pueden desencadenar ataques y daños importantes. En el Chaco Semiárido primaveras cálidas y con precipitaciones superiores a las medias seguidas de una sequía estival pueden provocar la aparición explosiva de insectos que con la sequía siguiente consumen vorazmente el pastizal y lo deprimen para la próxima temporada.

Debemos hacer notar que la mayoría de las poblaciones de predadores de estos insectos (principalmente aves), hoy se encuentran disminuidas y algunas casi extinguidas por la degradación y/o contaminación de sus hábitat.

Algunos ejemplos hemos citado (ver Capítulo V:3.7-4) y agregamos ahora otros ejemplos reportados en diferentes lugares que, nos parece, deberíamos tener en cuenta:

1) Río Negro Online (2001) dijo: La reciente aparición de un brote de tucuras puso en estado de alerta a los productores de las zonas de Pilquiniyeu.

Los campesinos temen volver a vivir una situación similar a la de años anteriores cuando este insecto conocido como "langosta sapo" (*Dicrhóplus maculipennis*), arrasó con miles de hectáreas de pastizales. Por eso comienzan a prepararse para atacarlas en los próximos días. La noticia se conoció hace pocos días en Maquinchao e inmediatamente la preocupación invadió el ánimo de los productores.

Los focos fueron registrados en campos ubicados en el paralelo 42 en el límite de Río Negro con Chubut. En esta zona las langostas aparecieron por primera vez en el año 1984. Luego lo hicieron en 1992 y 1995. Sin embargo dos años después se registró el mayor brote detectado hasta el momento. La plaga afectó los campos de unos 20 productores y devastó más de 150.000 hectáreas de pastizales. En algunos casos las mangas de tucuras alcanzaban los 5 kilómetros de extensión.

La aparición de las tucuras se produce en años húmedos y cálidos debido a que esas son las condiciones para que los huevos (pueden estar años enterrados bajo tierra) eclosionen. Actualmente estas condiciones se están dando. Por eso a medida que pasan los días la preocupación crece en los productores. Treinta tucuras por metro cuadrado consumen un equivalente a un novillo de 300 kilogramos.

2) La Agencia Reuters, Beijing (2004) informó: Los insectos parecen notar mucho más que nosotros el calentamiento global y están brotando en masa en prácticamente todo el mundo. En China, langostas, orugas y gusanos de tierra están atacando este verano los campos de pastos de la empobrecida provincia occidental de Gansu, produciendo el mayor daño por insectos en el área en los últimos 20 años, informó hoy la agencia de noticias Xinhua.

Un funcionario del departamento local de fauna y protección de cultivos dijo que han sido atacadas por los insectos cerca de 75.000 hectáreas de pastizales en cinco condados y ciudades. "La plaga es la más dañina de los últimos 20 años", dijo el funcionario Wang Wei dentro de sus declaraciones. "La densidad de población en algunos lugares alcanza a 220 insectos por metro cuadrado".

Wang también dijo que los expertos predicen que unos 20.000 animales domésticos sufrirán dificultades para sobrevivir el invierno debido a este ataque de los insectos.

Los insectos se han devorado casi todo el pasto en tres pueblos en el condado de Maqu, dijo Xinhua. En el año 2000 pasó algo similar, pero los insectos devoraron una extensión menor, de alrededor de 47.000 hectáreas.

Si no se detiene el crecimiento de la cantidad de tierras de pastura que se devoran los insectos en el sur de Gansu, los pastizales de la región entera quedarán en riesgo en unos doce años, informaron. "Si no se toman medidas efectivas para poner bajo control las pestes de insectos, la seguridad de los ecosistemas de los pastizales y la vida de los pastores estarán en peligro", dijo otro funcionario.

3) Las langostas de Quilino: Por último agregamos una noticia por todos conocida. El periódico Causa Popular en su sección Medio Ambiente informó: Los noticieros porteños dieron cuenta de modo fugaz, hace algunas semanas, de ataques de langosta sobre diversos cultivos del noroeste, dijo Julio Carreras (h), (2006). Lo hicieron como se trata una nota de color, en una región más bien arcaica. Lo cierto es que los ataques de la Tucura Quebrachera, que así se llama el bicho, tienen una íntima relación con los cambios medioambientales producidos por la explotación agropecuaria. Peor aún, los sistemas de producción y los venenos con que se combate a la tucura pueden resultar mucho más dañinos que el bicho.

Una alarma general se lanzó en las últimas semanas desde el sector agropecuario, en las provincias de Córdoba, Chaco y Santiago del Estero. La culpa presunta es de un bicho conocido con el cariñoso nombre de Tucura Quebrachera (en el N de Córdoba la llaman Langosta Quebrachera). Es una langosta de una voracidad extraordinaria que está arrasando los cultivos de soja y de todo otro tipo en la región. Siendo que esta langosta, como lo indica su apellido, debería alimentarse sólo con quebrachos, surge la pregunta de por qué ataca los cultivos, cosa que antes no había hecho.

Los ataques de la tucura han tenido una inusitada violencia, algo de lo que poco y nada se conoce en las ciudades. Los agricultores, con ayuda del estado, vienen tratando de aniquilar al bicho sin éxito, desde el mes de marzo. Normalmente el insecto desaparece con poca o ninguna participación humana, llegado el invierno, para resurgir recién entrada la primavera. Durante esa estación debería terminar su ciclo. Este año no fue así. La Tucura Quebrachera todavía cubre como un ominoso manto lo que va quedando de montes en la región; y lo que es peor, gran parte de los sembrados.

El nombre tucura es de origen guaraní. El bicho era conocido por los aborígenes, quienes sabían que a diferencia de su semejante, la langosta, no tiene hábitos migratorios. Cada colonia de tucuras "adopta" un espacio vital, donde suele instalarse para siempre, cumpliendo normalmente el ciclo que ya se refirió.

¿Por qué ahora no ocurrió aquello, sino al contrario, las tucuras parecen haber adoptado actitud de langostas y lentamente se están desplazando, desde el norte de Córdoba hasta el mismísimo Chaco? No sólo eso, también están reproduciéndose, de una manera nunca vista antes, hasta tornar insuficientes los esfuerzos de numerosos camiones fumigadores enviados por el gobierno. Uno de los responsables gubernamentales del combate, el ingeniero Guillermo Brin (citado por Carreras, 2006), cuando le preguntamos la causa por la cual la Tucura Quebrachera se lanza ahora tan masivamente sobre los campos de sorgo, pasturas y soja, contestó: "Porque cada vez va quedando menos Quebracho Blanco".

Eso fue en el mes de julio; en aquella oportunidad las fotografías que el profesional había tomado en los lugares afectados impresionaban: se percibía como un manto verde-amarronado cubría la vegetación. Agrandando la imagen, podían verse los detalles de estos animales no tan pequeños (pueden llegar a 14 centímetros de largo) de mandíbulas y mirada que se nos antojan amenazantes.

<u>La "enfermedad" y el "remedio"</u>

Lo primero que se piensa al ver esas imágenes es la palabra "plaga", introduciendo seguidamente en nuestra razón la "necesidad de combatirla". Y ¿de qué manera se "combaten" las "plagas" de insectos? Con venenos, por cierto.

Por generaciones hemos sido acostumbrados a los métodos utilizados por el tipo de agricultores tomados tradicionalmente en Argentina como modelos. Con mucha frecuencia gringos, estos "productores agropecuarios" han impuesto a nuestra cultura la imagen de un campo habitado por tractores, equipos agrícolas, máquinas cosechadoras, silos mecanizados, camiones, etc.

Cuanto más complejas son esas máquinas, señal que mejor le va al empresario rural. Y "si al agro le va bien, al país también", pues "somos un país esencialmente agropecuario". Estos clisés suelen formar parte del vago repertorio de conocimientos que, acerca del campo, poseen los habitantes de la ciudad.

Pero durante milenios sobre la Tierra cualquier desborde natural fue controlado rápidamente por un agente contrario existente en la propia naturaleza. De la misma manera como existen sapos y ranas que se alimentan de "bichitos de la luz", hubo animales que se encargaban, y con gran eficacia de las tucuras quebracheras. Principalmente los Aguiluchos Langosteros, aves que junto a otros pequeños predadores, solían dar cuenta de ellas en poco tiempo, manteniéndolas a raya. ¿Y que ocurrió con los Aguiluchos Langosteros? En nuestro país fueron prácticamente aniquilados, en 1995 . . . por los humanos.

Por eliminar las tucuras, en una situación parecida a la de hoy, los productores agropecuarios, esta vez de La Pampa, rociaron a tal punto sus cultivos con insecticidas que terminaron por matar a los aguiluchos.

"Durante el verano de 1995-96, se registró en la región pampeana una importante mortandad de aguiluchos, recolectándose 5.000 aves muertas. Pero se estima que el incidente podría haber afectado un total de 20.000", informa el programa gubernamental "S.O.S. Aguilucho", donde participan el INTA, el SENASA (ex IASCAV), la Secretaría de Recursos Naturales y Desarrollo Sustentable de la Nación, organizaciones no gubernamentales, las Universidades de La Pampa, Tandil, Rosario, Río Cuarto y los gobiernos provinciales.

En La Pampa intervienen también el Ministerio de la Producción y la Subsecretaría de Ecología. En conjunto llevan adelante un Plan de Acción Estratégico, apoyado financieramente por los gobiernos de Canadá y de los Estados Unidos. Sus modestísimos resultados se limitan a poder informarnos que "desde la temporada 1996-97 no se han verificado nuevas mortandades masivas de aguiluchos". Nadie fue hallado culpable de este aniquilamiento, ni mucho menos se conoce que esté en marcha alguna investigación con ese propósito.

Como conclusión diremos que: El control de plagas y enfermedades, si fuera necesario, se debería encuadrar en la filosofía y técnicas del control integrado. En los sistemas pastoriles del Chaco Árido y Semiárido solo sería justificable si el daño ecológico y principalmente económico lo justifican.

3.19 Disminución de riesgos de incendios

3.19-1 CONTRAFUEGOS PERIMETRALES

La construcción de contrafuegos (Figura VIII,3.19-1) requiere de técnicas y cuidados apropiados, en cuanto a ello A. Casola (1989) dijo: El área a quemar deberá estar rodeada de guardafuegos. Estos son fajas de terreno libres de todo material combustible. La condición de todos es que tengan una anchura no menor de tres metros, pudiendo ser necesario que fueran más anchos cuando están limitando la parte más alta de una pendiente ascendente o si constituyen el margen ubicado en el lado opuesto al que recibe el viento (puntos peligrosos).

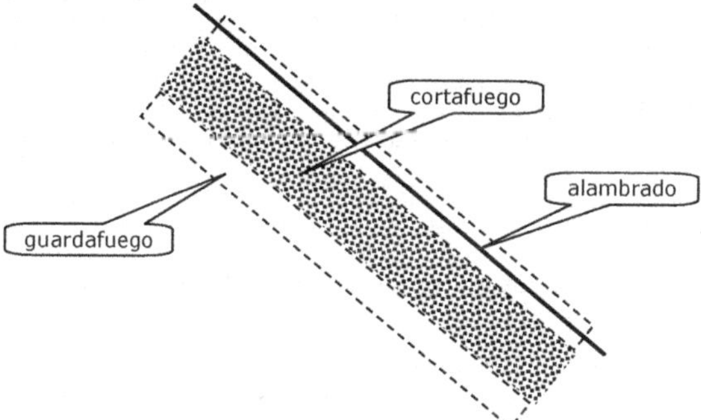

Figura V,3.19-1: Esquema de contrafuego adyacente a un alambrado.

En la superficie del guardafuego, solo puede haber suelo mineral (con el menor contenido posible de materia orgánica. No se puede pretender que los guardafuegos sean eficaces para contener el avance de lo que se puede denominar "fuego principal", para eso están los cortafuegos o "contrafuegos". Los guardafuegos perimetrales deben evitar que se encienda la vegetación externa al área problema, cuando se están haciendo los contrafuegos o cuando, una vez terminado el incendio, existen fuegos residuales a nivel del suelo.

Tanto cuando el guardafuego haya sido preparado a mano o con topadora, habrá que poner atención para evitar que queden acumulaciones de material leñoso en los bordes, el producto combustible del trabajo de limpieza debiera ser distribuido unos metros hacia el interior del área a quemar o cortafuego. Es aconsejable, incluso, evitar que haya grupos de arbustos altos en los bordes, recomendándose en caso que los hubiera, voltearlos y apretarlos contra el suelo, o llevarlos también hacia el interior de la superficie del guardafuego destinada a la quema.

Existen lugares en el perímetro del área a quemar en los que el peligro de evasión del fuego será mayor, estos se denominan puntos peligrosos. Ellos estarán caracterizados por estar formando parte de una pendiente marcada y cubierta de vegetación combustible, por estar ubicados en un manchón de arbustos resinosos o de gramíneas secas o por estar en corredores de viento. En esos lugares habrá de contarse con una dotación extra de personal para quemar los cortafuegos y disponer, en las cercanías, de una máquina (tractor con pala frontal, tractor con arado rastra) que pueda rápidamente entrar en acción.

3.19-2 Contrafuegos internos

Es conveniente realizar contrafuegos internos que funcionen como los "cuarteles contrafuego" forestales. Para ello deberemos hacer contrafuegos en todas las unidades de manejo, ensenadas, picadas, calles, y otras. Estos contrafuegos convine que estén desmontados (picada) transitables por vehículos de toda clase, por que además de prevenir que se escape el fuego a otras áreas del predio, permiten hacer fácilmente revisaciones, reparaciones, etc., a los alambrados.

Si aplicamos la técnica de quema en parches, además de los contrafuegos en el lugar objeto, son aconsejables estos contrafuegos internos y contar con tanques y mangueras para controlar los fuegos en lugares no deseados. Más datos sobre efectos y manejo del fuego se encuentran en (Kunts, Bravo y Panigatti, 2003 y Díaz, R.O., 2005).

3.19-3 Utilización de herbicidas para limpiar contrafuegos

En cuanto a la utilización de herbicidas para controlar maleza herbáceas y leñosas en la línea de los alambrados R. Böker *et al.* (1989) dijeron: Los problemas que causan las malezas leñosas en los alambrados, consisten en no poder estirarlos o revisarlos adecuadamente; se deterioran a medida que crecen las plantas arbustivas, inclinan los postes y alambres y ofrecen material combustible, que, en caso de incendios, producen su destrucción total, mientras que si los alambrados están limpios y libres de arbustos, el fuego pasa por debajo.

Como en este caso no se pueden efectuar labores mecánicas sobre la línea del alambrado, el uso de un herbicida-arbusticida es el tratamiento indicado, dadas su efectividad, como lo han demostrado muchos tratamientos realizados en varios campos del Norte de Córdoba. La metodología seguida ha sido en aplicación basal, sin cortar la planta, lo que resulta muy práctico y económico.

3.19-4 Efecto del fuego sobre los alambres

En cuanto a si el fuego afecta los alambres de las cercas, Engle y Weir (2000) dijeron: Los efectos del fuego en los ecosistemas de pastizal se han estudiado extensivamente, pero pocos estudios han investigado los efectos del fuego en la infraestructura del pastizal. Solo un estudio ha investigado el efecto del fuego en el alambre con una capa intacta de anticorrosivo a base de zinc, y no hay estudios que investiguen el efecto del fuego en alambres que han perdido esta capa protectora.

Una percepción común es que el fuego causa que el alambre viejo se rompa mas fácilmente y llegue a ser mas rígido. En el presente estudio determinamos la influencia del fuego en alambre de 20 y 30 años de edad que había perdido suficiente cubierta protectora de zinc para tener corrosión.

Encontramos que independientemente de la edad, la resistencia a la ruptura, elongación y ductilidad del alambre sujeto al fuego no difiere (P<0,05) del alambre en igualdad de condiciones pero no sujeto a fuego. Concluimos que los problemas experimentados durante la reparación de rupturas de alambres viejos no son el resultado del fuego, sino mas bien que, la rigidez y debilidad del alambre resultan de su exposición a los elementos corrosivos del ambiente.

Como se puede comprobar el problema del fuego en los alambrado no es tanto el deterioro de los alambres, si no que el problema es la quema total o parcial de postes y varillas que obligan a su reemplazo.

3.20   Control del ingreso de animales ajenos

El ingreso de animales ajenos no solo nos perjudica por que consumen recursos forrajeros de nuestro predio, que en ciertos casos pueden ser importantes, si no que pueden traer enfermedades y parásitos.

3.20-1 ALAMBRADOS PERIMETRALES

El alambrado perimetral es la protección mínima que se requiere para evitar que el ganado ajeno cause perjuicios. El alambrado más utilizado es el de siete hilos (2 de púas y 5 lisos) con siete varillas por claro y postes cada 10-11m. Sirve para proteger contra el ingreso de caballos, vacas y ovejas, aunque no tanto del ganado caprino. En este último caso, suele ser necesario colocar una varilla corta en los primeros hilos, intercalada con las varillas normales. La posición de los alambres de púas varía con el tipo de animal a excluir. En el caso de cabras y ovejas las púas se colocan en el segundo y quinto hilo.

3.20-2 PROTECCIONES ESPECIALES

Lo más común para impedir la entrada de caprinos en la región son los "fajinados" de los alambrados perimetrales, esto consiste en enredar ramas de arbustos en la parte baja para que no puedan pasar los caprinos. Generalmente se utilizan los cortes de limpieza de arbustos de las picadas y/o contrafuegos de los alambrados. No duran mucho tiempo, 2-3 años y hay que revisarlas permanentemente para evitar los "pasillos". Otra posibilidad es agregar al alambrado tradicional una malla metálica "chanchera" o plástica, son efectivas pero relativamente caras.

3.21 Mejoramiento de la calidad forrajera del pastizal natural

Cuando aplicamos las herramientas de manipulación para incrementar la oferta forrajera del pastizal y logramos este propósito, generalmente y debido a las interacciones entre cantidad y calidad, se consigue un aumento de calidad de la oferta forrajera del pastizal. De esta manera pasa a ser un objetivo conjunto el mejoramiento de la producción y calidad de la oferta forrajera del pastizal.

3.21-1 INCREMENTO DE ESPECIES DE MAYOR PREFERENCIA

Generalmente las especies de mayor preferencia por los animales tienen mayor calidad forrajera, es decir tienen mejor digestibilidad y/o contenido de proteína bruta o mejor relación hoja tallo.

En los pastizales naturales las especies de gramíneas más preferidas se encuentran en las mejores condiciones del pastizal en los estados ecológicos de mayor jerarquía del ecosistema, que en el caso del Chaco Árido y Semiárido es el ambiente de bosque. Si manejamos el sitio para la conservación o recuperación de este ambiente, tanto en lo que respecta a la extracción forestal como al pastoreo, seguramente conseguiremos que la composición botánica de la forrajimasa sea tal, que las especies que integren la estructura forrajera sean las especies más preferidas.

Si nos proponemos mejorar la composición botánica de la forrajimasa deberíamos inducir, mediante el manejo del pastoreo, una progresión hacia una mejor condición forrajera.

La regla general para incrementar la oferta forrajera de las especies de mayor preferencia del pastizal natural es elegir una de ellas como especie clave de manejo, de esta manera otras especies asociadas de buena preferencia animal también se beneficiarán.

Las herramientas de manipulación para lograr este propósito son los descansos para recuperar vigor de las especies preferidas, descansos para la producción de semillas e implantación, utilización de presiones de pastoreo diferenciales (altas y bajas), para disminuir competencia de especies menos preferidas, el control de la competencia de leñosas arbustivas, y en general casi todas la herramientas de manejo citadas en este Capítulo.

Con la utilización del fuego, desmalezados, herbicidas, etc. también es posible reducir el dominio de pastos altos y de baja calidad permitiendo aumentar la eficiencia de cosecha y la "carga animal". Al actuar sobre la competencia entre especies desfoliando los pastos dominantes, se observa la aparición de otras especies de mayor calidad forrajera en los espacios entre matas (Deregibus, 1997).

Como síntesis es de esperar que un buen manejo del pastizal para mejorar la oferta forrajera también mejore la calidad de la misma.

3.21-2 MEJORA DEL EL CONTENIDO NUTRITIVO DE LOS PASTOS

Podemos mejorar el contenido nutritivo de los pastos de otra manera diferente que consiguiendo un cambio en la composición botánica del pastizal, es decir manteniendo la misma estructura forrajera, podemos incrementar el contenido nutritivo de las gramíneas aplicando diversas herramientas de manejo.

Generalmente los suelos de éstas regiones tienen déficit de nutrientes, principalmente nitrógeno, que hacen que las gramíneas no alcancen su potencial de calidad forrajera. Todas las técnicas de manejo que podamos aplicar para mejorar la fertilidad de los suelos y la utilización de los nutrientes por los pastos, resultarán en un mejoramiento en el contenido nutritivo de las gramíneas.

La principal herramienta para lograr aumentos en la fertilidad de los suelos es incrementar el contenido de materia orgánica de los mismos (ver Capítulo VIII:3.10) y mejorar las condiciones hídricas del suelo para que los pastos puedan utilizar sin limitaciones los nutrientes como: la mejora de la infiltración de agua, la mejora de la retención de agua en el suelo y la disminución de las pérdidas de agua por escorrentía (ver Capítulo VIII:3.7, 3.8 y 3.9).

Otra herramienta que podemos utilizar son las fertilizaciones del suelo, ya que se ha demostrado que si los nutrientes están en déficit las fertilizaciones generalmente aumentan el contenido nutritivo de los pastos (ver Capítulo VIII:3.13).

Generalmente el aumento en proteína bruta (PB) de las distintas especies de gramíneas del pastizal natural y cultivadas, implica un aumento en la digestibilidad de la materia seca, efecto que no aparece en muchos trabajos sobre el tema en los cuales la digestibilidad se determinó por el método "*in situ*" (con bolsita de nailon en fístula ruminal). Esto se debe a que la digestibilidad de forrajes de mala o mediana calidad estará limitada al contenido de PB del forraje que esta consumiendo el animal, y si éste es menor al contenido de PB de la muestra, la pequeña cantidad de nitrógeno que aporta la muestra, aunque el contenido de PB de la misma sea alto, no influye en el nivel de N del contenido del rumen.

3.21-3 ADELANTAR EL REBROTE DE LOS PASTOS

La época de menor calidad del los pastizales naturales es desde la salida del invierno hasta mediados de primavera cuando comienza el rebrote. La remoción del forraje diferido promueve la brotación de los macollos de los pastos, debido a que llega mas luz y aumenta la temperatura a nivel de las yemas de renuevo (ver Capítulo VIII:3.15).

En el Chaco Semiárido en años de precipitaciones abundantes hay una gran producción del pastizal que muchas veces no se puede consumir. En otoño hay una abundante cantidad de forraje sobremaduro, de mediana o baja calidad, en estos años de abundancia podemos destinar un área (parche) del pastizal para remover el material maduro, aprovechando las buenas temperaturas y humedad del suelo y ofrecer a los animales el rebrote tierno de buena calidad para mejorar el contenido de nutrientes de la dieta de los animales.

En ambos casos, remoción primaveral (Septiembre–Octubre) u otoñal (marzo) de áreas o parches de pastizal para inducir un rebrote forzado del pastizal, estamos ganando calidad del forraje pero al costo de disminuir la reservas de hidratos de carbono, por lo cual los parches o unidades de manejo donde aplicamos estas técnicas deberán tenerse en cuenta en la planificación de los descansos para no perder vigor de las gramíneas.

Las técnicas para remover el forraje acumulado para proveer el rebrote de mejor calidad, son cortes o quemas en parches, siendo esta última la que mas se usa.

Algunas consideraciones sobre la utilización de la remoción por quema se encuentran en el trabajo de F. Gándara (2000), quien informó:

Las dos estrategias principales para usar el fuego son:

1. Quemar al comienzo de la estación de crecimiento, remover el material viejo acumulado y permitir el crecimiento, mejorando la accesibilidad.

2. Quemar tarde en la época de activo crecimiento (F-M-A), luego que los pastizales maduraron, pero antes que la falta de humedad y/o temperatura limiten el crecimiento. De esta manera se acortará la época crítica invernal.

En ambos casos mejora el valor nutritivo de la dieta de los animales, resultando finalmente en una mayor producción animal.

El efecto, en general, es de corto plazo (dentro de los 180 días). Ash *et al.* (1982) determinaron que novillos pastoreando un pastizal quemado, consumieron forraje con mayor proporción de hojas y mejor contenido de nitrógeno (N) y la ganancia de peso vivo fue mayor con respecto a animales que pastorearon el mismo pastizal sin quemar.

Usos frecuentes del fuego, junto con pastoreos a alta carga, pueden conducir al deterioro del pastizal y finalmente, a la disminución de la producción.

La quema debería ser seguida siempre por un descanso, hasta que las plantas tengan buen desarrollo, de manera que el pastoreo no las dañe. El objetivo es quemar con un fuego de alta temperatura que queme las partes altas de especies arbustivas en ciertas zonas. Esto dependerá de la fitomasa aérea acumulada, la temperatura y humedad del aire, la velocidad del viento y la humedad de la fitomasa. Además, es importante la dirección del viento, ya que los fuegos más controlables son contra el viento.

Si se desea remover crecimiento viejo, no preferido y favorecer el nuevo rebrote, la quema se efectúa a la salida del invierno. Si se deseara favorecer especies nativas, tolerantes a bajas temperaturas la quema debería practicarse a fines de verano, principios de otoño.

Pasos a seguir para efectuar una quema controlada:

1. Definir con claridad el objetivo de la quema.
2. Seleccionar época más propicia, según:
    a. Condiciones del tiempo – Factibilidad.
    b. Objetivo que se persigue.
3. Seleccionar los áreas que serán quemados.
4. Establecer una secuencia de quemas.
5. Realizar contrafuegos.
6. Preparar personal.
7. Avisar a los vecinos.

Más datos sobre efectos y manejo del fuego se encuentran en (Kunts, Bravo y Panigatti, 2003 y Díaz, R.O., 2005).

Por otra parte, sobre el efecto del rolado y el rolado y posterior fuego sobre la calidad del rebrote del pastizal M. Cornacchione (2001) informó:

La aplicación del rolado genera nuevo forraje con algunos cambios en la composición química reflejados en un menor contenido de fibra total (pared celular) y que sumado a la aplicación de fuego produce un mayor impacto en la composición química por el aumento del contenido proteico. Pero esta mejora en el valor nutritivo no perdura en el tiempo (Figura VIII,3.21-1).

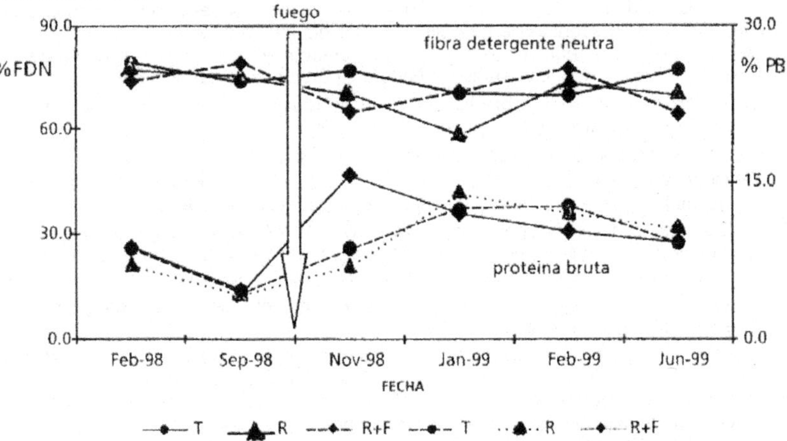

Figura VII,4.3-1. Efectos del rolado y fuego: variación en el tiempo del contenido de Proteína Bruta y Fibra Detergente Neutra en tres tratamientos para las distintas fechas de muestreo. Referencias: T = testigo; R = rolado; R+F = rolado + fuego. (Cornacchione, 2001).

3.21-4 PERÍODO VEGETATIVO MÁS LARGO DE LAS GRAMÍNEAS NATIVAS

Las gramíneas que crecen en el microambiente de bosque, generalmente, prolongan su período vegetativo respecto de las gramíneas que están en un microambiente donde se ha realizado un control de las leñosas arbóreas. El efecto regulador de temperaturas y humedad del microambientede bosque hace que los pastos, aunque maduros, permanezcan verdes unos 15 o 20 días más con respecto a las gramíneas que crecen en ambientes abiertos.

Como es de esperar, las gramíneas en el bosque presentan una mayor cantidad de hojas verdes y consecuentemente un mejor contenido nutritivo, principalmente en N (proteína bruta) que las hojas senescentes de los pastos que están en lugares abiertos, y aunque los tallos presenten una elevada cantidad de fibra, por el estado de madurez y porque los pastos que crecen a la sombra suelen tener mayor cantidad de fibra que los que crecen al sol, el balance en cuanto a calidad forrajera del pastizal es positivo.

Si bien no tenemos evidencias, es posible que si fertilizamos el rebrote de las gramíneas que han sido pastoreadas en la primera mitad del verano y si las condiciones hídricas del suelo mantienen la humedad en el otoño, las gramíneas nativas prolonguen su ciclo vegetativo, así como lo hace la Gramilla (*Cynodon dactylon*) en los tapices ornamentales.

3.21-5 PASTIZAL NATURAL DIFERIDO DE MAYOR CALIDAD

El forraje diferido del crecimiento acumulado de gramíneas C4 es de mediana a baja calidad forrajera, principalmente en el período desde finales del invierno hasta el rebrote de la próxima estación de crecimiento.

Una simple evaluación de la relación hoja tallo muestra que luego de terminado el ciclo vegetativo de éstas gramíneas, los tallos integran la mayor proporción de la materia seca, si a esto sumamos las perdidas de hojas por heladas y pisoteo al llegar al final del invierno la calidad forrajera de estos pasto del muy baja (ver Capítulo IV:6.1).

Generalmente en el Chaco Árido y Semiárido las gramíneas nativas terminan su período vegetativo cuando termina el período de lluvias, completando su ciclo. Las heladas y sequía de invierno deshidratan totalmente los pastos y son mas susceptibles a las pérdidas de láminas foliares, parte más nutritiva de las gramíneas.

Si hacemos un corte (pastoreo) en el verano y queda diferido el rebrote, al tener tallos mas cortos y algunas partes tiernas que no alcanzan a completar su ciclo henificadas por la falta de lluvias, conseguimos que este pierda menos hojas y tenga tallos mas tiernos, forraje que es más preferido por los animales.

Hemos observado que en los pastizales naturales del Chaco Árido y Semiárido, el forraje diferido luego que ha sido pastoreado el verano y que rebrota y crece hasta el final de la época vegetativa, presenta una relación hoja tallo mayor y que pierde menor cantidad de hojas a la salida del invierno que el forraje diferido del crecimiento acumulado de planta entera.

Si bien no tenemos información de ensayos de desfoliación en verano y el efecto sobre el diferido en pastizales naturales, es evidente que si queremos mejorar la calidad forrajera de del forraje diferido deberíamos aplicar una estrategia de pastoreo para que por lo menos una parte de las reservas de forraje diferidas sean de rebrote de finales de verano principios de otoño.

Como ejemplo de la propuesta, en un trabajo sobre los efectos de las desfoliaciones en la época vegetativa sobre la producción y calidad forrajera del forraje diferido de especies megatérmicas de pastizales exóticos. Veneciano y Frigerio (2003) informaron que: Fueron determinados el rendimiento de MS correspondiente a planta entera (RPE, kg.ha^{-1}.año^{-1}), el rendimiento de MS correspondiente a follaje (RF, kg.ha^{-1}.año^{-1}), el contenido de PB en follaje (%PB), y el rendimiento de PB de follaje, calculado a partir del rendimiento de MS foliosa y del %PB (RPB, kg.ha^{-1}.año^{-1}) para los valores acumulados (suma de cortes) y para los valores invernales (material diferido). Los genotipos sometidos a evaluación fueron:

1- *Bothriochloa bladhii* (Retz.) S.T. Blake (Australian bluestem) cv. WW Bill Dahl.
2- *Bothriochloa ischaemum* (L.) Keng var. *ischaemum* (Turkestan bluestem, yellow bluestem) cv. WW Spar.
3- *Bothriochloa ischaemum* (L.) Keng var. *ischaemum* cv. Plains.
4- *Bouteloua curtipendula* (Michaux) Torrey (Banderitas, Sideoals grama) cv. Vaughn.

La realización de defoliaciones en la estación de crecimiento no afectó los RPE acumulados en el año (suma de cortes), aunque sí los RF de los participantes con mayor desarrollo de tallos florales (Spar, Plains, Vaughn). El cultivar Dahl, de más alto RF, fue el de mejor comportamiento productivo. El valor ponderado de PB del follaje y los RPB acumulados fueron favorecidos, para todos los participantes, por la realización de defoliaciones en el período primavero-estival.

Los RPE, RF y RPB del material diferido cosechado en invierno fueron inversamente proporcionales al número de defoliaciones previas, no así su contenido de PB. Para diferir forraje en pie no es recomendable el diferimiento completo de la pastura, por su menor tenor proteico.

3.21- MEJORA DE LA SELECCIÓN DE LA DIETA

Cuando no tenemos posibilidades de mejorar la calidad de la oferta forrajera del pastizal, se puede mejorar la calidad de la dieta del ganado permitiéndole seleccionar especies o partes de ellas para conformar una dieta que cubra sus necesidades nutritivas.

Para ello es necesario bajar la presión de pastoreo (ver Capítulo VIII:3.6-2) y así favorecer la selección de sus dietas (ver Capítulo XIII:3.6).

Otras técnicas para mejorar la dieta del ganado como: utilizar gramíneas exóticas en praderas sembradas, enriquecimiento de pastizales, reservas forrajeras de gramíneas exóticas, etc., o como suplementación estratégica, la utilización de leñosas forrajeras nativas o exóticas en pastoreo directo o como reservas forrajeras, etc., se encuentran desarrolladas en el Capítulo IX.

REFERENCIAS

ADEMA, E.O., F.J. BABINEC, D.E. BUSCHIAZZO, M.J. MARTÍN y N. PEINEMANN, 2003. Erosión hídrica en los suelos del Caldenál. INTA, EEA Anguil. Publicación Técnica N° 53.

AGUILERA, M.O., D.F. STEINAKER, y M.R. DEMARÍA, 2003. Runoff and soil loss in undisturbed and roller-seeded shrublands of semiarid Argentina. Jour. Range Manage. 56:227-233.

ANDERSON, D.L., 1980. Ecología y manejo de pastizales. Apuntes II Curso de Manejo de Pastizales. INTA, San Luis.62 p.

ANDERSON, D.L., 1983. Compatibilidad entre pastoreo y mejoramiento de los pastizales naturales. Producción Animal, Buenos Aires, Argentina, 10:3-22.

BAVERA, G.A. y O.A. BOCCO, 2001. Carga animal. Curso de Producción Bovina de Carne, Capítulo II. FAV UNRC. www.produccionbovina.com.

BAVERA, G.A., 2002. Curso de Producción Bovina de Carne, Capítulo VI. FAV UNRC. www.produccionbovina.com.

BISSIO, J.C., 1996. Fertilización fosfórica y nitrogenada de un pastizal de cola de zorro pasto horqueta y pasto macho. INTA Centro Regional Santa Fe, Estación Experimental Agropecuaria Reconquista, Publicación para Extensión N° 60

BÖKER, R., B. GULIELMETTI y O. KNUDTSEN, 1989. Control de malezas leñosas en pasturas. Rev. de la Soc. Rural de Jesús María, 53:45-48.

BRYANT, F.C., J.A. ORTEGA SÁNCHEZ y H. GONZÁLEZ MORALES, 1998. Estrategias de pastoreo. Caesar Kleberg Wildlife Research Institute, National, Research Institute of Forestry, Crops, and Livestock y Universidad Autónoma Agraria Antonio Narro. www.produccionbovina.com.

BUCKMAN y BRADY, 1965. Naturaleza y propiedades de los suelos. Editorial UTEHA, México, 590p.

BUSCHIAZZO, D.E., H.D. ESTELRICH, S.B. AIMAR, E. VIGLIZZO, y F.J. BABINEC, 2004. Soil texture and tree coverage influence on organic matter. Jour. Range Manage, 57:511-516.

CARRERAS, J., 2006. El noroeste bajo una nube de langostas. Tucura: el azote de Dios. Causa Popular, Medio ambiente, 26/11/06. www.causapopular.com.ar/article1391.html

CASAS, R.R., 1998. La degradación de los suelos y su control. En Desmonte y Habilitación de Tierras en la Región Chaqueña Semiárida, Red de Cooperación Técnica en Uso de los Recursos Naturales en la región Chaqueña Semiárida. FAO, Chile. pp:278-306.

CASSOLA, A., 1989. La quema de campos. Presencia, INTA, 3(17):11-15.

CORNACCHIONE, M., 2001. Efectos del rolado y el fuego sobre la composición química de las especies nativas. G. T. Producción Animal, INTA EEA Santiago del Estero.

CORREA, R., 1983. Las plantas tóxicas para la ganadería. Monografía, Cátedra de Manejo de Pasturas, FCA-UNCa. 8p.

DANCKWERTS, J.E., P.J. O'REAGAIN y T.G. O'CONNOR, 1993. Manejo de pastizales en un ambiente cambiante: una perspectiva sudafricana. Rangel. J. 15(1):133-144.

DEREGIBUS, V.A., 1997. Incrementos de la eficiencia en el uso del recurso forrajero natural. Conferencia. En: Actas del Congreso de Manejo de Pastizales Naturales 1997, San Cristóbal, Santa Fe. pp:28-36.

DEREGIBUS, V.A., 1988 a. Importancia de los pastizales naturales en la Republica Argentina: situación presente y futura. Rev. Arg. Prod. Anim. 8(1):67-78.

DEREGIBUS, V.A., 1988 b. Metodología de utilización de los pastizales naturales: sus razones y algunos resultados preliminares. Rev. Arg. Prod. Anim. 8 (1):79-88.

DÍAZ, R.O. y U.O. KARLIN, 1983. Las leñosas en los sistemas de producción ganadera (Chaco Arido). En: Informe del Taller sobre Arbustos Forrajeros de Zonas Áridas y Semiáridas. FAO – IADIZA, Mendoza, pp:103-123.

DÍAZ, R.O., 2003. Características de los recursos forrajeros. Capítulo I, Serie: Capítulos de

Apuntes de Pastizales Naturales, 2da Versión, Curso Utilización de Pastizales, Area Pastizales Naturales. FCA-UNC, pp:5-42.

DÍAZ, R.O., 2005. El fuego como herramienta de manejo del pastizal natural. Serie: Apuntes de Pastizales Naturales, Suplemento 1, 2da Versión, Curso Utilización de Pastizales Naturales, Area Pastizales Naturales, FCA-UNC, 38p.

DORMAAR, J.F. y W.D. WILLMS, 2000. A comparison of soil chemical characteristics in modified rangeland communities. Jour. Range Manage., 53:453-458.

ECHEVERRÍA, N.E.. J.C. SILENZI y A.G. VALLEJOS, 2004. Evaluación de la pérdida de Carbono Orgánico por erosión hídrica en sitios del Caldenál con diferentes disturbios. En: II Congreso Binacional de Ecología, Mendoza, Argentina. www.cricyt.edu.

ENGLE, D.M. y J.R. WEIR, 2000. Grassland fire effects on corroded barbed wire. Jour. Range Manage., 53:611-613.

FERNÁNDEZ GIMÉNEZ, M.E. y S.E. SMITH, 2004. Research observation: Nitrogen effects on Arizona cottontop and Lehmann lovegrass seedlings. Jour. Range Manage., 57:76-81.

GÁNDARA, F., 2000. Manejo del campo natural. INTA, E.E.A Colonia Benítez, Chaco, Argentina. www.produccionbovina.com.

GUEVARA, J.C., C.R. STASI, O.R. ESTEVEZ, y H.N. LE HOUÉROU, 2000. N and P fertilization on rangeland production in Midwest Argentina. Jour. Range Mange., 53:410–414.

GILLEN, R.L. y P.L. SIMS, 2004. Stocking rate, precipitation, and herbage production on sand sagebrush-grassland. Jour. Range Manage. 57:148-152.

HERBEL, C.H. y A.B. NELSON, 1969. Grazing management on semidesert ranges in Southern New Mexico. Jornada Exp. Range, Rep. Nº 1, 13p.

HERBEL, C.H., 1971. A review of research related to development of grazing systems on native ranges of the Western United States. Jornada Exp. Range, Rep. Nº 3. Las Cruces, N. M.

HISHAM, R.N., R.E. SOSEBEE, CH. WAN. J. BORRELLI, R. ZARTMAN y C. McKENEY, 2004. Moving right-of-way affects carbohydrate reserves and tiller development. Jour. Range Manage. 57:497-502.

HUSS, D. L. y E. L. AGUIRRE, 1974. Fundamentos de manejo de pastizales. Instituto Tecnológico y de Estudios Superiores de Monterrey, Monterrey, N. L., México. 227p.

HUSS, D.L., A.E. BERNARDÓN, D.L. ANDERSON y J.M. BRUN, 1996. Principios de manejo de praderas naturales 2ª Ed. Serie zonas áridas y semiáridas nº 6, Oficina Regional de la FAO para América Latina y el Caribe, Santiago, Chile. 272p.

KARLIN, U.O., R.O. DÍAZ, y D. CLAVERÍA, 1979. Sequía y Manejo de Pastizales Naturales. En: Resúmenes de la Primera Jornada de Actualización Técnica en Pasturas Naturales, Deán Funes. Consejo de Tecnología Agropecuaria de Córdoba. 8p.

KUNST, C., R. LEDESMA, M. BASAN NICKISH, G. ANGELLA, D. PRIETO, y J. GODOY, 2003. Rolado de "fachinales" e infiltración de agua en suelo en el chaco occidental (Argentina). RIA, 32 (3): 105-126.

KUNST, C., S. BRAVO y J.L. PANIGATTI (Ed.), 2003. Fuego en los ecosistemas argentinos. Ediciones INTA, Santiago del Estero, Argentina. 330p.

LICHTSCHEIN, V., 1999. Manejo de fauna silvestre en relación a los sistemas productivos, Marco Legal y conceptual. Rev. Arg. Prod. Anim. 19(1):257-263.

MARZOCCA, A., 1976. Manual de malezas. 3ra Edición. Ed. Hemisferio Sur. Buenos Aires.

MOTT, G.O., 1960. Proc. 8th International Grassland Congress. pp:606-611.

PUEYO, J.M., M.L. IACOPINI, R.M. REY, J. FONSECA y J. BURNS, 2005. Fertilización de un pastizal natural del norte de Entre Ríos. Hoja Informativa Electrónica E.E.A Concepción del Uruguay, Argentina, 5(139).

RAMOS, G., P. FRUTOS, F.J. GIRALDEZ y A.R. MANTECÓN, 1998. Los compuestos secundarios de las plantas en la nutrición de los herbívoros. Arch. Zootec. 47:597-620.

SARAVIA TOLEDO, C., 1995. Interacciones planta-animal; aspectos ecofisiológicos del

Conferencia, Manejo de Pastizales Naturales, 2ª Jornada Regional, San Cristóbal, Santa Fe.
SAVORY, A. y S.D. PARSONS. 1980. The Savory grazing method. Rangelands 2:234-237.
SEIA GOÑI, E., 1985. Un sistema de producción en zonas marginales. En: IV Reunión de Intercambio Tecnológico de Zonas Áridas y Semiáridas. Salta. II:502-505.
SEIA GOÑI, E., 2000. Algunas consideraciones técnicas sobre manejo silvopastoril, limpieza o desmonte selectivo. Grupo Cambio Rural Agropecuario, Cruz del Eje. Documento Interno.
SCHINDLER, J.R., T.E. FULBRIGHT, y T.D.A. FORBES, 2004. Shrub regrowth, antiherbivore defenses, and nutritional value following fire. Jour. Range Manage. 57:178-186
SHELEY, R.L, J.S. JACOBS, y J.M. MARTIN, 2004. Integrating 2,4-D and sheep grazing to rehabilitate spotted knapweed infestations. Jour. Range Manage, 57:371-375.
SMETHAM, M.L., 1981. Manejo del pastoreo. En: Langer, R.H.M. Ed. Las pasturas y sus plantas. Editorial Hemisferio Sur, Montevideo, Uruguay. 518p.
THUROW, T.L. y CH.A. TAYLOR (Jr.), 1999. Viewpoint: The role of drought in range management. Jour. Range Manage., 52:413-419.
VEGA GENTILE, G., 1988 Influencia de *Prosopis* aff. *flexuosa* sobre la disponibilidad hídrica del superficial del suelo en el Chaco Árido. En: Memorias de la X Reunión del Grupo Técnico Regional del Cono Sur en Mejoramiento y Utilización de los Recursos Forrajeros del Area Tropical y Subtropical. (Grupos Campos y Chaco). FAO, UNESCO/MAB, INTA, UNC. p:31.
VENECIANO, J.H., y K.L. FRIGERIO, 2003. Efecto de la defoliación de primavera-verano sobre los rendimientos, composición de la materia seca y contenido proteico del material diferido de gramíneas megatérmicas. RIA, 32(1):5-15.
VICINI, L.E., 1989. Comportamiento de los cultivos tradicionales principales en la región Chaqueña Semiárida. En: Curso Taller Internacional, Forrajeras y Cultivos Adecuados para la Región Chaqueña Semiárida. FAO, Chile. pp:107-113.

Citas periodísticas
Reuters, Beijing: Varias especies de insectos destruyen campos de pastura en China. http://axxon.com.ar. 8 de agosto de 2004.
Río Negro Online: Alerta en la Línea Sur por la aparición de un brote de tucuras. Jueves 27 de septiembre de 2001. www.rionegro.com.ar.

* * * * * *

CAPÍTULO IX

Utilización de otros recursos forrajeros

CAPÍTULO IX

UTILIZACIÓN DE OTROS RECURSOS FORRAJEROS

1 ENRIQUECIMIENTO DEL PASTIZAL Y SIEMBRA DE PASTURAS

1.1 Enriquecimiento del pastizal

El enriquecimiento de pastizales es la diseminación de semillas de especies nativas o exóticas de gramíneas con el fin de conseguir la germinación e instalación de las mismas para aumentar los recursos forrajeros.

Difiere conceptualmente de el manejo de descansos para la producción de semillas e instalación de nuevas plantas, también mencionada como "resiembra natural", y utilizada como herramienta para el mejoramiento de pastizales, pero puede aplicarse conjuntamente con esta (ver Capítulo VIII:3.5).

El enriquecimiento de pastizales consiste en la siembra en cobertura sin laboreos de suelo (sobresiembra), con manejo apropiado del pastizal y de las semillas para conseguir las germinación e instalación de nuevas plántulas.

Generalmente, es necesario conseguir un ambiente apropiado para la siembra como:

- Pastizal corto (pastoreado o quemado).
- Abundante materia orgánica sobre el suelo (mantillo o cenizas negras).
- El impacto de la pezuña de los animales sobre el suelo (microposeado y/o rotura de costras).
- La distribución de la semillas en cobertura al voleo o aérea o con pasada de rolo con dispositivo de siembra.
- Algunas veces, según sea la semilla de las especies a sembrar, el peleteado de las mismas u otros tratamientos.

En principio, el enriquecimiento del pastizal se realiza a través de una sobresiembra de especies nativas o exóticas sobre el pastizal instalado al que se trata de preservar y sumarle semillas de especies deseables nativas o exóticas, probadas en el sitio, para recuperar el potencial de producción de forraje perdido por causa de mal manejo, factores del medio ambiente o una combinación de ambos.

La principal razón por la que se realiza esta actividad es para aumentar la producción de forraje y, por tanto, aumentar la capacidad de carga del pastizal. Todo aumento en la capacidad de carga resulta en un incremento del valor de la tierra.

Otras razones incluyen el restablecimiento del pastizal de zonas aclareadas de arbustos (control selectivo) o con especies indeseables, o zonas donde las especies deseables no se encuentran en cantidades suficientes para regenerar la vegetación.

Se debe enriquecer el pastizal cuando desaparece el potencial forrajero del área, con los subsecuentes problemas de degradación, como erosión y baja producción animal.

La resiembra debe de considerarse como la última alternativa, ya que otras prácticas de mejoramiento de pastizal deberían ser aplicadas antes.

Antes del enriquecimiento del pastizal se debe considerar si el potencial del suelo es el adecuado para los forrajes a resembrar, suelo profundo para asegurar la capacidad de retención de agua y desarrollo radical, precipitación suficiente, suelo libre de restos de leñosas o de piedras para asegurar una buena cama de siembra, suelos libres de compuestos tóxicos, pH adecuado, etc. (Anguebe Ferrer *et al.*, 1987 y 1999).

Debemos tener en cuenta que las alteraciones en la vegetación son acompañadas por modificaciones en las características del suelo y en sus propiedades (contenido de materia orgánica, retención de agua, pérdida de estructura, compactación, etc.), lo que hace que el proceso de recuperación natural sea lento, difícil y que, muchas veces, las alteraciones son irreversibles (Landi, 2000).

En este caso caben tres posibilidades:

- Contribuir a acelerar el proceso de recuperación (sobresiembra de especies nativas, fertilización, control de invasoras, etc.).
- Enriquecer el recurso forrajero con especies exóticas adaptadas a esas condiciones ecológicas.
- Aceptar la conveniencia de establecer un nuevo equilibrio dado por una comunidad vegetal, de posible menor potencialidad que la que originalmente poblaba ese campo, bajo condiciones de manejo que aseguren la recuperación.

En el Rancho "La Campana" (México), Anguebe Ferrer *et al.* (1987 y 1999), resumieron los aspectos más importantes a tener en cuenta en la resiembra de pastizales.

Los sitios mas frecuentes donde aplicar el enriquecimiento de pastizales son:

- Zonas en desuso (áreas de sacrificio).
- Pastizales de bajo rendimiento.
- Zonas con muchos arbustos y poco pasto.
- Zonas susceptibles a erosión hídrica y eólica.
- Zonas en que la regeneración natural no es suficiente.
- Zonas en donde la regresión ha imperado sobre la sucesión (progresión).

Los cuidados después de la sobresiembra o resiembra son:

- No fertilizar al momento de la siembra porque se promueve el crecimiento aéreo ocasionando un inadecuado crecimiento radicular y, por lo tanto, menores probabilidades de establecimiento, y además se promueve el crecimiento de las malezas.
- No pastorear el sitio antes de que los forrajes se hayan establecido completamente para asegurar su supervivencia.
- Practicar un manejo de apacentamiento adecuado que permita la recuperación oportuna del pastizal.

Algunos beneficios de la sobresiembra o resiembra son:

- Abastecimiento de forraje durante los períodos naturales de reposo de las especies nativas, generalmente las exóticas tienen un período vegetativo más largo.
- Reducción de la erosión hídrica y eólica gracias al aumento de cobertura del suelo.
- Aumento y conservación de hábitat para la vida silvestre.

La resiembra de pastizales se justifica sólo si representa un mejoramiento en la producción de forraje. Los implementos, mano de obra necesaria para realizar la resiembra, el costo de operación e infraestructura (cercos, abrevaderos, saladeros, etc.) también son aspectos importantes a considerar.

El manejo de este nuevo pastizal debe considerar el tipo y cantidad de ganado que pacerá y, muy importante, la sobresiembra no debe por ningún motivo sustituir a un buen manejo.

En el largo plazo, un pastizal enriquecido y manejado en condiciones ideales puede llegar a aumentar la producción de forraje en un 400%, la carga animal en un 233%, la producción de carne en un 188% (Anguebe Ferrer *et al.*, 1987 y 1999).

En el Chaco Arido hemos probado especies exóticas para el enriquecimiento del pastizal en sobresiembras y los mejores resultados se consiguieron con Buffel Grass o Pasto Salinas (*Cenchrus ciliaris*) var. Texas 4464.

En el Chaco Semiárido se han conseguido resultados satisfactorios con Buffel Grass o Pasto Salinas (*Cenchrus ciliaris*) varias variedades, Gatton Panic (*Panicum maximum*). Otras especies y variedades pueden dar buenos resultados pero no tenemos suficientes antecedentes para asegurar una buena performance en estos tipos de siembras.

Tengamos en cuenta que el ambiente donde tienen que instalarse las plántulas de los pastos es un ambiente de bosque o fachinal u otro, pero siempre con presencia de leñosas en mayor o menor grado.

En la costa de las Salinas Grandes y de Ambargasta, o en áreas cercanas a la Mar Chiquita (Mar de Ansenuza), o en ambientes donde se acumula mayor cantidad de humedad pero con suelos salinos, ha tenido buena respuesta a la sobresiembra la Grama Rhodes (*Chloris gayana*).

Tenemos que seguir probando otras especies con distintos tratamientos para el acondicionamiento de la cama de siembra y con tratamientos de la semilla, como el peleteado con tierra arcillosa y otros.

1.2 Siembra de pasturas introducidas

La siembra de gramíneas exóticas en los sistemas pastoriles del Chaco Arido y Semiárido de Córdoba es una posibilidad para mejorar los recursos forrajeros.

Siempre que planeamos la utilización de un recurso técnico, como la siembra de pasturas introducidas, antes de la aplicación del mismo, deberíamos hacernos las preguntas básicas de todo planeamiento: por que?, que?, para que?, donde?, cuando? y como?, y mas aun en este caso que son decisiones técnicas y económicas importantes, ya que si no tenemos éxito resultarán en un disturbio de magnitud para nuestro sistema productivo y no se recuperarán los costos.

Por que sembrar forrajeras exóticas?

Porque hemos alcanzado un grado adecuado de desarrollo y organización de nuestro sistema productivo y contamos con los recursos técnicos y económicos para aplicar y manejar estas herramientas.

Que forrajeras sembrar?

Aquellas especies introducidas que han sido probadas en la región en: su adaptación al clima, al tipo de suelo, al ambiente de bosque, persistencia, producción de forraje, producción de semillas, y otras.

Para que sembrar especies exóticas?

Para recuperar áreas degradadas donde la progresión (o retrogresión) inducida con manejo del pastizal es muy lenta, para recuperar rápidamente la cobertura del suelo en lugares susceptibles de erosión hídrica y/o eólica, para aumentar los recursos forrajeros, para mejorar el pastizal de otras unidades de manejo, para ampliar el período vegetativo de forraje graminoso, y otras.

Donde sembrar especies introducidas?

Dependerá de los objetivos buscados: en áreas de difícil recuperación como son las cercanas a la aguada, después de un control selectivo de arbustos, desmonte en franjas u otro control de leñosas, en lugares con peligro de erosión hídrica y/o eólica, en sitios alejados de la aguada para mejorar la distribución del pastoreo, para empastar "ensenadas", y otros.

Cuando sembrar las forrajeras exóticas?

Todas las especies exóticas que han dado buenos resultados en las regiones chaqueñas de Córdoba son gramíneas megatérmicas, así que la época de siembra más utilizada en la segunda mitad de la primavera. También es posible la resiembra de algunas especies en cobertura durante la época seca para que la semillas germinen recién cuando lleguen las lluvias.

Como sembrar las especies introducidas?

Dado que son regiones frágiles y con tendencia a que se desestabilicen los suelos, los métodos de resiembra en cobertura, siembra con labranza mínima, intersiembra, o siembra directa, son los más apropiados.

Respecto a la siembra de pasturas de especies exóticas en las regiones chaqueñas de Córdoba, Marcelo De León (2003) dijo: La complementación con pasturas cultivadas perennes, es uno de los factores que posibilita otorgar un adecuado manejo a los pastizales naturales.

Los beneficios se pueden resumir en los siguientes:

- Permite una rápida recuperación de áreas muy degradadas, donde se ha perdido la cobertura vegetal o es dominada por especies indeseables (peladales cercanos a las aguadas, pajonales, fachinales, etc.) lo que las hace improductivas.
- Permite una buena provisión de forraje en superficies más reducidas, lo que facilita el manejo de la hacienda sobre todo en épocas críticas.
- Permite otorgar descansos a los potreros de pastizales en épocas claves para su recuperación, concentrando la hacienda en estas pasturas.
- Permite mejorar el manejo nutricional de los rodeos con lo cual se incrementa su eficiencia de producción.

La mayor producción de forraje de las pasturas cultivadas con respecto a pastizales de condición regular a buena, es de gran magnitud e importancia estratégica. Esto permite disminuir la carga de los potreros de pastizal sin modificar la carga total de animales, ni la producción de carne del sistema. Por el contrario, esta última puede incrementarse al mejorar los aspectos nutricionales y de manejo. Además de acuerdo con la proporción de pasturas introducidas, se puede incrementar la carga animal y la producción de carne/ha.

Un ejemplo para visualizar este impacto, se presenta la siguiente Tabla (IX,1.2-1), donde se analiza el incremento en la producción de carne de terneros de un rodeo de cría frente al aumento de la proporción de pastura (Pasto Llorón) en un pastizal, con especies de invierno y verano, de condición regular.

Pastura sembrada (%)	Carga animal (ha/UG)	Producción Terneros (Kg/ha)	Diferencia (%)
0	7	17	0
10	5	24	40
30	3,5	34	100
60	2,25	53	213

Tabla IX,1.2-1: Efecto de la incorporación de pasto llorón en unidades de explotación de la zona central de San Luis (De León, 2003).

Cabe destacar que con solo el 10% de pasturas cultivadas, se aumenta el 40% la producción. Sin embargo, no siempre este reemplazo es conveniente. Arar un pastizal de condición muy buena o excelente será un muy mal negocio. Se debe considerar en detalle cuáles son los potreros o sectores más degradados y aptos para la implantación de las pasturas (De León, 2003).

En los bosques degradados, la eliminación o control del estrato arbustivo y la siembra de forrajeras, es una práctica que puede incrementar la capacidad de carga animal. Los arbustos compiten por agua, luz y nutrientes con las gramíneas y la eliminación de estos libera una gran cantidad de recursos del ambiente para que puedan ser utilizados por las especies implantadas.

Cuando el estrato arbóreo no está muy degradado o está recuperado, el control selectivo de arbustos, la limpieza del terreno y la siembra de especies de gramíneas exóticas, con mínima labranza (dispositivo de siembra en rastra de discos con poco cruce y con peso para que se clave un poco), ha tenido buenos resultados tanto en el Chaco Árido como en el Semiárido. Se trata de sembrar los espacios entre árboles lo más cerca posible de los mismos, lo cual depende de la maquinaria y la habilidad del operador.

Las herramientas de manejo para mantener o mejorar la producción y calidad de los pastizales enriquecidos y praderas sembradas con gramíneas exóticas que podemos aplicar, son las mismas que para el manejo de pastizales naturales (ver Capítulo VIII), ya que las especies exóticas que se adaptan a las características del Chaco Arido y Semiárido son megatérmicas (C4) al igual que las especies del pastizal natural.

En el Chaco Árido y Semiárido se pueden cultivar otras especies forrajeras exóticas de buena calidad forrajera (por ejemplo, Alfalfa) que requieren mayor cantidad de humedad, si se aplican técnicas de cosecha, acumulación o concentración de agua como los bordos en contorno (ver Capítulo VIII,3.9).

Otra posibilidad es la construcción de taludes para la concentración de agua de lluvia. Como ejemplo de otros muchos modelos que se pueden implementar, vemos un esquema en la Figura IX,1.2-1.

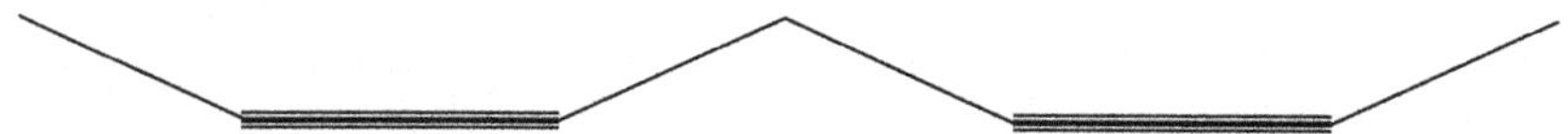

Figura IX,1.2-1: Esquema en corte de taludes y área de siembra ▬▬.

De esta manera se pueden cultivar forrajeras de buena calidad para complementar y/o suplementar la dieta de los animales.

Resultados de experiencias con forrajeras exóticas herbáceas en el Chaco Arido y Semiárido austral, se presentan en el Anexo 1 de este Capítulo.

2   UTILIZACIÓN DE RECURSOS FORRAJEROS NO GRAMINOSOS

2.1 Utilización de leñosas y cactáceas forrajeras espontáneas

2.1-1 DICOTILEDÓNEAS FORRAJERAS NATIVAS

Otros recursos forrajeros espontáneos son las dicotiledóneas herbáceas, subleñosas, arbustivas arbóreas y cactáceas, que son consumidas por los animales (ver Capítulo II Anexos 1, 2, 3 y 4).

En varios temas de esta publicación nos hemos referido a que los recursos forrajeros espontáneos no graminosos para los animales domésticos pueden ser importantes para los caprinos, algo menos para los ovinos y poco para los bovinos (ver Capítulo II:1.2). También hemos incluido algunas especies como recursos forrajeros de emergencia para períodos imprevisibles de escasez de forraje o en sitios sumamente degradados.

También hemos expresado que no es posible plantear un sistema ganadero de producción basado en recursos forrajeros de emergencia, si no que tenemos que recuperar la producción del pastizal y la sustentabilidad del sistema para que se pueda sostener tanto ecológica como económicamente.

No obstante, en el Chaco Árido y Semiárido de Córdoba tenemos algunas dicotiledóneas nativas que son preferidas por los bovinos en ciertas épocas del año, por ejemplo, por sus frutos *Prosopis* spp. (Algarrobos); para ramoneo *Ziziphus mistol* (Mistol), *Acacia praecox* (Garabato Blanco o Hembra), *Atriplex cordobensis* (Cachi Yuyo), *A. lampa* (Zampa), *Cyclolepis genistoides* (Palo Azul), o como planta entera *Justicia* spp., *Ruellia* spp. y otras, que parecerían ser preferidas por los animales. Dicotiledóneas nativas como las anteriores deberían ser estudiadas y experimentadas en la utilización y manejo.

Lamentablemente no tenemos registros de la dieta del ganado por análisis microhistológico de heces, sólo intentamos aproximarnos registrando plantas consumidas, sin saber quien las consume, mientras tanto esperamos que alguien determine correctamente las dietas para bovinos, caprinos y ovinos y otros, en este ambiente.

Vaya como ejemplo de lo anterior lo expresado por A. J. Pordomingo (1988) para Chacharramendi, zona central de la provincia de La Pampa:

La composición botánica de la dieta, determinada por análisis microhistológico de heces, de vacas de cría en el ambiente natural de la región semiárida central de La Pampa (Chacharramendi) en 1997, se presentan en la Tabla IX,2.1-1:

	Especies	Abr	May	Jun	Jul	Ago	Set	Oct
					%			
Arbustos	*Acantholippia seriphioides*	0	0	0	1	11	16	12
	Aloyssia gratissima	0	0	0	2	1	0	0
	Brachyclados licioides	0	0	7	0	0	0	0
	Bredemeyera microphila	4	48	47	15	8	24	26
	Condalia microphilla	0	0	1	1	0	2	4
	Ephedra triandra	5	30	14	16	15	12	17
	Lycium sp.	6	1	5	1	15	24	13
	Prosopis caldenia	2	3	2	6	4	0	2
	Suaeda divaricata	1	1	0	0	0	0	0
Gramíneas perennes estivales	*Aristida subulata*	8	0	6	0	1	0	0
	Bothriochloa springfieldii	4	0	0	8	4	0	0
	Digitaria californica	9	0	0	0	2	5	17
	Pappophorum caespitosum	2	0	12	0	1	0	0
	Sporobolus criptandrus	4	2	2	0	0	0	0
	Setaria leucopila	10	1	0	0	0	0	0
	Trichloris crinita	4	2	0	12	7	7	5
Gramíneas perennes invernales	*Poa ligularis*	8	9	4	0	3	2	4
	Piptochaetium napostaense	29	3	0	33	25	7	0
	Stipa gynerioides	0	0	0	2	1	1	0
	Stipa tenuis	4	0	0	3	2	0	0
Total Arbustos		18	83	76	42	54	78	74
Total Gramíneas perennes		82	17	24	58	46	22	24
Total Gramíneas perennes estivales		41	5	20	20	15	12	22
Total Gramíneas perennes invernales		41	12	4	38	31	10	4

Tabla VI,3.16-1: Estimación de composición a través de lectura microhistológica de heces. Cada muestra mensual es resultado de un "pool" de 20 submuestras individuales.

Se comprobó el acostumbramiento adaptativo al consumo de arbustivas del ganado criado en ese ambiente, esto también lo hemos podido comprobar en el Chaco Árido y Semiárido, donde el ganado criollo o cuarterón es el que consume mayor cantidad de forraje de leñosas.

Seguimos pensando que el consumo voluntario de forraje de leñosas, en pastizales bien manejados, no es importante en cantidad pero puede se un buen suplemento cuando la calidad forrajera del pastizal decae. El aporte de proteína, vitaminas y minerales de este forraje es importante en los sistemas ganaderos de la región.

Si bien se han realizado experiencias y análisis tanto en el Chaco Árido como en el Semiárido, vemos que se han analizado especies que difícilmente integrarían la dieta del consumo voluntario del ganado bovino en un pastizal mejorado. Creemos que *Aspidosperma quebracho-blanco*, *Prosopis flexuosa*, *Atriplex argentina*, *Larrea cuneifolia*, *Larrea divaricata* y otras, no integran la dieta en consumo voluntario, aún de los caprinos. Si bien pueden tener buenos valores analíticos de calidad forrajera, es casi seguro que también contienen compuestos antiherbívoros (ver Capítulo V:3.5-2) que perjudican a los animales y son rechazadas.

Muchas de las dicotiledóneas de regiones áridas y semiáridas contienen compuestos secundarios para protegerse del consumo por los animales, insectos, ataque de hongos, etc.

A lo largo de la evolución, en las plantas se han desarrollado toda suerte de defensas para tratar de mantener el equilibrio en la interacción planta-herbívoro. Por su parte, en los herbívoros han ido apareciendo adaptaciones fisiológicas y etológicas que han permitido reducir el efecto perjudicial de las defensas de las plantas, principalmente de los compuestos secundarios (Ramos *et al.*, 1998).

Las plantas o parte de ellas que contienen estos compuestos secundarios son generalmente rechazadas por los animales, pero si son consumidas por los animales domésticos, éstos sufren distintos trastornos según el compuesto que contengan. Muchos de estos compuestos secundarios que las plantas producen para diversos fines defensivos son toxinas, otras producen el rechazo del animal (antiherbívoros) o son sustancias que podríamos categorizar como antinutritivas (ver Capítulo VIII:3.12-1).

Las especie arbórea más consumida voluntariamente por los bovinos en el Chaco Árido es el Mistol y en el Chaco Semiárido El Quebracho Colorado Santiagueño, el Mistol y algo el Tala. En cuanto a los algarrobos blancos tenemos dudas que integren significativamente las dieta de leñosas, normalmente los bovinos consumen otras especies arbustivas, muchas de ellas no integraron los análisis y experiencias mencionados mas adelante.

2.1-2 RESERVAS FORRAJERAS DE LEÑOSAS Y CACTACEAS NATIVAS

El follaje y partes tiernas de la leñosas (principalmente de las leguminosas) tienen una muy buena calidad forrajera, la posibilidad de cosecha y henificación no son técnicas experimentadas o probadas en la región, pero serían de posible aplicación, tal como se hace en otros países con Leucaena.

Los frutos de muchas leñosas y cactáceas, principalmente los frutos de algarrobos, tienen muy buen valor forrajero y si bien el acopio y conservación artesanal de algarrobas es una práctica difundida, sería necesario desarrollar técnicas de manejo, cosecha, acopio y conservación de estas reservas forrajeras, principalmente para el Chaco Arido.

2.1-3 MANEJO DE LEÑOSAS FORRAJERAS NATIVAS

En este tema, en el Chaco Árido y Semiárido de Córdoba, tenemos más vacíos de conocimientos que trabajos concretos, comenzando por lo que ya comentamos sobre la dieta voluntaria de ramones, frutos y hojarasca de los animales domésticos (principalmente bovinos y caprinos) en distintos microambientes pastoriles, es decir en distintos estados y condiciones de la vegetación, y en distintas épocas del año.

Por el motivo anterior no podemos inferir cuales y cuantos arbustos forrajeros debemos conservar en un tratamiento de control selectivo de arbustos.

Tampoco conocemos las técnicas de manejo, conducción y poda de las distintas especies leñosas forrajeras espontáneas tanto arbustivas como arbóreas.

Nos falta conocer las técnicas de germinación de semillas, obtención de plantines, plantación, protecciones para lograr la implantación, y otras, de la mayoría de las especies leñosas y subleñosas que consumen los animales domésticos.

No sabemos la adaptación de la mayoría de las especies de leñosas forrajeras a sitios donde no integran la vegetación típica, o modificaciones y/o degradaciones del sitio original.

No conocemos el manejo de las leñosas forrajeras como: conducción, podas de rebaje, efecto del fuego y chamuscados, etc. Tampoco tenemos experiencia sobre métodos de consumo directo, cosecha y suministro a los animales y otros.

No conocemos las posibilidades de las distintas forrajeras leñosas para producir reservas de forraje como henos, silajes u otros métodos de conservación y acopio.

En la Facultad de Ciencias Agropecuarias UNC, están trabajando en los aspectos mencionados con la especie nativa *Atriplex cordobensis*, pero si bien hay datos preliminares, todavía no están terminadas estas experiencias.

En resumen nos falta mucho por conocer de las dicotiledóneas forrajeras nativas.

Resultados de experiencias con leñosas y cactáceas forrajeras nativas en el Chaco Árido y Semiárido de Córdoba se incluyen en el Capítulo IX, Anexo 2.

2.2 Utilización de leñosas y cactáceas forrajeras exóticas

La incorporación recursos de forrajeros exóticos no graminosos, como leñosas forrajeras o cactáceas, para la complementación de la dieta de los animales en los períodos críticos de los recursos forrajeros espontáneos en los sistemas de producción ganaderos del Chaco Árido y Semiárido de Córdoba, no es una práctica que haya tenido mucha difusión. Consideraremos algunos de posible utilización en la regiones chaqueñas de Córdoba.

2.2-1 *OPUNTIA* SPP.

En casi todos los predios se pueden observar plantaciones de Tuna (*Opuntia ficus-indica*) generalmente utilizada para consumo humano de los frutos y sus derivados, y en algunos casos los cladodios son utilizados para alimentar los animales en períodos de extrema emergencia.

Según Guevara y Estévez (2003), algunos estudios y experiencias han informado sobre en el uso de *Opuntia* como forraje en Argentina. La productividad ecológica y el contenido nutricional de los cladodios (Braun *et al.*, 1979; citado por Guevara y Estévez, 2003), el estado actual de las plantaciones (Ricarte *et al.*, 1998; citados por Guevara y Estévez, 2003) y su productividad bajo diferentes prácticas de manejo (Reynoso *et al.*, 1998, citados por Guevara y Estévez, 2003) han sido estudiadas para *Opuntia ficus-indica* L. F. *inermis* (Web.).

Las cactáceas y otros arbustos tolerantes a la sequía son eficientes en el uso de agua, por lo que pueden sobrevivir con precipitaciones tan bajas como 50mm al año, pero sin crecimiento ni producción (Le Houérou, 1994, citado por Guevara y Estévez, 2003). Las precipitaciones anuales promedio de 100-150mm corresponden al mínimo requerido para establecer plantaciones con especies más eficientes en el uso del agua y tolerantes a sequía (Le Houérou, 1994), siempre y cuando los suelos sean arenosos y profundos (Le Houérou, 1996a, citado por Guevara y Estévez, 2003). Estos límites se basan en las observaciones realizadas en la cuenca Mediterránea, y al sur y norte de América (Le Houérou, 1994). Por lo que ha sido necesario evitar plantaciones en las regiones áridas e hiperáridas de Argentina (Guevara y Estévez, 2003).

<u>Producción</u>

Según Guevara y Estévez (2003), la textura del suelo y la precipitación son los principales factores relacionados con la producción de biomasa aérea de *O. ficus-indica* (Tabla IX:2.2-1).

Sitio	Lluvia anual (mm)	Textura de suelo	Trazo de la plantación (m)	Edad de la plantación (años)	Produción (t MS ha^{-1} año^{-1})
Los Llanos (La Rioja) [1] (30º 22'S, 66º 15'W)	317	Arenoso	3x3	5-7	2.4
Los Llanos (La Rioja) [2] (30º 30'S, 66º 15'W)	317	n.d	4x4	10	1.7
El Divisadero (Santa Rosa, Mendoza)[3] (33º 45'S, 67º 41'W)	294	Arenoso	3x1	3	2.1
Mendoza [4] (32º 53'S, 68º 50'W)	215	Limoarenoso (salino)	5x1	3	0.75

Tabla IX,2.2-1: Productividad de biomasa aérea de *Opuntia ficus-indica* en Argentina.

<u>Utilización, cosecha y acondicionamiento</u>

En cuanto a los sistemas de cosecha, López García *et al.* (2003) informaron: El uso de *Opuntia* como fuente de forraje para ganado vacuno, ovino o caprino es una tradición antigua en el Norte de México. La cosecha de cladodios varia desde el consumo directo por el animal en el campo hasta varios tipos de cosecha practicadas por los ganaderos.

Las variantes observadas en las explotaciones ganaderas intensivas son:

- Consumo directo: Las plantas de nopal son consumidas completas, incluyendo las espinas por las el ganado vacuno, caprino u ovino. Esta practica es ineficiente y resulta en daños serios a los animales incluyendo la muerte.

- Despunte: La porción superior de la penca (que posee la mas alta densidad de espinas) es removida con machete, permitiendo posteriormente al animal alimentarse de las plantas. La principal desventaja es el desperdicio de cladodios.
- Chamuscado en pie: La planta es expuesta al fuego completamente, usando un quemador (lanzallamas) de gas o keroseno, y se permite que los animales consuman la planta hasta la base. Esta practica es combinada con el pastoreo en el caso de ovejas y cabras.
- Chamuscado y picado *in situ*: Los cladodios son cosechados y las espinas eliminadas con fuego de leña o quemador de gas. Posteriormente los cladodios son picados y ofrecidos a los animales.

Para Texas, Estados Unidos de América, P. Felker (2003) dijo: Este cactus triturado sería útil principalmente para el ganado bovino o de carne en regiones áridas. Alternativamente, sería posible usar una desmalezadora de disco rotatorio acondicionada para cortar y orear al cactus. Y después de secarlo por varias semanas, sería útil si una cosechadora de forraje modificada pudiese moverse por las hileras, recoger el cactus seco, triturarlo y depositarlo en el remolque.

A pesar del esfuerzo que implica quemar las espinas del cactus, existen algunas ventajas, ya que el ganado no come el cactus que no ha sido quemado, además de que permite controlar la cantidad de cladodios que puede ser utilizada por día. Asimismo, el ganado rápidamente aprende a distinguir el sonido del quemador de propano y pueden ser atraídos desde una distancia de 700m. Este condicionamiento al sonido del quemador de propano permite al ganado ser recogido hacia los corrales y establos.

Las variedades sin espinas evitan el trabajo que implica quemarlas, pero es necesario un manejo intensivo del ganado doméstico para mantener la reserva de nopal sin ser sobre utilizada.

En Sudáfrica, G.C. De Kock (2003) dijo: La manera más fácil de utilizar el nopal es mediante pastoreo directo, que requiere de menor esfuerzo y es por ello más barato. Sin embargo, existe riesgo de sobreconsumo y de la destrucción de la plantación si no se realiza un control estricto de los animales durante el pastoreo. Por lo que se recomienda la rotación para realizar el pastoreo cada dos o tres años. Ya que las pencas reducen su valor alimenticio después del tercer año (Walters, 1951, citado por De Kock, 2003). Para un pastoreo eficiente, la plantación puede ser dividida en pequeñas parcelas que pueden utilizarse intensivamente por un período corto para evitar las pérdidas ocasionadas por el sobrepastoreo.

La trituración de cladodios puede incrementar la ingestión por parte de los animales y mejorar su asimilación. Para limitar su desperdicio, es preferible proporcionar el material triturado directamente en comederos.

Los cladodios triturados de cactus pueden secarse sobre cualquier superficie apropiada y después se muelen. De esta manera el alimento puede guardarse y alimentar a los animales durante las sequías, complementada con cladodios frescos para incrementar la ingestión de materia seca.

Es posible hacer un buen ensilaje con cladodios al triturarlos con paja de avena, alfalfa de bajo grado o cualquier otro forraje, empleando 84 partes de la masa de cladodios con 16 partes de forraje, complementados con melaza. Cuando se usan cladodios con fruta en el ensilaje, la adición de melaza no es necesaria, y el ensilaje se realiza de la manera convencional.

La fruta de la *Opuntia* y sus cladodios, aun los tipos con espinas, pueden ensilarse con heno de baja calidad, y luego suplementados con distintas fuentes de proteína (semilla de algodón o girasol, urea, etc.) y mineral de fósforo y sodio (hueso o sal). Con lo que se puede mantener la producción de lácteos en áreas rurales áridas y semiáridas durante períodos de sequía.

<u>Calidad forrajera</u>

López García *et al.* (2003) informaron sobre los análisis bromatológicos de diferentes géneros, especies y variedades de nopal (Tablas IX:2.2-2; IX:2.2-3 y IX;2.2-4).

La tasa de consumo de el animal es afectada por la especie, la variedad y la estación del año (Tabla IX:2.2-3), la edad del cladodio (Tabla IX:2.2-4) y sus interacciones correspondientes (Revuelta, 1963; Flores y Aguirre, 1992; citados por López García *et al.*, 2003).

Especie	M S	M O	P C	G C	Fibra	Ceniza	ELN	Autor
Nopalea spp.	10.69	73.79	8.92	1.51	17.21	26.21	50.7	Griffiths y Hare, 1906
O. chrysacantha	15.52	73.45	3.54	1.11	4.32	26.55	64.33	Palomo, 1963
O. tenuispina	12.45	70.21	4.42	1.04	5.14	29.80	59.52	"
O. megancantha	10.12	74.51	7.71	1.38	3.75	25.44	68.87	"
O. rastrera	14.41	59.89	2.78	0.76	6.18	40.11	43.23	"
O. azurea	12.55	68.88	4.54	1.35	3.98	30.12	59.84	"
O. cantabrigiensis	11.86	68.46	4.79	1.09	3.71	31.54	58.87	"
O. engelmannii	15.07	68.41	3.32	1.19	3.58	31.59	60.32	"
O. lucens	17.45	69.59	3.67	0.57	2.58	30.43	62.75	"
O. lindehimeri	11.57	74.51	4.15	1.03	3.02	25.50	66.25	"
O. robusta	10.38	81.41	4.43	1.73	17.63	18.59	57.61	"
O. streptacantha	16.01	79.38	3.17	1.99	18.88	20.62	55.34	Griffiths y Hare, 1906
O. leucotricha	14.01	74.01	7.56	2.66	14.01	26.00	49.78	"
O. imbriacata	17.71	84.25	7.11	1.75	11.51	15.75	63.86	"
O. cacanapo	16.95	72.51	5.19	2.06	11.21	27.49	54.04	"
O. stenopetala	13.24	77.87	8.84	1.74	9.14	22.13	58.16	"
O. duranguensi	10.34	82.94	4.51	1.29	8.23	17.06	68.91	Bauer y Flores, 1969
O. ficus ind. Amaril. oro	11.29	86.93	3.81	1.38	7.62	13.07	74.13	"
O. ficus-indica	13.36	81.55	3.66	1.76	9.18	18.45	69.95	Baurer y Flores, 1969
O. spp.	10.01	------	5.71	3.01	8.11	12.01	55.01	Lastras y Pérez, 1978
O. ficus-indica	8.01	------	6.81	1.01	------	8.88	81.25	" " "
O. ficus-indica	7.96	------	4.04	1.43	8.94	19.92	65.67	" " "
O. imbricata	10.41	------	5.01	1.81	7.81	17.30	68.11	" " "

Tabla IX,2.2-2: Análisis bromatológico de diferentes géneros, especies y variedades de nopal (por ciento en base a materia seca). Clave: MS: materia seca, MO: materia orgánica, PC: proteína cruda, GC: Grasa cruda, ELN: extracto libre de nitrógeno.

Época	Proteína Cruda	Grasa Cruda	E.L.N.	Celulosa
Invierno y Primavera	0.2 - 0.3	0.08 - 0.12	3.0 - 5.5	0.4 - 1.0
Verano y Otoño	0.3 - 0.4	0.15 - 0.16	6.5 - 11.0	0.8 - 2.0

Tabla IX,2.2-3: Variación en el contenido de nutrientes digestibles de nopal sin espinas. (Revuelta, 1963; citado por López García *et al.*, 2003).

Variedad	Proteína Cruda	Grasa Cruda	Fibra	E.L.N.
Espinoso				
Pencas de un año	0.24	0.14	0.43	5.22
Pencas de dos años	0.21	0.17	0.51	4.73
Inerme				
Pencas de un año	0.22	0.17	0.49	4.81
Pencas de dos años	0.18	0.19	0.63	4.39

Tabla IX,2.2-4: Nutrientes digestibles en pencas de nopal de diferente tipo y edad (Revuelta, 1963, citado por López García *et al.*, 2003).

Morrison, (1956; citado por López García *et al.*, 2003) reportó valores de digestibilidad como, fibra 40%; grasa cruda 72%; proteína 44% y extracto libre de nitrógeno (ELN) 78%, mientras que, Murillo *et al.* (1994; citado por López García *et al.*, 2003) en un estudio de la influencia de la adición de levaduras suplementadas con dos fuentes de nitrógeno encontró que con la adición de levadura la digestibilidad fue de 61,6%; si se combinaba sulfato de amonio con levadura, la digestibilidad aumento a 93,9%. La adición de levadura y urea se asoció con una digestibilidad de 76,8%.

P. Felker (2003) dijo que los valores representativos para los componentes nutritivos incluyen: calcio 4,2%; potasio 2,3%; magnesio 1,4%; energía 2,6 Mcal/kg; carotenoides 29 ìg/100g; y ácido ascórbico 13 mg/100g.

Los valores de digestibilidad *in vitro* fueron de 72% para proteína, 62% para materia seca, 43% para fibra cruda y 67% para materia orgánica.

P. Felker (2003) también dijo: Afortunadamente, hay varias técnicas para incrementar el contenido proteínico del nopal para forraje y minimizar el costo del suplemento proteínico. El primer método es con fertilizantes a base de N y P. Desde que González (1989; citado por Felker, 2003) descubrió que la proteína cruda en *O. lindheimeri* se incrementó de 4,5% a 10,5%, utilizando una mezcla que contenía 224 kgN/ha y 112 P/ha. Esto es especialmente importante, debido a que este tratamiento incrementó el contenido proteínico sobre los requerimientos del ganado seco y del lactante, en 6,0 y 9,25% respectivamente.

La segunda forma para incrementar la proteína del forraje es mediante el uso de nuevas y mejores selecciones que contengan mas proteína. En una comparación de 8 clones de *Opuntia* para forraje, Gregory y Felker (1992; citados por Felker, 2003) encontraron que un clon Brasileño (#1270, cv. Palma Redonda) de CPTSA en Petrolina, tenía más del 11 por ciento de proteína, y cuatro veces mas P (0,41%) que el nopal nativo de Texas, que contenía 11 por ciento de proteína solamente en los cladodios más jóvenes, pero tan solo 5% en los mas viejos.

Finalmente, es también posible que la inoculación de las raíces de nopal con bacterias fijadoras de nitrógeno en asociación libre, tales como *Azospirillum* sp., podrían incrementar el contenido proteínico de los cladodios, desde que Rao y Venkateswarlu, 1982; Caballero-Mellado, 1990 y Mascarúa-Esparza *et al.*, 1988, (citados por Felker. 2003) informaron un incremento del 34% en el peso seco de la raíz de nopal y un incremento del 63% en el contenido N de raíz con la inoculación de *Azospirillum*. Dicha inoculación puede también ayudar a controlar la pudrición de los cladodios causados por *Erwinia*, que ataca las nuevas plantaciones, ya que se ha demostrado que *Azospirillum* inhibe el crecimiento de *Xanthomonas* y *Erwinia*.

Por otra parte Santos, (1992 citado por Cordeiro dos Santos y Gonzaga de Albuquerque, 2003) comparo 10 variedades y no encontró diferencias en producción de MS (P<0,05) cntre Gigante, Redonda y Miuda, aunque el contenido de proteína fue mas alto en Miuda. Este autor concluye que es factible incrementar la productividad de *Opuntia* y el contenido de proteína a través del mejoramiento genético.

A modo de conclusión P. Felker (2003) dijo: Tanto con los clones con espinas como los sin espinas al ser plantados en hileras, fertilizados y controlando la maleza, se pueden lograr producciones de materia seca y materia verde del orden de 17.000 kg/ha y 170.000 kg/ha respectivamente, con concentraciones de proteína cruda cercanas al 10 por ciento. Cuando el ganado es suplementado con proteínas, minerales y vitaminas elementales, se logran índices excelentes de crecimiento y concepción. El nopal tiene gran potencial para incrementar la producción en años con precipitaciones promedio, además de proveer una reserva importante de forraje para los animales en años de sequías severas. Así como forraje verde y una fuente muy apreciada de agua para el ganado.

2.2-2 ATRIPLEX NUMULARIA

Han sido introducidas a la Argentina varias especies del género *Atriplex* para su estudio de adaptación a las condiciones de diferentes sitios. El más utilizado en el Chaco Arido es *Atriplex nummularia*, para la complementación alimenticia de caprinos y bovinos.

En cuanto a la utilización de *Atriplex nummularia* en el Chaco Arido, P. Chagra Dib *et al.* (2003) informaron que mediante la incorporación de plantaciones de *Atriplex nummularia* se pretende solucionar la falta de disponibilidad de forraje verde durante la época invernal y los consiguientes problemas que ocasiona la falta de alimentación en períodos críticos.

Esta es una especie forrajera arbustiva de probada adaptabilidad a las condiciones de aridez y semiaridez, con una buena palatabilidad y aceptación del ganado caprino. Se utiliza como complemento del pastoreo en pastizal natural. Requiere ser producida en almácigo y posterior repique a macetas hasta la altura adecuada para ser transplantada al terreno en el inicio del período de lluvias. Su utilización como forrajera comienza al segundo año de transplantada, se le realizan cortes a una altura no menor de 50cm del suelo y se administra a los animales en corral.

Esta tecnología se adapta bien al manejo que realizan los pequeños productores con el ganado caprino, ya que los mismos efectúan una suplementación al hato en la época invernal utilizando en forma no apropiada productos comerciales (Alfalfa, Maíz, etc.). La utilización de esta tecnología aportaría a la mejora en el rendimiento productivo de los animales, control de las pariciones a campo (al contar con una reserva forrajera) y una mejora en la utilización racional de los recursos vegetales. Entre los requisitos que se deben tener en cuenta para hacer un buen uso de esta tecnología, se tendrá que realizar el apotreramiento de las parcelas implantadas, la cosecha se realiza en forma manual y requiere de cuidados (riegos) al principio de la implantación.

La mayoría de los materiales a utilizar son autoinsumos que se encuentran en el predio productivo, por lo cual se reducen considerablemente los costos.

La utilización de está tecnología permitirá disminuir la incidencia de enfermedades en la majada, evitar la pérdida de cabritos nacidos en campo, reducir los costos de la suplementación en períodos críticos de alimentación y aumentar la eficiencia productiva de la majada (Cantidad de cabrito/cabras/año).

La incorporación de plantaciones de *Atriplex nummularia* no genera ningún tipo de efecto negativo en el ambiente ni en la sustentabilidad de los sistemas productivos y favorece la recuperación del pastizal natural.

2.2-3 LEUCAENA LECOCEPHALA

Otra especie que se ha sido objeto de interés en el Chaco Árido y Semiárido es *Leucaena lecocephala*. Los ensayos en el Chaco Árido no pasaron de eso, ya que para lograr su persistencia y buena producción parecería que es necesario el riego o sistemas de acumulación de agua de precipitaciones, con lo cual la relación costos/beneficios no sería conveniente.

En el Chaco Semiárido y Suhúmedo de Tucumán se han realizados algunas implantaciones cuyos resultados fueron registrados por G. Martín (h) y E. Valdora (2002), que informaron: Esta especie fue introducida en Tucumán hace casi tres décadas, realizándose a lo largo de este período, numerosas experiencias en la Facultad de Agronomía y la Estación Experimental.

En lo que se refiere específicamente a su contribución como recurso forrajero, una de las investigaciones realizadas en la llanura subhúmeda central de Tucumán, mostró que implantada en forma de macizo boscoso y mantenida mediante podas periódicas (a 1,00m de altura), para no superar un diámetro de copa de 1,80 a 2,00 metros y una altura de planta de 2,00 a 2,20 metros, permitió una densidad superior a las 4.000 plantas/ha.

La implantación se aconseja hacerla mediante plantines de 0,35 a 0,40 centímetros de altura, durante el mes de Marzo. En ensayos realizados a densidades menores (alrededor de 1.200 plantas/ha), se buscó determinar la capacidad productiva de este material.

El manejo realizado permitió entre 4 y 5 podas anuales con la intensidad antes mencionada, demostrando ser una especie favorablemente adaptada a la zona, con una tasa de crecimiento y rebrote muy superior a la mayoría de las leñosas forrajeras nativas de la región. Los niveles de producción medidos, se indican en las Tablas IX:2.2-5 y VI:2.2-6.

	Cobertura/planta (m^2)	Cobertura/ha (m^2)
Plantación de 2 años	2,19 a	2628,00 (26%) a
Plantación de 3 años	3,94 b	4728,00 (47%) b
a,b: letras distintas por columna, indican diferencias significativas.		

Tabla IX,2.2-5: Cobertura/ha de plantaciones de 2 y 3 años de *L. leucocephala*, en la Llanura Subhúmeda de Tucumán, a una densidad de 1.200 plantas/ha.

	MS hojas/plant. (g)	MS frut./plant. (g)	MS hojas/ha (kg)	MS frut./ha (kg)
Plant. 2 años	190,29 a	158,50 a	228,35 a	190,20 a
Plant. 3 años	478,23 b	485,00 b	573,87 b	582,00 b
a,b: letras distintas por columna, indican diferencias significativas.				

Tabla VI,2.2-6: Producción de hojas y frutos (kg MS/ha) de *L. leucocephala*, en plantaciones de 2 y 3 años en la Llanura Subhúmeda de Tucumán, a una densidad de 1.200 plantas/ha.

Si tenemos en cuenta que a lo largo del año esta especie puede rendir entre 4 y 5 cortes de similares producciones, se puede contar en una plantación de 3 años, con 2.300 a 2.900kg de MS de hojas de alta calidad nutritiva más el aporte energético-proteico de unos 2.500kg de vainas comestibles (frutos). La densidad indicada (1.200 plantas/ha), permite además, controlando el volumen de la copa mediante poda, contar con una cobertura no superior al 50% de la superficie (ver Tabla IX:2.2-5), lo que permite el crecimiento de la pastura bajo el dosel arbóreo. Es importante tener en cuenta que las forrajeras herbáceas contarán con el aporte nitrogenado que la Leucaena realiza sobre el sistema, lo que trae aparejado mejor calidad y persistencia de la pastura.

La formación en bosque o macizo compacto es conveniente en el caso en que se utilice este recurso como material suplementario de los pastizales, mediante entrega artificial en comederos o áreas destinadas al consumo. Esta forma de suministro ha resultado particularmente beneficiosa en establecimientos de cría de pequeños rumiantes (caprinos y ovinos) en Centroamérica.

En condiciones extensivas y para ganadería mayor en nuestra región, consideramos que puede ser una especie a implantar con doble propósito, a densidades de 50 a 100 árboles/ha, para cumplir roles de alimento y sombra en un sistema pastoril donde la cobertura arbórea nativa haya sido severamente afectada por la tala. En este caso, las plantas serán desfoliadas directamente por los animales, hasta una cierta altura. Es importante dejar independizar a las plantas madres para asegurar su permanencia en los potreros, dejando que la intensa semillazón que estas tienen (presenta vaina dehiscente), produzca la germinación de innumerables plantines en su área basal (una característica muy destacada en esta especie), los que servirán también de forraje bajo consumo directo.

Por todo lo expuesto, creemos que *Leucaena leucocephala* es un recurso forrajero que debe ser difundido a nivel de productores pecuarios de la provincia de Tucumán, por su alto potencial alimenticio, su fácil implantación, su versatilidad tanto en macizo compacto, estructura de parque o como cerco sobre los alambrados y su futuro potencial energético y maderable.

3   UTILIZACIÓN DE SUPLEMENTOS y/o COMPLEMENTOS

3.1 Suplementación alimenticia o de nutrientes

Los pastizales naturales y los pastos cultivados en el Chaco Arido y Semiárido de Córdoba están compuestos por especies megatérmicas. A modo de introducción citamos los conceptos fundamentales sobre la suplementación de pasturas megatérmicas expresados por C. Peruchena (1999) en el 36º Congreso de la Sociedad Brasileña de Zootecnia, en Porto Alegre, Brasil, donde dijo:

La base forrajera de estos sistemas productivos lo constituyen las gramíneas tropicales, por ello los métodos de suplementación a utilizar deben estar dirigidos a ampliar las opciones de uso de ese recurso.

La suplementación permite corregir las deficiencias proteicas y energético-proteica de las pasturas tropicales, posibilitando un incremento en la eficiencia individual de los animales, en el potencial de carga y en la producción de carne por hectárea.

La suplementación es una herramienta tecnológica que debe ser cuidadosamente analizada previo a su incorporación a las empresas. No soluciona problemas de manejo, por el contrario sus resultados se potencian cuando se aplican simultáneamente con la tecnología básica de manejo.

La incorporación de la suplementación modifica el flujo financiero de la empresa, es fundamental tener asegurado su financiamiento total para una adecuada aplicación de la técnica.

El nivel de suplementación por cabeza impacta fuertemente sobre los costos de producción, para definirlo es necesario asociarlo con el nivel de ingreso que genera, los precios de venta del producto y la relación existente entre precios de compra y venta.

En cuanto a la suplementación de pasturas para el norte de Córdoba, Marcelo De León *et al.* (2004) informaron:

Los sistemas ganaderos de la zona centro y norte de Córdoba, generalmente basan su producción en pasturas perennes de crecimiento primavero-estival, ofreciendo buena disponibilidad y calidad durante su ciclo de crecimiento.

Es una practica común transferir hacia el invierno como diferido, el uso de estas pasturas, de modo de cubrir las deficientes ofertas forrajeras normales de la época. El hecho de diferir su uso, trae aparejado cambios importantes en su composición química, transformándose en un forraje de baja calidad.

El sistema que mejor se adapta a esta variabilidad estacional en calidad forrajera, es sin duda, la ganadería de cría.

En la actualidad, existe la tendencia de incrementar la productividad de este sistema, invernando su propia producción, transformándose la cría en una actividad de ciclo completo.

El uso del diferido como único componente de la dieta, no cubre con las exigencias nutricionales que demanda esta nueva actividad. Surge así la suplantación de pasturas de baja calidad como una herramienta factible de incorporar para lograr los objetivos perseguidos.

Para utilizar con éxito esta técnica, se hace necesario conocer el porque de la escasa respuesta animal al consumo de este tipo de forrajes, cuales son sus limitantes, para poder así elegir y suministrar en forma adecuada el suplemento, y cubrir las demandas nutricionales requeridas.

Leng, R.A. (1990; citado por De León *et al.*, 2004) define a los forrajes de baja calidad como aquellos en que la digestibilidad de la materia seca (DMS) es inferior al 55%, es deficiente en proteína bruta (PB) [< del 8% (N x 6,25)], poseen bajos contenidos de azucares y almidón (<100gr/kg) y altos niveles de fibra generalmente con alto grado de lignificación.

Entre los forrajes definidos como de baja calidad, existe un rango de variación encontrándose diferidos con una DMS entre 35-55% con contenidos de PB entre 3 y 7%. Estas variaciones responden a diferencias entre especies, entre cultivares de una especie y aun dentro de los mismos cultivares, relacionados a manejos previos diferentes. La calidad del diferido varía también de acuerdo a la zona donde esté implantada la pastura debido a diferencias climáticas y distinta fertilidad de suelos, existiendo diferencias entre años

El factor más importante que limita la ganancia de peso en animales pastoreando estos forrajes, es sin lugar a dudas su bajo consumo de materia seca.

Esto se debe a que la regulación del consumo es principalmente de orden físico, determinado por la tasa de digestión del forraje y su tasa de pasaje (velocidad de desaparición de la fracción no digestible).

El alto contenido de fibra lignificada y el bajo tenor proteico de estos forrajes, hace que el aporte de nutrientes a la flora microbiana sea escaso, afectándose la digestión y la tasa de pasaje.

Una escasa población microbiana afectará no solo la digestión potencial del forraje, sino también será escaso el aporte de proteína microbiana a nivel intestinal.

El principal parámetro que caracteriza el ambiente ruminal con este tipo de forraje, es la concentración de NH_3, normalmente escasa para un crecimiento óptimo de la flora microbiana. En la medida que se mejore su concentración, mejorará la digestión de la fibra y por ende el consumo.

Un pH ruminal tendiente a la neutralidad es el adecuado para el desarrollo de la flora celulolítica. Cualquier factor que provoque su disminución afectará la digestión de la fibra.

La concentración de Acidos Grasos Volátiles (AGV) se presenta relativamente baja, encontrándose relaciones acético:propiónico del orden 4:1. Esta relación trae aparejada una baja eficiencia de utilización de los AGV para fines productivos.

Si bien aumentando los niveles de NH_3 ruminal se pude optimizar la digestión de la fibra y mejorar el consumo, la respuesta animal estará limitada debido a que la digestibilidad potencial del forraje no es mucho mayor que su digestibilidad real.

Para lograr mayores ganancias de peso, se deberá recurrir a un suministro extra de nutrientes.

3.1-1 SUPLEMENTACIÓN

Planteadas las limitantes que presentan los forrajes de baja calidad, se analizará el modo de acción y los resultados esperados con los distintos tipos de suplementos factibles de utilizar para incrementar la respuesta animal.

Se puede esquematizar que el efecto del suplemento se debe ver reflejado en alguno de los siguientes objetivos nutricionales, para superar las limitantes impuestas por la baja calidad de los forrajes:

- Incrementar la provisión de nutrientes
- Optimizar la fermentación ruminal

1. Suplementación nitrogenada

Existe amplia concordancia entre los investigadores de mayor prestigio internacional en que la limitante primaria al crecimiento y productividad animal en pasturas de baja calidad es incuestionablemente el Nitrógeno. Una vez superada esta limitante, la respuesta animal estará condicionada por el aporte energético.

La suplementación nitrogenada mejora la concentración de amoníaco en el fluido ruminal, esto permite el crecimiento de las bacterias celulolíticas y una biomasa completamente funcional, se incrementa la degradación del forraje y consecuentemente se incrementa el consumo.

1.1 Nitrógeno no proteico (NNP)

Con el fin de aportar el amoníaco que necesitan las bacterias ruminales para la síntesis proteica se puede utilizar NNP. Esta síntesis a partir de NNP solo se realiza favorablemente cuando simultáneamente con la producción de amoníaco en el rumen se dispone en cantidades importantes de hidratos de carbono fermentables. La urea el compuesto más ampliamente usado, posee una velocidad de hidrólisis muy elevada, tanto como cuatro veces la tasa a la cual pude ser asimilada, lo que condiciona su eficiencia de utilización con forrajes de lenta digestión.

Es por ello que, salvo para mantenimiento o para evitar pérdidas de peso, el NNP no produce suficiente respuesta para objetivos de mayor productividad. Sin embargo, con dietas de muy baja calidad (<4,5% PB) se pueden esperar consistentes aumentos en la digestión y consumo de materia seca.

Es necesario considerar además la posibilidad de uso de la urea asociada a otros suplementos que aportan hidratos de carbono (melaza, grano, henos).

En aquellas dietas que incluyan cantidades importantes de NNP hay que considerar la posible deficiencia de algunos minerales, particularmente el azufre, elemento indispensable para la síntesis de aminoácidos bacterianos.

1.2 Nitrógeno proteico

En el caso de utilizar proteína verdadera totalmente degradable en el rumen (por ejemplo: caseína), esta mostró el mismo efecto que urea sobre el consumo y digestión de la pared celular del forraje.

Aquellos suplementos proteicos que por el contrario, son resistentes a la fermentación microbiana, incrementan el suministro de aminoácidos a nivel intestinal, los cuales por un lado ayudan a cubrir deficiencias de aminoácidos específicos que limitan la producción, y por otro, estos aminoácidos son utilizados como fuente de energía.

En estos casos la respuesta animal es mayor.

2. Suplementación energética

Los concentrados con baja proteína (granos) deprimen el consumo de forraje y no mejoran la fermentación de la fibra por lo que no son alternativa para suplementar bovinos en forraje de bajo nivel proteico, al menos cuando se suministran en ausencia de nitrógeno o proteína.

La suplementación con granos de sorgo a henos de baja calidad disminuyó el consumo de heno y ocasionó perdidas de peso.

Esto se debe a que por un lado, el suministro de grano modifica el ambiente ruminal (disminución del pH) y como consecuencia se afecta la actividad de las bacterias celulolíticas, y por otro, se mantiene la deficiencia de nitrógeno, el cual es utilizado prioritariamente por las bacterias amilolíticas, deprimiendo la digestión de la fibra potencialmente digestible.

3. Suplementación energética - proteica

3.1 Granos de cereales más fuentes nitrogenadas

La respuesta animal se modifica si a los granos de cereales se le adiciona una fuente de nitrógeno. Si bien se mantiene la disminución de la digestibilidad de la pared celular con el incremento en la cantidad de grano, se obtiene un aumento en el consumo total de materia seca digestible cuando estos participan en un 25-30% de la dieta total.

En estas circunstancias, las ganancias de peso han sido mejoradas. Cuando se aumenta la participación del grano hasta un 70%, no se incrementa el consumo total de materia seca digestible y por lo tanto la ganancia de peso.

3.2 Granos Oleaginosos y Subproductos

Estos tipos de suplementos proveen, además de proteínas, energía adicional y otros nutrientes específicos (ácidos grasos esenciales, minerales). Con ellos la respuesta animal es mayor debido a que además de la estimulación de la fermentación y el aumento en el consumo de forraje, se suma la energía suministrada por el suplemento y se logra un mejor balance de los nutrientes absorbidos.

En el caso de suplementos energéticos-proteicos que posean proteínas de mediana a baja degradabilidad ruminal, el efecto es aún mayor, pues se incrementa el aporte de aminoácidoos a nivel intestinal.

Esto tiene un efecto estimulador del consumo, constituye un aporte extra de aminoácidos esenciales (de gran importancia en animales jóvenes de altos requerimientos proteicos) y contribuyen a la economía energética de los animales pues se comportan como sustratos gluconeogénicos.

3.3 Henos

Con henos de buena calidad (18-20% de PB y 65-70% de digestibilidad) se pueden obtener incrementos en la digestibilidad de la dieta, a pesar de una disminución de la digestibilidad de la pared celular del forraje base. Se logran incrementos en el consumo de materia seca digestible con porcentajes de sustitución intermedios (50%); mientras que con henos de mala calidad no se producen estos efectos y se observa un alto nivel de sustitución (90%) y la respuesta animal es inocua.

3.4 Pastoreo Complementario

El suministro de forraje verde a pasturas de baja calidad actúa no solo aportando nitrógeno y algo de energía, sino que también favorece la digestión de la fibra de la pastura base, mediante el incremento en la velocidad de colonización por parte de las bacterias celulolíticas.

Con forrajes verdes se ve ampliamente favorecida la velocidad de desarrollo de la población microbiana específica para la degradación de la fibra de la pastura. Además se debe tener en cuenta el aporte beneficioso de vitaminas y minerales que realiza el forraje verde.

Se pueden obtener incrementos significativos de ganancia de peso sobre pasturas diferidas mediante el ingreso de algunos días a la semana de (3 a 5) a verdeos de invierno o a través del pastoreo horario todos los días. En el último caso se puede regular el consumo de este forraje verde al definir la cantidad de horas asignada.

Finalmente, si bien se deben considerar los efectos generales de los distintos tipos de suplementos anteriormente analizados, es necesario tener en cuenta otros aspectos para definir las estrategias y evaluar los resultados probables de obtener frente a distintas situaciones. Se hace referencia a la probabilidad de los resultados debido a las siguientes interacciones pastura-animal que complican la formulación de una ración y la exacta predicción de su respuesta:

- Selectividad animal, que define la calidad y la cantidad de forraje consumido para pastoreo.

- Efecto de la cantidad de forraje disponible y su aprovechamiento para determinar no solo la ganancia individual sino la producción /ha.

- Modificaciones del comportamiento y requerimientos del animal frente a distintos ambientes.

Otro aspecto a considerar a nivel del efecto de la suplementación sobre el sistema de producción, es todo lo relacionado a los aumentos compensatorios que produzcan una vez superadas las restricciones impuestas por los forrajes de baja calidad

Como conclusión dicen: Es posible incrementar la respuesta animal a través de la suplementación de pasturas de baja calidad.

Los mayores incrementos en los aumentos de peso se logran con suplementos energéticos-proteicos, y particularmente con aquellos cuyas proteínas sean de baja a mediana degradabilidad ruminal.

Es necesario considerar las interacciones suplemento-pastura-animal, ya que ellas modifican la probable respuesta productiva.

3.2 Suplementación mineral

En cuanto a la suplentación mineral, el Dr. Guillermo Bavera (2000) dijo: La deficiencia o el exceso de elementos minerales puede estar limitando en forma solapada la producción en algunos establecimientos ganaderos, a tal punto que se puede hacer difícil que este problema sea reconocido por el productor como causa principal de la baja producción. Y sin embargo, en algunos casos es así. En los sistemas extensivos con reducido o nulo asesoramiento técnico por lo general hay otros factores productivos negativos que ocultan los efectos de las deficiencias o excesos de minerales.

Los ganaderos deben interiorizarse más en el tema; deben conocer los requerimientos básicos de su ganado en pastoreo y la proporción en que esos requerimientos son cubiertos por los minerales que puedan brindar las pasturas de su campo, y en que proporción deben complementar esos requerimientos con suplementos minerales (Tabla IX,3.2-1).

Estas cantidades de minerales más las que diariamente elimina, deben ser obtenidas de la dieta por el animal a lo largo de su vida (pasturas, suplementos energético proteínicos, agua de bebida y suplementos minerales). En el mismo caso se encuentran las vacas lecheras y de cría por la pérdida por leche.

Durán y Carugati (1988) citan a Webb *et al.* (1975; citado por Bavera, 2000) quienes reportaron que la eficiencia de conversión alimenticia fue de 19,59:1 versus 8,5:1 en novillos en terminación sin y con fósforo suplementario. Los mismos autores citan a Kleimenov *et al.* (1985), quienes demostraron que la suplementación oral con calcio, fósforo y magnesio en vacas lecheras incrementó la digestibilidad de la materia orgánica de un 64 a un 68%.

Elemento	Cantidad en kg
Calcio	6,880
Fósforo	3,400
Sodio	1,010
Potasio	0,880
Cloro	0,710
Azufre	0,630
Magnesio	0,230
Hierro	0,025
Cinc	0,012
Cobre	0,0016
Iodo	0,00017
Manganeso	0,00013
Cobalto	0,000084
Molibdeno	0,000020
Selenio	0,000002

Tabla IX,3.2-1: Estimación de la composición mineral de un novillo de 420kg de peso vivo (Mufarregue, 1994; citado por Bavera, 2000).

La suplementación mineral es necesaria para:

- Mejorar el funcionamiento del rumen, logrando mayor eficiencia en la utilización del forraje consumido y por lo tanto, mayor producción.
- Mejorar el funcionamiento reproductivo del rodeo.
- Evitar problemas clínicos y subclínicos que bajan la producción.

* * * * * *

CAPÍTULO IX: ANEXO 1

EXPERIENCIAS CON FORRAJERAS HERBÁCEAS EXÓTICAS EN EL CHACO ÁRIDO Y SEMIÁRIDO AUSTRAL

A1.1 Experiencias con gramíneas exóticas en el Chaco Arido

La mayoría de las experiencias sobre la producción de pasturas introducidas como Pasto Salinas o Buffel (*Cenchrus ciliaris*) han sido realizadas en colección o sitios "chacreados", es decir en sitios desmontados totalmente y limpios, habilitados para el laboreo. Los resultados de producción forrajera pueden ser relativamente altos si los comparamos con los rendimientos de pastizales naturales en condición buena en un ambiente de bosque, pero hay que tener en cuenta que en las praderas sembradas los márgenes de error en el manejo son mucho mas limitados (Tablas IX, A1.1-1 y A1.1-3).

Catamarca

Especie	Cultivar	Producción kgMS/ha	E.E. kg/ha
Cenchrus ciliaris	Molopo	5908	± 809
	Biloela	5890	± 463
	Texas 4464	4158	± 305
	American	4179	± 286

Tabla VIX, A1.1-1: Producción forrajera de las pasturas en Catamarca (De León, 1998b)

La fertilización nitrogenada de especies megatérmicas, si no tienen limitaciones de la humedad del suelo, aumentan la producción respondiendo en forma lineal a las cantidades de nitrógeno aplicadas, hasta el límite que define el microambiente.

En ciertos sitios, también suelen responder aumentando la producción a la fertilización fosforada y a la aplicación de potasio, si estos elementos están limitando su producción en ese suelo, pero no tienen resultados tan contundentes como la aplicación de nitrógeno, ya que la gran mayoría de los suelos de la región tienen bajos contenidos del mismo.

Otro efecto de la fertilización nitrogenada, es que los pastos presentan un mayor contenido de nitrógeno (proteína bruta) lo que los hace mas nutritivos y digestibles.

En un ensayo en Colonia del Valle, Catamarca, Díaz y Herrera (1984), concluyeron que: La fertilización nitrogenada (0, 50 y 100 kgN/ha) y fosfórica (0, 15 y 25 ppm) en secano, en un cultivo de *Cenchrus ciliaris* cvar. Texas 4464, cosechado para heno a principios de panojamiento, arrojaron siguientes resultados: La fertilización con fósforo no dio respuestas en el cultivo (no hubo diferencias significativas entre los tratamientos p<0,05, ni efectos de las interacciones).

Las respuestas a la fertilización nitrogenada se presentan en la Tabla VIX, A1.1-2:

Tratamiento	KgMS/ha	DISMS (%)	PB (%)
0 kg N/ha	2447 c	63,08 a	9,07 b
50 kg N/ha	2867 b	64,16 a	9,64 b
100 kg N/ha	3723 a	64,69 a	11,02 a
Letras distintas en cada columna determinan diferencias significativas p<0,05			

Tabla VIX, A1.1-2: Rendimientos en materia seca (kgMS/ha), porcentajes de digestibilidad *in situ* de la materia seca (DISMS) y porcentajes de proteína bruta (PB) de cada tratamiento (Díaz y Herrera, 1984).

Con la aplicación a principios de diciembre de 100kg/ha de N y lluvias típicas de la región (350mm/año), se puede obtener un buen rendimiento (3723 kgMs/ha) de heno de buena calidad (DISMS 64,69% y PB 11,02%).

La Rioja

La amplia variabilidad que presentan los rendimientos de las pasturas reflejan la variabilidad en las precipitaciones en distintos años, ya que existe una alta correlación entre cantidad de lluvias y producción de materia seca de las gramíneas megatérmicas en esta región (Tabla IX,A1.1-3).

Especie	Cultivar	Producción kgMS/ha	E.E. kg/ha
Cenchrus ciliaris	Molopo	4226	± 574
	Nueces	2993	± 514
	Tambazimbi	3823	± 593
	Biloela	3813	± 476
	SPF 824	3384	± 416
	Texas 4464	3337	± 359
	Americasn	3151	± 286
	Q3461	3024	± 425
	Gayndah	2284	± 177

Tabla IX,A1.1-3: Producción forrajera de las pasturas en La Rioja (Namur *et al.*, 1996)

En la mayoría de los casos en el Chaco Árido, la siembra de pasturas exóticas tiene como objetivo recuperar y/o mejorar la producción del pastizal y se recomienda aplicarla en ambientes muy degradados como pueden ser en estados fachinal, jarillal o en bosque degradado. El tratamiento mas empleado es el rolado y siembra simultánea de Pasto Buffel (*Cenchrus ciliaris*) (ver Capítulo XI:3.

Los resultados registrados por L. Blanco *et al.* (2001) de 8 ensayos en distintos sitios de los Llanos de la Rioja son (Tabla IX,A1.1-4):

Tratamiento	Producción kgMs/ha	Desv. estándar
Rolado y siembra	2288	± 1006
Testigo	709	± 599

Tabla IX,A1.1-4: Producción promedio de Pasto Buffel después de rolado y siembra y del pastizal natural del monte degradado (Blanco *et al.*, 2000).

Córdoba

En Las Oscuras, Dpto. Pocho, realizamos una experiencia de alimentación de terneras Nelore (Ongole), en las época más critica de los pastizales (Díaz, 1999), se planificaron dos ambientes pastoriles diferentes: 1) Desmonte total y siembra con rastra de discos de doble acción con tambor sembrador de Pasto Buffel (Tabla IX,A1.1-5) y 2) Control selectivo de arbustos, dejando todos los árboles posibles y siembra con rastra de discos de doble acción con tambor sembrador de Pasto Buffel en los espacios entre árboles, tratando de cubrir la mayor superficie que se pudiera (Tabla IX,A1.1-6).

Especie	Cultivar	Producción kgMS/ha	Año	Precipitación mm
Cenchrus ciliaris	Texas 4464	1069	1	755
		3096	2	454
		4078	3	516

Tabla IX,A1.1-5: Producción de P. Buffel sembrado después del desmonte total (Díaz, R.O., 1999).

Especie	Cultivar	Producción kgMS/ha	Año	Precipitación mm
Cenchrus ciliaris	2/3 Texas 4464	511	1	755
	y	3370	2	454
	1/3 Pastizal natural	3454	3	516

Tabla IX,A1.1-6: Producción de P. Buffel sembrado y pastizal natural espontáneo después del control selectivo de arbustos (Díaz, R.O., 1999).

La cobertura final de árboles en el ambiente 2 (control selectivo de arbustos) fue del 25%. La producción forrajera de la primera a la tercera temporada de crecimiento y las precipitaciones (octubre-septiembre) se muestran en las Tablas IX,A1.1-5 y IX,A1.1-6.

Por otra parte, teniendo en cuenta las posibles dificultades en manejar una pastura con cargas variables, se han analizado para Buffel Grass (*Cenchrus ciliaris*), las variaciones en la ganancia de peso individual y la producción de carne/ha con distintas cargas animales durante el ciclo de producción, cuyos resultados se presentan en las Tablas IX,A1.1-7 y IX,A1.1-8:

Carga animal	Asignación forrajera (gMS/kg PV)	Aumento de peso (g/día)	Kg de carne/ha
Baja	107	564	113
Media	74	560	156
Alta	48	460	182

Tabla IX,A1.1-7: Efecto de la carga sobre la ganancia de peso y la producción de carne en una pastura de *Cenchrus ciliaris* en La Rioja (Ferrando *et al.*, 1995).

Carga animal	Vaquillonas/ha	Producción de forraje kgMS/ha	Grado de utilización %
Baja	1,4	4212	29,4
Media	1,9	5622	50,7
Alta	2,7	4934	68,8

Tabla IX,A1.1-7: Efecto de la carga animal, sobre la producción de forraje de *Cenchrus ciliaris* en La Rioja (Ferrando *et al.*, 1996)

En el Campo Las Vizcacheras del INTA-EEA La Rioja, los técnicos de la EEA han desarrollado un sistema de producción mejorado de cría bovina sembrando alrededor del 10% de la superficie del sistema de producción con *Cenchrus ciliaris* (Pasto Buffel) (Ferrando, *et al.* 2002).

El sistema experimental de cría bovina desarrollado en Campo Las Vizcacheras del INTA-EEA La Rioja comprende 520 hectáreas, 60 hectáreas de una pastura de Buffel Grass (11%) y 460 hectáreas de pastizal natural.

<u>Sistema de Pastoreo</u>: El sistema consiste en la utilización de la pastura de Buffel Grass durante octubre a marzo, primavera-verano, y el pastizal natural durante abril a septiembre, período de reposo de la vegetación. La inclusión de la pastura de Buffel Grass en el sistema productivo permite lograr tres objetivos fundamentales: 1) recuperar la capacidad forrajera de áreas altamente degradadas, "peladales"; 2) disminuir el impacto del pastoreo sobre pastizal natural dado que la utilización se realiza durante el período de reposo de la vegetación, lo que permite su recuperación; y 3) mejorar el manejo y cuidado de los animales durante el período crítico parición-servicio.

<u>Utilización de la pastura sembrada</u>: La pastura de Buffel Grass se encuentra dividida en 5 potreros de similar tamaño. El uso de la pastura se realiza de octubre a marzo. En cada estación de crecimiento se utilizan en forma rotativa 4 potreros por espacios de 15 a 20 días mientras que el restante permanece en descanso. De tal forma que en un período de 5 años cada uno de los potreros recibe una descanso en la estación de crecimiento. El descanso de la pastura permite recuperar el vigor de las plantas y asegurar forraje disponible para los vientres durante la parición, octubre-noviembre, ya que dado lo errático de las precipitaciones no es seguro contar con pasturas en pleno crecimiento durante esos meses. Por lo tanto los vientres ingresan al potrero diferido, previo al inicio de la parición y luego son rotadas en potreros en crecimiento.

<u>Utilización del pastizal natural</u>: El pastizal natural se encuentra dividido en dos potreros de similar tamaño. Los vientres ingresan en abril y permanecen hasta septiembre. El uso de los potreros de pastizal se realiza en forma alternada de abril a junio y de julio a septiembre.

La utilización del pastizal solamente en el período de reposo vegetativo de la vegetación permite incrementar el vigor de las plantas, la diseminación de semillas y el establecimiento y desarrollo de nuevas plantas.

<u>Resultados</u>: Los resultados logrados durante 7 años muestran que mediante la implantación de pasturas de Buffel Grass en un 11% de la superficie, en áreas de sacrificio, y estrategias de manejo del pastizal y del rodeo es posible recuperar la capacidad forrajera de áreas degradadas, triplicar la receptividad ganadera, incrementar los índices de terneros logrados y cuadruplicar la producción de carne promedio de la región (Tabla IX,A1.1-9).

	Promedio de Establecimientos de la Región (sólo pastizal natural)	Sistema Buffel Grass Pastizal Natural
Producción de forraje en áreas deterioradas	0 a 300 kg/ha	1500 a 3000 kg/ha
Receptividad ganadera	17 a 25 ha/UG	6,5 ha/UG
Índice de terneros logrados	menor al 50%	88,5%
Producción de Carne	5 kg/ha/año	23 kg/ha/año

Tabla IX,A1.1-9: Resultados promedio del sistema tradicional regional y del sistema mejorado con implantación del 11% de la superficie con Pasto Buffel en La Rioja (Ferrando *et al*, 2002).

A1.2 Experiencias con gramíneas exóticas en el Chaco Semiárido

En el Chaco Semiárido es posible la implantación de más especies y variedades de pasturas exóticas. Las que han sido probadas en los sistemas reales de producción y han dado buenos resultados son algunas gramíneas megatérmicas y se deberían continuar con las pruebas de leguminosas que mejor se adapten a regiones cálidas semiáridas.

Las características generales de la adaptación, producción y calidad de las pasturas subtropicales exóticas utilizadas en el norte de Córdoba fueron señaladas por Marcelo De León (2004b). Estas características nos determinan las principales limitantes a resolver: un período de producción de pasto restringido básicamente al verano con una calidad mediana durante su ciclo de producción y baja en el invierno.

En la Tabla IX,A1.2-1, De León (2004a) señaló las principales especies de gramíneas exóticas que mostraron su adaptación en sistemas reales de producción para distintas zonas semiáridas y áridas de Córdoba.

Zona	Especie	Principales cultivares
Cálida seca	*Cenchrus ciliaris*	Texas
Cálida y semiárida	*Chloris gayana*	Diploides Tetraploides
	Panicum maximum	Gatton panic Green panic
	Cenchrus ciliaris	Altos Medios
	Panicum coloratum	Verde Bambatsi
	Brachiaria brizantha	Marandú
	Digitaria eriantha	Irene
Templada y semiárida	*Eragrostis curvula*	Tanganika Ermelo Morpa
	Digitaria eriantha	Irene
	Panicum coloratum	Verde

Tabla IX,A1.2-1: Especies forrajeras y sus cultivares, adaptadas a las diferentes zonas del subtrópico semiárido argentino (De León, 2004a).

Se cuenta con varias especies y cultivares de estas forrajeras, que presentan diferencias importantes en sus características adaptativas, productivas y de calidad, que nos permiten realizar distintas combinaciones de las mismas, de manera de aproximarnos al objetivo propuesto.

Si consideramos a grandes rasgos las características de las principales pasturas difundidas como Grama Rhodes y Gatton Panic, veremos que la primera se adapta mejor a ser utilizada como diferida y la segunda a su uso durante el verano cuando produce abundante forraje de calidad. Con estas dos especies, se presentan baches como el inicio del rebrote primaveral, demasiado condicionado por las lluvias y la rápida pérdida de calidad de estas pasturas en otoño e invierno.

Estos aspectos se pueden resolver de alguna manera, con la incorporación de otras especies subtropicales como Buffel Grass *(Cenchrus ciliaris)* algunos de cuyos cultivares altos rebrotan más temprano en la primavera aún sin lluvias. Además su alta resistencia a la sequía, le confiere gran estabilidad y seguridad al sistema.

En la Figura IX,A1.2-1, se pueden observar algunas de las diferencias entre estas especies en lo referido a la distribución de su producción forrajera a lo largo del año. *Panicum maximun* (Gatton Panic) comienza a rebrotar más tarde que las otras y concentra su producción en el verano con una tasa de crecimiento muy alta que luego decae a partir de marzo. Estos ritmos de crecimiento tienen además una directa implicancia sobre la disponibilidad de forraje de calidad ya que altas tasas de crecimiento están asociadas al encañamiento de las pasturas y las bajas tasas en épocas críticas aseguran la calidad durante las mismas (De León, 1998 a y b).

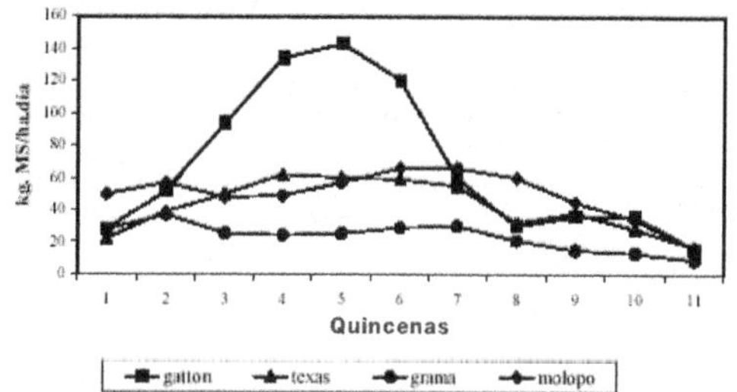

Figura IX,A1.2-1: Curvas de crecimiento de distintas forrajeras en el norte de córdoba. Referencias: gatton (*Panicum maximun* cv. Gatton), texas (*Cenchrus ciliaris* cv. Texas 4464), grama (*Chloris gayana* cv. *Local*) y Molopo (*C. Ciliaris* cv. Molopo). (De León, 1998a).

Entre las distintas pasturas existen diferencias en el momento, la intensidad y la velocidad con que se produce el pasaje al estado reproductivo y por ende los cambios en la calidad de la pastura. Por ejemplo en Gatton panic, este es muy rápido y por lo tanto difícil de controlar (Figura IX,A1.2-1), mientras que en otras especies como Buffel Grass o *Panicum coloratum* este es más lento y paulatino. En Grama Rhodes, los cultivares tetraploides (Callide, Samford) encañan más tarde que el cultivar común ya que, en esos cultivares, este proceso responde al fotoperíodo de días acortándose lo que ocurre en otoño y por lo tanto mantienen mayor calidad durante el verano (De León, 2004b).

Estas especies presentan una serie de características y respuestas particulares que condicionan la calidad del forraje disponible (Tabla IX,A1.2-2).

AUMENTA	DISMINUYE
Kg Materia Seca	% Hojas Verdes
% Tallos	% Proteína Bruta
% Fibra	Digestibilidad
% Lignina	
% hojas Muertas	

Avance del estado de crecimiento →			
Vegetativo	Encañamiento	Floración	Maduración

Tabla IX, A1.2-2: Variación en los componentes de la pastura al avanzar en su ciclo de crecimiento (De León, 1992).

En primer lugar se puede observar (Tabla IX,A1.2-2) las variaciones en la composición de la pastura a medida que avanza en su estado de crecimiento, lo que trae aparejado una importante pérdida de calidad.

Esto queda demostrado en la Tabla IX,A1.2-3, mediante la digestibilidad de las distintas fracciones de las plantas.

FRACCIONES DE LA PLANTA	DIGESTIBILIDAD
Punto de crecimiento y hojas nuevas	60-70
Tallos Superiores	45-55
Hojas viejas	50-60
Tallos basales	35-45

Tabla IX,A1.2-3: Digestibilidad de los componentes de la pastura
(De León, 1992).

Mediante el control del encañamiento, se puede modificar la calidad de la pastura. Esto se lo puede lograr de las siguientes formas (De León, 2004b):

a) Adecuando la carga animal (que determina la frecuencia de desfoliación de las plantas).

b) Mediante cortes para henificación o con un razado del remanente si la pastura se pasó, para permitir un adecuado rebrote de la misma y su utilización por parte del animal.

Los resultados de la producción forrajera (Tablas IX,A1.2-4 y IX,A1.2-5) de las distintas especies y cultivares provienen de una serie de ensayos bajo corte o pastoreo realizados en distintos puntos de la región (De León, 2004a).

Especie	Producción (kgMSha/año)		Primavera (%)	Verano (%)	Otoño (%)
	Zona 600mm	Zona 800mm			
Panicum maximun cv. Gatton Panic	4035	8200	19	58	23
Panicum maximun cv. Green Panic	4600	9000	17	59	24
Panicum coloratum cv. Klein Verde	5766	7500	26	58	16
Panicum coloratum cv. Bambatsi	6227	8500	21	61	18
Cenchrus ciliaris cv. Molopo	5700	6800	30	40	30
Cenchrus ciliaris cv. Texas 4464	3000	3200	30	40	30
Chloris gayana Ec. Local	2935	4000	20	45	35

Tabla IX, A1.2-4: Producción forrajera y distribución estacional de las pasturas en el norte de Córdoba
(De León, 1998b).

Especie	Cultivares	Producción tnMS/ha/año	Primavera (%)	Verano (%)	Otoño (%)
Cenchrus ciliaris	Texas 4464	1,5 – 4,5	10	70	20
	Biloela y Molopo	4 – 6,5	10	70	20
Panicum maximun	Gatton Panic	4 – 7,5	10	70	20
	Green Panic	4,1 – 7	10	70	20
Chloris gayana	Común	2,5 – 4,5	25	55	20
	Pioner	2,5 – 4,5	25	55	20
	Katambora	2,5 – 4,5	25	55	20
	Callide	4 –6,5	15	60	25
Panicum coloratum	Bambatsi	2,5 – 4,5	20	60	20
	Klein	2,5 – 4,5	20	60	20
Brachiaria brizantha	Marandú	4 – 7,5	10	70	20

Tabla IX, A1.2-5: Producción forrajera y distribución estacional de las pasturas en Santiago de Estero (De León, 1998b).

El valor nutritivo de estas forrajeras es relativamente mas bajo que el de las pasturas templadas (Tabla IX, A1.2-6. La mejor calidad se presenta en el rebrote primaveral, a partir del cual disminuye con el avance en el grado de madurez de la pastura (De León, 2004a).

		Primavera	Verano	Otoño
Panicum maximun cv, Gatton	%PB	9.9	4,9	3,9
	DMS	71,3	63,5	54,3
Cenchrus ciliaris cv. Texas 4464	%PB	7,3	4,5	6,0
	DMS	58,4	54,8	55,2

Tabla IX, A1.2-6: Variación de la calidad de *Panicum maximum* cv. Gatton Panic y *Cenchrus ciliaris* cv. Texas 4464 entre estaciones (De León y Bulaschevich, 1998).

Las diferencias entre las especies están íntimamente relacionadas a la velocidad en que pasan al estado reproductivo, por la lignificación de los tallos. Así, podemos visualizar, la variación en la digestibilidad y el contenido de proteína bruta de distintas especies (Figura IX,A1.2-2):

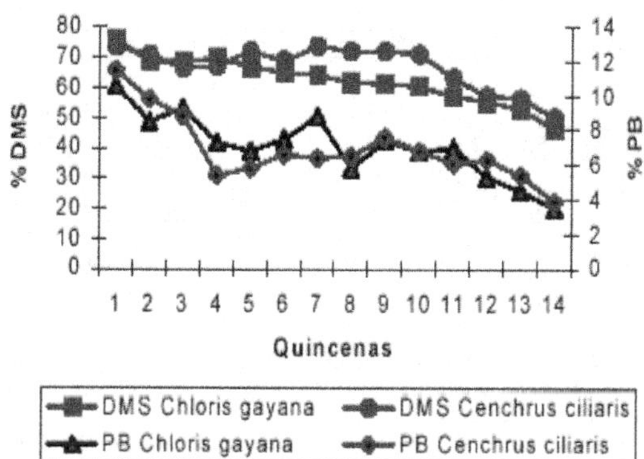

Figura IX,A1.2-2: Digestibilidad de la materia seca (DMS %) y contenido de proteína bruta (PB %) de *Chloris gayana* y *Cenchrus ciliaris* durante su ciclo de producción (De León, 1998a)

Uno de los principales factores que pueden hacer variar esta marcada disminución del valor nutritivo del forraje producido es la defoliación, ya que impide la elongación de los tallos con la consecuente pérdida de calidad (De León, 2004 a).

Esto sin embargo no impide una moderada disminución en la digestibilidad y el contenido de proteína bruta respecto al rebrote primaveral como puede observarse en las Tablas IX,A1.2-7 y IX,A1.2-8, donde se comparan dos frecuencias de defoliación en distintos momentos del ciclo de crecimiento de la pastura.

Especies	Primav.	% Digestibilidad					
		Verano			Otoño		
	Rebrote	Corte 25días	Corte 56días	Media	Corte 25días	Corte 56días	Media
P. coloratum cv. Bambatsi	73,8	67,7	56,8	62,3	67,5	60,1	61,8
P. coloratum cv.	75,7	64,0	61,2	62,6	62,2	61,9	62,1
P. maximun cv. Green	73,0	71,5	61,7	66,6	68,9	68,2	68,5
P. maximun cv. Gatton	75,8	71,3	61,7	66,5	68.7	66,6	67,6

Tabla IX,A1.2-7: Digestibilidad del forraje de distintas especies, según frecuencia de defoliación para diferentes momentos del ciclo de crecimiento (De León *et al.*, 1995a)

Especies	% Proteína Bruta						
	Primav.	Verano			Otoño		
	Rebrote	Corte 25días	Corte 56días	Media	Corte 25días	Corte 56días	Media
P. coloratum cv. Bambatsi	10,0	11,1	6,9	9,0	9,8	9,1	9,4
P. coloratum cv.	13,0	13,2	7,4	10,3	9,8	9,4	9,6
P. maximun cv. Green	10,4	11,4	5,3	8,4	8,0	7,8	7,9
P. maximun cv. Gatton	11,4	11,1	6,0	8,6	7,9	7,0	7,5

Tabla IX,A1.2-8: Contenido de proteína bruta del forraje de distintas especies, según frecuencia de defoliación para diferentes momentos del ciclo de crecimiento. (De León *et al.*, 1995b)

En el invierno, como estado diferido, se presenta la menor calidad de las pasturas. Sin embargo ésta puede variar según la especie que se trate y el tratamiento previo durante la fase de crecimiento (De León, 2004a).

En la Tabla IX,A1.2-9, en la cual se compara el diferido total (DT) de lo crecido durante el ciclo, con el diferido otoñal (DO), luego de una defoliación de verano, se puede observar este efecto.

	% PB hoja			% PB tallo			% Dig. hoja			% Dig. tallo		
	DT	DO	$\bar{x}$	DT	DO	$\bar{x}$	DT	DO	$\bar{x}$	DT	DO	$\bar{x}$
MOL	4,33	6,01	5,1	3,17	4,13	3,65	65,3	67,0	68,3	36,0	45,1	40,7
TEX	4,52	6,69	5,6	2,89	4,62	3,75	58,9	62,4	71,9	41,8	48,3	45,0
MAN	3,51	6,52	5,0	2,52	4,87	3,70	69,6	50,4	65,6	50,4	63,0	56,7
ZON	3,79	6,82	5,3	2,83	5,26	4,05	70,8	76,8	66,8	56,2	62,1	59,6

Referencias: MOL: *Cenchrus ciliaris* cv. Molopo, TEX: *C. ciliaris* cv. Texas, MAN: *Chloris gayana* ec. Manfredi, ZON: *Ch. gayana* ec. Zonal. DT: Diferido total, DO: Diferido otoñal.

Tabla IX,A1.2-9: Calidad de las fracciones hoja y tallo del forraje disponible en invierno de cuatro genotipos según tratamientos (De León *et al.*, 1995b)

Las forrajeras evaluadas en este trabajo, presentaron diferentes producciones totales y la cantidad de forraje disponible en invierno fue menor cuando las pasturas se utilizaron en verano, pero fue mayor la calidad de dicho forraje.

Existen otras diferencias entre especies, estas se deben principalmente a resistencia al frío que permite que algunas de ellas mantengan material verde, principalmente hojas, durante el invierno, lo que les confiere mayor calidad (De León, 2004a).

El análisis de estos resultados permite destacar los siguientes aspectos:

a) El amplio rango o gran variabilidad de la producción de un mismo genotipo en un mismo lugar, debido fundamentalmente a las variaciones en las precipitaciones entre años.

b) La declinación de la producción de estas pasturas a medida que envejecen.

c) Las diferencias en producción de una misma pastura en distintas zonas, ya que la expresión del potencial de producción está condicionado a las características ambientales del lugar que se trate.

d) La distribución de la producción, si bien muestra una concentración en el verano, presenta importantes diferencias entre especies y entre zonas, lo que permite diferenciar claramente la potencialidad de aporte forrajero en las distintas épocas y así poder aprovechar las características de cada una de las especies para conformar una cadena forrajera.

e) Los distintos cultivares de una misma especie, pueden ofrecer características muy distintas en cuanto a su producción de forraje y su distribución, como se puede observar en las Figuras IX, A1.2-1 y IX, A1.2-2.

Por otra parte, las especies a sembrar deben adaptarse al particular microambiente que crea la cubierta de árboles del bosque, en donde por ejemplo cambia la cantidad y calidad de luz incidente (Miñón, 1986).

La experiencia resumida en la Tabla IX,A1.2-10, es la información preliminar obtenida en la Estación Experimental INTA de Santiago del Estero, en un bosque degradado, en el que se eliminaron manualmente los arbustos dejando los árboles. La densidad de árboles y arbustos era de 450 y 4300 individuos por hectárea respectivamente.

Los tratamientos consistieron en control selectivo de arbustos y la siembra de *Panicum máximum* cv. Gatton (Gatton), *Chloris gayana* población del norte de Córdoba (Grama), *Cenchrus ciliaris* cv. Texas 4464 (Buffel), recuperación natural del pastizal de especies nativas y el testigo consistió en clausurar el bosque sin desarbustar.

Tratamientos	Producción (kgMS)	Incremento %	Cobertura %
Gatton	4650	1081	83
Buffel	2420	563	65
Grama	1680	391	51
Pastizal nativo	1020	237	56
Testigo	430	100	42

Tabla IX,A1.2-10: Producción de materia seca (kgMS) y cobertura (%) de gramíneas subtropicales implantadas bajo cubierta de árboles (Miñón, 1986).

Los resultados obtenidos muestran el excelente comportamiento del Gatton bajo cubierta arbórea, al igual que Buffel. Con la Grama no se logro buena cobertura de suelo y no parece adaptarse al ambiente de sotobosque.

La producción de las especies nativas luego de un año de clausura se incrementó significativamente obteniéndose rendimientos más de dos veces superiores cuando se eliminaron los arbustos (Miñon, 1986).

La producción animal, tanto individual (ganancia de peso/cabeza) como por unidad de superficie (kg de carne/ha), es el resultado final de numerosas interacciones pastura-animal. Una de las variables que definen el resultado obtenido de una pastura, es la carga animal con que se la utilice (De León, 2004a).

En términos generales podríamos señalar que a medida que aumenta la carga animal, disminuyen las ganancias individuales y crece la producción por hectárea, hasta un óptimo a partir del cual ésta también disminuye (ver Capítulo VIII:3.6).

Las variaciones en la carga animal, lo que están determinando es cual será la disponibilidad o asignación de forraje por animal o por kilogramo de peso vivo. Con bajas cargas habrá más forraje disponible para que los animales puedan seleccionar una dieta de mejor calidad, mientras que con altas cargas, la escasa disponibilidad se convierte en limitante para el consumo.

La respuesta animal estará determinada principalmente por el consumo de materia seca digestible, variable que sintetiza el consumo de materia seca y la digestibilidad del forraje consumido.

Estas relaciones generales no siempre ocurren en pasturas tropicales, ya que en muchos casos, una mayor disponibilidad de forraje está asociada a una baja en su calidad, por las altas tasas de crecimiento y rápido pasaje al estado reproductivo.

En otros casos se suelen presentar estructuras o arquitecturas de la pastura que no permiten una adecuada cosecha del forraje por parte del animal, ocasionando limitantes en el consumo y por lo tanto baja ganancia de peso.

Para poder visualizar adecuadamente el potencial de una pastura en cuanto a su producción de carne, se puede evaluar con cargas variables siguiendo sus ritmos de crecimiento de manera de aprovechar todo el forraje producido, con su correspondiente valor nutritivo. Resultados comparativos de distintas especies forrajeras fueron evaluados con carga variable durante su ciclo de producción (Tabla IX,A1.2-11).

Especie / cultivar	Carga promedio (cab./ha)	Período de pastoreo (días)	ADPV (g/día)	Producción de carne (kg/ha)
Cenchrus ciliris cv. Texas 4464	2,5	155	510	198
Panicum maximum cv. Gatton	5,0	130	600	390
Cenchrus ciliris cv. Molopo	3,0	165	560	270
Chloris gayana ec. Local	2,0	137	540	156

Tabla IX,A1.2-11: Producción de carne (kg/ha) y aumento diario de peso vivo (ADPV) de distintas pasturas con carga variable durante su ciclo de producción (De León, 1998b).

También se analizaron para distintas pasturas, las variaciones en la ganancia de peso individual y la producción de carne/ha con distintas cargas animales durante el ciclo de producción, cuyos resultados se presentan en la Tabla IX,A1.2-12.

Carga animal	Asignación forrajera (gMS/kgPV)	Cabezas/ha vaquillonas 180kgPV inicial	Aumento de peso (g/día)	kg de carne/ha
Baja	120	3,0	510	181
Media	80	4,5	994	376
Alta	60	6,0	631	318

Tabla IX,A1.2-12: Efecto de la carga sobre el aumento de peso y la producción de carne/ha en una pastura de *Panicum maximum* cv. Gatton en el norte de Córdoba (Luna Pinto *et al.*, 1996).

Las menores ganancias de peso con bajas cargas, se deben a la disminución de la calidad del forraje disponible, ya que su baja utilización permite que la pastura encañe rápidamente; especialmente en el caso de Gatton Panic que se caracteriza por altas tasas de crecimiento durante el verano (De León, 2004a).

A medida que aumenta la carga, se incrementa también la calidad del forraje como puede observarse en la Tabla IX,A1.2-13, pero con una alta carga animal, la limitante para la ganancia de peso es la cantidad de forraje disponible que restringe el consumo.

	Asignación forrajera (g/kgPV/día)					
	120		80		60	
FECHA	DSRM (%)	PB (%)	DSRM (%)	PB (%)	DSRM (%)	PB (%)
Diciembre 15	73	11,2	73	11,0	73	11,0
Diciembre 29	68	6,3	67	6,8	71	10,7
Enero 12	66	7,1	68	7,7	70	10,2
Enero 26	60	4,6	66	7,4	68	9,3
Febrero 6	61	3,7	63	7,0	67	9,0
Febrero 23	55	4,4	60	5,8	67	7,6
Marzo 9	52	4,2	58	5,5	62	7,2
Referencias: DRMS: Desaparición ruminal de la materia seca "in situ". PB: Proteína bruta						

Tabla IX,A1.2-13: Calidad de la pastura bajo tres asignaciones de forraje en una pastura de *Panicum maximum* cv. Gatton, dentro del periodo de crecimiento (Luna Pinto *et al.*, 1996)

En pasturas diferidas para su utilización invernal, la carga también tiene un efecto importante sobre la respuesta animal, ya que modifica la disponibilidad de forraje y permite una mayor selectividad y por lo tanto mejor calidad de dieta cuanto mas alta sea la asignación forrajera, como se puede observar en la Tabla IX,A1.2-14.

Carga animal	Asignación forrajera (gMS/kgPV)	Aumento de peso (g/día)	kg de carne/ha
Baja	130	267	83
Media	100	241	104
Alta	70	137	77

Tabla IX,A1.2-14: Efecto de la carga, sobre el aumento de peso y la producción de carne/ha en una pastura diferida de *Panicum coloratum* cv. Klein Verde en el norte de Córdoba (De León, 1998b)

La evaluación se realizó durante 120 días (junio a septiembre) con vaquillonas de 160kg de peso inicial. Como la pastura no está en crecimiento y no se modifica su calidad, se da una relación directa de la carga con la respuesta animal lo que no siempre ocurre con la utilización durante su ciclo de producción. La producción de carne/ha se maximiza con cargas intermedias, como ocurre generalmente.

Como resumen final Marcelo de León (2004a) dijo: Cada especie presenta ciertas características destacables que definen sus aptitudes para integrar una cadena forrajera.

Así podemos señalar la gran resistencia a la sequía del *Cenchrus ciliaris* que no sólo le permite adaptarse a aquellos ambientes más áridos sino también le confiere una gran seguridad de producción de forraje a los sistemas de zonas más húmedas frente a las variaciones de precipitaciones entre años y a períodos secos dentro de un mismo año.

El potencial de producción de esta especie es muy variable según los cultivares y su calidad es relativamente baja, pero con ritmos de crecimiento bastante constantes lo que facilita su manejo.

Los cultivares de *Panicum maximum*, particularmente el cv. Gatton Panic que es el más difundido, tiene un alto potencial de producción de forraje de buena calidad. Su ciclo de crecimiento es muy explosivo en el verano lo cual exige su correcto manejo para aprovechar su potencialidad. Además es exigente en fertilidad y muy sensible a las sequías.

Los cultivares de *Panicum coloratum* al igual que *Digitaria eriantha* se caracterizan por su resistencia a las bajas temperaturas lo que les confiere una especial aptitud para ser usadas como diferidos. Son en general de buena producción y calidad, con un ciclo de producción relativamente amplio.

Brachiaria brizantha posee un alto potencial de producción y buena calidad forrajera durante el verano pero es de bajo valor como diferida.

Chloris gayana se puede considerar intermedia con una plasticidad importante y puede ser utilizada en todo el año. Su producción no es elevada, salvo los cultivares tetraploides.

Las principales recomendaciones de manejo se refieren:

En primer lugar al planteo de cadenas forrajeras de acuerdo a las aptitudes de cada especie y los objetivos del sistema de producción.

En segundo lugar, la carga animal es determinante del resultado a obtener. Las cargas relativamente altas favorecen la utilización del forraje producido, a pesar de la menor respuesta individual.

Esta puede ser mejorada mediante la suplementación con lo cual se puede incrementar sustancialmente la producción de carne sobre estas pasturas como ha quedado demostrado con la información presentada, en comparación con lo que se produce como promedio en las distintas zonas de la región.

A1.3 Experiencias con leguminosas forrajeras exóticas

En el Chaco Árido de Córdoba se han probado algunas leguminosas forrajeras tropicales herbáceas (Ayerza, 1980–1984), la mayoría, luego de 5 años en los jardines de introducción no mostraron adaptarse a las condiciones climáticas de la región. Algunas de las que mejor se adaptaron se las sembró asociadas a Buffel Grass cv. Texas 4464, pero rebrotaron muy poco en la segunda estación de crecimiento, dentro de las que mejor se adaptan (mostró algún rebrote en la segunda temporada de crecimiento) está el Siratro (*Macoptilium atropurpureum* cv. Siratro).

En el Chaco Semiárido de Córdoba, tal como expresamos en el Capítulo II:1.2, se encuentran algunas leguminosas herbáceas nativas, y en zonas mas al norte del Chaco Semiárido se encuentran más leguminosas herbáceas nativas, principalmente de los géneros *Galactia* (Porotillos), *Indigofera, Rhynchosia, Macroptilium, Desmanthus,* y otros (ver Capítulo II, Anexo 3).

Esto nos da la pauta que es posible encontrar leguminosas tropicales exóticas que puedan adaptarse a las condiciones ambientales del Chaco Semiárido de Córdoba para ser consociadas o asociadas con las gramíneas introducidas.

En un principio se logró mantener en cultivo (propiciando la resiembra natural y/o con intersiembra) leguminosas anuales como *Melilotus albus*, con cierto éxito en condiciones de pastoreo y aunque el aporte de forraje no fue muy importante, sí fue importante el aporte de N al suelo que aprovecharon las gramíneas.

En cuanto a la incorporación de leguminosas herbáceas subtropicales Marcelo De León (1991) dijo: Debido a la alta respuesta que presentan las especies de gramíneas subtropicales a la fertilidad del suelo y a la perdida de productividad que se observa en las pasturas a medida que se agota la cantidad de nitrógeno disponible, surge el interés en contar con leguminosas para asociar con estas gramíneas. La fijación simbiótica de nitrógeno atmosférico de las leguminosas, constituye un aporte económico de este elemento al sistema suelo-planta.

Además, el alto contenido de proteína bruta de las leguminosas, genera un mejoramiento de la calidad de la pastura mediante su asociación con respecto a las gramíneas solas, sobre todo para la época otoñal.

Se están buscando especies perennes de origen subtropical que se adapten al Norte de Córdoba entre las cuales se han evaluado en el Campo Experimental Anexo, *Macroptilium atropurpureum* cultivar Siratro; *Macroptilium bracteatum* y *Centrosema virginianum* asociadas a *Cenchrus ciliaris* y Grama Rhodes. Los resultados de la producción forrajera obtenida y la proporción de leguminosas en las asociaciones se presentan en la Figura IX,A1.3-1.

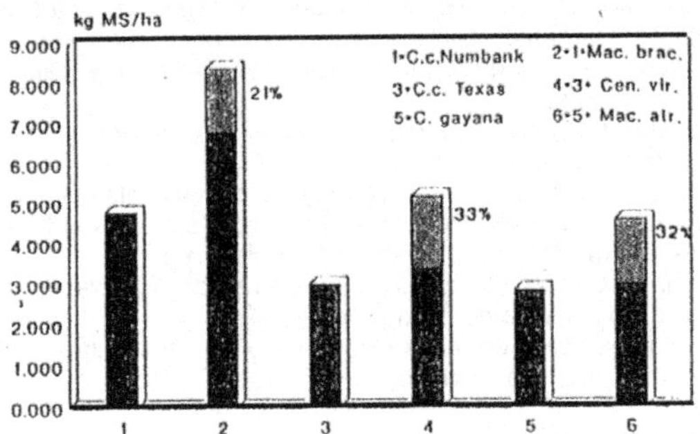

Figura IX,A1.3-1: Producción de materia seca (kgMS/ha) de gramíneas
puras y asociadas con leguminosas

Se observa el efecto positivo de las leguminosas en la producción de materia seca con porcentajes de estas especies que variaron entre el 21% y 33%.

En cuanto al contenido de proteína bruta de las gramíneas y las leguminosas muestreadas en el mes de Abril, que se presentan en la Tabla IX, A1.3-1, se observa la gran diferencia entre ambos tipos de especies, lo que mejora la calidad total de las pasturas consociadas o asociadas.

Especie	Porcentaje de Proteína Bruta	
	Abril 1990	Abril 1991
Cenchrus ciliaris cv. Numbank	3,6	3,1
Macroptilium bracteatum	9,1	9,6
Cenchrus ciliaris cv. Texas	5,0	4,0
Centrosema virginianum	10,5	10,2
Chloris gayana	3,4	4,3
Macroptilium atropurpureum cv. Siratro	12,4	11,8

Tabla IX, A1.3-1: Porcentaje de proteína bruta de gramíneas y leguminosas asociadas.
Abril 1990 y Abril 1991.

Si consideramos la producción de Proteína Bruta de las pasturas de gramíneas solas o asociadas con leguminosas (Figura IX,A1.3-2), podemos observar la clara superioridad de éstas últimas.

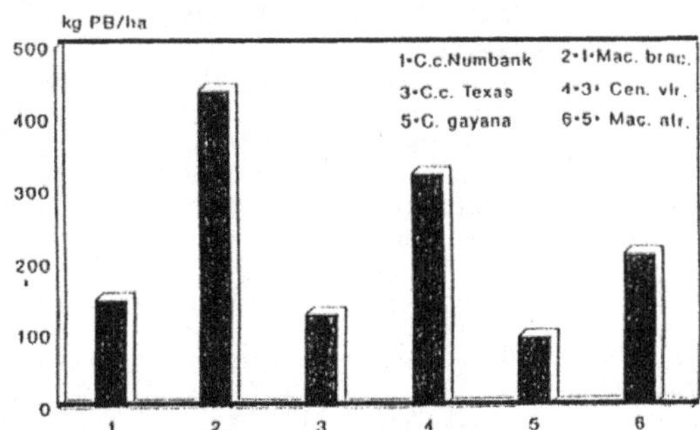

Figura IX,A1.3-2: Producción de proteina bruta (kgPB/ha) de gramineas puras y asociadas con leguminosas.

Si bien los resultados anteriores fueron obtenidos en parcelas experimentales, esperemos que en sistemas reales de producción, en unidades de manejo extensivas y bajo pastoreo, se consigan las técnicas de manejo apropiadas para la sustentabilidad de las praderas consociadas.

* * * * * *

CAPÍTULO IX: ANEXO 2
EXPERIENCIAS CON DICOTILEDÓNEAS NATIVAS DE INTERÉS FORRAJERO EN EL CHACO ÁRIDO Y SEMIÁRIDO

A2.1 Experiencias en el Chaco Árido

C. Ferrando *et al.* (2003a) informaron: La vegetación nativa es la principal fuente de alimentación de los animales domésticos en el Chaco Arido. Sin bien las gramíneas constituyen la base de la alimentación, los bovinos consumen otros componentes dependiendo de las relaciones entre la oferta, composición y estado fenológico de las especies. El contenido de proteína bruta (PB) de brotes del año de 11 latifoliadas forrajeras nativas del Chaco Árido en 4 fechas, es (Tabla IX,A2.1-1):

Especie	Diciembre	Marzo	Julio	Octubre
Acacia aroma	20.55 a	19.58 a	18.15 bc	19.80 b
Bulnesia foliosa	19.75 a	13.80 d	24.93 a	17.70 c
Justicia gillesii	20.85 a	17.28 b	18.58 bc	19.93 b
Lycium ciliatum	18.80 a	15.07 c	17.70 c	18.55 bc
Prosopis flexuosa	15.60 b	19.90 a	16.05 d	22.73 a
Ephedra triandra	15.10 b	11.90 e	13.55 e	12.68 d
Tricomaria usillo	13.65 bc	11.38 e	12.30 f	11.25 d
Xeroaloysia ovtifolia	13.55 bc	7.88 g	18.63 b	11.30 d
Atriplex argentina	13.38 bc	13.08 d	11.83 f	11.40 d
Cordobia argentea	12.10 c	8.78 fg	15.20 d	17.98 c
Grahamia bracteata	9.20 d	9.55 f	7.30 g	7.40 e
Letras distintas en una misma columna denotan diferencias significativas (p<0.05) entre especies dentro de una misma fecha.				

Tabla IX,A2.1-1: PB (%), según especie y fecha (Ferrando *et al.*, 2003a)

Los resultados encontrados indican que las latifoliadas presentan interesantes valores de proteína bruta y que pueden hacer una importante contribución a la dieta de bovinos particularmente en la estación seca (invierno-primavera), momento en que los pastos se encuentran diferidos y con muy bajos niveles de este nutriente. Sin embargo, para poder definir el verdadero aporte, sería necesario conocer que porción de la PB está disponible particularmente en relación al contenido de taninos.

Por otra parte, C. Ferrando *et al.* (2003b) informaron sobre otros parámetros nutritivos de hojas y brotes del año de 11 latifoliadas forrajeras nativas del Chaco Arido en 4 fechas. Los parámetros evaluados fueron desaparición *in situ* de la materia seca (DIMS) (Tabla IX,A2.1-2), fibra detergente neutro (FDN) (Tabla IX,A2.1-3) y fibra detergente ácido (FDA) (Tabla IX,A2.1-4). Las especies estudiadas fueron *Acacia aroma* (Aca aro), *Atriplex argentea* (Atr arg), *Bulnesia foliosa* (Bul fol), *Cordobia argentea* (Cor arg), *Ephedra triandra* (Eph tri), *Grahamia bracteata* (Gra bra), *Justicia gilliesi* (Jus gil), *Lycium ciliatum* (Lyc cil), *Prosospis flexuosa* (Pro fle), *Trichomaria usillo* (Tri usi) y *Xeroaloysia ovatifolia* (Xer ova).

Se observó que: a) los valores promedio de DIMS fueron mayores en diciembre con una tendencia decreciente en las sucesivas fechas, mientras que los de FDN y FDA mostraron una tendencia creciente; b) los mayores valores promedio de DIMS se encontraron en Bul fol, Pro fle y Atr arg, los menores valores promedio de FDN se detectaron en Bul fol, Pro fle, Atr arg y Cor arg, y los menores de FDA se detectaron en Bul fol, Atr arg y Aca aro; c) considerando los tres parámetros evaluados, Bul fol, Atr arg, Pro fle, Cor arg, Xer ova y Jus gil, se destacaron en diciembre y marzo (período húmedo) mientras que Bul fol, Pro fle y Atr arg, se destacaron en julio (mediados del período seco) y Pro fle, Atr arg y Eph tri, lo hicieron en octubre (fin del período seco).

Se concluyó que, dependiendo de su disponibilidad y momento del año, especies como Bul fol, Atr arg, Pro fle, Jus tgil, Eph tri, Cor arg y Xer ova, pueden hacer una importante contribución a la calidad de la dieta de bovinos en Los Llanos de La Rioja.

Digestibilidad *"in situ"* de la materia seca (DIMS)					
Especie	Diciembre	Marzo	Julio	Octubre	Promedio
Bulnesia foliosa	84[a]	79a	80a	50d	73A
Prosopis flexuosa	61d	64cd	67b	66a	64B
Atriplex argentina	68c	62d	63c	59b	63B
Ephedra triandra	71bc	60e	58d	58bc	60C
Justicia gillesii	61d	72b	58d	45e	59CD
Cordobia argentea	60d	63cd	57d	50d	57DE
Tricomaria usillo	59d	51e	57d	56c	56EF
Xeroaloysia ovalifolia	73b	71b	48e	32h	55F
Lycium ciliatum	57d	44f	47e	35g	46G
Acacia aroma	40f	35g	42f	51d	42H
Grahamia bracteata	45e	42f	36g	29h	38I
Promedio	64[a]	59B	55C	48D	

En cada parámetro, letras minúsculas distintas denotan diferencias (p<0,05) en una misma columna y letras mayúsculas distintas denotan diferencias (p<0,05) entre promedios de especies y entre fechas.

Tabla IX,A2.1-2: Desaparición *in situ* de la materia seca (%)según especie y fecha (Ferrando *et al.*, 2003b).

Fibra Detergente Neutra (FDN)					
Especie	Diciembre	Marzo	Julio	Octubre	Promedio
Bulnesia foliosa	39[a]	35a	34a	54a	40[a]
Prosopis flexuosa	43[a]	49b	64d	52a	52B
Atriplex argentina	48b	56cd	52b	52a	52B
Ephedra triandra	56c	58cd	57bcd	57b	57C
Justicia gillesii	49b	40a	59bcd	64d	53B
Cordobia argentea	51b	53bc	61d	63cd	57C
Tricomaria usillo	51b	62d	60cd	64bc	58C
Xeroaloysia ovalifolia	50b	58cd	64d	75e	62D
Lycium ciliatum	59c	72e	61d	75e	67E
Acacia aroma	59c	56cd	63bc	63cd	58C
Grahamia bracteata	71d	73e	82e	77e	76F
Promedio	52[a]	56B	59C	63D	

En cada parámetro, letras minúsculas distintas denotan diferencias (p<0,05) en una misma columna y letras mayúsculas distintas denotan diferencias (p<0,05) entre promedios de especies y entre fechas.

Tabla IX,A2.1-3: Fibra detergente neutro (%) según especie y fecha (Ferrando *et al.*, 2003b).

Fibra Detergente Ácida (FDA)					
Especie	Diciembre	Marzo	Julio	Octubre	Promedio
Bulnesia foliosa	23[a]	25a	24a	44d	29A
Prosopis flexuosa	36bcd	38bc	47ef	40c	39CD
Atriplex argentina	30abc	35bc	32b	34b	33B
Ephedra triandra	44ef	41cd	49fg	40c	44EF
Justicia gillesii	29ab	31ab	42cd	49ef	38CD
Cordobia argentea	38cde	37bc	44de	46de	41DE
Tricomaria usillo	28ab	46def	39c	47de	40CD
Xeroaloysia ovatifolia	36bcd	42cde	52g	52f	45F
Lycium ciliatum	44ef	54g	50fg	52f	50G
Acacia aroma	28ab	50f	33b	26a	34B
Grahamia bracteata	51f	48efg	63h	64g	57H
Promedio	35[a]	41B	43C	44C	

En cada parámetro, letras minúsculas distintas denotan diferencias (p<0,05) en una misma columna y letras mayúsculas distintas denotan diferencias (p<0,05) entre promedios de especies y entre fechas.

Tabla IX,A2.1-4: Fibra detergente ácido (%) según especie y fecha (Ferrando *et al.*, 2003b).

En otro informe C. Ferrando *et al.* (2003c) dijeron: El objetivo de este trabajo fue comparar la desaparición *in situ* de la materia seca (DIMS), fibra detergente neutro (FDN) y fibra detergente ácido (FDA) entre gramíneas y latifolidas forrajeras nativas en 4 fechas del año. Las gramíneas evaluadas fueron 8, *Aristida mendocina*, *Chloris castilloniana*, *Digitaria californica*, *Gouinia paraguariensis*, *Pappophorum krapovickasii*, *Pappophorum philippianum*, *Setaria pampeana* y *Trichloris crinita*, y las latifoliadas fueron 10, *Acacia aroma*, *Atriplex argentina*, *Bulnesia foliosa*, *Cordobia argentea*, *Ephedra triandra*, *Justicia gilliesii*, *Lycium ciliatum*, *Prosospis flexuosa*, *Trichomaria usillo* y *Xeroaloysia ovatifolia*. Las muestras se tomaron a principio y fin de verano, en invierno y en primavera. La DIMS se realizó con novillos con fístula ruminal. Los resultados se analizaron mediante ANAVA y Tukey (Tabla IX,A2.1-5).

FECHA	DIMS		FDN		FDA	
	Gramíneas	Latifoliadas	Gramíneas	Latifoliadas	Gramíneas	Latifoliadas
Diciembre	62.63	63.40	68.88	50.50	46.00	33.60
Marzo	54.75	60.10	79.13	53.90	43.00	39.90
Julio	47.38	57.70	77.87	57.50	50.25	41.20
Octubre	47.63	50.20	79.38	61.90	50.62	43.00
PROMEDIO	53.09 a	57.85 b	76.31 a	55.95 b	47.47 a	39.43 b
Letras minúsculas distintas en una misma fila denotan diferencias significativas entre grupo de especies.						

Tabla IX,A2.1-5: DIMS (%), FDN (%) y FDA (%), según grupo de especies y fecha (Ferrando *et al.*, 2003 c).

En todas las fechas las latifoliadas presentaron mayores valores de DIMS y menores valores de FDN y FDA que las gramíneas. Los valores de DIMS tendieron a decrecer entre fechas y los de FDA tendieron a incrementarse. Los resultados ponen de manifiesto que dependiendo de su disponibilidad, las latifoliadas pueden hacer una importante contribución a la calidad de la dieta de bovinos en los sistemas productivos de cría del Chaco Árido.

También C.A. Rossi *et al.* (2003a) informaron sobre el porcentaje de proteína bruta en el follaje de 6 especies leñosas que son ramoneadas por los animales, en particular por las cabras (Tabla IX,A2.1-6). Las especies seleccionadas para el estudio fueron: *Prosopis chilensis*, *Geofroea dcorticans*, *Caparis atamisquea*, *Zizyphus mistol*, *Castella coccinea* y *Justicia gillesii*. El muestreo se realizó en Chamical, La rioja, en el mes de junio.

Especie	Nombre vulgar	PB (%)
Prosopis chilensis	Algarrobo Blanco	21,63 a
Geofroea dcorticans	Chañar	19,47 b
Caparis atamisquea	Atamisqui	17,58 c
Zizyphus mistol	Mistol	16,15 cd
Castella coccinea	Mistol del Zorro	15,74 d
Justicia gillesii	Alfilla	13,42 e

Prueba de Duncan: Letras distintas difieren significativamente para p<0,05

Tabla IX,A2.1-6: Contenido de PB en hojas de 6 leñosas de ramoneo del chaco Árido (Rossi *et al.*, 2003a).

La especie leñosa cuyo follaje mostró mayor promedio de PB fue *Prosopis chilensis* seguida de *Geofroea decorticans*. Por su parte *Caparis atamisquea*, *Zizyphus mistol* y *Castella coccinea* se ubicaron con valores intermedios y decrecientes. Finalmente *Justicia gillesii* fue la especie con menor contenido de PB.

En otro trabajo C.A. Rossi *et al.* (2003b) informaron: Las especies nativas de la región son la base forrajera de la ganadería caprina y cría vacuna. Como sucede en otras regiones áridas y semiáridas, el consumo de pastos y herbáceas es complementado por el ramoneo de leñosas durante casi todo el año.

En función de los resultados, se puede afirmar que en general las especies estudiadas presentan porcentajes de PB elevados para el período invernal (Tabla IX,A2.1-7) en comparación con los valores promedios de las gramíneas, que en el mismo período no superan el 5% de PB.

La especie *Bulnesia foliosa* se ubicó como la especie con mayor promedio de PB (16,12%) y por su parte *Aspidosperma quebracho-blanco* mostró el menor promedio de PB (10,16%). Los análisis de FDN y FDA (Tabla IX,A2.1-8) mostraron que *Bulnesia foliosa* resultó la especie con los valores más bajos (FDN 17,97 % y FDA 13,79 %).

Especies	Promedios % PB
Aspidosperma quebracho-blanco	10,16 a
Larrea divaricata	15,63 b
Lippia turbinata	16,68 b
Bulnesia foliosa	16,12 b
Larrea cuneifolia	17,10 b

Test de Duncan: letras iguales no difieren significativamente (P<0,05)

Tabla IX,A2.1-7: Evaluación nutritiva del follaje de leñosas de ramoneo del Chaco Arido: Porcentaje de Proteína Bruta (% PB) (Rossi *et al.*, 2003b).

Especies	Promedios % de FDN	Promedios de Ln. de FDN (*) (**)	Promedios % de FDA (*)
Aspidosperma quebracho-blanco	42,28	3.743 a	34,37 b
Lippia turbinata	36,24	3.570 a	39,70 a
Larrea divaricata	24,16	3.179 b	20,76 c
Larrea cuneifolia	22,63	3.110 b	18,30 c
Bulnesia foliosa	17,97	2.863 c	13,79 d
(*) Test de Duncan: letras iguales en la misma columna no difieren significativamente (P<0,05).			
(**) Variable transformada a ln (logaritmo neperiano) debido a la falta de homogeneidad de varianzas.			

Tabla IX,A2.1-8: Evaluación nutritiva del follaje de leñosas de ramoneo del Chaco Árido: Porcentaje de FDN y FDA (Rossi *et al.*, 2003b).

Se puede afirmar que de las 5 leñosas, *Bulnesia foliosa* resultó la especie con mejores índices de valor nutritivo. En el otro extremo se ubicó *Aspidosperma quebracho-blanco*, que mostró en conjunto los valores promedios más desfavorables.

En otro trabajo C.A. Rossi *et al.* (2001) dijeron: El objetivo de este trabajo fue evaluar las cualidades nutricionales de las principales leñosas de ramoneo del Chaco Arido. La selección de especies se basó en los parámetros siguientes: abundancia relativa en el ecosistema, alta disponibilidad de forrajimasa y accesibilidad para el consumo del ganado.

Las muestras se recolectaron en el período invernal, cuando las hojas de estas leñosas adquieren su mayor importancia como componentes de la dieta. Se determinaron los siguientes estimadores del valor nutritivo: proteína bruta (PB), fibra detergente neutro (FDN), fibra detergente ácido (FDA) y digetibilidad *in vitro* de la materia seca (DIVMS). Que se muestran en la Tabla IX,A2.1-9.

Especie	Nombre vulgar	PB (%)	FDN (%)	FDA (%)	DIVMS (%)
Aspidosperma quebracho-blanco	Quebracho Blanco	10,16 b	47,01 abc	34,37 ab	62,13 ab
Prosopis flexuosa	Agarrobo Negro	17,98 a	44,33 ab	33,80 ab	62,53 ab
Prosopis torquata	Tintitaco	17,06 ab	36,36 abc	33,39 ab	62,89 ab
Acacia aroma	Tusca	16,23 ab	46,69 a	41,24 a	56,78 b
Celtis pallida	Tala Churqui	16,15 ab	29,29 c	21,17 b	72,41 a
Mymozyganthus carinatus	Lata	19,42 a	32,00 bc	27,77 b	67,27 a
Letras iguales en cada columna no difieren significativamente al 5%, según el "test" de Miller.					

Tabla IX,A2-9: Resultados de la evaluación nutricional (Rossi *et al.*, 2001).

En base a los estimadores de valor nutritivo se pueden destacar 2 especies por sus cualidades forrajeras: *Celtis pallida* (Tala Churqui) que presentó un alto porcentaje de PB y una muy alta DIVMS, y *Mymozyganthus carinatus* (Lata) con PB y DIVMS altas y bajos valores de FDN y FDA. En el resto de las especies no se encontraron diferencias notables a excepción de *Aspidosperma quebracho-blanco* que tuvo el valor mas bajo en PB y *Acacia aroma* que exhibió el menor porcentaje de digestibilidad.

Por otra parte C.A. Rossi y A.M. Pereyra (2000) informaron que: La presencia de metabolitos secundarios (ver Capítulo VIII,3.12-1) en plantas forrajeras puede incidir sobre su valor nutricional, a partir que estas sustancias son consideradas como factores antinutricionales al ocasionar distintos trastornos a los procesos de consumo y digestión.

El objetivo de este trabajo fue determinar cualitativamente la presencia de taninos, alcaloides, saponinas y esteroide de 5 especies leñosas del Chaco Árido. Las especies seleccionadas fueron *Aspidosperma quebracho-blanco*(Asp que), *Lippia turbinata* (Lip tur), *Larrea divaricata* (Lar div) *L. cuneifoia* (Lar cun) y *Bulnesia foliosa* (Bul fol). Cuyos resultados se presentan en la Tabla IX,A2.1-10.

Especies	Taninos		Alcaloides		Saponinas		Esteroides		TASE	TAE	TSE	TE	E
	N	%	N	%	N	%	N	%					
Asp que	35	100	35	100	1	2,8	35	100	1	34	0	0	0
Lip tur	32	91,1	0	0	0	0	35	100	0	0	0	32	3
Lar div	35	100	0	0	4	11,4	35	100	0	0	4	31	0
Lar cun	35	100	0	0	0	0	35	100	0	0	0	35	0
Bul fol	29	82,8	0	0	1	2,8	35	100	0	0	1	29	5

Tabla IX,A2.1-10. Análisis fitoquímicos de presencia de metabolitos en las distintas especies (Rossi y Pereyra, 2000).

Para el análisis estadístico se aplico análisis factorial de correspondencias simples y posteriormente se realizó un análisis de agrupamiento. Para cada especie se elaboró un registro con las 16 combinaciones posibles de presencia o ausencia de cada metabolito, encontrándose 5 combinaciones de metabolitos sobre las 16 posibles, las que se presentan en la Tabla IX,A2.1-10.

En otro trabajo Nai Bregaglio, *et al.* (2003) informaron: El objetivo del presente estudio fue determinar la calidad nutritiva a lo largo del año, de 9 especies de leñosas nativas de la región, en la pedanía de Chancaní, Córdoba.

Se analizó material ramoneable en las cuatro estaciones del año, de *Condalia microphylla*, *Capparis atamisquea*, *Lippia turbinata*, *Celtis pallida*, *Larrea divaricata*, *Maytenus spinosa*, *Cercidium praecox*, *Acacia aroma* y *Geoffroea decorticans*.

Se determinó el porcentaje de FDN, FDA y Proteína Total, y se calculó la digestibilidad a partir del % de FDA, para cada especie en cada estación.

Todas las especies tuvieron una DMS mayor al 60% a lo largo de todo el año, *C. pallida*, *M. spinosa* y *C. atamisquea* mantienen una digestibilidad alrededor del 70% (p<0,1) durante todas las estaciones, mientras que las demás especies muestran una variación más marcada (p<0,05). Los porcentajes de FDA se mantienen estables entre otoño e invierno (p<0,01), menos en *A. aroma*, *C. microphylla* y *L. turbinata*, mientras que el %FDA tiende a aumentar en todas las especies hasta la primavera inclusive, a excepción de *C. pallida*, y *M. spinosa* que disminuyen en esta estación (p<0,05).

Los porcentajes de proteína total estuvieron, por encima del 12%. La mayoría de las especies disminuye su contenido proteico durante otoño-invierno, a excepción de *L. divaricata* y *C. pallida* que aumentan sus valores en otoño (25% y 19,5% respectivamente, p<0,01).

Los valores de digestibilidad obtenidos de las leñosas estudiadas fueron de buenos a excelentes (%DMS>60-70%). En el caso de *C. praecox*, *G. decorticans* y *C. pallida*, se registraron valores más altos que para la zona semiárida. Los valores de proteína total de *A. aroma*, *C. praecox*, *C. pallida* y *C. microphylla*, fueron similares a los encontrados en el NOA, mientras que las restantes especies registraron mayores valores.

Respecto a la variación estacional, todas las especies tienden a disminuir el contenido de proteínas durante el invierno a diferencia de los arbustos forrajeros del género *Atriplex*. En general los valores nutricionales obtenidos coloca a todas las especies al nivel de las especies del género *Atriplex*, en particular *L. divaricata*, *C. pallida*, *C. praecox* y *G. decorticans* con excelentes valores a lo largo del año y, en el caso de las dos primeras, una considerable oferta de biomasa con potencialidad forrajera.

En un trabajo con *Atriplex lampa* y *A. nummularia*, M.B. Ruiz *et al*. (2002) informaron: Las especies del género *Alriplex* muestran un gran potencial en la rehabilitación de terrenos áridos degradados y en la producción de forraje y combustible en las zonas áridas (FAO, 1997; citado por Ruiz *et al*. 2002).

A. numularia dispone de condiciones para prosperar en ambientes frágiles y deteriorados como los que se presentan en los distritos fitogeográficos del Chaco Árido, Semiárido y Monte, regiones donde se asienta una gran actividad caprina (Santa Cruz, 1999; citado por Ruiz *et al*. 2002). Si se la introduce, esta especie constituye para el ganado un suplemento proteico importante y un aporte energético en periodos en que las disponibilidades forrajeras del pastizal natural son completamente reducidas tanto en calidad como en cantidad (FAO, 1997; Santa Cruz, 1999; citados por Ruiz *et al*. 2002). *A. lampa* es muy buena forrajera no sólo por que su oferta de forraje es más sostenida y uniforme que otras especies herbáceas nativas sino por su buena digestibilidad y alta estabilidad frente a la presión del pastoreo, además esta especie se adapta a suelos salinos y resiste muy bien la sequía, (Passera y Borsetto, 1989; citados por Ruiz *et al*. 2002). Su crecimiento relativamente rápido y su buena capacidad competitiva la transforman en una alternativa importante para ser usada coasociada con otras especies (Dalmasso *et al*., 1988; citado por Ruiz *et al*. 2002).

El objetivo de este trabajo fue conocer la composición proximal de las hojas de *A. lampa* y *A. nummularia* para determinar su aptitud forrajera. Las hojas se colectaron en el mes de septiembre. El material de *A. nummularia,* se obtuvo de las plantas cultivadas en la EEA San Juan INTA, provincia de San Juan y el de *A. lampa* se colectó el los médanos del Departamento Caucete sobre Ruta 210, Km 544.

Los contenidos de proteínas, grasas, carbohidratos, cenizas y fibras se muestran en la Tabla IX,A2.1-11, al final de la misma se puede observar el total de calorías aportados por cada 100g de hojas. *A. lampa* tiene mayores cantidades de proteínas y grasas, lo que hacen que las calorías aportadas por esta especies sean superiores a las aportadas por *A. nummularía*. Los iones acumulados en las hojas de *A. nummularia* y *A. lampa* se expresan en la Tabla IX,A2.1-12. *A. lampa* presenta los mayores contenidos de fosfato, sodio y potasio. Los niveles de hierro fueron casi el doble en *A. nummularia*.

Muestra	H$_2$O (%)	Proteínas (g.kg^{-1})	Grasas (g.kg^{-1})	Carbohidratos	Cenizas (%)	Fibra (g.kg^{-1})	Muestra Soluble (%)	Calorías (%)
A. mummularia	7.50	18.92	1.88	40.54	25.20	13.40	74.80	246.70
A. 1ampa	9.70	21.68	3.65	38.64	28.88	7.15	71.12	264.72

Tabla IX,A2.1-11: Contenido de agua. proteínas, grasas, carbohidratos, cenizas, fibras y calorías en hojas de *A. nummularia* y *A. lampa*.

Muestra	Fosfatos (mg.kg^{-1})	Na$^+$ (g.kg.$^{-1}$)	K$^+$ (g.kg.$^{-1}$)	Fe^{++} (mg.kg^{-1})
A. nummu/aria	5366	5.76	1.18	630.21
A. lampa.	6748	6.69	4.65	325.13

Tabla IX,A2.1-12: Contenidos de fosfato, sodio, potasio y hierro en hojas de *A. nummularia* y *A. lampa*.

Los resultados mostraron que los contenidos de proteínas y grasas fueron superiores en *A. lampa,* al igual que las concentraciones de los iones Na$^+$, PO$_4^{+++}$ y K$^+$. La especie introducida *A. munmularía* presentó mayores contenidos de fibras y de Fe que la nativa *A. lampa*. Los mayores contenidos de grasas y proteínas *A. lampa* hacen que esta tenga un aporte calórico superior al de *A. nummularía*. Las dos especies estudiadas presentan elevados contenidos de proteína bruta, lo que resalta la importancia de estos arbustos como fuente proteica. La elevada concentración de nitrógeno y energía que aportan hacen que sean una alternativa válida para la alimentación del ganado en zonas áridas.

Además existen propuestas de estudios y experiencias para la evaluación, utilización, domesticación, etc. de varias especies nativas con potencialidades forrajeras, algunos son:

1) Un proyecto de domesticación de especies dicotiledóneas nativas forrajeras (Salazar, 2006), propone el estudio de la aptitud y el establecimiento de las pautas para su domesticación como cultivo forrajero, de tres especies propias del Chaco Árido argentino, seleccionadas en base a relevamientos etnobotánicos y valores de calidad forrajera. La hipótesis es que *Cordobia argentea, Justicia gilliesii* y *Justicia squarrosa* poseen aptitud como cultivo forrajero.

El uso futuro de estas especies como forrajeras cultivadas no sólo apunta a mejorar la calidad de la dieta del ganado, sino que evitaría riesgos potenciales de pérdida de biodiversidad por la aplicación de las propuestas vigentes y propicia la perpetuación de la diversidad genética de los pastizales naturales.

2) En un proyecto de la Univ. Nac. de La Rioja, (Sede Universitaria Chepes), Lescano *et al.* (2006) proponen estudiar el potencial forrajero de Jarilla común y la Jarilla Pispa, donde dicen: La jarilla cumple una función ecológica importante. Protege el suelo por su cobertura y por ser fijadora del mismo a través de su raíz, constituye un buen refugio para la fauna debido a su follaje persistente y aporta mantillo al suelo.

No tiene importancia forrajera reconocida, ya que en general no es consumida por el ganado por su baja palatabilidad, aunque hay presunción que en determinados estadios fenológicos es consumida por los caprinos. Tendría no obstante importancia desde el punto de vista nutricional. El contenido proteico sería de consideración (16%) y su digestibilidad se encontraría por encima del 65%. La productibilidad estimada en 800kg MS/ha. es importante si lo comparamos con la productividad del pastizal de muchos de estos ambientes (500 kgMs/ha); se ve claramente la potencialidad de la Jarilla, que permitiría aumentar la productividad de los mismos, mediante desarrollo de tecnologías apropiadas para su aprovechamiento.

Este proyecto se realizará en la región de los Llanos de La Rioja (Departamentos Rosario Vera Peñaloza y San Martín) y tiene por objetivo evaluar los valores nutritivos (proteínas, FDN, FDA) en los distintos estadios fenológicos de ambas especies de Jarilla (*Larrea divaricata* y *Larrea cuneifolia*). Esto permitirá conocer el momento en el cual la calidad forrajera es mayor. Paralelamente se estimará la productividad de la misma en la región de estudio. Finalmente se intentará desarrollar un procedimiento para mejorar la palatabilidad, con el objetivo de lograr su aprovechamiento como forraje, ya sea en forma directa o para elaborar raciones alimenticias.

En la facultad de Ciencias Agropecuarias de la UNC se está realizando un programa de estudio y domesticación de *Atriplex cordobensis*. Algunos de los trabajos que se llevan a cabo son :

Domesticacion de A*triplex cordobensis* Gandoger y Stuckert (chenopodiaceae):

a) Evaluación del crecimiento, en condiciones de salinidad, de plantines provenientes de semillas de tres localidades de la provincia de Córdoba (Aiazzi *et al*, 2004).

b) Evaluación de la dinámica de algunas características de las plantas de *A. cordobensis* útiles para la predicción de materia seca forrajeable y digestibilidad (Aiazzi *et al*, 2005).

c) Evaluación del crecimiento comparativo a campo con *Atriplex nummularia* (Burghi *et al.*, 2006).

COMENTARIO: Insistimos, que en un sistema pastoril de ganadería bovina de cría en el Chaco Arido, si el pastizal nativo está en condición buena, la dieta promedio de los bovinos en el año se compone con un 90% de gramíneas, el aporte de algunas de las latifoliadas puede, en el bache forrajero del pastizal, contribuir a mejorar la calidad de la ingesta. En condiciones de pastizal pobre deberíamos hacer todo lo posible por mejorar la condición del pastizal, aplicando todas la herramientas posibles, y hasta que logremos el propósito, considerar el aporte que puedan hacer a la dieta las latifoliadas.

Es un error plantear un sistema de ganadería bovina de cría basados en recursos forrajeros de emergencia para los bovinos.

A2.2 Experiencias en el Chaco Semiárido

El equipo de forrajes de la UNT realizó una serie de trabajos para caracterizar los recursos forrajeros de leñosas, G. Martín(h) *et al.* (1997a) estudiaron la composición química de hojas de leñosas e informaron: Este trabajo tiene como objetivo determinar la composición química en hojas verdes tiernas (estado de brotación) de algunas leñosas arbustivas y arbóreas frecuentes en el monte xerófito del Chaco Semiárido de Tucumán.

Los muestreos se realizaron durante 3 años en los meses de octubre y noviembre determinándose los valores de proteína bruta (PB), extracto no nitrogenado (EnN), fibra cruda (FC), extracto etéreo (EE) y minerales (M), Tabla IX,A2.2-1.

Especie	PB	EnN	FC	EE	M
Cercidium australe	28,42 a	44,88 d	13,78 d	2,80 cd	10,12 b
Celtis tala	27,79 a	44,05 d	14,24 d	2,14 d	11,78 ab
Acacia aroma	26,10 a	49,54 c	15,27 cd	2,93 cd	6,16 c
Prosopis sp.	21,96 b	44,62 d	22,83 b	3,27 c	7,32 c
Zizyphus mistol	20,92 bc	57,03 a	11,65 e	2,89 cd	7,51 c
Condalia microphylla	20,73 bc	53,32 b	17,04 c	1,97 d	6,94 c
Lippia turbinata	19,66 c	49,69 c	15,13 cd	2,91 cd	12,61 a
Prosopis sericantha	12,94 d	45,05 d	36,14 a	3,07 c	2,80 d
Schinus sp.	12,04 d	55,88 ab	15,34 cd	9,62 a	7,12 c
Aspidosperma quebracho-blanco	11,09 d	54,5, ab	23,84 b	4,39 b	6,18 c
Medias con distintas letras por columna, indican diferencias significativas (p<0,01)					

IX,A2.2-1: Composición química en hojas de leñosas nativas del Chaco Semiárido de Tucumán (Martín *et al.*, 1997a).

En general, las leñosas de la región presentan en hoja tierna, buenos valores de proteína bruta e hidratos de carbono solubles, con aceptables niveles de fibra cruda en la mayoría de los casos. Deberían tenerse especialmente en cuenta como fuente nutritiva complementaria de los pastos a *Acacia aroma*, *Cercidium australe*, *Condalia microphylla* y *Lippia turbinata*.

No presentan suficiente calidad en hojas tiernas, como para constituir recursos forrajeros destacables para la producción ganadera de la región, *Aspidosperma quebracho-blanco* y *Prosopis sericantha*.

En cuanto a la energía bruta, Nicosia *et al.* (1997) informaron (Tabla IX,A2.2-2) que: Los valores obtenidos indican niveles energéticos importantes, en muchos casos superiores los de las gramíneas naturales de la zona, lo que permite recomendar a éstas especies, en especial las de aptitud forrajera destacable, como *Acacia praecox*, *Caesalpinia paraguariensis*, *Celtis pallida*, *Porlieria microphylla*, *Prosopis alba* y *Zizyphus mistol*, como recursos forrajeros ramoneables en sistemas de producción pecuaria.

Especies	Mcal EB/kg/MS
Maytenus viscifolia	5,268 a
Aspidosperma quebracho-blanco	5,134 ab
Prosopis alba	4,952 b
Acacia praecox	4,912 bc
Acacia caven	4,885 c
Sinopsis quebracho-colorado	4,844 c
Porlieria microphylla	4,809 cd
Schinus sp.	4,794 d
Condalia microphylla	4,734 de
Caesalpinia paraguariensis	4,691 e
Zizyphus mistol	4,447 f
Atamisquea eamarginata	4,393 f
Achatocarpus praecox	4,100g
Celtis pallida	3,531 h

Letras distintas indican diferencias significativas (p<0,05)

Tabla IX,A2.2-2: Energía Bruta en hojas verdes maduras de leñosas nativas (Nicosia *et al.*, 1997).

Sobre la fenología foliar de leñosas del Chaco Semiárido de Tucumán, G.O. Martín(h) *et al.* (1997b) informaron: Este trabajo tiene por objetivo conocer la duración y época del año en que algunas especies arbustivas y arbóreas nativas del Parque Chaqueño Occidental de Tucumán, las cuales presentan "hoja verde" (tierna y/o madura), "transición de hoja verde madura a hoja seca" y "senescencia foliar" (duración e intensidad de la descarga), para aportar información que posibilite la planificación de su aprovechamiento forrajero en sistemas extensivos de producción pecuaria.

Es estadio de "hoja verde" (tierna y/o madura) es el más largo en la fenología foliar de éstas especies. La dispersión en las fechas de inicio y fin de el período mencionado, permite clasificarlas en: ciclo largo, ciclo intermedio-largo, ciclo intermedio-corto y ciclo corto (Tabla IX,A2.2-3).

Ciclo Largo (> de 10 meses)	
Especies	Med. y DE
Maytenus viscifolia	323 ±8.3 a
Vallesia glabra	321 ±7.1 a
Jodina rhombifolia	315 ±7.8 a
Schinus fasciculatus	308 ±5.7 ab
Porlieria microphylla	301 ±7.3 b

Ciclo intermedio-largo (8-9 meses)	
Especies	Med. y DE
Prosopis nigra	270 ±6.8 a
Acacia aroma	267 ±7.2 a
Condalia microphylla	264 ±3.9 a
Geofroea decorticans	256 ±6.3 b
Schinus piliferus	250 ±5.2 b
Celtis pallida	246 ±7.1 bc
Cecidium australe	246 ±6.7 bc
Prosopis alba	245 ±6.2 c

Ciclo Intermedio-corto (7-8 meses)	
Especies	Med. y DE
Acacia fucatispina	240 ±5.8 a
Acacia praecox	239 ±4.7 a
Aspidosperma quebraco-blanco	233 ±3.6 ab
Celtis espinosa	229 ±5.3 b
Bulnesia foliosa	229 ±4.4 b
Schinopsis quebracho-colorado	227 ±5.5 b
Lippia turbinata	223 ±4.7 bc
Zizyphus mistol	219 ±4.2 c

Ciclo corto (< de 7 meses)	
Especies	Med. y DE
Caesalpinia paraguariensis	193 ±3.7 a
Capparis speciosa	192 ±4.1 a
Ximenia americana	186 ±3.3 a

Tabla IX,A2.2-3: Duración del ciclo de hoja verde. Letras distintas indican diferencias significativas (p<0,05). Med. = Media; DE = Desviación estándar; (Martín *et al.*, 1997b)

Entre el período de "hoja verde" y "hoja seca", encontramos el período de "transición de hoja verde madura a hoja seca" que oscila entre 15 y 59 días para las especies caducifolias y 42 a 132 días para las especies perennifolias. En este período se visualiza una escasa descarga foliar, que en las especies perennifolias se prolonga por varios meses.

Presentan un período de transición relativamente corto (menos de 20 días) *Prosopis alba*, *Acacia atramentaria*, *A. furcatispina*, *A. praecox*, *Cercidium australe* y *Bulnesia foliosa*, lo que indicaría aplicar una estrategia de uso mas intensa en estado verde, ante esta rápida pérdida de calidad.

Más del 80% de las especies caducifolias, presentan entre 1 y 2 meses con hojas senescentes. En este momento la descarga foliar es intensa y en encontramos gran parte de las leñosas sin follaje desde principios de julio hasta principios de octubre. La abundante hojarasca en el suelo contribuye a la dieta de herbívoros domésticos y silvestres. La misma se compone principalmente de hojas secas de *Aspidosperma quebraco-blanco*, *Bougainvillea stipitata*, *Celtis pallida*, *Porlieria microphylla*, *Ruprechtia triflora* y *Zizyphus mistol*.

A2.3 Experiencias en el Chaco Semiárido Boliviano

En el Chaco Semiárido Boliviano el sobrepastoreo por centurias y la explotación forestal han conseguido en muchos lugares, prácticamente, extinguir casi todos los recursos forrajeros graminosos. Es así que la mayoría de los ganaderos estaban basando su producción de bovinos en los recursos forrajeros de leñosas, principalmente de arbustos y árboles del soto bosque.

Evidentemente como venimos predicando no es posible plantear sistemas ganaderos productivos que se basen en recursos forrajeros de emergencia o alternativos para los bovinos. Hemos podido observar animales cruzas entre criollos e índicos, que en ese microambiente pastoril, parecían cabras grandes y no bovinos, debido al achicamiento del tamaño por dieta insuficiente.

No obstante los ganaderos después de insistir en la utilización de leñosas de ramoneo, que son un recurso alternativo importante e en la región, han comenzado a sembrar pasturas introducidas sembradas en lugares donde se realizó un control selectivo de leñosas.

En Bolivia han desarrollado un programa de utilización y mejoramiento de los recursos forrajeros para el Chaco Semiárido boliviano, las principales recomendaciones (FAO, 1995) son:

A2.3-1 IMPLEMENTACIÓN DEL PROGRAMA, POR ZONA Y CLASE DE FINCA

A) Determinación de la disponibilidad estacional de las especies de ramoneo y de las cargas permisibles por sector, en el monte natural.

Los estudios florísticos realizados en el Chaco Boliviano, han permitido localizar y caracterizar las agrupaciones vegetales constitutivas de los ecosistemas de esa zona. Correlacionando la información puntual obtenida del terreno a los resultados de interpretación de imágenes satelitales y fotografías aéreas, se llevó a cabo un mapeo de la vegetación, por zona y por sector. Luego, se determinaron los niveles de biomasa consumible y biomasa aprovechable de las principales especies de ramoneo, en la llanura, la zona de transición y el piedemonte.

Las planillas presentadas a continuación dan en forma sinóptica los valores de materia seca (MS) disponible estacionalmente en las respectivas zonas, así como la producción consumible realmente aprovechable en distintos períodos por las especies listadas. Debido a que en casi toda la provincia de Tarija, las especies de ramoneo constituyen más de 90% de la producción consumible total, y que los recursos forrajeros artificiales, aunque en desarrollo rápido, cubren menos de 10% de los requerimientos animales, se debe enfatizar lo siguiente:

1. La producción consumible medida en un sector determinado del monte no corresponde a la biomasa realmente aprovechable, dado que:
   - En verano, parte de la producción se queda fuera de alcance, debido a la densidad de la vegetación o la altura de la formación boscosa.
   - Se pierde una parte importante de las hojas secas caídas al suelo y que serían consumidas por el ganado en invierno (Choroquete, Tala, etc.), ya sea por descomposición, ataque por insectos (severo en la llanura) o consumo por la fauna, en otoño y el mismo invierno.
   - Es determinante, para lograr una producción sustentable y mantener el equilibrio del ecosistema, que una parte de la hojarasca sea convertida en materia orgánica y reincorporada al suelo con el objeto de preservar su fertilidad y controlar a la erosión
2. El rebrote de la principal especie de ramoneo, *Ruprechtia triflora* (Choroquete o Duraznillo), no es tan significativo como para ser tomado en cuenta en la determinación del forraje disponible en invierno, ya que su comportamiento como especie de primavera, acaba su ciclo vegetativo en verano y pierde su biomasa foliar en otoño. Por lo tanto, se debe aceptar que un sector del monte Choroquete sistemáticamente aprovechado en verano, no pueda volver a ser utilizado en invierno sin poner en peligro el frágil equilibrio, del medio ambiente en la llanura y zona de transición.
3. Consiguientemente a lo expresado arriba, se ha considerado que:
   - De la biomasa consumible disponible en verano/otoño en cada grupo vegetal, el ganado no puede utilizar más de 50% sin que ocurra una baja de la producción y una regresión ecológica preocupante a corto plazo.
   - Al 50% de materia seca realmente aprovechable como hojas secas al entrar en el invierno, se debe aplicar un coeficiente de pérdida, mes tras mes, debido a

los factores ya mencionados. Se ha visto conveniente deducir mensualmente 10% de la producción aprovechable a partir de julio, o sea un promedio de 25% sobre los 150 días de periodo seco.

- Al implementarse el sistema de cría en forma extensiva, contando únicamente con el monte natural (complejo Choroquete/Tusca/Tala, Choroquete/Sevil, etc.) se deben agregar las superficies requeridas por unidad animal (UA) en verano a aquellas reservadas para el invierno, para determinar las cargas de equilibrio que se tienen que aplicar a este componente forrajero.

De los datos preliminares compilados para la llanura y el piedemonte se desprende que, en la situación más extensiva, es decir sistemas de cría bovina contando casi exclusivamente con especies de ramoneo, se necesitan de 22 a 34 hectáreas por UA, o 15-22ha por cabeza (promedio) para cubrir los requerimientos animales bovinos a lo largo del año. Suponiendo, en el caso más favorable, que el estrato herbáceo del monte represente un aporte significativo, o sea 10-15% del forraje disponible en invierno, y que los componentes forrajeros semi-intensivos o intensivos permitan cubrir otro 10-15%, las cargas de equilibrio no deberían ser inferiores a 14-18ha/UA (10-13ha por cabeza). Los estudios realizados por los proyectos e instituciones de apoyo al sector pecuario en la actualidad, para la llanura y zona de transición, una carga efectiva de 8-9ha por UA, o sea 6ha por cabeza.

B) Producción y disponibilidad forrajera estacional esperada del monte mejorado.

Se consideraron las siguientes estimaciones de biomasa consumible total y biomasa realmente aprovechable estacionalmente en la llanura chaqueña y valles secos (Tabla IX,A2.3-1).

Pastoreo de verano - otoño:	
- Componente ramoneo:	166 kgMS/ha
- Pasto de sombra (estrato herbáceo) 1 800kg MS aprovechables el 70%:	1.260 kgMS/ha
Total aprovechable	1.426 kgMS/ha
Pastoreo de invierno - primavera:	
- Componente ramoneo (hojarasca)	124 kgMS/ha
- Pasto de sombra, 1 500kg MS aprovechables el 60%:	900 kgMS/ha
Total aprovechable	1.024 kgMS/ha

Tabla IX,A2.3-1: Oferta forrajera por época de pastoreo en monte mejorado.

Las gramíneas de sombra para la llanura chaqueña, zona de transición y valles secos recomendadas son: Monte Choroquete compacto (cerrado): *Cynodon plectostachyus*, *C. nlemfuensis* (Pasto estrella*), Panicum maximum*, cv Gatton, *P. maximum*, cv Green Panic (Pánizo verde), o una mezcla de los dos *Panicum* mencionados. Monte Choroquete muy abierto: Grama Rhodes (*Chloris gayana*), Pasto Bufalo (*Cenchrus ciliaris*), cvs. USA, Texas, Paraguay, Nunbank, Molopo y *Urochloa mozambicensis*.

C) Las cargas permisibles por sector en las varias zonas del Chaco Tarijeño(*) con carga de equilibrio que permita el uso sostenido del monte chaqueño (Tabla IX,A2.3-2)

Sector	Zona climática	Verano/otoño		Invierno/primavera		Sup. total monte natural (ha/año)
		biom. aprov. (kgMS/ha)	sup. req. (ha)	biom. aprov. (kgMS/ha)	sup. req. (ha)	
Bolivar/Esmeralda	LL	181	11	135	15	26
Galpones	LL	183	11	137	11	22
D'Orbigny/Crevaux	LL	134	15	100	15	30
Pilcomayo	CT	154	13	116	13	26
Zona Intermedia	CT	171	12	128	12	24
Canto del Monte	CT	247	8	135	15	23
El Gabual- > Este						
Ibibobo	CT	137	15	102	15	30
Piedemonte	PM	120	17	90	17	34

Tabla IX,A2.3-2: (*) En base a requerimientos diarios de 10 kg/MS/UA o sea: verano/otoño = 200 días x 10kg = 2.000 kg /UA, e invierno/primavera = 150 días x 10kg = 1.500 kg/UA.

Se puede observar que la producción aprovechable estacional y anual del monte de piedemonte es más baja que la de la Llanura, debido a condiciones climáticas restrictivas. Esto se explica por el hecho de que el Choroquete no es siempre dominante en las formaciones vegetales de piedemonte y por el tamaño más desarrollado de esta especie, lo que la pone parcialmente fuera del alcance del ganado durante su periodo vegetativo.

D) Aspectos prácticos del mejoramiento y del manejo de los sectores mejorados: Especies arbustivas y arbóreas a mantener o favorecer en el espacio silvopastoril chaqueño (Tabla IX,A2.3-3)

Nombre común	Nombre científico	Familia
Algarobilla o Guayacán	*Caesalpinia paraguayensis*	Caesalpinaceae (L)
Algarrobo blanco	*Prosopis alba*	Mimosaceae (L)
Cebil	*Piptadenia macrocarpa*	Mimosaceae (L)
Cebil horco	*Piptadenia excelsa*	Mimosaceae (L)
Chañar	*Geoffroea decorticans*	Fabaceae (L)
Duraznillo o Choroquete	*Ruprechtia triflora*	Poligonaceae
Duraznillo negro	*Ruprechtia corylifolia*	Poligonaceae
Mistol	*Ziziphus mistol*	Rhamnaceae
Negrillo	*Caesalpinia floribunda*	Caesalpinaceae (L)
Quebracho colorado	*Schinopsis lorentzii*	Anacardiaceae
Sacha poroto	*Capparis retusa*	Capparidaceae
Tala blanco	*Celtis tala*	Ulmaceae
Tala negro	*Achatocarpus praecox*	Ulmaceae
Toborochi	*Chorisia insignis*	Bombacaceae
Tusca	*Acacia aroma*	Mimosaceae (L)
Urundel	*Astronium urundeuva*	Anacardiaceae

Tabla IX,A2.3-3: Especies de interés silvopastoril (ramoneo, aprovechamiento maderero)

Corresponde indicar que dentro de las especies presentadas arriba, son pocas las que ofrecen un elemento importante de alimentación bovina durante el periodo invierno (i) – primavera (p), ya sea por su disponibilidad de follaje (Fo), hojarasca (Ho) o frutas (Fr). En el Chaco Tarijeño, los árboles y arbustos que representan un aporte significativo en el referido periodo son, por orden de importancia (Tabla IX,A2.3-4):

Duraznillo o Choroquete	Ho (invierno), Fo y Fr (primavera)
Tusca	Fo (i/p), Fr (p)
Tala	Ho (i), Fo (p)
Algarrobo blanco	Fo (p), Fr (p)
Chañar	Fo (p), Fr (p)
Quebracho colorado	Fr (i), Fo (p)

Tabla IX,A2.3-4: Principales especies leñosas de ramoneo.

Otras especies maderables o de diferente utilidad (Tabla IX,A2.3-5):

Nombre común	Nombre científico	Familia
Cedro	*Cedrella sp.*	*Meliaceae*
Lapacho	*Tabebuia sp.*	*Bignoniaceae*
Mora	*Morus alba*	*Moraceae*
Quebracho blanco	*Aspidiosperma sp.*	*Apocinaceae*
Palo blanco	*Calycophyllum multiflorum*	*Rubiaceae*
Palo santo	*Bulnesia sarmientoi*	*Zygophyllaceae*
Roble	*Amburana cearensis*	*Papilionaceae*

Tabla IX,A2.3-5: Principales especies maderables.

*   *   *   *   *   *

REFERENCIAS

AIAZZI, M.T. et al., 2004. Domesticacion de *Atriplex cordobensis* Gandoger y Stuckert (*Chenopodiaceae*): Evaluación del crecimiento, en condiciones de salinidad, de plantines provenientes de semillas de tres localidades de la provincia de Córdoba (Proyecto FCA,UNC).

AIAZZI, M.T. et al., 2005. Domesticacion de *Atriplex cordobensis* (Gand. y Stuck) (*Chenopodiaceae*): Evaluación de la dinámica de algunas características de las plantas de *A. cordobensis* útiles para la predicción de materia seca forrajeable y digestibilidad (Proyecto FCA,UNC).

ANGUEBE FERRER, J.J., J. ARTEAGA MONCADA, P.M. CENDÓN ORTEGA y J.M. RAMOS NIEVES, 1987 y 1999. Resiembra de pastizales. Coord. Juvenal Gutiérrez, J. Rancho experimental "La Campana", INIFAP, suplemento #1.

AYERZA, R.(h), 1981-1984. Informes de las actividades del semillero "La Magdalena". Ruta Nac, 148 Km 97, Villa Dolores, Córdoba y Cerrito 822, piso 7º, Buenos Aires.

BLANCO, L., C. FERRANDO, P. NAMUR, E. ORIONTE, D. RECALDE, F. BIURRUM y G. BERONE, 2001. Biomasa forrajera acumulada en arbustales semiáridos degradados tratados y no tratados con rolado y siembra de Pasto Buffel, Rev. Arg. Prod. Anim. 21(1):86-87.

BURGHI, V., M.T. AIAZZI, S. BENES, M. LOPEZ; C. DEZA y R. DÍAZ, 2006. Domesticación de *Atriplex cordobensis* Gandoger y Stuckert (*Chenopodiaceae*): Evaluación del crecimiento comparativo a campo con *Atriplex nummularia*, (Proyecto FCA,UNC – INTA Deán Funes, en ejecución).

CORDEIRO DOS SANTOS, D. y S. GONZAGA DE ALBUQUERQUE, 2003. *Opuntia* como forraje en el noreste semiárido del Brasil. En: El nopal (*Opuntia* spp.) como forraje. Eds. C. Mondragón-Jacobo, S. Pérez-González, E. Arias, S. G. Reynolds y Manuel D. Sánchez. FAO, Roma. www.fao.org/docrep/007/y2808s/y2808s0a.htm.

CHAGRA DIB, P., D. LEGUIZA y T. VERA, 2003. Producción de *Atriplex nummularia* (Zampa Australiana) como recurso forrajero arbustivo para zonas áridas. INTA, Estación Experimental La Rioja.

DE KOCK, G.C., 2003. El uso del nopal como forraje en las zonas áridas de Sudáfrica. En: El nopal (*Opuntia* spp.) como forraje. Eds. C. Mondragón-Jacobo, S. Pérez-González, E. Arias, S.G. Reynolds y M. D. Sánchez. FAO, Roma. www.fao.org/docrep/007/y2808s/y2808s0a.htm.

De LEÓN, M., 1991. Nuevas forrajeras promisorias para el norte de Córdoba. En: Segunda Jornada de Producción Ganadera en Zonas Semiáridas. INTA, Jesús María, Córdoba. pp:13-28.

De LEÓN, M., 1992. Características de las pasturas que determinan la respuesta animal. Resúmenes. Terceras Jornadas de pasturas para el Norte de Córdoba. INTA. Agencia de Extensión Rural Deán Funes.

De LEÓN, M., R. PEUSER, G. LUNA, C. BOETTO y M. BULASCHEVICH, 1995 a. Efecto del genotipo y la frecuencia de defoliación sobre la producción de materia seca en gramíneas megatérmicas cultivadas. Rev. Arg. Prod. Anim. 15(1):226-228.

De LEÓN, M., R. PEUSER, G. LUNA, C. BOETTO y M. BULASCHEVICH, 1995 b. Efecto de la frecuencia de defoliación y el genotipo sobre la calidad del rebrote. Forraje producido en gramíneas megatérmicas. Rev. Arg. Prod. Anim. 15(1) 229-231.

De LEÓN, M. y M. BULASCHEVICH, 1998. Evaluación de *Panicum maximum* y *Cenchrus ciliaris* bajo pastoreo en el norte de Córdoba. Rev. Arg. Prod. Anim. 18.(1):174.

De LEÓN, M. 1998 a. Producción y calidad forrajera de Chloris gayana y Cenchrus ciliaris bajo pastoreo en el norte de Córdoba. Rev. Arg. Prod. Anim. 18(1):175-176.

De LEÓN, M., 1998 b. Guía Práctica de Ganadería Vacuna. "Bovinos para carne: Regiones NEA-NOA- Semiárida y Patagónica" . Ed. INTA. Tomo II. Bs. As.

De LEÓN, M., 2003. El manejo de los Pastizales Naturales. Boletín Técnico de Producción Animal, INTA, EEA Manfredi, Año I, Nº 2 y 3.

De LEÓN, M., 2004 a. Las pasturas subtropicales en la región semiárida central del país. INTA, Centro Regional Córdoba, EEA Manfredi, Proyecto Ganadero Regional: Mejoramiento de la Productividad y Calidad de la Carne Bovina en la Provincia de Córdoba, Área de Producción Animal. Informe Técnico Nº 1.

De LEÓN, M., 2004 b. Pautas para el manejo de pasturas subtropicales. En: De León, M. y C. Boetto (Eds.) 2º Jornada "Ampliando la Frontera Ganadera". INTA, Centro Regional Córdoba, Informe Técnico Nº 6.

De LEÓN, M., R. PEUSER, M. BULASCHEVICK y C. BOETTO, 2004. Suplementación de pasturas de baja calidad. EEA Manfredi Boletín Técnico, Producción Animal, Año II - Nº 2.

DÍAZ, R.O. y V. HERRERA, 1984. Producción de heno de *Cenchrus ciliaris* (L)Link, con distintos niveles de fertilización. En: III Reunión de Intercambio Tecnológico en Zonas Áridas y Semiáridas. Catamarca. pp:136-559.

DÍAZ, R.O., 1999. Efectos del control selectivo de arbustos y el desmonte total sembrados con Pasto Buffel [*Cenchrus ciliaris* (L) Link.] sobre el peso vivo de vaquillas Nelore en invierno y comienzos de primavera. Informe remitido a R. Ayerza (h). Área Pastizales naturales, FCA-UNC.

FAO, 1995. Ramoneo en Bolivia. En: Memoria de la -Consulta de expertos sobre productos forestales no madereros para América Latina y el Caribe-. www.fao.org/documents/show_cdr.asp?url_file=/docrep/t2354s/t2354s0b.htm.

FELKER, P., 2003. La utilización de *Opuntia* como forraje en los Estados Unidos de América. Incluido en: Cordeiro dos Santos, D. y D. Gonzaga de Albuquerque. *Opuntia* como forraje en el noreste semiárido del Brasil. En: El nopal (Opuntia spp.) como forraje. Eds. C. Mondragón-Jacobo, S. Pérez-González, E. Arias, S. G. Reynolds y Manuel D. Sánchez. FAO, Roma, 2003. www.fao.org/docrep/007/y2808s/y2808s0a.htm.

FERRANDO, C., P. NAMUR y D. LEGUIZA, 1995. Ganancia de peso individual y por hectárea de *Cenchrus ciliaris* L bajo distintas intensidades de pastoreo. Rev. Arg. Prod. Anim., 15(1):

FERRANDO, C. P. NAMUR y D. LEGUIZA, 1996. Efectos de la intensidad de utilización sobre la producción de materia seca de *Cenchrus ciliaris* L. Rev. Arg. Prod. Anim., 16(1):165.

FERRANDO, C., P. NAMUR, G. BERONE, E. ORIONTE, y L. BLANCO, 2002. Del peladal a la producción de carne. E.E.A. INTA La Rioja.

FERRANDO, C., L. BLANCO, F. BIURRUN, V. BURGHI y E. ORIONTE, 2003a. Contenido de proteína bruta de latifoliadas forrajeras nativas del Chaco Arido. En: Resumes del 2do Congreso Nacional sobre Manejo de Pastizales Naturales, San Cristóbal. Santa Fe. www.congresopastizales.com.ar.

FERRANDO, C., N. BIURRUN, L. BLANCO, E. ORIONTE, y V. BURGHI, 2003b. Parámetros nutritivos de latifoliadas forrajeras nativas de los llanos de la rioja. En: Resumes del 2do Congreso Nacional sobre Manejo de Pastizales Naturales, San Cristóbal. Santa Fe. www.congresopastizales.com.ar.

FERRANDO, C., L. BLANCO, E. ORIONTE, F. BIURRUN y V. BURGHI, 2003c. Parámetros nutritivos comparativos entre gramíneas y latifoliadas forrajeras nativas del Chaco Arido. En: Resumes del 2do Congreso Nacional sobre Manejo de Pastizales Naturales, San Cristóbal. Santa Fe. www.congresopastizales.com.ar.

GUEVARA, JC. y O.R. ESTÉVEZ, 2003. *Opuntia* spp. para la producción de forraje en Argentina: experiencias y perspectivas. En: El nopal (*Opuntia* spp.) como forraje. Eds. C. Mondragón-Jacobo, S. Pérez-González, E. Arias, S. G. Reynolds y Manuel D. Sánchez. FAO, Roma. www.fao.org/docrep/007/y2808s/y2808s0a.htm.

LANDI, M., 2000. Pastizales naturales: inventario de recursos y sistemas de pastoreo. Marca Líquida, julio/00:7-10 y agosto/00:7-9.

LESCANO, H.R, PATANE, M.M. y M. NICOLÍA, 2006. Potencialidades nutritivas de la Jarilla (*Larrea divaricata* y *Larrea cuneifolia*) en la alimentación animal y perspectivas de aplicación. http://vaca.agro.uncor.edu/~foro/FORO%202003/resumen.htm.

LÓPEZ GARCÍA, J.J., J.M. FUENTES RODRÍGUEZ y A. RODRÍGUEZ GAMEZ, 2003. Producción y uso de Opuntia como forraje en el centro-norte de México. En: El nopal (*Opuntia* spp.) como forraje. Eds. C. Mondragón-Jacobo, S. Pérez-González, E. Arias, S. G. Reynolds y Manuel D. Sánchez. FAO, Roma. www.fao.org/docrep/007/y2808s/y2808s0a.htm.

LUNA PINTO, G., R. PEUSER, C. BOETTO, M. BULASCHEVICH, M. De LEÓN y G. GOMEZ, 1996. Efecto de la asignación de Gatton Panic sobre la ganancia de peso de vaquillonas. Rev. Arg. Prod. Anim. 16(1):170-171.

MARTÍN, G.O.(h), M.G. NICOSIA, E.P. CHAGRA DIB y E.D. LAGOMARSINO, 1997 a. Caracterización de recursos forrajeros nativos para ganadería extensiva, en el Chaco Semiárido de Tucumán. 1: Composición química de hojas de leñosas. Rev Arg. Prod. Anim. 17(1)100-101.

MARTÍN, G.O.(h), M.G. NICOSIA y E.D. LAGOMARSINO, 1997 b. Recursos forrajeros nativos de zonas semiáridas: I Fenología foliar de leñosas del Parque Chaqueño Occidental. En: Quinta Jornada de Producción Ganadera en Zonas Semiáridas. INTA, Jesús María, Córdoba. pp:41-43.

MARTÍN, G.O. y E.E. VALDORA, 2002. *Leucaena leucocephala*: un árbol forrajero para el NOA. Revista Producción, 18-oct-02 y www.produccion.com.ar.

MIÑÓN, D., 1986. Gramíneas Forrajeras adaptadas al Chaco semiárido: principales características. Ganado Bovino Criollo - Subcomité Asesor del Árido subtropical Argentino. pp:115-141.

NAI BREGAGLIO, M., A. CORA y R. COIRINI, 2003. Calidad nutricional de especies arbustivas del chaco árido de córdoba. En: Resumes del 2do Congreso Nacional sobre Manejo de Pastizales Naturales, San Cristóbal. Santa Fe. www.congresopastizales.com.ar.

NAMUR, P., C. FERRANDO, E. ORIONTE, D. LEGUIZA. R. CORZO, y R. GATICA, 1996. Efectos del ambiente y el cultivar sobre la producción de materia seca de Buffel Grass (*Cenchrus ciliaris* L). Revista Argentina de Producción Animal, 16(1):165.

NICOSIA, M.G., G.O. MARTÍN (h), E.D. LAGOMARSINO y E.P. CHAGRA DIB, 1997. Caracterización de recursos forrajeros nativos para ganadería extensiva, en el Chaco Semiárido de Tucumán. 2: Energía bruta de hojas de leñosas. Rev Arg. Prod. Anim. 17(1)101-102.

PERUCHENA, C.O., 1999. Suplementación de bovinos para carne sobre pasturas tropicales. Aspectos nutricionales, productivos y económicos. Conferencia. XXXVI Congreso Anual de la Sociedad Brasileira de Zootecnia, Porto Alegre, Brasil.

PORDOMINGO, A.J., T. RUCCI y E. ADEMA, 1998. Cría en ambientes marginales. INTA Chacharramendi, La Pampa.

RAMOS, G., P. FRUTOS, F.J. GIRALDEZ y A.R. MANTECÓN, 1998. Los compuestos secundarios de las plantas en la nutrición de los herbívoros. Arch. Zootec. 47:597-620.

ROSSI, C.A. y A.M. PEREYRA, 2000. Determinación de taninos, alcaloides, saponinas y esteroides en leñosas forrajeras del Chaco Árido. Rev. Arg. Prod. Anim. 20(1)115-116.

ROSSI, C.A., M. De LEÓN, M. BRUNETTI, A.M. PEREYRA, G.L. GONZÁLEZ, G. GIÚDICE y R. KASEN, 2001. Evaluación de la calidad nutricional del follaje de leñosas de ramoneo del Chaco Árido. Rev, Arg. Prod. Anim. 21(1)136-137.

ROSSI, C.A., G.L. GONZÁLEZ, H. LACARRA, A.M. PEREYRA y P. CHAGRA DIB, 2003a. Evaluación de la proteína bruta en hojas de seis especies de ramoneo del Chaco Árido. Rev, Arg. Prod. Anim. 23(1)99-100.

ROSSI, C.A., G.L. GONZÁLEZ, A.M. PEREYRA, M. De LEÓN y M. BRUNETI, 2003 b. Determinación de parámetros nutricionales en hojas de leñosas de ramoneo del pastizal de la región del Chaco Árido. En: Resumes del 2do Congreso Nacional sobre Manejo de Pastizales Naturales, San Cristóbal. Santa Fe. www.congresopastizales.com.ar.

RUIZ, M.B., G.E. FERESÍN y A. TAPIA, 2002. Aptitud forrajera de *Atriplex lampa* (Moquin) Dietrich y *Atriplex nummularia* Lindl (*Chenopodiaceae*). EEA-INTA San Juan e Instituto de Biotecnología UNSJ.

SALAZAR, M.I., 2006. Evaluación de la aptitud como cultivo forrajero para zonas áridas del país de *Justicia squarrosa*, *Justicia gilliesi*i y *Cordobia argentea*. http://vaca.agro. uncor.edu/~foro/FORO%202003/resumen.htm.

*   *   *   *   *   *

CAPÍTULO X

Mejoramiento de la eficiencia de utilización

CAPÍTULO X

MEJORAMIENTO DE LA EFICIENCIA DE UTILIZACIÓN

1 EFICIENCIA DE PASTOREO

La mayoría de los estudios sobre la eficiencia de pastoreo o eficiencia de cosecha por los animales, fueron realizados sobre pasturas sembradas y con sistema de pastoreo rotativo intensivo. No obstante los conceptos pueden ser importantes aun se trate de pasturas naturales asociadas con leñosas, ya que uno de los objetivos de la utilización de las pasturas es que los animales consuman la mayor proporción de la oferta forrajera utilizable.

La eficiencia de pastoreo es la relación entre el forraje ofrecido y el forraje utilizado en un pastoreo:

$$\frac{\text{Forraje utilizado}}{\text{Oferta forrajera}} \cdot 100$$

1.1 Factores que afectan la utilización del forraje durante un pastoreo

Los factores que afectan la utilización del forraje por los animales son (Leaver, 1979):

- Presión de pastoreo
- Calidad del pasto
- Contaminación del pasto
- Ambiente
- Alimentación suplementaria

1.1-1 EFECTO DE LA PRESIÓN DE PASTOREO

La presión de pastoreo es, quizá, la variable más importante introducida por el pastoreo, capaz de afectar la utilización de la pastura, su productividad y, por ende, la producción animal (Viglizzo, 1981)

La utilización de las pasturas se ve influida en primer lugar por la carga animal. Hay una relación de tipo directo entre carga animal y porcentaje de utilización del pasto producido. Es evidente que la mayor eficiencia de uso del forraje disponible se logra con las cargas más altas. Pero, una utilización más completa de la pastura no significa necesariamente que cada animal ingiera más nutrientes. En efecto, superados ciertos niveles de carga o presión de pastoreo, la producción de cada animal comienza a resentirse y se establece una clara relación inversa entre ambas variables. Con presiones extremas de pastoreo, el deterioro de la producción por animal tenderá a resentir la producción por hectárea (ver Capítulo VIII:3.6). A bajas presiones de pastoreo la proporción de forraje utilizado es baja y el consumo por animal alto. Si las presiones aumentan, el consumo declina al principio muy lentamente mientras el porcentaje de utilización de la pastura aumenta de manera suave (Figura X:1.1-1).

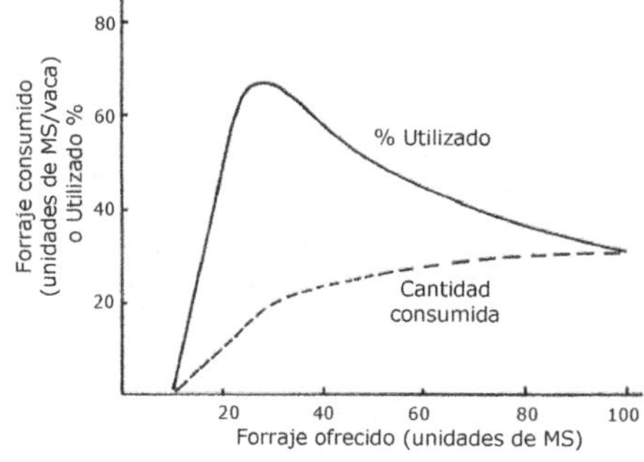

Figura X,1.1-1: Relación teórica entre pasto ofrecido, utilizado y consumido en un solo pastoreo (Leaver, 1979).

Incrementos adicionales de la presión de pastoreo provocan cambios más rápidos en el consumo y en la utilización del pasto. A veces se puede alcanzar un punto en el que los animales no pueden utilizar el forraje disponible debido a su inaccesibilidad (por la baja altura de la pastura), y tanto el consumo (por bajo tamaño y peso de bocado y el límite del tiempo de pastoreo) como la tasa de utilización bajan y pueden alcanzan teóricamente un valor cero (Leaver, 1979). Cuando la utilización y el consumo tienden a cero, la producción por animal se encuentra tan resentida que determina una caída inminente de la producción por hectárea.

Las anteriores consideraciones deducidas de pastoreo intensivo sobre pasturas sembradas parecen tener poco que ver con el pastoreo extensivo en pastizales naturales asociados a vegetación leñosa, pero si pudiéramos usar ampliamente distintos rangos de presión de pastoreo en este ambiente seguramente los efectos serías similares. Aquí con unidades de manejo grandes y períodos de pastoreo largos (de 3- 4 meses a pastoreo continuo) la presión de pastoreo instantánea es sumamente baja al comienzo del período y puede ser muy alta al final del período de pastoreo. El pastoreo en época vegetativa del pastizal debería ser con pastoreo de corta duración y con la mayor presión posible, si es posible 30 unidades de MS (ver Figura X,1.1-1), para lograr la mejor eficiencia de pastoreo.

Aquí influyen las estrategias de pastoreo que apliquemos (ver Capítulo XIII), y si es posible, al menos teóricamente, convendría utilizar el método de pastoreo de corta duración y baja frecuencia, o a la unidad que se pastorea en época vegetativa aplicarle un pastoreo rotativo semi-intensivo (período de pastoreo de una semana y descanso 8 semanas). Para lograr los beneficios de la presión de pastoreo adecuada sobre la eficiencia de pastoreo.

Evidentemente la presión de pastoreo es la responsable del mayor o menor efecto de los otros factores, considerados por Leaver (1979), que intervienen en el porcentaje de utilización como: calidad de la pastura y contaminación del pasto (ver Capítulo V:3). Los restantes factores como: las condiciones ambientales (ver Capítulo V:3) y la alimentación suplementaria (ver Capítulo IX:3) son, relativamente, menos influenciadas por la presión de pastoreo.

1.1-2 EFECTO DE LA CALIDAD DE LA PASTURA

En las regiones chaqueñas de Córdoba, el consumo selectivo de las especies del pastizal está fuertemente influenciado por la calidad de las mismas. Esto provoca que los pastos menos preferidos no sean consumidos en el momento de su mejor calidad y al madurar no sean consumidos por su baja calidad. El aumento de la presión de pastoreo disminuye la selectividad mejorando el porcentaje de utilización.

1.1-3 EFECTO DE LA CONTAMINACIÓN DEL PASTO

Los animales rechazan los pastos contaminados por sus deyecciones. El aumento de la presión de pastoreo disminuye el rechazo. Como es fácil de deducir, en los ambientes áridos y semiáridos en pastoreos extensivos el porcentaje de rechazo por contaminación de deyecciones tiene poca importancia.

1.1-4 EFECTO DE LAS CONDICIOPNES AMBIENTALES

Leaver (1979) considera que dos condiciones climáticas, la temperatura ambiente y los días de lluvia, son los factores ambientales que mas influencias el porcentaje de utilización de la pastura. Esto tiene que ver con el confort de los animales, evidentemente las temperaturas elevadas hacen que los animales utilicen menos horas del día para pastorear y muchas veces el pastoreo nocturno no alcanza a compensar el déficit, lo cual disminuye la ración o cantidad consumida diaria. En los días de lluvia ocurre que los animales consumen menos que los días de buen tiempo. Estos son importantes en períodos de pastoreo muy cortos como en sistemas PRI (pastoreo racional intensivo).

Como es fácil de comprender en las regiones chaqueñas de Córdoba las lluvias son bienvenidas y las altas temperaturas afectan la producción. Las condiciones que mejoren el confort de los animales mejoraran el consumo (ver Capítulo V:3.7).

1.1-4 EFECTO DE LA ALIMENTACIÓN SUPLEMENTARIA

La suplementación mejora el consumo de la pastura de baja calidad, pues aporta los nutrientes necesarios a los microorganismos del rumen (principalmente los celulíticos) para poder degradar los pastos de baja calidad forrajera. El límite de utilización de suplementos es la sustitución. La suplementación estratégica juntamente con el aumento de la presión de pastoreo mejora la eficiencia del pastoreo.

A los factores señalados por Leaver (1979) que afectan la utilización del forraje por los animales, tendríamos que agregarle otros factores inherentes al Chaco Árido y Semiárido, como: a) El efecto de mejorar la accesibilidad controlado leñosas (ver Capítulo X:4.4) y b) El efecto del pastoreo mixto o combinado, que pueden mejorar la utilización de los recursos forrajeros(ver Capítulo X:4.7).

2   EFICIENCIA DE UTILIZACIÓN

2.1 Porcentaje de utilización total

El porcentaje de utilización total de materia seca, en una temporada de pastoreo, de una pastura sembrada, se calcula de la siguiente manera (Leaver, 1979):

$$\frac{I_1 + I_2 + \ldots + I_n}{A + (G - D)} \; 100$$

Donde: I = MS consumida durante cada pastoreo
A = MS disponible/ha al inicio de la temporada
G = MS bruta producida/ha
D = MS perdida/ha

2.2 Porcentaje de utilización anual en pastizales de las regiones chaqueñas de Córdoba

Uno de los principales objetivos de la utilización de pastizales naturales es maximizar la producción animal, que generalmente expresamos en kg de carne/ha. Para ello necesitamos saber cual la capacidad de carga (CC) de la unidad de explotación (ver Capítulo VII:3.1) y luego manejar el pastoreo para compatibilizar las necesidades de la pastura y los animales. En este escenario la utilización o consumo del total de la oferta forrajera utilizable es uno de los propósitos principales, ya que está claro que un mejor consumo redunda en una mejor producción animal.

La eficiencia de utilización es la cantidad de forraje consumido en el año en relación a la oferta forrajera anual de toda la unidad de explotación o establecimiento. Básicamente la podemos expresar como:

$$\frac{\text{Total de MS consumida/año}}{\text{Total de MS producida/año}} \; 100$$

Total de MS producida/año = Total de forrajimasa anual (kgMS/año)

Total de MS consumida/año = Total de forrajimasa anual - Total de forrajimasa anual remanente

Recordemos que por necesidades de mantenimiento o recuperación del pastizal, a la oferta forrajera le asignamos un factor de uso (FU), que generalmente es del 50%, entonces la eficiencia de utilización sería del 100% si el total de forraje consumido es el 50% del total producido. Entonces la eficiencia de utilización sería:

$$\frac{\text{Oferta forrajera anual x FU} - (\text{Oferta forrajera anual remanente} - \text{Oferta forrajera anual NO utilizable})}{\text{Oferta forrajera anual x FU}} \; 100$$

Oferta forrajera anual NO utilizable = Oferta forrajera anual x 1/FU

En la practica, hemos medido la oferta forrajera anual de cada estado y condición del pastizal calculando la oferta forrajera anual para cada potrero y para todo el establecimiento, para calcular la capacidad de carga. Como hemos visto los mapas de condición de cada unidad de explotación indican que para mejorar la eficiencia de utilización deberíamos mejorar la distribución del pastoreo, ya que es evidente que diferentes sectores de los potreros son utilizados por los animales ejerciendo diferentes presiones de pastoreo en cada período de utilización o pastoreo. De modo que podemos aplicar diferentes análisis y técnicas para mejorar la eficiencia de utilización.

3 DISTRIBUCIÓN DEL PASTOREO

3.1 Zonas de utilización

Las zonas de utilización pueden coincidir o no con las distintos estados o condiciones que se pueden encontrar en el pastizal de una unidad de manejo o potrero. Mientras que el estado en cada sitio es el resultado de la historia de utilización de ese sitio, las zonas de utilización son el resultado del uso pastoril del último pastoreo o pastoreos en el último año.

La cantidad y calidad de la oferta forrajera dependerá del estado y condición del sitio y son la consecuencia, en nuestras regiones, de los disturbios de los últimos 2 o 3 siglos. Si la situación actual de las áreas de pastoreo, la ubicación de aguadas, el tamaño y forma de los potreros, son las mismas que hace 2 o 3 siglos, posiblemente coincidan las zonas de utilización con el mapa de condiciones. Si no son las mismas y mas si los cambios son recientes, seguramente no habrá coincidencias.

En el Chaco Árido y Semiárido de Córdoba podemos decir que son más las coincidencias que las discrepancias, aún así por la dinámica de los 3 estratos de vegetación y la dimensiones grandes de la mayoría de los potreros el mapa de estados o condiciones no coincide exactamente con el mapa de zonas de utilización.

El caso mas claro de no coincidencia se produce cuando se coloca otra aguada en el extremo más distante de la primera aguada, se cierra esta última y el período de pastoreo siguiente se utiliza la nueva aguada. En este ejemplo, seguramente, tendremos el mas alto porcentaje de utilización en la mejor condición en las cercanías de la nueva aguada.

3.2 Determinación del porcentaje de utilización

Para determinar el porcentaje de utilización se utiliza un muestreo para determinar la forrajimasa u oferta forrajera, OF (Ver Capítulo IV:6) como el doble muestreo (Ver Capítulo III:3.1), luego de retirados los animales se determina la forrajimasa remanente o oferta forrajera remanente, OFR y se calcula.

$$\% \text{ Utilización} = \frac{OF - OFR}{OF} \; 100$$

Se valora el grado de utilización basándose en el porcentaje de la oferta forrajera utilizada mediante una escala, que repetimos, como la siguiente (Tabla IV,2.12-1):

% utilización de la oferta forrajera	Calificación del pastoreo
0 – 15	Despreciable
16 – 40	Liviano
41 – 60	Adecuado
61 – 80	Intenso
81 – 100	Severo

Tabla IV,2.12-1: Escala según el porcentaje de peso seco de la oferta forrajera utilizado.

Otras maneras de determinar el porcentaje o grado de utilización se describieron en el Capítulo IV:2.12.

Cuando se conocen bien las unidades de manejo y como se distribuye el pastoreo, se puede hacer una estimación visual del grado de utilización si tomamos como guía las características de cada una de las clases de pastoreo.

Las características de las clases de utilización del pastoreo según el porcentaje de utilización de la oferta forrajera, se puede describir para facilitar las observaciones de la siguiente manera (Tabla X:3.2-1):

Calificación del pastoreo	Descripción
Despreciable	Las especies de la estructura forrajera, en promedio, un poco despuntadas.
Liviano	Las especies de la estructura forrajera, en general, consumidas un tercio de su frorrajimasa.
Adecuado	Las especies de la estructura forrajera, en promedio, consumidas un 50% de su forrajimasa.
Intenso	Las especies de la estructura forrajera, consumidas en promedio, dos tercios de su forrajimasa.
Severo	Las especies de la estructura forrajera, consumidas en general, casi toda su forraimasa.

Tabla X,3.2-1: Clases de pastoreo y la correspondiente descripción.

Tomemos la unidad de manejo presentada en el Capítulo III (Figura IV,3.7-1) y sobre el mapa de condiciones dibujamos las zonas de utilización (Figura X,3.2-1)

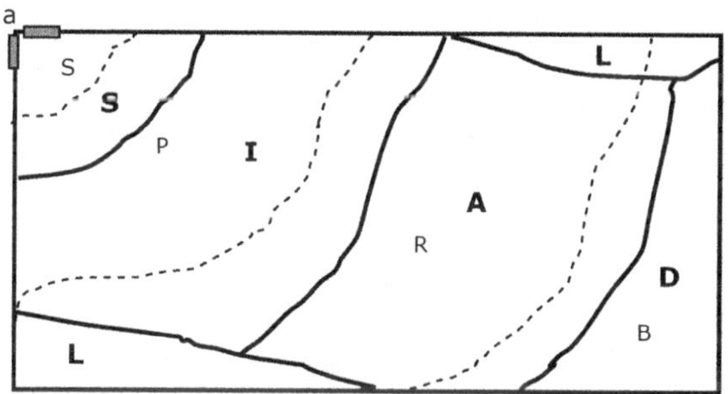

Figura X,3.2-1: Zonas de utilización. Referencias: a = aguada; ———— = Límite zona de utilización; **S** = pastoreo severo; **I** = intenso; **A** = adecuado; **L** = liviano; **D** = despreciable. ------ = Límite de condición; S = área de sacrificio; P = condición pobre; R = condición Regular; B = condición Buena.

Se puede hacer una evaluación más rápida de las zonas de utilización como lo proponen Anderson y Currier (1973) quienes informaron: Se ha desarrollado y probado en pastizales públicos y privados un método para revisar la utilización en pastizales.

Este método involucra la delineación de mapas y la evaluación de la utilización dentro de un pastizal o unidad de pastoreo.

También, presenta guías para determinar como se están usando los recursos del pastoreo y lo que se necesita hacer para mejorar la eficiencia. La identificación de las áreas que necesitan atención especial, el análisis de los aspectos económicos, el ajuste de los números de ganado y el registro del progreso durante un período de años.

El procedimiento es relativamente sencillo, barato, significativo y fácil de utilizar por gente a caballo, en un vehículo, con imágenes aéreas, con imágenes satelitales o, mucho mejor, a pie. Solo requiere el equipo normal que se encuentra en los establecimientos, con la ayuda de la Tabla X:3.2-2.

Clases de Uso	Grado de Uso	Descripción
Ninguno	0- 15%	Muy poco o ningún uso de plantas forrajeras clave de manejo
Ligero	16- 35%	Plantas forrajeras clave de manejo usadas ligera y moderadamente. Prácticamente ningún uso de plantas forrajeras de poco valor.
Seguro	36- 65%	Forrajeras clave de manejo usadas correctamente según la estación de pastoreo y los sitios involucrados. Cierto uso de forrajeras de poco valor.
Intenso	66- 80%	Plantas forrajeras clave de manejo cortadas muy abajo. Pastoreo de plantas forrajeras de poco valor. El daño por pisoteo puede ser evidente.
Severo	Más de 80%	Plantas forrajeras clave de manejo arrancadas. Plantas forrajeras de poco valor llevan el peso del pastoreo, y están cortadas muy abajo. El daño por pisoteo puede ser evidente.

Tabla X,3.2-2: Clases de uso, grados de uso y descripción de los mismos (Anderson y Currier, 1973).

4 MEJORAMIENTO DE LA DISTRIBUCIÓN DEL PASTOREO

4.1 Problemas de distribución del pastoreo

En la mayoría de las unidades de manejo o potreros de las unidades de explotación ganadera o establecimientos de las regiones del Chaco Semiárido y Árido, se puede observar que presentan los signos de una mala distribución del pastoreo y es ésta una de las principales causas de la baja eficiencia de pastoreo y utilización de las mismas

Esta situación reconoce una cantidad de causas siendo las más importantes las siguientes:

- Tamaño y forma de los potreros.
- Ubicación de aguadas.
- Ubicación de saleros y/o comederos.
- Ubicación de sombra.
- Áreas de difícil acceso.
- Dificultades de circulación de los animales.
- Topografía.
- Distintas comunidades vegetales.
- Manejo del pastoreo.

Los problemas de distribución del pastoreo en los pastizales, según Anderson y Currier (1973) son comunes. Ellos informaron que estos problemas son causados por factores tales como la topografía, la localización de los cercos y de la sal, distancias entre abrevaderos, los sistemas de pastoreo empleados, las clases de animales en pastoreo, el clima y la localización de lugares sombreados (Williams, 1954; citado por Anderson y Currier, 1973).

Además, los pastizales a menudo incluyen combinaciones variables de sitios y comunidades vegetales en las cuales la utilización es raras veces uniforme. Las zonas de utilización generalmente resultan donde tales factores se concentran o limitan el pastoreo. Como resultado, el forraje de algunas áreas dentro del pastizal puede permanecer intacto o sin uso mientras que, al mismo tiempo, en otras áreas hay abuso. La solución de estas situaciones por medio de un manejo reformado es en sí es el manejo practico del pastizal.

El proceso de investigar y evaluar la norma y el grado de uso del pastoreo dentro de un pastizal es conocido como una revisión del manejo. Las revisiones oportunas, incluyendo aquellas para comprobar el progreso durante la estación de pastoreo, proporcionan guías para determinar los ajustes necesarios y tratamientos adicionales. Las revisiones periódicas deben ser parte integral de cada sistema de pastoreo. Estas proporcionan una medida fácil de lo logrado, y son especialmente útiles si se efectúan en años sucesivos.

4.2 Tamaño y forma de las unidades de manejo

Las unidades de manejo o potreros las hemos definido como un área cercada con una aguada o una aguada y su área de pastoreo libre. Evidentemente los animales pastorean primero y mas frecuentemente los lugares más cercanos a la aguada. Cuando la oferta baja pastorean las siguientes áreas y así sucesivamente.

Cuando la presión de pastoreo es baja, como ocurre generalmente, y si el tamaño del potrero es grande o es muy largo, los animales no llegan a consumir el forraje de las áreas mas alejadas. Esto provoca un pastoreo diferencial que podemos delimitar haciendo un mapa las zonas de utilización. Si esto persiste en el tiempo determina diferentes condiciones forrajeras del pastizal de esa unidad de manejo (ver Capítulo IV:3).

Si pudiéramos aumentar la presión de pastoreo para que los animales lleguen a pastorear las áreas más alejadas en el menor tiempo y luego cambiarlos de potrero, podríamos solucionar el problema de la mala distribución del pastoreo, pero, como en los establecimiento la cantidad de animales esta determinada por la capacidad de carga (ver Capítulo VIII:3.1), no tendríamos animales para lograr la presión de pastoreo necesaria.

Para lograr la presión de pastoreo aceptable y conseguir una utilización adecuada de la oferta forrajera en esa unidad de manejo, tenemos que reducir el tamaño de la misma o aumentar el número de aguadas. El efecto de utilizar los potreros con mayor presión de pastoreo no solo es conseguir una mejor distribución del pastoreo, sino que también lograremos una mejor eficiencia de cosecha y una mayor producción animal por unidad de superficie.

Un ejemplo de ello lo presentó F. Gándara (2000) que dijo: El pastoreo es más uniforme en potreros pequeños que grandes. En terrenos llanos o con suaves pendientes, los animales prefieren pastorear hasta los 2km desde la aguada. Esto implicaría contar con potreros de 150 a 200ha aproximadamente.

En terrenos con pendiente accidentada, el tamaño debería ser algo menor, para lograr una utilización aceptable (aproximadamente 60% del forraje producido).

No hay estudios críticos sobre el tema en la región. Sin embargo, una experiencia realizada por la EEA INTA Mercedes, en un establecimiento del grupo CREA Curuzú Cuatiá, puede ilustrar la importancia del tema (Tabla X:4.2-1).

Potrero	Años	Carga (EV/ha)	Preñez (%)
1 potrero de 400ha.	1979 a 1983	0,55	77,8
4 potreros de 100ha.	1984 a 1990	0,64	91,9

Tabla VII,5.3-1; Evolución de la carga y preñez antes y después del apotreramiento.

La subdivisión habría permitido incrementar la carga en un 16% y el Índice de Preñez un 18%, ya que no hubo diferencias importantes en el promedio de las condiciones del tiempo, tipo de animales y manejo sanitario. El estudio se realizó en condiciones de pastoreo continuo.

Cuando los productores toman decisiones para subdividir un potrero, deberán prestar la mayor atención, tanto a la facilidad del manejo como al posible efecto en el nivel de producción.

4.3 Manejo de aguadas

Si no podemos subdividir los potreros por que implican costos elevados, podemos comenzar por ir agregando aguadas en la medida que la inversión se pueda ir recuperando con un mejor manejo del pastoreo y el aumento de producción animal.

Según Nazar Anchorena (1988), la aguada define la presión de pastoreo en el potrero y la distribución del pastoreo guarda estrecha relación con la distancia a la aguada. El siguiente esquema muestra este efecto (Figura X:4.3-1 y Tabla X:4.3-1):

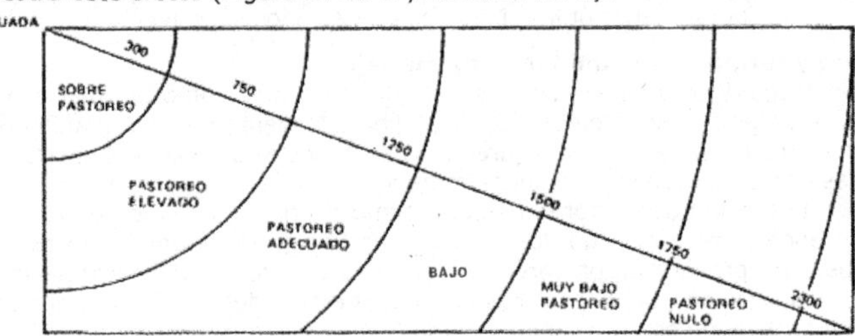

Figura X,4.3-1: Esquema de la eficiencia de utilización a diferentes distancias de la aguada (Nazar Anchorena, 1988).

	Aguada	500 m	750m	1.200m	1.500m	1.750m	2.300m	+2.300m
Forraje consumido	100 %	80/60 %	60/50 %	50/40 %	40/20 %	20 %	0 %	0 %
Forraje disponible	0 %	20/40 %	40/50 %	50/60 %	60/80 %	80 %	100 %	100 %

Tabla X,4.3-1: Porcentaje de recolección de forraje a diferentes distancias de la aguada (Nazar Anchorena, 1988).

Se admite que para pastorear forrajes naturales en la zona semiárida de una forma razonable, la presión de pastoreo o recolección de forraje no debe superar el 50-60% del forraje disponible. Según esto, la presión de pastoreo será apropiada entre los 750 y 1.250m lineales a la aguada. A distancias inferiores el pastoreo es excesivo afectando con el tiempo la condición del pastizal, haciendo desaparecer especies valiosas y aumentando por consiguiente especies menos valiosas o indeseables.

A distancias superiores a 1.250m el subpastoreo permitirá la producción de especies valiosas, pero éstos no producirán rédito al productor ya que sólo esporádicamente serán aprovechadas por el ganado cuando, por ejemplo, a causa de lluvias se formen fuentes de agua temporarias que permitirán un mayor alejamiento en el pastoreo de la fuente estable de agua (Figura X,4.3-2).

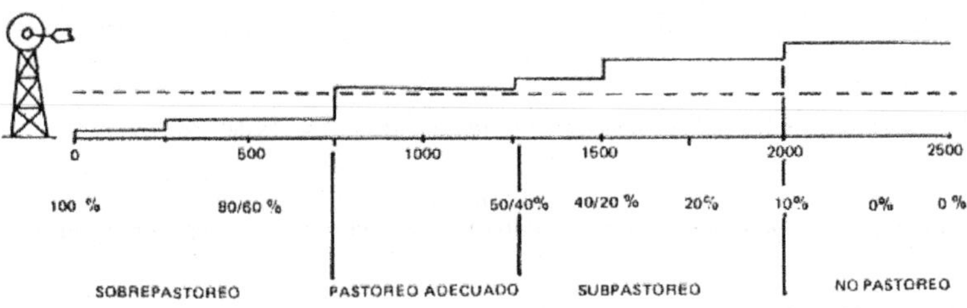

Figura X,4.3-2: Esquema del porcentaje de utilización con una sola aguada a diferentes distancias de la misma (Nazar Anchorena, 1988).

Si queremos aprovechar adecuadamente el forraje de un potrero, debemos atenuar las áreas de sobrepastoreo cercanas a la aguada y permitir que los animales pastoreen los sectores alejados de la misma.

Si en este potrero llevamos un segundo punto de agua al otro extremo (punto B) lograremos un grado de pastoreo más adecuado que podernos estimar en el siguiente esquema (Figura X,4.3-3):

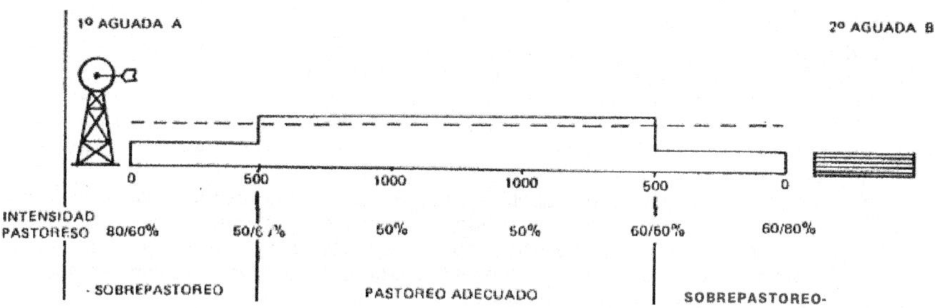

Figura X,4.3-3): Esquema del porcentaje de utilización con dos aguadas a diferentes distancias de las mismas (Nazar Anchorena, 1988).

Vemos, por un lado, una disminución en el pastoreo en las áreas cercanas a la aguada (del 100% se pasa al 60-80%) y por otro, una presión de pastoreo razonable del orden del 50% en la mayoría de la superficie del potrero.

Si tomamos, por ejemplo, un establecimiento que sólo tenga alambrado perimetral con una sola aguada, lo que podemos considerar pastoreo continuo sin mejoras, es evidente que todos los problemas citados sobre la distribución y utilización de los recursos forrajeros, se presenta en su máxima expresión.

En este caso, es mucho lo que podemos mejorar al respecto, instalando aguadas que nos permitan habilitar una por vez, y así conseguir una mejor distribución y utilización del pastoreo, y si a esto sumamos otras técnicas y estrategias para mejorar la distribución del pastoreo (ver temas siguientes), las diferencias en la eficiencia de utilización de los recursos forrajeros respecto a otros sistemas de pastoreo no es tan grande (ver Capítulo XIII:3.2-2).

Al respecto Danckwerts *et al.* (1993) comentaron: La provisión e instalación de bebidas y sales minerales son opciones válidas para manejar la distribución de los animales en el espacio, tanto en la escala de potrero como en la escala de paisaje (Milis y Retief, 1984; Knight *et al.*, 1988; citados por Danckwerts *et al.*, 1993). Para que esta práctica resulte exitosa, la única provisión de agua y minerales para los animales debe depender de estas fuentes (Knight *et al.*, 1988) y deben conocer la ubicación de nuevos sitios de provisión.

4.4   Mejora de la accesibilidad

Tanto en el Chaco Arido como en el Semiárido en lugares muy arbustizados ocurren problemas para el desplazamiento y el acceso de los animales a los pastos. En el fachinal cerrado se encuentran sitios en que los animales no pueden desplazarse cómodamente en la búsqueda de su alimento y/o no pueden tener un fácil acceso al forraje (ver Capítulo IV:5.1 a 5.4).

En estos casos optan por pastorear en lugares más accesibles que demanden menor esfuerzo. De esta forma en las áreas no forrajeables, una cantidad de forraje es subutilizado o no utilizado bajando la eficiencia de cosecha y utilización.

Los principales efectos negativos de las leñosas son provocados por es estrato arbustivo (ver Capítulo V:3.4) y los podemos sintetizar en los siguientes:

- Dificultan la circulación del ganado.
- Provocan una mala distribución del pastoreo.
- Disminuyen la accesibilidad del forraje graminoso.
- Aumentan el área no forrajeable.
- Muchos tienen espinas que puede lastimar a los animales con el peligro de infecciones y/o "bicheras".
- Disminuyen el confort de los animales.

Todos estos inconvenientes se pueden solucionar realizado un control selectivo de arbustos parcial o total para facilitar la circulación de los animales.

En el caso de mejorar la accesibilidad lo primero que debemos hacer es facilitar la circulación del ganado mediante la apertura de picadas, principalmente desde las cercanías de la aguada hacia el fondo del potrero, a las que se le pueden agregar otras transversales según sea necesario.

Si el área no forrajeable tiene superficies importantes, es necesario realizar un control selectivo de arbustos en los lugares afectados. Este control es muy efectivo si se hace manualmente, pero si es una superficie importante, hay que realizarlo con un rolado selectivo, es decir dejando todos los componentes arbóreos posibles, que son los que a la larga van a controlar el proceso de arbustización.

También podemos instalar otra aguada, temporaria o permanente, cercana de las áreas no forrajeables y rediciendo el área de pastoreo con un alambrado electrificado para reducir la unidad de manejo, podemos aumentar la presión de pastoreo en el lugar y hacer que los animales "abran el monte" o sea se vean obligados a no evadir los lugares de difícil acceso al forraje.

Una ves que logren "abrir el monte" y hayan establecido la accesibilidad apropiada, consiguiendo una microcirculación adecuada en el sitio, se da por finalizado el proceso, en sucesivas oportunidades de pastoreo es de esperar que los animales recorran sin problemas los lugares tratados, ya que la apertura puede durar varios años.

Siempre debemos tener en cuenta que cada ves que aumentamos la presión de pastoreo fuertemente para que el ganado limpie un lugar, se tiene un costo en condición corporal de los animales.

4.4-1 EFECTO DE LA DENSIDAD DEL MONTE Y ARBUSTOS EN LA DISTANCIA A LA AGUADA

Según Nazar Anchorena (1988), es importante estimar cuál es la distancia real desde el agua a las áreas de pastoreo en campos de monte o arbusto. Para esto, se sugiere seguir a pie un sendero hecho por los animales hasta la aguada. Estos caminos serán más o menos sinuosos de acuerdo a la mayor o menor densidad de árboles renuevos y arbustos. En casos de baja densidad de plantas o arbustos o por disponer de picadas, los caminos son casi rectos, y la distancia caminada real al agua será de un 10% más que una línea recta a la aguada.

En potreros con mucho monte y/o arbustos, se han medido distancias del 50% mas que la distancia lineal a la aguada. En estos casos es común que los animales se desplacen por las picadas de los alambrados aumentando considerablemente la distancia caminada.

4.5. Utilización de atractivos

Son variadas las herramientas de manejo que podemos utilizar como atractivo para que los animales exploren áreas subpastoreadas por estar lejos de la aguada, de difícil acceso y otras, y mejorar la eficiencia de pastoreo y utilización de la oferta forrajera.

Algunas de las técnicas que podemos utilizar para tal fin son las siguientes:

- Sal sola o con agregados (sal + harina de huesos o + minerales).
- Suplementos (nitrogenados + sal + energéticos).
- Quemas en parche (rebrote pastizal y rebrote de leñosas).

- Parches mejorados (limpiados, fertilizados, sembrados, etc.).
- Arbustos forrajeros.
- Confort animal (sombra, refugio, dormideros, rumia, etc.)

Hemos esquematizado algunas de las herramientas de manejo para atraer al ganado y que exploren lugares poco utilizados (Figura X:4.5-1).

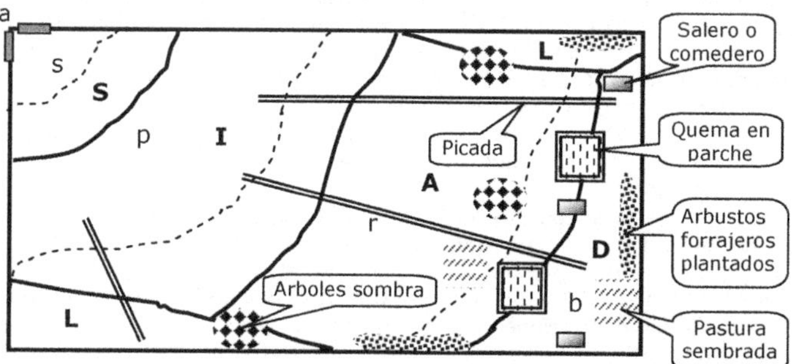

Figura X,4.5-1: Representación esquemática de algunos atractivos para mejorar la distribución del pastoreo. Referencias: a = aguada; ―――= Límite zona de utilización; **S** = pastoreo severo; **I** = intenso; **A** = adecuado; **L** = liviano; **D** = despreciable. ------ = Límite de condición; s = área de sacrificio; p = condición pobre; r = condición regular; b = condición buena.

4.5-1 SAL, SUPLEMENTOS NITROGENADOS, ENERGÉTICOS, MINERALES Y SUS COMBINACIONES

La sal es consumida por los bovinos que apetecen el cloruro de sodio mas allá de sus necesidades fisiológicas, este consumo de lujo es más marcado si el contenido salino del agua de bebida es escaso o nulo. Si el contenido salino del agua es alto ejerce menor atracción para el ganado.

La sal o combinaciones con otros nutrientes deben ser suministrados en saleros o comederos trasladables para ubicarlos en distintos lugares y en distintos tiempo, deben ser fuertes para que los animales lo los volteen y en lo posible con techo para prevenir que estos suplementos se mojen.

El efecto de atractivo de estos nutrientes en la distribución del pastoreo fue estudiado por muchos investigadores, a modo de ejemplo veamos alguno de ellos.

En cuanto al consumo de sal o suplemento con sal en lugres alejados de la aguada, Martin y Ward (1979) dijeron: El ganado no ingirió cantidades peligrosas de sal cuando el alimento con sal fue consumido a voluntad, a 1.609m o más de distancia de la aguada. Sin embargo, un consumo bajo de las mezclas de alimento que contienen un 25% de sal, pueden reducir la ingesta del nivel necesario de suplemento y esto puede ser un problema si se las suministra lejos de la aguada.

La colocación de sal o del alimento con sal en lugares alejados del pastizal, donde el forraje es abundante, aumentará la utilización de pastos perennes en esas áreas, pero no reducirá mucho el uso en las áreas más cercanas a la aguada.

No puede esperarse que la colocación de la sal o del alimento con sal únicamente, resuelva un problema serio de distribución del pastoreo. En muchos casos, el uso de las áreas intensamente pastoreadas, cercanas a la aguada, puede ser efectivamente reducido únicamente por medio de períodos adecuados de descanso.

Por otra parte, Bailey y Wellin (1999) informaron: Durante el otoño se condujo un estudio en pastizales de pie de montaña para determinar si la distribución del ganado podría ser mejorada mediante la colocación estratégica de bloques de melaza (30% de proteína cruda) como suplemento.

En base a su facilidad de acceso, las áreas de tres potreros se categorizaron como: fácil, moderado, difícil e inaccesible. A los terrenos de acceso moderado y difícil se les asignó aleatoriamente los tratamientos de suplementación y control.

Se movieron cada 7 a 10 días el suplemento y la sal, y se evaluaron las nuevas subunidades de suplemento y control. El uso por el ganado de las subunidades control y con suplemento se comparó mediante la medición de la utilización del forraje y la abundancia de materia fecal antes de colocar la sal y el suplemento y después de removerlos.

Las mediciones se tomaron cerca de sitios seleccionados aleatoriamente en las subunidades control y con suplemento. La sal se colocó en la mitad de los sitios de ambas subunidades mientras que los bloques de melaza se colocaron solo en las subunidades asignadas con suplemento.

El consumo diario promedio de suplemento fue bajo, 190g (P<0,05) en el terreno de difícil acceso de uno de los potreros, pero varió de 286 a 386g en otras áreas. El ganado consumió más sal (P<0,001) cerca del suplemento que en las áreas control. Se observó más ganado en las áreas con suplemento (32 ±8%) (P=0,01) que en las áreas control (3 ±2%).

El aumento de las deposiciones fecales fue mayor (P=0,01) en áreas con suplemento (3,3 ±0,7 deposiciones/100m^2) que en áreas control (0,5 ±0,5 deposiciones/100m^2), indicando un mayor uso de las áreas con suplemento.

Los cambios en la utilización del forraje también fueron mayores (P<0,001) en las áreas con suplemento (17 ±2%) que en las áreas control (11 ±1%). En las áreas con suplemento, el incremento en la utilización del forraje fue mayor (P<0,05) en las subunidades de acceso moderado que en las de acceso difícil.

Los resultados de este estudio sugieren que mediante la colocación estratégica de bloques de melaza el ganado puede ser atraído hacia áreas del pastizal subutilizadas.

Generalmente se aconseja que en los saleros no se suministre sal sola, si no que se aproveche para la suplemetación mineral que fuera necesaria. Al respecto sobre la administración de suplementos minerales, al respecto Bavera (2000) dijo:

Los métodos directos *ad libitum*, de libre elección o consumo voluntario (saladeros o saleros) tienen como principal problema que algunos animales consumen cantidades excesivas o insuficientes de suplemento mineral. Pero para el ganado en régimen de pastoreo, en el que no es económico suministrar raciones concentradas, no existe ningún otro método práctico mejor para satisfacer las necesidades minerales.

Esta práctica de suministrar minerales a los rumiantes mediante el sistema de consumo voluntario se emplea desde la antigüedad, y se basa en el supuesto de que los animales ingieren los minerales que necesitan y en cantidad suficiente.

Es erróneo suponer que el consumo fácil de una mezcla mineral constituye una expresión de una necesidad real de los minerales que contiene la mezcla, o por el contrario, que la falta de consumo de dicha mezcla constituye una indicación de que no son precisos los minerales suplementados (Sager, 1994; citado por Bavera, 2000).

Arnold (1964; citado por Bavera, 2000) señaló que existen en la literatura suficientes pruebas de que la mayoría de los mamíferos tienen poco instinto nutricional, prefiriendo una dieta sabrosa, aunque de mala calidad, a otra nutritiva, pero poco palatable. A excepción de la sal común, aparentemente los animales no tendrían habilidad para discernir sus necesidades minerales.

Por lo tanto, para obtener un consumo voluntario adecuado, es necesario que la mezcla mineral posea, además de calidad, una buena palatabilidad.

La presentación física de las mezclas minerales en el comercio y su forma de administración *ad libitum* son varias, y es importante tenerlas en cuenta no solo por su palatabilidad, sino también por el consumo posible debido a su presentación física:

La sal de roca, extraída de canteras, generalmente son piedras de sal de distinto tamaño y peso y forma irregular, aunque a veces se trabajan dándoles forma regular como panes o placas gruesas. Están compuestas principalmente por cloruro de sodio y otros minerales en muy pequeñas cantidades, que varían de acuerdo a la cantera de donde se extrajo. En la práctica, solo aporta cloruro de sodio. Su dureza hace que el lamido del bovino la desgaste muy lentamente y el consumo sea mínimo, insuficiente para sus necesidades.

Los panes o piedras de sal, son panes de sal prensada a altas presiones. Están compuestos en un 95 a 99 % por cloruro de sodio.

Los de 20kg de peso, los más comunes, pueden tener en una de sus bases un hueco cónico que se emplea para colocarlos en la punta de una estaca para el lamido de los animales. Generalmente este sistema no se emplea, pues con el desgaste la piedra se rompe y cae. Por lo tanto, se coloca directamente en una batea o en el suelo.

Se comercializan varias calidades de este tipo de panes, que son los llamados naturales (de sal solamente), azufrados, tricálcicos, yodados y mineralizados. Los últimos poseen azufre, calcio, yodo o minerales que no sean cloruro de sodio respectivamente, pero en tan reducida proporción (aproximadamente 1%) que en la práctica también deben considerarse de sal únicamente.

Existe otra calidad de panes de sal, generalmente de 40kg, que tienen menos cohesión, con un porcentaje algo mayor de minerales que no son cloruro de sodio y que han sido prensados a menor presión. Otro tipo de panes son de 12 y de 24kg, algunos con agregado de levaduras y proteína bruta. Algunos panes tienen agregado algún antiparasitario interno, que resulta de poca o nula utilidad.

El productor está muy acostumbrado a suministrar panes de sal. Son baratos (caros si se tiene en cuenta su composición) y a veces se emplean por su facilidad para manipularlos y porque "duran mucho", justamente uno de sus mayores inconvenientes, ya que el animal no puede consumir lo que requiere. El consumo generalmente no es mayor de 2 a 5 g/día. Por otra parte, en zonas de grandes heladas, el epitelio lingual puede dañarse.

En resumen, la sal de roca y los panes de sal solamente aportan cloruro de sodio en reducidas cantidades. No es posible por intermedio de ellos aportar en las cantidades requeridas otros minerales necesarios, como fósforo, calcio y minerales traza.

Los Panes o Bloques de minerales con melaza, formados por melaza deshidratada (bloques o panes dulces) como fuente energética y estimulante del consumo pueden tener agregada una mezcla mineral adecuada tanto en su calidad como en su cantidad de acuerdo al consumo pronosticado. Son muy útiles en zonas de aguas salinas, donde la hacienda no consume la mezcla mineral con cloruro de sodio.

Estos bloques pueden tener el agregado de nitrógeno no proteico, empleándose con buenos resultados en rodeos de cría en invierno pastoreando rastrojos y pasturas diferidas.

Lamederos rotatorios con melaza, consiste en un tambor que rota sobre un eje horizontal dentro de un recipiente. El recipiente contiene la mezcla líquida y el tambor rotativo, que se encuentra parcialmente sumergido en ella, se moja con la misma y de allí la lamen los animales. Al lamer los animales hacen girar el tambor, por lo que se debe colocar el lamedero sobre un alambre divisorio, de manera que los animales puedan lamer de un solo lado e impulsen el giro todos en la misma dirección. Las extremidades de los tambores deben tener perforaciones amplias para aprovechar al máximo la capacidad de almacenamiento. Los tambores deben girar lo más cerca posible del fondo del recipiente para aprovechar la totalidad de la mezcla. Los espacios entre el tambor y el recipiente deben ser reducidos, de manera que los animales no puedan beber la mezcla, sino sólo lamerla sobre el tambor.

Este sistema tiene el inconveniente de que se pueden emplear únicamente portadores de los minerales de alta solubilidad, que se deben disolver en una solución en partes iguales de melaza y agua. La concentración de la mezcla mineral deberá establecerse de acuerdo al consumo que efectúen los animales en el lamedero.

El sistema puede ser de utilidad cuando se desea administrar urea junto con la mezcla mineral. Para adaptar la flora ruminal al nitrógeno no proteico se debe mezclar inicialmente en la proporción de peso de 1 parte de urea, 10 partes de melaza y 10 partes de agua, que se deberá mantener por lo menos por unos 10 días, para luego, una vez estabilizado el consumo, realizar el cálculo del consumo de la mezcla con la cantidad de urea que deben ingerir los animales, y establecer la nueva concentración de urea y de sales minerales solubles.

Las mezclas minerales molidas con sal, son las más utilizadas, económicas y prácticas, ya que permiten la suplementación mineral con los elementos mayores y menores en cantidades suficientes a los requerimientos de los animales. El bovino puede consumir la cantidad que su gusto le indique de una mezcla palatable en base a cloruro de sodio, empleado como portador de los otros minerales que se desea administrar.

En todos los casos en que sea posible, es el método de administración de elección por lo práctico y económico para los animales en pastoreo.

Si la mezcla mineral a emplear es un concentrado de minerales sin cloruro de sodio (o con una reducida cantidad), y que según las indicaciones del fabricante hay que mezclar con sal en determinada proporción, es muy importante que el productor se atenga a dichas instrucciones.

4.5-2 QUEMA EN PARCHES

El rebrote del pastizal después de una quema no solo puede contribuir a mejorar la oferta forrajera en cantidad y calidad (ver Capítulo VIII:3.15 y 3.21) sino que también es un fuerte atractivo para el ganado.

Al respecto, Vermeire *et al.* (2004) dijeron: Se sabe que el forraje que crece después del fuego es un fuerte atrayente para los grandes herbívoros. Sin embargo, el fuego generalmente ha sido evitado como una herramienta de distribución del apacentamiento por temor a provocar una sobreutilización localizada de los recursos forrajeros.

Los objetivos fueron examinar si la utilización del forraje fue afectada por la época de la quema, determinar la preferencia del ganado por los sitios quemados en relación a los sitios sin quemar, determinar la respuesta de las hierbas a la quema en parches y describir las relación entre la biomasa en pie al final de la estación y la distancia de los sitios quemados.

Para ello, 16 parcelas de 4ha fueron quemadas a mediados de Noviembre o a mediados de Abril (hemisferio norte) y quedaron expuestas al apacentamiento por el ganado durante la estación de crecimiento.

Los tratamientos de quema fueron bloqueados dentro de los potreros para permitir que hatos individuales tuvieran acceso a los sitios quemados en otoño, primavera y no quemados. En Septiembre, mediante corte, se hicieron estimaciones de la biomasa en pie de pastos, hierbas y del forraje total, las cuales se efectuaron en los sitios quemados y a 50, 100, 200, 400 y 800m de distancia del limite de las parcelas quemadas. La biomasa en pie también fue muestreada en exclusiones en los sitios quemados y sin quemar.

El ganado no mostró preferencia por alguna de las épocas de quema, pero fue fuertemente atraído por los sitios quemados, reduciendo en 78% la biomasa en pie dentro de los sitios quemados comparado con una reducción del 19% fuera del área de influencia de la quema.

La biomasa en pie de los pastos disminuyó en una manera predecible en la proximidad de las parcelas quemadas.

Las hierbas se incrementaron en 60% alcanzando 1095 kg.ha^{-1} en las parcelas quemadas apacentadas, pero no fueron afectadas por la distancia a partir de la quema.

La quema en parches puede ser empleada como herramienta efectiva y barata de distribución del apacentamiento.

Por otra parte, Danckwerts *et al.* (1993) informaron: Como una alternativa al apotreramiento, el fuego puede utilizarse en sistemas extensivos, obligando a los animales a pastorear diferentes hábitat.

Frecuencias de fuego variables crean un mosaico de parches quemados, recientemente quemados, y no quemados que varían en su capacidad de atraer el consumo de los animales (Van Wilgen, 1990; citado por Danckwerts *et al.*, 1993).

Las áreas quemadas son típicamente preferidas en relación con las no quemadas debido a la alta calidad del rebrote de las primeras (Mes, 1958, Grunow, 1979; citados por Danckwerts *et al.*, 1993).

Los movimientos de herbívoros nativos en gran escala, de un sitio a otro, es una consecuencia de eventos de fuego en parches en muchas reservas naturales (Van Wilgen, 1990; citado por Danckwerts, *et al.* 1993). Sin embargo, existen una cantidad de problemas potenciales asociados al uso del fuego como práctica de manejo.

En primer lugar, cuando existen grandes diferencias en la calidad del recurso entre sitios, el fuego puede no atraer a los animales hacia los sitios menos preferidos.

En segundo lugar, la duración del período en el que los animales pastorean un sitio quemado puede resultar menor que el requerido antes de que ellos retornen a los sitios más preferidos (Grunow, 1979; citado por Danckwerts *et al.*, 1993).

Finalmente, en los sitios de bajas precipitaciones, el fuego puede no ser una opción válida, ya sea por una insuficiente acumulación de material inflamable o bien por el valor forrajero potencial de la biomasa durante la sequía.

4.5-3 PARCHES MEJORADOS

Los parches mejorados son lugares en donde procuramos mejorar la oferta forrajera en cantidad y calidad dentro de la unidad de manejo y a donde queremos atraer al ganado para que en su exploración en búsqueda de alimento elija éstos sectores. Para ello podemos hacer en el parche un control de leñosas indeseables (ver Capítulo VIII:3.11), una limpieza o emparejado del área subpastoreada (ver Capítulo VIII:3.15), fertilizaciones (ver Capítulo VIII:3.13), enriquecimiento o siembra de gramíneas exóticas (ver Capítulo IX:1.1 y 1.2), y otros, que sirvan de atractivo para los animales y así mejorar la distribución del pastoreo.

4.5-4 IMPLANTACIÓN DE ARBUSTOS FORRAJEROS

Los arbustos forrajeros nativos y exóticos son consumidos por los bovinos en el bache forrajero del pastizal (finales del invierno a mediados de primavera) si recuperamos y/o plantamos y facilitamos el acceso a éstas especies de ramoneo preferidas (ver Capítulo IX:2.1 y 2.2) en lugares donde queremos atraer el ganado, es posible que mejore la exploración de las áreas problema

4.5-4 ATRACTIVOS PARA EL CONFORT ANIMAL

Proporcionar lugares para el bienestar animal (ver Capítulo V:3.6) en el área problema, como: sombra, refugio, dormideros, rumia y otros, estos son atractivos para que los animales pasen mas tiempo en las proximidades de dicha área.

4.6 Mejora de la utilización de pastizal de mala calidad

Mejorar la eficiencia de pastoreo de pastizales de mala calidad casi es un objetivo general en la utilización de pastizales diferidos (henificados en pie) tanto en el Chaco Arido como en el Semiárido. La única manera de lograr que los animales consuman más de ese forraje de mala calidad es aumentar la presión de pastoreo, lo que conlleva la suplementación estratégica (ver Capítulo IX:3) para conformar una dieta más digestible, que no disminuya la velocidad de pasaje, para que los animales no pierdan demasiada condición corporal. Para ello hay que aplicar conjuntamente las herramientas necesarias anteriormente comentadas.

4.7 Estrategias de pastoreo

Si implementamos un sistema de pastoreo apropiado para la unidad de explotación (ver Capítulo XIII:3.6) y adoptamos un sistema de carga flexible (ver Capítulo VIII:3.3) para ajustar la carga a la oferta del año, es probable que en los años buenos podamos incrementar la carga y en los años de sequía ajustarla a la menor oferta forrajera, lo que en promedio resultará en: un aumento real de la carga debido a la estrategia de pastoreo y al sistema de carga flexible, aumento de la oferta forrajera en cantidad y calidad y mejor eficiencia de pastoreo y utilización del pastizal.

4.7-1 PASTOREO MIXTO O COMBINADO

Dentro de las estrategias de producción sustentable en las regiones del Chaco Arido y Semiárido de Córdoba, por ejemplo, ganadería bovina de cría, raza y/o cruza, venta de terneros al destete, recría de vaquillonas de reposición y otras, deberíamos considerar la producción animal mixta o combinada.

Generalmente los trabajos realizados sobre pastoreo mixto o combinado se refieren al caso de bovinos y ovinos. En las regiones chaqueñas de Córdoba, los sistemas de producción mixtos deberían ser de ganadería bovina de cría y caprinos. No tenemos experiencias en verdaderas explotaciones mixtas "bovinos-caprinos", si bien en casi todas ellas hay una majada de caprinos, generalmente no se maneja el pastoreo de la majada y no llegan a una cantidad que influya mucho en la producción ganadera. De todas maneras las experiencias con ovinos indicarían que un pastoreo mixto o combinado en nuestras regiones puede beneficioso tanto para mejorar la eficiencia de utilización de los recursos forrajeros, como para una mayor producción de carne basada en un mejor aprovechamiento sustentable de los recursos forrajeros.

Los sistemas de pastoreo combinados o mixtos, son una herramienta de valor para mejorar la eficiencia de utilización de los recursos forrajeros e incrementar la producción física por ha, a partir de la carga animal apropiada.

El Pastoreo mixto (Mixed Grazing), implica el aprovechamiento simultáneo del mismo lote con animales de distintas especies (Speeding, 1965). En un sentido amplio, también se aplica el término de pastoreo mixto o combinado a sistemas de pastoreo tipo "punteros y seguidores" en los cuales una especie, generalmente los bovinos pastorean primero la unidad de manejo, potrero o lote; y luego es pastoreado por otra especie de ganado, generalmente ovinos o caprinos.

Desde hace tiempo se ha reconocido que las especies animales difieren en sus patrones y hábitos de pastoreo (Dudzinsky y Arnold, 1973; Hodgson *et al.*, 1991), y que esas diferencias pueden ser complementarias, por lo que el pastoreo mixto podría resultar en un mayor producto animal por hectárea.

Probablemente las diferencias en productividad de ovinos y vacunos pastoreando juntos, sean determinadas por diferencias en la calidad y cantidad del forraje consumido (Dudzinsky y Arnold, 1973; Langlands y Sansón, 1976).

Estas diferencias pueden ser grandes (Hodgson, *et al.*, 1991) e interaccionan con la cantidad, estructura y naturaleza del forraje ofrecido (Langlands y Sansón, 1976).

En Uruguay, en trabajos realizados sobre pasturas sembradas, Oficialdegui *et al.* (1994), concluyeron que había un efecto positivo del pastoreo conjunto de lanares y vacunos sobre los niveles de producción obtenidos en relación al pastoreo separado de las 2 especies. En ese sentido se demostró que los lanares obtienen una dieta con mayor digestibilidad que los vacunos y que éstos en pastoreo conjunto, están obligados a comer más cantidad de tallos y material muerto que si pastorean solos, lo que determina un mayor grado de utilización.

En el Chaco Árido y Semiárido, donde existen demasiada cantidad de especies arbustivas y otras latifoliadas que compiten con las gramíneas, sería importante el pastoreo con suficiente cantidad de caprinos, que integran las 2/3 partes de su dieta con estas especies, para que ejerzan un verdadero control biológico sobre ellas lo que favorecería el mejoramiento de la producción del pastizal, la accesibilidad de los bovinos e incrementarían la producción animal sustentable.

4.7-2 COMPORTAMIENTO ANIMAL EN PASTOREO

También deberíamos considerar el comportamiento animal (ver Capítulo VI) y como influye en la distribución del pastoreo.

Al respecto Danckwerts *et al.* (1993) dijeron: Existe una serie de metodologías menos ortodoxas que incluyen patrones heredables de selección de hábitat y/o de dieta, aprendizaje de la alimentación, o la manipulación de "claves" sociales (Provenza, 1991; citado por Danckwerts *et al.*, 1993) que resultan alternativas potenciales para el manejo de la distribución de los animales, que aún no han sido exploradas.

Para mejorar la distribución del pastoreo se podrían hacer selecciones de animales exploradores y no exploradores, con respecto a esto, Bailey *et al.* (2006) dijeron que: La distribución no uniforme del apacentamiento es un problema en terrenos de topografía rugosa porque los recursos pueden ser adversamente afectados si el ganado se concentra en los terrenos planos cercanos del agua. Los investigadores realizaron un estudio para determinar si la remoción del ganado con patrones de distribución indeseable tiene potencial para incrementar la uniformidad del apacentamiento.

Previo al estudio, dos hatos de ganado fueron observados temprano en la mañana con observadores a caballo para establecer los patrones de uso del terreno de animales individuales. Las vacas se clasificaron de acuerdo con el uso de la pendiente del terreno y la distancias observadas vertical y horizontal con respecto a la distancia del agua.

Basados en esta clasificación, las vacas fueron asignadas a uno de dos tratamientos:

1) Trepadoras de montaña (las observadas en pendientes pronunciadas y lejos del agua)
2) Moradoras del las partes bajas (vacas usuarias de pendientes suaves cercanas del agua).

Las trepadoras y las moradoras de las partes bajas se apacentaron en forma similar, pero separadas, en potreros en dos establecimientos durante los tres años del estudio, para un total de 8 comparaciones.

Basados en un índice normalizado e integrado del uso del terreno obtenido de observaciones visuales, se determinó que las vacas trepadoras usaron áreas con mayor pendiente y mas lejanas del agua (P=0,06) que las moradoras de las partes bajas. Durante las primeras 4 semanas de las 6 que los potreros fueron apacentados, las vacas trepadoras, rastreadas con collares con Sistema de Posicionamiento Global (GPS), usaron áreas con más pendiente y más distantes del agua que las vacas moradoras de las partes bajas (P<0,09), esto se determinó en base a un índice normalizado de uso del terreno.

La utilización del forraje fue más uniforme (P<0,05) a través de las pendientes y variando horizontalmente las distancias al agua en potreros apacentados por las vacas trepadoras de montaña que en las moradoras de las partes bajas. Las alturas del rastrojo de las áreas ribereñas y valles fueron mayores (P=0,01) cuando se pastorearon por la vacas trepadoras de montaña (13,3cm) que por las moradoras de las partes bajas (8,1cm).

Este estudio demostró que el ganado con patrones divergentes de apacentamiento, cuando es observado en el mismo potrero, mantiene un uso diferente del terreno que cuando son separados, y sugiere que la selección individual del animal tiene potencial para incrementar la uniformidad del apacentamiento.

*   *   *   *   *   *

REFERENCIAS

ANDERSON, E.W. y W.F. CURRIER, 1973. Evaluación de las zonas de utilización en pastizales. Selecciones del Journal of Range Management, II(2):39-44.

BAILEY, D.W. y G.R. WELLING, 1999. Modification of cattle grazing distribution with dehydrated molasses supplement. Jour. Range Manage. 52:575-582.

BAILEY, D.W., H.C. VANWAGONER y R. WEINMEISTER, 2006. Individual animal selection has the potential to improve uniformity of grazing on foothill rangeland. Rangeland Ecology & Management, 59(4):351-358.

BAVERA, G.A., 2000. Suplementación mineral del bovino a pastoreo y referencias en engorde a corral. Capítulo 6. Ed. del autor, Río Cuarto. pp:109-117.

DANCKWERTS, J.E., P.J. O'REAGAIN y T.G. O'CONNOR, 1993. Manejo de pastizales en un ambiente cambiante: una perspectiva sudafricana. Rangel. J. 15(1):133-144.

DIAZ, R.O., 2005. El fuego como herramienta de manejo del pastizal natural. Serie: Apuntes de Pastizales Naturales, Suplemento 1, 2da Versión, Curso Utilización de Pastizales Naturales, Área Pastizales Naturales, FCA-UNC, 38p.

DUDZINSKY, M.L. y G.W. ARNOLD, 1973. Comparison of diets of sheep and cattle grazing together on sown pastures in the southern tablelands of New South Wales by principal components analysis. Austr. J. Agr. Res. 24: 899.

GANDARA, F., 2000. Manejo del campo natural. INTA, E.E.A Colonia Benítez, Chaco, Argentina. www.produccionbovina.com.

HODGSON, J., T.D.A. FORBES, R.H. ARIVISTRONG, M.M. BEATTI y E. HUNTER, 1991. Comparative studies of the ingestive behaviour and herbage intake of sheep and cattle grazing indigenous hill plant communities. J. Appl. Ecol. 28:205.

KUNST, C., S. BRAVO y J.L. PANIGATTI (Ed.), 2003. Fuego en los ecosistemas argentinos. Ediciones INTA, Santiago del Estero, Argentina. 330p.

LANGLANDS, J.P y J. SANSON, 1976. Factors affecting the nutritive value of the diet and the composition of rumen fluid of grazing sheep and cattle. Austr. J. Agric. Res. 27:691.

LEAVER, J.D., 1979. Utilización de las pasturas por las vacas lecheras. En: Swan H. y W.H. Broster, Principios para la producción ganadera. XV:301-322.

MARTIN, C.S. y D.F. WARD, 1979. Ayuda de la sal y del alimento con sal en la distribución del uso de forraje por el ganado en un pastizal semidesértico. Selecciones del Journal of Range Management. II(2):45-48.

NAZAR ANCHORENA, J.B., 1988. Medidas directas de mejoramiento del pastizal natural: Aguadas. Convenio Provincia de La Pampa-AACREA, Pastizales naturales de La Pampa, manejo de los mismos, 2:51-61.

OFICIALDEGUI, A y A. RODRIGUEZ, 1994. Pastoreo conjunto ovino-bovino. Boletín Técnico, Secretariado Uruguayo de la Lana.

VERMEIRE, L.T., R.B. MITCHELL, S.D. FUHLENDORF y R.L. GILLEN, 2004. Patch burning effects on grazing distribution. Jour. Range Manage. 57:248-252.

VIGLIZZO, E., 1981. Dinámica de los sistemas pastoriles de producción lechera. Editorial Hemisferio Sur S.A. 125p.

SPEDIDING, C.R.W., 1965. Grazing management for sheep. (Review). Herbage Abstracts, 35(2).

* * * * * *

CAPÍTULO XI

Las leñosas en los sistemas pastoriles

CAPÍTULO XI

LAS LEÑOSAS EN LOS SISTEMAS PASTORILES

1 LEÑOSAS Y PASTIZALES ASOCIADOS

1.1 Importancia de las leñosas en los sistemas de producción

Los ecosistemas de la gran región del Árido Subtropical Argentino (Chaco Semiárido, Chaco Árido y Monte Septentrional) tienen vocación forestal (Sayago, 1969; Ragonese, 1967; Cabrera, 1976; Luti *et al.*, 1979), a excepción de las áreas de menor precipitación del Monte, o por razones de salinidad o inundación (Ragonese, 1951). Aún dentro de la provincia fitogeográfica del Monte existen masas boscosas importantes (o existieron), donde hay agua disponible (borde salares o ríos) (Morello, 1951 y 1958; Vervoorst, 1954).

Las leñosas tienen una serie de aspectos positivos, desde un punto de vista ecológico e integrador, resulta apropiado considerar el rol que juegan las leñosas en estos sistemas frágiles (Alessandria y Boetto, 2000).

Algunas de las características y dinámica de las leñosas del Chaco Árido y Semiárido de Córdoba las hemos señalado en este texto, como: las interacciones entre los componentes del sistema pastoril (Capítulo I), las interacciones entre los 3 estratos de la vegetación leñosa en relación al pastizal (Capítulo II:4), los modelos de estados y transiciones aplicados a la interpretación de la dinámica de la vegetación de biomas con leñosas en general y en particular del Chaco Árido de Córdoba (Capítulo IV:4 y 5), el efecto de las leñosas sobre los animales y viceversa (Capitulo V:3.5), las leñosas indeseables o malezas leñosas en los sistemas pastoriles (Capitulo VIII.3.11), las leñosas de importancia y/o de interés forrajero (Capítulo IX:2 y Anexo 2), el efecto de las leñosas en la distribución y accesibilidad del pastoreo (Capítulo X:4.4) y el manejo de leñosas tendiente a lograr diseños silvopastoriles de producción ganadera (Capítulo XII).

Todas estas características fueron expresadas en diversos trabajos sobre el tema que se pueden resumir en los siguientes:

1.2 Aspectos positivos de las leñosas en los sistemas pastoriles

Respecto a los bosques del Árido Subtropical Argentino, Ola Karlin (1985) dijo: Cuando estos bosques contienen un adecuado número de árboles de cierta altura y diámetro de copa, podemos afirmar que los mismos "dominan" y en cierto modo "forman" al ambiente existente bajo su influencia, al que denominamos microambiente.

La vegetación boscosa intercepta y modifica la energía lumínica y lluvias que deben pasar por su estructura antes de alcanzar los estratos inferiores (Karlin, 1985). También alteran la temperatura y humedad relativa (Ledesma y Boletta, 1969 a y b) y moderan la velocidad de los vientos en superficie con el consecuente menor peligro de erosión eólica (Karlin 1979). Pero probablemente uno de los mayores efectos sean los cambios que producen al suelo (Giffard, 1972; Karlin, 1983), en especial por su constante aporte de hojas, ramas, etc., principalmente en masas forestales de varios años, pues se presenta un efecto acumulativo de materia orgánica (Karlin, 1985).

En ese ambiente evolucionaron las gramíneas asociadas, y en él, se encuentran los pastizales espontáneos mas valiosos desde el punto de vista forrajero, compuestos principalmente por gramíneas deseables (Anderson *et al.*, 1980; Vera, 1989; Díaz, 1992 y 2003).

Uno de los aspectos más importantes de los bosques, en regiones con vocación leñosa, es el de contribuir a mantener el equilibrio ambiental, ya que controlan el microambiente favorable, disminuyendo las oscilaciones microclimáticas, controlando los arbustos, aportando nutrientes y materia orgánica al suelo, etc., y de esta manera, proporcionan el entorno favorable para las especies del pastizal de alta calidad forrajera para el ganado, etc. (Breman, 1980; Díaz y karlin, 1983; Díaz *et al.*, 1984; Karlin, 1985; Karlin, 1988).

Los árboles estabilizan el ambiente, proveen de sombra al ganado, los renovales y arbustos brindan protección a las especies forrajeras, ya que evitan que el ganado las sobrepastoree (Vallentine, 1980) posibilitando la instalación de bancos de semillas o semilleros (Alessandria y Boetto, 2000). También cumplen con la función de modificar las condiciones físicas en su derredor, por acumulación de materia orgánica y nutrientes en el suelo, disminución de la radiación y vientos incidentes, haciéndolas más apropiadas para el desarrollo de las plantas asociadas (Ayerza *et al.*, 1998) y protegiendo el suelo contra los agentes causantes de erosión (Call y Roundy, 1991).

La presencia de distintos estratos o capas en la vegetación (al menos 2), previenen las pérdida de nutrientes por lixiviación profunda o precolación (Alessandria y Boetto, 2000), ya que los sistemas radiculares de los arbustos y los árboles, más profundos y de mayor tamaño, exploran mayor volumen de suelo y explotan esos minerales de manera más eficiente (Woodmansee, 1984; citado por Alessandria y Boetto, 2000).

A su vez, las leñosas constituyen un depósito estabilizado de nutrientes. Cuando, algunos órganos o partes del vegetal senescen, los elementos allí ubicados se movilizan hacia las zonas de almacenamiento transitorio del mismo, quedando retenidos hasta que se removilizan hacia los brotes en la siguiente estación de crecimiento (Alessandria y Boetto, 2000). Aún si el árbol o parte de él cae, los nutrientes contenidos son retenidos y lentamente tomados por los descomponedores que los convierten en disponibles para las especies vegetales de rápido crecimiento, como las herbáceas (Woodmansee, 1984; Call y Roundy, 1991).

De esta manera contribuyen al ciclado de nutrientes, ya que sus raíces profundas "bombean" elementos a la superficie. En zonas con napas freáticas cercanas a la superficie, ayudan a mantenerla profunda, controlando la salinización en superficie (Díaz y karlin, 1983; Karlin, 1985; Karlin y Díaz, 1988).

Además de éstas funciones, las leñosas benefician a la ganadería, a través de aportes forrajeros directos (hojas, flores, tallos tiernos o ramones, frutos, hojarasca o broza), lo cual puede aportar reservas de forraje o fuentes de forraje de calidad (proteínas, fósforo, vitamina A, etc.) en épocas críticas o permiten el descanso de las pasturas en ciertas épocas del año (Díaz y Karlin, 1988), y sumado a esto, sombra para los animales, que es muy importante en regiones con altas temperaturas e insolación, también contribuyen a una mejor utilización del pastizal (con distribución de sombra alejada de las aguadas) (Karlin y Díaz, 1984).

Se debe considerar el aporte de forraje proveniente del ramoneo de hojas y brotes nuevos principalmente de especies arbustivas (Alessandria y Boetto, 2000), especialmente el ofrecido en épocas críticas como lo es a fines del invierno y comienzos de primavera, puesto que las leñosas rebrotan más temprano que las gramíneas (Saravia Toledo, 1984; Miñón *et al.*, 1991; Dalla Tea *et al.*, 1992).

Las leñosas pueden aportar a la unidad de producción varillas, postes etc., y también servir de ingreso adicional (carbón, leña, madera) sin necesidad de montar una infraestructura costosa y/o compleja para su aprovechamiento.

Dadas las oscilaciones en cuanto a costos/beneficios de las explotaciones ganaderas (políticas, económicas, demandas etc.) puede resultar importante el tener una fuente de ingresos adicional o complementaria (extracción de leñosas) pudiendo en algunos casos, llegar a pensar en verdaderas explotaciones mixtas o silvopartoriles, sin necesidad de que una actividad sea contrapuesta a la otra (Díaz *et al.*, 1988a; Calvo *et al.*, 1992).

Las masas boscosas juegan un papel cada vez más importante en la fijación biológica del anhídrido carbónico (CO_2), aspecto que, con la creciente emisión de gases industriales que provocan el calentamiento global, pasa a tener un valor considerable.

En suma, las masas arbóreas ejercen un gran efecto sobre el ambiente que las rodea. Si eliminamos el bosque de aquellos sitios donde se presentan debemos saber cuales son las consecuencias ¿qué puede pasar?, ¿cual son sus ventajas y desventajas?, etc. (Karlin, 1985).

1.3 Aspectos negativos de las leñosas en los sistemas pastoriles

Uno de los aspectos negativos es la competencia entre leñosas y herbáceas (gramíneas y latifoliadas) por espacio, luz, agua y nutrientes (ver Capítulo II,4). En algunos casos hay presencia de alelopatías negativas (sustancias liberadas por una especie, las cuales inhiben el desarrollo y crecimiento de otras) (karlin, 1985).

Estas competencias se traducen en menor cantidad de forraje herbáceo disponible, aunque en algunos casos, como en ambientes muy severos, en áreas muy deterioradas con la presencia de leñosas como renovales de árboles y/o arbustos, se produce mayor fitomasa herbácea utilizable por el ganado que sin la presencia de leñosas (Díaz y Karlin, 1983).

La competencia depende de muchos factores; en el caso de la luz dependerá del follaje (densidad, disposición), altura del follaje o planta del suelo, etc. El espacio y área no forrajeable dependerán de la forma del crecimiento de la leñosa, etapa de crecimiento (juvenil o adulto) cantidad de tallos, etc. En el caso de la competencia por agua, dependerá del tipo de suelo, del régimen hídrico, sistema radicular, etología de la transpiración, etc. (karlin, 1985).

Existen otros aspectos negativos, como la disminución del radio de acción y accesibilidad de los animales al forraje, lo cual resulta en áreas más pastoreadas cerca de las aguadas u otras instalaciones, y en áreas menos pastoreadas a cierta distancia de las mismas. En áreas sobrepastoreadas, se produce mayor presión de pastoreo y pisoteo en el espacio entre las leñosas, las cuales se convierten muchas veces en áreas denudadas de muy lenta recuperación y susceptibles de erosión hídrica (ver Capítulo IV:3.7 y Capítulo X:3.1).

Si la cobertura de leñosas es tal que, inhibe cualquier tipo de vegetación debajo de su copa, y además por su forma de crecimiento radicular, casi siempre profundo, generalmente se produce mayor erosión hídrica en áreas con leñosas que en áreas con gramíneas (Karlin, 1979). En suma son necesarios una buena combinación de leñosas y pastizal para disminuir la escorrentía y evitar la erosión hídrica.

Las leñosas pueden ocasionar otros perjuicios, como lastimaduras en los animales por espinas, ramas, etc. (focos de infección), mayores dificultades en la conducción del ganado (menor visualización, mayor dificultad en el arreo) etc. (Díaz y karlin, 1983)

1.4 Análisis de situación actual de las leñosas en los sistemas pastoriles

Si se extrae, de una u otra forma, el estrato arbóreo y arbustivo de un bosque, degradado o no, se produce, en la mayoría de los casos, una explosión de fitomasa herbácea, siempre que exista en el sitio potencialidad forrajera (semillas, propágulos, suelos aptos, etc.) (Karlin, 1979; Karlin y Díaz, 1984).

Al eliminar totalmente la cobertura de leñosas (desmonte total), llega mayor cantidad de energía lumínica a los estratos inferiores y disminuye la competencia por agua y nutrientes, ya que el suelo por el aporte acumulado de materia orgánica de las leñosas, tiene buena capacidad de acumular agua y nutrientes en abundancia (Karlin y Díaz, 1984).

De aquí se puede arribar a una conclusión errónea: "la eliminación de la cobertura leñosa aumenta la producción forrajera". Aumenta, pero sólo en forma instantánea y por un corto período, ya que al cabo de algún tiempo (5-10 años) puede agotarse el suelo (principalmente en N y MO) (Casas *et al.*, 1986; Casas y Mon, 1988) (ver Capítulo VIII:3.10), disminuyendo la cantidad y calidad de la fitomasa herbácea. (Karlin y Díaz, 1984).

Se podría mantener la producción forrajera evitando que decaiga, pero tiene sus costos (fertilización, rotaciones largas, etc.) (Giffard, 1972). Con fertilizaciones es posible mantener el nivel de nitrógeno, pero es difícil mantener el tenor de materia orgánica, con los perjuicios sobre la estructura del suelo que esto produce (menor eficiencia hídrica, menor disponibilidad de nutrientes, etc.) (ver Capítulo VII:3.10).

Actualmente, tanto en el Chaco Árido como en el Semiárido de Córdoba, casi no quedan masas boscosas (con más del 30% de cobertura arbórea) que controlen el microambiente favorable mencionado (ver Capítulo XI:3.1).

Esta situación se debe a la explotación incontrolada de leñosas y al sobrepastoreo que desemboca en ambientes degradados (Karlin y Díaz, 1979; Saravia Toledo, 1988), dominados por leñosas indeseables (Bosque degradado, Fachinal o Jarillal) (ver Capítulo IV:4.5). Este ambiente resulta muy poco productivo tanto para la actividad forestal como para la ganadera y es prácticamente irreversible, en tiempos humanos y/o económicos, aún aplicando una utilización apropiada para inducir la recuperación natural.

La única alternativa posible, parecía que era, controlar y/o erradicar la vegetación leñosa para aumentar la producción forrajera. Esto es lo que pasó en muchos campos del Chaco Semiárido de Córdoba, y aunque el ambiente es menos frágil que en el Chaco Árido, no se tuvo en cuenta que, si no se aplican tecnologías apropiadas el sistema no es sustentable ecológicamente, perdiéndose productividad por pérdida de la materia orgánica de los suelos (ver Capítulo VIII:3.10).

En el Chaco Árido de Córdoba, con una evidente mayor fragilidad del sistema, también hubo algunos intentos de controlar totalmente la vegetación leñosa y sembrar una pastura exótica, experiencia que hemos seguido atentamente, con resultados que a los 9 años de implantada, las vacas que pastoreaban allí pasaron de un 85% de preñez a un 45% de preñez. La causa fue la pérdida de calidad forrajera de la pastura causada por la pérdida de materia orgánica y fertilidad de los suelos (Díaz, 1999). En ese predio, de acuerdo a la propuesta de Tartara y Coirini (1986), se intentó la repoblación mediante plantación de componentes arbóreos (*Prosopis flexuosa*), tarea que no fue fácil por que la plantación sufrió el ataque de hormigas y roedores y hubo que replantar muchas veces.

En definitiva, si es necesario, se deberían cambiar los objetivos y procedimientos de producción, en función del sistema natural y sus recursos, aprovechando sus ventajas y potencial (ver Capítulo XI:3 y Capítulo XII), antes de alterar el sistema para adecuarlo a objetivos y metas preestablecidas que pueden no ser sustentables (Karlin, 1985).

2. CONTROL DE LEÑOSAS

2.1 Consideraciones previas

Para decidir que método o tratamiento para el control de leñosas tendremos es el que mejor se ajusta a nuestros objetivos en ese sitio es necesario considerar varios aspectos. Respecto a ello, Alessandria y Boetto (2000) informaron: La elección de una técnica de control de leñosas, sea manual, mecánica o química, depende de una serie de situaciones, particularidades o restricciones que actúan a distintos niveles de decisión. Sin un orden de importancia, pues su incidencia relativa es variable en cada situación, se pueden destacar, los siguientes factores:

- Legislación nacional y provincial que la regula.
- Compromiso del productor hacia la conservación de los recursos naturales.
- Rentabilidad de la inversión.
- Características de la vegetación leñosa y herbácea.
- Conocimiento y disponibilidad de técnicas y maquinarias apropiadas.
- Tamaño del área a desmontar.
- Respuesta o reacción al desmonte.

1.2-1 LEGISLACIÓN NACIONAL Y PROVINCIAL QUE LA REGULA

En este caso las leyes provinciales nacionales, tienden a dar el marco para la conservación y el uso apropiado de los recursos naturales, regular y reglamentar la actividad forestal en bosques nativos y cultivados, prevén planes de acción aprobados para ejecutar desmontes y fomentan la defensa de la riqueza forestal.

Lamentablemente algunas de las legislaciones que pretenden regular el control de leñosas (desmontes), generalmente están basadas en principios de anhelo más que en la experimentación científica, y ante la duda prohíben toda intervención, sin tener en cuenta que en estos ambientes la producción ganadera y/o forestal es conflictiva con la preservación de la biodiversidad del ambiente prístino. Por otra parte, es evidente que las leyes, o no están actualizadas (Saravia Toloedo, 1989), y/o los asesores legislativos desconocen que hay disponibles tecnologías apropiadas para la recuperación del ambiente de bosque, con productividad sustentable tanto ecológica como económicamente (ver Capítulo XII:3.1).

Hoy quedan muy pocos lugares con bosques nativos, la mayoría comunidades disturbadas (Cabido *et al.*, 1992). Estos ambientes muy alterados de bosques degradados o arbustales tienen muy poca probabilidad de recuperación natural en tiempos humanos y menos aún en tiempos económicos, donde la única posibilidad de recuperar el ambiente de bosque en tiempo y forma, pasa por intervenciones de control de arbustos indeseables o invasores.

En algunos sitios esta situación no es estable y el proceso de degradación o desertificación continúa aún si se evita toda extracción de leñosas y se excluye el pastoreo.

Somos concientes que una legislación apropiada puede ser relativamente fácil de implementar, pero su reglamentación, y más que nada su aplicación y control, serían muy difíciles de realizar; no obstante, este sería el marco apropiado que serviría de guía para campañas de difusión, educación, extensión, etc.

Las prohibiciones sin fundamentos esenciales de intervención tecnológica pueden producir varios efectos:

a) Mantienen el estado degradado sin posibilidades de recuperación en tiempos económicos y/o humanos.

b) La no recuperación del estrato herbáceo (pastizal) provoca pérdidas irrecuperables de suelo por la erosión hídrica provocada por la escorrentía.

c) Tienen implicancias económicas y sociales negativas para la región.

d) No permiten aplicar las tecnologías para la recuperación del ambiente.

e) Predisponen en contra a los dueños de la tierra que ven imposibilitados sus anhelos de mejorar la productividad ganadera de sus campos.

f) Generalmente tratan de transgredirlas y no son fáciles de controlar efectivamente.

g) Pueden generar demandas judiciales en contra de los estados, iniciadas por los que no pueden producir eficientemente en sus campos.

1.2-2 Compromiso del productor hacia la conservación de los recursos naturales

Tanto el nivel educativo y cultural del productor como su conocimiento de la realidad ecológica del ambiente en el que trabaja, le permiten tomar conciencia acerca de la importancia de utilizar métodos cuya acción sea menos agresiva para el sistema. Sin embargo, y teniendo en cuenta el contexto en el cual se toma esta decisión, la selección de formas de trabajo poco impactantes será factible si el productor valorara correctamente los servicios que prestan los ecosistemas y su aporte a la sustentabilidad (Viglizzo, 1989; (Alessandria y Boetto, 2000).

1.2-3 Rentabilidad de la inversión

Es de esperar que todo aporte de dinero al sistema sea retribuido con una tasa apropiada de rentabilidad. Los sistemas ganaderos de cría de regiones áridas y semiáridas ofrecen escasos márgenes de ganancia, por lo que un incremento en los costos de producción debería reflejarse en un incremento apreciable de los ingresos.

La inversión debe realizarse en módulos de mejoramiento (Díaz *et al.*, 1988a), y que estos funcionen como operadores de transformación (ver Capítulo XI:3.1).

Desde otra perspectiva, deberían valorarse también los aspectos que no sólo adquieren o representan un valor venal en el sistema de producción. Al respecto, tanto Gligo (1996; citado por Alessandria y Boetto, 2000) como Leslie (1987; citado por Alessandria y Boetto, 2000) aseguran que se deben incluir los beneficios intangibles o servicios que presta el sistema ecológico conservado y/o recuperado, tales como la mayor complejidad estructural y funcional que repercuten en la obtención de ingresos sostenidos a más largo plazo. De esta manera, se logra aumentar el período de planificación del sistema, con lo cual aumenta el período de amortización de las inversiones realizadas, disminuyendo las cuotas anuales de depreciación. Esto trae aparejado un efecto positivo en el resultado económico ya que disminuyen los gastos no efectivos de cada ejercicio (Alessandria y Boetto, 2000).

1.2-4 CARACTERÍSTICAS DE LA VEGETACIÓN LEÑOSA Y HERBÁCEA

La configuración estructural de la comunidad de árboles y arbustos en cuanto a altura, especies que la componen, vigor o porte de las mismas, densidad de individuos, cantidad y calidad de la madera disponible y otras, son características de la vegetación que determinan su destino o uso y por ende la adopción de una técnica de desmonte. Bosques o arbustales más "espesos", de mayor porte, están más expuestos a un desmonte total (Tothill, 1979; citado por Alessandria y Boetto, 2000) y requerirán maquinarias más potentes o mayor esfuerzo por parte del hachero. Por el contrario, árboles o arbustos bajos, pequeños, dispersos, pueden ser removidos puntualmente y mediante técnicas menos agresivas.

Si se pretende obtener una reacción favorable del estrato herbáceo, deberá tenerse en cuenta que dicha respuesta depende de las condiciones de deterioro del mismo. Es necesario realizar pruebas para conocer cual es la reacción del estrato de gramíneas luego de cualquier tipo de control de leñosas, ya que los resultados generales indican que en pastizales de condición forrajera pobre o regular la forrajimasa se triplica (Díaz *et al.*, 1988b), salvo que se hayan perdido los bancos de semillas de gramíneas (casos muy poco frecuentes). Por el contrario en situaciones donde el pastizal está en condición forrajera buena, el incremento en forrajimasa es sólo el doble o menos, y el desmonte total generalmente deviene en mayores dificultades de manejo para lograr la sustentabilidad del sistema. En estos casos es conveniente un control selectivo de arbustos o no aplicar ningún tipo de control de leñosas y aplicar los recursos económicos para mejorar el pastizal y/o el manejo del mismo.

1.2-5 CONOCIMIENTO Y DISPONIBILIDAD DE TÉCNICAS Y MAQUINARIAS APROPIADAS

Tanto las técnicas en sí, como las ventajas y desventajas de su aplicación han sido tratadas con amplitud por Vallentine (1980), (Fisher, 1979 y Peláez y Boó, 1986; citados por Alessandria y Boetto, 2000). Pero generalmente se cuenta con limitada información científica local que exponga los efectos del desarbustizado con las técnicas y maquinarias disponibles en la zona. Es necesario mayor conocimiento y un mayor desarrollo de maquinarias para el control selectivo de arbustos, adaptadas a las condiciones particulares de la región, lo cual evitaría la aplicación de técnicas masivas, utilizadas en otras áreas, que pueden llevar a consecuencias no deseadas en cuanto al deterioro de los recursos. No obstante existen numerosos datos de experiencias prácticas (Seia Goñi, 1985 y 2000; Karlin, 1988; Díaz *et al.*, 1988b; Díaz, 1989 y 2003; y otras).

1.2-6 TAMAÑO DEL ÁREA A DESMONTAR

Para desmontar grandes superficies en poco tiempo se requieren técnicas y maquinarias de gran velocidad de trabajo y gran efectividad (aspersión aérea de fitocidas, cadeneo, topado, rolado). Para pequeñas áreas se puede recurrir a técnicas más simples, menos agresivas, con mayor empleo de la mano de obra (aspersión o rociado terrestre de fitocidas con máquinas o con mochila, desmonte manual y otros). El impacto se acentúa al considerar los efectos negativos del desmonte total (mecánico o químico) en áreas extensas. En estos casos, la eliminación de leñosas agrava los procesos erosivos, la pérdida de biodiversidad deseable, las fluctuaciones térmicas y la desaparición de refugios para la fauna. Por tal razón, la posibilidad de recuperar una buena condición sustentable de los pastizales se torna dificultosa.

1.2-7 RESPUESTA O REACCIÓN AL DESMONTE

Luego del desmonte de un área boscosa o fachinales normalmente las especies leñosas la reinvaden. Esto puede ocurrir por:
- Crecimiento a partir de propágulos que quedan en el sector por el tipo de técnica aplicada o por deficiencias en la tarea de desmonte (rebrotes de cepa, de raíz, propagación vegetativa de cactáceas y otros).

- Migración desde áreas colindantes.
- Manejo inapropiado del pastizal, ya que el sobrepastoreo disminuye la capacidad competitiva del estrato herbáceo y provoca su desplazamiento por leñosas agresivas.
- Por consumo de frutos de leñosas por el ganado y la consiguiente escarificación y distribución endozoica de semillas.

Para que los beneficios del desmonte, referidos exclusivamente al aumento de forrajimasa de las herbáceas con destino al ganado, sean más durables en el tiempo, es necesario reducir la reinvasión de especies perjudiciales. Es aconsejable examinar permanentemente el crecimiento de los arbustos indeseables y de los árboles y usar racionalmente el pastizal. Tanto la siembra en cobertura de especies forrajeras adaptadas que pueden enriquecer la calidad y la competitividad de las pasturas (González, 1979; citado por Alessandria y Boetto, 2000), como la implantación de árboles nativos (Karlin, 1985), pueden retardar o disminuir la reinvasión.

En definitiva, la diversa naturaleza de estos condicionamientos y su diferente grado de acción sobre la toma de decisiones, configura una intrincada red de conflictos ante los cuales no resulta sencillo seleccionar la técnica de desmonte o desarbustizado más apropiada.

Las características de cada productor y de cada unidad de producción se suman a esta dificultad, por lo tanto, la decisión variará según los objetivos que se fijen, las prioridades que se determinen y el orden jerárquico de su cumplimiento o implementación.

2.2 Objetivos del control de leñosas

La técnica o tratamiento a utilizar para cualquier tipo de control de leñosas depende en primer lugar de los objetivos, los cuales pueden ser variados o combinados (Karlin, 1987):

- Abrir áreas para una agricultura clásica (con necesidad de arar, sembrar, etc.), ya sea para cosecha mecánica o pastoreo directo. En este caso deben eliminarse casi en su totalidad las leñosas, su parte aérea y radicular, para permitir las labores posteriores.
- Siembra de pasturas en cobertura: tratamientos para disminuir la competencia de las leñosas facilitando así el crecimiento y desarrollo de forrajeras herbáceas. Aquí no es necesario la erradicación total de leñosas, pudiéndose dejar los tocones, raíces, etc.
- Control selectivo de arbustos, dejando los componentes arbóreos tendiendo a sistemas silvopastoriles y/o agroforestales.
- Mejorar la distribución del ganado sobre el terreno y lograr un mejor acceso del animal al forraje.
- Aumentar la disponibilidad del forraje de leñosas, "bajando" (podando) el follaje alto, intensificando el rebrote cerca del suelo.
- Otras, como crear barreras contra fuego, aumentar circulación del aire en comunidades de leñosas muy cerradas, intensificar el crecimiento de leñosas útiles, permitir mayor infiltración y/o cosecha de agua, eliminar leñosas nocivas, etc.

Para cada uno de los objetivos mencionados deberíamos conocer:

- Relación Costo-Beneficio: Que los beneficios del tratamiento superen los gastos de la técnica por cierto margen. Como criterio básico, que los gastos no superen la compra de tierras, que den iguales o semejantes beneficios.
- Selectividad: Que permita conservar las especies útiles y sus renovales y poder eliminar o controlar las perjudiciales.
- Rapidez: Que se permita hacer en poco tiempo el tratamiento y sobre la mayor superficie posible, así por ejemplo, en regiones degradadas y de baja recuperación natural por las leñosas presentes, puede ser importante ganar rápidamente; en cantidad de forraje (por hectárea y en superficie) mediante la eliminación de las mismas, o porque el tiempo de máxima eficacia es muy corto.

- Resultados predecibles: Que se sepan los resultados con anticipación al tratamiento, para poder introducir dichas áreas con antelación en la planificación y para determinar los beneficios por anticipado.
- Eficacia en cuanto a la duración del tratamiento: Que el efecto deseado sea lo más duradero posible, que sea mayor el tiempo entre tratamientos.
- Disturbios ambientales (impactos): Que por lo menos sean conocidos y controlables, y tratar de predecir disturbios en el largo plazo.

En resumen: la técnica o técnicas a utilizar, deben considerar entre otros factores: objetivos, capital disponible, costo del tratamiento, tipo de comunidad leñosas, condición inicial, potencial del sitio, recuperación natural sin tratamiento, topografía, disponibilidad de equipos, mano de obra disponible, cantidad de hectáreas a tratar, manejo posterior al tratamiento, experiencia local de técnicas o tratamientos, etc., y precios de campos aledaños.

2.3 Técnicas de control de leñosas

2.3-1 TRATAMIENTOS MECÁNICOS

Generalmente se usan en nuestro país para habilitar áreas para la agricultura y para disminuir la competencia que hacen leñosas sobre el pastizal. También se pueden utilizar para abrir calles o picadas para movimiento de hacienda o para crear "barreras" antifuego o contrafuegos, etc. Los controles mecánicos son los más utilizados en nuestro país (Karlin, 1987).

Dentro de los tratamientos mecánicos tenemos:

- Topado
- Cadeneo
- Rolado
- Tratamientos mecánicos especiales
- Discado
- Tratamientos mecánicos mixtos
- Tratamientos manuales

Topado

Consiste en una unidad automotriz (orugas o tractores de gran potencia) que lleva una pala en su parte delantera que voltea las leñosas y las trata de desarraigar, impidiendo su posterior crecimiento. Existen un sin fin de modelos de palas, desde la convencional hasta las especializadas en voltear árboles aislados (pala corta y con filo en la hoja inferior), las de tipo rastrillo o peine que permiten llevar parte de la pala por debajo de la superficie del suelo, dando una mayor eficacia en la erradicación y corte de raíces. Este último tipo permite que el suelo fluya a través de sus dientes, produciendo menor movimiento por arrastre del suelo y menor gasto de potencia. En el caso de monte bajo, la topadora, además de voltear y desarraigar las plantas, quiebran en parte el material leñoso, lo cual acelera su posterior descomposición. Se puede voltear y luego acumular el material (cordones, parvas) para posterior quema, o si no hay suficiente material combustible para ser quemado, se puede esperar e que crezcan las herbáceas, produciendo la suficiente cantidad de fitomasa para quemar.

En todos los casos y cuando tenga el monte algo de valor, conviene que entren los hacheros, lo cual deja más limpio el sitio y produce menor posibilidad de crecimiento del material topado, y además puede amortizar en parte los costos. (Esto también es válido para otros tratamientos).

El topado está limitado a terrenos más bien planos y sin mucha pendiente y con poca presencia de rocas. El mejor trabajo se realiza sobre suelos medianamente húmedos, ya que con mucha humedad fluye con menor eficacia el suelo, resultando en mayor remoción del mismo y con suelos secos se emplea mayor potencia.

Las leñosas de cierto porte son erradicadas con mayor facilidad, con suelos húmedos. Este tratamiento es ideal para áreas destinadas a agricultura, ya que deja el área bastante limpia para labores posteriores. Además el rebrote es menor (por menor cantidad de leñosas que permanecen) en comparación con otros tratamientos.

Como remueve bastante el suelo, debe tenerse especial cuidado en aquellas zonas propensas a la erosión y en lo posible no utilizar allí dicho tratamiento, o llevar la pala a cierta distancia del suelo (quedando el área "sucia", es decir con más remanentes leñosos).

La remoción de suelos y la escasa cobertura remanente, permite una más rápida invasión de malezas y/o leñosas y que en ciertos casos puede ser grave. Se debería tener los sitios aledaños, libres de malezas.

Cadeneo

Poco común en nuestro país. Consiste en usar generalmente dos unidades automotrices unidas por una cadena o cable por su parte posterior. Las cadenas o cables utilizados deben ser gruesos y de gran peso por unidad de longitud (60kg a 180kg por metro lineal). El largo total oscila entre 60m a 100m.

Es conveniente modificar la cadena o cable, soldando cada 50cm, barras de acero perpendiculares a la línea, y entre sí con un ángulo de 90º, de esta manera rueda el cable o cadena a cierta altura del suelo, efectuando un trabajo más efectivo y sin remover demasiado el suelo.

Adelantando una de la unidades automotrices, la cadena forma una "J" (jota), lo cual da mas "tiro" sobre las leñosas.

El cadeneo permite trabajar en terrenos con más pendiente y en suelos más rocosos. No puede ser utilizado en montes altos, con especies de troncos gruesos, pero es muy eficaz en lugares con leñosas pequeñas. Deja el terreno muy sucio y con muchas leñosas sin erradicar, en especial con especies de buen arraigue y de tallos flexibles.

El suelo debe tener cierta humedad para aumentar su eficiencia. Su gran ventaja es la cantidad de superficie que puede cubrir en poco tiempo (entre 1 a 3 ha/hora).

Rolado

Por ser el rolado el tratamiento más importante para el control de leñosas en el Chaco Árido y Semiárido de Córdoba se trata especialmente en el próximo tema (XI:2.4).

Otros tratamientos mecánicos

Desde enganchar detrás del tractor un riel o tronco, que permite desmenuzar leñosas pequeñas, máquinas con sierras circulares, cortadoras de malezas reforzadas, picadoras de forraje adaptadas para leñosas, arrancadores de árboles o arbustos, hasta equipos "totalizadores" que cortan o desarraigan, pican el material leñoso y lo desparraman o acumulan según objetivo.

Discado

Equipos pesados de por lo menos tres toneladas de peso y con discos de hasta un metro de diámetro, denominados arados destroncadores. Su uso está restringido a posteriori de otros tratamientos que hayan limpiado el área o a monte bajo.

Bien operados (peso correcto, ángulos adecuados, etc.) pueden eliminar raíces, coronas, picar el material y dejar cierta cobertura en superficie. Es conveniente que los discos sean individuales, permitiendo pasar obstáculos sin levantar toda la máquina. Estos tipos de arado son remolcados por tractores u orugas de gran potencia y tienen las mismas limitantes en cuanto a terreno que el topado.

Dejan la superficie con cobertura suficiente y remueve el suelo, permitiendo una mayor acumulación de humedad. También facilita una más rápida descomposición del material leñoso. En terrenos con cierta pendiente y peligro de erosión, conviene trabajar siguiendo curvas de igual nivel.

Generalmente el discado es usado para habilitar tierras para la agricultura o para luego sembrar alguna pastura, aunque con buena dotación de semillas de especies nativas viables en el suelo, produce aumentos espectaculares de la producción del pastizal, similares a una pastura exótica.

Tratamientos mecánicos mixtos

Se pueden combinar distintos tratamientos mecánicos, por ejemplo topado más discado, topado mas rolado, etc. También se pueden montar cajones sembradores para que simultáneamente que se "limpia", vayan sembrando en cobertura.

Algunas características de los tratamientos mecánicos son:
- Los tratamientos mecánicos son generalmente poco selectivos, por tratarse de equipos pesados y de poca maniobrabilidad, pudiéndose dejar solamente árboles o leñosas de gran porte pero todos los renovales son en general eliminados y/o controlados.
- La relación costos-beneficios es bastante variable dependiendo de varios factores (equipo propio o alquilado, hectáreas a tratar, velocidad del equipo, repuestos etc.)
- En cuanto a sus resultados son bastantes predecibles.
- Están restringidos en general a terrenos llanos o de escasa pendiente (nunca mayor de 30º) sin afloramientos rocosos, para terrenos secos o con mediana humedad.
- Utilizan escasa mano de obra.
- En general son de mediana rapidez en cuanto a relación superficie tratada sobre tiempo, se refiere (entre 0,1 a 3 ha/hora).
- Tanto los perjuicios sobre el ambiente, como en cuanto a la duración del efecto son muy variables, dependiendo del tratamiento.
- Según duración del efecto: Discado > Topado > Rolado > Cadeneo.

Tratamientos manuales:

Se pueden considerar tratamientos mecánicos, se utilizan picos, machetes, hachas, motosierras, motoguadañadoras, etc. Permiten gran selectividad (del 100%), pudiéndose dejar sin problemas aún los renovales pequeños de especies deseables.

No remueve el suelo, lo cual puede ser beneficioso en cuanto a disminución de la erosión, pero la no remoción puede no mejorar la infiltración del agua, no incorpora material leñoso y puede disminuir el nacimiento de plántulas de gramíneas en comparación a otros tratamientos que producen por lo menos microlaboreos del suelo.

Extrayendo las leñosas con raíces o cortándolas debajo de la corona, se evita en gran medida el rebrote, aunque requiere de controles periódicos para evitar o disminuir la reinvasión. Bien ejecutado, deja terrenos limpios factibles de ser destinados a chacra de cultivo o a la siembra de forrajeras, además de extraer con facilidad leña o varillas.

El material leñoso cortado o desarraigado debe ser amontado para su posterior descomposición o quema. Puede ser utilizado para "fajinar" alambrados o construcción de cercos de mediana durabilidad.

Es lento pero efectivo. Puede ser tan intenso como se lo proponga el objetivo, desde un desmonte total a uno muy selectivo, que deje los ejemplares de interés. Permite controlar árboles o isletas aisladas, especialmente en pequeñas superficies.

Puede tener buena relación costos/beneficios comparado con otros tratamientos mecánicos, principalmente en épocas en que la mano de obra suele tener costos relativamente bajos. La gran desventaja es lo lento del tratamiento, que también dependerá de la cantidad de mano de obra de que se puede disponer. El rendimiento del trabajo de una persona, para el control de arbustos, oscila entre 0,1ha a 0,5ha por jornal, dependiendo del tipo de arbustal y de la densidad.

En lugares cercanos a Chancaní en un "bosque de reache" de algarrobo (Ambiente de bosque recuperado, Estado A2; ver Capítulo IV:4.5) con menor cobertura de arbustos que en bosques degradados, debido al control que ejerce sobre ellos la cobertura arbórea, un hombre especializado en la extracción manual de arbustos tuvo un rendimiento de 0,25ha por jornal de 10 horas de duración.

El control manual puede ser muy importante como fuente de trabajo, ya sea complementario a otras actividades o en aquellas regiones que por el tipo de actividad o producción se usa mano de obra para ciertas épocas del año. Otra ventaja desde el punto de vista regional, es la no necesidad de "importar" maquinaria costosa que generalmente proviene de otras zonas, pudiendo usar dicho capital para obras dentro de la región.

Entre el tratamiento manual y los otros tratamientos mecánicos se puede tratar de buscar la relación óptima, por ejemplo construyendo maquinarias o equipos más pequeños, de menor costo, mayor maniobrabilidad, más selectivos etc.

Dentro de la explotación se puede combinar distintos tratamientos, por ejemplo para una maquinaria pesada (topadoras-discos, etc.) y para áreas con especies valiosas o para evitar erosión, se puede usar tratamientos manuales.

<u>Controles biológicos</u>:

Consiste en utilizar consumidores primarios (insectos fitófagos, herbívoros diversos, etc.) para controlar ciertas leñosas indeseables.

El uso de insectos ha dado buen resultado en aquellos casos en que las leñosas eran exóticas del lugar (por introducción accidental o invasión de regiones aledañas) y que no fueron acompañados por sus enemigos naturales respectivos, y que por ello han proliferado a veces sobre grandes extensiones (caso de *Opunt!a* sp. en Sudáfrica y Australia) y que pudieron ser controlados introduciendo en forma masiva dichos enemigos naturales.

Ciertas leñosas pueden haberse incrementado gracias a ciertos disturbios ambientales que disminuyeron o eliminaron ciertos fitófagos de tales leñosas. Aquí se puede pensar en aumentar artificialmente dichos enemigos o volver al ambiente original restituyendo así los fitófagos antes existentes o incrementando su número.

También se podrá tratar de incrementar los ya existentes o de introducir otros que controlen bien la misma especie o especies similares en otro ambiente.

Para poner en práctica este tipo de control, se debe contar con buena infraestructura para investigaciones previas, que llevan mucho tiempo y dinero, que se deberían encarar como proyectos de largo alcance en el tiempo y de carácter regional.

En el sur han sido introducidos herbívoros salvajes (antílopes, etc) con triple propósito: carne, caza, y control de ciertas leñosas (ya que son ramoneadores por excelencia), esto también implica un plan minucioso. Otra alternativa son los camélidos nativos.

En nuestro país, lo mas factible de usar son los ovinos y caprinos, en el caso de estos últimos pueden llegar a ramonear un 60% de su dieta y aún más, dependiendo de la disponibilidad de forraje del lugar (Rodríguez, 1985). Los ovinos consumen menor cantidad de leñosas que los caprinos, pero no son de despreciar para el control de ciertas malezas.

Como los caprinos también consumen herbáceas, si están presentes, deben seguirse ciertas reglas para su empleo:

–	Disponibilidad y tener "a punto" el forraje de leñosas (es ideal el rebrote de noviembre o diciembre) ya que es mas preferido en esta época y produce mayor control por las pocas reservas de hidratos de carbono no estructurales existentes en raíz y corona. Si está muy alto el forraje de leñosas hay que "bajarlo" (podarlas) mediante otros tratamientos que permitan el rebrote más cerca del nivel del suelo.

–	Poca presencia de otros forrajes (gramíneas y latifoliadas herbáceas), esto se puede lograr haciendo pastar antes con bovinos o equinos, pero como estos a veces no consumen las latifoliadas debe verificarse su importancia como forraje frente al forraje de leñosas.

–	Aumentar fuertemente la presión de pastoreo. Usar cabras para este fin implica tener majada propia, que puede complicar el manejo general o se pueden usar majadas de campos vecinos. Hay que contar con la infraestructura necesaria como, alambrado o cercas electrificadas para caprinos.

- Hay que tener cuidado con las razas a emplear y el lugar de origen del la majada. La mejor es la criolla ya que está acostumbrada a ramonear especies leñosas. La raza angora consume en relación, más pasto que las criollas.

<u>Tratamientos químicos</u>:
Sobre tratamientos químicos para el control de leñosas, Alessandria y Boetto (2000) dijeron: El desarrollo de la industria de fitoquímicos ofrece una amplia variedad de fitocidas para el control químico de leñosas, sin embargo es escasa la disponibilidad de productos con acción lesiva sobre las leñosas. Si bien su uso no se ha extendido en la República Argentina, en otros países, particularmente en los Estados Unidos de Norteamérica, se reportaron numerosas experiencias al respecto (Vallentine, 1980) y (Mc Daniel *et al.*, 1982; Murray, 1988; Potteretal, 1986; citados por Alessandria y Boetto, 2000).
Su efecto depende de:

- Condiciones ambientales: como la temperatura del aire, humedad ambiente; ocurrencia de lluvias.

- Características del producto: como penetrabilidad, dosis, naturaleza y acción, presencia de coadyuvantes y/o humectantes.

- Algunos rasgos de la vegetación: como susceptibilidad de las especies, cobertura y estratificación.

En algunos casos la mortalidad de las leñosas no es inmediata y puede producirse en el siguiente período de crecimiento. También pueden aparecer rebrotes basales de especies afectadas que logran recuperarse.
Los restos de los arbustos normalmente quedan secos en pie y sus ramas se tornan quebradizas por lo que fácilmente se rompen ante el paso del ganado y caen, formando parte del mantillo leñoso.

Aspersión aérea
Es apropiada para grandes extensiones ya que en corto tiempo cubre amplias superficies (1 minuto/ha), para situaciones con arbustales densos y altos (2 a 3m de altura) o de difícil acceso, topografía que no permita los tratamientos mecánicos y para cuando se requiera una cobertura total (Knudtsen, 1983; citado por Alessandria y Boetto, 2000). Alessandria *et al.* (1987) en una experiencia realizada en el noroeste de Córdoba, sobre un fachinal típico donde se aplicó una mezcla de Piclorán y 2,4,5-T (actualmente fuera de comercialización) a razón de 2 l/ha, mencionan que las leguminosas arbustivas (entre ellas *Acacia furcatispina*, la más abundante y agresiva) fueron las más afectadas, mientras que otras especies, como *Larrea divaricata* (jarilla), se mostraron resistentes.
La cobertura del estrato bajo de arbustos (entre 0,5 y 1,5m de altura) se redujo más del 50% y la diferente mortalidad registrada no hizo variar la riqueza específica pero si le restó, de manera significativa, importancia a la especie dominante. Además, la producción de forrajimasa herbácea se incrementó en un 100% el primer año y 4 veces al tercero, resultados estos que coinciden con los de Rodríguez Rey y Rovati (1983) para el sudeste de Tucumán. Para los ensayos realizados en Córdoba, también se observó como resultado de la acción del fitocida, que aumentaba la accesibilidad al pasto, ya que en los sectores más densos los animales formaron verdaderos túneles entre los restos secos de la vegetación (Alessandria *et al.*, 1983 y 1987).

Aspersión terrestre
Es indicada para vegetación arbustiva baja, como la que resulta luego de un control por rolado y para controlar ejemplares aislados o isletas de árboles y arbustos. Más lenta que la anterior (0,3 a 0,5 ha/h) puede ser más efectiva y precisa, pero requiere equipos protegidos contra las especies espinosas y aptos para marchar en terrenos desparejos. La pulverización también puede realizarse manualmente con mochila, haciendo tratamientos generalizados o

puntuales mediante aplicaciones basales de ejemplares leñosos (Alessandria y Nóbile, 1991) o sobre sus tocones.

Sobre un fachinal, ubicado en el noroeste de Córdoba, rolado 2 años atrás, se roció con mochila cubriendo totalmente la superficie con una mezcla de Picloram y Triclopyr a una dosis equivalente al 0,5%. Como resultado de ello, Alessandria *et al.* (1991) lograron una alta mortalidad selectiva de las especies susceptibles (como *A. furcatispina*, entre otras) lo que llevó a la disminución de la cobertura y densidad de arbustos. Esto permitió un incremento de las monocotiledóneas y la recolonización de las dicotiledóneas que se vieron afectadas en los 2 primeros años, logrando así la duplicación de la producción del forraje y un aumento de la diversidad de las especies herbáceas. Además, no se observaron modificaciones en la actividad global de los microorganismos subsuperficiales como tampoco en el número de los celulolíticos ni en los amonificadores a los 45 días de la aplicación. El agua edáfica fue más eficientemente utilizada por las monocotiledóneas, ya que aumentó significativamente la fitomasa aérea de los pastos en relación al testigo (sin tratamiento).

<u>Control utilizando fuego</u>:

Al igual que los controles con tratamientos químicos, existe generalmente poca experiencia medida, y la cantidad de factores que inciden sobre los resultados son muchos. Además la posible extrapolación de una región a otra debe realizarse con cuidado.

Una quema no planificada y mal manejada puede ser desastrosa. Por lo tanto se recomienda intensificar ensayos locales, antes de realizar quemas en gran escala.

Un fuego puede hacer proliferar ciertas leñosas, resultando en una comunidad más perjudicial que la anterior al fuego.

Toda quema debería ser prescripta, planificando y controlando cada una de las etapas. La utilización del fuego como herramienta de manejo del pastizal se encuentra desarrollada en: Kunst *et al.* (2003a); Kunst, Bravo y Panigatti (2003b) y Díaz R.O. (2005).

2.4 Características del rolado

1.4-1 TECNOLOGÍA DEL ROLADO

Es la técnica de control de leñosas mas utilizada en el Chaco Árido y Semiárido de Córdoba. La herramienta que se utiliza es el "rolo", que es tirado por un tractor grande "carenado" o por una topadora, ambos con pala frontal o barra de ataque para achatar la vegetación leñosa y luego pasa por encima el rolo que la corta y "pica" (trocea o recorta) (karlin *et al.*, 1979).

Sobre las técnicas de control de leñosas con rolado, Ola Karlin (1979) y karlin *et al.*, (1979) dijeron: El rolo consiste en un tambor de 1 a 3m de largo y de 1 a 1,5 m de diámetro, con hojas de acero fijas a la parte exterior del tambor y paralelas al eje del mismo o con cierta inclinación. Su peso oscila entre 2.000 a 4.000kg por metro de tambor, pudiendo el cilindro ser macizo o hueco con posibilidad de cargarlo (lastre) con arena, agua etc.; las cuchillas pueden ser continuas a lo largo del tambor o discontinuas y ubicadas alternadas sobre el mismo.

Al girar el cilindro que está enganchado a alguna unidad motriz, produce picado por acción de las hojas de acero y también efecto de aplastado sobre el material leñoso.

Cuanto más pesado sea el rolo mayor es el efecto, pero tienen mucha importancia las hojas de acero, las cuales deben tener para un mejor trabajo una altura entre 10 y 15cm, buen filo y dureza. También es importante la ubicación y espaciado de las mismas sobre el tambor, esto relacionado con el diámetro del cilindro.

Las cuchillas ideales son aquellas que pueden cambiarse a fin de reemplazar las rotas, las gastadas o reafilar o aumentar su altura.

A mayor peso, altura de cuchillas, menor número de cuchillas sobre el cilindro, diámetro del tambor y velocidad, efectúan un mejor trabajo, pero sufre más el rolo, el enganche, el operario y también la máquina automotriz, perdiendo tiempo en reparaciones y por tanto hay mayores costos.

Se pueden utilizar dos rolos en "tandem" dando a cada uno cierto ángulo (hasta 20º) con lo cual, aparte del corte por golpe, hay un trabajo de "serruchado" sobre el material leñoso.

También con un solo rolo, se puede dar al mismo cierto ángulo, aunque no grande por dificultades de marcha (deslizamientos laterales).

Como deja depresiones en el suelo, perpendiculares a la marcha, es conveniente trabajar siguiendo la pendiente, con lo cual evitamos erosión y permitimos una mayor acumulación de agua. Se usa en lugares con poca pendiente.

Generalmente la unidad motriz, lleva delante una pala que va "acostando" el monte, con lo cual es más eficiente el trabajo y permite rolar en comunidades de leñosas de cierto porte y grosor de troncos.

Deja el suelo con muy buena cobertura, y pica generalmente bien el material (depende del peso y cuchillas del rolo, grosor del material etc.) lo cual acelera su descomposición.

Es usado en general en lugares con baja densidad de árboles, de pequeño porte y diámetro. La cantidad de hectáreas por hora depende del tipo de monte, unidad motriz empleada (potencia, velocidad), ancho del rolo, etc. pudiendo variar entre 0,5 y 3 ha/hora.

Sobre el control mecánico de leñosas con rolado, Alessandria y Boetto (2000) informaron: Para abrir grandes áreas al pastoreo requiere maquinaria pesada y permite controlar toda o casi toda la vegetación leñosa, al menos durante el primer año (Pellerini, 1973; citado por Alessandria y Boetto, 2000). Trabajando con tractores carenados, con rolos del ancho de la trocha y con cuidado se pueden dejar árboles aislados y/o arbustos de "porte arbóreo".

La eficiencia del trabajo de control de leñosas con rolado, en cuanto a la respuesta de la vegetación, varía según:

- El tipo de vegetales remanentes: menor será la efectividad cuanto más propágulos "vivos" (renovales) queden.
- La época de ejecución: es más efectivo cuanto más quebradizo esté el leño (mediados o fines de invierno).
- El peso y tipo de rolo: cuanto más pesado sea el rolo y más separadas estén las cuchillas mejor cortan los tallos y ramas aplastadas, dando por resultado mayor picado y mortandad de arbustos.
- La destreza del conductor: para evitar y dejar los árboles, renovales mayores de árboles y arbustos de "porte arbóreo".
- La velocidad de avance: el resultado es menos eficiente, cuanto más rápido se realice el trabajo.

En situaciones normales, esta labor puede demandar entre 0,5 y 1 hora/ha, con un consumo de combustible de 20 a 30 litros de gasoil/ha, aunque esto es muy variable dependiendo esencialmente del tipo de tractor utilizado, su potencia, su velocidad de marcha, el ancho de labor, características de la vegetación, topografía suelo, etc., entre otros condicionantes.

Deja una gran cantidad de restos leñosos y de hojas sobre el suelo y lo remueve levemente con las cuchillas, dejando su superficie rugosa (microlaboreo), con lo cual, disminuye la pérdida de agua por escorrentía (Karlin *et al.*, 1979). A consecuencia de ello, se produce un rápido incremento del estrato herbáceo, aunque poco tiempo después se regenera el estrato arbustivo. Este, en muchos casos, se manifiesta más agresivo y achaparrado, interfiere con el forraje herbáceo, por lo que la producción forrajera vuelve a disminuir (Alessandria *et al.*, 1987).

Es recomendable la utilización de rolos del ancho del trocha del tractor, ya que este equipo permite una gran maniobrabilidad y es posible aplicar cualquier diseño de control de leñosas. La utilización del rolado esta indicada para el control de leñosas arbustivas, para lo cual es una técnica apropiada.

No se recomienda para la región el desmonte total, ya que pretendemos recuperar las leñosas arbóreas y beneficiarnos con el microambiente favorable que nos brindan, tanto para la producción forrajera, como para el control de arbustos indeseables, así como para lograr un ambiente más confortable para los animales.

3.4-2 EFECTOS DEL ROLADO SOBRE EL SISTEMA PASTORIL

Sobre los efectos del rolado y siembra de Buffel Grass en los Llanos de La Rioja, C. A. Ferrando *et al.* (2004) informaron: El rolado y la siembra simultanea de Buffel Grass es una práctica difundida para recuperar la capacidad forrajera en ambientes sobrepastoreados de La Rioja. En este trabajo, se evaluó el efecto de esta práctica sobre la dinámica de una comunidad vegetal degradada de esta provincia.

Se realizaron evaluaciones previas al tratamiento y durante los siete años posteriores. El análisis se realizó a nivel general y a nivel de especie. El índice de disimilitud (distancia euclídea) entre la estructura de la comunidad previa y posterior al disturbio decreció significativamente durante los 7 años de estudio y la diversidad de especies (número de especies e índice de Shannon) alcanzó al séptimo año un valor similar al anterior al disturbio.

Esto indicaría una tendencia de la comunidad a recuperar su estructura inicial, modificada solamente por la inclusión de Buffel Grass.

La respuesta a nivel especie no fue consistente. Las 5 especies leñosas dominantes recuperaron los valores de cobertura que tenían antes del disturbio, aunque algunas más rápidamente (*Trichomaria usillo* y *Cordobia argentea*) que otras (*Larrea divaricata*, *Prosopis pugionata* y *Mimozyganthus carinatus*).

Los pastos presentaron diferente comportamiento, mientras *Aristida mendocina* mantuvo su cobertura original, *Gouinia paraguarienses* disminuyó paulatinamente luego del disturbio.

L. Blanco *et al.* (2001) informaron sobre los efectos del rolado y siembra de Pasto Buffel, los cuales fueron registrados en de 8 ensayos en distintos sitios de los Llanos de la Rioja (Tabla XI,A1.1-4) que repetimos:

Tratamiento	Producción kgMs/ha	Desv. estándar
Rolado y siembra	2288	± 1006
Testigo	709	± 599

Tabla IX, A1.1-4: Producción promedio de Pasto Buffel después de rolado y siembra y del pastizal natural del monte degradado (Blanco *et al.*, 2001).

R.O. Díaz (1999), en Las Oscuras, Dpto. Pocho (oeste de Córdoba), en una experiencia cuyos resultados repetimos, se planificaron dos ambientes pastoriles diferentes:

1) Desmonte total y siembra con rastra de discos de doble acción con tambor sembrador de Pasto Buffel (Tabla IX,A1.1-5).

2) Control selectivo de arbustos, dejando todos los árboles posibles y siembra con rastra de discos de doble acción con tambor sembrador de Pasto Buffel en los espacios entre árboles, siendo la cobertura final de árboles en este ambiente del 25% (IX,A1.1-6).

La producción forrajera de la primera a la tercera temporada de crecimiento y las precipitaciones (octubre-septiembre) se muestran en las Tablas IX,A1.1-5 y IX,A1.1-6, que repetimos.

Especie	Cultivar	Producción kgMS/ha	Año	Precipitación mm
Cenchrus ciliaris	Texas 4464	1069	1	755
		3096	2	454
		4078	3	516

Tabla IX,A1.1-5: Producción de P. Buffel sembrado después del desmonte total (Díaz, R.O., 1999).

Especie	Cultivar	Producción kgMS/ha	Año	Precipitación mm
	2/3 Texas 4464	511	1	755
Cenchrus ciliaris	y	3370	2	454
	1/3 Pastizal nat.	3454	3	516

Tabla IX,A1.1-6: Producción de P. Buffel sembrado y pastizal natural espontáneo después del control selectivo de arbustos (Díaz, R.O., 1999).

1.4-3 EFECTOS DEL ROLADO SOBRE EL SUELO

Sobre el efecto del rolado sobre las propiedades químicas del suelo, M.J. Martín *et al.* (2001) dijeron: El control de arbustos mediante rolo cortador reduce la frecuencia y el dosel del estrato arbustivo, aumentando la eficiencia de uso de agua en el estrato graminoso-herbáceo, e incorporando gran cantidad de broza al suelo.

El objetivo de este estudio fue evaluar el efecto del rolado sobre propiedades químicas del suelo en micrositios bajo y entre arbustos, en el ecotono Caldenal-Monte Occidental de La Pampa, en un suelo Ustortente típico. La vegetación está representada por un arbustal mixto perennifolio, árboles aislados y un pastizal de gramíneas bajas e intermedias que fue rolado en franjas en 1997.

Se seleccionaron micrositios bajo y entre arbustos, con y sin tratamiento de rolado. En muestras de suelo tomadas a 4 profundidades, se determinó carbono orgánico (CO), nitrógeno total y fósforo disponible. El rolado aumentó (p<0,10) el contenido de CO en los primeros 10cm del perfil de suelo, en ambos micrositios, probablemente como consecuencia del aporte de residuos leñosos.

No se observaron efectos de rolado ni de micrositio sobre N y P. Todos los macronutrientes estudiados disminuyeron su contenido a mayor profundidad de suelo, sin observarse diferencias (p<0,10) entre los diferentes micrositios.

Sobre el efecto del rolado en la infiltración de agua en el suelo en el Chaco Semiárido, C. Kunst *et al.* (2003c) informaron: El rolado es un tratamiento mecánico que trata de solucionar el problema de la baja receptividad y accesibilidad de fachinales o arbustales causados por manejo inadecuado del campo natural en la región Chaqueña Occidental.

A pesar de la gran variabilidad espacial observada en los parámetros de infiltración, los resultados indican que el rolado disminuyó la infiltración básica (Ib) con respecto al testigo, sugiriendo una modificación del proceso de infiltración en los ecosistemas tratados, aunque el efecto parece ser de corta duración en el tiempo (T), (ver Capítulo VII,3.7). El efecto fue diferencial por sitio de pastizal, siendo el alto el sitio más afectado. La mayor influencia sobre Ib y T la ejerció la presencia y el tipo de mantillo vegetal (p<0,05), factor asociado especialmente a la cobertura de leñosas.

Se recomienda no pastorear inmediatamente luego del rolado ni tampoco aplicar fuego de manera indiscriminada, a fin de no potenciar este efecto negativo del rolado sobre la calidad de suelos.

En el Chaco Arido, donde los suelos son algo más livianos, en general, que en el chaco Semiárido, no hemos observado disminución temporal de infiltración luego del rolado. Lo más frecuente es el rolado de fachinales o bosques degradados sobrepastoeados donde se manifiesta cierta compactación del suelo por los animales y el rolado rompe la costra del suelo, deja bastante material vegetal y parecería que aumenta la infiltración, pues disminuye la escorrentía y logran implantarse gran cantidad de pastos.

3   MANEJO DE LEÑOSAS

3.1   Manejo de leñosas en sistemas pastoriles de regiones áridas y semiáridas

El concepto de manejo de leñosas (árboles, arbustos y sus renovales), se refiere al aprovechamiento de sus cualidades, es decir utilizar sus ventajas para beneficio de la explotación y de la región, y minimizar las desventajas, que pudieran ocasionar. Para ello se debe tener un conocimiento profundo de la comunidad de leñosas: especies existentes, abundancia, beneficios y perjuicios, función que cumplen, su estructura y dinámica, y sobre todo tener idea de su interrelación con las demás especies del ambiente en general (Karlin, 1985).

El eliminar total o parcialmente las leñosas, de lugares con vocación leñosa, puede traer aparejado, en el corto o largo plazo, disturbios al ambiente general, de tal manera que los cambios pueden llegar a ser irreversibles (en tiempos económicos o humanos), o muy costosos y/o lerdos para recuperarlos, produciéndose un ambiente alterado y que generalmente es también menos productivo, como por ejemplo: el talado de bosques en zonas con gran pendiente, o eliminación de barreras naturales contra el viento y otras.

Esto no significa que no se pueda o deba modificarse la estructura degradada existente para beneficio del hombre y de la región, pero debe procederse con mesura y tratando de medir posibles tendencias o transiciones de cambio, que se puedan producir.

En la mayoría de los casos, estamos ya frente a una estructura leñosa degradada, que puede distar mucho del estado original (clímax) y que tiene a menudo menos utilidad, aún para la explotación ganadera (Karlin y Díaz, 1979; Karlin, 1979; Saravia Toledo, 1989).

En el norte y oeste de Córdoba, ya más del 95% de esas regiones se hallan modificadas, por tala y pastoreo incontrolados con diferente intensidad; y muchas personas creen que lo existente en la actualidad es y fue lo original, lo cual puede traer aparejado errores de interpretación. El ambiente degradado actualmente existente en el Chaco Árido de Córdoba (Estados B4: bosque degradado, C5: fachinal y C6: Jarillal, del Chaco Árido; ver Capítulo IV:4.5), producen menos forraje herbáceo y de menor calidad forrajera que la estructura original; sin entrar a analizar ventajas indirectas del ambiente de bosque sobre el pastizal, como estabilidad de la producción del pastizal, mejor accesibilidad al forraje, mayor confort del ganado, control de la erosión, etc. (ver Capítulo XI:1).

Esto no significa, que la estructura original sea la óptima para la producción ganadera. De esto se desprende la importancia de conocer la estructura y composición original, y la dinámica de la vegetación en general y de las leñosas en particular (ver Capítulo IV:4.5).

Los árboles o componentes de porte arbóreo dominan a los arbustos con cierta facilidad, observándose en áreas boscosas poca presencia de arbustos (Breman *et al.*, 1980). Esto también lo hemos observado en ambientes de bosque del chaco Árido y Semiárido. En este ambiente, sin embargo, prosperan especies arbustivas o subleñosas de interés forrajero como: *Capparis* spp., *Justicia* spp., *Atriplex cordobensis*, y otras (Díaz y Karlin, 1988).

Un bosque con buena cobertura arbórea (40%-50%), junto con una carga animal adecuada, controla la proliferación de arbustos manteniendo su presencia en un nivel compatible con la producción ganadera y forestal; de esta manera se puede mantener un sistema estable de tres estratos de leñosas, con adecuada cobertura arbórea, con arbustos forrajeros, una cantidad de arbustos menos competitiva y con una buena producción estable del pastizal tanto en cantidad como en calidad. Este sistema se caracteriza por un aprovechamiento del espacio tanto vertical como horizontal (Díaz y Karlin, 1988).

No obstante las ventajas enunciadas, es necesario disminuir la competencia que le inflingen los arbustos a las herbáceas para permitir que este depósito de energía y nutrientes descienda de estrato para hacerlo más accesible a los herbívoros, principalmente ganado vacuno (Gastó, 1980; citado por Alessandria y Boetto, 2000). Para ello, el método de control debe ser cuidadosamente seleccionado y formar parte de un plan de manejo integrado (Alessandria y Boetto, 2000).

Para la recuperación de un ambiente de bosque, desde un sistema degradado, la velocidad de recuperación dependerá del grado de degradación y pérdida del microambiente, de las técnicas y estrategias empleadas para recuperar los recursos, las que a su vez dependen del capital disponible y del manejo subsiguiente que se realice (Díaz *et al.*, 1988a).

La técnica de recuperación del sistema productivo más recomendable sería el mejoramiento por módulos. Estos módulos deberían ser de alrededor del 10% de la superficie del predio, por ejemplo, control selectivo de arbustos y siembra en cobertura de una forrajera exótica, de modo que en el módulo mejorado con mayor capacidad carga, pueda pastorearse más tiempo, por aumento del período de pastoreo o por su utilización en 2 períodos de pastoreo en el año. Esto permitiría mayor descanso para la recuperación al resto del pastizal.

De esta manera el modulo de mejoramiento funciona como un verdadero operador de transformación, es decir tiene un efecto multiplicador sobre el sistema. En lo posible las técnicas de recuperación deberían aplicarse en módulos que funcionen como operadores de transformación, de esta manera se facilita la recuperación económica de las inversiones (Díaz *et al.*, 1988a).

3.2 Manejo de leñosas en el Chaco Árido de Córdoba

Las leñosas deben ser parte imprescindible de los sistemas de producción sustentables del Chaco Árido de Córdoba. Las características del clima de la región (aridez agronómica, lluvias concentradas en el verano y muchas de ellas torrenciales, inviernos secos con algunas heladas, etc.), hacen que la región sea ecológicamente frágil, tanto es así que sin las leñosas, por ejemplo, en tierras habilitadas para el cultivo, la utilización en agricultura puede durar de una a tres cosechas y las praderas perennes con pasturas sembradas de los 8 a 10 años, como máximo, ya que pierden producción en cantidad y calidad, tal que producen menos carne por hectárea que un pastizal natural en condición regular.

La recuperación de estas tierras, degradadas por la extracción agronómica y por la erosión hídrica y eólica, resulta imposible en tiempos humanos y económicos porque se ha perdido el suelo. En resumen: el desmonte total para habilitar tierras para cultivo no es sustentable ni ecológica ni económicamente.

El ambiente de bosque determina un microclima y microambiente que posibilita la utilización del pastizal natural o sembrado en forma sustentable ecológica y económicamente para la producción ganadera.

Ahora bien, actualmente quedan muy pocas áreas con ambiente de bosque en el Chaco Árido de Córdoba, tanto la extracción forestal indiscriminada como el sobrepastoreo, han degradado el 95% o más de la región a estados de bosque degradado o de menor jerarquía ecológica (ver Capitulo IV:4.3 a 4.5), es decir se ha pasado el umbral (U) de la recuperación espontánea de la cobertura arbórea, en tiempos económicos al menos (Figura XI,1.1-1). Los espacios han sido ocupados por arbustos que compiten con el pastizal y con los renovales de especies de porte arbóreo.

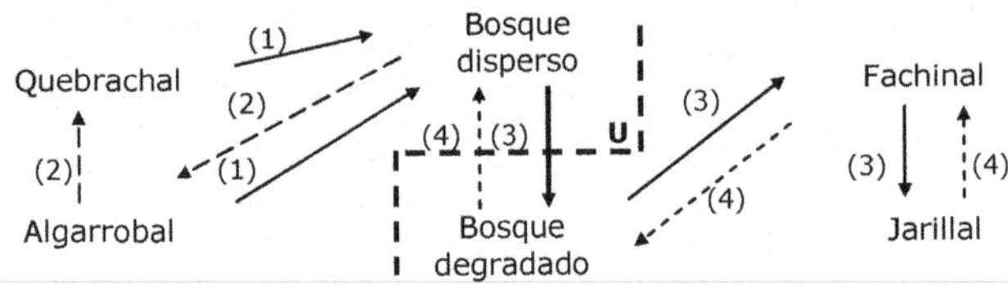

Figura XI,1.1-1: Esquema reducido de la dinámica de las leñosas en el Chaco Árido. Referencias **U**: Umbral entre bosque y arbustal, (1):Tala, (2):Recuperación componentes arbóreos, (3): Sobrepastoreo, (4):Control de arbustos y pastoreo adecuado (%40-60%).

Si queremos recuperar el sistema productivo, deberemos inducir una transición que nos lleve a un bosque en recuperación como un bosque disperso, compuesto principalmente por árboles muy jóvenes o renovales. La recuperación se basa en el control selectivo de leñosas indeseables, pastoreo adecuado y recuperación natural de los componentes arbóreos o acelerada por enriquecimiento con especies arbóreas (Karlin y Díaz, 1988).

Un control de arbustos mayor a la presencia de estos en el ecosistema prístino, nos llevaría a un diseño silvopastoril de mayor producción ganadera sustentable, siempre y cuando se maneje el pastizal con una estrategia de pastoreo apropiada (ver Capítulo XIII), con flexibilidad de carga para mantener una carga adecuada (ver Capítulo VIII) y se mantenga un control selectivo y periódico de los arbustos.

Los controles totales de leñosas se utilizan para abrir picadas para alambrados y/o contrafuegos (ver Capitulo VIII:3.19 y 3.20), o para abrir picadas para mejorar distribución del pastoreo y/o eficiencia de utilización del pastizal (ver Capítulo X:4.4).

La mejor producción de los componentes arbóreos en el Chaco Árido es el control del microambiente favorable para la producción ganadera sustentable, si bien suele no ser medida en términos de ingresos, deberíamos saber y entender claramente el elevado valor de la misma. De todas maneras la extracción de individuos arbóreos decrépitos, muy atacados por insectos xilófagos, o secos ("leña de campana"), es una práctica recomendable para ser utilizados como combustible y/o comercializados.

Otra extracción posible de productos forestales puede ser, según los distintos casos, la aplicada para obtener postes, varillas, etc. para la infraestructura interna del establecimiento. Tampoco podemos olvidar que en ciertas circunstancias y aplicando técnicas apropiadas (época de corte, altura de corte, eligiendo cantidad y calidad de árboles semilleros, adecuado manejo del pastoreo luego de la extracción, etc.), se podría realizar una extracción forestal si estamos seguros de que la regeneración es posible. También es cierto que las masas forestales son un capital acumulado que podemos necesitar en la empresa.

3.3 Manejo de leñosas en el Chaco Semiárido de Córdoba

En el Chaco Semiárido de Córdoba las leñosas arbóreas no solo regulan el microambiente para una producción ganadera sustentable, si no que también la explotación forestal (extracción para: madera de aserrío, construcciones rurales, postes, leña y carbón) puede ser un negocio sustentable.

Las características del clima del Chaco Semiárido, principalmente la cantidad y distribución de las precipitaciones, hacen que las alternativas y posibilidades de producción sean más amplias que en Chaco Árido.

Estas características climáticas, que proporcionan mayor velocidad de crecimiento a las leñosas y junto con un mejor acceso a las zonas de demanda de productos forestales, han producido una extracción indiscriminada y sucesiva de productos forestales (principalmente para leña y carbón) y han empobrecido el bosque a tal punto que, prácticamente no quedan e Quebrachos Colorados Santiagueños en el Chaco Semiárido de Córdoba.

Las pocas masas boscosas que pueden encontrarse hoy, están formadas por especies subdominantes (Quebracho Blanco, y Algarrobo Blanco), por especies de porte arbóreo del sotobosque (Mistol, Algarrobo Negro, Tala, etc.) y por especies arbustivas, que como plantas adultas presentan arquitectura arbórea (Tusca, Espinillo, Garabato Blanco, Chañar, Tintitaco, Itín, etc.). Estos bosques degradados están completamente arbustizados, arbustos que se instalaron con las sucesivas extracciones de leñosas y el pastoreo sin control, en las cuales se cortaron todas las especies y diámetros de individuos que pudieron servir para leña o para producir carbón.

Es así que hoy, en las áreas ocupadas por vegetación leñosa degradada hay escasa densidad de individuos subdominantes y del soto bosque que están compitiendo duramente con un arbustal impenetrable, ambiente en el cual casi no se encuentran especies del pastizal. A esto se suma que la demanda de leña y carbón a decaído notablemente y no es rentable la extracción para estos fines. Entonces estos bosques muy degradados son prácticamente improductivos, en términos de tiempos económicos, para los dueños de las tierras.

Esta situación existe desde hace más de 50 años, por lo que la salida posible fue el control total de leñosas (desmontes totales) a que fueron sometidas grandes extensiones de la región, para la habilitación de tierras para agricultura de cosecha de granos y/o forrajera. Se aprovecharon las buenas condiciones del suelo, sin tener en cuenta que en 10 o 15 años el sistema podría no ser sustentable ecológicamente y por lo mismo no ser sustentable económicamente. Una de la claves de la sustentabilidad es el mantenimiento de la materia orgánica de los suelos, cosa que se dificulta si se pierde el microambiente de bosque y si no se aplican técnicas de manejo apropiadas (ver Capítulo VIII:3.10).

Podemos aceptar que el Chaco Semiárido de Córdoba y el amplio ecotono con el Algarrobal del Espinal (ver Capítulo I:4.1), son menos frágiles que el Chaco Árido, pero también se beneficiaron con el bosque prístino, solo que estas ventajan escapan a la percepción de los actuales tenedores de las tierras porque hace más de un siglo que el ambiente de bosque a desaparecido de estas regiones.

El manejo de recuperación en áreas con bosque degradado, se basa en el control selectivo de arbustos indeseables, para recuperar el ambiente de bosque y el pastizal natural o sembrado y llegar a un diseño silvopastoril (ver Capítulo XI).

También se podría hacer un enriquecimiento forestal del área con la diseminación endozoica de semillas de Algarrobo Blanco, alimentando los bovinos con vainas de esta especie; o la plantación y protección de especies valiosas como Quebracho Colorado Santiagueño, Itin, Algarrobo Blanco etc., pero estas experiencias, creemos, no se han realizado extensivamente en la región.

En áreas que han sido desmontadas totalmente sería interesante la formación de cortinas forestales implantado especies nativas principalmente Quebrado Colorado Santiagueño y Algarrobo Blanco, y otras especies nativas para conformar el tipo de cortina apropiado. Estas cortinas tendrían que ser de por lo menos 30m de ancho para conseguir el efecto deseado, pero no tenemos experiencias registradas.

En todos casos, parte de la amortización de los gastos sería posible con la utilización pastoril del estrato herbáceo natural mejorado o sembrado y el consecuente aumento en la producción de carne

Otra posibilidad sería el enriquecimiento de áreas desmontadas con especies arbóreas de valor, a las que habría que proteger del ganado, experiencia que es posible técnicamente pero hay que desarrollar la tecnología apropiada.

Tanto para el Chaco Arido y como para el Semiárido de Córdoba, la aplicación de metodologías para el manejo de leñosas y recuperación del sistema productivo, por sus elevados costos, debería hacerse con el modelo de módulos de mejoramiento (Díaz *et al.*, 1988). Es decir, en cada unidad de explotación y en cada situación se debería comenzar por la alternativa de mejoramiento que más constituya un cuello de botella a la producción considerando esta situación, pero muy importante es considerar el efecto de la alternativa a elegir, como verdadero operador de transformación, o sea cual es el efecto multiplicador de la aplicación de la alternativa de mejoramiento en todo el entorno de producción en el corto plazo y el largo plazo.

* * * * * *

REFERENCIAS

ALESSANDRIA, E., J.R. CASERMEIRO, R.O. DÍAZ y U.O. KARLIN, 1983. Efecto de la Aplicación de un fitocida sobre la comunidad vegetal del Bosque Chaqueño Occidental en el noroeste de Córdoba. En: Taller sobre Arbustos Forrajeros en Zonas Aridas y Semiáridas. FAO, IADIZA. pp:83-101.

ALESSANDRIA, E.E., U.O. KARLIN, J.R. CASERMEIRO y R. FERREYRA, 1987. Respuesta de algunos caracteres estructurales de la vegetación resultante de un rolado ante diferentes presiones de pastoreo. Actas de las Primeras Jornadas Nacionales de Zonas Aridas y Semiáridas. Santiago del Estero. pp:339-341.

ALESSANDRIA, E.E., M.N. BOETTO, R. NOVO, R. NOBILE, H. LEGUIA y J. SÁNCHEZ, 1991. Control químico de leñosas invasoras en áreas de pastoreo del bosque chaqueño seco (N.O. de Córdoba). XII Reunión Argentina sobre Malezas y su Control. Mar del Plata, Bs. As. Tomo 3:139-152.

ALESSANDRIA, E.E. y E.R. NOBILE, 1991. Control químico de arbustos mediante aplicación basal. XII Reunión Argentina sobre la Malezas y su Control, Mar del Plata, Bs. As. Tomo 3, pp:153-159.

ALESSANDRIA, E.E. y M.N. BOETTO, 2000. Aspectos ecológico-energéticos del desmonte en la habilitación de áreas para pastoreo en el bosque chaqueño del noroeste de la provincia de Córdoba, Argentina. Revista FAVE 14(1):7-18.

ANDERSON, D.L., J.A. DEL AGUILA, A. MARCHI, J.C. VERA, E.L. ORIONTE y A. BERNARDÓN, 1980. Manejo racional de un campo en la región árida de los Llanos de La Rioja, Parte I, INTA, Bs. As. pp:1-61.

AYERZA, R., R.O. DÍAZ y U.O. KARLIN, 1998. Management of *Prosopis* in Livestock Production Systems in the Dry Chaco, Argentina. In the Current State of Knowledge on *Prosopis juliflora*. Ed. Habit Mario. FAO. pp 479-494.

BLANCO, L., C. FERRANDO, P. NAMUR, E. ORIONTE, D. RECALDE, F. BIURRUM y G. BERONE, 2001. Biomasa forrajera acumulada en arbustales semiáridos degradados tratados y no tratados con rolado y siembra de Pasto Buffel, Rev. Arg. Prod. Anim. 21(1):86-87.

BREMAN, R.H. et al., 1980. Pasture dynamic and forage availability in the Sahel. Israel J. Botany, 28:227-251.

BOETTO, M.N., E.E. ALESSANDRIA, P. MACCAGNO y M.P. DÍAZ, 1999. Control químico de *Acacia furcatispina* Burkart. Rev. Arg. Prod. Anim. 19(3-4):411-423.

CABIDO, M., A. ACOSTA, L. CARRANZA y S. DÍAZ, 1992. La vegetación del chaco árido en el W de la provincia de Córdoba, Argentina. Document Phytosociologiques XIV:447-456.

CABRERA, A.L., 1976. Regiones Fitogeográficas Argentinas. Enciclopedia Argentina de Agricultura y Jardinería, 2da Ed. Acme S.A.C.I., Bs. As. Tomo II, Fascículo 1, 85p.

CALVO, S., R. COIRINI, U. KARLIN y R. MEYER, 1992. Una propuesta de desarrollo agroforestal para el Chaco Árido. En: Sistemas agroforestales para pequeños productores de zonas áridas. Eds. U. Karlin y R. Coirini. Córdoba, Argentina. pp:59-61.

CALL, C. y B. ROUNDY, 1991. Perspectives and processes in re-vegetation of arid and semiarid rangeland. Journ. Range Manage. 44:543-549.

CASAS, R., C. IRURTIA y R. MICHELENA, 1986. Desmonte y habilitación de tierras para la producción agropecuaria en la República Argentina. INTA Castelar, Instituto de Suelos. Publicación 157. 114p.

CASAS, R. y R. MON, 1988. La degradación de los suelos y su control. En: Desmonte y habilitación de tierras en la región Chaqueña semiárida. Oficina regional de la FAO para América Latina y El Caribe. FAO, Santiago de Chile. pp:279-306.

DALLA TEA, F., R. RENOLFI y C. KUNTS, 1992. Estimación de la disponibilidad forrajera en especies leñosas de la región Chaqueña Occidental. Rev. Arg. Prod An. 12:401-408.

DÍAZ, R.O. y U.O. KARLIN, 1983. Las leñosas en los sistemas de producción ganadera (Chaco Árido). En: Informe del Taller sobre Arbustos Forrajeros de Zonas Áridas y Semiáridas. FAO – IADIZA, Mendoza, pp:103-123.

DÍAZ, R.O., C. ROSSI y U.O. KARLIN, 1984. Influencia del algarrobo sobre la oferta forrajera. En: III reunión de intercambio tecnológico en zonas áridas y semiáridas. Catamarca, pp:55-73.

DÍAZ, R.O., U.O. KARLIN y E. TARTARA, 1988 a. Importancia de los *Prosopis* arbóreos en las zonas áridas y semiáridas. En: *Prosopis* en Argentina. Documento Preliminar. Primer Taller Internacional sobre Recurso Genético y Conservación de Germoplasma en *Prosopis*. FAO, F.C.A-U.N.C., F.C.E y N-UBA. pp:245-254.

DÍAZ, R.O., U.O. KARLIN y C. CARRANZA, 1988 b. Evaluación de la productividad forrajera de sistemas silvopastoriles con diferentes grados de cobertura arbórea. En: Memorias de la X Reunión del Grupo Técnico Regional del Cono Sur en Mejoramiento y Utilización de los Recursos Forrajeros del Área Tropical y Subtropical. (Grupos Campos y Chaco). FAO, UNESCO/MAB, INTA, UNC. pp:49-51.

DÍAZ, R.O. y U.O. KARLIN, 1988. Uso ganadero de los *Prosopis*. En: *Prosopis* en Argentina. Documento Preliminar. Primer Taller Internacional sobre Recurso Genético y Conservación de Germoplasma en *Prosopis*. FAO, F.C.A-U.N.C., F.C.E y N-UBA. pp:211-234.

DÍAZ, R.O., 1992. Evaluación de los recursos forrajeros del Chaco Árido. En: Sistemas Agroforestales para Pequeños Productores de Zonas Áridas. GTZ, FCA-UNC, pp. 18-23.

DÍAZ, R.O., 1999. Efectos del control selectivo de arbustos y el desmonte total sembrados con Pasto Buffel [*Cenchrus ciliaris* (L) Link.] sobre el peso vivo de vaquillas Nelore en invierno y comienzos de primavera. Informe remitido a R. Ayerza (h). Área Pastizales naturales, FCA-UNC.

DÍAZ, R.O., 2003. Efectos de diferentes niveles de cobertura arbórea sobre la producción acumulada, digestibilidad y composición botánica del pastizal natural del Chaco Árido (Argentina). Agriscientia, XX:61-68.

DÍAZ, R.O., 2005. El fuego como herramienta de manejo del pastizal natural. Serie: Apuntes de Pastizales Naturales, Suplemento 1, 2da Versión, Curso Utilización de Pastizales Naturales, Área Pastizales Naturales, FCA-UNC, 38p.

FERRANDO, C.A., L.J. BLANCO, F.N. BIURRUN, D.J. RECALDE, E.L. ORIONTE, G. BERONE y P. NAMUR, 2004. Efectos del rolado y siembra de Buffel Grass sobre la vegetación en los Llanos de La Rioja. INTA EEA La Rioja y Universidad Nacional de La Rioja. www.cricyt.edu.ar/eco2004/

GIFFARD, P.E., 1972. Rôle de l'Acacia albida dans la régénération des sols en zones tropicales arides. Actas del 7° Congreso Forestal Mundial. Bs. As. Vol.II:1805-1820.

KARLIN, U.O., D. CLAVERÍA y R.O. DÍAZ, 1979. Consideraciones sobre el rolado. En: Resúmenes Primera Jornada de Actualización Técnica en Pasturas Naturales. Consejo de Tecnología Agropecuaria de Córdoba. 3p.

KARLIN, U.O. y R.O. DÍAZ, 1979. Efectos de la excesiva tala y el sobrepastoreo. En: Resúmenes Primera Jornada de Actualización Técnica en Pasturas Naturales. Consejo de Tecnología Agropecuarias de Córdoba. 4p.

KARLIN, U.O., 1979. Manejo de leñosas en regiones ganaderas. Curso de Producción Animal en Regiones Áridas. INTA, Deán Funes. 12p.

KARLIN, U.O. y R.O. DIAZ, 1984. Potencialidad y manejo de algarrobos en el Arido Subtropical Argentino. Secretaría de Estado de Ciencia y Técnica. 59p.

KARLIN, U.O., 1985. Importancia del árbol en la producción animal. En: IV Reunión de Intercambio Tecnológico en Zonas Áridas y Semiáridas, Salta, pp:141-180.

KARLIN, U.O., 1988. Efecto de los *Prosopis* arbóreos sobre el ambiente. En: *Prosopis* en Argentina. Documento Preliminar. Primer Taller Internacional sobre Recurso Genético y Conservación de Germoplasma en *Prosopis*. FAO, F.C.A-U.N.C., F.C.EyN-UBA. pp:159-167.

KARLIN, U.O. y R.O. DÍAZ, 1988. Sistemas agroforestales. En: *Prosopis* en Argentina. Documento Preliminar. Primer Taller Internacional sobre Recurso Genético y Conservación de Germoplasma en *Prosopis*. FAO, F.C.A-U.N.C., F.C.EyN-UBA. pp:237-240.

KUNST, C., E. MONTI, R. LEDESMA y J. GODOY, 2003 a. Comportamiento del fuego prescripto y su efecto en especies leñosas del chaco occidental. En: Actas del 2º Congreso Nacional de Pastizales Naturales, San Cristóbal, Santa Fe. www.congresopastizales.com.ar/

KUNST, C., S. BRAVO y J.L. PANIGATTI (Ed.), 2003 b. Fuego en los ecosistemas argentinos. Ediciones INTA, Santiago del Estero, Argentina. 330p.

KUNST, C., R. LEDESMA , M. BASAN NICKISH, G. ANGELLA, D. PRIETO y J. GODOY, 2003 c. Rolado de fachinales e infiltración de agua en el suelo del Chaco Occidental (Argentina). RIA, 32(3):105-126.

LEDESMA, N. y P. BOLETTA, 1969 a. Variación de la humedad relativa dentro y fuera del bosque en diversas etapas de degradación y en distintas épocas del año. En: Actas del 1er Congreso Forestal, Argentina, Bs. As. pp:711-714.

LEDESMA, N. y P. BOLETTA, 1969 b. Variación de la temperatura dentro y fuera del bosque, en bosque virgen y en bosque degradado. En: Actas del 1er Congreso Forestal, Argentina, Bs. As. pp:714-721.

LUTI, R., M.A. BERTRÁN, F.M. GALERA, N. MÜLLER, M. BERZÁL, M. NORES, M.A. HERRERA y J.C. BARRERA, 1979. Vegetación. En: Vásquez, J.B., R.A. Miatello y M.E. Roqué (Eds.), Geografía Física de la Provincia de Córdoba, Editorial Boldt. VI:297-368.

MARTÍN, M.J,, F.J. BABINEC y E.O. ADEMA, 2001. Efecto del rolado sobre propiedades químicas del suelo en el ecotono Caldenal-Monte Occidental. INTA Anguil y FCEyN, UNLP.

MIÑÓN, N.; A. FUMAGALLI y A. AUSLENDER, 1991. Hábitos alimenticios de vacunos y caprinos en un bosque de la región semiárida. Rev. Arg. Prod. An. 1:275-284.

MORELLO, J., 1951. El bosque de algarrobo y la estepa de jarilla en el Valle de Santa María. Darwiniana 9 (34): 515.547.

MORELLO, J., 1958. La Provincia Fitogeográfica del Monte. Op. Lill. 11:5-155.

RAGONESE, A.E., 1951. Estudio fitosociológico de las Salina Grandes. Rev. Inv. Agric. 5 (102):1-234.

RAGONESE, A.E., 1967. Vegetación y ganadería en la República Argentina. Instituto Nacional de Tecnología Agropecuaria. Bs. As. Argentina. 218p.

RODRÍGUEZ REY, J. y A. ROBATI, 1983. Habilitación de pasturas naturales en el N.O. Argentino mediante la aplicación aérea del herbicida Tordon 12. En: II Reunión de Intercambio Tecnológico en Zonas Áridas y Semiáridas. Villa Dolores, Córdoba. pp:295-305.

SARAVIA TOLEDO, C., 1984. Manejo silvopastoril en el Chaco Noroccidental de Argentina. En: III Reunión de intercambio tecnológico en zonas áridas y semiáridas. San Fernando del Valle de Catamarca, Argentina, pp:26-50.

SARAVIA TOLEDO, C., 1988. Influencia humana antes de los desmontes masivos. En: Desmonte y habilitación de tierras en la región Chaqueña semiárida. Oficina regional de la FAO para América Latina y El Caribe. FAO, Santiago de Chile. pp:41-55.

SARAVIA TOLEDO, C., 1989 a. Uso forestal, ganadero y mixto de los bosques. Compatibilización o uso exclusivo. IDIA, Suplemento 35:373-377.

SARAVIA TOLEDO, C., 1989 b. Compatibilización de manejo de pastizales, bosques y fauna en los sistemas agrosilvopastoriles de la Región Chaqueña Semiárida. En: Forrajeras y Cultivos Adecuados para la Región Chaqueña Semiárida, Oficina Regional de la FAO para América Latina y el Caribe, Santiago, Chile, pp:99-105.

SARAVIA TOLEDO, C., 1995. Interacciones planta-animal; aspectos ecofisiológicos del manejo. Conferencia, Manejo de Pastizales Naturales, 2ª Jornada Regional, San Cristóbal, Santa Fe.

SARAVIA TOLEDO, C., 1991. Introducción. En: Memoria del Taller Nacional de Sistemas Agroforestales y Silvopastoriles para las Zonas Montañosas del Noroeste, Salta Argentina. pp:7-10.

SAYAGO, M., 1969. Estudio fitogeográfico del Norte de la Provincia de Córdoba. Bol. Acad. Nac. de Ciencias, 46:1-285.

SEIA GOÑI, E., 1985. Un sistema de producción en zonas marginales. En: IV Reunión de Intercambio Tecnológico de Zonas Áridas y Semiáridas. Salta. II:502-505.

SEIA GOÑI, E., 2000. Algunas consideraciones técnicas sobre manejo silvopastoril, limpieza o desmonte selectivo. Grupo Cambio Rural Agropecuario, Cruz del Eje. Documento Interno.

TARTARA, E.J. y R. COIRINI, 1986. Sistemas de uso múltiple para el Chaco Árido: Enfoque económico. V Reunión de Intercambio Tecnológico de Zonas Áridas y Semiáridas, La Rioja. II:467-481.

VALLENTINE, J., 1980. Range development and improvement. Brigham Young University Press. Provo, Utah, USA. 545p.

VERA, J.C., 1989. Eficiencia biológica del ecosistema de pastizales, Parte I y II. En: Informe Curso Taller Internacional, Forrajeras y Cultivos Adecuados para la Región Chaqueña Semiárida, FAO, INTA, La Rioja, pp. 11-25.

VERVOORST, F., 1954. El bosque de algarrobos de Pipanaco (Catamarca). Tesis doctoral. UBA.

VIGLIZZO, E. F., 1983. Productividad y estabilidad productiva de distintos ecosistemas de la región pampeana subhúmeda y semiárida. Agrarius I, Mayo- Junio, pp:4-15.

* * * * * *

CAPÍTULO XII

Sistemas silvopastoriles

CAPÍTULO XII

SISTEMAS SILVOPASTORILES

1 SISTEMAS AGROFORESTALES

Los sistemas agroforestales son aquellos que, en un sentido amplio, tratan de obtener productos de los 3 estratos de vegetación (arbóreo, arbustivo y herbáceo) o con la combinación de por lo menos 2 de ellos en el mismo lugar. Los sistemas agroforestales se han desarrollado principalmente en regiones cálidas con abundantes lluvias, como las tropicales hiperhigras, donde la protección del suelo es uno de los objetivos principales, ya que sin suelo adecuado no es posible la producción vegetal.

En los sistemas agroforestales, el aprovechamiento de los árboles puede ser, por su madera, sus frutos, como protectores de la erosión hídrica y/o eólica, por sus resinas, gomas, látex, ceras, etc., por su aporte forrajero, o para la protección del microambiente, permitiendo de ésta manera, la mejor producción de especies de los estratos arbustivos (café, frutas del bosque, etc.), o herbáceas (hortalizas, cereales, leguminosas de grano, o forraje, etc.), ya sean distribuidos los árboles en diseños de cortinas o de parque.

En general los sistemas "árboles – forrajeras herbáceas", se denominan sistemas silvopastoriles. Los árboles pueden distribuirse en diseños de cortinas o de parque y pueden producir madera y/o forraje (follaje y/o frutos) y un microambiente favorable para la producción de forrajeras herbáceas.

1.1 Sistemas silvopastoriles

En el Chaco Árido y Semiárido, la posibilidad de implementar sistemas agroforestales y en particular diseños silvopastoriles, pasa por mantener y/o recuperar los componentes arbóreos del ecosistema y controlar los arbustos indeseables. Estos últimos ocupan hoy la mayor parte de las regiones chaqueñas de Córdoba y son el resultado de la utilización "tradicional", irracional o no planificada de los recursos naturales.

La región boscosa del norte y oeste de la provincia de Córdoba, inserta en el Chaco Oriental y Occidental (Luti *et al.*, 1979) o Chaco Semiárido y Árido de Córdoba, desde el tiempo de la colonia y en la mayoría de los lugares, estuvo dedicada a la cría del ganado vacuno y caprino sobre pasturas nativas. Luego sobrevino la ocupación masiva con el desmonte para la extracción de postes, madera y leña, actividad ésta, que creció con el tendido de las líneas férreas y provisión de leña y carbón a los ferrocarriles entre 1914 y 1940 (Sayago, 1969).

El deterioro creciente del estrato arbóreo seguido de la sobreutilización de los pastizales, propició la proliferación de arbustos propios del fachinal o del bosque degradado (ver Capítulo IV:4.5), afectando negativamente al estrato herbáceo, y por ende, provocando la disminución de la producción ganadera (Alessandria y Boetto, 2001). La menor oferta de recursos, tanto madereros como forrajeros ocasionó el empobrecimiento de los productores y muchos de ellos debieron emigrar de la región, situación que aún hoy persiste (Calvo *et al.*, 1992).

Desde el punto de vista ecológico y económico, la arbustización de los sistemas forestales y pastoriles de producción en las regiones Chaqueñas Semiárida y Árida, es la resultante de la extracción forestal excesiva y el sobrepastoreo. Los arbustos invadieron y ocuparon los espacios que les dejaron los árboles y pastos y se adueñaron de una gran proporción del terreno. Por esto podemos considerar los arbustos indeseables como plantas invasoras (Alessandria y Boetto, 2000).

En cuanto a las plantas invasoras en los sistemas pastoriles de producción, Master y Shelley (2001) dijeron: Las plantas invasoras reducen la capacidad del ecosistema para proveer los bienes y servicios requeridos por la sociedad, alteran los procesos ecológicos y pueden desplazar especies deseables. Ellas también pueden reducir la calidad del hábitat de

385

la fauna silvestre, la integridad de las áreas ribereñas, el valor económico del pastizal y los retornos netos de la empresa.

El proceso de invasión es regulado por las características de las plantas invasoras y la comunidad que esta siendo invadida. La presencia y dispersión de las plantas invasoras a menudo es un síntoma de problemas de manejo que deben ser corregidos antes de que se logren mejoras aceptables de largo plazo en el pastizal. El disturbio parece ser importante al inicio del proceso de invasión porque crea nichos vacantes que las plantas invasoras pueden ocupar.

El control de plantas invasoras puede solo abrir nichos para el establecimiento de otras plantas indeseables, a menos de que estén presentes plantas deseables para llenar los nichos vacantes. En muchos casos los pastizales se han deteriorado al punto de que las especies deseables o no están presentes o están en una abundancia tan baja que la recuperación de la comunidad es lenta o no ocurrirá sin revegetación después de que las plantas invasoras han sido controladas.

El manejo integrado de malezas emplea el uso secuencial planeado de tácticas múltiples (por ejemplo, medidas de control químico, biológico, cultural y mecánico) para mejorar la función del ecosistema (flujo de energía y reciclaje de nutrientes) y mantener el daño de las plantas invasoras abajo de niveles económicos, y enfatiza el manejo de la función del ecosistema de pastizal para cumplir con los objetivos en lugar de enfatizar en una maleza en particular o un método de control especifico.

Las estrategias sustentables del manejo integrado de plantas invasoras requieren de evaluar los impactos de las plantas, entender y manejar el proceso que influye en la invasión, el conocimiento de la ecología y biología de la planta invasora y ser basados en principios ecológicos.

Los programas de manejo de plantas invasoras deben ser compatibles e integrados dentro del plan y objetivos generales de manejo de los recursos del pastizal. Debido a la complejidad del manejo de las plantas invasoras es imperativo que la información ecológica y económica relevante sea sintetizada en sistemas de soporte de toma de decisiones posibles para el usuario.

Para la implementación de sistemas silvopastoriles en el Chaco Árido y Semiárido debemos tener en cuenta que éstas regiones tienen como característica común la aridez y semiaridéz, lo cual indica que el establecer sistemas de manejo forestales, pastoriles, agroforestales o silvopastoriles, deben ser necesariamente de tipo adaptativo, contemplando la incertidumbre y la fragilidad de los ambientes a manejar.

1.2 Manejo adaptativo en las regiones chaqueñas áridas y semiáridas

Sobre el concepto de manejo adaptativo, C. Saravia Toledo (1991) expresó: Todo uso del recurso natural por parte del ser humano tiene por objeto producir utilidades, sea para obtener bienes materiales que satisfagan necesidades de alimentos, vestido, construcción de viviendas, etc. o de tipo recreacional o espiritual como ser las áreas de campamentos de vacaciones, bellezas paisajísticas, etc.

Para obtener utilidades, sin deteriorar el sistema productivo, se aplican tecnologías de manejo basadas en el conocimiento de las variables del sistema susceptible de manejar (ver Capítulo VIII:3.3-4). Las utilidades se obtienen a partir del funcionamiento de un conjunto de variables, las cuales se pueden subdividir en dos subconjuntos, uno que no es posible controlar, por lo menos con las tecnologías disponibles, como son los factores físicos, tipo de clima y suelo, y otro subconjunto que incluye variables potencialmente controlables como son la densidad del bosque, la carga animal, fertilidad del suelo, etc., y que requieren la incorporación de energía e insumos para ser efectivamente manejadas.

Los sistemas de producción de las zonas áridas y semiáridas que nos interesan están generalmente deteriorados en distinto grado, debido a la tala incontrolada, al sobrepastoreo o la combinación de ambos. Esto implica que para elaborar planes de desarrollo habrá que diferenciar entre "manejo de recuperación", en el cual la prioridad será recuperarlos para tornarlos nuevamente productivos y "manejo de aprovechamiento", que tenderá a optimizar la producción sustentable de utilidades, mediante el manejo de las variables controlables, una vez recuperado el sistema.

Al considerar el "manejo de recuperación" se introducen los conceptos de "estado" del sistema y su "tendencia", aspectos que deben monitorearse para conocer cuando es el momento en el cual se puede pasar de un manejo de recuperación a uno de aprovechamiento. Esto indica que se debe considerar el "estado" del sistema (ver Capítulo IV:4.1 a 4.5), como una variable independiente del conjunto de variables controlantes. De esta manera se puede definir al manejo como las acciones dirigidas a obtener respuestas esperadas del sistema, en términos de valores de utilidades, la cual se puede expresar simbólicamente en la siguiente forma:

$$U = f\ (s;\ x\ .\ z)$$

Donde "U" es la producción esperada de utilidades del sistema a partir del funcionamiento de un subconjunto de variables controlables "x" y otro subconjunto no susceptible de control "z" y una variable de estado independiente "s", siendo "f" el algoritmo o relación que vincula las utilidades con las variables.

En base a este modelo se podría pensar en planes de manejo óptimos, pero esto no es tan sencillo en el manejo de zonas de condiciones climáticas áridas o semiáridas, porque en ellas la incertidumbre es un elemento inherente al sistema, por lo cual, las utilidades esperadas (U), serán aleatorias y no guardarán una relación necesariamente lineal con las variables independiente del modelo. La variación del factor lluvia, que en regiones áridas y semiáridas puede tener diferencias de hasta un 300% entre un año seco y uno normal, ejemplifica una de las variables que vuelven incierto al sistema. Por otra parte el largo periodo de sequía, que favorece la acción eólica y las características de violenta torrencialidad que también son inherentes a estos ambientes, indican que el manejo inadecuado conduce rápidamente a procesos de deterioro del sistema, siendo la desertificación y consecuente erosión sus consecuencias más visibles. Esto advierte que, además de la incertidumbre, debe considerarse la fragilidad al planificar el manejo de estos sistemas y establece la necesidad de darles un carácter adaptativo, en el cual el "estado del sistema" es el que adecua el plan de manejo y no el valor de las utilidades. Este enfoque tiende a asegurar la productividad del sistema, preservando su estructura al mantenerlo en buenas condiciones de estado. De esta manera la producción del sistema se adapta a la incertidumbre, sin pretender que las utilidades sean máximas ni del mismo volumen en el tiempo.

El manejo tradicional que prevalece en la región, en general, trata de mantener utilidades máximas o rígidas, sin tener en cuenta las transformaciones negativas que ejercen sobre la condición con el consecuente deterioro del sistema. Establecer sistemas de manejo adaptativo, mediante la aplicación de tecnologías apropiadas que permitan un ajuste flexible de la producción en función de las variables, inciertas, constituye uno de los desafíos que debe encarar la sociedad en su conjunto. Del manejo de la región depende el bienestar no solamente de los que viven en ella, sino también de los habitantes de otras zonas.

No cabe duda que a efectos de establecer sistemas de manejo apropiado, es más lo que ignoramos que lo que sabemos de esta región, lo cual indica que las acciones a iniciar deben basarse "en lo que tenemos", aún a riesgo de equivocarnos. Resulta más útil corregir rumbos en la acción que mantenerse en la inercia. Tenemos algunos resultados disponibles en base a informaciones y experiencias dispersas, con lo cual tendremos algunas tecnologías apropiadas para transferir a las comunidades rurales, mientras se investigan las variables prioritarias que permitan establecer los métodos apropiados de manejo para cada ambiente.

En base a los comentarios anteriores y de acuerdo en lo que tenemos en el Chaco Árido y Semiárido de Córdoba, trataremos, en base a las experiencias probadas, de desarrollar modelos de manejo apropiado para el Chaco Árido y Semiárido de córdoba. Evidentemente que dichos modelos deben encuadrarse en cambiar la "explotación tradicional", aunque en la mayoría de los casos, la extracción forestal no se realiza por el bajo rendimiento de los montes, porque la demanda de leña y carbón ha bajado y no es muy rentable.

Los modelos de manejo de recuperación tienen que ser ecológica y económicamente sustentables y pueden variar según las características de cada unidad de explotación. Los tipos de sistema productivo pueden variar desde la típica ganadería bovina de cría hasta sistemas de uso múltiple de los recursos naturales.

1.2-1 RECUPERACIÓN Y BIODIVERSIDAD

La preocupación de muchos ecólogos por recuperar la biodiversidad en los ecosistemas degradados a interesado a los Estados, Nacionales, Provinciales y Municipales, en el tema, y es así que muchas de las legislaciones incluyen restricciones a determinado tipo de manejo de la producción que pueda disminuir sensiblemente la biodiversidad, como por ejemplo, la prohibición de cualquier tipo de control de la vegetación leñosa, y lamentablemente, en muchos casos, sin haber estudiado exhaustivamente los conflictos entre biodiversidad y sistemas productivos apropiados para ese ecosistema.

La recuperación de la biodiversidad puede ser el paradigma de los administradores técnicos de reservas o áreas protegidas y así alcanzar la biodiversidad prístina de la clímax; pero en muchos sistemas productivos recuperar biodiversidad puede ser un desastre, ya que en ese ecosistema la producción sustentable pasa por controlar las especies indeseables, que agronómicamente denominamos malezas y plagas.

Si bien algunos ecosistemas y con ciertos sistemas productivos apropiados (por ejemplo, uso múltiple de los recursos naturales) admiten una solución integradora, es decir un área de beneficios múltiples tendiente a lograr valores cercanos al optimo, tanto para la conservación de la biodiversidad como para la producción sustentable, no siempre es posible aplicar este modelo.

Tanto en Chaco Arido de Córdoba y aun más en el Semiárido los sistemas productivos sustentables, son en menor o mayor grado conflictivos con la recuperación y/o conservación de la biodiversidad. Para éste propósito son necesarias reservas y/o áreas protegidas.

1.2-2 MANEJO DE RECUPERACIÓN

En el Chaco Arido y Semiárido de Córdoba, el manejo de recuperación se tiene que basar en la dinámica de la vegetación leñosa y el pastizal asociado, (ver Capítulo IV:4.5) y que, en la mayoría de los casos, pasa por tratar de inducir las transiciones que lleven al sistema a recuperar el ambiente de bosque y el pastizal. Las principales herramientas de manipulación son: carga animal adecuada, control selectivo de leñosas (control de arbustos indeseables), aplicar las herramientas apropiadas de recuperación del pastizal (ver Capitulo VIII), y establecer las estrategias de pastoreo que mejor ajusten al sistema productivo (ver Capítulo XIII); todo dentro del concepto de manejo adaptativo (ver Capítulo VIII:3.3-4 y Capítulo XII:1.2).

Si el tipo de sistema productivo elegido es principalmente la producción ganadera, el objetivo sería llegar a un diseño de tipo silvopastoril, donde el principal producto de los componentes arbóreos sería la estabilidad microambiental y la sustentabilidad del sistema.

1.2-3 MANEJO DE APROVECHAMIENTO

En el Chaco Árido y Semiárido de Córdoba, el manejo de aprovechamiento de los sistemas de producción con énfasis ganadero, pasa por mantener la estabilidad del sistema, dando la oportunidad de renovación de los componentes arbóreos, aplicando los recontroles de arbustos indeseables y manejando cargas adecuadas y flexibles (Ver Capítulo VIII:3.3). En el Chaco Semiárido sería posible alguna extracción forestal (dejando los renovales y árboles semilleros necesarios), y descansando el área talada para recuperar el pastizal y promover la instalación de plántulas de árboles sin descuidar el control selectivo de leñosas.

2　CONTROL SELECTIVO DE LEÑOSAS INDESEABLES

En base a la realidad (condiciones actuales de los recursos forrajeros y forestales en el Chaco Árido y Semiárido de Córdoba), la tecnología apropiada para recuperar el ambiente de bosque y productividad del pastizal es el control selectivo de leñosas. También sería posible acelerar el proceso de recuperación aplicando el enriquecimiento forestal con especies arbóreas nativas y/o exóticas, implantándolas luego del control de arbustivas, pero aún falta experimentar extensivamente las tecnologías adecuadas.

2.1　Control selectivo de leñosas

Se trata de eliminar y/o controlar las leñosas indeseables para el sistema pastoril, en general, se trata de controlar los arbustos y en especial aquellos que tienen poca importancia como recursos forrajeros y compiten fuertemente con las pasturas, impiden la circulación de aire, etc. etc. (ver Capítulo VIII:3.11). Con este tratamiento se pretende lograr aumentos de la oferta forrajera y permitir una mayor tasa de crecimiento de los componentes arbóreos, tendiendo a un sistema silvopastoril.

Con el control selectivo de arbustos la recuperación de los recursos forrajeros del pastizal es similar a la que se obtiene con otros controles de leñosas como el desmonte total, y no se pierde el efecto positivo sobre el microambiente que principalmente ejercen los componentes arbóreos del sistema de producción.

Con las experiencias actuales, es la técnica más recomendable, ya que es la que mejor asegura la sustentabilidad del sistema de producción tanto el Chaco Árido como en el Chaco Semiárido de Córdoba y además puede permitir, según el caso y una vez recuperado el ambiente de bosque, una explotación forestal racional.

2.2　Técnicas para el control selectivo de leñosas

Se trata de controlar los arbustos indeseables manteniendo los componentes arbóreos del sistema, o sea árboles de 10-30cm DAP o más, que proporcionen una cobertura arbórea promedio del 25% al 35%, lo que garantizaría los efectos positivos del bosque (ver Capítulo II:3 y V:3.5).

Se estima que para mantener el "efecto bosque" (microclima o ambiente de bosque) es necesario una cobertura arbórea promedio del 30%. Si la densidad y/o cobertura de los árboles fuera menor y/o no la requerida para mantener el "efecto bosque", como ocurre, por ejemplo, en el Estado B4: bosque degradado (ver Capitulo IV:4.5), se pueden dejar los componentes del sotobosque de porte o arquitectura más o menos arbórea, como Breas, Chañares, Tintitacos y otros, para alcanzar el nivel de cobertura deseado.

2.2-1 CONTROL MANUAL

Manual mecánico

El tratamiento mas selectivo es el manual ya que permite dejar renovales chicos de árboles y realizar una limpieza del material extraído para amontonarlo en "parvines", utilizarlo para proteger los peladales del pastoreo y así acelerar la instalación y recuperación de gramíneas, hacer cercos de ramas, etc.

El tratamiento consiste en cortar los arbustos con herramientas manuales, preferiblemente debajo de la corona para minimizar los rebrotes de cepa. También, aunque sólo utilizado experimentalmente en la zona, se puede aserrar con motoguadañadora o si los arbustos no tienen troncos mayores a 4-5cm de diámetro, cortar con desmalezadora rotativa (chapeado) acoplada a la toma de fuerza de el tractor.

Manual químico

Aplicación de fitocidas específicos con mochila, según el producto, se moja el follaje o sólo la parte basal de los tallos.

Manual combinado

Luego del aserrado o chapeado se aplica con mochila el fitocida para controlar los rebrotes de cepa.

2.2-2 CONTROL MECÁNICO

<u>Rolado selectivo</u>

La utilización del rolado para el control selectivo de leñosas, principalmente para el desarbustado o desbajerado o desmonte selectivo, es una de las alternativas más utilizadas en el regiones chaqueñas de Córdoba.

Se pueden obtener buenos resultados utilizando un equipo para rolado liviano (tractor carenado y rolo del ancho de la trocha del tractor) al que se puede agregar o no una limpieza manual, una pasada de rastra de disco con o sin siembra en cobertura, y otras.

<u>Rolado en franjas</u>

En un Estado C5:Fachinal, donde los componentes del estrato arbóreo con DAP $\geq$10-15cm o más son muy pocos y donde la mayoría de los renovales de especies de árboles y de especies del sotobosque que pueden alcanzar un porte arbóreo tienen porte abustivo, no es posible o conveniente realizar un control selectivo de arbustos. En estos casos conviene aplicar un diseño de control parcial de leñosas en fajas u otro diseño, como rolado en franjas.

El rolado en franjas consiste en pasar el rolo en franjas de 8-10m de ancho y dejar franjas sin tratamiento del mismo ancho. Con este tratamiento es posible que las leñosas que nos interesan para alcanzar el efecto beneficioso del bosque puedan desarrollarse en las franjas sin tratar y con el tiempo alcanzar el nivel de cobertura necesaria.

La orientación de las franjas debe ser, en lo posible, perpendicular a la dirección de los vientos predominantes, que en el Chaco Árido y Semiárido de Córdoba son vientos del sudoeste y del noreste, para aprovechar el efecto cortina (Figura VIII,3.1-2).

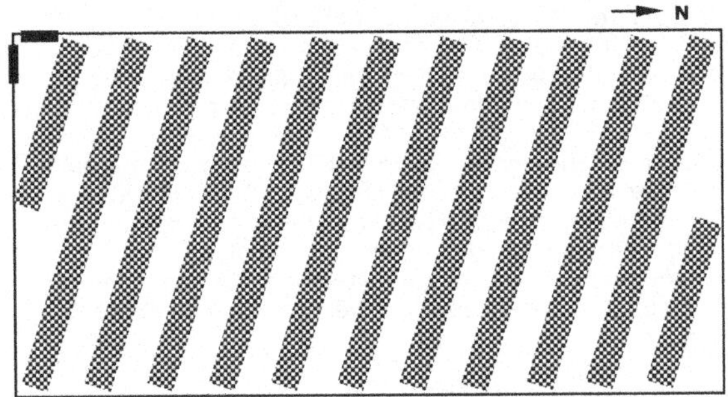

Figura VIII,3.1-2: Esquema de desmonte con rolado en franjas.

Puede ser conveniente abrir picadas (aguada-fondo del potrero) para una mejor distribución del pastoreo.

2.2-3 TRATAMIENTOS DE MANTENIMIENTO

Para el recontrol de los rebrotes o nuevas plantas de arbustos se pueden utilizar los mismos tratamientos que para el control, pero si se utiliza un control biológico, como pastoreo de caprinos, puede que entre tratamientos de recontrol pase mayor tiempo.

En los tratamientos de recontrol han dado muy buenos resultados en México la utilización de desmalezadora rotativa (chapeado). Si bien el uso del tractor puede ser oneroso la velocidad de trabajo es alta si se realiza antes que los arbustos se desarrollen demasiado.

Evidentemente a medida que se recupera la cobertura arbórea serán mas espaciados o localizados los tratamientos de recontrol.

3   EXPERIENCIAS RELACIONADAS CON SISTEMAS SILVOPASTORILES

Los beneficios del estrato arbóreo y el control de arbustos indeseables sobre el pastizal se reflejan en los siguientes trabajos:

3.1   Experiencias en el Chaco Árido

3.1-1 EN CÓRDOBA

Con respecto al efecto de la cobertura sobre la producción, calidad y composición botánica del pastizal natural, R.O. Díaz (2003) informó: Las gramíneas nativas del Arido Subtropical Argentino han evolucionado junto a leñosas arbóreas y arbustivas, por lo que se adaptan perfectamente a sistemas agroforestales (Díaz, 1992).

La propuesta tecnológica razonable sería un sistema agroforestal de tipo silvopastoril (estrato arbóreo y de gramíneas) controlando los arbustos para obtener un incremento de la oferta forrajera del pastizal, conservando los árboles como reguladores del ecosistema (Karlin *et al.*, 1988).

El objetivo de este trabajo fue conocer cuáles son los niveles de cobertura arbórea compatibles con una oferta forrajera significativamente aceptable, en cantidad y calidad, del pastizal de gramíneas nativas.

En Los Pocitos, Chancaní (Oeste de Córdoba), R. Díaz (2003) realizó una experiencia ubicada en una comunidad Algarrobal, se cercó un área de 4ha donde se cortaron a ras del suelo todos los arbustos, árboles secos y decrépitos, retirándose todos los residuos. Luego de este control selectivo de leñosas quedaron 595 individuos de distintas edades, DAP, y diámetro promedio de copas, con su distribución natural, de los cuales el 99% son *Prosopis flexuosa* D.C. y el 1% son *Aspidosperma quebracho-blanco* Schlecht.

Se realizó un relevamiento planimétrico de todos los árboles (ubicación y diámetro medio de copa, confeccionándose un plano (Figura XII,3.1-1). La suma de las proyecciones verticales de las copas fue de 17.852m^2 en el área de 4ha. Se estimó en forma gráfica que la superposición de copas era del 30%; de acuerdo a ello se estimó la cobertura arbórea media del área (proyección vertical de las copas) que fue de 31,24% de la superficie del terreno.

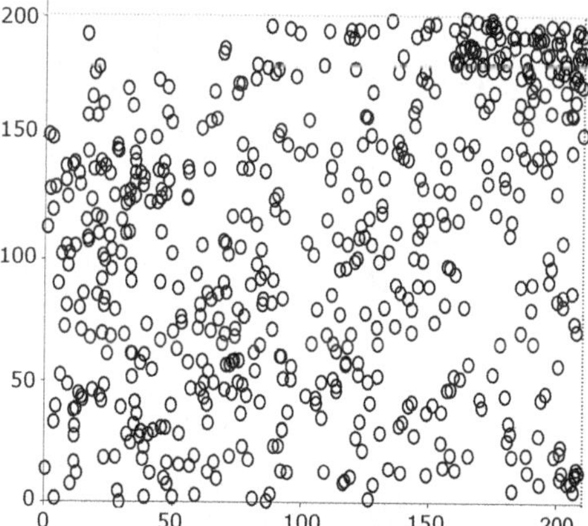

Figura VII,3.1-1: Ubicación de los árboles luego del control selectivo de leñosas. Ejes x e y: metros (los círculos no representan a escala la proyección de las copas). Densidad media = 148,7 individuos/ha. Cobertura promedio = 31,24%.

La oferta forrajera promedio, en las 4ha, del pastizal en condición buena anterior al control selectivo de leñosas, fue de 637 kgMS/ha. La oferta forrajera promedio en las 4ha, en la primer temporada de crecimiento posterior al control selectivo de leñosas, fue de 1.906 kgMS/ha.

La relación entre las ofertas forrajeras del monte natural y después del control selectivo fue 2,99:1. Esta relación es similar a la que se obtiene con controles totales de leñosas (desmontes) en los que se citan incrementos de 3:1 a 4:1, según tipo de control (Ayerza *et al.*, 1988), o luego de extracción forestal (Saravia Toledo, 1989).

<u>Producción de forrajimasa</u>: La cantidad de la forrajimasa acumulada, media de los 3 años de evaluaciones, para cada época de muestreo (Tabla XII, 3.1-1 y Figura XII,3.1-2), disminuyó con el aumento de la cobertura arbórea. No obstante en enero y mayo, siendo éste último el momento de máxima oferta forrajera, no se detectaron diferencias significativas entre los tratamientos, para valores iguales o menores a 31% de cobertura arbórea. En marzo, julio y septiembre no se observaron diferencias significativas entre los tratamientos, para valores iguales o menores a 40% de cobertura arbórea.

Trat	%Cob	Enero KgMS/ha	Marzo KgMS/ha	Mayo KgMS/ha	Julio KgMS/ha	Septiembre KgMS/ha
1	12	731 a	1456 a	2287 a	1556 a	1200 a
2	22	641 a b	1438 a	2233 a	1541 a	1110 a
3	31	617 a b	1287 a b	2003 a b	1402 a	1081 a
4	40	584 b	1286 a b	1729 b	1242 a	993 a
5	52	355 c	923 b	1158 c	745 b	592 b

Tabla XII, 3.1-1: Cantidad de forrajimasa acumulada, media de los 3 años de evaluaciones. Para cada época (columna mes) de evaluación, letras distintas indican diferencias significativas (p<0,05).

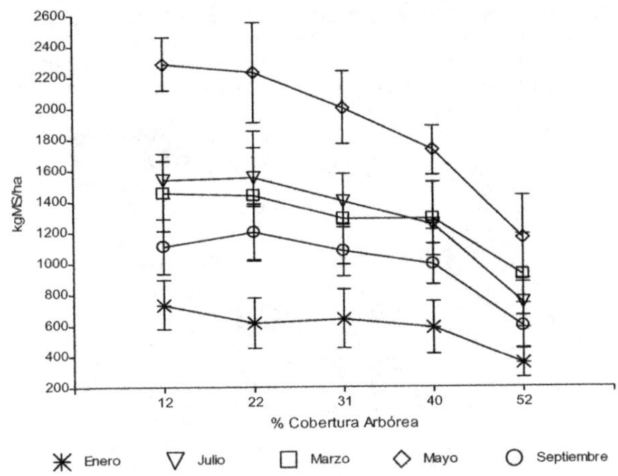

Figura XII,3.1-1: Producción media de forrajimasa acumulada para cada tratamiento de cobertura arbórea y para cada época de corte. Las barras indican el error estándar (Díaz, 2003).

<u>Digestibilidad de la materia seca del pastizal</u>: La digestibilidad de la forrajimasa, media de los 3 años de evaluaciones, para cada época de muestreo, presentó una tendencia a aumentar a medida que aumenta el porcentaje de cobertura arbórea (Figura VIII,3.1-3). No se detectaron diferencias significativas entre los tratamientos en enero y mayo. En septiembre los valores de digestibilidad fueron muy bajos, pero se detectaron diferencias significativas entre tratamientos.

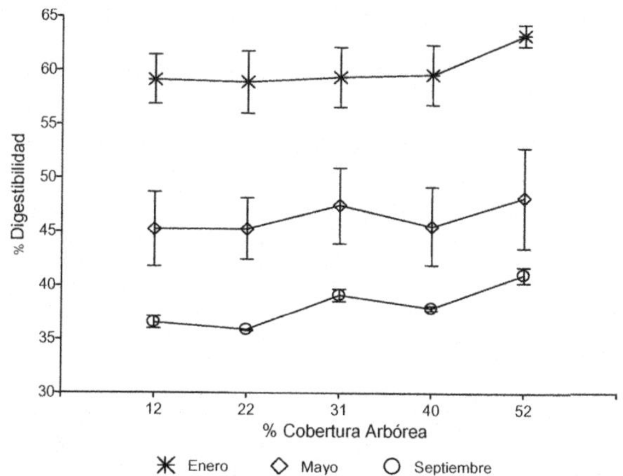

Figura XII,3.1-3: Digestibilidad media de la materia seca para cada tratamiento de cobertura arbórea y para cada época de corte. Las barras indican el error estándar (Díaz, 2003).

<u>Materia seca digestible</u>: Como la producción de forrajimasa y la digestibilidad presentaron tendencias inversas a medida que aumenta el porcentaje de cobertura arbórea, se calculó y analizó la cantidad de materia seca digestible para cada época de corte. La cantidad de materia seca digestible, media de los 3 años de evaluaciones, para cada época de muestreo, disminuyó con el aumento de la cobertura arbórea (Figura XII,3.1-4).

En enero y mayo no se detectaron diferencias significativas entre tratamientos para valores iguales o menores a 31% de cobertura arbórea. En septiembre no hubo diferencias significativas para valores iguales o menores a 40% de cobertura arbórea.

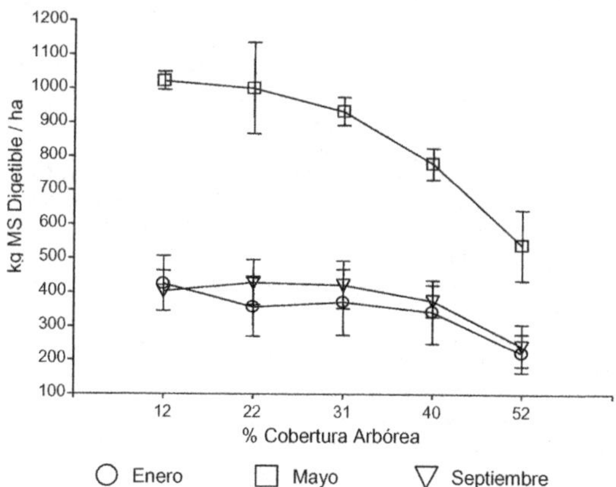

Figura XII,3.1-4: Materia seca digestible media para cada tratamiento de cobertura arbórea y para cada época de corte. Las barras indican el error estándar (Díaz, 2003).

Composición botánica de la forrajimasa: No se observaron diferencias importantes en la composición botánica de la forrajimasa entre los distintos tratamientos de cobertura arbórea, pero hubo diferencias entre tratamientos en las proporciones de cada especie en la composición botánica de la forrajimasa.

Las especies características del pastizal (especies que integran el 75% o más de la forrajimasa) fueron: *Setaria leiantha* Hack.; *Trichloris pluriflora* Fourn.; *Gouinia paraguariensis* (O.K.) Parodi; *Setaria leucopila* (Lam-Scribn.) K. Schuman y *Trichloris crinita* (Lag.) Parodi. Las especies acompañantes fueron: *Diplachne dubia* (H.B.K.) Scribner; *Digitaria californica* (Benth.) Henr. y *Pappophorum caespitosum* R. E. Fries. En "Otras gramíneas" se agruparon las especies cuya participación fue menor al 2% en la composición botánica de la forrajimasa, entre las que se encuentran, según el caso, 1 a 3 especies de la siguiente lista: *Chloris ciliata* Swartz, *Digitaria insularis* (L.) Mez., *Sporobolus pyramidatus* (Lam.) Hitchc., *Eragrostis orthoclada* Hack., *E. cilianensis* (Ail.) Vign., *Cenchrus myosuroides* H.B.K., *Aristida adscencionis* L.

No se observaron diferencias entre los tratamientos con distintos niveles de cobertura arbórea en la condición forrajera del pastizal, (Tabla XII,3.1-1).

Especies	T 1 %	T 2 %	T 3 %	T 4 %	T 5 %
Setaria leiantha	17,04	8,24	6,24	3,27	11,84
Trichloris pluriflora	25,07	10,96	22,95	7,06	15,04
Gouinia paraguariensis	21,55	27,47	17,78	14,38	16,57
Setaria leucopila	10,48	19,58	25,42	26,23	17,62
Trichloris crinita	18,73	18,97	14,85	28,03	16,52
Diplachne dubia	2,46	3,23	5,24	7,01	6,93
Digitaria californica	3,23	4,74	3,58	5,98	6,34
Pappophorum caespitosum	0,65	5,96	2,33	5,31	5,59
Otras gramíneas	0,79	0,85	1,61	2,73	3,55
Total	100,00	100,00	100,00	100,00	100,00

Tabla VIII,1.5-1: Composición botánica de la forrajimasa del año 3. Proporciones de las especies para cada tratamiento. Referencias: T1= 2%Cob.; T2=22%Cob.; T3=31%Cob.; T4= 40%Cob.; T5=52%Cob.

La condición forrajera de todos los tratamientos fue buena. En esta calificación debemos tener en cuenta que: 1) En el tercer año de evaluaciones aún no se estabilizó la composición botánica de la forrajimasa luego del control selectivo de arbustos y 2) Dentro de un microambiente de bosque no se encuentran diferencias en la condición del pastizal entre sectores con mayor o menor cobertura arbórea (Ayerza *et al.*, 1988).

No obstante, a medida que aumentan los niveles de cobertura arbórea se observaron, en la composición botánica de la forrajimasa, mayores proporciones de especies valiosas, como *D. dubia* de alta preferencia animal (Anderson *et al.*,1980) y *D. californica* de alta preferencia en la época de reposo de las gramíneas (Virasoro, 1989).

Los sectores con mayores niveles de cobertura arbórea parecen tener algunas ventajas para alcanzar mas rápidamente una mejor clase de condición forrajera del pastizal, dentro de niveles de cobertura arbórea compatibles con una oferta forrajera aceptable. Las mejores condiciones del pastizal están asociadas a la presencia de árboles (Díaz y Karlin, 1983; Díaz, 1992; Díaz *et al.*, 1988) y desmejoran a medida que decrecen los componentes arbóreos (Vera, 1989).

En conclusión podemos decir que:

– En un bosque de *Prosopis flexuosa* (Algarrobal), luego del control de arbustos, la oferta forrajera anual promedio del pastizal se triplicó.
– La oferta forrajera, tanto en cantidad como en calidad, se mantiene en niveles aceptables hasta el 40% de cobertura arbórea
– Entre los tratamientos, con distintos niveles de cobertura arbórea, no se observaron diferencias en la condición forrajera del pastizal.
– Los sectores con mayores niveles de cobertura arbórea tendrían algunas ventajas para alcanzar mas rápidamente una mejor clase de condición del pastizal, dentro de los niveles de cobertura arbórea compatibles con una oferta forrajera aceptable.

Nai Bregaglio *et al.* (2001) evaluaron la regeneración de los componentes arbóreos y la producción de pasturas luego de diez años del tratamiento de desmonte selectivo (control selectivo de arbustos) con exclusión de ganado, respecto de la composición inicial de 150 árboles por hectárea y 2.287, 2.233, 2.003, 1.729 y 1.158 kgMS/ha/ promedio de tres años para 12, 22, 31, 40 y 52% de cobertura arbórea respectivamente (Díaz, 1998).

De los nuevos individuos, el 78% son renovales (de hasta 1,5m de altura) y un 22% individuos juveniles (más de 1,5m de altura). La especie que mostró mayor renovabilidad fue *Aspidosperma quebracho blanco* (340 renovales/ha., respecto a 2 adultos/ha. existentes antes del tratamiento). La mortalidad de individuos arbóreos adultos remanentes del tratamiento, fue de un 15,22%. Cabe destacar, que este gran número de individuos nuevos, no tiene una incidencia mayor en la cobertura del suelo por ser sus copas de escaso tamaño (sólo representan el 2% de la cobertura total).

El crecimiento de los árboles remanentes mostró diferencias significativas sólo en cuanto al diámetro a la altura de la base (p=0,0001) pasando de un valor medio de 17,33cm a 22,79cm.

El diámetro de copa no varió significativamente en las especies arbóreas luego del tratamiento (p=0,482 para Algarrobo y p=0,128 para Quebracho) manteniéndose en un diámetro medio de copa de alrededor de 6m.

La cobertura actual del suelo por copas de árboles y arbustos (50,6%) no mostró diferencias significativas (p=0,21) con respecto a la existente antes del tratamiento de desmonte (58,8%). De la cobertura actual, el 70% corresponde a especies arbóreas y el 30% restante a leñosas arbustivas.

Sin embargo, se observaron diferencias (p=0,0001) a nivel del suelo desnudo (sin ningún tipo de cobertura de leñosas o herbáceas), disminuyendo alrededor de un 30% luego de diez años de transcurrido el tratamiento de desmonte selectivo sin pastoreo.

En cuanto al forraje, se observó un aumento de la forrajimasa total existente en la actualidad (una media calculada de 3.523 kgMS/ha)

Las proporciones de cobertura del estrato graminoso en el área de estudio y la producción del pastizal según éstas fueron: suelo totalmente cubierto 55%, 5100 kgMS/ha/año, suelo con cobertura media 37%, 1.790 kgMS/ha/año y 8% de suelo desnudo.

El área no forrajeable o inaccesible para el pastoreo del ganado debida a la presencia de arbustos, mostró diferencias significativas luego de diez años del tratamiento (p=0,0001), siendo esta área en la actualidad de 14,5%, menor que la existente antes del desmonte selectivo, que fue de 32,17%.

Hay que recordar que el área de estudio ha estado excluida del ganado y que el Algarrobo Negro (*Prosopis flexuosa*) tiene un alto potencial de recuperación en el Chaco Arido, ya que sus frutos son consumidos por el ganado y la semilla no es afectada en el tracto digestivo, por el contrario, facilita su germinación.

Sobre la distribución, diversidad y producción de especies de gramíneas nativas, M. Naí Bregaglio *et al.* (2003) dijeron: La región del Chaco Árido de la provincia de Córdoba se encuentra actualmente en un avanzado estado de degradación debido principalmente a la tala indiscriminada y el sobrepastoreo.

Debido a este mal uso de la tierra, la vegetación original formada por bosques de *Aspidosperma Quebracho-blanco* y *Prosopis flexuosa*, ha sido gradualmente desplazada por el incremento en arbustales de *Larrea*, *Cercidium* y *Senna* (*Cassia*), y por gramíneas de baja calidad como *Aristida* y *Bouteloua*.

Diversos estudios han demostrado que la presencia de árboles en los sistemas pastoriles del Chaco Árido aumentan la producción de pasturas naturales de buena calidad, y que la recuperación de las mismas en sitios degradados se puede lograr con un período mínimo de descanso del pastoreo.

El objetivo del presente trabajo fue evaluar la respuesta de los pastizales naturales a tratamientos silvícolas de "desmonte selectivo" (se refiere a: control selectivo de leñosas), en cuanto a producción y diversidad de las mismas.

No se encontraron diferencias significativas en la producción bajo y fuera de sombreado arbóreo para *Gouinia paraguariensis* y *Setaria cordobensis,* con unos valores medios de fitomasa aérea de 38,84 kgMS/ha bajo árbol y 10,23 kgMS/ha fuera de árbol para *G. paraguariensis,* y 144,44 kgMS/ha bajo árbol y 60,01 kgMS/ha fuera de árbol. Sí se encontraron diferencias significativas en la producción fuera y bajo copa arbórea para *Setaria leiantha* y *Trichloris crinita,* siendo mayor la producción bajo árbol para la primera, mientras que para la segunda fue mayor la producción sin cobertura arbórea. Los valores medios de fitomasa aérea para *S. leiantha,* fueron 786,28 kgMS/ha bajo árbol y 481,38 kgMS/ha sin cobertura arbórea, mientras que para *T. crinita,* fue de 729,81 kgMS/ha y 1.218,56 kgMS/ha, respectivamente. Si bien *Pappophorum caespitosum* no se registró bajo cobertura arbórea, no se encontraron diferencias estadísticamente significativas, debido a la escasa frecuencia y producción de esta gramínea sin cobertura arbórea, únicos lugares en donde se encontró (29,75 kgMS/ha).

Los resultados de este trabajo ponen de manifiesto el beneficio de la presencia de árboles en los sistemas de pastizales naturales en zonas como el Chaco Árido de la provincia de Córdoba, ya que aumentan considerablemente la producción del pastizal, a la vez que favorecen la presencia de especies de buena calidad forrajera.

Por otra parte, en cuanto a los efectos del pastoreo y el fuego sobre el Quebracho Blanco, L.O. Rivera *et al.* (2004) dijeron: El fuego y pastoreo son factores modeladores dinámicos de las comunidades vegetales del Chaco. Nuestros conocimientos sobre el efecto de estos factores sobre el Quebracho Blanco, son aún insuficientes.

Nuestro objetivo fue evaluar el efecto del fuego y sobrepastoreo sobre las poblaciones de quebracho blanco. Hicimos estudios comparativos del fuego y pastoreo, en forma aislada y conjunta, en el Chaco árido del oeste de Córdoba, utilizando la Reserva Chancaní como testigo. Evaluamos la estructura poblacional utilizando la distribución de frecuencias de tamaños, densidad de plántulas, juveniles y árboles adultos; la capacidad de regeneración vegetativa excavando alrededor de las raíces; y la relación entre la densidad de plántulas y la cobertura de la vegetación.

Esta especie sería favorecida por incendios, pero la combinación de fuego y sobrepastoreo tiene efectos negativos disminuyendo su capacidad de regeneración.

El Quebracho Blanco tiene fuerte capacidad de recuperación basada en un 90% de crecimiento vegetativo. Sólo encontramos una relación positiva entre cobertura de árboles y densidad de plántulas en el sitio sin fuego y con pastoreo.

El Quebracho Blanco esta adaptado al fuego, ya que posee una gruesa corteza corchosa y capacidad de rebrote. La restauración de sus poblaciones no requiere la exclusión de fuego, pero sí la del pastoreo intenso.

En otras observaciones realizadas en le Chaco Árido, se constató, en la mayoría de los establecimientos recorridos (Serrezuela, Alto de los Quebrachos, Cruz del Eje, Las Oscuras, Villa Dolores y otros), en los cuales se aplicó el control selectivo de leñosas, para el control de arbustos indeseables, que éste se realizó aplicando rolados con equipos livianos y pasada de rastra de discos de doble acción con cajón sembrador donde se sembraron *Cenchrus ciliaris* o *Panicum maximum* cvar. Gatton.

En algunos, el estrato arbóreo era predominantemente de *Prosipis flexuosa* y en otros, de *Aspidosperma quebracho-blanco*. Los resultados en cuando a implantación de la pastura sembrada, recuperación de especies nativas valiosas y reinvasión de arbustivas, si bien presentan variaciones, podemos generalizar que fueron similares.

En el Chaco Árido no sería conveniente la utilización forestal no, pues la recuperación del estrato arbóreo es lenta y la mayoría de los Algarrobos Negros (*Prosopis fexuosa*) están atacados por insectos xilófagos, La extracción forestal no sería conveniente, salvo para uso interno del establecimiento (poste, medio postes, varillas, leña y otras construcciones rurales).

La lenta recuperación del estrato arbóreo puede afectar la recuperación de las mejores jerarquías de condición del pastizal, ya que las especies de gramíneas nativas más valiosas son ambiente bosque dependientes.

3.1-2 En La Rioja

Sobre la heterogeneidad espacial relacionada con la cobertura de *Aspidosperma quebracho-blanco*, Patt y Ayan (2004) dijeron: La estructura vegetal y productividad del Chaco Árido ha sido modificada por la forma e intensidad de utilización forestal y pastoril a que se han sometido sus recursos, transformando el bosque en arbustal.

El objetivo de este trabajo fue evaluar el grado en que la recuperación de cobertura de *Aspidosperma quebracho-blanco* modifica algunas características del sistema.

Con un diseño en parcelas apareadas se midió la cobertura de especies arbustivas, la proporción de suelo expuesto y la cobertura basal de gramíneas en dos situaciones; dentro y fuera de la proyección vertical de copa de *A. quebracho-blanco*, categorizando las observaciones en 3 clases diamétricas de 10cm de amplitud.

La cobertura de arbustos fue menor bajo las copas de los árboles, con reducciones de 4,7% (p=0,4448) en la categoría de menor cobertura (C1), 43,13% y 57,05% (p<0,0001) en las de mayor cobertura (C2 y C3).

El mismo patrón se manifestó con la proporción de suelo desnudo; 14,05% (p=0,0033), 34,79% y 33,86% (p<0,0001) en C1, C2 y C3 respectivamente. La cobertura basal de gramíneas presentó un aumento relacionado directamente con el incremento de cobertura, 6,90% (p=0,0035) en C1, 11,46% y 11,82% (p<0,0001) en C2 y C3 respectivamente.

La cobertura de *A. quebracho-blanco* disminuye la cobertura de arbustos y suelo desnudo e incrementa la cobertura de gramíneas, lo que se hace muy significativo en DAP>20cm; valor a considerar en la planificación del aprovechamiento sustentable para uso compatibilizado silvopastoril.

3.2 Experiencias en el Caldenal

3.2-1 En La Pampa

Una experiencia de control selectivo de leñosas aplicando el rolado en franjas, fue realizada en Chacharramendi, La Pampa, y en cuanto al uso ganadero de montes rolados en franjas, A.J. Pordomingo *et al.* (2004) informaron: El rolado del monte cambia la estructura de la vegetación, la accesibilidad al pastoreo y la utilización del agua y los nutrientes. La reducción de la cobertura del arbustal aumenta sustancialmente la oferta de forraje del pastizal. Esa mejora se puede hipotetizar no sólo en cantidad sino en calidad del estrato graminoso. A partir de resultados de una investigación precedente (Adema *et al.*, 2003; citados por Pordomingo *et al.*, 2004) se propone, para el área del Caldenal y Monte Occidental, el rolado en franjas que resulte en lotes con 50% de monte rolado y 50% de monte natural. Sin embargo, la información acerca de la respuesta animal y el sistema de utilización (pastoreo) adecuado no ha sido generada, al menos para el área de la transición Caldenal-Monte Occidental de La Pampa. Para dilucidar aspectos de la interacción del sistema intervenido con el animal, se plantea como hipótesis que la combinación de monte rolado con monte natural, en superficies iguales, permite incrementar la carga animal y mitigar los cambios en calidad de la oferta forrajera y del peso (condición) de los animales.

El objetivo del presente trabajo fue evaluar la calidad de la oferta forrajera y el peso de los animales en un área de transición (Caldenal-Monte Occidental) sobre lotes con 50% de monte rolado y con alta carga animal.

La experiencia se desarrolló en el Campo Anexo del INTA en Chacharramendi, La Pampa, (37º22' S, 65º46' W), ubicado en el ecotono Caldenal-Monte Occidental bajo un régimen hídrico semiárido (Jacyszyn y Pitaluga, 1977; citados por Pordomingo *et al.*, 2004).

En un sitio de monte, en octubre de 1997, se rolaron 8ha en 4 franjas de 50m de ancho por 400m de largo, alternadas por el mismo número de franjas de monte natural, de igual medida (objeto de una serie de estudios de efectos de la técnica sobre el balance de agua y la producción primaria). En el área intervenida se planteó un ensayo con 4 parcelas iguales, de 4ha cada una, con 50% de monte rolado y 50% sin rolar. El tamaño limitado del área experimental impidió el montaje de un sistema de cría todo el año, necesario para medir efectos sobre la productividad en un modelo de cría completo. Sin embargo, el planteo propuesto permitiría inferir respuestas en sistemas de mayor escala que incluyan el rolado. A las parcelas ingresaron a pastorear vacas secas en un esquema definido previamente de 25 días de pastoreo con una carga instantánea de 2,5 animales/ha y un descanso previo y posterior de 13 meses.

Bajo el supuesto de un incremento de carga por efecto del rolado del 100% sobre la media histórica del establecimiento (antecedentes reportados en informes anteriores), se propuso duplicar la carga media anual, pasando de 12ha a 6ha por unidad ganadera. Debido a las restricciones de superficie del área experimental, las limitantes de infraestructura y la heterogeneidad del lote, no se incluyó un tratamiento testigo (100% campo natural), quedando como única referencia para la comparación de sistema (50% de rolado, 50% campo natural) la información de carga del resto del campo y de la región.

El ensayo se llevó a cabo durante un período de 3,5 años (Enero de 1999 a julio de 2002). Durante este período todas las parcelas tuvieron al menos 3 ingresos de pastoreo.

Se realizaron evaluaciones sobre, 1) Cambios de peso: las vacas se pesaron al ingreso y a la salida de cada parcela, con desbaste previo de 17 horas (encierre en corrales sin alimento). Se seleccionaron vacas secas vacías o con preñez no avanzada para no afectar la determinación del cambio de peso y 2) Calidad de las forrajeras: previo al pastoreo se realizó un muestreo de las especies de gramíneas y arbustos. Se realizó un muestreo 10 individuos de cada especie y se obtuvo una muestra compuesta por especie, estación y año. En gramíneas se cortó toda la fitomasa aérea de cada planta a 2cm del suelo y en arbustos se cortó el crecimiento acumulado desde el uso anterior. Sobre estas muestras se determinaron: contenido de fibra detergente ácido (FDA, %), lignina (Lig. %), proteína bruta (PB, %) y digestibilidad (DMS, %).

El esquema de utilización previsto se cumplió para cada parcela. No se detectaron efectos (P>0,75) de la época del año en la que ocurrió la utilización y los parámetros del sistema de pastoreo (Tabla XII,3.2-1).

Tabla XII,3.2-1: Efecto del momento de utilización sobre el aumento de peso vivo (ADPV, g/día), carga instantánea (Carga inst., vacas/ha), equivalente vaca por animal y por día de uso (EV/an día), período de descanso entre pastoreos (Desc, días), raciones totales (rac/ha) y anuales (rac/ha año) cosechadas por las vacas (Rac/año), y carga anual ponderada (CA, ha/vaca) en un sistema de pastoreo de 26 días de uso y 390 días de descanso promedio en un arbustal de Chacharramendi, La Pampa, rolado en el 50% de su superficie.

	PVm kg	ADPV g/día	Días past.	Carga inst.	EV/an día	Desc días	Rac/ha	Rac/ha año	CA ha/vc
Inv.	433a	303b	27	2,6	0,97	378	65	65	6,0
Prim.	416a	596c	25	2,4	1,12	400	65	60	6,2
Ver.	464b	344b	26	2,5	1,04	388	64	61	6,1
Oto.	479b	183a	28	2,2	0,96	393	57	53	7,3
E.E.	15,5	106	1,9	0,20	0,06	20	6,2	7,7	0,81
Prom.			26	2,40	1,01	389	63	59	6,4
d.e.*			4,4	0,38	0,11	36,0	11,5	14,0	1,51
P** =	0,049	0,052	0,75	0,44	0,27	0,87	0,71	0,68	1,51

Referencias: Se utilizaron vacas Angus sin ternero al pie, con pesadas con desbaste previo de 17 horas, al ingreso y a la salida de cada período de pastoreo. PVm = Media del peso vivo promedio de las vacas durante el período de uso. Días past = días de pastoreo efectivamente ocurridos. a, b Medias con índices diferentes en columnas difieren (P<0,05). **Significancia estadística del efecto "estación del año". *d.e.: desvío estándar.

El uso medio efectivo fue de 26 días y el descanso medio de 389 días (Tabla XII,3.2-1). La carga animal instantánea resultó similar entre épocas de pastoreo (P=0,44; 2,4 vacas/ha), con una demanda de forraje por animal semejante (1,01 EV/vaca/día) y una cosecha de raciones también similar (P>0,68) de 63 raciones/ha entre descansos o de 59 raciones/ha año (Tabla XII,3.2-1). La época de pastoreo tuvo un efecto significativo sobre el peso medio de las vacas durante el período de uso (p=0,049) y sobre el cambio de peso (p=0,052). El cambio de peso de las vacas fue positivo en todas las épocas de pastoreo, alcanzándose los mejores incrementos en primavera (p<0,05; Tabla XII,3.2-1).

De estos resultados podría concluirse que el sistema de "50% rolado - 50% campo natural", provee una calidad y estabilidad suficientes para sostener una carga de 6 ha/EV/año, indiferente de la época del año, con un potencial de aumento de peso en vacas secas siempre positivo ("buffer" suficiente de los cambios en la oferta). Esta demanda de forraje exigiría, sin embargo, una calidad que no se reflejó en los muestreos de plantas (Tabla XII,3.2-2).

Tabla XII,3.2-2: Contenido de fibra detergente ácido (FDA, %), lignina (lig, %), proteína bruta (PB, %) y digestibilidad (DMS, %) de las especies forrajeras más comunes del pastizal de áreas roladas en Chacharramendi, La Pampa, bajo un sistema de pastoreo de 26 días de uso y 390 días de descanso (1).

Especie	% FDA	d.e.*	% Lig.**	d.e.	% DMS	d.e.	% PB	d.e.
Arbustos								
Acantholipia seriphioides	46,2	2,12	19,8	2,02	52,9	1,656	7,7	0,94
Bacharis crispa	32,0	2,12	11,4	2,02	64,0	1,65	9,1	0,94
Bredemeyera mycrophylla	43,1	1,79	16,9	1,71	55,3	1,40	9,1	0,79
Ephedra triandra	51,8	2,37	18,5	2,26	48,6	1,85	8,1	1,05
Lycium chikensis	40,9	2.74	18,9	2,61	57,0	2,13	12,9	1,21
Gramíneas perennes de invierno								
Poa ligularis	49,4	1,79	14,4	1,71	50,4	1,40	5,0	0,79
Pyptochaetium napostense	50,6	1,79	13,7	1,71	49,5	1,40	6,0	0,79
Stipa tenuis	49,4	1,79	14,3	1,71	50,4	1,40	6,6	0,79
Gramíneas perennes de verano								
Digitaria californica	52,6	1,94	12,6	1,84	47,9	1,51	5,2	0,86
Aristida subulata	50,0	2,12	15,7	2,02	50,0	1,65	5,2	0,86
Trichloris crinita	42,0	2,12	17,1	2,02	56,2	1,65	7,7	0,94
Bothriochloa springfieldi	47,8	1,94	14,6	1,84	51,7	1,51	5,6	0,86
Panicum coloratum	39,4	1,79	13,0	1,71	58,2	1,40	6,6	0,79

Referencias: (1) No se detectaron interacciones entre años y estaciones (P>0,10). No se detectó efecto de estación al momento del corte en ninguna de las variables de composición química (P>0,05). Se reportan las medias por especie, promedio de 3 años y de las 4 estaciones. **Se estimó a partir del dato de FDA. *d.e.: desvío estándar.

El estrato graminoso conforma comúnmente la mayor parte de la oferta forrajera disponible. En el Tabla XII,3.2-2 se destaca el bajo contenido de proteína bruta de las gramíneas a diferencia de la fracción arbustiva. Esa calidad sería limitante de altos consumos y generaría dudas sobre los aumentos de peso registrados en las vacas del presente estudio. Es probable que otros factores hayan influido en el resultado animal, entre ellos los más evidentes estarían asociados a la composición de la dieta. Los arbustos muy posiblemente han tenido una participación importante y con su aporte proteico han incrementado la digestibilidad de la materia seca total y estimulado el consumo de forraje de gramíneas. Por otro lado, el efecto de selectividad por parte del animal es posible que haya sido el factor más relevante. Con la biomasa forrajera acumulada anualmente, al momento de entrar los animales (Adema *et al.*, 2003, citados por Pordomingo *et al.* 2004), ajustada por la accesibilidad al pastoreo (Adema y Babinec, 2002; citados por Pordomingo, *et al.*, 2004), se calculó la oferta forrajera disponible media de cada parcela (Figura XII,3.1-1), la que promedió 2.006 KgMS/ha durante el tiempo que duró esta experiencia.

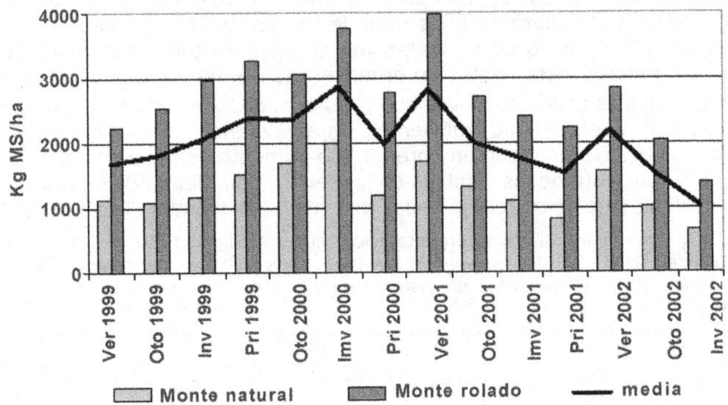

Figura XII,3.1-1. Forraje disponible al momento de pastoreo, en cada parcela con 50% de monte rolado y 50% de monte natural en Chacharramendi, La Pampa.

Por su parte, los animales consumieron estimativamente 590 kgMS/ha/año, representando una eficiencia de cosecha de forraje del 30%, por lo que hubo espacio para la selección de plantas y fracciones de plantas. Esto habría permitido la conformación de una dieta de calidad muy diferente a la que podría esperarse a través de análisis de plantas cortadas a mano. La diferencia en los aumentos de peso, en particular con los de primavera y verano, sería un argumento adicional en apoyo a esta hipótesis.

Estos resultados estarían sugiriendo la necesidad de la revisión del sistema de pastoreo implementado, en particular el período de descanso entre usos. Aunque muy probablemente los descansos prolongados son la razón de la baja sensibilidad de la oferta al momento de utilización o el año; la pérdida de calidad en el forraje acumulado durante un año o más puede convertirse en una limitante tan severa como la variabilidad en la oferta de materia seca en rotaciones con cortos periodos de descanso. El caso puede verse agravado en pastizales puros o con monte rolado en su totalidad, donde la masa arbustiva es notablemente reducida como oferente de una fuente proteica suplementaria. En circunstancias de calidad de la oferta similar a la relevada en el presente trabajo, la suplementación proteica sería necesaria si la carga animal no permitiera una alta selectividad.

3.3 Experiencias en el Chaco Semiárido

3.3-1 EN SALTA

Sobre la experiencia de manejo silvopastoril de Pozo Largo (Chaco Salteño), C. Saravia Toledo (1984) informó: Por razones de brevedad voy a referir la experiencia de una sola de las propiedades que tenemos en estudio con el Ing. del Castillo y el Dr. Resina, y en las cuales están trabajando también investigadores del Centro de Zoología Aplicada de Córdoba.

Pozo Largo es una propiedad de 3.000ha, que estuvo sometida a fuerte presión de pastoreo con ganado mayor y menor durante más de 80 años. El bosque fue explotado para extraer rollizos, leña tipo ferrocarril, postes y carbón vegetal desde 1935 hasta 1945. En esa época el carbón se hacía de Quebracho Blanco exclusivamente. Entre 1968 y 1978 se produjo. también una limitada cantidad de carbón.

En 1973/74 se cierra con alambrado 1.200ha y en 1979 se completa el cierre de la superficie restante. Las cabras y ovejas se eliminan en 1973, introduciéndose un pequeño rebaño de ovejas en 1977. Mediante relevamiento expeditivo visual y recorriendo a caballo se estableció la condición de la pastura en julio de 1972 con los siguientes resultados:

a) Suelos franco arcillosos: Condición pobre, grandes manchones de suelo desnudo entre arbustos. Gramíneas y latifoliadas herbáceas forrajeras únicamente bajo la protección de arbustos. Arbustos forrajeros presentes pero muy ramoneados. Forraje de suelo disponible estimado: ninguno. Fauna: abundantes Conejos de Palo.

b) Suelos franco-limosos: Condición pobre, degradados en áreas peridomésticas. Grandes superficies improductivas cubiertas con Ulúa (*Larrisia pomanensis*); arbustos forrajeros presentes pero muy ramoneados,. salvo en los "uluares". Latifoliadas herbáceas (*Ruelia* sp.) y gramíneas protegidas en las bases de arbustos y en medio de cactáceas (Ulúa y Quiscaloro). Producción estimada de forraje de suelo disponible: 20 kgMS/ha. Superficie improductiva por Ulúa: 10%. Fauna: Conejo de Palo, y Vizcachas en áreas peridomésticas.

c) Suelos arenosos (albardones y fondos de paleocauces): Condición pobre a degradada, con signos de erosión eólica, acumulación de arena en base de arbustos. Escasas gramíneas presentes en base de cactáceas y arbustos. Forraje de suelo disponible: ninguno. Fauna: presencia de Conejo de Palo, Vizcacheras en arenales del sector Este del campo, en vecindad de puestos ganaderos de propiedades contiguas.

<u>Sistema de recuperación</u>

El manejo tiene las siguientes etapas iniciales:

1) Exclusión de ganado mayor de los vecinos mediante alambrado y dejar la estación de crecimiento sin pastoreo durante los dos o tres primeros años usando el potrero solamente en la época seca.

2) Combatir vizcacha mediante la destrucción total de las cuevas.

Según la condición previa del campo, y si no inciden años excesivamente secos, se logra elevar el rendimiento del pastizal natural en dos o tres años, alcanzando éste una condición de regular a buena, punto en él cual se logra ya una producción aceptable de forrajimasa. El proceso de recuperación se acelera si se cuenta con potreros contiguos ya recuperados y se permite pastorear simultáneamente, con libre tránsito, ambos potreros. El ganado en este caso facilita la diseminación de semillas que transporta en las pezuñas, pelo y vía endozoica.

En campos con puestos viejos, que han sido sobrepastoreados con ganado menor, cuyo cinturón peridoméstico de peladar tiene un radio mayor de 2km, conviene, si la forma de la propiedad lo permite, ubicar otra aguada permanente a distancia equidistante.

En síntesis, la recuperación se logra mediante:

a) Exclusión de ganado mayor mediante alambrado.

b) Eliminación de ganado menor y control de vizcacha.

c) Pastorear después de la estación de crecimiento los dos o tres primeros años, con la carga de forraje disponible.

d) Después de recuperado el tapiz de forrajeras herbáceas perennes aplicar un sistema de pastoreo rotativo-diferido permitiendo a cada potrero un año de descanso cada tres o cuatro años, ajustando anualmente la carga después del período de lluvias.

<u>Resultados obtenidos</u>

En mayo y junio de 1983 se midió cobertura, por especie, y producción de forraje de suelo en dos ambientes de Pozo Largo: albardones y suelos franco-arcillosos. Las mediciones se repitieron, alambrado por medio, en las propiedades vecinas, que sirven como punto de referencia para verificar el grado de recuperación alcanzado.

La cobertura se midió en transectas de 500m de largo, haciendo una observación cada 5m. Los resultados se expresan en porcentaje de superficie cubierta. La producción se determinó mediante corte del forraje en cuadrados de 0,25m² ubicados cada 5m sobre ejes lineales definidos.

Los resultados del muestreo se analizan para cada ambiente por separado.

<u>En albardones arenosos</u> (Tablas XII,3.3-1 y XII,3.3-2)

Estrato	Cobertura en porcentaje		Cantidad de especies/ha	
	Pozo Largo	Don Benigno	Pozo Largo	Don Benigno
Árboles	21,5	21,3	4	4
Arbustos	3,9	3,0	9	4
Gramíneas	52,2	1,8	8	3
Latifoliadas herbáceas	53,8	26,7	27	13
Cactáceas y Bromeliáceas	3,9	3,0	5	4
Plántulas invernales	16,7	1,8	3	3
Totales	162,0	57,6	56	31

Tabla XII,3.3-1: Cobertura y cantidad de especies por hectárea en Pozo Largo (sistema de recuperación) y Don Benigno (testigo).

Pozo Largo (kgMS/ha)	Don Benigno (kgMS/ha)
2870	345

Tabla XII,3.3-2: Producción acumulada anual de materia seca de gramíneas

Los resultados indican :

a) La cobertura de los estratos arbóreos y arbustivos es baja, lo cual corresponde con el ambiente de albardones arenosos que difícilmente se lignifican.

b) El incremento de gramíneas es realmente espectacular en número de especies, cobertura y producción. El 80 por ciento de la producción de forraje corresponde a gramíneas de los géneros *Aristida, Pappophornm, Acroceras* y *Paspalum*.

c) El incremento en latifoliadas herbáceas también es importante, tanto en cobertura como en número de especies, pero resulta más notable si se tiene en cuenta que las especies no palatables disminuyen su cobertura al mejorar la condición. Por ejemplo los valores de cobertura de tres especies de follaje no palatable como *Solanum argentinum, Caesalpinía stuckertii* y *Cassia ptlifera* para cada condición son: Pozo Largo 8,9 por ciento, Don Benigno 18,6 por ciento, o sea que disminuyeron cobertura en más de un 50 por ciento en la propiedad bajo manejo.

d) Aumento de la cobertura de las "plántulas de invierno" (son especies que germinan en otoño y vegetan lentamente en invierno, para desarrollar y florecer rápidamente en primavera).

<u>En Suelos franco-arcillosos</u> (Tablas XII,3.3-3; XII,3.3-4 y XII,3.3-5).

Estrato	Cobertura en porcentaje		Cantidad de especies/ha	
	Pozo Largo	Ibón "C"	Pozo Largo	Ibón "C"
Arboles	25,2	28,3	7	6
Arbustos	120,0	64,2	21	14
Gramíneas	31,9	0	4	0
Latifoliadas herbáceas	8,4	0	4	0
Bioderma (*S. sellowii* y otra)	1,0	9,3	2	2
Cactáceas y Bromeliáceas	1,7	0	5	0
Totales	208,0	109,0	43	22

Tabla XII,3.3-3: Porcentaje de cobertura y cantidad de especies por hectárea en Pozo Largo (sistema de recuperación) e Ibon "C" (testigo).

Los datos del muestreo indican:

a) La diferencia de cobertura en el estrato arbóreo está dada por la presencia de unos pocos árboles viejos de gran corpulencia en Ibon "C", y no por la densidad de árboles.

b) En Pozo Largo la cobertura de arbustos tiene valores que casi duplican a los de la propiedad testigo, cifra que resulta más significativa si se consideran solamente arbustos forrajeros, para los cuales los valores son: 74,8 por ciento en Pozo Largo y 7,3 por ciento en Ibon "C".

c) El estrato herbáceo, gramíneas y latifoliadas tiene un valor de cobertura de 40,3 por ciento en Pozo Largo, mientras en Ibon "C" el valor es cero.

La producción de forraje seco del estrato herbáceo fue de 1.540 kg/ha en el bosque denso del muestreo y de 4.720 kg/ha en las áreas donde recientemente se realizó aprovechamiento forestal.

d) El incremento del bioderma cicatrizante (en Ibon "C") se debe a que *Selaginella* tiende a incrementar a medida que se degrada el campo.

e) Cactáceas y Bromeliáceas están presentes en Ibon "C" pero no están representadas en las áreas muestreadas.

<u>Condición del campo y carga de pastoreo</u>

Al iniciar el proceso de recuperación la condición de los recursos forrajeros de Pozo Largo era pobre y no podía soportar una carga superior a una unidad ganadera cada 20 ha, contando con que en el invierno el ganado sobreviviría con hojas que derraman los árboles.

En una escala de valores que contempla cuatro condiciones: pobre, regular, buena y muy buena, Pozo Largo se encuentra ya en condición de regular a buena en el 95 por ciento del campo, y ha soportado cargas equivalentes a una unidad animal cada cuatro hectáreas.

<u>Estrato arbóreo</u>

Los resultados del inventario forestal para árboles de más de 10cm DAP se presentan en las Tablas XII,3.3-4 y XII,3.3-5.

Especie	Clases diamétricas (cm)			Total/ha
	10-20	20-30	30-40	
Quebracho Colorado	58	12	2	72
Quebracho Blanco	3	8	1	12
Mistol	26	17	7	50
Chañar	10	0	0	10
Guayacán	7	3	1	11
Palo Cruz	0	1	0	1
Algarrobo Negro	0	0	1	1
Total	104	41	12	157

Tabla XII,3.3-4: Densidad según clases diamétricas de componentes arbóreos en Pozo Largo (sistema de recuperación).

Especie	Clases diamétricas (cm)				Total/ha
	10-20	20-30	30-40	50-60	
Quebracho Colorado	1	1	2	0	5
Quebracho Blanco	5	9	4	0	18
Mistol	12	13	2	1	29
Algarrobo Negro	10	5	3	0	19
Brea	3	4	0	0	7
Total	31	32	11	1	78

Tabla XII,3.3-5: Densidad según clases diammétricas de componentes arbóreos en Ibón "C" (testigo).

Las diferencias en densidad para Quebracho Colorado se originan en distintas intensidades de explotación.

En Ibon "C" se ha extraído estacones y postes livianos, por este motivo las clases de 10-20 y 20-30 DAP tienen valores muy bajos.

La presencia de Brea en Ibon "C" es significativa e indica serios disturbios del suelo por sobrepastoreo.

<u>Recuperación forestal</u>

En junio de 1983 se realizó un inventario forestal sobre suelos pesados de las propiedades Pozo Largo e Ibon "C", trabajando con franjas de 20m x 500m para el estrato arbóreo de más de 10cm DAP y con círculos de 1, 2 y 5 m de diámetro para evaluar la regeneración forestal, clasificando los brinzales según altura en:

- Clase I: hasta 1m de altura
- Clase II: de 1 a 2m de altura
- Clase III: más de 2m de altura

<u>Regeneración forestal</u>

Los datos obtenidos en la evaluación cuantitativa de la regeneración forestal se detallan, para Quebracho Colorado, Mistol y Quebracho Blanco, en las Tablas XII,3.3-6; XII,3.3-7 y XII,3.3-8 respectivamente.

Clase	Pozo Largo	Ibón "C"
I	573	1421 *
II	250	0
III	51	0

Tabla XII,3.3-6: Densidad (individuos/ha) de las clases de brinzales de Quebracho Colorado en Pozo Largo (sistema de recuperación) y en Ibon "C" (testigo).

Clase	Pozo Largo	Ibón "C"
I	191	350 *
II	194	0
III	77	0

Tabla XII,3.3-7: Densidad (individuos/ha) de las clases de brinzales de Mistol en Pozo Largo (sistema de recuperación) y en Ibon "C" (testigo).

Clase	Pozo Largo	Ibón "C"
I	64	0
II	5	0
III	5	5

Tabla XII,3.3-8: Densidad (individuos/ha) de las clases de brinzales de Quebracho Blanco en Pozo Largo (sistema de recuperación) y en Ibon "C" (testigo).

Para la clase I, la regeneración de Quebracho Colorado y Mistol es normal en ambas propiedades, pero en Ibon "C" los brinzales están deformados por ramoneo y nunca llegarán a desarrollar mientras se mantenga el sobrepastoreo actual. El mayor número de brinzales clase I en Ibon "C" (*Tablas XII,3.3-7 y XII,3.3-8) se explica por la falta de competencia de herbáceas y arbustos (Tabla XII,3.3-3).

Las clases II y III, de Mistol y Quebracho Colorado están ausentes en Ibon "C" como consecuencia del sobrepastoreo. En cambio en Pozo Largo están bien representadas las clases II y III.

La ausencia de regeneración de Quebracho Blanco en las clases I y II de Ibon "C" se puede atribuir a la acción del Conejo de Palo, que destruye brinzales de esta especie, sobre todo en el período seco cuando elimina ejemplares de hasta 10cm de diámetro royendo la corteza en forma anillada.

Rebrotes de cepa

En los sectores de Pozo Largo que se realizó aprovechamiento forestal, después de iniciado el programa de recuperación y manejo, se observa un elevado porcentaje de rebrote de cepa de los árboles apeados. Estos rebrotes son particularmente importantes en Quebracho Colorado, Guayacán, Algarrobos y Mistol.

Efectos del manejo en la fauna

El pastoreo controlado ha producido también efectos sobre la fauna, mencionándose como ejemplo los siguientes:

a) Reducción drástica en densidad de *Pediolagus salignicola* (Conejo de Palo), que virtualmente desaparece al formarse una cubierta herbácea continua. En Pozo Largo se lo observa solamente en áreas peridomésticas, usando vizcacheras abandonadas como albergue.

b) La Vizcacha tiende a mantenerse en las poblaciones originalmente densas y con grandes cuevas. Eliminándola con gases tóxicos vuelven a reocupar el sitio, después de dos o tres meses, reinvadiendo desde fincas vecinas con alta población. La destrucción total de las cuevas es la única forma de evitar se reinfesten vizcacheras vacías.

c) La Liebre Chica o Tapeti (*Silvilagus brasiliensis*) vuelve a reaparecer y multiplica normalmente en ambientes recuperados. Este roedor de hábito nocturno se refugia en pastizales o matorrales umbríos durante las horas del día, circunstancia que explicaría su desaparición de áreas degradadas, además de la escasez de alimentos.

d) El Cuis (Microcavia sp.) también reinvade áreas recuperadas, posiblemente por tener refugio adecuado, o por tener fuente de alimentación.

e) La Corzuela (*Mazama americana*) incrementa en densidad. En áreas muy degradas virtualmente desaparece, probablemente por falta de alimentación y tal vez por no tener refugio adecuado. En situaciones de cobertura como las de finca Pozo Largo, suelos pesados (Tabla XII,3.3-3), se encuentran hasta 20 grupos de deyecciones de corzuela por hectarea, no así en ambientes arenosos, lo cual confirma que su hábitat preferido es el bosque denso. Para mantener una buena densidad de corzuelas resulta más importante manejar adecuadamente el. recurso vegetal que controlar la caza.

f) La fauna de aves abiertas, Suri (*Rhea americana*) y el Guanaco (*Lema gaunicoe*), no reinvaden los pastizales altiherbosos recuperados de albardones arenosos porque simplemente desaparecieron totalmente del área hace varias décadas.

g) Las especies de Pecaries (*Pecarí* y *Cathagonus*) vuelven a reinstalarse en áreas recuperadas.

En una experiencia en El Quebrachal, Salta, para evaluar el efecto de distintas coberturas arbóreas, después de un control selectivo de leñosas, sobre el estrato herbáceo natural y sembrado, R.N. Berti (2003) dijo: El desmonte selectivo, con mejora del tapiz herbáceo mediante siembra de pasturas, es una práctica de manejo del recurso nativo de importancia en el NOA. El objetivo del presente trabajo fue determinar el comportamiento de coberturas herbáceas en desmontes selectivos con distinto grado de umbría.

El trabajo se realizó en El Quebrachal, Salta (25° 21' 04,56" S; 64° 05' 31,47" W), área agroecológica Chaco Semiárido, sobre un quebrachal de dos quebrachos (*Aspidosperma Quebracho-blanco* y *Schinopsis quebracho-colorado*).

Parcelas de 10ha desmontadas selectivamente (junio a noviembre de 1999), con rolo (8.000kg de peso) y tractor articulado con pala frontal, fueron sembradas en forma aérea con Gatton Panic (*Panicum maximum* cv. Gatton) (5 kg.ha^{-1}) en febrero/2000.

La cobertura arbórea, estimada como proyección de copa sobre el suelo, y la composición botánica, cobertura y población de herbáceas fueron determinadas en el período 2002 sobre ocho transectas, representativas de coberturas arbóreas: 0%, 30% y 45 % (T1, T2 y T3), de 100m de longitud cada una.

Una alta carga animal instantánea (50 EV.ha^{-1}) fue aplicada previo al muestreo. Se empleó un diseño completo al azar, con repeticiones (lotes) para contrastar tratamientos (Tabla XII,3.3-9).

Tratamientos	n	Coberturas					Población	
		Suelo desnudo	Aispapel (1)	Gram. nativas	Gatton Panic	Otras herbáceas	Gatton Panic	Gram. nativas
T1	2	79,5 a	1,27 a	1,00 a	17,6 a	0,57 a	9,8 a	0,90 a
T2	2	85,2 a	7,52 a, b	1,74 a	4,56 b	0,96 a	4,45 b	1,93 a
T3	4	77,4 a	15,65 b	1,29 a	3,98 b	1,67 a	5,2 b	2,65 a

Tabla XII,3.3-9: Cobertura (%) y población (plantas.m^{-2}) de gramíneas y herbáceas en el período 2002. a, b: Subíndices distintos indican diferencias significativas entre tratamientos (P<0,05). Test de Duncan. Referencias: (1) = *Selaginella sellowii*

La presencia de Aispapel se redujo marcadamente luego de la habilitación, incrementándose la cobertura de Gatton Panic y suelo desnudo, no modificándose significativamente la del componente graminoso nativo. El tratamiento de desmonte total alcanzó elevadas poblaciones y coberturas de Gatton Panic al tercer año de habilitación cercanas al óptimo para la región semiárida.

3.3-4 EN SANTIAGO DEL ESTERO

En una experiencia realizada en la Estación Experimental INTA de Santiago del Estero en un bosque degradado en el que se eliminaron manualmente los arbustos dejando los árboles, D. Miñón (1986), resumida en la Tabla IX,A1.2-10 que repetimos, informó: Las especies a sembrar deben adaptarse al particular microambiente que crea la cubierta de árboles del bosque, en donde por ejemplo cambia la cantidad y calidad de luz incidente.

En la experiencia, la densidad de árboles y arbustos era de 450 y 4.300 individuos por hectárea respectivamente y los tratamientos consistieron en control selectivo de arbustos y la siembra de *Panicum máximum* cv. Gatton (Gatton), *Chloris gayana* población del norte de Córdoba (Grama), *Cenchrus ciliaris* cv. Texas 4464 (Buffel), recuperación natural del pastizal de especies nativas y el testigo consistió en clausurar el bosque sin desarbustar.

Tratamientos	Producción (Kg/MS)	Incremento (%)	Cobertura (%)
Gatton	4650	1081	83
Buffel	2420	563	65
Grama	1680	391	51
Pastizal nativo	1020	237	56
Testigo	430	100	42

Tabla: IX,A1.2-10 Producción de materia seca (Kg/MS) y cobertura (%) de gramíneas subtropicales implantadas bajo cubierta de árboles (Miñón, 1986).

Los resultados obtenidos muestran el excelente comportamiento del Gatton bajo cubierta arbórea, al igual que Buffel. Con la Grama no se logro buena cobertura de suelo y no parece adaptarse al ambiente de sotobosque.

La producción de las especies nativas luego de un año de clausura se incrementó significativamente obteniéndose rendimientos más de dos veces superiores cuando se eliminaron los arbustos (Miñón, 1986).

En otro trabajo realizado en la provincia de Santiago del estero, técnicos del INTA experimentaron con sistemas pastoriles de árboles-pastos, luego de estos estudios, Radrizzani y Renolfi (2004), informaron: A partir de los grandes transformaciones que se han producido en el mundo y en la Argentina en las últimas décadas, la producción ganadera se encuentra hoy sujeta a nuevas perspectivas y demandas que cobran cada día mayor peso, entre las cuales se destacan el cuidado del ambiente en el que producimos y vivimos y la calidad de los alimentos que consumimos. Nuevas reglas y principios orientan la necesidad de alcanzar los objetivos del desarrollo económico y sociocultural junto a un nivel productivo alto y estable, mediante un uso eficiente y sostenible de los recursos naturales.

La Región Chaqueña semiárida tiene características hídricas, térmicas, edáficas y de vegetación que la diferencian de otras regiones del país y del mundo. La alta variabilidad pluviométrica entre las estaciones del año y entre los años, las temperaturas extremas, el déficit hídrico durante gran parte del año y la vegetación predominante de bosques y pastizales, son algunas de sus características distintivas. Los suelos son en su mayoría frágiles y susceptibles a la erosión, lo cual exige un manejo conservacionista que permita mantener sus propiedades.

El paisaje de la región está dominado por árboles (Quebracho Colorado y Blanco, Algarrobo, Mistol, Chañar, etc.), arbustos (Tusca, Garabatos, Talas, etc.) y plantas herbáceas (gramíneas y latifoliadas). El bosque además de aportar forraje, madera, postes y varillas para la ganadería, tiene efectos positivos sobre el animal, la pastura y el medio ambiente. Sin embargo, gran parte de la tierra habilitada para ganadería se hace en base al desmonte total, ignorando los beneficios que aporta el árbol en los sistemas ganaderos. Desde el año 1984 hasta 1999, se han desmontado en la Provincia de Santiago del Estero unas 900.000ha, parte de las cuales se destinan a la ganadería sobre pasturas implantadas. Se observa que dichas pasturas declinan su productividad luego de unos años de pastoreo, lo cual plantea interrogantes respecto de la sustentabilidad de estos sistemas.

El INTA E.E.A Santiago del Estero, a partir de fines del '80, ha iniciado una serie de experiencias e investigaciones para evaluar los beneficios y las limitaciones de los sistemas de pastoreo directo entre y bajo los árboles, que permitan un aprovechamiento ganadero y forestal de los mismos. Este tipo de sistemas de manejo son conocidos en todo el mundo como sistemas silvopastoriles y podrían ser los más adecuados para mantener la sustentabilidad de la ganadería de la región Chaqueña Semiárida. A continuación se presentan algunos beneficios de la cobertura arbórea sobre los animales, las pasturas y el ambiente.

Los bovinos mantienen casi constante su temperatura corporal frente a las amplias fluctuaciones de las condiciones ambientales (homeotermos) y por lo tanto son muy afectados por los factores climáticos del ambiente en el que viven. Cuando el animal empieza a jadear por exceso de temperatura, disminuye el consumo de alimentos, aumenta en forma relativa el gasto energético de mantenimiento y disminuye la eficiencia de conversión del pasto a carne.

Las temperaturas extremas (altas o bajas) afectan el confort de los animales, provocando una disminución en la eficiencia productiva (menor ganancia de peso, menor porcentaje de parición, menor producción de leche para los terneros e inclusive mortandad). No todas las razas bovinas tienen la misma temperatura de confort y temperaturas críticas en las que sufren estrés (ver Capítulo V:3.7).

En la Tabla XII,3.3-11, se pueden observar las respuestas fisiológicas (jadeo, aumento de temperatura –fiebre- e incluso la muerte) de dos razas y una cruza bovina ante distintas temperaturas del ambiente.

Genotipo	Confort	Jadeo	Fiebre	Muerte
Británico	0-16 ºC	21 ºC	27 ºC	45 ºC
½ sangre cebú	5-20 ºC	27 ºC	30 ºC	48 ºC
Cebú	10-25 ºC	32 ºC	33 ºC	50 ºC

Tabla XII,3.3-11: Respuesta fisiológica de tres genotipos bovinos a diversas temperaturas.(Adaptado de Brody, 1956, por Radrizzani y Renolfi, 2004).

Es conocido el efecto negativo que tienen los rayos solares directos sobre el animal en épocas de altas temperaturas. El calor irradiado desde un suelo expuesto al sol es otro de los mecanismos que incrementan la temperatura del animal. Al comparar la temperatura de suelos con y sin sombra durante la primavera en el Este de Santiago del Estero, se encontraron diferencias de más de 9ºC (Casas y Mon, 1988). Se podría esperar que en el verano estas diferencias se incrementen aún más y que con una temperaturas del aire de 40ºC, la superficie del suelo expuesta al sol pueda alcanzar valores de 50ºC o superiores. Probablemente el efecto más importante que produce la cobertura arbórea, sea la disminución de las temperaturas extremas de frío y de calor (Ledesma y Boleta, 1969b).

Se sabe también que al mantener árboles cercanos a las fuentes de agua de bebida animal, reducen la velocidad del viento y dan sombra, con lo cual disminuyen las pérdidas por evaporación en un 15 al 20% (Karlin, 1985) y se mantiene el agua fresca. El consumo de agua fresca reduce la temperatura corporal y la demanda de este recurso, que es escaso y limitante de la producción ganadera regional.

Sobre el efectos del control selectivo de arbustos, desarbustado o desbajerado, Radrizzani y Renolfi (2004) informaron:

<u>Beneficios sobre la cantidad y calidad del pasto</u>

En el campo experimental del INTA Santiago del Estero (525mm de precipitación anual promedio), se realizaron experiencias para evaluar el efecto del desarbustado sobre la producción de forraje de pasturas nativas e introducidas. Se denomina desarbustado al tratamiento que se hace sobre la vegetación de bosque, a través del corte de las especies arbustivas, dejando en pie los individuos de las especies arbóreas. El corte de arbustos puede hacerse en forma manual con hacha, pala y machete, o en forma mecanizada con rolo o rastra de discos.

En una de las experiencias se realizó un desarbustado manual en un bosque de dos quebrachos de 200ha, dejando 247 árboles por hectárea con diámetros del tronco a la altura del pecho (DAP)≥10cm y aproximadamente 2901 individuos jóvenes de especies arbóreas (Renolfi, 2000; citado por Radrizzani y Renolfi, 2004). Con este tratamiento se logró aumentar la oferta de forraje de los pastos nativos desde 650 kgMS/ha a 1.780 kgMS/ha y se obtuvo una ganancia media anual por animal de 120kg (±20kg) de peso vivo. Es necesario comentar que la ganancia no fue idéntica en todos los meses del año sino que se limitó a la estación lluviosa (fin de primavera hasta mediados de otoño); sin embargo los animales no perdieron peso en la época seca, posiblemente por el aporte de frutos, ramones y hojarasca de leñosas (Renolfi y Fumagalli, 1998; citados por Radrizzani y Renolfi, 2004). En otra experiencia similar realizada en el Norte de Córdoba (Chaco Arido) se registró un incremento de 340 kgMS/ha a 900 kgMS/ha de pastos nativos en un bosque desarbustado (Díaz *et al.*, 1984).

Al implantar una pastura adecuada posterior al desarbustado se logra un incremento adicional de producción de forraje. La siembra de *Panicum maximum*, cv Green panic (Panizo verde) dentro de un bosque secundario dominado por *Prosopis nigra* (Algarrobo negro) con una densidad media de 220 árboles/ha (DAP≥7cm) produjo 6.500 kgMS/ha de promedio durante los primeros años de su implantación (Renolfi y Radrizzani, 2002; citados por Radrizzani y Renolfi, 2004). Una pastura de 10 años (desde su implantación) de *Cenchrus ciliaris* (Buffel Grass) cv. Gayndah, bajo este tipo de bosque, pero con una densidad menor de árboles (125 individuos/ha) registró producciones de 4.500 kgMS/ha (Renolfi y Radrizzani, 2002).

Estas producciones de forraje son similares a las registradas en ensayos de evaluación de rendimiento de pasturas realizados en tierras desmontadas en el campo experimental del INTA Santiago del Estero. La producción de forraje de *Panicum maximum*, cv Green panic (Panizo Verde) fue de 4.000 a 7.500 kgMS/ha y *Cenchrus ciliaris* (Buffel Grass), cv Molopo tuvo una producción de 2.500 a 4.500 kgMS/ha. Los máximos valores se obtuvieron en los primeros años y los menores después de los seis años de evaluación de las pasturas (Pérez, 1998; citado por Radrizzani y Renolfi, 2004).

No todas las especies de pastos implantados tienen un buen comportamiento bajo cobertura arbórea, ya que algunas especies toleran el sombreado, mientras que otras disminuyen su producción bajo las mismas condiciones. Existe escasa información sobre este aspecto (Grossman *et al.*, 1980; Christie, 1975; Wilson *et al.*, 1990; citados por Radrizzani y Renolfi, 2004), lo cual demanda que se siga evaluando el comportamiento de distintos pastos en ambientes boscosos.

La cobertura arbórea disminuye el efecto negativo del frío sobre la calidad de la pastura, notándose su efecto principalmente durante la estación fría, dado que el pasto mantiene una mayor proporción de material verde. Se logra un mejor aprovechamiento de la pastura durante el período más crítico del año, en el que la baja calidad del pasto limita la productividad ganadera.

La calidad de forraje disponible en estos sistemas silvopastoriles, si bien está basada en la calidad de la oferta del estrato herbáceo y especialmente los pastos nativos e introducidos, también proviene del estrato arbóreo. El aporte de las hojas de árboles, de los ramones, frutos y flores, si bien son de escaso volumen, poseen un nivel proteico que mejora el aprovechamiento de los pastos diferidos para el invierno (Renolfi, 1990; citado por Radrizzani y Renolfi, 2004).

Beneficios sobre la persistencia de la pastura

La implantación de pasturas en tierras desmontadas, permite alcanzar una alta producción de pasto durante los primeros años. En general, luego del tercer o cuarto año de pastoreo, la pastura comienza a disminuir los niveles de producción hasta llegar a reducir a la mitad su producción inicial, tal como puede observarse en la Tabla XII,3.3-12.

Pastura (cultivares)	1990/91	1991/92	1992/93	1993/94	1994/95
Gatton panic	12012	12305	5769	6112	5105
Green panic	12285	12340	4230	4213	6893
Precipitaciones (mm)	524	620	390	389	953

Tabla XII,3.3-12: Producción de forraje anual de gramíneas tropicales (Kg MS/ha), (Berti 1999; citado por Radrizani y Renolfi, 2004).

Este decaimiento esta asociado al manejo de la pastura y se explica en gran parte por la disminución del nitrógeno disponible para la pastura (Wilson, 1986; Berti, 1999; citados por Radrizzani y Renolfi, 2004). El nitrógeno es considerado junto con el agua uno de los principales factores limitantes de la producción forrajera en la mayoría de las regiones semiáridas del mundo (Wilson, 1986; citado por Radrizzani y Renolfi, 2004). La cobertura arbórea puede realizar aportes importantes, si consideramos que algunas leguminosas (Algarrobos, Acacias) llegan a aportar al sistema entre 100 a 400 kg/ha/año, cantidades equiparables a una fertilización nitrogenada (Felker, 1980; Rhoades, 1997; citados por Radrizzani y Renolfi, 2004).

Otros beneficios de la cobertura arbórea

Están difundidas las ventajas de las cortinas forestales para la agricultura, por su capacidad de disminuir la velocidad del viento y la evaporación de agua del suelo y del cultivo. De la misma forma, las cortinas benefician a la pastura y facilitan una mayor cantidad y calidad de forraje. Se sabe que las cortinas disminuyen los riesgos de erosión eólica, sobre todo en áreas de suelos descubiertos por limitaciones edáficas, falta de lluvias o sobrepastoreo. Se puede esperar que estos efectos positivos de la cortina se multipliquen cuando se deja una alta densidad de árboles distribuidos en toda el área de la pastura.

Los árboles también pueden reducir la salinidad de las capas superficiales del suelo, al reducir la evaporación, la radiación solar directa y mejorar la infiltración del agua. Algunas especies también pueden hacer disminuir el nivel de la capa freática por bombeo desde capas profundas saturadas de agua a la superficie (Heuperman *et al.*, 2002; citados por Radrizzani y Renolfi, 2004).

Las emisiones de carbono hechas por la actividad humana en su quehacer social y productivo, ingresan y se acumulan en la atmósfera como dióxido de carbono que incrementa el conocido "efecto invernadero". Los sistemas silvopastoriles tienen una capacidad de fijar carbono significativamente superior a cualquier monocultivo de pastos (Sánchez, 1999; citado por Radrizzani y Renolfi, 2004). Actualmente existen negociaciones de servicios de fijación de carbono en algunos países del mundo entre los que se destaca Costa Rica y se podría esperar que en el futuro, este sea otro beneficio adicional para la actividad ganadera.

Los sistemas de pastoreo bajo cobertura arbórea favorecen el aumento de la biodiversidad de vegetales y animales silvestres. Ganaderos de varias partes del mundo están obteniendo beneficios adicionales por producir en sistemas que promueven la biodiversidad. Algunos finqueros de naciones africanas y muchos ganaderos de Costa Rica ganan más dinero manejando especies nativas que criando ganado, por lo cual prefieren mantener sus tierras como reservas naturales privadas. Earth Sanctuaries Limited, una empresa privada que opera varias reservas en Australia, se convirtió en la primera empresa relacionada con la conservación de biodiversidad que comercializa públicamente en la Bolsa de Valores Australiana (Ferraro y Simpson, 2002; citados por Radrizzani y Renolfi, 2004). La necesidad de conservación está instalada en las agendas de los organismos internacionales y ya existen inversiones y posibilidades en otros países que bien podrían incorporarse en el futuro a la ganadería Argentina.

Se han mencionado algunos de los beneficios de mantener árboles en los sistemas ganaderos de la región. Somos conscientes que puede parecer más fácil manejar animales y pastos en un área desmontada, que manejar un sistema más complejo e integrado de animales, pastos y árboles. El desafío está planteado, pero por sobre todo dejamos planteada la necesidad de sumar esfuerzos de productores y técnicos para aprender a manejar estos sistemas. Aprovechemos los beneficios de los árboles, que por algún motivo son parte de nuestro paisaje desde hace cientos de años.

En el Chaco Semiárido de Córdoba, dada la situación general de las áreas no desmontadas totalmente, no sería recomendable la explotación forestal, de hecho ya no quedan Quebrachos Colorados (*Schinopsis quebracho-colorado*) y aunque la recuperación del estrato arbóreo de Quebracho Blanco y Algarrobos sería mas rápida que en el Chaco Árido, también los mejores pastos nativos son ambiente bosque dependientes.

Si se decide una extracción forestal, es conveniente que sea aplicando las mejores técnicas que aseguren la regeneración de las distintas especies como: Cantidad de renovales presentes, estado sanitario de los mismos, dejar árboles semilleros, época de corta, altura de corte que permita el rebrote de cepa, tiempo de descanso de la actividad pastoril y otras.

3.4 Experiencias en el Chaco Húmedo

En la Provincia del Chaco, Colonia Bentiez, es posible realizar verdaderos explotaciones silvopastoriles. Como ejemplo de ello están las experiencias de INTA de Colonia Benítez, Chaco, sobre las cuales P. Delvalle (2000) informó:

El INTA Colonia Benítez está evaluando desde 1995 prácticas de manejo del monte nativo para lograr la producción sustentable de carne y madera y mejorar las relaciones suelo, árbol, pasto y animales.

Los objetivos son:

1. Producir conservando. Lograr el equilibrio entre los factores de producción y conservación.

2. Incrementar la producción de maderas de calidad reconocida, con tratamientos silviculturales intensivos (raleos y podas) y aumentar la receptividad ganadera.

El manejo silvopastoril se aplica en bosques con altos requerimientos de luz, como son los de Quebracho Colorado, Algarrobo, Quebracho Blanco, Urunday, Espina Corona, y Guayacán. El 60% de la masa boscosa del parque chaqueño está conformado por estas especies.

En el primer año de manejo silvopastoril, una vez comprobada la existencia de un bosque de esta naturaleza, se realiza un inventario forestal para cuantificar su composición y estructura. El bosque tiene, en el sentido vertical, distintos estratos. El inferior, sotobosque, es el más próximo al suelo. Está formado por plantas herbáceas y arbustos a media altura, (hasta 2m) generalmente muy denso y que no permite la formación del pastizal. En el estrato superior (mayor a 2m) se encuentran los ejemplares arbóreos de distinta importancia forestal.

La primera tarea consiste en una limpieza rasante del sotobosque, con machete o motoguadaña. Principalmente para el control de Caraguatá (*Eryngium horridum*) en el interior del bosque. Una vez limpio el bosque en ese estrato, quedan los ejemplares arbustivos o arbóreos más gruesos, que no se pueden eliminar con machete o motoguadaña. Comienza entonces la segunda tarea de limpieza, que consiste en trabajar con motosierra, eliminando los ejemplares más gruesos, defectuosos y/o enfermos. Detrás del operador motosierrista, que corta a tocón bajo, casi a ras del suelo, va otro operario aplicando un arboricida. Así se va formando un solo estrato de la masa boscosa, y el pastizal comienza a desarrollarse por menor competencia del sotobosque. En resumen: desarbustado y limpieza del bosque.

Durante el segundo año se realiza un repaso eliminando los ejemplares enfermos e incluso algunos ejemplares de especies valiosas en aquellas masas boscosas muy densas, para mejorar su estructura y composición. En esta etapa se produce leña. Esta puede ser comercializada como tal, destinada para producir carbón o picarla para acelerar el proceso de descomposición. En resumen: raleos, podas, elaboración de leña.

Desde el inicio, se puede realizar el manejo silvopastoril con el ganado en el potrero. Las experiencias del INTA Colonia Benítez, permitieron comprobar que el ganado contribuye a la tarea silvícola, porque con su transitar "baja" el material cortado. El pastizal empieza a evolucionar ni bien se realiza la apertura del primer año y avanza con el transcurrir del tiempo. Al tercer año se puede observar una buena cobertura. En resumen: con seguridad, animales al 3º año del tratamiento silvícola dentro del silvopastoril.

Una vez realizada la apertura del monte se puede introducir una forrajera cultivada con el objetivo de cubrir más rápido el suelo, evitar procesos de erosión y además, lograr en menor tiempo mayor producción de forraje. En los montes del Este de Chaco y Formosa (región húmeda) el Pasto Estrella (*Cynodon nlemfuensis*) se adapta muy bien este manejo. Hacia el oeste, con menos precipitaciones y en montes con suelos profundos, que no presentan encharcamiento, se han obtenido resultados promisorios con Gatton Panic (*Panicum maximun* cvar. Gatton).

Con la aplicación del arboricida se da un rebrote (mínimo del 15%), el cual es eliminado totalmente con un repaso al tercer año. También se regula el rebrote instalando un boyero eléctrico y presionando con la carga animal.

Los resultados de los trabajos del INTA son satisfactorios. El crecimiento anual del monte prácticamente se ha duplicado, pasando de 1,5-2 metros cúbicos de madera por hectárea/año a 3m^3/ha/año. La evolución del pastizal también es favorable. En el monte sin tratar, la disponibilidad de forraje promedio en 1998-1999, fue de 400 kgMS/ha, mientras que la parcela tratada produjo 800 kgMS/ha.

En resumen podemos decir que:

- Los sistemas silvopastoriles integran las actividades forestales con las ganaderas.

- En la Provincia del Chaco varios grupos de productores están experimentando el manejo silvopastoril.

- Los resultados obtenidos hasta el presente en los estudios realizados por INTA Colonia Benítez y el IIFA evidencian que al cuarto año de haber iniciado el trabajo la producción anual de madera se incrementó en un 60%; la producción de forraje en un 250% y la receptividad ganadera en un 50% aproximadamente.

3.5 Resumen de experiencias silvopastoriles.

A modo de resumen de la importancia de los sistemas bosque-pastizal, incluimos lo que expresó M. Grulke (1994) como propuesta de manejo silvopastoril.

<u>Recuperación del ambiente</u>

La degradación avanzada, provocada por un uso irracional del bosque y el sobrepastoreo, requiere medidas que detengan este proceso y permitan a la vez una recuperación del suelo y de la vegetación.

Aunque existen sistemas apropiados, como el pastoreo rotacional, que respetan la necesidad de un descanso y de una fase de recuperación para el suelo y la vegetación, se duda sobre la posibilidad de su implementación a corto plazo. Además, estos sistemas parecen más indicados para mantener un equilibrio estable y menos para una recuperación de un campo fuertemente degradado.

La idea perseguida en este estudio es tan simple como prometedora. La misma consiste en clausurar una superficie por un tiempo, hasta que se presente una evidente recuperación; si no se recupera hay que cambiar de estrategia por ejemplo se puede sembrar en cobertura. Experiencias existentes dan una orientación sobre el tiempo necesario. La cobertura y la producción de biomasa de las pasturas naturales aumenta significativamente después de uno a dos años de exclusión del ganado. Para un mejoramiento de la situación de la regeneración arbórea se estima una exclusión del ganado de alrededor de cinco anos. No se considera necesaria la exclusión permanente durante este tiempo. Por el contrario, si se observa la recuperación del pasto natural se debería poner una carga animal alta por un tiempo relativamente corto en la clausura para aprovechar la oferta forrajera. Así, los efectos negativos sobre la regeneración arbórea estarán dentro de limites aceptables.

<u>Aumento de la oferta forrajera</u>

La realización de clausuras significa una disminución de la oferta de forraje. Como la situación forrajera ya está en un nivel crítico, una clausura en una parte, requiere simultáneamente un aumento de la oferta forrajera en otro lugar.

Para una producción intensiva de forraje hay que eliminar el estrato arbustivo. Un desmonte del estrato arbóreo se descarta, ya que existen ventajas por los beneficios que brindan los árboles al pastizal, los cuales son:

- Disminución de la erosión.
- Disminución de la evaporación.
- Aumento de la infiltración.
- Aumento de la materia orgánica en el suelo.
- Enriquecimiento del suelo con nitrógeno a través de especies leguminosas.
- Disminución de la amplitud térmica.

Para la producción intensiva de forraje después del desarbustado hay varias opciones. Se pueden sembrar pastos nativos (*Trichloris* spp.) o pastos exóticos (*Cenchrus spp, Panicum spp.*). También se puede pensar en la plantación de arbustos forrajeros y árboles con una producción de frutas de alto valor nutritivo como los Algarrobos (*Prosopis* spp).

<u>Manejo del bosque</u>

La realización de las medidas antes mencionadas significa inversiones en el campo. Los pequeños productores en el Chaco Salteño en general no disponen de capital en forma monetaria. El capital disponible proviene del rodeo animal y según la condición del bosque, de la madera acumulada (sin considerar la tenencia de la tierra).

Esta circunstancia provocó reflexionar sobre las posibilidades de utilizar el bosque como fuente de capital para implementar medidas que permitan controlar la degradación y mejorar el sistema de producción. Se intentó crear un modelo que permita deducir tanto la condición actual del bosque como también su potencial para el aprovechamiento forestal.

En un sistema silvopastoril, de facto o por manejo, el bosque cumple diferentes funciones, algunas de las cuales son:
- Regularización de régimen de agua.
- Regularización térmica.
- Mantenimiento de la fertilidad del suelo.
- Disposición de forraje para los animales domésticos.
- Disposición de productos leñosos.
- Disposición de productos no-leñosos.
- Hábitat para la fauna silvestre.

Para que el bosque pueda cumplir con todas sus funciones permanentemente, es necesario aprovecharlo en una manera que permita mantener su estructura típica. Esto implica un uso de productos leñosos prudente y continuo (al contrario de la explotación tradicional que aprovecha el bosque en turnos relativamente largos pero en forma muy intensa).

Como el bosque nativo en general representa la vegetación clímax, se trata de una asociación estable. Pero esta estabilidad tiene sus limites. Un sobreuso, p.ej. causado por una elevada explotación forestal y/o por una alta carga animal, desequilibra forzosamente el bosque. Unos de los objetivos fundamentales de los sistemas agroforestales es el mantenimiento de la estabilidad del medio ambiente. Aunque estos sistemas parecen muy naturales, muchas veces son formas de producción altamente artificiales. Así el productor, si quiere mantener el estrato arbóreo dentro de su sistema de producción, tiene que manipular el bosque.

El objetivo de las intervenciones es encontrar un nuevo equilibrio estable ("equilibrio artificial"), respetando la dinámica natural del bosque y las necesidades de producción. El punto de partida de las siguientes reflexiones es el modelo "Plenter", el cual es conocido como una forma apropiada para el uso sostenible del monte nativo. El fundamento de este modelo es mantener todas las edades o clases diamétricas en la misma unidad de producción (en contraposición a plantaciones forestales). El equilibrio "Plenter", o en otras palabras, la distribución diamétrica ideal de un bosque, describe una situación estable y permanente, que permite un uso de madera en forma continua y con alto nivel de producción.

La idea, en la cual se base la distribución diamétrica ideal, es fácil de entender. Para que haya X árboles en una cierta clase diamétrica, se necesita X + Y árboles en la clase inferior, en la cual Y representa la cantidad de árboles que mueren o que se cortan. Además hay que tomar en cuenta las diferencias en el ritmo del crecimiento en las distintas clases diamétricas.

Para el cálculo de la distribución diamétrica ideal para diferentes unidades de vegetación, se necesitan tanto información sobre la biología de las especies arbóreas y sitio de crecimiento como del tratamiento silvicultural previsto y los objetivos de la producción. Los siguientes parámetros influyen la distribución diamétrica ideal:
- Crecimiento radial de los árboles según clases diamétricas.
- Área basal máxima del sitio.
- Dominancia relativa de la especie correspondiente.
- Mortalidad natural en las clases diamétricas bajas.
- Nivel del uso preliminar (cortas de selección y de sanidad).
- Diámetro deseable de corta.

La comparación de la distribución diamétrica ideal con la distribución diamétrica real permite la deducción de la condición actual del bosque y el tratamiento silvicultural resultante, así como el cálculo de la cantidad de madera aprovechable según la clase diamétrica por el momento y también para el futuro.

Se analizaron la situación real y la situación ideal de las especies importantes (Quebracho Colorado, Quebracho Blanco y Palo Santo) en los dos puestos de estudio. Los resultados más importantes son:

1. Un aprovechamiento forestal puede generar fondos para cumplir con los egresos que provienen de las medidas de recuperación del ambiente y del aumento de la oferta forrajera. Una precondición para eso es, que se comercialicen los productos forestales en el mercado regional y no en el mercado local.

2. Las especies Quebracho Blanco y Palo Santo parecen adaptadas a la ganadería extensiva. La persistencia de estas especies no está en peligro. Sin embargo, para aumentar la productividad de estas especies, serían deseables las intervenciones para favorecer los mejores fenotipos.

3. Las cortas selectivas de Quebracho Colorado en el pasado en combinación de la alta presión ganadera han llevado a una situación alarmante. Sin intervenciones, en el actual sistema de producción, la persistencia de esta especie está en peligro.

4. Con el inicio de un manejo forestal aumentaría paso por paso la productividad del bosque sin afectar negativamente la producción animal. Una producción integral mejoraría tanto los beneficios para los productores como la situación ambiental.

* * * * * *

REFERENCIAS

ALESSANDRIA, E.E. y M.N. BOETTO, 2000. Aspectos ecológico-energéticos del desmonte en la habilitación de áreas para pastoreo en el bosque chaqueño del noroeste de la provincia de Córdoba, Argentina. Revista FAVE 14(1):7-18.

ANDERSON, D.L., J.A. DEL AGUILA, A. MARCHI, J.C. VERA, E.L. ORIONTE y A. BERNARDÓN, 1980. Manejo racional de un campo en la región árida de los Llanos de La Rioja, Parte I, INTA, Bs. As. pp:1-61.

AYERZA, R., R.O. DÍAZ, y U.O. KARLIN, 1988. Management of *Prosopis* in Livestock Production Systems in the Dry Chaco, Argentina. In the Current State of Knowledge on *Prosopis juliflora*. Ed. Habit Mario. FAO. pp 479-494.

BERTI, R.N., 2003. Evolución de coberturas herbáceas en desmontes selectivos sujetos a rolado y siembra de pasturas. En: Actas del 2º Congreso Nacional de Pastizales Naturales, San Cristóbal, Santa Fe. www.congresopastizales.com.ar.

CALVO, S., R. COIRINI, U. KARLIN y R. MEYER, 1992. Una propuesta de desarrollo agroforestal para el Chaco árido. En: Sistemas agroforestales para pequeños productores de zonas áridas. Eds. U. Karlin y R. Coirini. Córdoba, Argentina. pp:59-61.

CASAS, R. y R. MON, 1988. La degradación de los suelos y su control. Desmonte y habilitación de tierras en la región Chaqueña semiárida. Oficina regional de la FAO para América Latina y El Caribe. FAO, Santiago de Chile. 306p.

DELVALLE, P., 2000. Manejo silvopastoril, una herramienta para mejorar la productividad del monte nativo. Informaciones Agropecuarias Nº 31, INTA, E.E.A Colonia Benítez, Chaco, Argentina.

DÍAZ, R.O. y U.O. KARLIN, 1983. Las leñosas en los sistemas de producción ganadera (Chaco Árido). En: Informe del Taller sobre Arbustos Forrajeros de Zonas Áridas y Semiáridas. FAO – IADIZA, Mendoza, pp:103-123.

DÍAZ, R.O., C. ROSSI y U.O. KARLIN, 1984. Influencia del algarrobo sobre la oferta forrajera. En: III reunión de intercambio tecnológico en zonas áridas y semiáridas. Catamarca:55-73.

DÍAZ, R.O., U.O. KARLIN y E. TARTARA, 1988. Importancia de los *Prosopis* arbóreos en las zonas áridas y semiáridas. En: *Prosopis* en Argentina. Documento Preliminar. Primer Taller Internacional sobre Recurso Genético y Conservación de Germoplasma en *Prosopis*. FAO, F.C.A-U.N.C., F.C.E y N-UBA. pp:245-254.

DÍAZ, R.O., 1992. Evaluación de los recursos forrajeros del Chaco Árido. En: Sistemas Agroforestales para Pequeños Productores de Zonas Áridas. GTZ, FCA-UNC, pp. 18-23.

DÍAZ, R.O., 1998. Informe a la SAGyRR, de la experiencia en la Reserva Forestal Chancaní, del efecto de distintos niveles de cobertura arbórea sobre el pastizal asociado.

DÍAZ, R.O., 2003. Efectos de diferentes niveles de cobertura arbórea sobre la producción acumulada, digestibilidad y composición botánica del pastizal natural del Chaco Árido (Argentina). Agriscientia, XX:61-68.

FERRANDO, C.A., L.J. BLANCO, F.N. BIURRUN, D.J. RECALDE, E.L. ORIONTE, G. BERONE y P. NAMUR, 2004. Efectos del rolado y siembra de Buffel Grass sobre la vegetación en los Llanos de La Rioja. INTA EEA La Rioja y Universidad Nacional de La Rioja. www.cricyt.edu.ar/eco2004/

GRULKE, M., 1994. Propuesta de manejo silvopastoril en el chaco salteño. Quebracho, Nº 2 pp:5–13.

KARLIN, U.O., 1983. Recursos forrajeros naturales del Chaco Seco. Manejo de Leñosas. En: II Reunión de Intercambio Tecnológico en Zonas Áridas y Semiáridas, Villa Dolores, Córdoba. pp:78-96.

KARLIN, U.O., R.O. DÍAZ y C.A. CARRANZA, 1988. Manejo silvopastoril. En: *Prosopis* en Argentina. Documento Preliminar. Primer Taller Internacional sobre Recurso Genético y Conservación de Germoplasma en *Prosopis*. FAO, F.C.A-U.N.C., F.C.EyN-UBA. pp: 223-234.

LEDESMA, N. y P. BOLETTA, 1969 a. Variación de la humedad relativa dentro y fuera del bosque en diversas etapas de degradación y en distintas épocas del año. En: Actas del 1er Congreso Forestal, Argentina, Bs. As. pp:711-714.

LEDESMA, N. y P. BOLETTA, 1969 b. Variación de la temperatura dentro y fuera del bosque, en bosque virgen y en bosque degradado. En: Actas del 1er Congreso Forestal, Argentina, Bs. As. pp:714-721.

LUTI, R., M.A. BERTRÁN, F.M. GALERA, N. MÜLLER, M. BERZÁL, M. NORES, M.A. HERRERA y J.C. BARRERA, 1979. Vegetación. En: Vásquez, J.B., R.A. Miatello y M.E. Roqué (Eds.), Geografía Física de la Provincia de Córdoba, Editorial Boldt. VI:297-368.

MASTERS, R.A. y R.L. SHELEY, 2001. Invited Synthesis Paper: Principles and practices for managing rangeland invasive plants. Jour. Range Manage. 54:502-517.

MIÑÓN, D., 1986. Gramíneas Forrajeras adaptadas al Chaco semiárido: principales características. Ganado Bovino Criollo - Subcomité Asesor del Árido Subtropical Argentino. pp:115-141.

NAI BREGAGLIO, N., U. KARLIN y R. COIRINI, 2001. Efecto del desmonte selectivo sobre la regeneración de la masa forestal y la producción de pasturas, en el chaco árido de la provincia de Córdoba, Argentina. Multequina 10:17-24.

NAI BREGAGLIO, M., R. COIRINI y U. KARLIN, 2003. Efecto de la cobertura arbórea sobre la distribución de la diversidad y la producción de pasturas naturales, en el chaco árido de la provincia de córdoba. www.congresopastizales.com.ar.

PATT, G.S y H.F. AYAN, 2004. Heterogeneidad espacial relacionada con la cobertura de *Aspidosperma quebracho-blanco*. INDELLAR, UNLaR. www.cricyt.edu.ar/eco2004/.

PORDOMINGO, A.J.; E. ADEMA, A.B. PORDOMINGO y T. RUCCI. 2004. Uso ganadero de montes rolados en la provincia de La Pampa. E.E.A INTA Anguil. www.produccionbovina.com.

RADRIZZANI, A. y R. RENOLFI, 2004. La importancia de los árboles en la sustentabilidad de la ganadería del Chaco Semiárido. G. T. Recursos Naturales, INTA E.E.A. Santiago del Estero. www.produccionbovina.com.

RENOLFI, R.F. y A.E. FUMAGALLI, 1998. Producción de forraje y carne en un bosque de la región chaqueña occidental bajo manejo silvopastoril. Revista Argentina de Producción Animal, Vol 18, Sup. 1:231-232.

RIVERA, L.O., N. POLITI y E.H. BUCHER, 2004. Efecto del fuego y pastoreo sobre las poblaciones de quebracho blanco (*Aspidosperma quebracho-blanco*) en el Chaco Árido. www.cricyt.edu.ar/eco2004/.

SARAV1A TOLEDO, C., 1984. Manejo silvopastoril en el Chaco Noroccidental de Argentina. En: III Reunión de intercambio tecnológico en zonas áridas y semiáridas. San Fernando del Valle de Catamarca, Argentina, pp:26-50.

SARAVIA TOLEDO, C., 1989 a. Uso forestal, ganadero y mixto de los bosques: Compatibilización o uso exclusivo. IDIA, Suplemento 35:373- 377.

SARAVIA TOLEDO, C., 1989 b. Compatibilización de manejo de pastizales, bosques y fauna en los sistemas agrosilvopastoriles de la Región Chaqueña Semiárida. En: Forrajeras y Cultivos Adecuados para la Región Chaqueña Semiárida, Oficina Regional de la FAO para América Latina y el Caribe, Santiago, Chile, pp:99-105.

SAYAGO, M., 1969. Estudio fitogeográfico del Norte de la Provincia de Córdoba. Bol. Acad. Nac. de Ciencias, 46:1-285.

VERA, J.C., 1989. Eficiencia biológica del ecosistema de pastizales, Parte I y II. En: Informe Curso Taller Internacional, Forrajeras y Cultivos Adecuados para la Región Chaqueña Semiárida, FAO, INTA, La Rioja, pp:11-25.

VIRASORO. J., 1989. Preferencia bovina por gramíneas naturales en el N O de la provincia de Córdoba. En: Memoria de la XII Reunión del Grupo Chaco, La Rioja, FAO, UNESCO/MAB, Univ. de La Rioja, pp:87-102.

*   *   *   *   *   *

CAPÍTULO XIII

Estrategias de pastoreo

CAPÍTULO XIII

ESTRATEGIAS DE PASTOREO

1 SISTEMAS DE PASTOREO

Preferimos denominarlos métodos de pastoreo o métodos de aprovechamiento de los recursos forrajeros, ya que sistema presupone una serie de pasos para obtener un fin determinado y en pastizales naturales de regiones áridas o semiáridas las secuencias y pasos son variables, ya que la oferta forrajera puede variar todos los años y el manejo del pastizal requiere adaptarse a las condiciones cambiantes, las que a su vez, requieren decisiones apropiadas para ese lugar y en ese momento.

El manejo del pastoreo es un arte que combina el uso de una carga animal adecuada con las estrategias de pastoreo. El factor mas importante en el comportamiento productivo de las plantas y animales es la carga animal. La planeación de estrategias de pastoreo son factores secundarios que funcionan si la carga animal es apropiada (Bryant *et al.*, 1998).

1.1 Métodos de pastoreo en los sistemas de producción

Los sistemas de producción son sumamente complejos, ya que intervienen numerosos elementos (ambiente, pastura, animal, hombre, economía, etc.) que interaccionan entre sí. A lo largo del tiempo, el hombre ha mejorado los sistemas de producción animal en pasturas, incorporando nuevas técnicas, entre ellas, mejores métodos de aprovechamiento del forraje disponible. El método ideal de aprovechamiento de la pastura, es aquel en el cual se logra la máxima producción animal rentable sustentable por hectárea. Para ello se debe lograr (Giordani, 1973):

1. Máxima eficiencia de "cosecha" del forraje disponible por el animal sin afectar sensiblemente su producción individual (o sea, el animal debe consumir y transformar en producto la mayor cantidad posible del forraje producido).
2. Que se mantenga a lo largo del tiempo la composición botánica deseada de la pastura para que no disminuya su productividad (no se debe deteriorar la producción de la pastura por desaparición de sus integrantes por efecto del pastoreo o corte).

Spedding (1965b) dijo: "La única distinción que se puede hacer entre pastoreo continuo o rotativo es que en este último, se sabe que el corte por parte del animal es intermitente para la pastura y las plantas que la constituyen, mientras que en el primero es continuo hacia la pastura como un todo pero no para la planta individual. La posibilidad de que, en pastoreo continuo, la planta individual sea permanentemente desfoliada, dependerá de la presión de pastoreo. Si ésta es alta, todas las plantas serán posiblemente desfoliadas con frecuencia y severidad creciente a medida que ocurra el pastoreo. Esto representa sobrepastoreo. Si la presión de pastoreo es baja, algunas plantas serán cosechadas y otras no. Si esto ocurre con frecuencia, la pastura se convierte en manchones sub y sobrepastoreados. Cuando la presión de pastoreo es correcta (o sea, la producción diaria de la pastura es igual al consumo diario que hacen los animales de la misma) la planta individual es desfoliada en forma intermitente".

Arnold (1968) indicó que "si bien es cierto que algunas especies requieren cierta subdivisión para maximizar su producción (ejemplo alfalfa), las interacciones planta-animal, dependerán del ambiente. Subdividir sin aumento de la carga animal no significará un aumento en la producción. A medida que aumente el número de animales, aumentarán los períodos del año en los cuales el consumo de la pastura sea mayor que su crecimiento. Cualquier desequilibrio climático en dichos períodos, tendrá efectos muy desfavorables en la producción animal. Esos efectos serán distintos según sea el estado fisiológico del animal; no es lo mismo una restricción en hembras secas o en novillitos en recría que en hembras en lactancia o novillos en terminación. Con subdivisión y cargas muy altas, no siempre se logra un control favorable de la composición botánica, ya que ésta puede variar en forma tal que predominen especies indeseables que reduzcan la producción de la pastura".

1.2   Principios de manejo del pastoreo

El pastoreo planificado se basa en un manejo del pastoreo tendiente a brindar la oportunidad para la recuperación (luego de cada pastoreo) de las especies forrajeras consideradas como clave. Se deberá trabajar sobre la carga animal y la duración apropiada de cada pastoreo (Colorado GLCI, sin fecha).

1er. principio del manejo del pastoreo:

Un sistema radicular saludable es esencial para el crecimiento y la supervivencia de las gramíneas forrajeras.

El sistema radicular es responsable de anclar firmemente la planta y contribuir a la formación de la materia orgánica del suelo, ayudando a prevenir la erosión. Las raíces crecerán más profundas en la tierra siguiendo el agua infiltrada a medida que esta percola a través del suelo. Esto permite una mayor disponibilidad y uso de agua. Cuando las plantas son pastoreadas, sobre todo cuando el pastoreo fue intenso, la profundidad de arraigado retrocede rápidamente y ocupa un volumen menor de suelo. Esto limita la disponibilidad de humedad para la planta en crecimiento. Aproximadamente entre un 30-50% del sistema radicular de la gramínea se muere y debe reemplazarse cada año. La energía para reconstruirlo debe venir de la fotosíntesis que ocurre en las hojas. Las hojas producen los hidratos de carbono usados por la planta para su mantenimiento y crecimiento. Dado que las hojas pueden monitorearse fácilmente, su condición y apariencia pueden usarse para guiar las prácticas de manejo del pastoreo.

2do. principio del manejo del pastoreo:

Un pastoreo adecuado debe estar basado en las necesidades y modelos de crecimiento de las plantas de la pastura.

Es necesario conocer el proceso y el modelo de crecimiento de cada gramínea. De este modo se podrá mantener el recurso forrajero mejorando la producción animal. El pastoreo impacta a las plantas individuales en tres maneras: a través de la intensidad, la frecuencia, y la oportunidad para la recuperación.

3er. principio del manejo del pastoreo:

Una defoliación severa de las plantas en una pastura puede manejarse reduciendo la duración del pastoreo o la cantidad de animales.

La intensidad: Para evitar daños por pastoreo a las plantas durante el período de crecimiento activo, se deberá controlar la intensidad del pastoreo, es decir la altura hasta la cual las plantas son desfoliadas. La intensidad se refiere a la cantidad de hojas quitadas (consumidas) contra las que quedan en la planta. La oportunidad de eliminar los puntos de crecimiento de la gramínea son mayores a medida que se incrementa la intensidad de defoliación, porque más tejido de la hoja se usa. A mayor intensidad, mayor es el impacto sobre la capacidad de la planta para producir y almacenar energía, así como para recuperarse de la defoliación. Cuando una gramínea se pastorea, el crecimiento de la raíz se retarda o cesa durante un tiempo mientras rebrotan las hojas. El resultado es un menor almacenamiento de energía y las plantas son mucho menos capaces de soportar un estrés externo como una sequía.

La frecuencia: La duración del uso del pastoreo en una pastura regula el número de veces o frecuencia que una planta preferida es consumida. A medida que la frecuencia se aumenta, el impacto sobre la planta también se aumenta. Cuando la frecuencia de pastoreo es excesiva, hay un efecto negativo en las plantas que serán menos vigorosas y tendrán menor capacidad de almacenar energía. Las raíces no logran reasumir su crecimiento y las reservas de hidratos de carbono se usan para restaurar las hojas perdidas. La combinación de la reducción de la producción de hidratos de carbono y la falta de crecimiento de las raíces, debilitará la planta en el futuro al punto tal que no podrá competir con las plantas vecinas.

Esto se traduce en plantas de menor calidad forrajera junto con la invasión de malezas a la pastura. La base de un correcto manejo del pastoreo en pastizales, es un sistema de pastoreo correctamente planeado.

<u>4to. principio del manejo del pastoreo</u>:

Un pastoreo planificado evita defoliaciones severas y repetidas de una gramínea y permite la planificación de los períodos de recuperación.

El propósito de un pastoreo planificado es el de permitir a las plantas su recuperación entre pastoreos sucesivos. Cada establecimiento deberá diseñar su propio manejo del pastoreo. Varios métodos de pastoreo podrán ser aplicados al manejo del pastizal. Se puede poner el rodeo en una pastura, haciendo el manejo de los animales más sencillo y rotando entre tantos potreros como sea posible. El ganado debe moverse provocando el menor estrés posible. Cuanto mayor sea la cantidad de potreros incluidos en la rotación, más cortos serán los períodos de pastoreo buscando el tiempo de recuperación óptimo para las plantas desfoliadas.

<u>5to. principio del manejo del pastoreo</u>:

La estación de pastoreo en que cada potrero es utilizado, deberá variarse cada año para que la defoliación de las gramíneas forrajeras clave no ocurra cada año en el mismo estado fenológico.

Oportunidad para la recuperación: La estación de pastoreo se refiere al período del año durante el cual una planta es pastoreada. El plan para el rebrote y recuperación asegura a la planta que tendrá las condiciones adecuadas para su crecimiento una vez retirado el ganado. Esto significa que debe haber humedad y temperaturas adecuadas dentro del rango que esas plantas necesitan para su crecimiento. Esto es determinado por el momento de pastoreo. Cuando las plantas están en el período de crecimiento vegetativo (antes de iniciarse la floración) normalmente tienen la humedad adecuada para su recuperación luego de una defoliación. Por consiguiente, es importante planear los períodos de pastoreo para que las pasturas pastoreadas tengan el tiempo apropiado para recuperarse.

Las pasturas deferidas hasta después de semillazón no serán afectadas porque ellas han guardado sus nutrientes (energía de reserva) antes que el pastoreo haya tenido lugar. El mayor potencial de daño a las plantas ocurre durante el período crítico que va desde la iniciación floral hasta la formación de las semillas. Durante este período crítico, las gramíneas son más vulnerables al pastoreo porque sus puntos de crecimiento están más elevados y las reservas de energía de la planta están siendo utilizadas.

El pastoreo que remueve una cantidad excesiva de hojas, reduce la habilidad de la planta para capturar la luz del sol y convertirla en energía para el almacenamiento. El pastoreo severo en esta fase de crecimiento no sólo reduce el almacenamiento de energía sino también puede eliminar puntos de crecimiento, resultando en un bloqueo al crecimiento de la planta.

<u>Conclusión</u>:

El pastoreo planificado mejorará la eficiencia de cosecha del forraje por parte de los animales que podrán pastorear una mayor variedad de plantas de la pastura. Esto puede requerir una división de los potreros grandes en unidades más pequeñas, las que se rotan para variar la estación de uso. Deben diseñarse los esquemas de rotación para que cada pastura reciba su descanso durante el período crítico de crecimiento de las gramíneas clave.

Tengamos en cuenta que en el Estado de Colorado (USA) los pastizales son mixtos, con gramíneas C4 y C3, donde la mayoría de las especies son C3, de todas maneras nos pareció interesante incluir éstos "principios de manejo del pastoreo".

Los métodos, modelos, programas, estrategias, o sistemas de pastoreo que pueden adaptarse a los ecosistemas pastoriles del árido subtropical argentino, van desde el pastoreo continuo a métodos de alta intensidad y baja frecuencia.

2 PASTOREO CONTINUO

Es la ocupación prolongada de la pastura por los animales. El pastoreo puede ser continuo con el mismo lote de animales (con lo cual dicho lote de animales y la pastura están en relación permanente) o puede ser continuo con lotes distintos de animales (con lo cual, si bien la pastura está sometida a una ocupación permanente, los lotes de hacienda, están rotando entre distintos potreros). (Spedding, 1965b).

2.1 Categorías de pastoreo continuo

Se pueden establecer dos categorías:

a) <u>Carga fija</u>: No observa las fluctuaciones estacionales en la producción de la pastura, o sea, la presión de pastoreo (número de animales por unidad de forraje disponible) fluctúa constantemente. Es la forma más irracional de pastoreo.

b) <u>Carga variable</u>: Es una decisión más correcta si el ajuste de la carga se realiza siguiendo las fluctuaciones de la producción de forraje. Si el ajuste se realiza basándose en otros factores (precios de la hacienda, desgravaciones impositivas, etc) se puede convertir, desde el punto de vista de la pastura, en una forma tan irracional como la anterior.

2.2 Pastoreo continuo en zonas marginales

En zonas marginales entendemos por pastoreo continuo la situación en la cual los animales pasan todo el año en un predio o área de uso forrajero y cuentan con una sola aguada (Díaz, 1997), (Figura XIII:2.2-1).

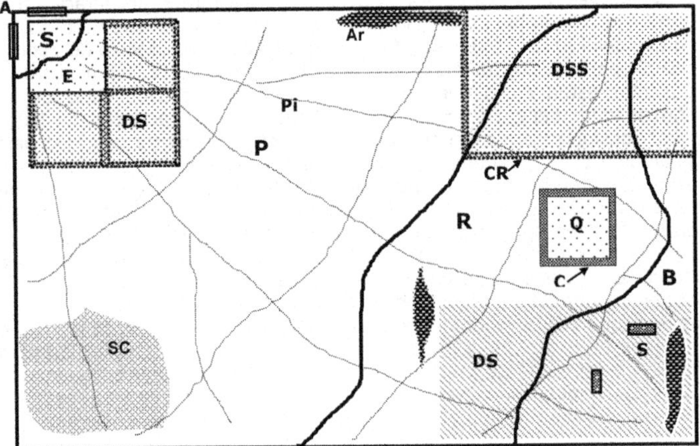

Figura XIII:2.2-1: Diagrama de técnicas de manejo de un lote con pastoreo continuo.
Referencias: P= Condición Pobre; R= Condición Regular B=Buena; S=Area de sacrificio.

A =	Aguada.	Pi =	Picadas.
DS =	Desmonte selectivo.	CR =	Cerco de ramas.
DSS =	Desmonte selectivo y siembra en cobertura.	E =	Ensenada, alambrado, plantación de especies arbóreas, siembra de gramíneas.
SC =	Siembra en cobertura.	S =	Saleros y/o comederos.
Ar =	Implantación de arbustos forrajeros.	CF =	Contra fuego.
Q =	Quema en parche.		

El pastoreo continuo ha sido muy criticado, pues no permite el descanso de las pasturas ni controlar la presión de pastoreo, lo que afecta al pastizal; y porque genera áreas sobrepastoreadas a partir de la aguada, donde van desapareciendo las pasturas, quedando peladares de muy difícil recuperación.

En este caso podemos manejar el rodeo en relación a la pastura, se puede ajustar la carga animal a la capacidad de carga, variando el factor de uso según la necesidad, con resultados bastante buenos en cuanto al mantenimiento de la pastura.

Otras técnicas que se pueden aplicar son la que mejoran la distribución del pastoreo (ver Capítulo X), como el uso de saleros, de la sombra, picadas para mejorar el acceso a áreas subpastoreadas, quemas en parches para obtener rebrotes verdes, control de leñosas indeseables, etc. (Figura XIII,2.2-1).

Cuando se maneja así el pastoreo continuo, los índices de eficiencia del sistema ganadero sustentable no difieren demasiado de los obtenidos con otros métodos de pastoreo rotativos, considerados "racionales".

Las diferencias de producción serían 10% a 15% menos en pastoreo continuo y los otros métodos de aprovechamiento de los recursos forrajeros, si se aplican las técnicas antes mencionadas, particularmente cuando los campos son de medianos a chicos, es decir de no más de 1.000 hectáreas y la condición forrajera es de regular a pobre.

3   PASTOREOS ROTATIVOS O ROTACIONALES

Por pastoreo rotativo, se entiende cualquier manejo en el cual los animales permanecen por un lapso breve en parte del área disponible (uno de los lotes) y retornan a ella a intervalos determinados, luego de haber pasado por los demás (Spedding, 1965a; Holmes, 1962), Cada lote tiene acceso a fuente de agua.

La intensidad o categoría de pastoreo rotativo, se define por:

a) <u>Frecuencia de defoliación</u>, o sea el lapso que transcurre entre dos cortes sucesivos de la misma parte de la pastura. En la práctica se específica con el tiempo de ocupación y de descanso de cada lote o franja; ello determina el número de subdivisiones.

b) <u>Intensidad de defoliación</u>, es la altura de corte a la cual se someterá la pastura, o sea, el factor de uso.

c) <u>Tamaño de los lotes</u>, dato que nos dará idea de la "uniformidad de cosecha" del forraje por parte del animal. En general, en lotes más chicos se puede lograr una mejor uniformidad de cosecha.

d) <u>Rigidez o flexibilidad del método</u>, en lo que hace al orden de rotación entre los distintos lotes, al tiempo de ocupación y al tiempo de descanso en distintas estaciones del año.

e) <u>Tipo de hacienda</u>: bovinos, ovinos, invernada, cría, vacas de tambo, etc.

Vamos a referirnos ahora a los métodos de pastoreo rotativos, o de descansos rotativos, como también se los denomina. Para ello vamos a tomar los métodos conocidos que representan en sí mismos y con sus variantes, casi todas las ideas conocidas sobre "sistemas de pastoreo" apropiados para ecosistemas naturales.

3.1   Método o modelo de Hormay para la recuperación del pastizal

En la conferencia que dictó R. Merton Love (1982), refiriéndose al "Método de Hormay", dijo: Describiré en detalle el sistema de pastoreo con descansos rotativos que ha tenido éxito por mas de veinticinco años en algunas áreas de pastizales naturales del Oeste de los Estados Unidos de Norteamérica.

El área del Valle de Harvey en el Bosque Nacional de Lassen al noreste de California, una zona de bosque y arbustos forrajeros, ilustra el tipo nuevo de investigación dinámica que ha sido conducido para mejorar parte de los pastizales de mayor altitud. La región tiene un clima continental.

La Estación Experimental de Forestación y Pastizales del Sudoeste del Pacífico, en colaboración con la Universidad de California, comenzó los estudios de pastoreo en esta zona en 1936 (Hormay, 1956).

Aproximadamente un tercio de las 13.000 hectáreas del área mencionada está desnuda y casi la mitad son especies maderables, dejando un poco más de 2.400 hectáreas (18%) que se destina al pastoreo (Tabla XIII,3.1-1).

Esta área tenía una capacidad de 500 unidades animales durante cuatro meses en el verano, pero durante un período de muchos años, el pastizal se deterioró bajo el uso de períodos de pastoreos largos, aún con carga animal bastante conservadora durante los últimos años.

Tipo de vegetación	Hectáreas	Porcentaje
Pastizal	204	1,5
Pastura	535	4,1
Arbustos forrajeros	1662	12,7
Coníferas	5957	45,5
Desperdicio	4740	36,2
Totales	13098	100,0

Tabla XIII,3.1-1: Tipos de vegetación, Valle Harvey.

Una fase importante de los estudios de Hormay fue la de definir especies claves y determinar la producción de forraje en cada uno de los tipos de vegetación. Otra, fue según el crecimiento anual de las especies clave: período de crecimiento desde la iniciación del crecimiento en la primavera hasta el período de latencia en otoño; el período de encañazón, generalmente dos o tres meses más corto que el período total de crecimiento en gramíneas cespitosas; época de floración y de semillas maduras.

Los estudios de manejo de pastoreos también incluyeron la respuesta individual de especies al corte en distintas fechas y alturas, así como también un estudio detallado de hasta que punto eran pastoreadas cada una de las más importantes bajo una carga animal moderada o un pastoreo moderado.

Para aquellos que piensan que la única respuesta para lo que se ha dado en llamar "deterioro del pastizal" es reducir la cantidad de cabezas de ganado, los resultados de las investigaciones realizadas son una sorpresa. Con un "pastoreo moderado", la altura promedio del forraje remanente al final del período de pastoreo de la gramínea cespitosa *Festuca idahoensis*, una planta clave, era de 10 centímetros. Sin embargo, las cifras siguientes conducen a una impresión distinta del impacto de la presión del pastoreo moderado sobre *Festuca idahoensis* durante todo el período (Tabla XIII,3.1-2).

Altura del rastrojo (cm)	Porcentaje de plantas
2,5	40
5,0	29
7,5	13
10 o más	3
Sin pastoreo	15

Tabla VIII,3.1-2: Efecto de pastoreo "adecuado" sobre *F. idahoensis*.

Cortando plantas de *F. idahoensis* a 3,8cm, resultó realmente dañino para las plantas. Así que de acuerdo a la evaluación del pastizal, el promedio de utilización de la vegetación bajo pastoreo "moderado" o "adecuado", la presión fue de solamente el 43 por ciento, mientras el 40 por ciento de las plantas tuvieron un pastoreo dañino.

Reduciendo el número de ovinos o vacunos pero continuando con el uso durante todo el período de pastoreo en todo el pastizal, es nocivo. Por qué? Porque aún habiendo pocos animales seleccionan las mejores plantas y porque la mayoría de las mejores especies ya se habrán debilitado por el pastoreo severo que habían recibido al cabo de los años teniendo muy poca o ninguna oportunidad de recuperación.

Retirando completamente todos los vacunos y los ovinos tampoco es solución. Es cierto, en principio, que la vegetación del pastizal se va recuperando gradualmente pero esto llevaría un largo período de tiempo. Cuanto, nadie realmente sabe. Pero si se piensa en las etapas de sucesión que deben ocurrir puede verse que tomaría muchos más años de los que un propietario podría enfrentar: pastizal en condiciones pobre, razonable, bueno y excelente.

Afortunadamente, el ganado puede ser utilizado para acelerar la recuperación de manera que el propietario puede continuar con su negocio. Las investigaciones de Hormay han demostrado que un sistema de pastoreo rotativo y descansos da buenos resultados en regiones con clima continental, con un período de pastoreo de 3 a 5 meses en verano y un largo período sin pastoreo en invierno. No se si esto ha sido probado en regiones de lluvias estivales y períodos invernales con clima seco, pero pienso que vale la pena hacerlo.

El factor de mayor importancia es disponer de un período de descanso para cada potrero. Esto permite que las plantas más preferidas se recuperen y produzcan semillas y aún sí también se les permite "descansar" a las especies menos palatables. Concentrando a los animales en un potrero en el período de pastoreo, sin embargo, resulta en la utilización de las plantas menos deseables, las que durante un período largo de pastoreo serían muy poco o nada pastoreadas. Solamente por medio de descansos rotativos pueden lograrse los objetivos del manejo de pastizales. Es decir la máxima producción de la vegetación y altos rindes ganaderos y otros valores de usos múltiples (Hormay y Talbot, 1961).

Para poner en práctica el sistema de pastoreo de descansos rotativos es necesario dividir el pastizal en potreros o unidades. Todas las unidades deben tener la misma receptividad así que variarán en tamaño. Cada potrero es sistemáticamente pastoreado y descansado para proveer para la producción de ganado y otros recursos, al mismo tiempo mejorar y mantener la vegetación y la fertilidad del suelo. El mantenimiento y mejoramiento del recurso se obtiene casi exclusivamente por adecuados y oportunos descansos del pastizal.

<u>Finalidad del descanso</u>: Un potrero o unidad de un pastizal se debe descansar después de un período de pastoreo para:

1. Dar a las plantas oportunidad para fabricar y almacenar reservas, para recuperar su vigor.
2. Permitir que las semillas maduren.
3. Permitir el arraigue de las plántulas.
4. Permitir la acumulación de materia orgánica (mantillo) entre plantas.

El tiempo necesario de descanso para lograr estos objetivos depende de que plantas se trata, tipo de pastizal y objetivos de manejo; la manera se debe determinar para cada pastizal individualmente.

Generalmente uno o dos años de descanso son suficientes para que las plantas recuperen su vigor. El punto clave para decidir la duración del descanso es aquél necesario para que la especie que necesita el mayor descanso recupere su vigor luego de haber sido completamente desfoliada durante el período crítico verde. Suponemos una completa desfoliación porque algunas especies son pastoreadas hasta este punto.

La fecha de semilla madura se determina por las especies que tienen sus semillas maduras al final de la estación.

Más de un año de descanso es necesario para la implantación de las plántulas. La condición clave es que las plántulas tengan un desarrollo suficiente para soportar el pastoreo y el pisoteo. Generalmente este estado se logra luego de dos estaciones de crecimiento del sistema radicular.

La acumulación de materia orgánica entre las plantas es importante para controlar la erosión y mejorar la fertilidad del suelo. Durante los períodos de descanso se acumula la cantidad adecuada de broza siempre que las plantas recuperen su vigor y se implanten las plántulas. Sin embargo, en algunos casos, por ejemplo donde la erosión del suelo es un peligro, deben tomarse precauciones especiales para que se acumule una mayor cantidad de broza.

El modelo piloto de Hormay se basa en cuatro potreros (Figura XIII,3.1-1).

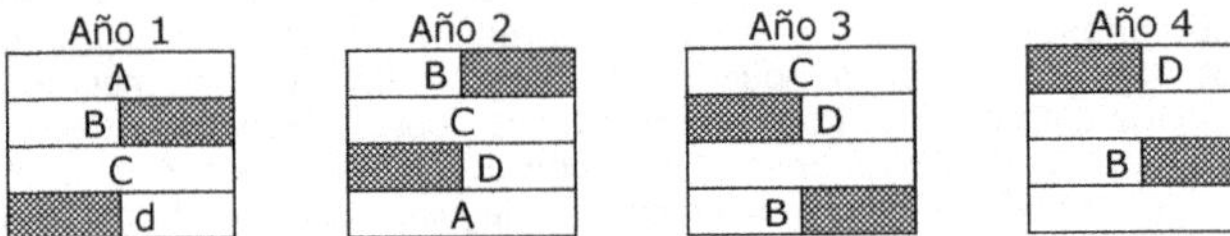

Figura XIII,3.4-1: Esquema del modelo de Hormay (Merton Love, 1982) Ref.: ▨▨▨ = Pastoreo.

El programa para una unidad es el siguiente:

– <u>Primer año</u>, Tratamiento A: descanso durante toda la estación para recuperar el vigor de las plantas y permitir el semillado.

– <u>Segundo año</u>, Tratamiento B: descanso hasta que las semillas maduren.

– <u>Tercer año</u>, Tratamiento C: descanso durante toda la estación para asegurarse la implantación de plántulas y permitir aún más la recuperación del vigor.

– <u>Cuarto año</u>, Tratamiento D: pastoreo completo durante la primera mitad de la estación o hasta que las semillas maduren, para una elevada producción ganadera; retirar la hacienda durante el resto de la estación de pastoreo.

La secuencia de tratamientos se repite hasta que el pastizal esté adecuadamente cubierto. Luego el pastizal puede pastorearse nuevamente hasta que sea aparente una nueva necesidad de descanso. Un cierto nivel de descanso siempre es necesario para mantener el vigor de las plantas.

El número de tratamientos en el modelo dependerá de la cantidad de descansos necesarios en distintas ocasiones. El número puede ser de tres o más pero raramente excede de ocho.

Los cuatro tratamientos: A, B, C y D, en la combinación de cuatro tratamientos ilustrado, provee adecuadamente para el vigor de las plantas, producción de semillas, implantación de plántulas y acumulación de broza en muchos casos. Pero para obtener todos estos logros son necesarios no menos de tres tratamientos. Muchas combinaciones distintas pueden desarrollarse con el mismo número de tratamientos pero algo diferentes (Hormay, 1970). El administrador del pastizal debe preparar su modelo para que encaje con su pastizal específico. Los resultados obtenidos son determinados por la combinación utilizada. De manera que el manejo de pastoreo es tan eficiente como lo haga el administrador. Se necesita para el modelo de pastoreo un potrero para cada tratamiento.

Los potreros deben tener aproximadamente una receptividad igual. Pueden reunir cualquier combinación y proporción de tipos de vegetación. En pastizales con altitudes muy distintas los potreros deben diseñarse de manera que tengan la misma proporción de área llana en cada uno de ellos.

Generalmente es necesario alambrar los pastizales para tener un adecuado control del pastoreo. Tratándose de ovinos y donde las majadas son cuidadas por pastores, no es necesario.

Como ejemplo de aplicación, hemos desarrollado un modelo del pastoreo rotativo de Hormay, adaptado a las regiones chaqueñas de Córdoba. Para ello hemos tomado un predio en el cual fijamos 3 unidades de rotación, en base a las distintas características del pastizal y ubicación de aguadas que se presentan en esa unidad de producción.

En este ejemplo, el objetivo es la recuperación de la pastura, para ello se elabora un programa de descansos para recuperar vigor, producción de semilla e instalación de nuevas plantas.

En el predio con 3 unidades de manejo, de aproximadamente igual capacidad de carga, elaboramos un programa de uso (tratamientos) adaptando las ideas de Hormay a la región (Figura XIII,3.1-2).

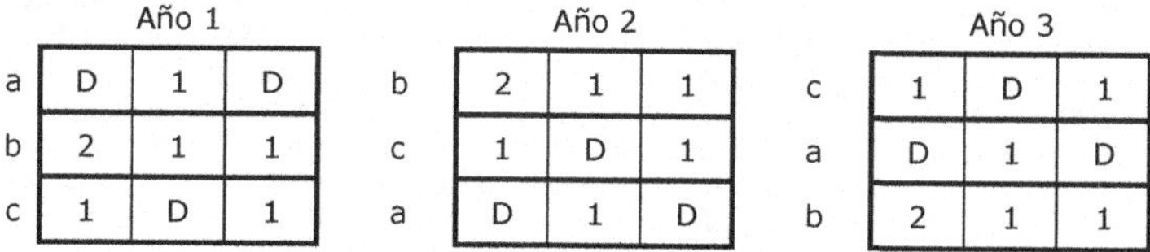

Figura VIII,3.4-2: Ref. 1 = Pastoreo intenso;　2 = Pastoreo liviano;　D = Descanso.

Los tratamientos que se aplicaron tienen tres estrategias que son:

a. Recuperación de vigor y producción de semillas: Descansos en época vegetativa (enero–abril) y en época de rebrote, germinación e implantación de nuevas plantas (septiembre– diciembre).

b. Implantación de nuevas plantas: Pastoreo liviano en ciclo vegetativo (enero–abril) Pastoreo intenso en invierno y primavera (mayo–diciembre),

c. Mantenimiento de la composición botánica: Pastoreo intenso en época vegetativa (enero–abril) y en primavera (septiembre–diciembre).

Para aplicar este modelo, se tiene que ajustar la carga al programa de recuperación del pastizal.

3.2　Método de Merrill

Luego de una experiencia donde se aplicó una variante del pastoreo rotativo diferido adaptado al sudoeste de los Estados Unidos, Leo B. Merrill (1954) informó: Durante los últimos años hubo una considerable discusión sobre los méritos del pastoreo rotativo diferido. Mucho del material presentado no es favorable a la utilización de este sistema.

En cualquier sistema de pastoreo hay muchos factores a considerar. Como dijo Sampson (1951; citado por Merrill, 1954) es evidente que las condiciones locales y regionales tienen mucho que ver con los resultados alcanzados.

La mayoría de los estudios sobre pastoreo rotativo diferido se han realizado en 2 o 3 sistemas de pastoreo y la mayoría de estos sistemas concentraron el ganado en una pastura (unidad de manejo) mientras las otras descansaban. Pareciera que mientras las precipitaciones disminuyen este sistema se vuelve más y más peligroso, ya que durante el período de pastoreo concentrado, la pastura puede sufrir daños de tal magnitud que no puede reponerse en el tiempo de descanso establecido.

El sistema de 3 potreros con el pastoreo concentrado en una pastura fue estudiado por Dickson (1948), Frandsen (1950), Rogler (1951), McIlvain (1953) y Lagrone (1953) citados por Merrill (1954). En todos esos estudios, excepto el de Frandsen, que parecería tener una pequeña ventaja, el pastoreo rotativo diferido presentó desventajas en lo que concierne a ganancia de peso del ganado. Sin embargo, la mayoría de esos estudios indicaron una mejoría de la vegetación (del pastizal) con el sistema de rotación. El ejemplo de pastoreo diferido rotativo propuesto por Frandsen, no tiene un período de pastoreo en época vegetativa de la pastura más largo que 46 días. A este potrero, luego de la concentración del pastoreo, le seguía un período, de por lo menos, 92 días de descanso y crecimiento del pastizal. Este sistema de pastoreo, aparentemente, dio resultados favorables.

En la Estación Experimental en Edward Plateau, Texas, fue establecido un sistema de pastoreo rotativo diferido y fue comparado con pastoreo continuo con 3 niveles de carga animal (intensidades de pastoreo). Este estudio se llevó a cabo durante un período de 4 años, desde el 1 de julio de 1949 al 30 de junio de 1953, utilizando una combinación de 3 clases de ganado, bovino, ovino y caprino. Fueron utilizados 3 niveles de carga animal, denominadas intenso, 48 unidades animal (UA) por potrero; moderado, 32 UA por potrero y liviano, 16 UA por potrero. En el sistema de pastoreo rotativo diferido se utilizaron 4 potreros de 60 acres (24,3ha) cada uno como unidades de rotación, en lo cuales se usó una combinación de vacunos, ovinos y caprinos, con una carga moderada de 32 UA por potrero.

En el sistema de rotación (Figura XIII,3.2-1) cada potrero fue pastoreado durante 12 meses y descansó 4 meses. En la figura el potrero que descansa está enmarcado con líneas más gruesas. El período de descanso le toca a cada potrero en distintas estaciones en cada ciclo de pastoreo de 16 meses. Por lo tanto, en cualquier ciclo de los 4 años, cada potrero es diferido (descansa) durante 4 meses en cada uno de los períodos estacionales. Esto le permite a muchas plantas producir semillas y ganar en vigor. Bajo este sistema sólo un grupo de animales se mueve cada 4 meses. La carga animal, en cada uno de los de los 3 potreros con animales, es de 43 UA por potrero. Cuando la superficie en descanso es incluida para el cálculo de la carga animal en los 4 potreros en rotación, la carga es de 32 UA por potrero.

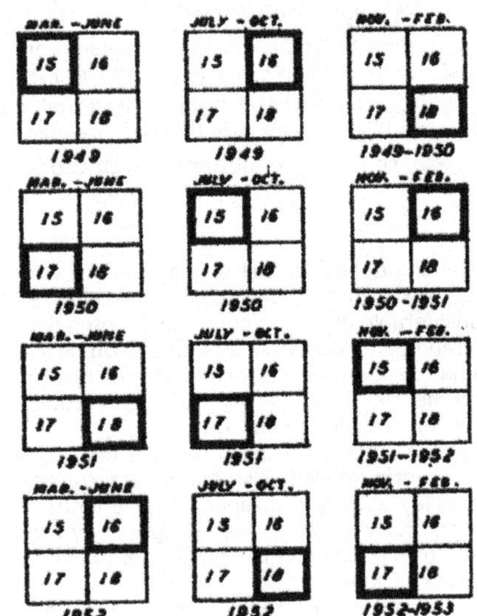

Figura XIII,3.2-1: Diferentes secuencias del sistema de pastoreo
rotativo diferido (Merrill, 1954).

Durante el primer año del estudio (1949-50) las precipitaciones fueron de 685mm, lo que está por encima del promedio de 609,6mm del lugar. Los 3 años siguientes se caracterizaron por severas sequías. Las precipitaciones anuales para los 3 años (1950-53) fueron de 371,1mm, 176,8mm 124,7mm, respectivamente.

Los efectos sobre el ganado del pastoreo rotativo diferido comparado con el pastoreo continuo fueron:

Durante el primer año de este estudio, el pastoreo rotativo diferido demostró poca evidencia de ser superior al pastoreo continuo. Con una carga de 32 UA por potrero para ambos sistemas, los novillos tuvieron una ganancia de peso de 129,3kg por cabeza bajo pastoreo rotativo diferido y 128,4kg bajo pastoreo continuo. Por otra parte, las ovejas tuvieron una ganancia de peso levemente inferior bajo el sistema rotativo que en el continuo, 15,9kg y 16,9kg por cabeza respectivamente.

En los 3 años siguientes, la tendencia ha sido que el ganado en el sistema rotativo ganara más peso que el que estuvo en sistema de pastoreo continuo. Excepto para el período 52-53, en el que los novillos del sistema rotativo sólo ganaron 64,9kg, mientras que los que estaban en el continuo ganaron 79,4kg por cabeza. Las ganancia de peso de las ovejas en el sistema rotativo han tenido un incremento no muy diferente y constante en comparación con las del sistema continuo.

Las ganancias de peso por acre de las ovejas del sistema continuo y rotativo se muestran en la Figura XIII,3.2-2. Durante el primer año del estudio, 49-50, las más altas ganancias de peso por acre, 13,5 libras (6,1kg), fueron obtenidas en pastoreo continuo con 48 UA por potrero, en segundo lugar, 11,2 libras (5,1kg) por acre en pastoreo continuo con 32 UA por potrero, 10,2 libras (4,6kg) en el rotativo con 32 UA por potrero, y 4,3 libras (1,9kg) en el continuo con 16 UA por potrero.

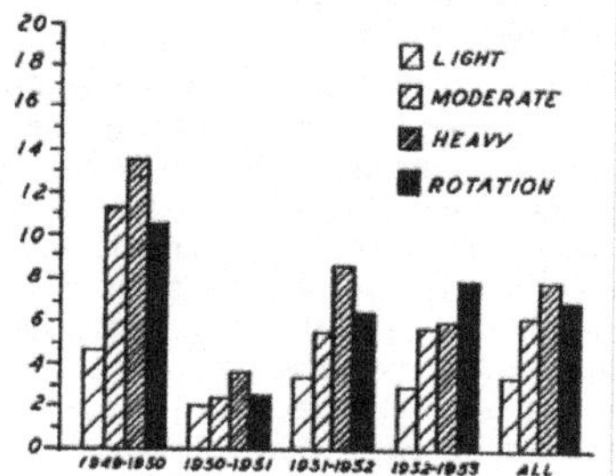

Fig XIII,3.2-2: Ganancia de peso por acre de ovejas en pastoreo continuo y rotativo (Merrill, 1954).

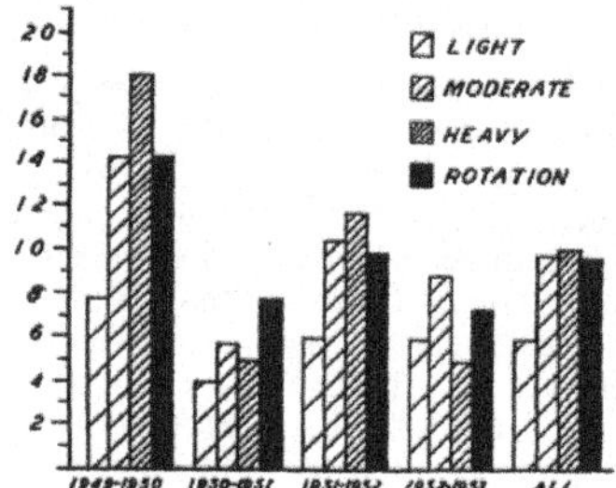

Fig. XIII,3.2-3: Ganancia de peso por acre de novillos en pastoreo continuo y rotativo. (Merril, 1954).

En el 52-53, las ovejas, en la carga moderada en el sistema rotativo, lograron las ganancias más altas, 3,6kg por acre, seguida por el potrero con carga severa en el sistema continuo con 2,6kg por acre y 1,7kg por acre en el potrero con carga moderada en el sistema continuo. En años siguientes, sin embargo, la ventaja en ganancia de peso por acre que tuvieron las ovejas del potrero con mayor carga en el sistema continuo, fue disminuyendo, mientras que en el sistema rotativo se mantuvieron mas o menos constantes.

La Figura XIII,3.2-3, muestra las ganancias por acre de los novillos en los distintos tratamientos en los dos sistemas. Los resultados fueron similares a los obtenidos con ovejas, excepto que la ganancia de 3,5kg por acre que tuvieron los novillos en el sistema rotativo en el segundo año, excedió a los logrados en los otros tratamientos. El pastoreo continuo con una carga moderada de ganado mostró la segunda ganancia más alta con 2,9kg, seguido por el potrero con carga severa con 2,2kg y el de carga liviana con 1,7kg por acre. Durante los años 52-53, las ganancias de peso de los novillos, tanto por cabeza como por acre, en el pastoreo rotativo diferido, declinaron en comparación con los del potrero con carga moderada del sistema continuo.

Durante el período de 4 años (49-53 "ALL") se obtuvieron ganancias casi idénticas, 4,40; 4,44 y 4,49kg por acre con carga moderada en el pastoreo rotativo diferido y con cargas moderada y severa en el pastoreo continuo, respectivamente.

En mayo de 1953, pasó un tornado a través del campo del pastoreo rotativo diferido y destruyó, prácticamente, todo el pasto en aproximadamente un tercio del área. La baja de peso de los novillos durante el período 52-53, se lo atribuyó a esta causa. El fenómeno meteorológico no afectó el potrero con carga moderada en pastoreo continuo, y la vegetación no fue dañada como en el pastoreo rotativo.

Para medir la respuesta de la vegetación, se fijaron parcelas muestrales en todos los potreros para determinar la tendencia bajo los diferentes tratamientos de pastoreo. Las primeras determinaciones mostraron que todos los potreros tenían similar cobertura del pastizal. La composición botánica de la cobertura del pastizal durante el primer año fue (Tabla XIII,3.2-1):

Curly mesquite grass (*Hilaria belangeri*)	77%
Hairy triodia (*Erioneuron pilosum*) and red grama (*Bouteloua trifida*)	13%
Needle grasses (*Stipa comata* y otras)	6%
Desirable bunch grasses *	4%

Tabla XIII,3.2-1: Composición botánica del pastizal. Referencias: * = Sideoats grama (*Bouteloua curtipendula*), Silver bluestem (*Bothriochloa laguroides*), Little bluestem (*Schizachyrium scoparium* var. *frequens*), Fall witchgrass (*Leptoloma cognatum* var. *cognatum*),Texas wintergrass (*Stipa leucotricha*) y otros.

La composición botánica del pastizal había cambiado muy poco en la mayoría de los potreros en el otoño de 1952. Sin embargo, la mejora más importante se registró en los que tenían carga moderada en el sistema rotativo y en el de carga liviana del sistema de pastoreo continuo. Los pastos amacollados, poco utilizados, estaban semillados y las plántulas se habían establecido por si mismas en esos lugares. En el potrero con carga moderada del pastoreo continuo, las matas de pasto fueron pastoreadas fuertemente y a pesar que las plantas estaban con semillas, pocas plántulas se pudieron implantar. No hubo evidencias de resiembras en el potrero con carga severa en el sistema de pastoreo continuo.

Una determinación de supervivencia de pastos que se realizó luego de los 3 años de sequía, mostró una marcada diferencia entre la cantidad de pasto que sobrevivió en los distintos tratamientos. Curly Mesquite Grass, que años normales representa el 77% de la composición botánica de la cobertura del pastizal, sufrió perdidas en sistema de pastoreo continuo, de 91, 89 y 95 por ciento en los potreros con carga intensa, moderada y liviana, respectivamente. Las pasturas en el sistema rotativo diferido, con carga moderada, perdieron un 78% de cobertura del pastizal. Este resultado sólo se confirmó en las áreas que no fueron afectadas por el mencionado tornado.

En resumen podemos decir que el sistema rotativo diferido evaluado, es de simple aplicación, sólo es necesario mover un rodeo o grupo de animales cada 4 meses. Con este sistema de pastoreo un potrero es pastoreado por 12 meses y descansa 4 meses. El período de descanso se aplica en diferentes épocas del año en cada ciclo de rotación.

No se advirtió una ventaja definida en la ganancia de peso del ganado en el sistema rotativo diferido comparada con el sistema de pastoreo continuo. Sin embargo, el pastizal en el sistema rotativo mejoró más que en los potreros del sistema de pastoreo continuo. Esto es, por lo tanto, un seguro dirigido hacia el mejoramiento de la condición del pastizal, así como, incrementos en los retornos financieros del pastizal.

A modo de comentario, podemos decir que el método desarrollado por L.B. Merrill (1954) es junto con variantes y adaptaciones del mismo, el mas utilizado en el mundo donde los pastizales son mixtos, es decir, que están compuestos por gramíneas C3 y C4.

Al método de Merrill, también conocido como método de tres rodeos en cuatro potreros o de descansos rotativos, lo podemos resumir, para las regiones chaqueñas, de esta manera (Díaz, 1997):

Dividir el predio en 4 unidades de rotación de igual capacidad de carga y aplicar la estrategia de dar descansos a un potrero en distintas épocas del año para recuperar o mantener el vigor, producir semillas, permitir la implantación, etc. (Figura XIII,3.2-4).

Vemos en la Figura XIII,3.2-5, que cada unidad de rotación es pastoreada durante un año y descansa, por ejemplo, la unidad 1 descansa de enero a abril el primer año, de mayo a agosto el segundo año y de septiembre a diciembre el tercer año. El cuarto año se la pastorea todo el año, pero en el quinto año es la primera que entra en descanso y así sucesivamente.

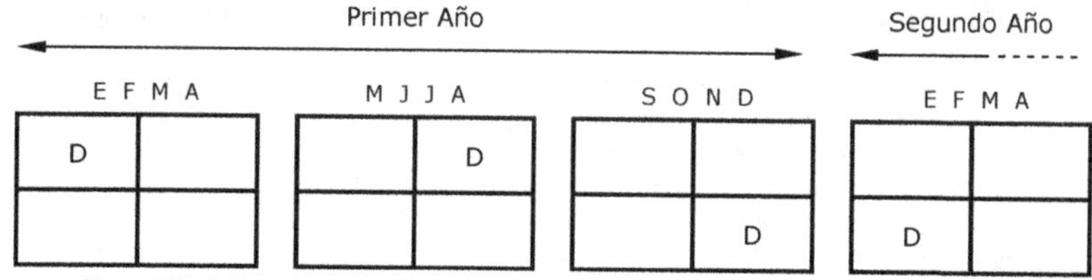

Figura XIII,3.5-4: Esquema del método Merrill. D = descanso; en blanco = pastoreo.

Figura XIII,3.2-5: D = Descans; U = Unidades de manejo. Tres potreros descansan 4 meses al año, el otro, se pastorea todo el año.

Como dijimos este modelo fue ideado para pastizales mixtos, no se obtienen diferencias importantes tanto en aumento de la capacidad de carga, como en la producción de carne por unidad de superficie en el corto plazo, pero en un plazo mayor es posible que con el mejoramiento del pastizal aumenten ambas y mejore la estabilidad de producción.

3.3 Métodos de alta intensidad y baja frecuencia

En su trabajo, Horace L. Leithead (1975) decía: Desde el año 1969, casi 300 ganaderos del estado de Texas, en el centro-sur de los Estados Unidos, buscando formas más eficientes para mejorar sus recursos forrajeros e incrementar la producción animal, iniciaron lo que se llama sistema de pastoreo "Alta Intensidad-Baja Frecuencia" (AI-BF) para lograr sus objetivos.

Las investigaciones fueron conducidas por la A. & M. University en la Estación Experimental de Pastizales Naturales de Sonora, Texas, y la Oklahoma State University en Stillwater, Oklahoma.

Las razones que determinaron el diseño de este sistema Alta Intensidad-Baja Frecuencia provinieron de fuentes sólidas, entre ellas el Dr. Leo B. Merrill, Superintendente de la Estación Experimental de Pastizales Naturales de Sonora; conservacionistas de pastizales naturales pertenecientes al U.S. Soil Conservation Servíce; experiencias de ganaderos con los sistemas de pastoreo diferido-rotativo de un rodeo y 4 potreros y el trabajo de Sid Goodloe con ganaderos en Rhodesia.

El sistema de pastoreo Alta Intensidad-Baja Frecuencia aplicado en los establecimientos asesoradas por el U.S. Soil Conservation Service está formado por un solo rodeo de vacunos que utilizan entre 5 y 9 potreros durante 15 a 40 días cada uno de acuerdo a la cantidad de forraje disponible. Cuando esté utilizado el forraje en un potrero, el rodeo se cambia a otro potrero y no vuelve al potrero pastoreado por 4 a 12 meses.

Se reconocen ventajas y desventajas en el sistema AI-BF.

Las ventajas son:

- Cada planta es desfoliada un número mínimo de veces durante la estación de crecimiento.
- Todas las plantas son pastoreadas con mayor uniformidad en todos los sectores del potrero.
- El número y tamaño de áreas severamente pastoreadas cerca de la aguada y otros lugares de concentración se reducen.
- Los períodos de descanso entres pastoreos son suficientemente prolongados para permitir el crecimiento vegetal y la reposición de reservas.
- Las plantas deseables compiten con mayor éxito con las plantas indeseables por agua, aire y espacio.
- La producción forrajera se incrementa al permitir un desarrollo pleno de las plantas antes de que se vuelvan a pastorear.
- Es mayor la cantidad de semillas enterradas por pisoteo cuando se pastorea un potrero en la época de maduración y diseminación de semillas.
- Se aumenta la carga animal.

Las desventajas del sistema son:

- Mayores inversiones en alambrados y aguadas.
- Un pisoteo excesivo cuando se suministran suplementos a grandes rodeos, especialmente durante períodos lluviosos.

3.1-1 ANÁLISIS DEL MÉTODO DE ALTA INTENSIDAD Y BAJA FRECUENCIA

Períodos de pastoreo

Se realizaron observaciones siguiendo el método ocular descrito por el Soil Conservation Service para determinar la existencia de alguna correlación entre tamaño de rodeo, patrón de distribución de pastoreo, preferencia animal en distintas estaciones y longitud de períodos de pastoreo.

El tamaño del rodeo influyó muy poco en el patrón de distribución. La uniformidad del pastoreo se correlacionaba más estrechamente con la longitud de período de pastoreo que con tamaño de rodeo. Los potreros pastoreados durante 35 a 40 días fueron utilizados más marcadamente cerca de las aguadas y menos cuanto más lejos de la aguada.

Las vacas preferían diferentes especies en distintas estaciones del año. Sin embargo, los animales pastoreaban un número mayor de especies en los potreros que se pastoreaban durante el menor número de días. Cuanto más tiempo quedaban en un potrero, mayor fue la selectividad de los animales.

Períodos de descanso

La importancia de períodos de descanso para plantas en sistemas de manejo de pastizales naturales es bien conocido. Estos períodos de descanso dan a las plantas preferidas de mayor producción la oportunidad de competir por aire, agua y espacio con las plantas menos preferidas y de menor producción. Fue evidente que esto sucedía en este sistema de pastoreo. Plántulas de las gramíneas más preferidas se habían establecido en suelo desnudo y cerca de las aguadas.

En los pastizales que ya estaban produciendo cerca de su potencial, los períodos de descanso los habían mantenido en alta producción.

Los sistemas de pastoreo AI-BF están diseñados a fin que ningún potrero se pastoree más que una vez cada 3 ó 4 años durante la estación de crecimiento de las especies forrajeras claves. Y que tampoco se pastoree ningún potrero durante las mismas fechas calendarías en años sucesivos.

Se comprobó que la longitud de los períodos de descanso variaban de un campo a otro y de año en año. Algunas razones para esta variabilidad fueron:
- El número de potreros integrando el sistema.
- Las condiciones climáticas.
- La existencia o no de establecimiento de plántulas como objetivo.
- Las clases de plantas que crecían en cada potrero.
- El objetivo de largo plazo del ganadero.

En los sectores más secos del estado, donde llueve anualmente entre 250 y 300mm, se utilizan descansos de 12 meses después del pastoreo. En esa zona, hay una sola y corta estación de crecimiento. Las plantas utilizadas durante la última parte de la estación de crecimiento no vuelven a rebrotar hasta el verano siguiente. En razón que está seco y fresco durante el período de receso, las plantan forrajeras mantienen su palatabilidad y nutrición todo el año. (NOTA: En el Chaco Arido las gramíneas C4 henificadas en pie pierden calidad forrajera).

En los sectores más húmedos del estado, donde llueve entre 600 y 700mm hay un período mayor de crecimiento, se planifican períodos de descansos de 4 a 6 meses después del pastoreo. Un período de descanso de 4 meses es suficiente para que las plantas forrajeras rebroten y reemplacen sus reservas. Si el descanso es mayor que 6 meses, empiezan a deteriorarse. La calidad y cantidad de los forrajes son reducidos por las condiciones climáticas, principalmente el exceso de humedad. NOTA: En el Chaco Semiárido no tenemos especies C3 de importancia forrajera, a excepción de Cebadilla Criolla (*Bromus* sp).

Utilización por pastoreo

Los técnicos han mostrado a los ganaderos como juzgar grado de utilización mediante el método ocular empleado por el Soil Conservation Service. Se cambian los rodeos de potrero en potrero cuando se llegue al 50% de utilización del crecimiento anual de las especies forrajeras claves. De esta forma se evitan los movimientos siguiendo una fecha fija del calendario.

La producción forrajera depende más de la humedad del suelo que de cualquier otro factor en este clima. Por lo tanto, es importante contar con residuos vegetales adecuados en la superficie del suelo en todo momento a fin de que haya absorción y almacenaje de la mayor cantidad de humedad posible. Se han realizado numerosos estudios de infiltración de agua en los suelos de pastizales naturales. Estos estudios demuestran que el agua penetra a los suelos con mucho más rapidez en los pastizales pastoreados en forma moderada donde se deja alrededor de la mitad del rebrote anual que en pastizales donde se utiliza de 70 a 80% del rebrote anual. Los estudios de Ben Osborne (1950; citado por Leithead, 1975) en pastizales de Texas relacionan absorción de agua y sedimentación con la condición y grado de uso de la cobertura vegetal. Los pastizales utilizados en forma moderada absorbían agua con mayor rapidez y mostraban menor erosión del suelo que en los pastizales utilizados en forma intensa.

Flexibilidad del sistema

La flexibilidad del sistema AI-BF es una de sus mayores virtudes. Se pueden alterar programas de pastoreo en cualquier momento del año. Se pueden iniciar descansos en potreros determinados para permitir una recuperación más acelerada después de fuego, sequías o disturbios debidos al control de leñosas.

De vez en cuando se alteran las fechas de pastoreo para aprovechar un crecimiento abundante ocasional de especies efímeras o cíclicas tal como *Bromus tectorum*. Esta especie tiene hábitos erráticos de crecimiento. Produce una gran cantidad de forraje en ciertos potreros en años de clima favorable mientras que produce muy poco en otros años.

Producción Animal

El sistema AI-BF ha aumentado la producción animal. Esto se logró mediante el incremento de la carga animal sin sacrificar la performance animal individual.

Los registros de 4 establecimientos se presentan aquí como una muestra de este incremento.

Un establecimiento de 4.500ha con un promedio anual de lluvia entre de 400 y 500mm inició un sistema utilizando siete potreros en 1969. La carga animal en 1969 fue 95 unidades animales (47 ha/UA). La carga en 1973 fue de 200 unidades anuales (22,5 ha/UA). El porcentaje de parición quedó alrededor del 95% durante los cuatro años. El peso del ternero a los 9 meses aumentó entre 30 y 40 kilogramos por animal.

Otro establecimiento de 25.000ha en el sector del estado que recibe 350mm de lluvia anual inició un sistema de ocho potreros en la primavera de 1970. La carga animal en este establecimiento aumentó de 540 unidades ganaderas (46,29 ha/UG) en 1970 a 690 unidades ganaderas (36,23 ha/UG) en 1973. El porcentaje de parición y el peso promedio al destete aumentaron ligeramente en el mismo período.

Un tercer establecimiento de 12.800ha en la isohieta de 250-300mm inició un sistema de ocho potreros en la primavera de 1970. Este mismo dueño había manejado la misma superficie bajo el sistema de pastoreo diferido-rotativo durante cinco años. La carga animal aumentó de 250 unidades animales (51,2 ha/UG) en 1970 a 350 unidades animales (36,6 ha/UG) en 1973. No se sacrificó la performance animal.

En un establecimiento de 1.250ha en la isoyeta 750-800mm iniciaron dos sistemas de seis potreros en el otoño de 1970. Este establecimiento compra novillitos en el verano y los vende en la primavera del año siguiente. Todos los potreros reciben descanso durante dos meses aproximadamente en la estación de crecimiento cada verano. El número de vacunos ha aumentado de 50 a 150 cabezas. Esta explotación había sido muy sobrepastoreada por varios años antes de aplicar este sistema de pastoreo.

La mayor producción animal en estos cuatro establecimientos y otros fue atribuida a:

- Condición mejorada del pastizal como resultado de una mayor cantidad de especies forrajeras deseables.
- Mayor vigor de las plantas ya que habían evolucionado plenamente antes de ser pastoreados.
- Todas las especies fueron pastoreadas más uniformemente en cada potrero.

<u>A modo de resumen se puede decir que</u>:

El concepto básico de este sistema es que un rodeo de vacunos pastorea 5 a 9 potreros durante 15 a 40 días, cada uno en función de la cantidad de forraje disponible. Cuando el forraje en un potrero esté utilizado en forma apropiada, se cambia el rodeo a otro potrero y no vuelve al primer potrero por 4 a 12 meses.

Los recursos forrajeros de los pastizales naturales se han mejorado rápidamente bajo este sistema de pastoreo.

Se ha logrado una mejor producción forrajera y un pastoreo más uniforme de todas las especies dando como resultado una carga animal mayor sin sacrificar el comportamiento animal individual.

3.4 Método de Savory o pastoreo de corta duración

Sobre cómo nació el sistema de pastoreo Savory o de corta duración y cuales son las principales características que le atribuye el autor, Ramírez Moreno y R. Martín (1989) dijeron: El método de pastoreo de corta duración fue creado por el Sr. Allan Savory en la época de los 60's, logrando desarrollar su sistema a través de continuas observaciones de la fauna silvestre, dándole mayor importancia al tiempo que dedicaban (en función de días), pastoreando en áreas y en corto tiempo regresaban a pastorear de nuevo, de esta forma empezó a darse cuenta que en los pastizales no se presentaban cambios y las plantas no eran dañadas, a pesar de las altas concentraciones de animales con que eran pastoreadas. En base a estos conocimientos Allan Savory desarrolló su método de pastoreo, el cual se caracteriza por manejar hatos donde el número de animales o la carga animal puede ser hasta el doble de lo que comúnmente se usa en una unidad de explotación. Además facilita el manejo de los animales.

La aplicación del sistema de pastoreo Savory, puede llevarse a cabo tanto en pastizales como en praderas artificiales, los efectos y resultados pueden variar dependiendo de la región, pudiendo aplicarse tanto en zonas áridas como en la selva, donde la precipitación es el principal factor, pudiendo variar ésta desde 100 a 2400mm, y la época de crecimiento de la vegetación de un mes o todo el año, respectivamente.

El tipo de vegetación dominante en el área, nos va a determinar que forma de apotreramiento (celdas) vamos a diseñar para llevar a cabo una mejor distribución del pastoreo.

La división de potreros puede ser muy variable, sin embargo, el apotreramiento es conocido como "célula", la cual está constituida de varios potreros que se comunican en la parte central del área donde se localiza el centro de la célula, en el cual se ubica el saladero, bebedero y comedero; permitiendo con esto disminuir los costos de operación, ya que los animales se concentran en un solo lugar y se tiene un solo aguaje por célula.

La forma de los potreros no necesariamente debe ser cuadrada o redonda, la forma del potrero dependerá del número de potreros con que cuenta un establecimiento, forma del predio, distribución de aguajes, número de células y el número de hatos que se deben manejar.

El sistema de pastoreo por hato puede ser de 7 como mínimo. En un momento dado en una célula pueden manejarse de 2 a 3 hatos, dividiéndose en esa misma proporción el centro de la célula, de tal manera que todos los hatos tengan acceso a la misma fuente de agua. Un número de potreros promedio recomendado es de 14 a 18 potreros.

El tamaño del potrero esta dado por el número de potreros y la superficie total de la célula. Sin embargo, el tamaño deberá ser tal, que los cercos más al centro de la célula oscilen entre 6 y 10m de distancia preferentemente. Superficie de 100 a 200 hectáreas por potrero han dado buenos resultados. Es importante que la dimensión o tamaño del potrero permita a los animales pastorear toda el área o sitios del pastizal, ya que de lo contrario se sobreutiliza parte del potrero y otras no alcanzarán a ser pastoreadas.

Bajo pastoreo tradicional es común que los animales permanezcan en un mismo potrero durante toda la época de crecimiento o de verde (julio-septiembre, en el hemisferio norte). Bajo esta situación, una misma planta es pastoreada varias veces, porque el rebrote que se produce durante el crecimiento es más suculento, principalmente las hojas. De esta manera los animales seleccionan más a un definido número de plantas, lo que desde un punto de vista fisiológico es perjudicial para la planta, lo cual en la mayoría de los casos son conocidos por la desaparición de muchas especies de valor forrajero excelente. Durante la época de crecimiento del forraje, rotaciones rápidas son muy importantes, pastoreo hasta de 7 días por potrero son recomendables como un máximo; durante la época de sequía o latencia los períodos de pastoreo y descanso pueden ser más largos, dependiendo de la condición de los potreros, tipo de año (precipitaciones registradas en la época de lluvias), o bien condición de los animales.

Los períodos de descanso se clasifican como períodos cortos, estos son entre 30 y 60 días (En el Chaco Árido serían 60 o más), período en el cual la vegetación puede producir el forraje que es removido por efecto del pastoreo, no deberán prolongarse los períodos de descanso, ya que el pasto puede asimilar y perder nutrientes (durante la época vegetativa), debido a que las hojas tienen un promedio de vida de 30 días.

Tan malo es sobrepastorear como no pastorear las plantas del pastizal, ya que esto último permite que las plantas acumulen material, el cual se hace viejo y fibroso a través del tiempo, causando un deterioro de la planta y consecuentemente en la condición del pastizal. Cuando no existe la presión del pastoreo, las plantas y raíces se debilitan por lo tanto no se desarrollan al no existir competencia, entonces el pasto de temporadas anteriores al no ser removido e incorporarse al suelo impide el crecimiento nuevo (rebrote), esto da lugar a que las plantas y sus raíces mueran antes de completar su ciclo de vida.

Una de las razones que hace atractivo este método a los ganaderos es que puede doblar la carga animal (ver Capítulo XIII:4), si algún ganadero no siente confianza con el doble de la carga tiene la alternativa de 30 a 50% más de la carga al inicio. Es importante recordar que la carga animal debe determinarse en base a la producción de forraje y relacionada con la condición del pastizal. Para aquellos establecimientos que normalmente se han manejado con una sobre carga no es conveniente aumentarla más, deberá probarse con la que ya cuentan y esperar de 1 a 2 años hasta estabilizar la carga.

La presión de pastoreo es disminuida debido a los períodos cortos de pastoreo, siendo favorable para los animales, ya que no se les fuerza a hacer una utilización más alta del pastizal, lo cual repercute en la buena condición de los animales.

El traer altas concentraciones de ganado en superficies más pequeñas, tiene como efecto que se rompa la capa superficial del suelo, permitiendo una mayor infiltración del agua en todo el potrero, ya que es posible obtener una mejor distribución del pastoreo por el tamaño del potrero.

Aparte de romper la capa superficial del suelo, el alto grado de pisoteo también contribuye a quebrar o fraccionar el material viejo de las plantas y el mantillo orgánico incorporándolos al suelo.

El impacto animal son todas aquellas actividades de los animales que causan efecto tanto en las plantas como en el suelo dentro de un potrero por ejemplo: el efecto de hato en sí; el pastoreo, el pisoteo, el trillado de las plantas, la defecación y orina, etc.

Beneficios se obtienen del impacto animal con la aplicación de este sistema:

- Ayuda y mejora la penetración del agua.
- Se rompe la superficie del suelo, aumentando la porosidad.
- Rompimiento, descomposición e incorporación de heces y material vegetal en el suelo.
- Mejora la aireación del suelo.
- Incrementa el número de plantas.
- Incrementa el volumen del sistema radicular en las plantas.
- Acelera la utilización de nutrientes en el suelo.
- Estimulación del crecimiento de plantas (rebrote).

El pisoteo de los animales provoca el rompimiento de la capa superficial del suelo, con la pezuña de éstos se forman pequeñas pozas en el suelo (microcuencas) de forma irregular que ayudan a una mayor captación y disponibilidad de la humedad; al mismo tiempo mejora la penetración del agua, con lo cual, se incrementa las posibilidades de establecimiento de plantas. Como resultado de todo esto, se va a mejorar la condición del pastizal (incrementa el número de plantas/ha, cobertura, etc) provocando una disminución en la evaporación del agua en el suelo, una reducción de la erosión; se previene el endurecimiento del suelo y se mejora su aireación.

A inicios de 1978, tomó fuerza la hipótesis de que el pastoreo alta intensidad baja frecuencia necesitaba evolucionar en períodos cortos de utilización y períodos de diferimiento (pastoreo de corta duración, Short Duration Grazing o SDG), dado que el comportamiento animal en el pastoreo alta intensidad baja frecuencia era inaceptable (Bryant *et al.*, 1998) (ver Capítulo XIII:4).

Por coincidencia a finales de 1978 Allan Savory presentó conferencias en las Universidades de Texas Tech., Nuevo México, San Angelo y Texas A & M, las cuales corroboraron las investigaciones en Texas.

Los principios básicos de la filosofía de Savory incluían (Savory y Parsons, 1980):

a) Utilizar un solo hato.

b) Acortar el período de uso y el período de descanso.

c) Manejar el crecimiento de las plantas a través de la eficiencia de cosecha y adecuados intervalos de utilización.

d) Utilizar la pezuña y el impacto de hato para prevenir la formación de costras en el suelo.

A este método el autor lo denomina manejo holístico de recursos (o manejo integral de recursos), y trata de tener en cuenta todos los factores que pueden utilizarse para la recuperación y mejoramiento de pastizales, introduciendo como indispensable la toma de decisión en el manejo para evitar los problemas de una programación demasiado rígida.

Este concepto que flexibiliza el manejo, resulta muy interesante para zonas áridas. Savory dice que las forrajeras evolucionaron junto con los animales, en nuestro país no es tan así, y que en consecuencia el tiempo que los animales permanecen en una parcela (unidad de manejo) es mas importante que la cantidad de animales presentes. Esto, sacado de contexto como lo hemos hecho, parece muy discutible, pero en rigor, según la propuesta completa de Savory, es aceptable.

Otras estrategias propuestas por Savory son:

- Orden de pastoreo de parcelas flexible.

- Tiempo de pastoreo de parcelas flexible.

- Sobrepastoreo para controlar especies indeseables.

- Subpastoreo para recuperar vigor.

Todo esto se programa frecuentemente por decisión del manejador, que tiene que tener mucha experiencia para evaluar rápidamente la pastura y otros indicadores de cada parcela. (Célula y parcelas, Figura XIII,3.4-1).

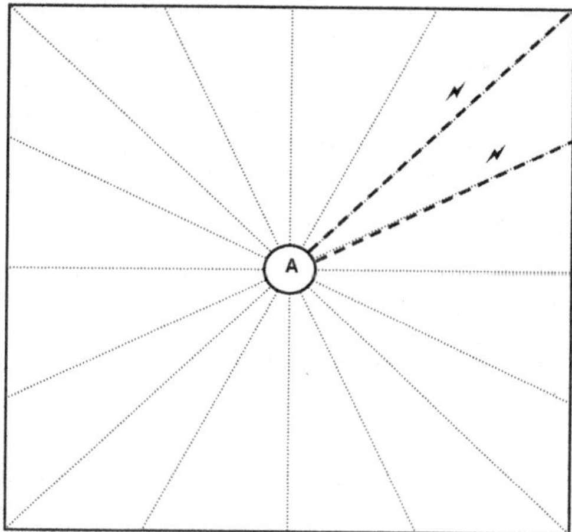

Figura XIII,3.4-1 Referencias: A = Aguada central, ✕ = Alambrado eléctrico,
Ideal cantidad de parcelas ≥40.

Este método también se ajustaría mejor para pastizales compuestos por gramíneas C3 y C4. Evidentemente para la región un método como este resulta de muy elevado costo, por el valor de la infraestructura, pero lo incluimos por sus ideas interesantes.

El atractivo de Savory era que utilizando esas técnicas existía la posibilidad de doblar casi inmediatamente el número de animales en un determinado pastizal comparado con el número que podría mantener bajo un sistema continuo a través del año. Además Savory argumentaba que la condición del pastizal se mejoraría, el establecimiento de las plántulas se realizaría más rápidamente, la infiltración sería mayor y el remover plantas arbustivas indeseables ya no seria necesario.

3.5   Método 1 rodeo en 4 potreros

Los sistemas rotativos-diferidos de un rodeo en cuatro potreros son aplicados en Sudáfrica desde hace bastante tiempo. Fueron desarrollados para las sabanas de árboles-pastos y algunos arbustos. El paisaje y el clima son bastante parecidos a las regiones chaqueñas de Córdoba, motivo por el cual nos sirvieron de base para el desarrollo de un sistema adaptado a las condiciones del Chaco Árido y Semiárido.

En cuanto al manejo de los pastizales en regiones con leñosas y lluvias estivales en Sudáfrica, O. West (1955) dijo:

3.5-1 REQUERIMIENTOS ESENCIALES EN EL MANEJO DE LOS PASTIZALES

En África, en las regiones semiáridas y con lluvias de verano, las pasturas vírgenes o no alteradas son típicamente perennes, formadas de matas, enmarañadas y mezcladas con variadas leñosas: árboles y arbustos.

La cantidad de arbustos en relación al pasto varía enormemente entre la pastura abierta en la cual no existen leñosas; el parque en donde los árboles y arbustos están desparramados aisladamente y finalmente el matorral espeso en donde los pastos son de importancia muy reducida.

Para un ecólogo resulta claro que esta sabana representa una etapa en la sucesión vegetal donde existen dos comunidades en competencia y en sutil equilibrio, un encuentro donde la onda de población representada por los pastos y las hierbas chocan con la onda de árboles a la cual se convertirá naturalmente. Trabajos realizados en Matopos y otros lugares han demostrado que estos dos constituyentes principales de las pasturas, los arbustos y los pastos, existen en fuerte competencia uno con el otro en sus requerimientos de agua y otros elementos esenciales para el desarrollo de las plantas. En el manejo de las pasturas cualquier tratamiento destinado a incrementar el vigor de los pastos disminuye la invasión de leñosas y contrariamente cualquier tratamiento que tiende a debilitar los pastos vigoriza las leñosas invasoras y favorece la eventual supresión de los pastos por arbustos y árboles (Ejemplo, en una pastura vigorosa, las plántulas de *Acacia* spp. no prosperan por no aguantar la competencia por agua durante los periodos de sequía, pero una vez que las plántulas de Acacia están establecidas pueden suprimir el pasto).

El objeto del manejo de pasturas es mantener un equilibrio favorable entre arbustos y pastos en donde predominen los pastos perennes y afortunadamente, las investigaciones han demostrado que el objetivo mencionado puede lograrse satisfactoriamente.

Lo que se requiere es un sistema de manejo que incorpore:

1- Una dotación apropiada de ganado adaptada a la productividad promedio de la pastura.

2- Períodos de descanso durante la época de crecimiento para permitir:

    a) El restablecimiento de reservas de las cuales depende el vigor de los pastos.

    b) La germinación de las semillas.

    c) La acumulaci6n de material seco para proveer suficiente combustible para que las quemas destinadas al control de arbustos sean efectivas.

    d) El restablecimiento de los pastos después de la quema.

3- Quemas controladas para suprimir el desarrollo de arbustos y emparejar las pasturas después de periodos de pastoreo selectivo.

3.5-2 CAPACIDAD DE CARGA DE LAS PASTURAS

Los resultados de investigaciones demuestran que la receptividad adecuada de las pasturas es considerablemente menor de lo que indican en general las estimaciones prácticas. Las lluvias son escasas y están irregularmente distribuidas, la temperatura y la evapotranspiración son elevadas y la estación seca es muy larga. Bajo estas condiciones climáticas no resulta sorprendente que el ecosistema de las pasturas sea inestable y muy fácilmente dañado por el sobrepastoreo. La productividad de las pasturas varia de año a año en función de la cantidad y distribución de las lluvias.

Las estimaciones de la receptividad de las pasturas en un momento específico y determinado deberían estar basadas en la cantidad de material destinado al pastoreo (especies palatables o preferidas) presentes y no en la totalidad. Debe tenerse en cuenta que cualquier intento de utilizar completamente o casi completamente la parte aérea de los pastos puede producir la rápida eliminación de las mejores especies.

Stoddart y Smith (1943; citados por West, 1955) afirman que: Las investigaciones científicas más recientes hacen hincapié en que las plantas no pueden soportar en situación alguna, una utilización tan intensa como se creía anteriormente. El uso repetido de más del 40-50% de la producci6n anual total, es muy probable que agote la mayoría de las plantas aunque las mismas soporten infinitamente más durante la época desfavorable al crecimiento o sin tener en cuenta la estación, si solo se realiza una cosecha durante el año.

En Matabeleland, donde la estaci6n seca es considerablemente más larga que la de crecimiento, un potrero pastoreado apropiadamente será aquél en el cual aproximadamente la mitad del pasto no ha sido tocado aún al final de la época de crecimiento. Una utilización más intensa sólo debería intentarse si se le da a la pastura periodos largos y efectivos de descanso.

Los resultados experimentales obtenidos hasta la fecha en Matabeleland demuestran que la receptividad de pasturas en buenas condiciones, en las que los animales son mantenidos exclusivamente a pastoreo, varía de acuerdo a las precipitaciones y otros factores; desde alrededor de un novillo adulto por cada 4 ó 5 hectáreas hasta un novillo por cada 18 hectáreas.

3.5-3 Periodos de descanso

En esas pasturas, la mayoría de las gramíneas perennes poseen un sistema de raíces muy bien desarrollado y extenso y en el cual se almacenan las reservas asimiladas. La cantidad de estas reservas y el vigor de los pastos están íntimamente relacionados. Se ha demostrado que la defoliación constante agota las reservas acumuladas y es por ello que las pasturas que son objeto de un pastoreo continuo e intenso se debilitan rápidamente y eventualmente mueren. Este proceso es gradual y es bien conocido el hecho de que esta declinación gradual en el vigor de los pastos no se refleja inmediatamente en los animales que los pastorean. Por varias y obvias razones (pastos bajos, relativamente tiernos y especies anuales) el ganado puede estar excepcionalmente bien alimentado en una pastura en vías de extinción hasta el momento de iniciarse el colapso definitivo de la misma, momento en el cual su capacidad productiva cae repentinamente por debajo de las necesidades de los animales.

Una vez reconocido el hecho de que la capacidad productiva de las pasturas tanto en "pasto" como "semilla" está directamente relacionada con el vigor de las plantas individuales, como así también con su resistencia a la proliferaci6n de leñosas, resulta obvio que mantener el vigor de los pastos debe ser una de las grandes metas del manejo de pasturas espontáneas. Para asegurar esta meta es esencial proveer el máximo de oportunidades a las gramíneas para la asimilación y el almacenamiento del hidratos de carbono de reserva. Como la cantidad de follaje no pastoreado es importante, los descansos después de las quemas son muy necesarios y deben evitarse pastoreos muy intensos a excepción de períodos muy cortos seguidos de descansos. Aún donde la regla general es un pastoreo liviano, los períodos de pastoreo deben ser seguidos por períodos de descanso de suficiente duración como para permitir que las plantas pastoreadas puedan restaurar sus reservas agotadas. Es obvio que para que los descansos cumplan con su objetivo deben darse durante la estación de crecimiento.

3.5-4 Quemas controladas

Los métodos recién nombrados, en especial una carga adecuada y los descansos o clausuras durante la estación de crecimiento son positivamente beneficiosos para las pasturas y al aumentar el vigor de las plantas herbáceas limitan la invasión por leñosas.

Por otro lado la quema controlada, realizada en época apropiada y de manera correcta (quema prescripta) es un ataque directo a las leñosas y, al suprimir éstas, es indirectamente beneficiosa a las pasturas.

Esto tiene como siempre, otro uso muy importante en el manejo del pastizal de poca receptividad. Permite el emparejado (limpieza) de la pastura y se elimina el efecto del pastoreo selectivo.

El pastoreo selectivo y el pastoreo en ruedas o manchones es el resultado forzoso de la baja densidad de pastoreo (baja presión de pastoreo), necesaria por otro lado para mantener la pastura en buen estado. Su efecto es acumulativo. Las matas y los manchones no pastoreados se vuelven menos y menos apetecidos con el tiempo y al mismo tiempo el pastoreo tiende a limitarse más y más a las ruedas y manchones pastoreadas anteriormente.

La receptividad decrece progresivamente y se acelera el desarrollo de leñosas tanto en zonas no pastoreadas, donde los pastos tienden a ser asfixiados por la acumulación de material seco, como así también en las zonas pastoreadas que se debilitan por el uso intensivo. Intentos realizados en zonas secas para evitar los efectos del pastoreo selectivo aumentando la presión de pastoreo para obtener un uso parejo, invariablemente tuvieron mal efecto, tanto para la pastura como para los animales. Forzosamente concluimos entonces que en el manejo de las pasturas, donde la apetecibilidad de las numerosas especies constituyentes varía considerablemente y donde tanto, la apetecibilidad como el valor nutritivo, decrecen rápidamente al madurar los pastos; no es posible obtener una utilización completa de los pastos disponibles a través del pastoreo de los animales y que, por lo tanto, se hacen necesarias las quemas periódicas para emparejar las pasturas y eliminar los efectos del pastoreo selectivo.

La quema, por lo tanto, es esencial para la supresión y control del desarrollo de leñosas y para el mantenimiento de un tapiz vegetal "pastoreable".

Con esas metas en mente los períodos correctos de las quemas están determinados por las siguientes consideraciones:

a) Los pastos deben estar en latencia o casi, para que se pueda obtener un buen fuego sin dañar a las partes vivas de los pastos. En primavera el primer rebrote de los pastos perennes, se obtiene a expensas de las reservas almacenadas en sus raíces. Si el fuego consume ese primer rebrote, las plantas dependen de reservas ya agotadas a fin de producir nuevos brotes. Por lo tanto la quema no debe ser muy tardía pues de lo contrario debilita y puede matar las mismas plantas que se trata de favorecer.

b) Por otra parte, cuando más tardía la quema, más eficiente resulta la misma para la eliminación de las leñosas, puesto que la quema las daña más cuando han brotado las hojas nuevas y los arbustos están verdes y en crecimiento activo.

c) La pastura quemada debe permanecer con el suelo desnudo el menor tiempo posible. Si la quema se realiza demasiado temprano el suelo permanece desnudo y hasta que el rebrote lo cubra nuevamente, las coronas tiernas de las plantas aún aletargadas pueden ser dañadas por heladas e insolación. La superficie del suelo de donde se ha eliminado la cobertura protectora superficial se pulveriza y es volada por el viento. Cuando llueve, ocurre un escurrimiento excesivo puesto que la insolación y la erosión del viento han impermeabilizado la capa superficial del suelo.

"Es evidente la necesidad de considerable criterio para decidir acerca del momento adecuado para quemar". El propósito es realizar las quemas los más tarde posible, pero siempre antes de que los pastos comiencen a crecer activamente. Experimentos realizados en Natal, donde el principal objetivo de la quema era el emparejamiento (limpieza) de la pastura (ver Capítulo VIII:3.15), han demostrado que los mejores resultados se obtienen cuando se hace la quema después de las primeras buenas lluvias a fines de la estación seca y antes de la iniciación del nuevo crecimiento.

En Matabeleland, sin embargo, donde son necesarias quemas intensas para controlar los arbustos, se han hallado que no se obtienen quemas eficientes luego del comienzo de las primeras lluvias y allí se hace necesario que las mismas se realicen tan cerca del comienzo de esas lluvias como sea posible.

Las pasturas semiáridas tienen tan poca superficie cubierta (5% o menos de cobertura basal) que para hacer una buena quema es esencial tener una buena acumulaci6n de material viejo para quemar. Se puede ver en estos experimentos de Matabeleland que incluso bajo condiciones de una clausura completa, el material seco producido durante una estación vegetativa es insuficiente para producir una quema efectiva. Sin embargo, en experimentos que abarcan tanto quemas como pastoreo, se han obtenido resultados muy favorables realizando quemas a intervalos de cuatro años, cuando el área a ser quemada es pastoreada en forma liviana durante tres años y descansa un año antes de la quema.

Resultados experimentales muestran también que posterior a una quema, es esencial dar un descanso a la pastura hasta que el pasto haya desarrollado lo suficiente como para aguantar el pastoreo exigido.

3.5-5 SISTEMAS PRÁCTICOS PARA EL MANEJO DE SABANAS

Falta mostrar como las necesidades del manejo de pasturas espontáneas pueden ser incorporados a la práctica. Como el ganado necesita pastorear todo el año y año tras año, es obvio que los requerimientos de manejo tales como: la quema, con descansos más o menos prolongados antes de la misma y después de ella, no pueden ser aplicados a toda la superficie del establecimiento al mismo tiempo. Consecuentemente el primer requerimiento para la aplicación de un sistema de manejo de pasturas, es la provisión de un número suficiente de potreros o subdivisiones como para hacer posible un sistema de manejo en rotación.

Debido al alto precio de los alambrados y la superficie forzosamente grande de los establecimientos en zonas semiáridas con leñosas, es evidente que le construcción de potreros en número suficiente, con las aguadas necesarias significa una gran inversión de capital, mucho mayor, en muchos casos, que el precio de compra del campo no mejorado o no desarrollado.

Este es el punto clave del problema. En cualquier establecimiento es necesario un número considerable de potreros para poder realizar un buen manejo del rodeo. Los diferentes tipos de animales deben o suelen mantenerse separados, por ejemplo: vacas secas, vacas preñadas, vacas con terneros, terneros destetados, vaquillonas, novillos de diferentes edades y toros; y los rodeos de cada tipo deben tener un tamaño óptimo.

Además de esos potreros, la mayor cantidad que requiere el manejo de las pasturas, representa un requerimiento nuevo y adicional para el ganadero y si alguna vez, el manejo de pasturas en campos de pastoreo extensivo ha de llegar a ser una realidad y no un ideal hermoso pero inalcanzable, es esencial desarrollar un sistema en el cual, el aumento del número de potreros, para poder manejar adecuadamente las pasturas, sea lo más pequeño posible.

Como la frecuencia de las quemas determina el número de potreros requeridos y como una quema cada cuatro años parece estar, por los resultados en Matabeleland, cerca de la frecuencia ideal, el sistema de manejo de pasturas para el tipo de zona que estamos considerando debe encararse necesariamente sobre una base de cuatro potreros en donde una pastura o un cuarto del área total es quemada cada año durante la primavera.

Sistema N°1 - tres rodeos en cuatro pasturas

La forma más económica en la cual el diseño de cuatro pasturas puede usarse de acuerdo a las condiciones arriba descriptas, es cuando tres de las pasturas son pastoreadas y solamente una es reservada para descanso y quema (sería del tipo modelo de Merrill con descanso y quema), es el mínimo requerido si se quiere quemar una vez en cada cuatro años. En esta disposición en donde se trabaja con tres rodeos en cuatro potreros, los requerimientos del manejo del rodeo tanto como los del manejo de las pasturas se cumplen, pero con una carga de 1 1/3 sobre cada potrero que se pastorea, sólo 1/3 mayor que la requerida para el correcto manejo del pastizal.

El manejo es muy simple. El sistema consiste en someter al pastoreo continuo durante un año tres pasturas (potreros), mientras que una descansa y es quemada, eso en rotación cada año. El periodo de descanso es de un año y ocurre después de tres años del pastoreo continuo (Figura XIII.3.5-1).

1º año Descanso, Quema, Descanso	2º año Pastoreo
4º año Pastoreo	3º año Pastoreo

Figura XIII,3.5-1: Sistema N°1. Tres rodeos en cuatro pasturas (potreros).
Historia de un potrero. (Adaptado de West, 1955).

A fin de proveer un descanso máximo durante la época de crecimiento antes de la quema, el descanso debería comenzar a comienzos de enero y finalizar aproximadamente en la misma fecha del año siguiente. (En estaciones muy tardías el final y el comienzo del descanso puede ser atrasado). La pastura descansada es quemada en la época apropiada, a fines de la estación seca, generalmente en octubre, aunque esto naturalmente depende de las condiciones climáticas imperantes en esa estación determinada (comienzo de las lluvias).

En un año cualquiera, el mejor pastoreo de fines de verano o invierno generalmente se encuentre en los potreros recién descansados y éste puede realizarse con gran ventaja si se las reserva para aquellos tipos de ganado que requieren un tratamiento particularmente bueno.

A causa del largo periodo de pastoreo continuo empleado, la carga animal en los potreros debe ser moderada a fin de evitar daños por sobrepastoreo. No es necesario que las pasturas sean del mismo tamaño o que tengan la misma receptividad siempre que se mantenga una carga animal correcta en cada uno de los potreros.

El sistema descripto es nuevo, desarrollado sólo recientemente como síntesis de los resultados y experiencias obtenidos en numerosos ensayos de quema y de manejo de pasturas y aunque está dando resultados muy promisorios en ensayos preliminares, queda aún mucho por hacer antes de poder comparar los resultados con aquellos obtenidos con el sistema más complicado y muy satisfactorio que consiste de un rodeo por cada cuatro potreros que se describe a continuación.

Tiene la gran ventaja de ser simple, fácil de entender y de poner en práctica y, de acuerdo la experiencia en Sudáfrica, cumple con los requerimientos básicos del manejo de pasturas espontáneas.

<u>Sistema N° 2 - un rodeo por cada cuatro potreros</u>
El planteo simple recién descripto permite al ganadero realizar con éxito y con un mínimo de inversión de capital un buen sistema de manejo de pasturas espontáneas.

En muchas propiedades, particularmente en áreas mejor provistas de agua, donde la mayor receptividad justifica mayores gastos en alambrados y en aguadas, debe ser posible pasar gradualmente por medio de la subdivisión de potreros existentes del planteo simple de tres rodeos trabajados en cuatro potreros a un sistema más elaborado en donde se trabaja con un rodeo en cuatro pasturas (potreros).

Las ventajas más importantes y obvias de este sistema son: los amplios descansos durante la época de crecimiento (tres cuartas partes del área son descansadas durante cada época de crecimiento) y las abundantes reservas para imprevistos que permiten adecuar el sistema en las estaciones secas y/o adversas (si es necesario se puede pastorear toda el área). Este sistema es muy flexible y pueden usarse cargas animales mayores que aquellas aconsejables en el sistema N° 1.

El manejo ilustrado a continuación es el siguiente: Se requieren cuatro pasturas (potreros) de receptividades aproximadamente iguales para que el sistema trabaje como unidad. Son tratadas en la forma siguiente: los años son "años de pastoreo" desde el comienzo de la, época de lluvias hasta el final de la época seca (p. ej.: comienzos de noviembre hasta fines de octubre del año siguiente) (Figura XIII, 3.5-2).

<table>
<tr><td colspan="2" align="center">1º año</td><td colspan="2" align="center">2º año</td></tr>
<tr><td>A
Pastoreo en época de crecimiento</td><td>B
Descanso para quema</td><td>A
Descanso para quema</td><td>B
Quema en primavera. Pastoreo época seca</td></tr>
<tr><td>D
Pastoreo en estación seca</td><td>C
Quema en primavera. Pastoreo época seca</td><td>D
Pastoreo en época de crecimiento</td><td>C
Pastoreo en estación seca</td></tr>
<tr><td colspan="2" align="center">4º año</td><td colspan="2" align="center">3º año</td></tr>
<tr><td>A
Pastoreo en estación seca</td><td>B
Pastoreo en época de crecimiento</td><td>A
Quema en primavera. Pastoreo época seca</td><td>B
Pastoreo en estación seca</td></tr>
<tr><td>D
Quema en primavera. Pastoreo época seca</td><td>C
Descanso para quema</td><td>D
Descanso para quema</td><td>C
Pastoreo en época de crecimiento</td></tr>
</table>

Figura XIII, 3.5-2: Ilustración gráfica del sistema N° 2 - Un rodeo en cuatro pasturas. Referencias: A, B, C, y D = Potreros. (Adaptado de West, 1955).

1) El potrero a ser quemado en un año cualquiera es quemado lo más cerca posible al comienzo de las lluvias. Luego es clausurado al pastoreo hasta el comienzo de la estación seca.

2) Es importante esperar hasta después de las primeras lluvias y hasta que los pastos crezcan vigorosamente antes de colocar el rodeo en cualquier potrero que ese año vaya a ser pastoreado durante el "período de crecimiento".

3) A fines de marzo o comienzos de abril el rodeo es transportado desde el potrero pastoreado durante el período de crecimiento a los potreros a ser pastoreados durante la estación seca, es decir, desde una pastura a dos pasturas. Esto hace posible dividir el rodeo en caso necesario, o bien las dos pasturas pueden ser pastoreadas conjuntamente, o se puede cambiar de potrero luego del baño contra los ectoparásitos.

La historia de un potrero en este sistema es la siguiente: En un año es usado como pastoreo durante el período de crecimiento, durante el año siguiente es descansado para quemarse y, comienzos del tercer año se lo quema y luego de un descanso durante el período de crecimiento, se lo pastorea en la estación seca. Esto se repite en el cuarto año, cuando después de otro descanso durante el período vegetativo es utilizado nuevamente para pastoreo durante la estación seca, seguido inmediatamente por pastoreo durante el período vegetativo en el quinto año (Figura XIII,3.5-3).

Para recapitular, los ensayos en Matabeleland han demostrado que los sistemas de manejo de pasturas planteados para obtener y mantener el equilibrio más favorable entre gramíneas y leñosas deben incorporar:

1) Una carga animal bien adecuada a la capacidad promedio de la pastura.

2) Períodos de descansos periódicos durante la época de crecimiento o periodo vegetativo para permitir la acumulación de sustancias de reservas asimiladas, para

la producción de simiente y para la acumulación de suficiente cantidad de material seco como para que la quema resulte efectiva.

3) Quema controlada para eliminar la invasión o el aumento de leñosas y para emparejar las pasturas.

Potrero	1° año	2° año	3° año	4° año	5° año
A	Pastoreo en período vegetativo	Descanso previo a quema	Quema. Pastoreo en seca	Pastoreo en época seca	Pastoreo en período vegetativo
B	Descanso previo a quema	Quema. Pastoreo en seca	Pastoreo en época seca	Pastoreo en período vegetativo	Descanso previo a quema
C	Quema. Pastoreo en seca	Pastoreo en época seca	Pastoreo en período vegetativo	Descanso previo a quema	Quema. Pastoreo en seca
D	Pastoreo en época seca	Pastoreo en período vegetativo	Descanso previo a quema	Quema. Pastoreo en seca	Pastoreo en época seca

Figura XIII,3.5-3: Secuencia de cada potrero. (Adaptado de West, 1955).

Evidentemente la experiencia sudafricana parecería ajustase mejor a las características del Chaco Arido y Semiárido, ya que las características climáticas son similares y en consecuencia la vegetación también es similar. Similar pero no igual, las gramíneas Sudamericanas han sido menos presionadas selectivamente por grandes y pequeños herbívoros y en consecuencia son menos resistentes al pastoreo. Las leñosas conforman una comunidad de bosque con un estrato arbustivo muy competitivo, y no de sabana, que si se deteriora la dominancia del estrato arbóreo, y sumado a la baja competitividad de los pastos hace que según el grado de uso, se transformen más o menos rápidamente en matorrales, arbustales o fachinales que una vez instalados son muy difíciles de controlar.

El modelo N° 2, salvo la practica sistemática de las quemas, sirvió para desarrollar el siguiente método.

3.6 Modelo de 1 rodeo en 4 potreros desarrollado para el Chaco Seco

Pensando en las características del Chaco Árido y Semiárido, formulamos un método de pastoreo que trata de tomar las ideas de los sistemas anteriores que mejor se ajustarían para el manejo de los recursos forrajeros de la región (Díaz, 1997).

Lo podemos incluir entre los conocidos como métodos de pastoreo diferido rotativo con algunas similitudes con el método de alta intensidad–baja frecuencia y similar al desarrollado en Sudáfrica. (Figura XIII,3.6-1).

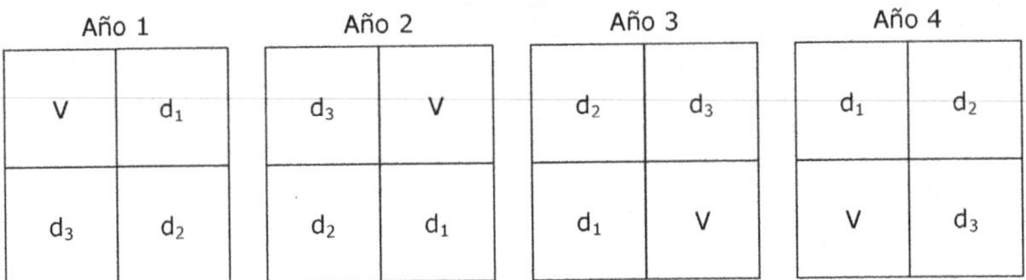

Figura XIII,3.6-1: V = Epoca vegetativa; d_1 = Diferido primer uso; d_2 = Diferido segundo uso; d_3 = Diferido tercer uso.

Las estrategias principales son las siguientes:

V = Pastoreo en época vegetativa, enero a abril.

d_1 = Pastoreo diferido primera época, mayo a agosto.

d_2 = Pastoreo en el bache forrajero, septiembre a octubre. Se acorta el período de pastoreo para permitirle a los animales seleccionar mejor su dieta.

d_3 = Pastoreo en época de rebrote. Se acorta el período de pastoreo para permitirle a los animales seleccionar mejor su dieta y no comprometer demasiado el rebrote al final del período.

Este esquema básico responde a la necesidad de conservar forraje diferido, lo que permite dar descanso en época vegetativa o de crecimiento de la pastura, al 75% del predio, con lo que se logra mejorar el vigor, producir semillas y la implantación de nuevas plantas.

En los tratamientos d_2 y d_3 el tiempo de pastoreo es de dos meses, en unidades de rotación de igual capacidad de carga, para permitirle a los animales una mejor selección de sus dietas.

Para cualquiera de los métodos o modelos que se elija, las unidades de rotación (potreros o grupos de ellos), deben tener la misma capacidad de carga e independientemente de las superficies o tamaños de las mismas.

Si en una estrategia de producción de ganadería bovina de cría típica, con la época de servicios de enero a marzo, tendremos: un rodeo principal de vacas en producción (VP) y vaquillonas de reposición (VR); y otras categorías como toros (T) y terneras destetadas (t). Si tenemos sólo 4 unidades de manejo, con similar capacidad de carga, y no queremos agregar potreros adicionales para las otras categorías podemos adoptar una distribución de los animales tal que: el rodeo principal se mueve según el modelo del rodeo en 4 potreros, y las otras categorías se distribuyen, por ejemplo, como en el esquema propuesto en la Figura XIII,3.6-2.

U	E	F	M	A	M	J	J	A	S	O	N	D
1	t VP T	t VP T	t VP T	VP							T	T
2				t	VP VR	VP VR	VP VR	VP VR				
3			VR	VR	t		T	T	VP VR	t VP VR		
4	VR	VR		T	T	T			T	T	t VP VR	t VP VR

Figura XIII,3.6-2: Esquema de distribución de categorías de animales durante todo el año en el modelo "1 Rodeo en 4 Potreros". Época de servicios E, F y M ; época de pariciones será, en consecuencia O, N y D. Referencias: VP = Vacas en producción. VR = Vaquillonas de reposición. T = Toros. t = Terneros.

Si se adopta un modelo de carga flexible, en años de buena producción de pastos se pueden retener, para ganar kg de carne, las vacas de rechazo, que se las incluye con las vacas en producción y se recrían los terneros que se juntan con las vaquillonas de reposición.

4 ANÁLISIS DE ESTRATEGIAS DE PASTOREO

4.1 Introducción

Un resumen del desarrollo y análisis de métodos de pastoreo apropiados para zonas áridas y semiáridas en Estados Unidos y México fue expuesto por Fred C. Bryant *et al.* (1998) en el cual expresaron: En este trabajo se presenta una revisión de los resultados de investigación con enfoque principal en sistemas de pastoreo de corta duración, en virtud del interés que los ganaderos de Texas y México habían mostrado en los últimos años. En general, cualquier estrategia de pastoreo es mejor que el pastoreo continuo dada la facilidad de manejo y mejoramiento del hábitat. Los sistemas de pastoreo de corta duración han funcionado bien para algunos ganaderos, sin embargo han sido desastrosos para otros. En este contexto, cuando se pretende implementar un sistema de este tipo, deberá considerarse cuidadosamente la carga animal a manejar y que depende de la intensidad que se pretenda aplicar, ya que existen distintas estrategias de manejo disponibles para su implementación.

4.2 Análisis de sistemas de pastoreo

Los sistemas de rotación de potreros han sido estudiados por mas de 30 años. Durante la década de 1950, Leo Merrill y colaboradores en Sonora, Texas, iniciaron estudios de rendimiento animal y condición del pastizal bajo pastoreo rotacional. Otros estudios de pastoreo que condujeron se enfocaron en la intensidad de pastoreo (bajo, moderado y cargas altas continuas). Las cargas moderadas fueron las mas adecuadas basadas en las guías del servicio de conservación de suelos (SCS) y la experiencia de ganaderos de la región. Algunos estudios se realizaron durante todo el año, otros fueron estacionales. Estos estudios consistentemente mostraron que con alta carga animal en el pastizal, mayor era la ganancia por acre, y con cargas ligeras la ganancia por animal era superior. La investigación también mostró que las cargas moderadas y continuas producían una reducción gradual en la condición del pastizal, la cual también declinaba con alta carga animal. Con respecto al pastoreo rotacional, las investigaciones en Sonora mostraron que si un potrero de cuatro se descansaba por cuatro meses (tres hatos en cuatro potreros), las ganancias por animal y la condición del pastizal podían mantenerse o incrementarse (Merrill, 1954, Merrill y Miller, 1961). E.H. McIlvain y colaboradores en Woodward, Oklahoma, encontraron que al remover menos del 40 por ciento del crecimiento anual de cada año, durante la estación de crecimiento mediante el pastoreo, del 20 a 40 por ciento podría removerse durante el invierno sin reducir la condición del pastizal (McIlvain y Shoop, 1970; McIlvain, 1976; citados por Bryant *et al.*, 1998).

A inicios de la década de 1960, en el Este de Colorado en la estación de Akron, científicos estudiaron las formas de utilizar los pastizales nativos con cargas altas sin reducir la condición del pastizal y el rendimiento animal. La mayoría de las cargas animal altas y uso continuo y algunas programas de pastoreo diferido redujeron la ganancia por animal, con repercusiones económicas considerables. Durante 5 años investigadores compararon el sistema rotacional de 3 potreros con cargas continuas de moderadas a altas en pastizales nativos (Sims *et al.*, 1976; citados por Bryant *et al.*, 1998). Otros estudios compararon programas anuales de rotación diferida con pastoreo continuo con cargas relativamente altas. El pastoreo de 5 potreros con rotación mensual mantuvo la condición del pastizal y se obtuvo buen comportamiento animal (Dahl y Norris, 1967; citados por Bryant *et al.*, 1998). Estos 5 potreros, con rotación mensual fueron similares a la los programas de alta intensidad, baja frecuencia que se hicieron populares en Texas durante la década de 1970. El sistema involucra un hato en un sistema de varios potreros con periodos de utilización de 2 a 3 semanas y periodos de descanso de 12 a 21 semanas. Con la experiencia de Sonora y de Colorado parece ser que un sistema bien planeado de rotación diferida puede proporcionar un incremento ligero en la carga animal sin reducir el rendimiento animal ni la condición del pastizal.

A finales de la década de 1960 y principios de la del '70, estudios en manejo del pastoreo en las estaciones experimentales de Texas en Sonora, donde Barnhart y Throckinorton (citados por Bryant *et al.*, 1998) proporcionaron información relativa al pastizal y a la respuesta animal a la intensidad de pastoreo, en programas de rotación diferida en tres hatos cuatro potreros; intercambios de dos potreros; y programas de alta intensidad baja frecuencia con un hato (rodeo) y siete potreros. Además las combinaciones de ganado bovino, borregas y cabras produjeron beneficios adicionales en el pastizal sobre el uso tradicional de una sola especie (Bryant *et al.*, 1981; Bryant *et al.*, 1979; Kothmann y Mathis, 1974; citados por Bryant *et al.*, 1998; y Merrill y Miller, 1961), comparado con el uso continuo y moderado. Los investigadores formularon varias conclusiones:

- Los sistemas de un hato varios potreros, alta intensidad baja frecuencia, mostraron un mejoramiento rápido del pastizal, pero el comportamiento animal fue inferior con las cargas animal moderadas o mayor que la "adecuada".
- Los programas de tres hatos cuatro potreros, mostraron un lento mejoramiento del pastizal en cargas moderadas y la ganancias por animal fueron tan buenas o mejores que las de el pastoreo continuo.
- Los programas de tres hatos cuatro potreros, benefician al venado cola blanca (*Odocoileus virginianus*) (Bryant *et al.*, 1980).
- Los programas de dos potreros mantuvieron la condición del pastizal y produjeron un mejoramiento lento, pero el rendimiento animal regularmente fue menor que con el pastoreo continuo con carga moderada.
- Las combinaciones de ganado permitieron incrementar las cargas hasta en un 25%, dependiendo de la clase y disponibilidad de forraje y el nivel de predación de borregas y cabras.

Otros programas evaluados en el sureste fueron "programa del mejor potrero", promovido por la estación experimental La Jornada por Carlton Herbel (Herbel y Nelson, 1969) y "pastoreo rotacional con descanso" promovido por Gus Hormay (Hormay, 1970) del Servicio Forestal. El sistema de Herbel y Nelson (1969) de rotar un hato de animales al mejor potrero pudo haber sido una útil estrategia de manejo que permitiera el mantenimiento y el mejoramiento de la condición del pastizal. Pero se requerían algunos criterios sobre la carga adecuada y el movimiento de los animales. El planteamiento de Hormay (1970) sobre el descanso de toda la estación de crecimiento probablemente no era realista porque los potreros utilizados se sobrecargaban y el comportamiento animal se reducía, o si la carga era reducida a niveles adecuados se podían pastorear pocos animales, de tal forma que ninguna de las opciones fueron aceptadas por los ganaderos de Texas.

Otra estrategia de pastoreo desarrollada por McIlvain y Shoop (1970; citado por Bryant *et al.*, 1998) para usar pastizales toscos como el de *Eragrostris curvula*, *Bothriochloa caucasica* y el Toboso (*Hilaria mutica*), mostraron que, el manejo intensivo del pastoreo en programas modificados de corta duración, el Pasto Llorón se podía adecuar a capacidades altas de utilización, así como un buen comportamiento animal individual, si se usaban como complemento a los pastos nativos.

Las experiencias, de ganaderos e investigadores cuyas operaciones se realizaron antes de 1978, nos llevaron a las siguientes conclusiones:

- El pastoreo continuo a través del año con cargas moderadas produce mejor rendimiento animal, y la condición del pastizal se reduce por debajo del potencial del área.
- La condición del pastizal puede ser mantenida en un nivel aceptable si el ganado remueve menos del 40% del crecimiento anual durante la estación de crecimiento y del 20% al 40% durante el invierno.
- La rotación diferida en tres hatos, cuatro potreros (Método de Merrill) con cargas moderadas permiten un ligero incremento en el comportamiento animal (tan bueno o mejor que el pastoreo continuo).

- El pastoreo de alta intensidad baja frecuencia, con 6 a 8 potreros y un hato proporcionan un rápido crecimiento del pastizal, pero el rendimiento animal se afecta presumiblemente por la alta densidad de carga, el período muy largo del pastoreo (hasta 28 días), y 4 meses de diferimiento, durante los cuales el forraje madura y baja su calidad cuando es utilizado nuevamente.
- Los programas de alta intensidad y baja frecuencia podrían dar un comportamiento animal aceptable si los períodos de pastoreo son cortos.
- El mejoramiento del manejo del pastoreo por si solo, sin otras prácticas culturales como control de arbustos, fertilización, irrigación, etc., podría permitir un incremento de carga hasta un 25% sobre el pastoreo continuo con cargas moderadas.
- El incremento en corto plazo de la carga animal de 50% a 100% puede lograrse solamente si se utilizan formas de mejoramiento de pastizales tales como control de arbustivas, fertilización o riego. El menor costo y la opción más factible para incrementar la carga en un período corto es utilizar forraje complementario (suplementación).

Basados en resultados de investigaciones anteriores se pueden aceptar las recomendaciones de Savory de acortar los períodos de utilización (de 2–4 semanas a 2-4 días) para permitir a los animales utilizar el mejor forraje y luego rotarlos al siguiente potrero. Investigaciones de Sudáfrica apoyaban conceptos similares excepto el doblar la carga, a través de un programa llamado "pastoreo de alto rendimiento" (Booysen, 1969).

Savory y Parsons (1980) también sugirieron que cada potrero no debería descansar por más de 60 días, lo cual parecía razonable, mientras que hasta ahora no se había considerado el papel del animal para romper la costra del suelo como un mecanismo significativo para incorporar semillas, materia orgánica e incrementar la infiltración, idea que es aceptable.

La aseveración del mejoramiento de pastizales con altas cargas de animales fue intrigante y hubo interés en investigar la rapidez del mejoramiento y cómo el rendimiento animal y la biomasa de forraje era afectada. Además, se creyó que lo más importante del pastoreo de corta duración en potreros grandes era una mejor distribución animal. Con respecto a los beneficios de la acción de la pezuña, se pensó que el efecto ocurría en potreros pequeños, lo mismo que en grandes, porque la densidad de carga era la misma. Se iniciaron programas para evaluar el pastoreo de corta duración en áreas grandes de 1000 a 1200 acres y pequeñas de 80 a 200 acres, algunas de las teorías que se pretendían probar fueron las relacionadas con alta carga animal, ya que los potreros pequeños serían mejores porque se elimina la influencia de la distribución animal y permiten la evaluación de cada componente en una microescala.

4.3 Experiencias en sistemas de corta duración (SDG)

Bryant *et al.* (1998) presentaron varios análisis de experiencias utilizando distintas estrategias de pastoreo que pueden resumirse como sigue:

4.3-1 INVESTIGACIONES DE LA UNIVERSIDAD DE TEXAS TECH.

En cada uno de los siguientes experimentos utilizaron pastoreo continuo durante todo el año como testigo para el pastoreo de corta duración porque ofrece la menor oportunidad para el mejoramiento de pastizales que cualquier estrategia de pastoreo comúnmente usada, lo cual proporciona un claro contraste con otras estrategias de pastoreo.

<u>Respuesta animal</u>

En virtud de que las aseveraciones de Savori, sobre el doblar la carga animal, sonaba convincente y algunos de los principios parecían tener sentido, y comenzaron a evaluarlos a campo. La primera evaluación se realizó en un área al oeste de San Ángelo, Texas, donde se dividió un potrero en 6 partes para el pastoreo rotacional y se utilizo otro para la utilización continua. En el pastoreo rotacional se utilizo el doble del número de animales que en el pastoreo continuo. Para noviembre de 1978, el forraje disponible en el pastoreo de corta duración no fue suficiente para mantener la carga, mientras que en el pastoreo continuo existió suficiente forraje para mantener los animales hasta que ocurrió el rebrote en primavera.

Las siguientes pruebas fueron realizadas en 1979 y en 1980 en 80 acres, en un área de "Sand shinnery oak" cerca de Post, Texas (Bryant *et al*, 1989; citado por Bryant *et al.*, 1998), y en 200 acres de pastizales cortos cerca de Lubbock (Pitts y Bryant, 1987; citado por Bryant *et al.*, 1998). El estudio de Post fue diseñando de tal manera que un potrero fue utilizado continuamente con una carga moderada. El resto del área de estudio fue dividida en 8 potreros, todos utilizados con la misma carga que el potrero de pastoreo continuo. En efecto, al variar los períodos de pastoreo y de descanso el estudio simuló un sistema de pastoreo de 36 potreros y un sistema de corta duración de 18 potreros. Esta estrategia resultó en densidades de carga de 2,4 UA/ac y 1,2 UA/ac respectivamente. Dependiendo del tamaño del potrero, estos fueron utilizados uno o dos días con al menos 35 días de descanso (Dickerson, 1985; citado por Bryant *et al.*, 1998).

En Post, no hubo diferencias en la producción de forraje entre los tratamientos de pastoreo. Las diferencias en la composición de especies se debieron a la variación del clima y no a los tratamientos. La digestibilidad del forraje y la proteína cruda no fueron diferentes para los dos años (Dickerson, 1985; citado por Bryant *et al.*, 1998). Resultados similares fueron obtenidos en ese sitio en 1985.

El estudio de Lubbock iniciado en 1979 fue similar, un potrero fue utilizado continuamente con la carga recomendada por el Servicio de Conservación de Suelos mientras que el otro fue dividido en 16 potreros utilizados con las cargas recomendadas el primer año, doble carga el segundo y 50% más en el tercero y cuarto año. Básicamente, los potreros fueron utilizados de 1 a 4 días con periodos de descanso de 24 a 60 días.

Cuando la carga fue igual en los dos sistemas, no existió diferencia en la ganancia por animal. Cuando se doblo la carga, la ganancia de peso por animal disminuyo a la mitad de la ganancia por animal obtenida en el sistema continuo. A 1,5 veces de la carga continua la ganancia diaria por animal fue menor, 0,2 lbs por cabeza por día, que bajo el pastoreo de corta duración del primer año, y el resto, aproximadamente el 10% menos que el último año de estudio (4° año). La acumulación de forraje fue mayor bajo el sistema de corta duración los primeros 2 años, pero 10% menor que en el continuo durante los últimos dos años. La composición botánica no cambió por efecto de los tratamientos.

En 1982 se establecieron dos estudios en un sitio de encinos, cerca de Plains, Texas y el otro en un sitio de encinos con pastos amacollados (cespitosos) cerca de Chihuahua, México. En el estudio de Plains que comprendió 2.118 acres y se comparó pastoreo continuo con un sistema de rotación diferida de 3 hatos 4 potreros (Merrill) y un sistema de corta duración con 1 hato 6 potreros, con y sin tratamiento químico para control de malezas. Las cargas fueron del 50% a 100% mayores en el rotacional que en el continuo. Los potreros de corta duración fueron utilizados 5 y 7 días y descansados de 30 a 40 días (Plumb, 1984; citado por Bryant *et al.*, 1998).

Básicamente, este estudio mostró que el incremento de carga animal se debió a la aplicación de herbicidas. Sin embargo, la distribución animal mejoró lo suficiente en los potreros como para mantener mayores cargas bajo el sistema de corta duración. No obstante, no existió diferencia en el rendimiento por animal o la producción animal/acre debido al tratamiento de pastoreo (Plumb 1984). Estos estudios se establecieron en suelos arenosos, en áreas de aproximadamente 18 pulgadas (457mm) de precipitación anual. La distribución estacional de la precipitación varió.

<u>Establecimiento de plantas</u>
El efecto del pastoreo de corta duración sobre el establecimiento de nuevas plántulas se desarrolló en el Capítulo VIII:3.5.

4.3-2 INVESTIGACIONES DE LA UNIVERSIDAD DE TEXAS A & M

Investigadores de la Universidad de Texas A & M han estudiado el pastoreo de corta duración en muchas localidades de Texas. Aunque no es un resumen exhaustivo se tratara de marcar algunos resultados importantes.

<u>Respuesta animal</u>

En Sonora, Texas, C.A. Taylor *et al.* (1980; citados por Bryant *et al.*, 1998) dijeron: las experiencias mostraron una reducción en la calidad de la dieta después de cuatro a cinco días del período de utilización bajo el sistema de corta duración. Posteriormente, Taylor (1989; citado por Bryant *et al.*, 1998) reportó que las ganancias de peso en las vaquillas, en el sistema Merrill, de tres hatos cuatro potreros, excedían las ganancias, bajo varias pruebas, del pastoreo de corta duración en un 17% a 32%. La producción animal no fue significativamente diferente bajo los sistemas intensivos y no intensivos.

R. K. Heischmidt y colaboradores en Vernon, Texas, han puesto considerable énfasis en las investigaciones para entender el impacto relativo de los sistemas de pastoreo en las planicies de Texas. Estudios del comportamiento animal durante el pastoreo sugieren un cambio en estrategia de búsqueda de alimento (Walker y Heischmidt, 1989; citado por Bryant *et al.*, 1998), pero no en la preferencia por comunidades de plantas (Walker, *et al.*, 1989a; citados por Bryant *et al.*, 1998) para obtener nutrientes similares en la dieta bajo el pastoreo continuo durante todo el año (Walker *et al.*, 1989b). Heischmidt *et al.* (1982; citados por Bryant *et al.*, 1998) no encontraron ventajas en rendimiento animal para el pastoreo de corta duración en zonas semiáridas. La ganancia por unidad de superficie fue mayor bajo el pastoreo de corta duración si la carga animal era alta (Heischmidt *et al.*, 1982; citados por Bryant *et al.*, 1998).

<u>Suelos e hidrología</u>

En investigaciones en las estaciones experimentales de Texas A & M en Sonora (Taylor, 1989; Warren *et al.*, 1986 a y b; Thurow *et al.*, 1988; citados por Bryant *et al.*, 1998) en Vernon (Pluhar *et al.*, 1986; citado por Bryant *et al.*, 1998) mostrarón que las tasas de infiltración fueron menores y el potencial de erosión fue mayor seguido a los períodos de intenso pastoreo por el ganado. Thrurow (1988; citado por Bryant *et al.*, 1998) atribuyeron esto a la falta de plantas y materia orgánica que neutralizan el impacto de las gotas de lluvia en la superficie de suelos arcillosos. Otros cambios en las propiedades del suelo son causados en gran medida por el efecto de la pezuña, pero los suelos pueden recuperarse si la carga es moderada y se les permite un descanso de 90 días (Taylor, 1989; citado por Bryant *et al.*, 1998).

<u>Dinámica del forraje</u>

En investigaciones cerca de Vernon, Texas, la dinámica del crecimiento del forraje no fue afectada por el pastoreo de corta duración comparado con el pastoreo continuo (Heischmidt *et al.*, 1987c; citados por Bryant *et al.*, 1998). El forraje verde y la materia orgánica fue mayor bajo el pastoreo continuo. Generalmente la calidad del forraje fue mayor con el pastoreo de corta duración. Aparentemente la carga animal fue el factor más importante que afectó la producción de forraje. Ellos demostraron que el incrementar el número de potreros de 14 a 42 no resulto en mayor cantidad de forraje, productividad primaria neta, eficiencia de cosecha, o mejor calidad de forraje (Heischmidt *et al.*, 1987 a y b; citados por Bryant *et al.*, 1998).

La información de Sonora, Texas, indica que existió menor cantidad de forraje en el sistema de corta duración (método Savory) comparado con el de alta intensidad y baja frecuencia o con el de pastoreo de tres hatos cuatro potreros (Taylor *et al.*, 1980; citados por Bryant *et al.*, 1998). Taylor (1989; citado por Bryant *et al.*, 1998) reporta una disminución en los pastos amacollados bajo el sistema de corta duración y con carga alta, comparado con el pastoreo continuo todo el año con cargas moderadas. En general, las especies de plantas se cambiaron de pastos amacollados (cespitosos) a pastos que forman césped (rastreros). En otra investigación en Sonora, surgió la duda acerca de la posibilidad de que los pastos amacollados pudieran mantenerse bajo el sistema de corta duración incluso bajo cargas ligeras.

4.3-3 INVESTIGACIONES EN EL OESTE DE E.U.A.

El pastoreo corta duración ha recibido mucho interés en otros estados del oeste además de Texas. En praderas de Wyoming, Hart *et al.* (1988; citados por Bryant *et al.*, 1998), no encontraron diferencias en los sistemas de rotación diferida y pastoreo de corta duración en diferentes variables respuesta como: picos de producción de forraje, tasas de utilización o composición botánica. La carga animal pareció afectar el porcentaje de cobertura más que la estrategia de pastoreo, y tampoco se encontró efecto en el desarrollo de becerros. Evidentemente no fue posible el mantener una mayor carga animal que la recomendada por el Soil Conservation Service. En pruebas para simular el pisoteo bajo el pastoreo de corta duración, la densidad aparente del suelo se incremento y la tasa de infiltración disminuyo comparada con el pastoreo continuo, mientras que la biomasa fue mayor y hubo mayor remanente de forraje en el sistema de corta duración. En Nuevo México Weltlz y Wood (1986; citados por Bryant *et al.*, 1998) reportaron efectos similares en el suelo.

El pastoreo de corta duración en pastizales de Pasto Triguillo (*Agropyron* sp) han sido estudiados en Utah (Olson y Malenchek, 1988, Olson *et al.*, 1989, citados por Bryant *et al.*, 1998), en Washington (Pierson y Scarnecchia, 1987; Nelson *et al.*, 1989; citados por Bryant *et al.*, 1998). En Utah, las ganancias animal fueron más afectadas por el año de estudio que por el pastoreo de corta duración (Olson y Malenckek, 1988; citados por Bryant *et al.*, 1998).

La calidad de la dieta no fue afectada por los tratamientos de pastoreo, pero el consumo de forraje fue mayor bajo el pastoreo de corta duración. Olson *et al.* (1989; citados por Bryant *et al.*, 1998) sugirieron que los períodos de pastoreo de no más de dos días, mantienen el rendimiento animal bajo el pastoreo de corta duración. En Washington el tamaño de los rebrotes y las hojas respondieron en forma similar bajo pastoreo de corta duración y pastoreo estacional (Pierson y Scarenccchia 1987; citados por Bryant *et al.*, 1998).

Dormaar *et al.* (1989, citados por Bryant *et al.*, 1998) reportaron sobre la respuesta del suelo y la vegetación al pastoreo de corta duración en un pastizal de Festuca (*Festuca* sp) en Canadá. Ellos rechazaron la hipótesis del impacto animal bajo el sistema de corta duración, para la mejora de la condición del pastizal. En Oklahoma en una pradera de pastos altos nativos, Brummer *et al.* (1988; citados por Bryant *et al.*, 1998) encontraron que la programación del pastoreo (rotaciones cada 150 días), limitaron y tuvieron efectos inconsistentes en la dinámica de forraje. La programación del pastoreo y la carga animal no influyen en la tasa de acumulación del forraje.

4.3-4 INVESTIGACIONES EN MÉXICO

El interés de los ganaderos de México en los sistemas de manejo intensivo rotacional se ha incrementado últimamente, debido a la aseveración de que es posible doblar la carga animal comparado con manejo tradicional. Sin embargo, la experiencia de campo y de investigaciones han mostrado que el incremento de la producción de forraje pueda variar de un 10 a un 20 por ciento (Ortega, 1980; González y Ortega, 1991; citados por Bryant *et al.*, 1998).

En un estudio realizado en Chihuahua en 1.160 acres, Soltero (1987; citado por Bryant *et al.*, 1998) comparó los resultados del pastoreo continuo y de un hato en una célula de ocho potreros bajo el sistema de corta duración. La carga animal en el pastoreo continuo fue la recomendada para ese sitio y para el pastoreo de corta duración se incremento en 5, 10, 15 y 33% más que el potrero con pastoreo continuo, en los años 1, 2, 3 y 4 del estudio, respectivamente.

Este estudio reveló pocas ventajas del SDG (Short Duration Grazing, ó método de Savory) sobre el continuo. La biomasa de forraje decreció bajo SDG, además la tendencia de la cobertura de los pastos deseables disminuyó, pero se mantuvo estable bajo el pastoreo continuo al final del cuarto año. Para evaluar la distribución de ganado, se evaluó forraje presente en el pastizal en varios estratos del centro de la célula hasta una milla de distancia. El promedio de los resultados de cuatro años muestran que el forraje fue el doble de tamaño a una milla del centro que a un cuarto de milla.

En un rancho de 7.300ha dividido en 22 potreros, cerca de Saltillo, Coahuila, 650 animales fueron pastoreados en un sistema de corta duración para evaluar el grado de utilización a tres distancias del agua (300, 700 y 1000m). El ganado utilizó un potrero de 130ha por cinco días en verano y 10 días en invierno. En la medida que la distancia del agua se incrementaba, también se incrementó el grado de utilización con respecto al testigo (González 1997; citado por Bryant *et al.*, 1998).

En estudios para evaluar la respuesta morfológica y fisiológica de las especies en los sistemas de corta duración, comparado con los continuos, no se encontró diferencia entre la acumulación de forraje o ahijamiento (macollaje). La cobertura basal se incrementó lo mismo en los dos sistemas (Flores 1986; citado por Bryant *et al.*, 1998).

En un estudio conducido para evaluar el pastoreo rotacional y continuo en Pasto Guinea (*Panicum maximum*), realizado en el Rancho Don Enrique, bajo un clima subtropical con promedios de precipitación de 1.058mm distribuidos de junio a octubre, un potrero de 76ha fue dividido en ocho partes y pastoreadas rotacionalmente. Para el tratamiento de pastoreo continuo se utilizó un potrero de 43ha. En el pastoreo rotacional los potreros fueron utilizados aproximadamente cinco días y descansados 32 durante la estación de lluvias, y 8 y 60 días durante la época seca, respectivamente.

El comportamiento animal en términos de ADG (ganancia diaria de peso) fue evaluado utilizando 15 vaquillas cruzadas de un promedio de peso de 250kg en cada sistema de pastoreo. Los animales fueron pesados cada 28 días hasta que alcanzaron 340 a 350kg de peso. La carga animal se ajustó a medida de que los animales maduraban para utilizar el 50 por ciento del forraje.

El ADG fue similar para los dos tratamientos con un promedio de 500 g/animal/día, independientemente de la estación. No existió diferencia en la acumulación de forraje durante el período de octubre 1990 a mayo de 1991, probablemente porque el efecto del pastoreo no se presenta inmediatamente, sin embargo, durante la época de lluvias de 1991 y 1992 la acumulación de forraje fue alrededor de un 30 por ciento mayor para el pastoreo rotacional comparado con el continuo. Durante la estación seca de 1992, la acumulación de forraje fue el 50 por ciento mayor en el pastoreo rotacional.

Los sistemas de manejo del pastoreo no afectaron la ganancia diaria de peso, en ninguna época del año, sin embargo, la producción de forraje difirió considerablemente y esta diferencia fue más marcada en la época seca, favoreciendo al pastoreo rotacional. En este estudio el punto de equilibrio entre la disponibilidad del forraje y la carga animal permitió que el animal ganara peso durante todo el año, lo cual remarca la importancia del manejo adecuado de la carga animal. Por otro lado, el manejo del pastoreo rotacional, permitió optimizar el uso de forraje especialmente durante la época seca.

En otros estudios para evaluar un sistema rotacional de siete potreros comparado con el continuo en Pasto Estrella (*Cynodon nlemfuencis*) en el sur de Tamaulipas, México, no se encontraron diferencias en la ganancia de peso durante la estación de lluvia y seca. Sin embargo, la acumulación de forraje fue 22 y 64 por ciento mayor en el sistema rotacional durante la estación de lluvias y sequía, respectivamente.

4.4 Otras investigaciones

Heady, (1961) resumen de informaciones de experiencias sobre pastoreo continuo versus especializado. Skovlin (1987); (Gammon, 1984; Pieper y Heitschmidt, 1988; citados por Bryant *et al.*, 1998) han realizado excelentes resúmenes relacionados con información disponible sobre el pastoreo de corta duración.

4.5 Conclusiones

Bryant *et al.* (1998) concluyen en que: La decisión de usar cualquier tecnología en una unidad de producción o empresa ganadera siempre debería incluir un análisis detallado de los beneficios y los riesgos, debe enfatizarse que esta información no es aplicable universalmente. Cada establecimiento es diferente así como cada "manejador". Lo que podría funcionar para uno podría ser un desastre para otro que maneja una operación extensiva, pero después de sopesar los beneficios y los riesgos es posible tomar una decisión. La carga animal es el elemento principal con mayor influencia en la producción animal y la condición del pastizal, por lo que se deberán tomar precauciones extremas en las decisiones para implementar una estrategia de pastoreo de mayor carga animal que la recomendada. La distribución y cantidad de precipitación también es crítica para el éxito o fracaso de las diferentes estrategias de pastoreo.

4.6 Consideraciones finales.

Recordemos que la vegetación de las regiones chaqueñas del norte y noroeste de Córdoba, es un bosque en el que podemos distinguir 3 estratos: arbóreo dominante, arbustivo y herbáceo, este último compuesto principalmente por gramíneas C4.

Por lo tanto difiere de los tipos de vegetación de la mayoría de las zonas semiáridas de los EUA y México. Las principales diferencias que presentan las regiones chaqueñas con las zonas mencionadas son: la presencia del estrato arbóreo dominante y el pastizal, que en América del Norte generalmente es mixto (gramíneas C3 y C4). Por lo tanto, si bien son interesantes los análisis de las estrategias de pastoreo anteriores, la dinámica de las leñosas y la diferente composición botánica y dinámica de los pastizales asociados, hace que la extrapolación de resultados de las zonas semiáridas de América del Norte resulten impredecibles.

Consideramos que el manejo del pastoreo es un arte que combina el uso de una carga animal adecuada con las estrategias de pastoreo. El factor mas importante en el comportamiento productivo de las plantas y animales es la carga animal. La planificación de estrategias de pastoreo son factores secundarios que funcionan si la carga animal es apropiada.

Los distintos modelos de pastoreo fueron ideados para compatibilizar las necesidades del pastizal y de los animales. Las particulares situaciones que tengamos en nuestra unidad de explotación nos decidirán a adoptar alguno de los modelos propuestos, seguramente aquel que mejor nos asegure la recuperación y/o mantenimiento de la condición del pastizal y que también nos asegure que los animales mantengan o alcancen la condición corporal necesaria para obtener los más altos índices de producción posibles, todo de acuerdo a las estrategias tecnológicas de producción decididas para lograr dicho objetivo.

En general, estos modelos parecen muy rígidos para aplicar las estrategias de pastoreo necesarias en cada caso y en cada unidad de manejo en los ambientes chaqueños de la provincia de Córdoba, por lo que es conveniente mantener un criterio técnico lo suficientemente flexible al aplicar las herramientas de manipulación necesarias para mejorar las bases y obtener los índices de producción potenciales. Es decir, tenemos que aplicar un manejo flexible que nos permita sobrepastorear, quemar o subpastorear el pastizal, siempre que le demos la oportunidad de recuperar el vigor, lo que conlleva que los animales pueden perder condición corporal siempre que se les de la oportunidad de recuperarse.

No tenemos que atarnos a las secuencias y períodos de pastoreo que proponen cualquiera de los modelos de pastoreo vistos, podemos elegir a que unidad de rotación nos conviene que pasen los animales y así sucesivamente siempre que respetemos las cargas animal anuales adecuadas.

En resumen, los métodos y/o estrategias de aprovechamiento de los recursos forrajeros deben ser eficientes y sustentables tanto ecológica como económicamente.

✳   ✳   ✳   ✳   ✳   ✳

REFERENCIAS

ARNOLD, G.W., 1968. Pasture management. Proceedings of the Australian Grassland Conference 1968, pp:189-211.

BOOYSEN, P. de V., 1969. An evaluation of the fundamentals of grazing Systems. Proc. Grassland Soc. S. Africa 4:84-91.

BRYANT, F.C., J.A. ORTEGA SÁNCHEZ y H. GONZÁLEZ MORALES, 1998. Estrategias de pastoreo. Caesar Kleberg Wildlife Research Institute, National, Research Institute of Forestry, Crops, and Livestock y Universidad Autónoma Agraria Antonio Narro. www.produccionbovina.com.

COLORADO GLCI (sin fecha). Planned grazing. Technical Note 2. The Colorado Grazing Lands Conservation Initiative Committee, USDA Natural Resources Conservation Service, and CSU Cooperative Extension cooperated in developing this technical note.

DÍAZ, R.O., 1997. Sistemas o Métodos de Pastoreo. Serie Apuntes, Curso Utilización de Pastizales Naturales, Área Pastizales Naturales. FCA-UNC. 9p.

GIORDANI, C.A., 1973, Métodos de aprovechamiento de pasturas. Revista CREA Nº 8:28-48.

HEADY, H.F., 1961. Continuous vs. specialized grazing system: a review and application to the California annual type. Jour. Range Manage. 14:182-193.

HOLMES, W., 1962. Grazing management for dairy cattle. Journal of the British Grasslands Society 17:30-40.

HERBEL, C.H. y A.B. NELSON, 1969. Grazing management on semidesert ranges in Southern New Mexico. Jornada Exp. Range, Rep. Nº 1, 13p.

HERBEL, C.H., 1971. A review of research related to development of grazing systems on native ranges of the Western United States. Jornada Exp. Range, Rep. Nº 3. Las Cruces, N. M.

HORMAY, A.L., 1956. How livestock grazing habits and growth requirements of range plants determine sound grazing management. Jour. Range Manage, 9:161-163.

HORMAY, A.L. y M.W. TALBOT, 1961. Rest-rotation grazing a new management system for perennial bunchgrass ranges. USDA Prod. Res. Rep. 51. 43p.

HORMAY, A.L., 1970. Principles of rest-rotation grazing and multiple-use land management. USDA, For. Ser. Training Text 4 (2200). 26p.

LEITHEAD. H.L., 1975. El sistema de pastoreo "alta intensidad - baja frecuencia" aumenta la producción ganadera. Servicio de Conservación del Suelo, Departamento de Agricultura de los Estados Unidos, Port Worth, Texas. Traducción de David Lee Anderson, 1976.

MERTON LOVE, R., 1982. Principios de mejoramiento y manejo de pastizales naturales. Ed. CADIA, Buenos Aires. 67p.

MERRILL, L.B., 1954. A variation of deferred-rotation grazing for use under southwest range conditions. J. Range Manage. 7:152-154.

MERRIL, L.B., 1959. Heavy grazing lower range capacity. Texas Agr. Prog. 5(2):18.

MERRILL, L.B. y J.E. MILLER, 1961. Economic analysis of yearlong grazing rate studies on substation No. 14 near Sonora. Tex. Agr. Exp. Sta. MP-484.

RAMIREZ MORENO, F. y M.H. MARTIN R., 1989. El sistema de pastoreo Savory o de corta duración. Revista Rancho, Sonora, México. Nº 48. http://patrocipes.uson.mx.

SAVORY, A. y S.D. PARSONS, 1980. The Savory grazing method. Rangelands 2:234-237.

SKOVLIM, J., 1987. Southern Africa's experience with intensive short duration grazing. Rangelands 9:162-168.

SPEDDING, C.R.W., 1965 a. Grazing management for sheep. (Review). Herbage Abstracts 35 (2).

SPEDDING, C.R.W., 1965 b. The physiological basis of grazing management. Journal of the British Grasslands Society 20:7-14.

SPEDDING, C.R.W., 1971. Grassland ecology. Oxford University Press, London, 221p.

WEST, O., 1955. Manejo de pastizales en regiones de monte con lluvias estivales. Capítulo 5, traducción de E. F. Nienstedt. En: D. Meredith (Ed.). The grasses and pastures of South Africa. Central News Agency, Ciudad del Cabo.

Reimpreso por Editorial Brujas • abril 2018 • Córdoba–Argentina

Made in the USA
Monee, IL
07 July 2026

56553677R00252